U0156150

国家科学技术学术著作出版基金资助出版

FRP 约束混凝土及其抗震性能研究

吴 刚 著

科学出版社

北 京

内 容 简 介

本书系统地阐述了作者在纤维增强聚合物（FRP）约束混凝土及其抗震性能的理论、试验和设计方法等方面的创新性研究成果。主要内容包括绪论、FRP 约束混凝土受力机理及影响参数、短期轴压荷载下 FRP 约束混凝土圆柱的应力-应变关系模型、短期轴压荷载下 FRP 约束混凝土矩形柱的应力-应变关系模型、长期轴压荷载下外包 FRP 约束混凝土柱的应力-应变关系模型、FRP 网格约束混凝土柱的力学性能、FRP 管及 FRP-钢复合管约束混凝土柱的力学性能、外包 FRP 约束混凝土圆柱的抗震性能、外包 FRP 约束混凝土矩形柱的抗震性能、嵌入式 FRP 筋与外包 FRP 组合加固 RC 柱的抗震性能、基于 FRP 的损伤可控结构。

本书可供土木工程领域的科研人员和工程技术人员阅读，也可作为高等院校相关专业的高年级本科生、研究生和教师的参考用书。

图书在版编目（CIP）数据

FRP 约束混凝土及其抗震性能研究/吴刚著. —北京：科学出版社，2022.3
ISBN 978-7-03-071597-5

Ⅰ. ①F… Ⅱ. ①吴… Ⅲ. ①纤维增强混凝土-抗震性能-研究
Ⅳ. ①TU528.572

中国版本图书馆 CIP 数据核字（2022）第 029923 号

责任编辑：王　钰／责任校对：赵丽杰
责任印制：吕春珉／封面设计：东方人华平面设计部

科学出版社 出版
北京东黄城根北街 16 号
邮政编码：100717
http://www.sciencep.com
北京中科印刷有限公司 印刷
科学出版社发行　　各地新华书店经销

*

2022 年 3 月第 一 版　　开本：787×1092　1/16
2022 年 3 月第一次印刷　　印张：26 1/4
字数：607 000
定价：210.00 元
（如有印装质量问题，我社负责调换〈中科〉）
销售部电话 010-62136230　编辑部电话 010-62137026

前　　言

我国是一个地震多发的国家，地震造成的巨大灾害主要体现为结构物的破坏。因此，提高柱（墩）的抗剪能力、加强其侧向约束、改善其抗震性能是混凝土柱（墩）设计及工程加固需重点解决的核心技术问题。

纤维增强聚合物（fiber reinforced polymer，FRP）是一种新型复合材料，其最初主要应用于军事及航空航天等领域。由于 FRP 良好的力学性能及逐渐降低的价格，在土木工程领域得到越来越广泛的应用。利用 FRP 环向约束混凝土柱（墩）能够有效提高其抗剪承载力与抗震性能。本书作者团队为国内外较早开展 FRP 约束混凝土及其抗震性能相关研究的团队之一，对 FRP 约束混凝土的力学机理、应力-应变关系理论模型、抗震性能进行了大量的试验研究和系统深入的理论分析，建立了 FRP 约束混凝土广泛而系统的计算理论，并探索研究了基于 FRP 的损伤可控结构。

本书凝结了作者二十余年在该领域的研究成果和实践心得。作者自 1997 年进入研究生阶段学习以来，即在吕志涛院士指导下，开展相关研究，多年来的研究成果丰富了本书的内容：一方面，早期提出的 FRP 约束混凝土应力-应变关系曲线模型及 FRP 约束混凝土抗震设计方法经历了时间的考验，有更多的试验数据验证了其精确性和优越性；另一方面，近年来新的研究成果，如 FRP 增强混凝土柱的损伤可控设计理论、FRP-钢复合管约束混凝土柱、纵向 FRP 与外包 FRP 组合加固混凝土柱抗震性能等被纳入本书中。本书共 11 章，主要内容包括绪论、FRP 约束混凝土受力机理及影响参数、短期轴压荷载下 FRP 约束混凝土圆柱的应力-应变关系模型、短期轴压荷载下 FRP 约束混凝土矩形柱的应力-应变关系模型、长期轴压荷载下外包 FRP 约束混凝土柱的应力-应变关系模型、FRP 网格约束混凝土柱的力学性能、FRP 管及 FRP-钢复合管约束混凝土柱的力学性能、外包 FRP 约束混凝土圆柱的抗震性能、外包 FRP 约束混凝土矩形柱的抗震性能、嵌入式 FRP 筋与外包 FRP 组合加固 RC 柱的抗震性能、基于 FRP 的损伤可控结构。

本书为 FRP 约束混凝土及其抗震性能方向的基础理论性著作。通过阅读本书，读者可以对 FRP 约束混凝土的基本理论有更深入的了解，为开展该领域相关的研究工作打下基础，从而进一步推动 FRP 在土木工程中的应用。

本书的研究内容得到了国家自然科学基金委员会国家杰出青年基金项目（项目编号：51525801）、国家自然科学基金委员会青年科学基金项目和面上项目（项目编号：50608015、51078077、51178099、51108389、51778300）及 973 计划（项目编号：2012CB026200）等的资助，其出版得到了国家科学技术学术著作出版基金的资助。感谢吕志涛院士引导作者走上学术之路，并指导作者走入该领域，倾注心血栽培作者。本书是作者完成的第一部专著，谨以此书，献给已在天国的恩师。还要感谢该领域的著名专家、日本工程院外籍院士吴智深教授自作者进入该领域以来给予的指导和帮助。

作者课题组的成员魏洋、顾冬生、孙泽阳、姚刘镇、蒋程、丁里宁、杨慎银、法赫米（Fahmy）、亚当（Adam）、曾以华、郝建兵等参与了本书相关内容的研究，校友西南交通大学潘毅教授协助作者撰写本书第 5 章；北京特希达科技有限公司蒋剑彪董事长为本书的相关研究提供了长期支持；同时，课题组成员魏洋、孙泽阳、姚刘镇、蒋程、顾冬生、徐积刚、严文龙、余晨曦、王强、曹徐阳、崔浩然等均参与了书稿的整理工作，没有他们的辛勤劳动，本书不可能顺利成稿。在此，作者向为本书研究工作及成稿提供无私帮助的科技部、国家自然科学基金委员会、相关老师及研究生表示诚挚的感谢！

FRP 约束混凝土及其抗震性能研究是 FRP 在土木工程应用的研究热点之一，其计算理论和设计方法仍然处于不断发展完善中，希望本书能够对 FRP 约束混凝土的研究与发展起到一定的借鉴作用。限于作者的经验和学术水平，书中难免存在不当之处，恳请读者批评指正！

2018 年 8 月 31 日

目　　录

第 1 章 绪 论

1.1 约束混凝土

混凝土在竖向轴压荷载下发生轴向压缩变形，同时也发生侧向膨胀变形。对混凝土侧向施加横向约束，混凝土将处于三向应力状态下，其在相同荷载下的横向变形减小，极限承载力提高，极限变形能力增强，如图 1.1 所示。因此，对混凝土横向施加约束，是提高混凝土强度和延性的有效手段。为实现混凝土的横向约束，可通过横向设置箍筋、钢管、FRP 等横向约束材料实现。不论何种约束材料，其对核心混凝土都起到约束作用，抑制混凝土的横向膨胀，减缓混凝土泊松比的增大过程；并且核心混凝土在三向应力的作用下，裂缝发展的速度减慢，强度和变形能力提高。另外，约束作用的施加也是防止高强混凝土应力-应变关系曲线下降段陡然下降的有效措施，可改善高强混凝土极限应力后的脆性。

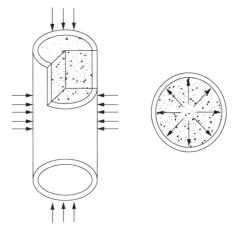

图 1.1　约束混凝土受力分析

在约束混凝土的研究与应用领域，从最早利用液体主动约束到箍筋被动约束，从箍筋约束到钢管约束，再到 FRP 约束，国内外研究人员对约束混凝土的机理与力学性能进行了大量的研究，提出了不同的计算模型，其中，箍筋约束混凝土模型较为完善，钢管约束混凝土模型也较为成熟，而 FRP 约束混凝土模型经历十余年的发展，逐渐趋于完善。Richart 等[1]对混凝土圆柱体进行了液体加压的混凝土三轴受压试验，试验结果表明，在三轴受压情况下，混凝土的强度和延性都有非常大的提高，并且受到的侧向约束压力越大，受约束混凝土轴向抗压强度越高，其最早建立了受侧向压力约束的混凝土圆柱体轴心受压强度与侧向约束力之间的线性关系模型。

1.1.1 箍筋约束混凝土

箍筋约束混凝土横向设置箍筋，以达到对核心混凝土约束的目的，其中横向箍筋为普通箍筋或螺旋箍筋，其在混凝土屈服后为核心混凝土提供了恒定持久的约束力。箍筋约束是目前钢筋混凝土结构的常用方法。混凝土受压时，由于箍筋的侧向压力约束限制了其内部微小裂缝的发展，能极大地提高混凝土的抗压强度。箍筋约束混凝土结构应用广泛，其主要的原因是箍筋约束能够提高混凝土的极限应变，从而提高结构在地震荷载下的侧向变形能力，并约束纵向钢筋抑制其发生屈曲失效。经过长期的发展，箍筋约束混凝土的理论逐渐完善。

1. 约束原理

箍筋约束对混凝土的增强作用，除了受被约束混凝土自身强度的影响外，主要取决于它能够施加在核心区混凝土表面的约束应力的大小。例如，箍筋间距不同，混凝土破坏模式也会有所区别，如图 1.2 所示。对于箍筋间距较大的试件，峰值后剥落混凝土呈较大块状，且由于箍筋间距较大，箍筋约束核心区混凝土在加载后期脱落较快，致使核心区混凝土截面积明显减小。对于箍筋间距较小试件，剥落混凝土块体很小，在加载后期，虽然保护层外的混凝土几乎都脱落，但箍筋约束核心区内混凝土一直能够保持较为完好，核心区混凝土截面积损失较小，承载力下降较为缓和。图 1.3 所示为箍筋间距对约束混凝土应力-应变曲线的影响。

（a）箍筋间距 20mm　　　　　　（b）箍筋间距 40mm　　　　　　（c）箍筋间距 60mm

图 1.2　圆形箍筋不同间距的破坏模式

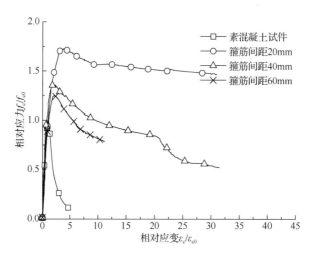

图 1.3　箍筋间距对约束混凝土应力-应变曲线的影响

图 1.4 为圆形箍筋约束混凝土的受力分析。约束应力越大，对混凝土的增强效果就越好，其计算公式如式（1.1）所示。

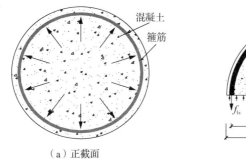

（a）正截面　　　　　　　　　　　　　（b）半截面

图 1.4　圆形箍筋约束混凝土的受力分析

$$f_{ls} = \frac{2A_s f_{sy}}{d_s s} \tag{1.1}$$

式中，f_{ls} 为箍筋提供的侧向约束力；A_s 为箍筋截面面积；d_s 为核心区混凝土截面直径；s 为箍筋间距；f_{sy} 为箍筋屈服强度。

约束应力主要受以下几个因素影响：核心区尺寸（如直径），箍筋的强度、直径和间距，箍筋的构造和形式。箍筋的强度和直径直接决定了箍筋所能提供的约束力的大小，箍筋间距及核心区尺寸则影响约束力在相邻箍筋间的分布。对于矩形截面，通常两个方向上的尺寸和配箍的形式并不相同，因此提供的约束力也不一样，应分别计算两个方向的约束应力，并考虑有效约束混凝土面积。

箍筋主要有圆形箍筋和矩形箍筋两种形式：圆形箍筋分为螺旋箍筋和普通圆形箍筋；矩形箍筋分为简单箍筋和复合箍筋，其中复合箍筋的水平弯曲变形的自由长度小于简单箍筋，因此其约束作用更强，更为有利。另外，箍筋密集化可演化为钢管混凝土。已有的研究表明，配有箍筋约束的混凝土柱，由于核心区的混凝土受到箍筋的约束，其强度和延性可以得到很大的提高。

2. 约束模型

研究认为，箍筋对核心区混凝土的约束是被动的，只有当混凝土的轴向应力接近于极限应力时，混凝土内的裂缝开始发展，混凝土侧向膨胀、体积增大，箍筋对混凝土的约束才明显表现出来。对于普通箍筋约束混凝土，国内外学者通过大量的试验研究、理论分析和有限元模拟，对箍筋约束混凝土的力学机理进行了深入的分析，提出了能够反映约束混凝土的力学性能变化规律，且具有一定代表性的应力-应变模型。箍筋约束混凝土模型是进一步进行结构分析研究的依据，因此许多研究者基于约束混凝土轴心受压试验提出了各自的本构关系模型，有的模型仅适用于圆形截面，有的模型可通用于圆形与矩形截面。

较有代表性的有 Saatcioglu 和 Razvi 模型[2]、Cusson 和 Paultre 模型[3]、Sheikh 和 Uzumeri 模型[4,5]、Shah 等模型[6] 及 Mander 等模型[7]，其中，以 Mander 等模型的应用较为广泛。基于轴心受压试验结果，Mander 等提出了曲线上升段和下降段的统一应力-应变曲线方程，同时适用于矩形箍筋、螺旋箍筋和圆形箍筋约束混凝土，其应力-应变关系如图 1.5 所示。

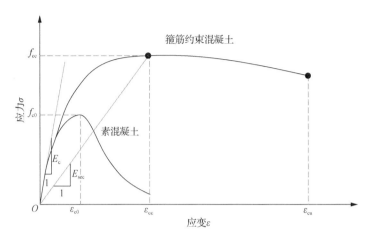

图 1.5　箍筋约束混凝土应力-应变关系

对于矩形箍筋约束混凝土，Mander 等模型认为矩形箍筋的约束作用与混凝土核心区的有效约束应力相关，而有效约束应力与箍筋约束应力的比值建议采用有效约束混凝土区面积与约束混凝土核心区面积的比值（图 1.6）。

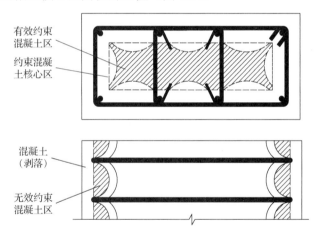

图 1.6　矩形箍筋约束混凝土的有效约束混凝土面积

1.1.2　钢管约束混凝土

为了提高混凝土柱的承载能力及其延性性能，工程界广泛采用钢管约束来提升混凝土性能，并对这种组合结构进行了系统而广泛的研究。钢管约束混凝土不仅具有承载力高、延性好等优越的力学性能，还具备占地面积小、结构自重轻、节点构造方便、免除模板和钢筋加工、施工快速、减少混凝土用量等工程优点。钢管约束混凝土和全钢结构相比，具有用钢量少、刚度大和造价低等显著优点。但钢管约束混凝土的耐腐蚀性能较差，不能应用于腐蚀环境；而且，钢材易导电，也使钢管约束混凝土的应用受一些限制。

1. 约束原理

钢管约束混凝土结构是将混凝土填入钢管内而形成的新型组合结构，其利用钢管和混凝土两种材料组合，充分发挥材料的优点，受力合理，节省材料。其基本原理（图 1.7）如下。

1）利用钢管实现对内部混凝土的侧向约束，使核心混凝土处于三向应力状态下，延缓了混凝土受压时的纵向开裂，抑制了裂缝开展过程，力学性能发生根本变化，混凝土的强度得到大大提高，延性得到良好改善。

2）内部混凝土对外侧钢管提供了可靠的内部支撑，阻止钢管向内屈曲失稳，可实现钢材强度的有效利用。

3）外部钢管不仅可作为混凝土的浇筑模板，同时提供了施工过程中的荷载支撑。

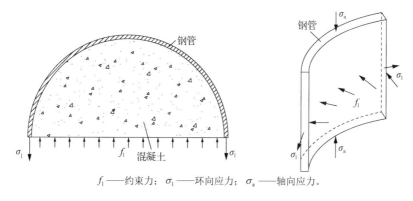

f_l——约束力；σ_l——环向应力；σ_a——轴向应力。

图 1.7 圆形钢管约束混凝土柱受力分析

钢管约束混凝土按照截面形式可以分为圆形钢管约束混凝土、矩形钢管约束混凝土和多边形钢管约束混凝土。多年来，国内外的学者对钢管约束混凝土的力学性能和设计方法开展了深入细致的研究工作，已取得丰硕的成果。钢管约束混凝土有两种受荷方式：①荷载同时作用于钢管和核心混凝土，如图 1.8（a）和（b）所示；②荷载仅作用于核心混凝土，钢管只起对其核心混凝土起约束作用，如图 1.8（c）和（d）所示。试验证明，即使荷载只作用在核心混凝土上，由于摩擦和粘结的作用，钢管中部的纵向应变仍然较大，钢管仍承担较大的纵向荷载。

套管约束混凝土是指钢管不承担纵向荷载，仅起约束混凝土作用的钢管混凝土结构。套管约束混凝土（图 1.9）的概念最早是 Tomii 等[8]为了防止钢筋混凝土框架结构中的短柱或剪力墙结构中的边柱发生剪切破坏且提高其延性而提出的，钢管在柱身两端设有预留缝隙，钢管仅用于横向约束，而构件的抗弯承载力仍然由内部纵向钢筋提供。套管约束混凝土将普通钢筋混凝土与钢管约束混凝土结合，具有二者的优点。钢管可以作为混凝土浇筑过程中的模板，钢管约束后构件的延性增加，内部纵筋提供了抗弯承载力及梁柱之间的连接。与普通钢管混凝土不同的是，套管约束混凝土中的钢管仅作为横向约束，避免了其过早地受压屈曲。

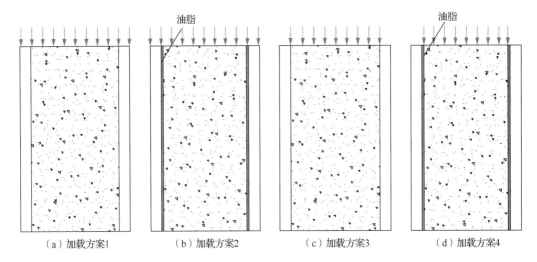

（a）加载方案1　　（b）加载方案2　　（c）加载方案3　　（d）加载方案4

图 1.8　钢管约束混凝土的不同受荷方式

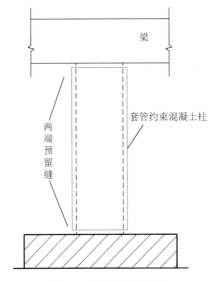

图 1.9　套管约束混凝土

2. 约束理论

钢管混凝土短柱的轴心受压试验表明，达到轴心受压承载力时，钢管已进入塑性状态，即钢管已经屈服。由于钢管三向受力，承载力极限状态时，钢管的径向应力远小于环向应力，可忽略不计，钢管的应力状态简化为纵向受压、环向受拉的双向应力状态，且沿管壁均匀分布。我国在钢管混凝土轴心受压计算方面，目前主要有两种理论，即极限平衡理论和统一理论。

（1）极限平衡理论

极限平衡理论（也称极限分析法）认为，钢管混凝土轴心受压、达到其轴压承载力时，钢管不直接提供抗力，其作用是约束管内混凝土，使管内混凝土三向受压，从而使轴压承载力得到提高。钢管混凝土短柱的轴心受压承载力计算公式得到试验验证。《钢管混凝土结构技术规程》（CECS 28：2012）采用极限平衡理论。其在理想弹塑性假定条件下，符合 von Mises 屈服准则：

$$\sigma_1^2 + \sigma_a^2 - \sigma_1\sigma_a = f_y^2 \tag{1.2}$$

式中，σ_1 为钢管环向应力；σ_a 为钢管纵向应力；f_y 为钢材屈服强度。

钢管内混凝土三轴受压，其轴心抗压强度与侧向压力之间具有线性关系或非线性关系，可借助于现有箍筋约束混凝土模型进行计算。

钢管混凝土短柱轴压承载力的一个关键指标为钢管混凝土的套箍指标 ξ，其影响着钢管混凝土的强度与延性：

$$\xi = \frac{A_{st}f_y}{A_{cc}f_{c0}} \tag{1.3}$$

式中，A_{st} 为钢管截面面积；f_y 为钢材屈服强度；A_{cc} 为钢管内混凝土截面面积；f_{c0} 为未约束混凝土强度。

（2）统一理论

钢管混凝土统一理论是将钢管和管内混凝土视为一种组合材料[9]。钢管混凝土短柱的轴心受压承载力由钢管混凝土组合材料的轴压组合强度 f_{sc} 和钢管混凝土截面面积 A_{sc} 确定。轴压组合强度是以试验研究为基础，通过数值计算确定的。统一理论没有明确钢管直接提供抗力和约束管内混凝土的作用各有多大。韩林海等[9]针对工程常用钢管套箍指标范围，提出以下圆形钢管混凝土轴压组合强度 N_0 的计算方法：

$$N_0 = f_{sc}A_{sc} \tag{1.4}$$

式中，A_{sc} 为钢管内混凝土和钢管的总截面面积；f_{sc} 为钢管和混凝土的组合强度。

1.1.3　FRP 约束混凝土

1. 约束原理

FRP 对混凝土柱的约束与钢管约束原理相同，都是通过侧向约束来提高混凝土的轴压强度和极限应变。FRP 约束混凝土（也称 FRP 混凝土）主要是通过外包 FRP 对核心混凝土形成约束，使核心混凝土处于三轴受压工作状态。当 FRP 约束柱轴心受压时，混凝土内部由于微裂缝的形成和发展，侧向膨胀变形不断增大。当混凝土侧向膨胀变形增大到一定程度，外包的 FRP 就对核心混凝土产生明显的约束作用。核心混凝土在三轴受压工作状态下，裂缝发展缓慢，抗压强度及变形能力均得以提高。自 20 世纪 80 年代初，Fardis 和 Khalili[10] 首次提出 FRP 约束混凝土以来，FRP 约束混凝土的力学性能已经得到了大量的研究。影响 FRP 约束混凝土性能的因素众多。对圆形截面柱的影响因素包括混凝土性能（抗压强度、弹性模量、泊松比）、FRP 材料类型、侧向约束强度、刚度及截面尺寸等参数。对矩形截面柱的影响因素除以上参数外，还包括截面的形状及转角处倒角的半径。与箍筋、钢管约束混凝土缓和的破坏模式不同的是，FRP 约束混凝土在破坏阶段一般表现出较为强烈的能力释放，破坏过程较为剧烈，常伴随着 FRP 的突然断裂与混凝土的剥落。FRP 约束混凝土的典型破坏形态如图 1.10 所示，截面形状及特性对 FRP 约束混凝土的破坏模式具有重要的影响。

（a）圆柱　　　　　　　　　　　　（b）矩形柱

图 1.10　FRP 约束混凝土的典型破坏形态

2. 约束特征

已有研究成果表明，FRP 约束混凝土与箍筋等约束混凝土的性能有较大差别，各种约束混凝土应力-应变关系曲线对比如图 1.11 所示。从整体曲线形状来看，FRP 约束混凝土的应力-应变关系曲线相对于箍筋约束混凝土、无约束混凝土，表现出较低的变形能力，其峰值点有一定的提高，但提高并不是十分显著。不论是 FRP 约束混凝土（强约束）还是 FRP 约束混凝土（弱约束），都呈现出曲形的特征：在初始阶段，应力-应变关系曲线与无约束混凝土基本相同，在经历峰值点以后，根据侧向约束的强弱，应力-应变关系曲线可能为软化阶段或硬化阶段，该阶段曲线呈明显线性。

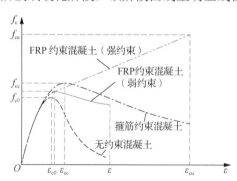

图 1.11　各种约束混凝土应力-应变关系曲线

1.2　FRP 约束混凝土的研究与发展

1.2.1　FRP 材料的特点及应用

FRP 种类和形式很多，常用的 FRP 原丝有玻璃（glass）纤维、碳（carbon）纤维、芳纶（aramid）纤维、玄武岩（basalt）纤维等，相应的增强复合材料分别称为 GFRP（glass fiber reinforced polymer，玻璃纤维增强聚合物）、CFRP（carbon fiber reinforced polymer，碳纤维增强聚合物）、AFRP（aramid fiber reinforced polymer，芳纶纤维增强聚合物）、BFRP（basalt fiber reinforced polymer，玄武岩纤维增强聚合物）。其中以 CFRP 在加固工

程中应用较为广泛；在我国，BFRP 作为增强材料在土木工程中也逐渐得到规模化应用。国外土木工程领域也少量应用了 PBO（poly-p-phenylene benzobisoxazole，聚对苯撑苯并二噁唑）纤维、DFRP（Dyneema fiber reinforced polymer，Dyneema 纤维增强聚合物）等，PBO 具有与碳纤维增强聚合物相近的弹性模量和更高的延性，DFRP 具有较好的能量吸收能力。另外，FRP 应用形式有预制复合管材、预制复合壳材、板材、筋材、绳索材、布材、织物、条带、网格及丝束等。图 1.12 所示为常用 FRP 材料。

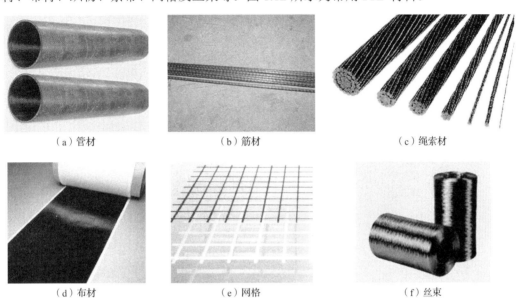

（a）管材　　　　　　　　（b）筋材　　　　　　　　（c）绳索材

（d）布材　　　　　　　　（e）网格　　　　　　　　（f）丝束

图 1.12　常用 FRP 材料

常用 FRP 材料与钢筋的力学性能对比如表 1.1 所示。

表 1.1　常用 FRP 材料与钢筋的力学性能对比

材料类别	抗拉强度/MPa	弹性模量/GPa	极限应变/%	密度/（g/cm^3）
钢筋	300～600	206	12～24	7.8
CFRP（普通）	3430～4900	230～240	1.5～2.1	1.8
CFRP（高弹）	2940～4600	392～640	0.45～1.2	1.8～2.1
GFRP	1500	75	2	2.6
AFRP	2900	111	2.4	1.45
PBO	4700	280	2.5	1.56
DFRP	1400～1800	60	2.5	0.98
BFRP	2000～2300	80～90	2.2～2.9	2.8

目前生产的各种 FRP 所具有的力学性能，能够满足不同应用目的的需要。FRP 材料的主要特点如下[11]：

1）抗拉强度高。FRP 材料的抗拉强度明显超过了普通钢筋。

2）抗腐蚀性和耐久性好。与普通钢筋相比，FRP 均具有很好的抗腐蚀性和耐久性，因而可提高结构使用寿命，尤其是其用于腐蚀性环境时效果更为显著。

3）自重轻，施工方便。FRP 材料密度仅为普通钢筋的 25%左右。在土木工程结构中采用 FRP 材料施工非常方便，可降低劳动力成本。另外，使用 FRP 对结构进行加固后，几乎不会对原有结构增加荷重，这对于既有结构的维修加固是非常有益的。

4）热膨胀系数与混凝土相近。当环境温度发生变化时，FRP 与混凝土协同工作，两者间不会产生大的温度应力。

5）抗剪强度低。FRP 材料横向抗剪强度较低，通常不超过其抗拉强度的 10%左右，很容易被剪断。

6）弹性模量小。除了部分碳纤维材料的弹性模量与普通钢筋相近外，其余大多数FRP 材料的弹性模量为普通钢筋的 25%～70%。

常用 FRP 材料与钢筋的应力-应变关系如图 1.13 所示。

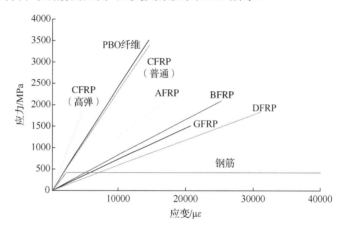

图 1.13　常用 FRP 材料与钢筋的应力-应变关系

在土木工程行业中，FRP 的应用领域包括新建结构和既有结构的增强与加固。在新建结构中，FRP 筋材替代普通钢筋可用于有特殊要求的结构；FRP 管材、板材可用于FRP 管混凝土或 FRP-混凝土组合结构等。

FRP 可用于既有结构的增强与加固，如在构件受拉侧粘贴 FRP 可提高构件的受弯承载力，垂直于构件轴线方向粘贴 FRP 可提高构件的受剪承载力，竖向构件垂直于其轴线方向包裹 FRP 可提高其竖向承载力和延性，改善其抗震性能。其中，通过包裹 FRP 约束混凝土竖向构件是 FRP 较有效的利用方式之一，因为这一方式不会产生 FRP 剥离破坏，FRP 的抗拉强度能够得到充分发挥。

1.2.2　FRP 约束圆形截面混凝土的研究

FRP 约束混凝土圆柱的力平衡关系如图 1.14 所示。混凝土在轴向压力作用下产生横向膨胀变形，使外包纤维产生轴向拉力，从而对核心约束混凝土起到环向压力作用。根据约束混凝土分离体力的平衡关系，可以得到 FRP 约束混凝土的侧向约束力[式（1.5）]。由于 FRP 的线弹性力学性能，其在整个加载过程中能够提供随着混凝土膨胀而持续增长的环向约束力，这与箍筋、钢管约束混凝土一旦箍筋、钢管的钢材屈服后，约束力将保持不变是不同的。

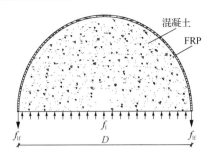

图 1.14　FRP 约束混凝土圆柱的力平衡关系

$$f_{\text{lf}} = \frac{2E_f \varepsilon_f t_f}{D} \tag{1.5}$$

式中，f_{lf} 为 FRP 侧向约束力；E_f 为 FRP 的弹性模量；ε_f 为 FRP 的极限应变；t_f 为 FRP 的厚度；D 为截面直径。

1.2.3　FRP 约束矩形截面混凝土的研究

与箍筋约束类似，FRP 对矩形和圆形截面混凝土的约束作用有较大的差别，如图 1.15 所示。

1）FRP 约束圆形截面时，FRP 沿着圆周对混凝土提供了均布的侧向约束力，整个截面都能得到均匀有效的约束，约束效果较好，强度及延性的提高都非常显著。

2）FRP 约束矩形截面时，由于其侧向刚度较小，FRP 在截面边的中部会因为混凝土的膨胀向外弯曲，对应部分的混凝土得不到有效的约束，而截面角部相当于支点，相邻角部的弧形区域形成拱的作用，这一作用使角部及截面中心部分尚能得到较好的约束，如图 1.15 所示。为简化，一般认为拱曲线以内为有效约束区（图 1.15 矩形截面中的阴影部分），拱曲线以外为非有效约束区。有效约束区的面积与总面积的比值即有效约束系数。可以看出，有效约束区的面积与角部的倒角半径密切相关，相同尺寸情况下，倒角半径越大，有效约束面积越大。

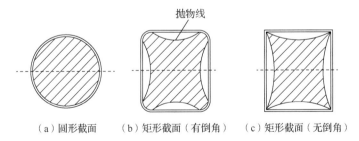

（a）圆形截面　　　（b）矩形截面（有倒角）　　　（c）矩形截面（无倒角）

图 1.15　FRP 约束圆柱和矩形柱

目前，对 FRP 约束矩形截面的影响效果，一般认为可用二次抛物线来表达，其中，Saadatmanesh 等[12]认为抛物线端点的切线与柱边成 45° 夹角，Lam 和 Teng[13,14]考虑矩形截面长宽比的影响，认为抛物线端点的切线应与柱对角线平行。与箍筋约束相同，有效约束区的方法可以反映截面的平均约束程度，然而，比箍筋约束更加复杂的是，FRP 材料有效约束系数同样受截面形状影响，这一影响在有效约束区的方法中得不到体现。

1.2.4 FRP 约束混凝土的抗震性研究

各国研究者对 FRP 约束混凝土柱抗震性能做了大量的工作,其中以拟静力试验的开展较为广泛:Priestley 和 Seible[15]研究了 GFRP 包裹圆柱、矩形柱抗震加固的有效性,分析了钢筋搭接、原始抗剪抗弯能力对加固性能的影响,并给出了提高抗剪和抗弯承载力的设计程序。Saadatmanesh 等[16]对 FRP 加固震损柱进行了试验研究,试件原型为延性较差的桥柱,试验首先将试件加载到一定的损伤程度,然后用 FRP 加固后再进行模拟地震试验,结果表明经过修复加固的震损柱相对于未加固柱的承载力和位移延性系数都有所提高。Seible 等[17](1997)提出了针对缺陷柱不同破坏模式的加固设计程序及原则。Xiao 等[18]进行了 GFRP 预制复合壳材的抗震加固效果的研究,证实 FRP 可以阻止剪切破坏、提高滞回性能,FRP 的加固对柱的刚度影响很小。Sause 和 Harries[19]通过足尺试验对比表明,CFRP 约束塑性铰区能够在侧向刚度没有显著增加的情况下,明显提高柱的变形能力;CFRP 平面外的刚度能够为纵筋提供侧向支撑,延缓纵筋的屈曲,极限状态时的最外侧 FRP 约束混凝土应变一般能达到轴压时混凝土极限应变的 1.5 倍。

1.2.5 FRP 约束混凝土的应用

FRP 约束混凝土在土木工程中已经得到了较为广泛的应用,包括一些新建结构及既有结构的加固。Mirmiran 和 Shahawy[20]提出将混凝土浇筑于纤维增强聚合物管中,从而组成 FRP 管混凝土组合结构,管内填充混凝土解决了 FRP 管这种薄壁构件的局部稳定问题,混凝土在 FRP 管的有效约束下,强度和延性大大提高,且 FRP 管为改善混凝土的耐久性、防止混凝土的碳化及钢筋锈蚀提供保护,美国弗吉尼亚州的一座大桥中 40 根预制桩成功地应用了这种组合结构。在既有结构外侧环向设置 FRP 可提高结构的承载力、抗震性能,这已经为大量的试验所证实。根据施工方法不同,环向 FRP 可分为纤维布材缠绕、纤维条带缠绕、纤维丝束人工缠绕、纤维丝束自动缠绕、预制复合壳材粘贴、纤维套管注入树脂等(图 1.16)。

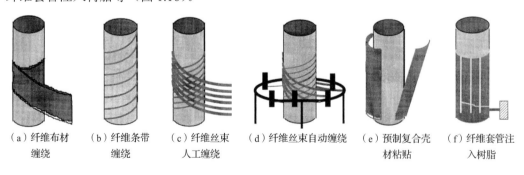

(a) 纤维布材缠绕　(b) 纤维条带缠绕　(c) 纤维丝束人工缠绕　(d) 纤维丝束自动缠绕　(e) 预制复合壳材粘贴　(f) 纤维套管注入树脂

图 1.16　环向 FRP 设置的方式

Xiao 等[18]通过 9 根大比例模型柱的反复加载试验,证实了预制 FRP 外包壳材粘贴对于防止既存桥梁柱的剪切破坏和钢筋搭接破坏、提高柱的延性非常有效,并报道了 1998 年美国加利福尼亚州交通局利用预制 FRP 外包壳材粘贴对桩柱过渡区纵向钢筋搭接不当的问题进行加固处理,4 层预制 FRP 外包壳材被安装在每根柱上长 760mm 的范围内，覆盖柱的钢筋搭接区域。在这项工程中，6 名工人仅花费 3 个月的时间，即完成了对 3480 根桥桩柱的加固工作。图 1.17 所示为用预制 FRP 外包壳材加固桥梁水下桥墩。

（a）预制 FRP 壳材

（b）外包 FRP 壳材

图 1.17　用预制 FRP 外包壳材加固水下桥墩

　　作者课题组实施的一个案例：国内某简支桥梁部分桥墩的强度达不到设计要求，碳化深度较大（普遍超过 6mm），对结构的安全性和耐久性带来一定危害。为改善桥墩的耐久性能，延缓混凝土碳化进程，保护桥墩钢筋，同时也适当提高桥墩的抗压及抗弯承载能力，采用 FRP 约束方法进行加固及补强处理。根据设计计算，桥墩采用包裹 2 或 3 层 CFRP 的加固方案。按照加固方案，对 6 个直径为 1.5m 的桥墩进行了加固，5 名工人工期 10d，造价不足 8 万元，工程顺利完成，并且达到了加固目的如图 1.18 所示。

（a）桥墩加固实施

（b）整体效果

图 1.18　用 FRP 约束加固桥墩实施案例

1.3　本书主要内容简介

　　目前，国内外研究者在 FRP 约束混凝土领域已进行了大量的研究，但相关的理论研究尚不充分。对于 FRP 约束混凝土的力学性能研究，已建立的模型，多局限于单一条件，通用性差，且多数模型复杂，很难在实际工程领域推广应用；对于 FRP 约束混凝土柱的抗震性能，多数研究停留在定性的结论上，未能取得可以应用的量化公式，如 FRP 约束混凝土柱的变形能力、FRP 约束混凝土柱的恢复力模型等计算方法基本还处于空白；对 FRP 加固水下混凝土结构的研究鲜有涉及；对利用 FRP 形成损伤可控结构、降低柱的残余变形，尚缺乏深入研究。

基于以上问题，本书主要研究内容如下。

第 1 章为绪论。

第 2 章介绍 FRP 约束混凝土受力机理及影响参数。分析了 FRP 约束混凝土力学性能的机理，结合相关研究，对 FRP 侧向约束强度、刚度、截面形状、FRP 种类、混凝土强度、尺寸效应、长期荷载、反复荷载、长细比、偏压与轴压等参数进行力学性能影响的探讨。

第 3 章介绍短期轴压荷载下 FRP 约束混凝土圆柱的应力-应变关系模型。对 FRP 约束混凝土圆柱在短期轴压下的试验数据进行了收集，并且对既有 FRP 约束混凝土圆柱的应力-应变关系模型进行分类、总结与评估，分析 FRP 约束与箍筋约束、钢管约束的区别与相似之处，考察 FRP 约束圆形截面力学性能的影响因素，针对 FRP 约束圆柱有、无软化段（强、弱约束）提出判别方法和相应的应力-应变关系模型。

第 4 章介绍短期轴压荷载下 FRP 约束混凝土矩形柱的应力-应变关系模型。整理、收集 FRP 约束混凝土矩形柱在短期轴压下的试验数据，并且对既有 FRP 约束混凝土矩形柱的应力-应变关系模型进行分类、总结与评估，系统分析影响 FRP 约束矩形柱应力-应变关系的主要参数，介绍矩形截面的特殊影响参数，针对 FRP 约束矩形柱有、无软化段（强、弱约束）提出判别方法和相应的应力-应变关系模型。

第 5 章介绍长期轴压荷载下外包 FRP 约束混凝土柱的应力-应变关系模型。进行了不同加固模式下长期荷载作用的 FRP 约束混凝土柱的受压试验，对目前 FRP 约束混凝土常用的几种计算模型进行了分析和比较，对影响 FRP 约束混凝土长期变形的主要因素进行了分析，在考虑负载水平和长期荷载的影响下，建立了不同模式下的 FRP 约束混凝土长期变形计算模型。

第 6 章介绍 FRP 网格约束混凝土柱的力学性能。基于真空辅助成型技术，研发出大尺寸平面 FRP 网格制备工艺，试验研究了 FRP 网格约束混凝土柱的力学性能。用水下不分散砂浆和水下不分散环氧树脂作为粘结材料，研发了 FRP 网格加固水下混凝土柱的工艺，验证了 FRP 网格加固水下混凝土柱的技术效果，提出了 FRP 网格约束混凝土计算模型。

第 7 章介绍 FRP 管及 FRP-钢复合管约束混凝土柱的力学性能。介绍了 FRP 管混凝土组合结构和 FRP-钢复合管混凝土结构，通过试验，研究了 FRP 管及 FRP-钢复合管约束混凝土柱的力学性能，研究了截面倒角半径对 FRP-钢复合管混凝土柱轴压受力性能的影响，提出了 FRP 管混凝土组合结构和 FRP-钢复合管混凝土结构的承载力预测方法。

第 8 章介绍外包 FRP 约束混凝土圆柱的抗震性能。进行了 FRP 约束圆形 RC 柱在低周反复荷载下的抗震性能试验，研究了考虑约束效应的 FRP 约束混凝土圆柱的抗弯承载力计算方法，研究了 FRP 约束混凝土圆柱的塑性铰长度变化规律，建立了 FRP 约束混凝土圆柱的 FRP 用量与极限位移角之间的定量表达式。

第 9 章介绍外包 FRP 约束混凝土矩形柱的抗震性能。进行了 FRP 约束矩形 RC 柱在低周反复荷载下的抗震性能试验研究，给出了 FRP 约束混凝土矩形柱受剪承载力计算公式，给出了 FRP 约束柱破坏模式的判别方法，研究了各主要参数对 FRP 约束混凝土矩形柱截面弯矩-曲率关系的影响，建立了 FRP 用量与极限位移角之间的定量表达式，推导出 FRP 约束混凝土矩形柱在轴力和弯矩共同作用下的抗弯承载力的计算公式，建立了 FRP 约束混凝土矩形柱的弯矩-曲率恢复力模型和荷载-位移恢复力模型。

第 10 章介绍嵌入式 FRP 筋与外包 FRP 组合加固 RC 柱的抗震性能。提出了嵌入式 FRP 筋及外包 FRP 组合加固 RC 柱技术，试验研究了组合加固 RC 柱的抗震性能，提出了一个同时考虑 FRP 筋弹性伸长和粘结滑移的加载端应力-滑移模型，基于纤维模型，对嵌入式 FRP 筋及外包 FRP 组合加固 RC 柱进行了精细化有限元分析，完成组合加固柱的推覆分析和滞回曲线分析。

第 11 章介绍基于 FRP 的损伤可控结构。提出了基于 FRP 的损伤可控结构，介绍了基于 FRP 的损伤可控实现方法及其评价指标体系，推导了残余变形解析式并统计分析了 FRP 约束混凝土柱的残余变形指标，介绍了钢-连续纤维复合筋（SFCB）及其增强混凝土方柱和圆柱的抗震性能，采用钢丝-FRP 复合箍筋（SBFHS）替代普通箍筋实现了"全"复合筋混凝土柱，通过近场强地震动分析研究了等初始刚度的 SFCB 柱在不同 PGV/PGA 的地震下的峰值位移和残余位移响应规律，给出了基于残余位移的 SFCB 柱易损性规律。

参 考 文 献

[1] RICHART F E, BRANDTZAEG A, BROWN R L. A study of the failure of concrete under combined compressive stresses[R]. Urbana: University of Illinois, 1928.

[2] SAATCIOGLU M, RAZVI S R. Strength and ductility of confined concrete[J]. Journal of structural engineering, 1992, 118(6): 1590-1607.

[3] CUSSON D, PAULTRE P. Stress-strain model for confined high-strength concrete[J]. Journal of structural engineering, 1995, 121(3): 468-477.

[4] SHEIKH S A, UZUMERI S M. Analytical model for concrete confinement in tied columns[J]. Journal of structural engineering, 1982, 108(12): 2703-2722.

[5] SHEIKH S A, UZUMERI S M. Strength and ductility of tied concrete columns[J]. Journal of structural division, 1980, 106(5): 1079-1102.

[6] SHAH S P, FAFITIS A, ARNOLD R. Cyclic loading of spirally reinforced concrete[J]. Journal of structural engineering,1983, 109(7): 1695-1710.

[7] MANDER J B, PRIESTLEY M J N, PARK R. Theoretical stress-strain model for confined concrete[J]. Journal of structural engineering, 1988, 114(8): 1804-1826.

[8] TOMII M, SAKINO K, XIAO Y, et al . Earthquake resisting hysteretic behavior of reinforced concrete short columns confined by steel tube[C]// XIAO Y. Proceeding of the International Speciality Conference on Concrete Filled Steel Tubular Structures. Harbin: Harbin Architecture & Civil Engineering Institute, 1985: 119-125.

[9] 韩林海, 陶忠, 刘威. 钢管混凝土结构——理论与实践[J]. 福州大学学报（自然科学版），2001，29（6）：24-34.

[10] FARDIS M N, KHALILI H H. FRP-encased concrete as a structural material[J]. Magazine of concrete research, 1982, 34(121): 191-202.

[11] TOUTANJI H, DENG Y. Deflection and crack-width prediction of concrete beams reinforced with glass FRP rods[J]. Construction and building materials, 2003, 17(1): 69-74.

[12] SAADATMANESH H, EHSANI M R, LI M W. Strength and ductility of concrete columns externally reinforced with fiber-composite Straps[J]. ACI structural journal, 1994, 91(4): 434-447.

[13] LAM L, TENG J G. Compressive strength of FRP-confined concrete in rectangular columns[C]// TENG J G. Proceedings of International Conference on FRP Composites in Civil Engineering. Hong Kong, 2001.

[14] LAM L, TENG J G. A new stress-strain model for FRP-confined concrete[C]// TENG J G. Proceedings of International Conference on FRP Composites in Civil Engineering. Hong Kong, 2001.

[15] PRIESTLEY M J N, SEIBLE F. Design of seismic retrofit measures for concrete and masonry structures[J]. Construction and building materials, 1995, 9(6): 365-377.

[16] SAADATMANESH H, EHSANI M R, JIN L. Repair of earthquake-damaged RC columns with FRP wraps[J]. ACI structural journal, 1997, 94(2): 206-215.

[17] SEIBLE F, PRIESTLEY M J N, HEGEMIER G A, et al. Seismic retrofit of RC columns with continuous carbon fiber jackets[J]. Journal of composites for construction, 1997, 1(2): 52-62.

[18] XIAO Y, WU H, MARTIN G R. Prefabricated composite jacketing of RC columns for enhanced shear strength[J]. Journal of structural engineering, 1999, 125(3): 255-264.

[19] SAUSE R, HARRIES K A. Flexural behavior of concrete columns retrofitted with carbon fiber-reinforced polymer jackets[J]. ACI structural journal, 2004, 101(5): 708-716.

[20] MIRMIRAN A, SHAHAWY M. A new concrete-filled hollow FRP composite column[J]. Composites part B: engineering, 1996, 27(3): 263-268.

第2章　FRP约束混凝土受力机理及影响参数

2.1　引　　言

对混凝土柱进行FRP环向包覆,可增强核心混凝土的承压性能,有效改善了混凝土柱的受力性能,因而可用于既有结构的加固或者新建结构中。近年来,FRP种类的不断增多和产品形式的不断开发大大促进了其在工程中的应用。同时,学者们对FRP约束混凝土的受力特性开展了深入研究,主要集中在总结FRP约束混凝土柱的基本受力规律及评估该材料的抗震性能,为促进FRP在实际工程中的应用奠定了理论基础。

本章介绍了FRP约束混凝土的受力机理,并归纳和总结了影响FRP约束混凝土柱力学性能的一些参数。在介绍FRP约束混凝土受力机理方面,将其与三向静水压力、传统钢筋约束和钢管约束的约束机理进行了对比分析。此外,本章较为详细地介绍了FRP侧向约束强度、FRP侧向约束刚度、截面形状、FRP材料种类、混凝土强度、尺寸效应、长期荷载、反复荷载、长细比、偏压与轴压等主要影响因素,并简略阐述了高温、预应力、钢筋配箍率等因素对约束混凝土力学性能的影响。针对这些因素的深入探讨,对于了解FRP约束混凝土柱的力学性能、应力-应变关系模型的建立及FRP约束混凝土柱承载能力的评估具有重要的意义。

2.2　FRP约束混凝土的受力机理

2.2.1　约束混凝土受力原理

1906年,Considere发现作用在混凝土周围的侧向应力对其强度和变形存在有益影响。1928年,Richart等[1]的研究进一步证实了该说法。他们观测发现,在轴向荷载的作用下,混凝土的侧向膨胀如果受有效的约束,那么混凝土的抗压强度和变形能力均能得到明显的提高。后来有研究者从混凝土的受压破损机理方面进行了解释:若能限制或制约混凝土在轴向压缩荷载下产生的横向拉伸变形,即限制或约束混凝土在承受轴压过程中的内部微裂缝的扩展或延伸,使混凝土的内部结构在较高的轴压荷载下仍能保持连续性,则必将提高混凝土的抗压承载能力。因此,同一混凝土材料在三轴受压作用下,其侧压力越大,其轴向所能承受的荷载也越高。

从裂缝发展的角度来看,约束混凝土在三轴受压下,延纵轴向微裂缝的发生和发展会受推迟和抑制。由此可知,混凝土微裂缝的发生和发展只有在较高的压应力下才能实现,而混凝土内部微柱的失稳或折断也只有在较高的压应力下才能发生,侧向约束最终导致混凝土抗压强度和变形能力的提高。

侧向约束的存在改变了混凝土破坏面的发展与分布。在侧向压应力不太高的情况下，混凝土的破坏面主要是粗骨料与水泥砂浆的结合面。如果侧向压应力较高，沿骨料与水泥砂浆结合面所形成的微柱未失稳，则混凝土的破坏将为第二层次的破坏，即粗骨料的破坏。混凝土的粗骨料如同处于三轴压力下的岩石，在更高的轴压力作用下，在平行于最大主压应力的平面形成第二层次的微柱，其失稳后导致混凝土破坏。

混凝土三轴受压时的力学性能有别于常规单轴受压，研究三轴受压时混凝土的力学性能很有必要。国内外学者进行了大量的混凝土常规三轴抗压强度试验，结论不尽相同，但是学者们普遍认为三轴受压应力 σ_{3f} 与单轴抗压强度 f_{ck} 间有下列关系：

$$\sigma_{3f} / f_c = 1 + k(\sigma_{1f} / f_{ck}) \tag{2.1}$$

式中，σ_{1f} 为侧向压应力 [$0 > \sigma_{1f} = \sigma_{2f} > \sigma_{3f}$（双向侧压力）]；$k$ 为侧向压应力效应系数。不少学者认为 k 并非常数，侧向压应力小时 k 值大，反之则小。因此用约束比 $\xi(\sigma_{1f} / f_{ck})$ 的形式表达更好。

约束混凝土的受压与混凝土常规三轴受压存在一定差别。首先，混凝土的受载过程不同，前者的初期压缩刚度要比后者小；进一步分析表明，外部约束材料的环向抗拉强度越大，荷载-变形曲线的前半期将越趋近于常规三轴应力-应变曲线。其次，常规三轴抗压强度试验的试件达到最大荷载时，由于侧向压力始终存在，在它的支持下混凝土的残余强度缓慢地降低，荷载变形下降渐缓；而对于约束混凝土而言，由于约束材料强度的退化，应变急剧增大或者局部突然断裂，不可能得到平缓的下降段。

2.2.2 主动约束与被动约束原理

按照侧向约束施加形式的不同可将约束形式分为主动约束和被动约束。主动约束混凝土是指在轴向应力增加的同时，约束应力由外部施加并且保持恒定值。被动约束是指受约束的核心混凝土随着轴向荷载的增加引起体积膨胀，激发了约束材料的环向应变，从而使混凝土受到一个由小到大非定值的环向约束力。通过对混凝土逐级增加侧向约束力的试验表明，在最终约束力相同的条件下，被动约束混凝土与主动约束混凝土的强度是相同的。这也说明，约束混凝土的抗压强度不取决于加载过程，而主要取决于最终侧压力的大小。静水压力下的混凝土属于受主动约束作用，而钢筋、钢管与 FRP 约束混凝土则属于受被动约束作用（图 2.1）。

素混凝土在静水压力下（主动约束）的应力-应变响应试验数据已由 Richart 等[1]对低的或中等的体应力（静水或侧向压力）和 Balmer[2]对高的侧向压应力研究获得。试验数据显示，根据所加载的静水应力，混凝土会表现为脆性、塑性软化或塑性硬化材料，这主要是因为在较高的静水应力下发生界面开裂的可能性大大减小，并且破坏形式由劈裂变成了"水泥浆"压碎。另外，还发现极限轴压强度随极限应力增大会显著增大。

Richart 等[1]基于 Mohr-Coulomb 破坏准则建立了在静水压力约束作用下的混凝土抗压强度及应变的表达式：

$$f_{cc} = f'_{c0} + k_1 f_1 \tag{2.2}$$

$$\varepsilon_{cc} = \varepsilon'_{c0}\left(1 + k_2 \frac{f_1}{f'_{c0}}\right) \tag{2.3}$$

式中，f_{cc} 和 ε_{cc} 分别为约束混凝土的峰值抗压强度和对应的峰值应变；f'_{c0} 和 ε'_{c0} 分别为未约束混凝土的峰值强度和峰值应变；k_1 和 k_2 分别为峰值强度和峰值应变的约束效应系数；f_1 为侧向约束强度。

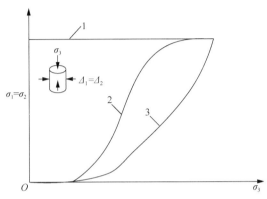

1——常规三轴受压；2——钢管混凝土；3——纤维外包混凝土；Δ_1、Δ_2——侧向约束压力；
σ_1、σ_2——侧向应力；σ_3——轴向应力。

图 2.1　三向受压混凝土受荷过程曲线

2.2.3　FRP 约束混凝土受力原理

FRP 约束混凝土主要通过外包 FRP 布对核心混凝土形成约束，使核心混凝土处于三轴受压工作状态。当 FRP 约束柱轴心受压时，混凝土内部由于微裂缝的形成和发展，侧向膨胀变形不断增大。当混凝土侧向膨胀变形增大到一定程度，外包的 FRP 对核心混凝土产生明显的约束作用。核心混凝土在三轴受压状态下，裂缝发展缓慢，抗压强度及变形能力均得到提高。混凝土在 FRP 的环向约束下可由脆性材料转变为塑性材料。其轴压受力过程主要分为 4 个阶段：初期荷载较小，柱的横向变形也较小，此时纤维布上的应变很小，混凝土主要由箍筋约束，FRP 的约束作用不明显；随着荷载的逐渐加大，混凝土的横向变形增大，FRP 开始和箍筋共同约束混凝土；荷载继续增加，箍筋进入屈服后，FRP 的应变仍随着柱横向变形的加大而增长，此时混凝土主要由 FRP 约束，这种约束使混凝土的极限压应力、应变提高，从而使柱的延性和极限承载力得到提高。

不同材料约束混凝土的抗压应力提高比-应变关系曲线如图 2.2 所示。由此可知，FRP 约束混凝土弹性阶段的应力-应变关系曲线和无约束混凝土的曲线基本重合，这表明此时 FRP 基本未对混凝土产生约束作用；随着荷载的继续增加，当混凝土所受的应力接近素混凝土抗压强度时，混凝土的横向膨胀将导致 FRP 的环向应变迅速增长，从而使FRP 对混凝土提供有效的约束；即使混凝土达到其抗压强度后，整个构件的承载力仍能有效增长，此时试件的极限强度和变形均有明显提高；试件的最终破坏形式为 FRP 达到其极限应变而被拉断。

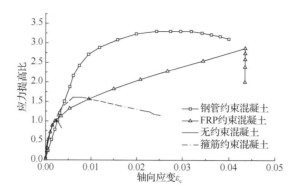

图 2.2　不同材料约束混凝土的抗压应力提高比-应变关系曲线

　　虽然 FRP 约束混凝土柱与钢管约束混凝土柱、箍筋约束混凝土柱相似，但约束材料材性的不同导致了承压程度有较大的差别。FRP 是线弹性材料，断裂前无屈服阶段，也基本上无塑性变形；钢材则是一种弹塑性材料，达到屈服应力后经一段较大的塑性变形后，进入稳定阶段，这导致了 FRP 约束与钢材约束混凝土在轴压下的力学行为表现出一定的区别，如图 2.2 所示。从图 2.2 中可以看出 FRP、箍筋、钢管约束混凝土的特点互不相同。箍筋约束和钢管约束混凝土在峰值应力后进入一个平台段或者下降段，这是因为钢材屈服，应力无法再显著增长，作用在约束混凝土上的侧向约束应力几乎保持不变；而 FRP 强约束的混凝土的应力-应变曲线直至破坏都没有下降段，这是因为 FRP 是一种线弹性材料，随着混凝土横向变形的加大，约束应力会持续地线性加大直至纤维拉断。因此，已有的箍筋约束或钢管约束混凝土的理论不能直接应用于 FRP 约束混凝土。

2.2.4　FRP 约束混凝土的应力-应变关系模型

　　FRP 约束混凝土的应力-应变关系模型是进行 FRP 约束混凝土力学性能评估的理论基础，具有重要意义，因此国内外学者进行了大量研究。

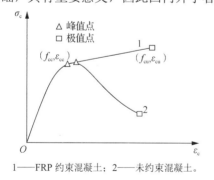

1——FRP 约束混凝土；2——未约束混凝土。

图 2.3　约束混凝土应力-应变曲线的双线性特征

　　FRP 约束混凝土的应力-应变曲线具有双线性的特点。如图 2.3 所示，在初始阶段，应力-应变关系曲线与无约束混凝土基本相同；在经历峰值点以后，应力-应变曲线进入第二阶段，根据侧向约束的强弱，应力-应变关系曲线可能有软化阶段或硬化阶段，该阶段曲线呈明显非线性。FRP 约束混凝土柱应力-应变关系曲线的确定，一般需要以下关键参数，即峰值强度 f_{cc}、峰值应变 ε_{cc}、极限强度 f_{cu}、极限应变 ε_{cu}。

　　目前，针对 FRP 约束混凝土的受压性能提出的应力-应变关系模型大致可分为 4 类。

　　1）基于钢约束混凝土的修正模型。1988 年 Mander 等[3]提出了钢约束混凝土的计算模型。其后，1994 年 Saadatmanesh 等[4]在此基础上提出了 FRP 约束混凝土的应力-应变关系修正模型。

2）基于试验研究的回归模型。该模型根据试验数据进行半经验半理论分析，设定的相关参数则通过归回分析确定。近年来发表的很多文献采用了这种模型分析方法，如 Wu 等[5]、Jiang 和 Teng[6]、Wei 和 Wu[7]等。此类模型往往形式简单，计算方便，适合实际工程应用。

3）基于有限元分析的数值模型。该模型基于混凝土和 FRP 破坏准则利用大型商用有限元分析软件建立有限元数值模型。该模型可以在一定精度范围内对模拟构件进行趋势预测和参数分析，但并不能精确预测试验结果，如 Rochette 和 Labossiere[8]、Mirmiran 等[9]、Karabinis 和 Rousakis[10]等。

4）基于迭代计算的分析模型。有少数研究人员在主动约束混凝土的基本理论上，通过建立增量分析本构方程编制计算程序迭代计算，如 Mirmiran 和 Shahawy[11]、Spoelstra 和 Monti[12]、Fam 和 Rizkalla[13]等。

FRP 约束混凝土应力-应变关系的早期理论研究主要是采用上述修正模型研究方法，即以试验数据为基础，借鉴箍筋约束混凝土柱或钢管约束混凝土柱的机理及相关经验，得到 FRP 约束混凝土柱的强度和变形预测模型。在该研究中，虽然箍筋（或钢管）约束混凝土柱和 FRP 约束混凝土柱都属于被动约束，但箍筋在达到其屈服强度后将形成恒定的侧向约束力，而 FRP 形成的侧向约束力则始终保持增长直至破坏，因此所建立的模型往往高估了 FRP 的约束性能，存在一定的安全隐患。因而近年来，随着研究的不断深入，国内外很多研究者采用上述 2）~4）方法，提出了许多 FRP 约束混凝土柱的强度和变形预测模型。

2.3　FRP 约束混凝土受力影响参数分析

FRP 约束混凝土的受力性能受诸多因素影响，如 FRP 侧向约束强度、FRP 侧向约束刚度、截面形状、FRP 种类、混凝土性能（强度、弹性模量、泊松比）、尺寸效应等。

2.3.1　FRP 混凝土侧向约束强度

侧向约束强度 f_l，即指外包的 FRP 材料对混凝土柱所能提供的侧向约束力。在已有的 FRP 约束混凝土柱本构关系模型的研究中，大多数模型沿用了 Richart 等[1]提出的静水压力约束作用下的混凝土抗压强度及应变的表达式［式（2.2）］，其中一个重要的参数就是侧向约束强度 f_l。需要注意的是，在目前的计算模型中多以无量纲形式的侧向约束强度比 f_l / f'_{c0} 出现，而不是 f_l 单独出现。f_l / f'_{c0} 的大小可以直接影响 FRP 约束混凝土的抗压强度和轴向延性性能。

由式（2.2）和式（2.3）可知，f_l 的大小直接影响约束混凝土的峰值强度与峰值应变，因此，侧向约束强度 f_l 成为预估 FRP 约束混凝土柱应力-应变性能的重要参数。

FRP 约束圆柱体时，其侧向受压均匀连续，此时侧向约束强度比为 $f_l / f'_{c0} = 2t_f f_f / (D f'_{c0})$；其中，$f_l$ 为 FRP 侧向约束强度，f'_{c0} 为混凝土标准圆柱体峰值强度，D 为圆柱截面直径，f_f 为 FRP 极限强度，t_f 为 FRP 总厚度。而当以条带 FRP 间隔约束混凝土时，$f_l = 2t_f b_f f_f / [D(b_f + s_f)]$；其中，$b_f$ 为 FRP 条带宽度，s_f 为 FRP 条带净间距。需要注意的是，约束强度也受到截面形状的显著影响，当截面形状为矩形或者椭圆形时，约束强度的计算方法各不相同，具体的计算方法将在后面的章节中介绍。从侧向约束强度的表达式可以看到，f_l 的大小受 FRP 厚度（层数）、FRP 拉伸强度、圆柱直径、矩形柱边长和倒角半径，甚至是条带包裹的宽度 b_f 和间隔 s_f 的影响。

大量的研究结果表明，f_l / f'_{c0} 与约束混凝土柱试件的轴向抗压强度和轴向极限应变具有显著的联系。Berthet 等[14]对圆柱的试验结果显示，随着侧向约束强度比的增大，约束混凝土柱的极限强度和应变都持续增大。不仅在圆柱中，Parvin 和 Wang[15]、Chaallal 等[16]在研究方柱和矩形柱时也得出了相同的结论。

以 BFRP 约束混凝土柱为例，分析侧向约束强度比对极限应力和应变的影响。图 2.4（a）和（b）中分别列出了混凝土试件强度 C30 和 C50 的约束混凝土柱轴压试件的应力-应变曲线，其中侧向约束强度比的增加直接反映出 BFRP 包裹层数增多。从图 2.4 中可以看出，随着 BFRP 层数的增加，转折点和极限点的应力和应变值均有不同程度的增加，曲线转折点后的斜率（二次刚度）也不断增大。这反映了随着侧向约束强度比的增加，约束混凝土柱的轴向抗压强度和轴向抗压极限应变都相应增加。

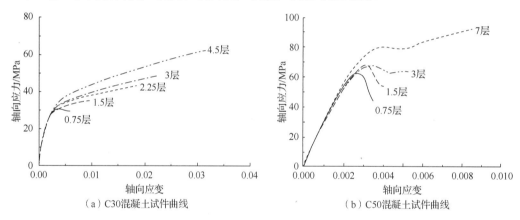

（a）C30混凝土试件曲线　　　　　　（b）C50混凝土试件曲线

图 2.4　BFRP 包裹层数与应力-应变曲线

此外，一些学者研究表明侧向约束强度比也与约束混凝土柱的轴压应力-应变的形式有关，即它直接决定了峰值后是否有软化段。

一般，根据 FRP 约束混凝土的轴压性能试验结果，可发现 FRP 约束混凝土柱的应力-应变关系可能有软化段或者没有软化段。如图 2.5 所示，通常，可以将应力-应变曲线中没有软化段的 FRP 约束效应称为强约束，而有软化段的则称为弱约束。当 FRP 约束为强约束时，约束混凝土的强度可以一直增加，直至 FRP 断裂破坏，峰值应力和峰值应变就是极限应力和极限应变，FRP 约束混凝土柱的应力-应变关系曲线表现出无软化段的特征。当 FRP 约束为弱约束时，约束混凝土的强度达到一定的程度就开始下降，直至 FRP 断裂破坏，FRP 约束对于混凝土强度的提高

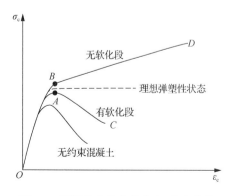

图 2.5　不同约束效应的应力-应变曲线

不明显，但对于极限应变的提高效果则比较明显，此时峰值应力和峰值应变不同于极限应力和极限应变，表现出软化段的特征。图 2.5 中，曲线 *OBD* 中 *BD* 段显著上升具有明显的二次刚度，约束后混凝土的强度和应变均得到显著增强，为强约束；曲线 *OAC* 中转折点后 *AC* 段为持续下降段，约束后混凝土强度和应变的提高幅度很有限，为弱约束。此外，曲线走势也可能接近于理想弹塑性状态，即转折点后曲线非常平缓，极限应变的提高程度远大于抗压强度，则为临界约束状态，其介于强、弱约束效应之间。

侧向约束强度 f_l 是决定 FRP 约束混凝土柱的应力-应变曲线是否表现出软化段的重要因素之一。许多学者也利用 f_l 的大小来进行对混凝土强、弱约束的判断。

对于圆柱形混凝土，吴刚等[17]提出，针对包裹普通弹模（ $E_f \leqslant 250\mathrm{GPa}$ ）的 FRP 约束混凝土圆柱，侧向约束强度比 $f_l / f'_{c0} = 0.13$ 为强、弱约束界限值；而针对高弹模（ $E_f > 250\mathrm{GPa}$ ）的 FRP 约束混凝土圆柱，临界侧向约束强度比为 $f_l / f'_{c0} = 0.13(250 / E_f)^{0.5}$ ，其中 E_f 为 FRP 弹性模量。

Spoelstra 和 Monti[18]提出了以侧向约束强度比作为判定标准。当 $f_l / f'_{c0} < 0.07$ 时，约束混凝土柱的极限状态应力 f_{cu} 小于未约束混凝土强度 f'_{c0} ，为弱约束效应；而当 $f_l / f'_{c0} \geqslant 0.07$ 时，则为强约束效应。

Mirmiran 等[19]提出了适用于不同截面形状约束混凝土的修正侧向约束强度比 $\mathrm{MCR} = (2R / D)(f_l / f'_{c0})$ 。在研究了极限强度与峰值点强度比值 f_{cu} / f_{cc} 与 MCR 之间对应变化规律后，发现 MCR<15%为弱约束效应。针对圆柱，当 $f_l / f'_{c0} < 0.15$ 时可判断为弱约束效应。

针对矩形柱，魏洋[20]也以修正后的侧向约束比作为关键指标判定曲线是否具有软化段。

侧向约束强度 f_l 除了用于判定约束的强弱之外，它的重要性也体现在许多 FRP 约束混凝土柱的极限强度或者极限应变的模型中。表 2.1 和表 2.2 分别列出了一些代表性的约束混凝土的极限强度和极限应变预测模型，这些模型中都包含了侧向约束强度这一参数。

表 2.1　部分极限强度预测模型

编号	文献来源	年份	模型
1	Dent 和 Bisby[21]	2005	$f_{cu} = f'_{c0}\left(1 + 2.425\dfrac{f_l}{f'_{c0}}\right)$ $f_{cu} = f'_{c0}\left[1 + 2.217\left(\dfrac{f_l}{f'_{c0}}\right)^{0.911}\right]$ $f_{cu} = f'_{c0} + 3.587 f_l^{0.840}$
2	Wu 和 Wang[22]	2009	$\dfrac{f_{cu}}{f'_{c0}} = 1 + 2.23\left(\dfrac{f_l}{f'_{c0}}\right)^{0.96}$
3	Al-salloum 和 Siddiqui[23]	2009	$\dfrac{f_{cu}}{f'_{c0}} = 1 + 2.312\dfrac{f_l}{f'_{c0}}$
4	Wu 和 Zhou[24]	2010	$\dfrac{f_{cu}}{f'_{c0}} = \dfrac{f_l}{f'_{c0}} + \sqrt{\left(\dfrac{16.7}{f'^{0.42}_{c0}} - \dfrac{f'^{0.42}_{c0}}{16.7}\right)\dfrac{f_l}{f'_{c0}} + 1}$

续表

编号	文献来源	年份	模型
5	Wang 和 Wu[25]	2010	（$f_l/f'_{c0} < 0.67$ 时） $$f_{cu} = \frac{\left(1.0 + 5.54\dfrac{f_l}{f'_{c0}}\right)f'_{c0}}{\sqrt{1 + \dfrac{h-d}{353}\left(1 - 1.49\dfrac{f_l}{f'_{c0}}\right)}}$$ （$f_l/f'_{c0} \geqslant 0.67$ 时） $$f_{cu} = \left(1 + 5.54\dfrac{f_l}{f'_{c0}}\right)f'_{c0}$$
6	Wei 和 Wu[7]	2012	$\dfrac{f_{cu}}{f'_{c0}} = 0.5 + 2.7\left(\dfrac{f_l}{f'_{c0}}\right)^{0.73}$

表 2.2   部分极限应变预测模型

编号	文献来源	年份	模型
1	de Lorenzis 和 Tepfers[26]	2003	$\dfrac{\varepsilon_{cu}}{\varepsilon_{c0}} = 1 + 26.2\left(\dfrac{f_l}{f'_{c0}}\right)^{0.8}E_l^{-0.148}$
2	Youssef 等[27]	2007	$\varepsilon_{cu} = 0.003368 + 0.2590\left(\dfrac{f_l}{f'_{c0}}\right)\varepsilon_{fu}^{\frac{1}{2}}$
3	Wei 和 Wu[7]	2012	$\dfrac{\varepsilon_{cu}}{\varepsilon_{c0}} = 1.75 + 12\left(\dfrac{f_l}{f'_{c0}}\right)^{0.75}\left(\dfrac{30}{f'_{c0}}\right)^{0.62}$

注：ε_{fu} 为 FRP 片材测试断裂应变。

2.3.2 FRP 混凝土侧向约束刚度

从广义上而言，侧向约束刚度 E_l 定义为侧向约束应力增量和侧向约束应变增量之比，即

$$E_l = \frac{\Delta\sigma_l}{\Delta\varepsilon_l} \tag{2.4}$$

式中，$\Delta\sigma_l$、$\Delta\varepsilon_l$ 分别为侧向约束应力增量和侧向约束应变增量。

针对圆形截面的混凝土柱，侧向约束刚度的计算公式为

$$E_l = \frac{2E_f t_f}{d} \tag{2.5}$$

当截面形式为矩形混凝土柱时，侧向约束刚度的计算公式为

$$E_l = \frac{2E_f t_f}{d}k_s \tag{2.6}$$

当外侧的 FRP 是以一定间距的条带形式约束混凝土圆柱时，侧向约束刚度的计算公式为

$$E_l = \frac{2E_f b_f t_f}{D(b_f + s_f)} \tag{2.7}$$

式中，b_f 为 FRP 条带宽度；s_f 为各相邻 FRP 条带之间的净间距。

从侧向约束刚度的定义公式可以看出，影响侧向约束刚度的基本因素有 FRP 材料厚度 t_f、混凝土截面形状及尺寸（D、b、h）、FRP 材料的拉伸弹性模量 E_f。这些因素对

侧向约束刚度的影响程度与对侧向约束强度 f_1 的影响相似。

当轴向压力较低时混凝土横向膨胀较小，侧向约束刚度较高的 FRP 约束反应更为敏锐，能较早地发挥对混凝土的侧向约束作用。因此，侧向约束刚度的强弱决定了 FRP 限制内部混凝土膨胀能力的大小，从而影响约束构件的性能。吴刚等[17,28]认为，约束圆柱中应力-应变曲线无论是有软化段时的峰值点还是无软化段时的转折点，其应力、应变值均与侧向约束刚度有关；Parvin 和 Wang[15]认为，对矩形柱的约束效率与 FRP 约束刚度成比例关系；Chaallal 等[16]通过对矩形柱的试验发现，侧向约束刚度与试件纵向刚度比值 k 是影响 FRP 约束混凝土性能的关键参数。

一些学者通过研究发现：应力-应变在曲线无软化段的情况下，转折点后直线段的斜率 E_2（二次刚度）与侧向约束刚度有关。侧向约束刚度越大，则斜率 E_2 越大。此外，未约束混凝土强度甚至预载应力等都能对 E_2 产生影响。例如，Berthet 等[29]试验发现，侧向约束刚度与二次刚度之间存在函数关系，并且环向和轴向应变之比是侧向约束刚度的逆函数。Fahmy 和 Wu[30]分析对比了大量数据和模型，认为二次刚度 E_2 与 FRP 的种类无关，而与未约束混凝土强度和 FRP 侧向约束刚度有关。

以直径 150mm 的圆柱试件为例，侧向约束刚度 E_1 对 C30 和 C50 混凝土柱轴压下转折点应变 ε_{ct} 和应力 f_{ct} 的影响分别如图 2.6（a）和（b）所示。可以发现，当 E_1 小于 400MPa 时，对 C30 和 C50 混凝土试件的 ε_{ct} 和 f_{ct} 的影响均较小；当 E_1 大于 400MPa 时，对 ε_{ct} 和 f_{ct} 的增大作用变得明显，其中 C30 试件在 ε_{ct} 上增大更多，而 f_{ct} 则受影响程度较小。

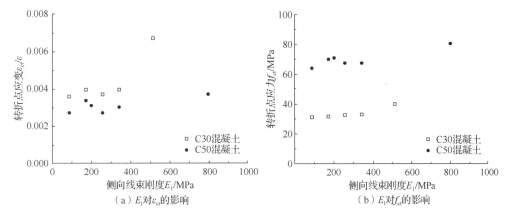

图 2.6　混凝土圆柱侧向约束刚度对转折点应变和应力的影响

此外，一些学者认为侧向约束刚度 E_1 会影响 FRP 材料的约束效应。例如，Xiao 和 Wu[31]建议，在混凝土圆柱中，当 $E_1 / (f_{c0}')^2 < 0.2(\text{MPa}^{-1})$ 时可判定应力-应变曲线具有软化段，FRP 约束为弱约束。依据我国《纤维增强复合材料工程应用技术标准》（GB 50608—2020）[32]，混凝土的约束状态由约束刚度参数 $\beta_j = E_1 / f_{ck}$ 确定，其中 f_{ck} 为标准立方体抗压强度标准值。

2.3.3　截面形状

FRP 约束混凝土截面可以有多种形式，如圆形、矩形、椭圆形、倒角矩形等。不同的截面形式，FRP 具有不同的约束机理，各类约束柱的力学性能也不同。由于圆形截面光滑无棱角，FRP 可在整个截面上提供均匀的环向约束力，它被公认为约束效果最好的截面形状。而非圆形截面中角部或长短轴的存在会不同程度地降低 FRP 的约束作用。

如前所述，当截面为矩形时，约束截面将被分为有效约束区和非有效约束区（图 2.7）。Restrepol 和 de Vino[33]首先提出了约束核心混凝土（confined core concrete）的定义，这个定义指出方形或者矩形截面柱沿着截面的边有一个拱形区域得不到有效约束，在混凝土柱横截面中存在一个有效约束区域，可以定义为

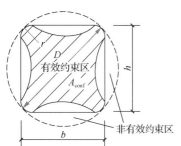

图 2.7　有效约束区域示意图

$$A_{conf} = A_g \left[1 - \frac{(b-2r)^2 + (h-2r)^2}{3bh} \right] \qquad (2.8)$$

式中，A_{conf} 为柱截面有效约束面积；A_g 为柱截面总面积；b 为柱截面宽度；h 为柱截面高度；r 为倒角半径。

截面形状的差异不仅包括截面形式的不同，还包括边角部倒角半径的变化。Harries 和 Carey[34]指出，式（2.8）并不能在被约束混凝土（有效约束区域的混凝土）的线性阶段很好地反映不同倒角半径的影响，他们通过试验指出，式（2.8）低估了有效约束区域。

另外，Restrepol 和 de Vino[33]、Chaallal 等[35]利用下式考虑了纵筋的影响：

$$\frac{A_{conf}}{A_c} = \frac{1 - \frac{(b-2r)^2 - (h-2r)^2}{3A_g} - \rho_s}{1 - \rho_s} \qquad (2.9)$$

$$A_g = bh - (4-\pi)r^2 \qquad (2.10)$$

式中，ρ_s 为柱纵向配筋率；A_{conf} 为柱截面有效约束面积；A_c 为柱混凝土总面积。

基于 FRP 约束矩形截面的有效约束区和未有效约束区的划分，许多学者定义了一个形状系数 k_{ef}，即

$$k_{ef} = \frac{A_{conf}}{A_g} \qquad (2.11)$$

不同的学者对形状系数的定义各有不同，一些形状系数定义见表 2.3。

表 2.3　不同模型 k_{ef} 的计算公式

编号	文献来源	k_{ef} 的计算公式
1	Mirmiran 等[19]	$k_{ef} = \dfrac{2r}{h}\ (h \geqslant b)$
2	Harajli 等[36]、Youssef 等[27]、Yan 等[37]	$k_{ef} = 1 - \left[\dfrac{(b-2r)^2 + (h-2r)^2}{3bh} \right]$
3	Bakis 等[38]、Al-Salloum[39]	$k_{ef} = 1 - \left[\dfrac{(b-2r)^2 + (h-2r)^2}{3A_{gross}} \right]$
4	Lam 和 Teng[40]	$k_{ef} = \left(\dfrac{b}{h} \right)^2 \dfrac{A_e}{A_c} = \left(\dfrac{b}{h} \right)^2 \left\{ 1 - \left[\dfrac{\dfrac{b}{h}(h-2r)^2 + \dfrac{h}{b}(b-2r)^2}{3A_{gross}} \right] \right\}$

对于 FRP 约束矩形截面，约束强度仍采用类似圆形截面的公式计算：

$$f_c = k_{ef} \frac{2f_f t_f}{D} \tag{2.12}$$

式中，f_1 为 FRP 侧向约束强度；t_f 为 FRP 总厚度；D 为矩形混凝土截面的等效直径；f_f 为 FRP 极限强度。部分学者采用的等效直径的计算公式见表 2.4，当 $b = h = d$ 时，即适用于圆形截面。

表 2.4　不同模型等效直径 D 的计算公式

编号	文献来源	D 的计算公式
1	Mirmiran 等[19]	$D = h(h \geqslant b)$
2	Bakis 等[38]、Harajli 等[36]、Youssef 等[27]、Yan 等[37]	$D = \dfrac{2bh}{b+h}$
3	Al-Salloum[39]	$D = \sqrt{2}b - 2r(\sqrt{2}-1)$
4	Lam 和 Teng[40]	$D = \sqrt{b^2 + h^2}$

丁里宁[41]提出的 FRP 约束矩形方柱的极限应力 f_{cu} 计算表达式如下：

$$f_{cu} = \frac{\alpha + \beta \left(\dfrac{f_1}{f_{c0}}\right)^{\gamma}}{\sqrt{1 + \dfrac{h-d}{\left(a\dfrac{f_1}{f_{c0}} + b\right)}}} f_{c0} \tag{2.13}$$

式中，f_{c0} 为标准圆柱体混凝土强度；h 为柱截面高度；d 为柱截面直径；b 为柱截面宽度；a、b、α、β、γ 为相关参数；约束强度 f_1 采用下式计算：

$$f_1 = \frac{2f_f t}{D} k_{ef} k_\varepsilon \tag{2.14}$$

式中，等效直径 D 采用下式计算：

$$D = \sqrt{2}d - 2r(\sqrt{2}-1) \tag{2.15}$$

k_ε 为应变削减系数，其考虑了截面倒角对 FRP 实际断裂应变的影响，根据 Yan 等[37]的研究结果，对于矩形截面柱可采用下式计算：

$$k_\varepsilon = 0.31 + 1.42 \frac{r}{b} \tag{2.16}$$

在基于大量试验结果及文献中试验数据的基础上，经过非线性数据回归后，得到 f_{cu} 的预测模型计算公式为

$$f_{cu} = \frac{0.55 + 3.6 \left(\dfrac{f_1}{f_{c0}}\right)^{0.51}}{\sqrt{1 + \dfrac{h-d}{332}\left(1 - 1.19\dfrac{f_1}{f_{c0}}\right)}} f_{c0} \tag{2.17}$$

图 2.8 所示为丁里宁[41]提出的模型预测结果与 ACI 440 模型结果的对比，ACI 440 模型为箍筋演化模型，计算结果偏于不保守，而丁里宁[41]提出的模型具有较高的预测精度。

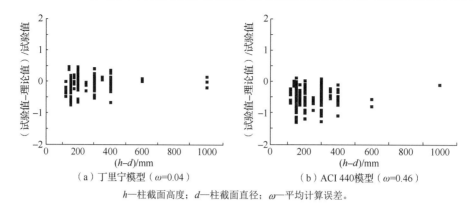

（a）丁里宁模型（ω=0.04）　　　　　（b）ACI 440模型（ω=0.46）

h—柱截面高度；d—柱截面直径；ω—平均计算误差。

图 2.8　FRP 约束矩形混凝土截面柱的极限强度模型比较

2.3.4　FRP 种类

目前，常见的 FRP 种类有 CFRP、GFRP、AFRP、BFRP、FDRP 等。图 1.13 列出了常用 FRP、普通钢筋的应力-应变曲线。由图 1.13 可见，FRP 应力-应变曲线均呈现线弹性特征，没有普通钢筋体现出的弹塑性材料所具有的屈服情况。不同的 FRP 其弹性模量不同，极限拉伸强度不同，极限拉应变也不相同，因而对混凝土的约束效果也不相同。FRP 种类也是影响 FRP 约束混凝土柱力学性能的一个重要参数，并引起学者的重视。

不同 FRP 由于极限拉伸强度不同、弹性模量不同，造成对约束强度比和约束刚度比的不同影响。需要注意的是，总结相关研究成果可以发现，在固定约束强度比下，FRP 约束混凝土柱的峰值强度略微受 FRP 种类的影响，峰值应变则受 FRP 种类显著的影响。研究结果表明，FRP 约束混凝土柱的峰值应变随着 FRP 材料极限应变的增大而增大。Ozbakkaloglu 和 Lim[42]总结了不同种类 FRP 约束柱的峰值强度和峰值应变的变化情况，如图 2.9 所示，可以明显地发现应变提高比对 FRP 种类比较敏感，而强度提高比则对 FRP 种类敏感性较弱。

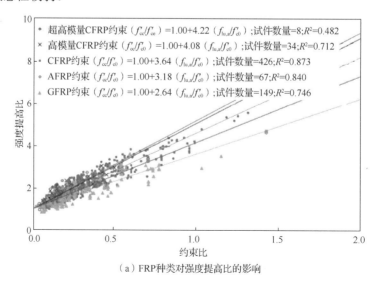

（a）FRP种类对强度提高比的影响

图 2.9　FRP 种类对强度提高比及应变提高比的影响

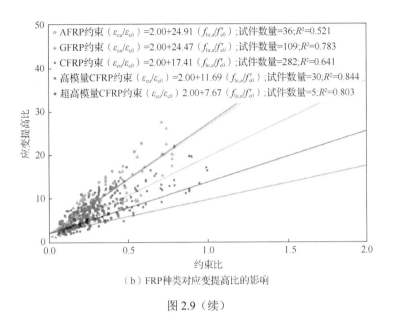

（b）FRP种类对应变提高比的影响

图 2.9（续）

考虑 FRP 对约束强度比的直接影响及 FRP 约束柱的实际极限状态，准确确定 FRP 环向断裂应变具有重要意义。然而研究发现，约束柱的 FRP 环向断裂应变并不恒等于 FRP 的极限断裂应变，造成 FRP 的应变并没有得到充分利用。已有研究结果表明，FRP 极限断裂应变与 FRP 的种类密切相关。FRP 环向断裂应变非常重要，如何准确预估此应变值成了许多学者关注的问题。一种有效的方法是利用环向应变有效利用系数 k_s 去预估断裂应变值。环向应变有效利用系数（或者称为断裂应变削减系数）被定义为 FRP 实际环向断裂应变 $\varepsilon_{h,rup}$ 与 FRP 片材测试断裂应变 ε_{frp} 之比，反映了约束柱破坏时 FRP 材料性能的利用程度。研究表明，环向应变有效利用系数与 FRP 的种类密切相关[41]。表 2.5 列出了不同 FRP 的环向应变有效利用系数 k_s。

表 2.5　不同 FRP 的环向应变有效利用系数 k_s

FRP 类别及与试件结合方式	试验试件数量/个	k_s	
		方差	平均值
CFRP 包裹	116	0.127	0.682
GFRP 包裹	23	0.084	0.793
AFRP 包裹	7	0.066	0.809
GFRP 管	4	0.047	0.775

由表 2.5 可知，不同种类的 FRP，其环向应变有效利用系数并不相同，其中 CFRP 包裹最低，AFRP 包裹最高。

丁里宁[41]通过对文献中试验数据的总结，得出圆形截面 FRP 约束柱的 k_s 的表达式为

$$k_s = -40.99\Phi(E_1, f_{c0}, h-d) - 0.013 f_{c0} + 1.58 \tag{2.18}$$

$$\Phi(E_1, f_{c0}, h-d) = \frac{\left\{\left[190 - 0.0083\left(\dfrac{E_1}{f_{c0}}\right)^{3.1} - (h-d)\right]^2\right\}^{0.0080}}{E_1^{0.34} f_{c0}^{0.81}} \qquad (2.19)$$

丁里宁试验环向应变有效利用系数的预测值与试验值的比较情况如图 2.10 所示，丁里宁[41]提出的环向应变有效利用系数公式计算的平均绝对误差在 9.7%以内，具有较高的精度。

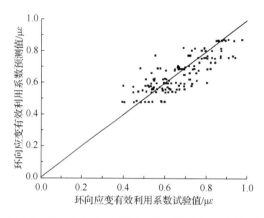

图 2.10　环向应变有效利用系数预测值与试验值比较

2.3.5　素混凝土强度

混凝土的强度直接影响 FRP 约束柱的力学性能，其对约束柱的性能影响主要体现在以下几个方面。

1）混凝土的强度等级影响 FRP 约束柱的破坏模式。在混凝土抗压强度不是很高的情况下，约束混凝土的破坏始于骨料结合面上随机出现的裂缝，然后混凝土开始膨胀，受到侧向有效约束后裂缝扩展有一定的减缓甚至稳定，当超过约束混凝土抗压强度后，混凝土压碎严重，内聚力几乎丧失；而对于抗压强度很高的混凝土，约束混凝土破坏时的裂缝基本呈竖向分布，把整个圆柱体沿纵向分成多个小混凝土柱，此时外包 FRP 约束起紧束小柱、推延其发生屈曲破坏的作用。

2）混凝土的强度等级影响 FRP 约束柱的应力-应变关系。不同强度等级的 FRP 约束柱应力-应变关系曲线形状虽然相似，但也存在实质性的差别。试件直径均为 190mm，都采用 1 层 BFRP 约束，C30 混凝土柱和 C50 混凝土柱的应力-应变关系如图 2.11 所示。由此可知，随着混凝土强度的提高，应力-应变关系曲线的上升段和峰值应变的变化并不显著，然而下降段的形状却有较大的差异。混凝土强度越高，下降段的坡度越陡，即下降段在相同幅度时变形越小，延性越差。

作为一种被动约束，FRP 约束混凝土柱只有在轴压达到未约束混凝土柱轴心抗压强度附近范围某个值后，才能激活 FRP 对混凝土的有效约束。由此可知，FRP 约束混凝土柱的受压过程基本可以分为两种不同的受力状态，即没有激活约束的近似单轴受压和激活约束后的常规三轴受压。这也充分说明，混凝土峰值点过后的延性好坏对 FRP 约束的发挥程度有着较大影响。混凝土强度越低，其延性越大，变形能力越好，可以充分发挥 FRP 约束效应；反之，混凝土的强度越高，混凝土自身的变形能力就越差，激活 FRP 约束效应的能力越低。因此在相同约束条件下，低强度混凝土的性能提升幅度相对更大。

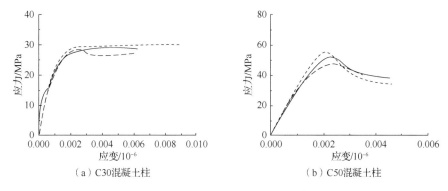

（a）C30混凝土柱　　　　　　　　　（b）C50混凝土柱

图 2.11　不同强度等级约束混凝土柱应力-应变关系曲线比较

以混凝土强度等级分别为 C30 和 C50 的 BFRP 约束混凝土圆柱为例[41]。不同侧向约束比下混凝土极限强度提高幅度及极限应变提高幅度如图 2.12 所示，由此可知低强度等级试件随侧向约束强度比的增加，其极限强度和极限应变提高的幅度要大于高强度等级混凝土试件，并且这种幅度的差异在极限应变上体现得更加明显。

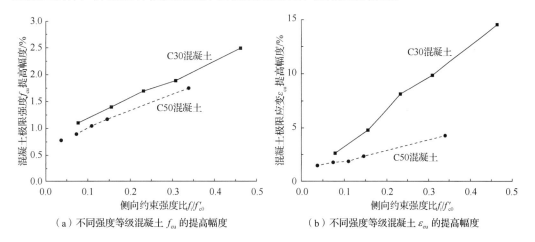

（a）不同强度等级混凝土 f_{cu} 的提高幅度　　　（b）不同强度等级混凝土 ε_{cu} 的提高幅度

图 2.12　混凝土强度对提高应力和应变的影响

文献[31]研究了 3 组不同混凝土强度等级的 FRP 约束混凝土柱试件，未约束混凝土试件强度等级分别为 33.7MPa、43.8MPa、55.2MPa。每组试件分别外包 1 层、2 层、3 层 CFRP。外包 CFRP 的设计厚度为 0.381mm，弹性模量为 105000MPa，抗拉强度为 1577MPa，极限拉应变为 1.5%。试验结果见表 2.6。从表 2.6 中可以看出，当未约束混凝土强度等级提高时，对应包裹不同层数 CFRP 后的约束混凝土强度提高幅度逐渐降低。同时根据文献给出的应力-应变关系（图 2.13），可知当未约束混凝土强度等级提高时，其轴向极限应变也逐渐变小，表明其延性的提高幅度逐渐下降。

表 2.6 不同混凝土强度等级的 FRP 约束混凝土柱强度提高幅度对比

项目	f_{c0} /MPa								
	33.7			43.8			55.2		
CFRP 层数	1	2	3	1	2	3	1	2	3
f_1 /MPa	7.9	15.8	23.7	7.9	15.8	23.7	7.9	15.8	23.7
f_{cc} /MPa	45.0	70.5	88.2	51.8	82.7	94.4	59.6	76.4	105.9
强度提高幅度/%	33.5	109.2	161.7	18.3	88.8	115.5	8.0	38.4	91.8

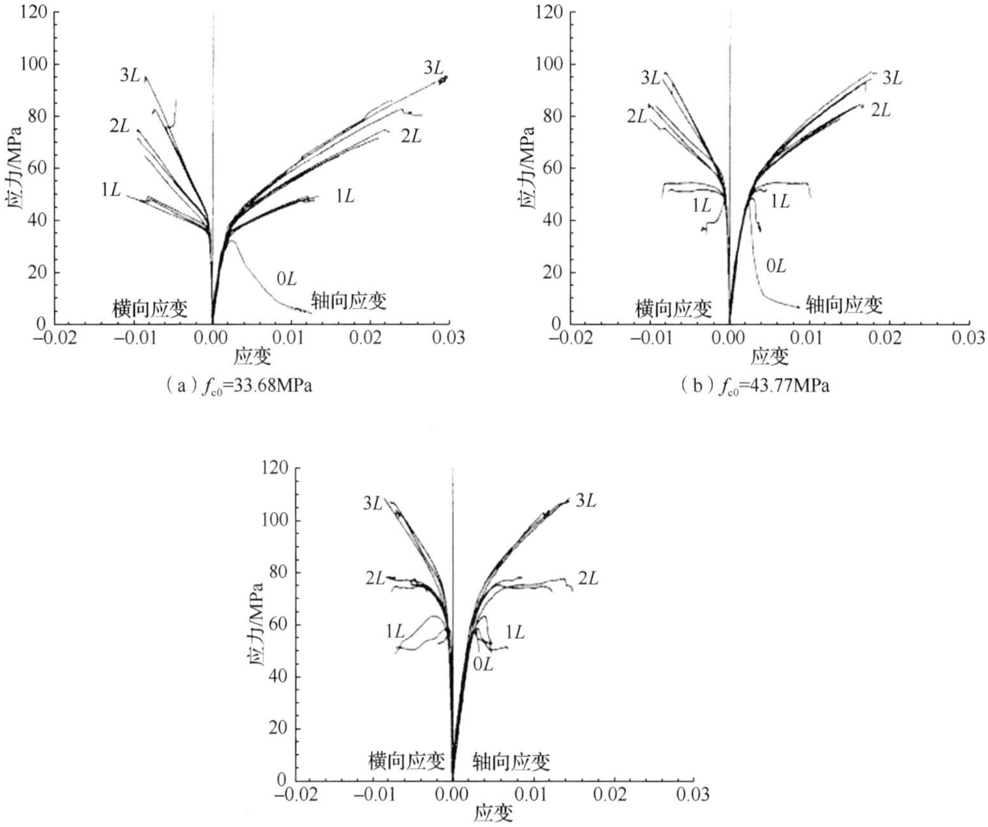

（a）f_{c0}=33.68MPa

（b）f_{c0}=43.77MPa

（c）f_{c0}=55.21MPa

L——FRP 层数，层。

图 2.13 不同混凝土强度等级的 FRP 约束混凝土柱应力-应变关系曲线

3）混凝土抗压强度除了对约束混凝土的应力-应变曲线有较大影响外，也有学者认为混凝土强度对约束混凝土的计算模型中的约束效应系数 k 也有一定的影响[如式（2.2）中的 k_1]。Berthet 等[29]通过对 5 组不同系列抗压强度的圆柱体共 63 个试件外包 CFRP 或 GFRP 的试验研究，对这些试验数据进行整理，可以得到混凝土抗压强度的提高幅度和约束比之间的关系，如图 2.14 所示。

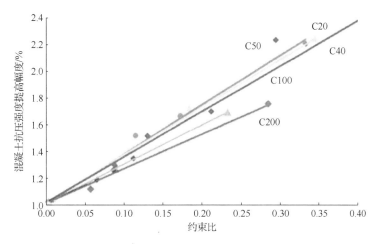

图 2.14　混凝土抗压强度提高幅度与约束比的关系

4）未约束混凝土抗压强度等级对 FRP 约束混凝土柱的极限强度和延性的提高有很大的影响。强度等级较低时，两者的提高幅度均很高；随着强度等级的逐渐提高，两者的提高幅度逐渐下降。当然在实际工程加固中，采用 FRP 加固混凝土柱提高其强度和延性时，对混凝土有着最低的强度等级要求。根据我国《碳纤维片材加固混凝土结构技术规程（2007 年版）》（CECS 146：2003）[43]，采用封闭粘贴碳纤维片材加固混凝土时，混凝土强度等级不应低于 C10。

2.3.6　尺寸效应

尺寸效应是材料的力学性能之一，是指其性能会随着结构几何尺寸的变化而变化。尺寸效应是一切物理理论中的基本问题之一，其产生的作用不容忽视。长期以来，广泛的研究已经证实混凝土材料存在尺寸效应。然而，现行的混凝土结构设计通常是基于强度准则进行的，即认为几何相似的结构具有相同的强度，尺寸效应的影响被忽视。在大多数情况下，由于不能进行混凝土结构（或构件）的足尺试验，相关的设计规范只能依据小尺寸试验的结果编制，由此指导的设计也就不能考虑尺寸效应对结构性能的影响。在实际设计过程中，虽然可以通过安全系数法或经验性构造改善措施等来回避尺寸效应的影响，但是，对于土木工程的研究人员和设计者而言，了解混凝土尺寸效应的影响有助于更准确地把握结构的真实状态，进行更安全的结构设计。随着对结构探索的不断深入和对设计精度的不断提升，粗放型的设计思路早已不能满足 FRP 增强结构发展的需求。研究尺寸效应在 FRP 增强结构中的影响，并在实际结构设计时提供切实有效的指导已经成为当前一项紧迫的任务。

近年来，随着 FRP 在混凝土约束和抗震加固中的广泛应用，FRP 约束混凝土方面的研究还比较少，且主要集中在试验结果比较上，但不同的试验得出的结论也是大不相同。表 2.7 中列出了近几年来关于 FRP 约束混凝土尺寸效应的部分研究成果。

表 2.7　FRP 约束混凝土的尺寸效应试验研究成果

文献来源	年份	FRP 种类/截面形状	试件尺寸*	混凝土抗压强度 f_{co}/MPa	结论
Owen[44]	1998	CFRP/圆形	102.5×203、152.5×305、298.0×610	47.9～58.1	强度受明显的尺寸效应影响
Thériault 等[45]	2004	C&GFRP/圆形	51×102、152×304、304×608、152×912、304×1824	18.0～39.0	强度的尺寸效应仅在圆柱直径小于 50mm 时才存在
Lin 和 Li[46]	2003	CFRP/圆形	100×200、120×240、150×300	17.05～24.93	
Silva 和 Rodrigues[47]	2006	GFRP/圆形	150×300、150×450、150×600、150×750、250×750	26.5～32.2	在相同包裹层数下，尺寸增大导致强度降低
Masia 等[48]	2004	CFRP/方形	100×300（R25）、125×375（R25）、150×450（R25）	23.8～24.4	
贾明英和程华[49]	2003	CFRP/圆形	150×300、200×400、250×500	39.6	
童谷生等[50]	2009	BFRP/方形	100×300、150×450、200×600	33.70～33.86	
顾祥林等[51]	2006	CFRP/圆形	100×300、150×450	23.5～40.9	圆柱直径大于 100mm 时，强度受尺寸效应影响不明显
de Lorenzis 等[52]	2002	CFRP/圆形	55×110、120×240、150×300	未标明	抗压强度受尺寸效应影响很小
Carey 和 Harries[53]	2005	CFRP/圆形	152×305、254×762、610×1830	33.5	强约束作用时，抗压强度几乎不受尺寸效应影响
Wu 等[54]	2009	AFRP/圆形+方形	70×210、105×315、194×582；70×210（R7）、100×300（R10）、150×450（R15）	28.79～52.09	强度明显受尺寸效应影响，而应变受尺寸效应影响很小
Elsanadedy 等[55]	2012	CFRP/圆柱	50×100、100×200、150×300	41.1	应力和应变受尺寸效应影响不显著
Liang 等[56]	2012	CFRP/圆柱	100×200、200×400、300×600	33.8	
Akogbe 等[57]	2011	CFRP/圆柱	100×200、200×400、300×600	20.6～28.1	强度不受尺寸效应影响

*本列数字单位均为 mm。

　　由表 2.7 可知，大部分的试验结论表明强度和应变受尺寸效应影响不明显，只有少数研究认为尺寸效应具有显著的影响。这两种结论完全相悖，往往使其他研究者和结构设计者感到无所适从。

　　一般 FRP 约束柱的破坏模式不具有尺寸效应。丁里宁[41]曾系统研究过 BFRP 约束圆柱的尺寸效应，试验过程中发现所有 FRP 约束圆柱体试件在单向轴压下的破坏模式都是相同的，即先听到细微的"噼啪"声，然后外包 FRP 约束材料突然从接近试件中间高度处断裂并弹开，如图 2.15 所示。在 Wang 和 Wu[58]关于 AFRP 约束柱的尺寸效应研究中也得到类似结论，破坏模式无明显不同，破坏面的特征也相似（圆形截面柱破坏面的角度为 45°～60°，破坏面之间的最大距离与截面直径呈比例变化；矩形截面柱的破坏面角度约为 60°）。因此，FRP 约束混凝土的破坏模式并未见尺寸效应。

（a）102-C30-0.5-1　　（b）150-C30-0.75-1　　（c）190-C30-1-1　　（d）300-C30-1.5-1　　（e）382-C30-2-1

图 2.15　不同尺寸试件的破坏模式

　　FRP 约束柱的应力-应变关系曲线具有微弱的尺寸效应影响，图 2.16 显示了不同尺寸试件的应力-应变关系曲线。图 2.16 中，102-C30-1 表示柱直径为 102mm，采用 1 层 FRP 约束的 C30 混凝土柱试件。可见，当约束强度比较低（FRP 层数较少），即 FRP 约束力作用较弱时，尺寸效应对曲线的第一阶段（转折点之前）没有什么影响，但曲线的第二阶段具有一定的尺寸效应。随着尺寸的增大，第二阶段曲线逐渐降低，小尺寸试件则具有更高的斜率。但随着约束强度比的增大，约束作用逐渐变强时，第二阶段的尺寸效应逐渐弱化；在约束作用较强时，曲线的第一和第二阶段都没有显著的尺寸效应影响。

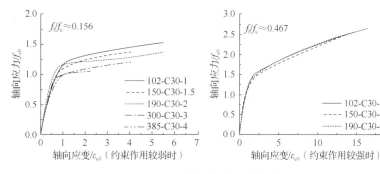

图 2.16　尺寸效应对应力-应变关系曲线形状的影响

　　FRP 约束柱的强度表现出受一定的尺寸效应影响。图 2.17 展示了转折点的应力随尺寸的变化情况，每个设计参数设计了 3 个相同的试件，图 2.17 中 $k_t = f_{ct} / f_{c0}$，f_{ct} 为转折点的应力。由图 2.17 可知随着尺寸的增大，k_t 逐渐变小，小尺寸试件具有更高的转折点应力。与转折点应力类似，FRP 约束柱的极限应力随着外观尺寸的增大而减小，表明 FRP 约束柱的强度受一定的尺寸效应影响[41]。

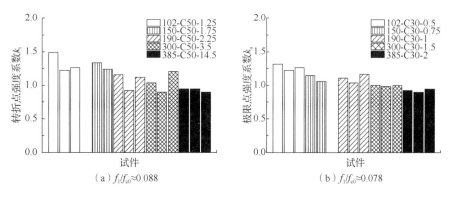

图 2.17　不同尺寸下转折点应力变化趋势

与应力不同的是，FRP 约束柱的应变没有明显受尺寸效应影响。Wang 和 Wu[58]等的试验表明，转折点处的应变系数 δ_t 与试件尺寸无明显的联系 [图 2.18（a）]，无论试件的尺寸多大，转折点处的应变与未约束混凝土峰值应变之比都接近 1，与约束强度比也没有直接联系。约束柱的极限应变系数 δ_u 具有微弱的尺寸效应 [图 2.18（b）]，之前的研究也得到类似结论。

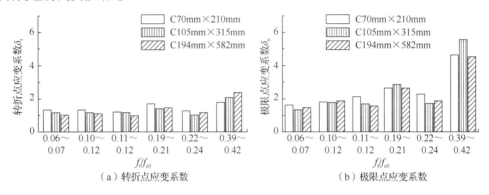

（a）转折点应变系数　　　　　　　　　（b）极限点应变系数

图 2.18　不同尺寸下约束混凝土柱的转折点应变与极限应变

目前关于 FRP 约束柱的尺寸效应的研究还不是很多，并且研究得出的结论也不完全相同。总结而言，破坏模式基本不受尺寸效应影响；应力-应变关系曲线具有一定的尺寸效应，但随着约束作用的提高而逐渐不明显；约束混凝土柱的强度具有一定的尺寸效应，应变的尺寸效应影响不显著。

2.3.7　长期荷载

FRP 约束混凝土柱长期荷载下的力学性能与短期荷载下具有明显的差异。随着 FRP 约束混凝土在桥梁、民用建筑、近海工程等应用的日益增多，其徐变问题也变得越来越突出。研究长期荷载下 FRP 约束混凝土柱的力学性能具有重要的实际工程意义。

与钢筋混凝土或者钢管混凝土类似，FRP 约束混凝土在长期荷载作用下，其力学性能也会逐渐发生改变。首先，FRP 材料在长期荷载作用下会逐渐发生蠕变，并导致最后失效。通常，约束材料中，CFRP 最不易受蠕变影响，AFRP 受蠕变的影响居中，GFRP 最易受影响。其次，混凝土材料本身也会发生徐变。

FRP 约束混凝土的长期性能也包括一些特殊性。首先，核心混凝土被 FRP 包裹，混凝土处于密封状态，基本上不与外界发生水分交换，即混凝土中的水分不会散失，因此，混凝土的收缩变形相对较小。其次，受约束混凝土由于外包 FRP 的约束作用，处于三轴受压状态，影响混凝土的轴向徐变。最后，FRP 和混凝土在长期荷载作用下产生徐变，两者的径向变形相互制约，这种复合作用使 FRP 约束混凝土的长期变形问题比单一的混凝土材料或者 FRP 材料复杂得多。

影响长期荷载下 FRP 约束混凝土力学性能的因素有很多，如持荷时间长短、持荷水平、约束作用力大小、混凝土强度等级等。

1）FRP 约束混凝土持荷时间长短直接决定了构件的变形情况。图 2.19 为典型的 FRP 约束柱的轴向徐变随加载时间变化曲线图。该试验由 Wang 和 Zhang[59]于 2009 年完成，加载的试件均为 AFRP 约束混凝土试件，采用 2 层 AFRP 进行约束。其中，A1 试件的混凝土抗压强度为 47.3MPa，B1 试件为 51.1MPa。从图 2.19 中可以明显看到，加载早期，轴向徐变有显著增长的趋势；随着时间的增长，这种增长趋势逐渐放缓，呈现出缓慢增长的状态。

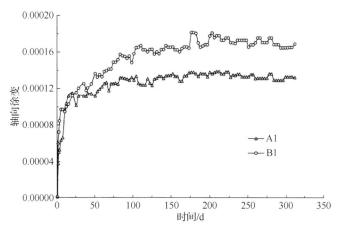

图 2.19 典型轴向徐变随加载时间变化曲线图

2）研究表明，持荷水平是影响 FRP 约束混凝土柱长期徐变的重要因素。相同混凝土强度等级及 FRP 约束条件下，持荷水平越高，约束柱的徐变也越大。Naguib 和 Mirmiran[60]较为详细地研究了加载水平对 FRP 约束混凝土柱长期徐变的影响，如图 2.20 所示，研究者比较了两种持荷水平（分别为柱抗压强度的 15%和 30%）下长期徐变的差异。两种不同持荷水平下约束混凝土柱的长期徐变性能有较大区别，较大的持荷水平下约束柱表现出较大的徐变。

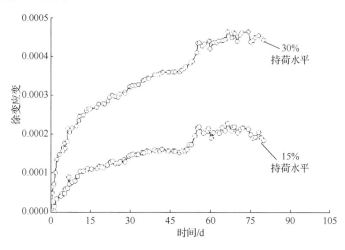

图 2.20 不同持荷水平下约束柱的徐变比较

3）FRP 的约束作用力大小对约束柱的长期性能具有一定的影响。研究表明，FRP 约束水平对约束柱长期徐变的影响与所承受的持荷水平密切相关。潘毅[61]完成了不同 FRP 约束水平及不同持荷水平下约束柱的长期持荷试验。试验结果如图 2.21 所示，FRP

约束水平的变化表现为与 FRP 约束层数的变化一致。由图 2.21 可知，当负载水平较小（30%混凝土抗压强度）时不同 FRP 层数的应变-时间曲线之间的差别很小，FRP 层数的增加对长期变形的影响微弱，几乎可以忽略。而在负载水平较高（60%混凝土抗压强度）时，FRP 层数的增加对长期变形的影响才得以较为明显地体现。由图 2.21 可知，随着 FRP 层数的增加，FRP 约束混凝土柱的长期变形减小。其原因如下：一方面，FRP 层数的增加导致约束作用增强，混凝土徐变降低；另一方面，相同负载下单位厚度的 FRP 承担的拉应力减小，从而导致 FRP 本身的徐变降低。

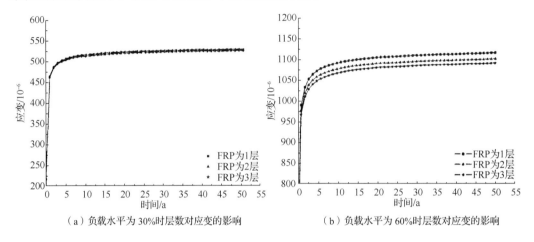

（a）负载水平为 30%时层数对应变的影响   （b）负载水平为 60%时层数对应变的影响

图 2.21   FRP 约束水平对长期变形性能的影响

4）已有的试验及模型预测结果表明，混凝土强度对 FRP 约束混凝土柱的长期徐变具有显著的影响。周浪[62]通过模型的参数分析发现，随着核心混凝土强度的提高，FRP 约束混凝土的徐变也随之增加，如图 2.22 所示。原因如下：在轴压比一定时，核心混凝土强度越高，核心混凝土所承受的荷载也越大，从而使构件的加剧变形。陶忠和于清[63]、潘毅[61]在 FRP 约束柱长期性能方面的研究中也得到了类似的结论。

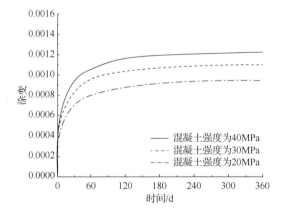

图 2.22   混凝土强度对长期变形程度的影响

当 FRP 用于混凝土柱的加固或修复时,柱本身往往已有一定程度的损伤.研究表明,初始损伤状态会影响约束柱的长期性能。Shan 和 Xiao[64]的试验研究了不同初始损伤水平下 FRP 约束混凝土柱的长期性能，并给出了能考虑初始损伤水平的 FRP 约束柱徐变计算模型。如图 2.23（a）所示（D_m 是归一化的损伤指数，表示初始损伤水平），FRP 约束损伤柱在长期荷载下的徐变受初始损伤水平控制，初始损伤水平对徐变的影响还呈现出一定的非线性。在加固材料相同时，徐变随初始损伤水平的增大而增加。

初始损伤水平除了影响 FRP 约束柱的徐变，还对 FRP 约束柱的徐变破坏时限具有一定的影响。约束柱在长期荷载作用下，逐步产生侧向膨胀，使外包 FRP 应变逐步增加，而 FRP 在拉应力作用下自身的徐变也加大了 FRP 的应变，两种因素叠加下有可能在某一时刻超过其极限应变而发生破坏。图 2.23（b）显示了不同初始损伤水平对徐变破坏时限的影响。由此可知，初始损伤水平对徐变破坏时限有着较为显著的影响，初始损伤水平越大，徐变破坏时限越短。

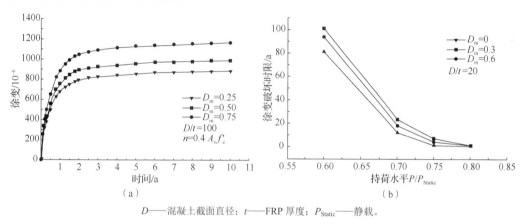

D——混凝土截面直径；t——FRP 厚度；P_{Static}——静载。

图 2.23　不同初始损伤水平下约束柱的徐变和徐变破坏时限

2.3.8　反复加载

FRP 约束混凝土柱可以显著提高混凝土的强度及变形能力，因而它的一个重要应用就是抗震加固或者修复。因此，研究反复轴压下 FRP 约束混凝土柱的力学性能具有重要的意义。

首先，反复加载对 FRP 约束柱的极限状态的影响引起了学者的重视。极限状态包括约束柱的破坏模式，破坏时的极限应变、极限强度及 FRP 断裂应变。试验研究表明，反复加载时 FRP 约束柱的最后破坏都是 FRP 断裂导致的，与单调加载时相同，加载方式对 FRP 约束柱的最终破坏模式没有明显的影响。

反复加载条件下，约束柱破坏时的极限应变和强度与单调加载时有所区别。Ozbakkaloglu 和 Akin[65]对 AFRP 和 CFRP 约束素混凝土的反复加载试验结果表明，极限应变和极限强度随加载周次的增加而增加，低模量的 AFRP 约束柱增加趋势更加明显。然而反复加载对破坏时 FRP 的断裂应变是否有影响却有着争议。Ozbakkaloglu 和 Akin[65]的研究表明，加载周次对断裂应变没有明显的影响；然而 Lam 等[66]、Demir 等[67]的研究却得出相反的结论，认为 FRP 的断裂应变随加载周次的增加而增大。因此，关于反复加载对 FRP 的断裂应变是否有影响还需要继续研究。

其次，反复加载时 FRP 约束柱的应力-应变关系曲线研究具有重要意义。建立精确的 FRP 约束混凝土反复受压时的应力-应变关系模型，是进行 FRP 加固钢筋混凝土构件和结构抗震性能分析的基础。反复加载下约束混凝土模型研究一般包括以下几个方面，即包络线与卸载应变的关系、加卸载曲线等（图 2.24）。

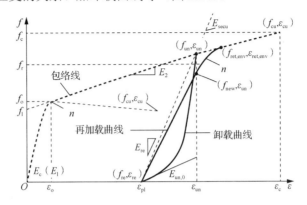

图 2.24　典型的约束柱反复受压应力-应变曲线

Lam 等[66]对 FRP 约束素混凝土柱的试验结果表明，加卸载对反复受压时的应力-应变包络线影响不大，可用单调受压时的应力-应变关系曲线代替反复受压时的包络线。图 2.25 所示为典型的约束柱单调加载和反复加载时的应力-应变曲线包络线，由图 2.25 可知反复加载下应力-应变曲线的包络线几乎与单调加载时的应力-应变曲线重合，两者相差很小。Ozbakkaloglu 和 Akin[65]对 FRP 约束普通强度素混凝土和高强素混凝土的反复加载试验也表明，反复加载的包络线与单调加载时的应力-应变曲线非常接近。

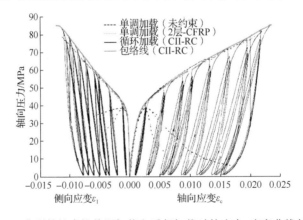

图 2.25　典型的约束柱单调加载和反复加载时的应力-应变曲线包络线

反复加载时的应力-应变曲线包络线与单调加载时非常接近的结论被广泛认同，因而诸多学者在建立反复加载的模型时也采用该假设[68,69]。

塑性残余应变 ε_{pl} 指轴向应力卸载到零时的轴向残余应变，它是建立反复受压滞回规则的基本参数。Shao 等[70]通过对 24 个采用不同 FRP 材料和包裹层数的约束素混凝土圆柱进行反复受压试验表明，约束混凝土的塑性残余应变与卸载应变具有很好的线性关系；Lam 等[66]的试验也得出了类似的结论，如图 2.26 所示。

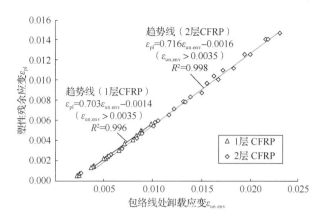

图 2.26　塑性残余应变与包络线处卸载应变关系

加卸载路径是建立反复加载时 FRP 约束混凝土柱应力-应变关系的重要内容，包括卸载路径和再加载路径。

1）卸载路径。卸载路径定义为轴向应变逐渐降低时混凝土经历的应力-应变路径。它可以从包络线处开始卸载，也可以从再加载路径上卸载。已有的试验研究表明，卸载路径呈现非线性特征，尤其是在卸载后期轴向应力接近零时，其形状受卸载时包络线的应力 σ_{un}、应变 ε_{un} 及残余应变 ε_{pl} 的影响显著。许多学者通过试验建立了比较精确的卸载路径（卸载应力-应变关系）[69]。

Shao 等[70]的卸载路径定义为

$$\sigma_c = \frac{(1-x)^m}{(1+kx)^m}\sigma_{un} \tag{2.20}$$

式中，m 和 k 分别为形状控制参数，取为 2；σ_c 为轴向应力；x 为归一化卸载应变；σ_{un} 卸载应力。

$$x = \frac{\varepsilon_c - \varepsilon_{un}}{\varepsilon_{pl} - \varepsilon_{un}}, \qquad 0 < x < 1 \tag{2.21}$$

式中，ε_c 为轴向应变；ε_{un} 为卸载应变；ε_{pl} 为塑性残余应变。

Lam 和 Teng[68]的卸载路径定义为

$$\sigma_c = a\varepsilon_c^n + b\varepsilon_c + c \tag{2.22}$$

式中，$a = \dfrac{\sigma_{un} - E_{un,0}(\varepsilon_{un} - \varepsilon_{pl})}{\varepsilon_{un}^n - \varepsilon_{pl}^n - \eta\varepsilon_{pl}^{\eta-1}(\varepsilon_{un} - \varepsilon_{pl})}$；$b = E_{un,0} - a\eta\varepsilon_{pl}^{\eta-1}$；$c = -a\varepsilon_{pl}^\eta - b\varepsilon_{pl}$。由此可知，卸载路径的控制参数有两个（即 $E_{un,0}$ 和 η），计算公式为

$$\eta = 350\varepsilon_{un} + 3 \tag{2.23}$$

$$E_{un,0} = \min\left(\frac{0.5f_{c0}}{\varepsilon_{un}}, \ \frac{\sigma_{un}}{\varepsilon_{un} - \varepsilon_{pl}}\right) \tag{2.24}$$

式中，η 为控制参数，$E_{un,0}$ 为应力为零时卸载路径的斜率。

图 2.27 所示为 Shao 等[70]、Lam 和 Teng[68]模型的卸载路径与试验结果的对比，可知两者都具有很高的精度。

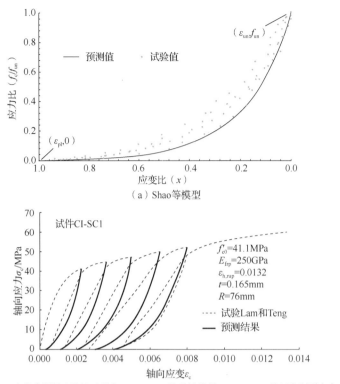

（a）Shao等模型

f'_{c0}—未约束混凝土的抗压强度；E_{frp}—FRP的弹性模量；$\varepsilon_{h,rup}$—FRP的环向断裂应变。

（b）Lam和Teng模型

图2.27　卸载路径预测与试验比较

2）再加载路径。再加载路径定义为从卸载路径上的一个起始点开始，轴向应变逐渐增大的过程中，混凝土经历的应力-应变路径。Shao 等[70]的试验研究表明，反复受压时的再加载曲线近似为直线，王代玉[71]也认为再加载曲线近似为直线。王代玉和 Shao 等采用了同样的表达式：

$$\sigma_c = \frac{\sigma_{new}}{\varepsilon_{new} - \varepsilon_{pl}}(\varepsilon_c - \varepsilon_{pl}) \qquad (2.25)$$

式中，σ_{new} 和 ε_{new} 分别为再加载曲线与卸载曲线交点处的应力和应变。接近包络线时再加载曲线一般为曲线，采用直线假设会高估应力，因而对 σ_{new} 进行了一定折减。Shao 等取 $\sigma_{new} = 0.9\sigma_{un}$；王代玉取 $\sigma_{new} = 0.912\sigma_{un}$（圆柱），$\sigma_{new} = 0.921\sigma_{un}$（方柱）。

以上构成了建立反复加载时 FRP 约束柱的应力-应变曲线所需的几个要素。Shao 等、Lam 和 Teng 及王代玉的模型都具有较高的精度，比较准确地反映了反复加载时约束柱的应力-应变曲线特性，可作为设计参考。

2.3.9　长细比

FRP 约束柱的长细比反映了试件长度与试件直径之比（H/D）的大小，它是体现试件几何特征的重要因素。虽然国内外对 FRP 约束柱力学性能进行了大量的研究，但大多集中于长细比较小（一般小于 3）的试件，即大多数计算模型是基于小比例短柱得出的，能否反映实际结构中 FRP 约束混凝土中长柱的性能还需要去验证。目前，对长细比较大的约束试件的研究还不够充分，研究成果的缺乏直接影响相关规范和规程的编制。仅有的试验研究表明长细比是影响 FRP 约束柱力学性能的重要因素。

长细比对约束柱的极限承载能力具有一些影响。Mirmiran 等[19]进行了 4 种长细比的 GFRP 约束混凝土圆柱的试验研究，研究结果表明随着长细比的增大，试件的极限承载能力有下降的趋势，其原因是长细比增大，初始缺陷易造成试件质心和截面中心位置的偏差，且影响较为显著。试验结果显示，当 $H/D=5$ 时，试件的极限承载能力大约下降了 18%。Mirmiran 等首次将试件的长细比作为约束柱强度预测的重要参数，给出了约束柱极限抗压强度 f_{cu} 的具体表达式为

$$f_{cu} = f'_{cu2}\left[0.0288\left(\frac{H}{D}\right)^2 - 0.263\frac{H}{D} + 1.418\right] \qquad (2.26)$$

式中，f'_{cu2} 为长细比为 2 时试件的极限抗压强度。然而，Mirmiran 等提出的公式只适合于长细比为 2～5 的试件，而对长细比更大的试件误差较大。

Vincent 和 Ozbakkaloglu[72]进行了较为系统的 FRP 约束柱长细比影响试验。研究发现当长细比为 1 时 FRP 约束对强度提高的作用最为明显，当长细比为 2～5 时，强度提高略有下降，但变化并不显著。与强度不同的是，长细比对 FRP 约束柱的轴向极限应变的影响要显著得多。图 2.28 所示为不同长细比下极限应变提高系数的变化情况，从图 2.28 中可知，随着长细比的增大，FRP 对约束柱的极限应变提高作用随之下降。

与轴向极限应变类似，长细比对 FRP 环向断裂应变也有一定的影响。图 2.29 显示了 FRP 约束普通强度混凝土（NSC）和高强混凝土（HSC）的 FRP 环向断裂应变随长细比的变化情况，由图 2.29 可知随着长细比的增大，FRP 的断裂应变有减小的趋势。其原因可能是，长细比更大的试件，更容易发生局部破坏，FRP 不如长细比较小的试件利用得充分。

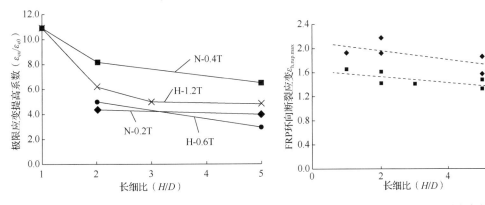

图 2.28　长细比对极限应变提高系数的影响　　　图 2.29　长细比对 FRP 环向断裂应变的影响

图 2.30 显示了不同长细比下 FRP 约束混凝土柱的应力-应变曲线[72]。由图 2.30 可知，长细比主要影响应力-应变曲线的第二阶段，对第一阶段几乎没有影响。当 FRP 厚度相同时，不同长细比的约束柱，初始刚度非常接近。第二阶段曲线受长细比影响较大。由之前的分析可知，当长细比大于 1 时，长细比对约束柱极限强度的影响不显著，而对极限应变的影响较大，这从应力-应变关系曲线图的第二阶段也可以看出。

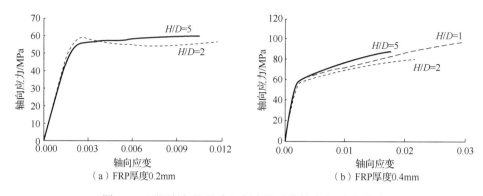

（a）FRP 厚度0.2mm　　　　　　　（b）FRP 厚度0.4mm

图 2.30　不同长细比约束混凝土柱试件的应力-应变曲线

2.3.10　偏压与轴压

在实际工程中，由于受自身几何特征、施工误差、地震作用等的影响，混凝土柱往往处于偏心受压的状态，FRP 约束混凝土柱偏心受压时的受力性能逐渐引起学者的重视。相较于轴心受压的情况，偏心受压时 FRP 约束混凝土柱的受力更为复杂（图 2.31），

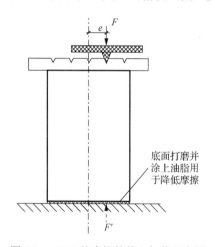

图 2.31　FRP 约束柱的偏心加载示意图

分析难度也更大。由于偏心的存在，轴力会引起附加弯矩，混凝土柱处于受压和受弯的双重受力状态，横向截面也会由于附加弯矩的存在而呈现出一定的应力梯度，柱的破坏特征显著异于轴心受压，轴心受压下的结论并不能简单套用到偏心受压的情况。因而，学者们从试验、数值模拟、理论分析等角度对 FRP 约束混凝土的偏心受压特性进行了研究并得出了一些有益的结论，下面简单介绍。

偏心加载对约束柱的破坏模式有一定的影响。Wu 和 Jiang[73]比较了偏心受压和轴心受压时 FRP 约束混凝土柱的破坏模式。试验结果显示，素混凝土柱偏心受压时，其破坏模式为受压区混凝土劈裂，在柱中部形成破坏面。而 FRP 约束混凝土柱的破坏都是由于 FRP 的断裂破坏，当为无偏心或者小偏心构件时，FRP 的断裂区更大，破坏更为剧烈；当为大偏心构件时，受压侧 FRP 断裂，受拉侧柱中部出现一定数量的水平裂纹。

在极限状态方面，已有研究表明偏心率（偏心受力构件中轴向力作用点至截面形心的距离）是影响约束柱极限强度的重要因素。Hadi[74]试验研究了 FRP 约束素混凝土柱和钢筋混凝土柱在偏心受压和轴心受压时的力学性能。结果表明，不论是偏心受压还是轴心受压，FRP 都可以显著提高混凝土的极限强度和延性，而强度的提高随偏心距的增大而降低。由图 2.32 可知，随着偏心距的增大，极限强度随之下降，且约束混凝土比未约束混凝土更加明显。当偏心距为 10mm 时，与轴心受压相比，约束混凝土的极限强度下降了约 20%。

研究显示偏心率影响环向应变的分布[75]。偏心会引起环向应变梯度，并造成约束不均，受压侧存在弯矩-轴力交互，环向应变发生剧烈变化，如图 2.33 所示，不同位置处的应变显著不同，且受压侧的环向应变非常小，几乎可以忽略。峰值荷载时的平均环向应变也受到偏心率的影响，随着偏心率的增大，平均环向应变总体降低。

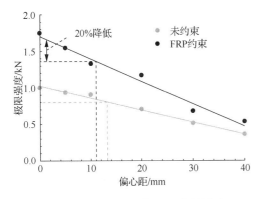

图 2.32　偏心加载对极限强度的影响

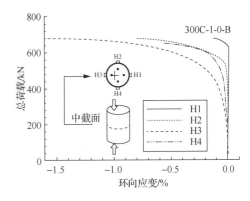

图 2.33　偏心加载时的环向应变分布

　　承载力 N-弯矩 M 曲线（或 P-M 曲线）是研究偏心加载 FRP 约束柱力学性能的重要工具，反映了给定截面参数条件下，随初始偏心距的变化导致构件呈纯弯曲、大偏心受压、临界状态、小偏心受压到轴心受压等不同失效形式的连续渐变过程及约束柱承载能力的变化情况，被学者重视。Lam 和 Teng[76]提出了偏压柱 N-M 曲线分析方法，并被美国混凝土学会（ACI）学会推荐采用（ACI.440.2R）。图 2.34 所示为弯矩和轴力组合作用时圆形截面的应力-应变分布，假设 FRP 与混凝土完全共同工作，忽略混凝土的抗拉强度，且平截面假定成立。

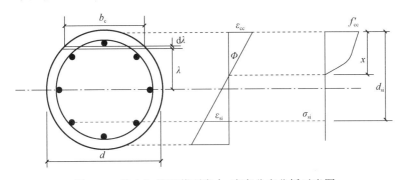

图 2.34　偏心加载下截面应力-应变分布分析示意图

　　以截面中心为参考轴，对截面应力积分可以得到在加载任意阶段截面所承担的 N 和 M 分别为

$$N = \int_{\lambda=d/2-x}^{d/2} \sigma_c b_c d\lambda + \sum_{i=1}^{n} (\sigma_{si} - \sigma_c) A_{si} \tag{2.27}$$

$$M = \int_{\lambda=d/2-x}^{d/2} \sigma_c b_c \lambda d\lambda + \sum_{i=1}^{n} (\sigma_{si} - \sigma_c) A_{si} \left(\frac{d}{2} - d_{si} \right) \tag{2.28}$$

式中，b_c 为距离参考轴为 λ 的截面宽度；σ_{si} 为第 i 层纵筋的应力；A_{si} 为相应的纵筋截面面积；σ_c 为受压区混凝土应力，由 Lam 和 Teng[76]的约束混凝土应力-应变模型确定，受拉区混凝土应力假定为 0。式（2.27）和式（2.28）适用于加载的任意阶段，当受压区

边缘混凝土达到 FRP 约束混凝土的极限应变时，柱达到极限状态。极限状态时，上式中的轴力、弯矩和中和轴高度可作为 3 个基本参数，一旦其中 1 个已知或它们之间的关系已由偏心距确定，剩下的 2 个参数便很容易确定，可通过将截面分割为许多小横条来进行积分；如通过确定相对于中和轴不同高度的值，即可得到关系曲线。

图 2.35 所示为试验所得的典型 N-M 曲线及 Lam 和 Teng[76] 模型所得的曲线。由此可知，FRP 对于偏心加载的混凝土柱极限强度仍然具有很好的加强作用。同时可以看到，采用 Lam 和 Teng[76] 模型得到的结果与试验结果相比趋于保守，而相比未约束混凝土则偏大。对于未约束混凝土柱，其破坏可能是由于压缩区混凝土剥离并伴随着内部钢筋的屈曲，而这些因素在模型中并未被考虑。对于 FRP 约束混凝土柱，可能是由于偏心加载时压缩区混凝土能够达到的轴向压缩应变程度超过基于轴压加载时约束混凝土模型的结果。Lam 和 Teng[76] 模型采用了轴压加载时混凝土轴向压缩应变的假设，使结果偏于保守。

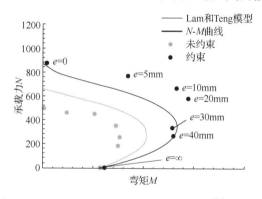

图 2.35　试验典型 N-M 曲线与 Lam 和 Teng[76] 模型对比

由于分析的复杂性，目前关于偏心加载下 N-M 曲线的研究仅限于圆形截面，非圆形截面的还没有得到很好解决。

2.3.11　其他因素

以上介绍了影响 FRP 约束混凝土柱力学性能常见的几个重要因素。实际工程中，影响 FRP 约束混凝土柱力学性能的因素还有很多，如高温、FRP 约束工艺、混凝土柱内配箍率、FRP 预应力等，本节仅做简单介绍。

1. 高温的影响

FRP 约束钢筋混凝土柱作为建筑结构中主要的承重构件，其耐火或者耐高温性能直接关系建筑物在火灾下的安全性，因此对其高温性能的研究就显得非常重要。现有的研究表明，传统的粘贴碳纤维布的有机胶主要是环氧树脂一类，其玻璃化温度 T_g 一般比较低，因此在高温作用下可能会逐渐失效从而降低对混凝土的约束作用。目前，国际上已有部分学者开展了对高温作用下 FRP 约束混凝土柱的力学性能研究，研究成果对明确FRP 约束柱在高温下的设计要求具有重要意义。

Al-Salloum 等[77] 试验研究了 CFRP 和 GFRP 约束混凝土柱在常温及 100℃和 200℃下的力学性能。研究结果显示，在 100℃作用下，CFRP 和 GFRP 约束混凝土柱的承载能力都略微下降；然而在 200℃的高温下，承载能力下降明显，约下降 25%，原因是此温度超过了树脂基体的转化温度。Cleary 等[78]研究了 GFRP 和 AFRP 约束混凝土柱在 120℃、135℃、150℃及 180℃下的力学性能。结果表明，经过 90min 加热至 135℃的约束柱，其承载能力没有表现出明显的下降。具体如下：120℃下，约束柱的极限强度下降了约 2%；135℃下，下降了约 4%。超过 135℃后，约束柱的力学性能下降较为明显。150℃下，约束柱的极限强度下降了约 13%；而 180℃下，下降了约 18%。由此可知，高温下约束柱的力学性能下降与采用的树脂基体密切相关。当高温超过树脂的转化温度后，约束柱的力学性能下降明显，峰值强度显著下降；而温度低于其转化温度时，温度对约束柱的影响就非常有限。因此，在实际工程中，为保证约束柱的力学性能，应注意采用防火措施使树脂基体的温度小于其转化温度。

2. FRP 约束工艺的影响

目前，FRP 约束混凝土柱的加固工艺主要有 3 种，即 FRP 单向布湿粘法、连续纤维缠绕法和预制壳法。目前，看试验现象，前两者无明显区别，后者的约束作用弱于前两者。主要是因为预制壳厚度较大，上下两端和核心混凝土齐平，所以 FRP 在环向约束混凝土的同时，还分担承受轴向压力。外包 FRP 布试件通过树脂使 FRP 与混凝土粘结，而 FRP 管-混凝土试件中则没用树脂。Lam 和 Teng[76]建立数据库对这两种类型的试件进行了比较。结果表明，外包 FRP 布试件的约束线性回归线与 $f_1 / f'_{c0} < 1$ 时的 FRP 管-混凝土试件的线性回归线类似。

Wu 等[5]提出的模型将外包 FRP 布和 FRP 管的应力、应变公式加以区分，认为约束效果与 FRP 形式有关：若是外包 FRP 布约束混凝土，即在已有混凝土圆柱外侧粘贴 FRP，较难保证混凝土与 FRP 粘结完全密实；若是 FRP 管约束混凝土，即先成形 FRP 管，后在其内浇注混凝土，因此 FRP 与混凝土结合密实，有更好的约束效果。针对外包 FRP 材料约束混凝土圆柱轴压下应力-应变无软化段的情况，极限强度和极限应变的评估计算公式总结如下。

1）外包 FRP 布约束混凝土圆柱，简化公式为

$$\frac{f_{cu}}{f'_{c0}} = 1 + 3.0 \frac{f_1}{f'_{c0}} \tag{2.29}$$

$$\varepsilon_{c\mu} = 0.56 \left(\frac{f_1}{f'_{c0}} \right)^{-0.66} \tag{2.30}$$

2）FRP 管约束混凝土圆柱，简化公式为

$$\frac{f_{cu}}{f'_{c0}} = 1 + 2.5 \frac{f_1}{f'_{c0}} \tag{2.31}$$

$$\varepsilon_{c\mu} = 0.31 \left(\frac{f_1}{f'_{c0}} \right)^{-0.44} \tag{2.32}$$

3. 混凝土柱内配箍率的影响

早期的研究多针对 FRP 约束素混凝土柱，而未考虑内部既有钢筋的影响。事实上，

圆柱内部箍筋的存在对 FRP 约束柱的力学性能有着较为显著的影响。Li 等[79]的试验结果表明箍筋的约束作用对 FRP 约束钢筋混凝土圆柱的峰值强度有影响,而对峰值应变没有影响。他们以箍筋与 FRP 约束应力的叠加作为总的侧向约束应力,对基于摩尔-库仑破坏准则建立的 FRP 约束素混凝土圆柱的峰值强度模型进行了修正,并在此基础上建立了适用于 FRP 约束钢筋混凝土圆柱的本构模型。Benzaid 等[80]对 CFRP 约束素混凝土和钢筋混凝土圆柱进行了单轴受压试验并建立了强度模型。试验结果表明 CFRP 约束可大幅提高素混凝土和钢筋混凝土圆柱的强度和延性,且当包裹层数和混凝土强度相同时,相比素混凝土柱,钢筋混凝土柱的强度和延性提高幅度更大。Turgay 等[81]进行了 20 个截面尺寸为 200mm 的 CFRP 约束钢筋混凝土方柱的单轴受压试验,发现 FRP 约束柱的延性随配箍率的增加而明显提高。王代玉[71]进行了较为系统的 FRP 约束钢筋混凝土柱的试验研究,分析了混凝土柱内部钢筋的存在对约束柱力学性能的影响。结果表明,当 CFRP 包裹层数较少时,随配箍率的增加,FRP 约束柱的强度有明显提高,延性也有一定程度的提高;当 CFRP 包裹层数较多时,去除纵筋影响后的应力-应变关系曲线与约束素混凝土柱的试验曲线整体趋势基本重合,峰值强度和应变也基本相等,即箍筋的存在对柱的应力-应变关系曲线影响不大。这是由于 CFRP 约束钢筋混凝土圆柱受 CFRP 和箍筋的双重约束作用所致。当 CFRP 的包裹层数较少约束作用较弱时,箍筋的约束应力占总横向约束应力的比例较大,其影响也较明显;当 CFRP 的包裹层数较多约束作用较强时,箍筋的约束应力占总横向约束应力的比例较小,此时起主要约束作用的是 CFRP,故箍筋对应力-应变关系曲线的影响很小。对 FRP 约束方柱的试验结果表明,箍筋的存在对方柱应力-应变关系曲线的影响较大。当 CFRP 的包裹层数较少或其约束作用较弱时,随配箍率的增加柱的延性得到明显改善,峰值点后应力-应变曲线更加平缓,且极限应变也有较大幅度提高;当 CFRP 包裹层数较多或其约束作用较强时,箍筋对极限应变的提高幅度更大,柱的延性更好。

4. FRP 预应力的影响

FRP 约束混凝土虽然使混凝土构件强度变高,但是它的模量较低,因而作为被动约束时,只有在混凝土环向变形较大时 FRP 才能发挥作用。为了充分而合理地利用 FRP 高强度的特点,取得更好的加固效果,进行预应力加固是有效的途径之一。通过对 FRP 施加预应力,变 FRP 的被动约束为主动约束,可以实现 FRP 材料的有效利用,显著改善 FRP 约束混凝土柱的性能。预应力约束混凝土柱在承受荷载之前 FRP 材料本身就已经发挥了相当的强度,FRP 与被加固柱较早地协同工作,既有效地利用了 FRP 的高强度,又能抑制构件的变形和裂缝的发展。2003 年 Mortazavi 等[82]研究了预应力 FRP 约束混凝土柱的性能。试验采用在 FRP 材料管内注入膨胀水泥砂浆的方法来约束混凝土,通过控制膨胀剂的量来控制预应力的大小。试验结果表明,预应力 FRP 约束混凝土柱与未施加预应力的 FRP 约束混凝土柱相比强度可以提高 35%;3 层普通 GFRP 包裹的混凝土柱,施加预应力后横向极限应变提高了 1 倍。预应力 FRP 约束混凝土柱能够提高混凝土柱的抗震性能。Yamakawa 等[83]、Taleie 和 Moghaddam[84]研究了预应力 FRP 约束混凝土柱的抗震性能,试验通过使用锚具对 FRP 条带施加预应力,试验结果表明预应力 FRP 约束混凝土柱与未施加预应力的 FRP 约束混凝土柱相比,延性系数提高了 1 倍。

2.4　小　　结

　　FRP 约束混凝土柱的力学性能受许多因素的影响。本章中详细介绍了 10 余个主要的影响因素，较为详细地阐述了各因素对 FRP 约束混凝土柱力学性能的影响，有助于读者加深对 FRP 约束混凝土柱力学性能的认识。

　　需要注意的是，以上归纳总结的这些因素并不是单独存在的，它们之间互相制约、互相影响。例如，截面形状、FRP 材料种类、混凝土强度及 FRP 预应力的施加程度可以影响 FRP 提供的环向约束强度和刚度，同时，截面形状对尺寸效应和长细比效应存在影响，长细比或尺寸效应对轴压/偏压效应有影响，长期荷载对于反复荷载效应也有影响。这造成了 FRP 约束混凝土柱的受力机理的复杂性。鉴于 FRP 约束混凝土柱在实际工程应用中的重要性，持续地开展相关研究非常有必要。

参 考 文 献

[1] RICHART F E, BRANDTZAEG A, BROWN R L. A study of the failure of concrete under combined compressive stresses[R]. Urbana Champaign: University of Illinois, 1928.

[2] BALMER G G. Shearing strength of concrete under high triaxial stress-computation of Mohr's envelope as a curve[R]. United States Department of the Interior, Bureau of Reclamation, 1949.

[3] MANDER J B, PRIESTLEY M J N, PARK R. Theoretical stress-strain model for confined concrete[J]. Journal of structural engineering, 1988, 114(8): 1804-1826.

[4] SAADATMANESH H, EHSANI M R, LI M W. Strength and ductility of concrete columns externally reinforced with fiber composite straps[J]. Structural journal, 1994, 91(4): 434-447.

[5] WU G, LÜ Z T, WU Z S. Strength and ductility of concrete cylinders confined with FRP composites[J]. Construction and building materials, 2006, 20(3): 134-148.

[6] JIANG T, TENG J G. Analysis-oriented stress-strain models for FRP-confined concrete[J]. Engineering structures, 2007, 29(11): 2968-2986.

[7] WEI Y Y, WU Y F. Unified stress-strain model of concrete for FRP-confined columns[J]. Construction and building materials, 2012, 26(1): 381-392.

[8] ROCHETTE P, LABOSSIERE P. A plasticity approach for concrete columns confined with composite materials[C]//Second International Conference on Advanced Composite Materials in Bridges and Structures. Montreal, 1996.

[9] MIRMIRAN A, ZAGERS K, YUAN W. Nonlinear finite element modeling of concrete confined by fiber composites[J]. Finite elements in analysis and design, 2000, 35(1): 79-96.

[10] KARABINIS A I, ROUSAKIS T C. Concrete confined by FRP material: a plasticity approach[J]. Engineering structures, 2002, 24(7): 923-932.

[11] MIRMIRAN A, SHAHAWY M. Behavior of concrete columns confined by fiber composites[J]. Journal of structural engineering, 1997, 123(5): 583-590.

[12] SPOELSTRA M R, MONTI G. FRP-confined concrete model[J]. Journal of composites for construction, 1999, 3(3): 143-150.

[13] FAM A Z, RIZKALLA S H. Confinement model for axially loaded concrete confined by circular fiber-reinforced polymer tubes[J]. Structural journal, 2001, 98(4): 451-461.

[14] BERTHET J F, FERRIER E, HAMELIN P. Compressive behavior of concrete externally confined by composite jackets: part b: modeling[J]. Construction and building materials, 2006, 20(5): 338-347.

[15] PARVIN A, WANG W. Behavior of FRP jacketed concrete columns under eccentric loading[J]. Journal of composites for construction, 2001, 5(3): 146-152.

[16] CHAALLAL O, SHAHAWY M, HASSAN M. Performance of axially loaded short rectangular columns strengthened with

carbon fiber-reinforced polymer wrapping[J]. Journal of composites for construction, 2003, 7(3): 200-208.

[17] 吴刚，吴智深，吕志涛. FRP 约束混凝土圆柱有软化段时的应力-应变关系研究[J]. 土木工程学报，2006，39（11）：7-14.

[18] SPOELSTRA M R, MONTI G. FRP-confined concrete model[J]. Journal of composites for construction, 1999, 3(3): 143-150.

[19] MIRMIRAN A, SHAHAWY M, SAMAAN M, et al. Effect of column parameters on FRP-confined concrete[J]. Journal of composites for construction, 1998, 2(4): 175-185.

[20] 魏洋. FRP 约束混凝土矩形柱力学特性及其抗震性能研究[D]. 南京：东南大学，2007.

[21] DENT A J S, BISBY L A. Comparison of confinement models for fiber-reinforced polymer-wrapped concrete[J]. ACI structural journal, 2005, 102(1): 62-72.

[22] WU Y F, WANG L M. Unified strength model for square and circular concrete columns confined by external jacket[J]. Journal of structural engineering, 2009, 135(3): 253-261.

[23] AL-SALLOUM Y, SIDDIQUI N. Compressive strength prediction model for FRP-confined concrete[C]//SMITH S T. Proceedings ninth international symposium on fiber reinforced polymer reinforcement for concrete structures, 2009.

[24] WU Y F, ZHOU Y W. Unified strength model based on Hoek-Brown failure criterion for circular and square concrete columns confined by FRP[J]. Journal of composites for construction, 2010, 14(2): 175-184.

[25] WANG Y, WU H. Size effect of concrete short columns confined with aramid FRP jackets[J]. Journal of composites for construction, 2010, 15(4): 535-544.

[26] DE LORENZIS L, TEPFERS R. Comparative study of models on confinement of concrete cylinders with fiber-reinforced polymer composites[J]. Journal of composites for construction, 2003, 7(3): 219-237.

[27] YOUSSEF M N, FENG M Q, Mosallam A S. Stress-strain model for concrete confined by FRP composites[J]. Composites part B: engineering, 2007, 38(5-6): 614-628.

[28] 吴刚，吕志涛. FRP 约束混凝土圆柱无软化段时的应力-应变关系研究[J]. 建筑结构学报，2003，5：1-9.

[29] BERTHET J F, FERRIER E, HAMELIN P. Compressive behavior of concrete externally confined by composite jackets. Part A: experimental study[J]. Construction and building materials, 2005, 19(3): 223-232.

[30] FAHMY M F M, WU Z. Evaluating and proposing models of circular concrete columns confined with different FRP composites[J]. Composites part B: engineering, 2010, 41(3): 199-213.

[31] XIAO Y, WU H. Compressive behavior of concrete confined by carbon fiber composite jackets[J]. Journal of materials in civil engineering, 2000, 12(2): 139-146.

[32] 中华人民共和国住房和城乡建设部，国家市场监督管理总局. 纤维增强复合材料工程应用技术标准：GB 50608—2020[S]. 北京：中国计划出版社，2020.

[33] RESTREPOL J I, DE VINO B. Enhancement of the axial load carrying capacity of reinforced concrete columns by means of fiberglass-epoxy jackets[C]//Proceedings of the 2nd international concrete of advanced composite materials in bridges and structures, ACMBS-Ⅱ. Montreal, 1996.

[34] HARRIES K A, CAREY S A. Shape and "gap" effects on the behavior of variably confined concrete[J]. Cement and concrete research, 2003, 33(6): 881-890.

[35] CHAALLAL O, HASSAN M, SHAHAWY M. Confinement model for axially loaded short rectangular columns strengthened with fiber-reinforced polymer wrapping[J]. Structural journal, 2003, 100(2): 215-221.

[36] HARAJLI M H, HANTOUCHE E, SOUDKI K. Stress-strain model for fiber-reinforced polymer jacketed concrete columns[J]. ACI structural journal, 2006, 103(5): 672.

[37] YAN Z, PANTELIDES C P, REAVELEY L D. Fiber-reinforced polymer jacketed and shape-modified compression members: i-experimental behavior[J]. ACI structural journal, 2006, 103(6): 885.

[38] BAKIS C E, GANJEHLOU A, KACHLAKEV D I, et al. Guide for the design and construction of externally bonded FRP systems for strengthening concrete structures[R]. Reported by ACI committee, 2002: 440.

[39] AL-SALLOUM Y A. Influence of edge sharpness on the strength of square concrete columns confined with FRP composite laminates[J]. Composites part B: engineering, 2007, 38(5-6): 640-650.

[40] LAM L, TENG J G. Design-oriented stress-strain model for FRP-confined concrete in rectangular columns[J]. Journal of reinforced plastics and composites, 2003, 22(13): 1149-1186.

[41] 丁里宁. 玄武岩纤维增强复合材料约束混凝土及抗震性能研究[D]. 南京：东南大学，2014.

[42] OZBAKKALOGLU T, LIM J C. Axial compressive behavior of FRP-confined concrete: experimental test database and a new design-oriented model[J]. Composites part B: engineering, 2013, 55: 607-634.

[43] 中国工程建设标准化协会建筑物鉴定与加固委员会. 碳纤维片材加固混凝土结构技术规程（2007 年版）：CECS 146: 2003[S]. 北京：中国计划出版社，2003.

[44] OWEN L M. Stress-strain behavior of concrete confined by carbon fiber jacketing[D]. Washington: University of Washington, 1998.

[45] THÉRIAULT M, NEALE K W, CLAUDE S. Fiber-reinforced polymer-confined circular concrete columns: Investigation of size and slenderness effects[J]. Journal of composites for construction, 2004, 8(4): 323-331.

[46] LIN C T, LI Y F. An effective peak stress formula for concrete confined with carbon fiber reinforced plastics[J]. Canadian journal of civil engineering, 2003, 30(5): 882-889.

[47] SILVA M A, RODRIGUES C C. Size and relative stiffness effects on compressive failure of concrete columns wrapped with glass FRP[J]. Journal of materials in civil engineering, 2006, 18(3): 334-342.

[48] MASIA M J, GALE T N, SHRIVE N G. Size effects in axially loaded square-section concrete prisms strengthened using carbon fibre reinforced polymer wrapping[J]. Canadian journal of civil engineering, 2004, 31(1): 1-13.

[49] 贾明英，程华. 碳纤维布（CFRP）加固混凝土圆柱约束效应的试验研究[J]. 四川建筑科学研究，2003，29（1）：35-36.

[50] 童谷生，刘永胜，吴秋兰. 玄武岩纤维布约束混凝土方柱的尺寸效应研究[J]. 混凝土，2009（3）：6-8.

[51] 顾祥林，李玉鹏，张伟平，等. 碳纤维布约束混凝土单轴受压时的应力-应变关系[J]. 结构工程师，2006，22（2）：50-56.

[52] DE LORENZIS L, MICELLI F, LA TEGOLA A. Influence of specimen size and resin type on the behaviour of FRP-confined concrete cylinders[M]//SHENOI R A, MOY S S J, HOLLAWAY LC. Advanced Polymer Composites for Structural Applications in Construction Southampton. Southampton University, 2002.

[53] CAREY S A, HARRIES K A. Axial behavior and modeling of confined small-, medium-, and large-scale circular sections with carbon fiber-reinforced polymer jackets[J]. ACI structural journal, 2005,102(4): 596.

[54] WU H, WANG Y, YU L, et al. Experimental and computational studies on high-strength concrete circular columns confined by aramid fiber-reinforced polymer sheets[J]. Journal of composites for construction, 2009,13(2): 125-134.

[55] ELSANADEDY H M, AL-SALLOUM Y A, ALSAYED S H, et al. Experimental and numerical investigation of size effects in FRP-wrapped concrete columns[J]. Construction and building materials, 2012, 29: 56-72.

[56] LIANG M, WU Z, UEDA T, et al. Experiment and modeling on axial behavior of carbon fiber reinforced polymer confined concrete cylinders with different sizes[J]. Journal of reinforced plastics and composites, 2012, 31(6): 389-403.

[57] AKOGBE R, LIANG M, WU Z. Size effect of axial compressive strength of CFRP confined concrete cylinders[J]. International journal of concrete structures and materials, 2011, 5(1): 49-55.

[58] WANG Y, WU H. Size effect of concrete short columns confined with aramid FRP jackets[J]. Journal of composites for construction, 2010, 15(4): 535-544.

[59] WANG Y, ZHANG D. Creep-effect on mechanical behavior of concrete confined by FRP under axial compression[J]. Journal of engineering mechanics, 2009, 135(11):1315-1322.

[60] NAGUIB W, MIRMIRAN A. Time-dependent behavior of FRP-confined concrete columns[J]. ACI structural journal, 2002, 99(2): 142-148.

[61] 潘毅. 短期和长期负载下 FRP 约束混凝土应力-应变模型的理论分析与试验研究[D]. 南京：东南大学，2008.

[62] 周浪. FRP 布约束混凝土柱在长期轴向荷载作用下的徐变分析[D]. 北京：北京交通大学，2006.

[63] 陶忠，于清. FRP 约束混凝土柱徐变特性的理论分析[J]. 工业建筑，2001，31（4）：12-16.

[64] SHAN B, XIAO Y. Time-dependent behavior of FRP retrofitted RC columns after subjecting to simulated earthquake loading[J]. Journal of composites for construction, 2013, 18(1): 4013028.

[65] OZBAKKALOGLU T, AKIN E. Behavior of FRP-confined normal-and high-strength concrete under cyclic axial compression[J]. Journal of composites for construction, 2011, 16(4): 451-463.

[66] LAM L, TENG J G, CHEUNG C H, et al. FRP-confined concrete under axial cyclic compression[J]. Cement and concrete composites, 2006, 28(10): 949-958.

[67] DEMIR C, DARILMAZ K, ILKI A. Cyclic stress-strain relationships of FRP confined concrete members[J]. Arabian journal for science and engineering, 2015, 40(2): 363-379.

[68] LAM L, TENG J G. Stress-strain model for FRP-confined concrete under cyclic axial compression[J]. Engineering structures, 2009, 31(2): 308-321.

[69] LI P, WU Y. Stress-strain model of FRP confined concrete under cyclic loading[J]. Composite structures, 2015, 134: 60-71.

[70] SHAO Y, ZHU Z, MIRMIRAN A. Cyclic modeling of FRP-confined concrete with improved ductility[J]. Cement and concrete composites, 2006, 28(10): 959-968.

[71] 王代玉. FRP 加固非延性钢筋混凝土框架结构抗震性能试验与分析[D]. 哈尔滨：哈尔滨工业大学，2012.

[72] VINCENT T, OZBAKKALOGLU T. Influence of slenderness on stress-strain behavior of concrete-filled FRP tubes: experimental study[J]. Journal of composites for construction, 2014, 19(1): 4014029.

[73] WU Y, JIANG C. Effect of load eccentricity on the stress-strain relationship of FRP-confined concrete columns[J]. Composite structures, 2013, 98: 228-241.

[74] HADI M. Behaviour of FRP wrapped normal strength concrete columns under eccentric loading[J]. Composite structures, 2006, 72(4): 503-511.

[75] FITZWILLIAM J, BISBY L A. Slenderness effects on circular CFRP confined reinforced concrete columns[J]. Journal of composites for construction, 2010, 14(3): 280-288.

[76] LAM L, TENG J G. Strength models for fiber-reinforced plastic-confined concrete[J]. Journal of structural engineering, 2002, 128(5): 612-623.

[77] AL-SALLOUM Y A, ELSANADEDY H M, ABADEL A A. Behavior of FRP-confined concrete after high temperature exposure[J]. Construction and building materials, 2011, 25(2): 838-850.

[78] CLEARY D B, CASSINO C D, TORTORICE R, et al. Effect of elevated temperatures on a fiber composite used to strengthen concrete columns[J]. Journal of reinforced plastics and composites, 2003, 22(10): 881-895.

[79] LI Y, LIN C, SUNG Y. A constitutive model for concrete confined with carbon fiber reinforced plastics[J]. Mechanics of materials, 2003, 35(3): 603-619.

[80] BENZAID R, MESBAH H, CHIKH N E. FRP-confined concrete cylinders: axial compression experiments and strength model[J]. Journal of reinforced plastics and composites, 2010, 29(16): 2469-2488.

[81] TURGAY T, POLAT Z, KOKSAL H O, et al. Compressive behavior of large-scale square reinforced concrete columns confined with carbon fiber reinforced polymer jackets[J]. Materials and design, 2010, 31(1): 357-364.

[82] MORTAZAVI A A, PILAKOUTAS K, SON K S. RC column strengthening by lateral pre-tensioning of FRP[J]. Construction and building materials, 2003, 17(6): 491-497.

[83] YAMAKAWA T, BANAZADEH M, FUJIKAWA S. Emergency retrofit of shear damaged extremely short RC columns using pre-tensioned aramid fiber belts[J]. Journal of advanced concrete technology, 2005, 3(1): 95-106.

[84] TALEIE S M, MOGHADDAM H. Experimental and analytical investigation of square RC columns retrofitted with pre-stressed FRP strips[C]//Proceedings of the FRPRCS-8. Patras, 2007.

第 3 章　短期轴压荷载下 FRP 约束混凝土圆柱的 应力-应变关系模型

3.1　引　　言

对 FRP 约束混凝土圆柱应力-应变关系的模型化是研究 FRP 约束混凝土圆柱抗震性能的基础。FRP 约束混凝土与箍筋、钢管等约束混凝土的性能有着较大差别，已有很多学者对 FRP 约束混凝土圆柱的性能进行了研究。早期 Richart 等[1]提出的约束混凝土圆柱体的应力-应变模型主要是套用钢管或箍筋约束的模型或在此基础上加以修正得到的，这些模型不能很好地反映 FRP 约束混凝土圆柱体的应力-应变关系曲线的特征，其关系理论曲线基本高于试验曲线，误差相对较大。相对而言，后期学者基于 FRP 约束混凝土圆柱体试验数据推导的分段函数与试验数据更为接近。在 FRP 约束混凝土圆柱体的应力-应变关系多段函数曲线中，曲线计算模型的精度和适用性主要取决于峰值点或极值点等关键点的应力、应变数值的计算。本章概述了 FRP 约束混凝土圆柱的应力-应变关系模型，并收集了大量数据对模型的精度进行了验证。

3.2　试验数据收集

基于国内外学者的试验研究可知以下内容。

1）相对来讲，FRP 约束能明显提高混凝土圆柱的强度和延性。

2）FRP 约束混凝土圆柱的应力-应变关系曲线可能有软化段，也可能没有软化段，主要与 FRP 提供的侧向约束应力有关。

3）FRP 约束混凝土圆柱与箍筋、钢管等约束混凝土圆柱的性能有较大差别，FRP 约束混凝土圆柱无软化段时的应力-应变关系曲线近似由两条上升的曲线组成。

本章对公开发表文献中 FRP 约束混凝土圆柱的试验数据进行了收集[2-35]，包括有软化段和无软化段两种类型试验数据，共收集了 300 多组。圆柱直径为 47～300mm；圆柱高为 100～600mm；圆柱混凝土强度为 20.1～169.7MPa；FRP 形式包括 FRP 片材和 FRP 管；FRP 类型包括 CFRP、GFRP、AFRP；FRP 抗拉强度为 105～4433MPa，弹性模量为 13.6～629.6GPa，单层厚度为 0.11～5.21mm。

3.3　主要影响参数

3.3.1　FRP 侧向约束强度

对于圆柱，FRP 侧向约束强度 f_l 可按式（3.1）定义，其综合反映了 FRP 强度、加固量和截面尺寸对约束试件性能的影响。

$$f_l = 2nf_f t_f / D \tag{3.1}$$

式中，f_f、t_f、n 分别为 FRP 极限抗拉强度、单层厚度及层数；D 为圆柱直径。

当外侧的单层 FRP 是以一定间距的条带形式约束圆柱时，式（3.1）可写成

$$f_l = \frac{2f_f b_f t_f}{D(b_f + s_f)} \tag{3.2}$$

式中，b_f 为 FRP 条带宽度；s_f 为各相邻 FRP 条带的净间距。

3.3.2 FRP 侧向约束刚度

FRP 必须具有足够的侧向约束刚度才能在较低轴力水平时发挥 FRP 的约束效果，侧向约束刚度的强弱决定了 FRP 限制其内部混凝土膨胀能力的大小，从而影响约束构件的性能。对于圆形截面，FRP 侧向约束刚度 E_l 可以按式（3.3）计算：

$$E_l = 2nE_f t_f / D \tag{3.3}$$

式中，E_l 为 FRP 侧向约束刚度；E_f、n 分别为 FRP 弹性模量及层数。

当外侧的单层 FRP 是以一定间距的条带形式约束圆柱时，侧向约束刚度按式（3.4）计算

$$E_l = \frac{2E_f b_f t_f}{D(b_f + s_f)} \tag{3.4}$$

式中，b_f 为 FRP 条带宽度；s_f 为各相邻 FRP 条带的净间距，其他符号见式（3.1）和式（3.2）。

3.3.3 体积配纤率

体积配纤率 ρ_f 为 FRP 与约束混凝土的体积比，其反映了 FRP 缠绕量、截面尺寸的影响。对于圆形截面，ρ_f 可按下式计算：

$$\rho_f = \frac{4nt_f}{D} \tag{3.5}$$

当外侧的单层 FRP 是以一定间距的条带形式约束圆柱时，可按式（3.6）计算：

$$\rho_f = \frac{4t_f b_f}{D(b_f + s_f)} \tag{3.6}$$

3.3.4 其他影响参数

现有研究表明，除上述影响参数外，构件长细比[35,36]、承受荷载偏心距[37,38]、混凝土骨料尺寸[39]等其他影响参数也会不同程度地影响 FRP 约束圆柱的应力-应变关系。考虑这些因素的一般方法是将这些参数作为变量引入通用的应力-应变关系模型。本书主要讨论通用的应力-应变关系模型。

3.4 有无软化段判断

图 3.1 所示为作者试验得到的 CFRP 约束混凝土圆柱的应力-应变关系曲线对比，S1 为未约束试件，S2、S3、S4、S5、S6 为 FRP 约束混凝土试件，其 FRP 的体积配纤率 ρ_f 分别为 0.1%、0.15%、0.2%、0.3%、0.6%，其他参数相同。由此可知，随着 ρ_f 的提高，

其应力-应变关系曲线逐渐从有软化段过渡到无软化段。图 3.2 所示为作者试验得到的 DFRP 约束混凝土圆柱的应力-应变关系曲线，其体积配纤率 ρ_f 同样呈递增变化，与 CFRP 约束混凝土圆柱有类似的规律，DFRP 约束混凝土圆柱的最大应力和极限应变随 DFRP 加固量的增加而增大，同时，应力-应变关系曲线也从有软化段过渡到无软化段。

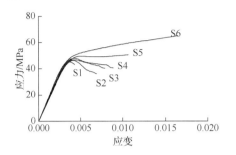
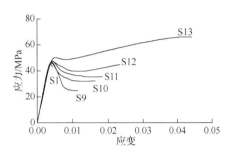

图3.1　CFRP约束混凝土圆柱应力-应变关系曲线　　图3.2　DFRP约束混凝土圆柱应力-应变关系曲线

　　试验结果表明，FRP 约束混凝土圆柱的应力-应变关系曲线可能有软化段，也可能没有软化段，典型的应力-应变关系曲线如图 3.3 所示。当 FRP 约束混凝土圆柱的应力-应变关系有软化段时，A 为峰值点，C 为对应 FRP 断裂的极限点；无软化段时，定义曲线急剧软化和过渡区域内的点 B 为转折点，D 为对应 FRP 断裂的极限点。FRP 约束混凝土圆柱有无软化段性能相差较大，因此，判断 FRP 约束混凝土圆柱有无软化段的方法在实际工程中有较大意义。

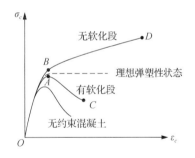

　　FRP 约束混凝土圆柱应力-应变关系曲线无软化段时，极限应力主要与侧向约束强度有关；有软化段时，

图3.3　FRP约束混凝土圆柱典型的应力-应变关系曲线

峰值应力主要与侧向约束刚度有关，而极限应力主要与侧向约束强度有关。因此，从理论上而言，确定 FRP 约束混凝土圆柱应力-应变关系曲线有无软化段的界限值可以从侧向约束刚度出发，也可以从侧向约束强度分析。本章从侧向约束强度分析，并指出 FRP 约束混凝土圆柱应力-应变关系曲线有无软化段，主要与 FRP 侧向约束强度和未约束混凝土强度比值 f_l/f'_{c0} 有关，并定义 λ 为 FRP 对圆形和矩形截面混凝土柱有无软化段的 f_l/f'_{c0} 的界限值。作者建议普通弹模 FRP 片材约束混凝土圆柱的 λ 值为

$$\lambda = 0.13 \tag{3.7}$$

　　为了验证式（3.7）的准确性，对收集的数据进行分析。如图 3.4 所示，横坐标为 f_l/f'_{c0}，纵坐标为 FRP 约束混凝土圆柱极限应力 f_u 与转折点或峰值点应力 f_{cp} 的比值 f_u/f_{cp}，极限应力 f_u 为图 3.3 中点 C 或点 D 对应的应力值，峰值点或转折点应力 f_{cp} 为图 3.3 中点 A 或点 B 对应的应力值。当曲线无软化段时，$f_u/f_{cp}>1.0$；当曲线有软化段时，$f_u/f_{cp}<1.0$。当 FRP 约束混凝土圆柱应力-应变关系曲线无软化段时，所确定的转折点

应力值为在软化和过渡区域内的 B 点所对应的应力值，但因为没有明确的点，故在确定时可能有一定的误差，然而影响不大（当文献中无法得到 f_{cp} 值时，简化取值为 1.1 倍混凝土圆柱体强度）。通过对这些数据的回归分析发现，其试验点的线性趋势线与 $f_u / f_{cp} = 1.0$ 相交在 $f_l / f'_{c0} = 0.13$ 处；可以认为当 $f_l / f'_{c0} = 0.13$，所对应的 $f_u / f_{cp} = 1.0$ 时，第二阶段的应力-应变关系为平台，即理想的弹塑性状态。

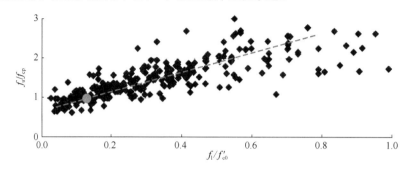

图 3.4　FRP 约束混凝土圆柱的 f_l / f'_{c0} 界限值

　　FRP 管约束混凝土圆柱是预先制作好 FRP 管，然后在管内浇筑混凝土，约束效果要比在外侧粘贴 FRP 片材好。根据对现有数据的分析，本书建议界限值 λ 取为 0.10。

　　根据以上研究结果，可以很容易地判断 FRP 约束混凝土圆柱应力-应变关系曲线有无软化段。如果 FRP 约束混凝土圆柱的 f_l / f'_{c0} 大于界限值 λ，则其应力-应变关系曲线无软化段；否则，其应力-应变关系曲线有软化段。

3.5　强约束混凝土圆柱的应力-应变关系模型

3.5.1　强度计算

1. 已有的计算方法

Richart 等[1]认为静水主动侧压力约束后的混凝土强度可由下式计算：

$$f'_{cc} = f'_{c0} + k_1 f_l \tag{3.8}$$

式中，f'_{c0}、f'_{cc} 分别为约束前后混凝土圆柱强度；k_1 为约束后应力提高系数，近似可取为 4.1。

　　之后，很多学者基于此提出了箍筋约束后混凝土峰值应力的计算公式。由于 FRP 约束混凝土与箍筋约束混凝土受力机理不同，箍筋约束混凝土峰值应力计算公式直接用于 FRP 约束混凝土是不准确和不安全的。目前，一些学者基于式（3.8）提出了 FRP 约束混凝土圆柱极限强度的计算公式，并根据 FRP 约束的特点对系数 k_1 进行了修正，见表 3.1。

表 3.1 已有模型中 k_1 的取值

项目	文献[25]	文献[41]	文献[42]	文献[5]	文献[40]	文献[43]	文献[44]
k_1	$3.7\left(\dfrac{f_l}{f'_{c0}}\right)^{-0.14}$	$3.5\left(\dfrac{f_l}{f'_{c0}}\right)^{-0.15}$	$2.2\left(\dfrac{f_l}{f'_{c0}}\right)^{-0.16}$	2.0	$6.0f_l^{-0.3}$	$2.1\left(\dfrac{f_l}{f'_{c0}}\right)^{-0.13}$	2.98

2. 本书提出的计算公式

已有的极限强度计算公式,有的是直接引用箍筋约束混凝土公式,误差较大;有的是从 FRP 约束混凝土圆柱的试验数据分析得到的,由于试验数据数量的限制,精度不高;有的计算方法还较为复杂。

本书对所收集的试验数据进行了分析,结果表明:①FRP 约束后极限强度主要与 FRP 侧向约束强度和未约束混凝土强度的比值 f_l/f'_c 有关。②FRP 约束效果与 FRP 形式有关:若是外贴 FRP 片材约束混凝土,即在已有混凝土圆柱外侧粘贴 FRP,则较难保证混凝土与 FRP 粘结完全密实;若是 FRP 管约束混凝土,即先成形 FRP 管,后在其内浇筑混凝土,则 FRP 与混凝土粘结密实,有更好的约束效果。③在现有文献的试验数据中,有的 FRP 抗拉强度是根据材料性能试验得到的,有的是根据厂家提供的强度值确定的,而厂家提供的强度值往往比较保守,故 FRP 约束混凝土圆柱极限强度的计算方法还与 FRP 强度确定方法有关。④外包 FRP 加固时,随着层数的提高,强度提高系数随之降低,用多项式分析比线性公式分析能更好地反映该特点,但为了便于工程应用,本书也给出简化公式。

(1) FRP 片材约束混凝土圆柱

当 FRP 片材的强度值根据抗拉试验得到时,FRP 片材约束混凝土圆柱的极限强度可根据下式进行计算。

一般公式为

$$\frac{f'_{cc}}{f'_{c0}} = 0.739 + 3.418\frac{f_l}{f'_{c0}} - 1.215\left(\frac{f_l}{f'_{c0}}\right)^2 \tag{3.9}$$

简化公式为

$$\frac{f'_{cc}}{f'_{c0}} = 1 + 2.0\frac{f_l}{f'_{c0}} \tag{3.10}$$

当 FRP 片材的强度值根据厂家提供值确定时,FRP 片材约束混凝土圆柱的极限强度可根据下式进行计算。

一般公式为

$$\frac{f'_{cc}}{f'_{c0}} = 0.408 + 6.157\frac{f_l}{f'_{c0}} - 3.25\left(\frac{f_l}{f'_{c0}}\right)^2 \tag{3.11}$$

简化公式为

$$\frac{f'_{cc}}{f'_{c0}} = 1 + 3.0\frac{f_l}{f'_{c0}} \tag{3.12}$$

（2）FRP 管约束混凝土圆柱

FRP 管约束混凝土圆柱的极限强度可以根据下式进行计算。

一般公式为

$$\frac{f'_{cc}}{f'_{c0}} = 1.316 + 2.098\frac{f_1}{f'_{c0}} - 0.317\left(\frac{f_1}{f'_{c0}}\right)^2 \tag{3.13}$$

简化公式为

$$\frac{f'_{cc}}{f'_{c0}} = 1 + 2.5\frac{f_1}{f'_{c0}} \tag{3.14}$$

FRP 片材约束混凝土圆柱及 FRP 管约束混凝土圆柱的极限强度回归分析过程如图 3.5 所示。

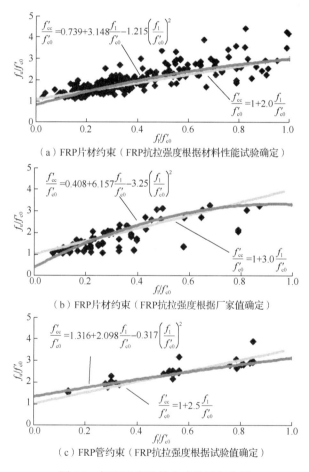

（a）FRP片材约束（FRP抗拉强度根据材料性能试验确定）

（b）FRP片材约束（FRP抗拉强度根据厂家值确定）

（c）FRP管约束（FRP抗拉强度根据试验值确定）

图 3.5　极限强度计算公式的回归分析

本书建议的一般公式与简化公式计算值均与试验值相一致。图 3.6 为本书建议的一般公式计算值与试验值的比较表现图，图中横坐标为极限强度试验值 f'^e_{cc}，纵坐标为极限强度计算值 f'^c_{cc}，计算值与试验值相符合，误差一般在-25%～+25%。

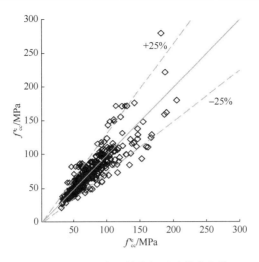

图 3.6　极限强度计算值与试验值的比较

另外，需要指出的是：

1）以上作者提出的模型中无约束混凝土强度是以尺寸为 152mm×305mm 的圆柱体强度为指标的，若以国家行业规范规定的尺寸为 150mm×150mm×150mm 的立方体强度为指标，则应先用式（3.15）进行转换[45]，然后根据相应公式计算 FRP 约束混凝土圆柱强度。

2）由于厂家提供的值往往比试验值要保守，回归分析得到的应力提高系数也更高，本书分别提出了相应的极限强度计算公式。另外，由于各厂家确定 FRP 抗拉强度的标准不同，保守程度也不一致，建议在实际工程中应用时，根据标准抗拉试验确定所用 FRP 的强度值，即

$$f_{cu} = 1.27 f'_{c0} \tag{3.15}$$

式中，f'_{c0} 为混凝土圆柱体抗压强度；f_{cu} 为混凝土标准立方体抗压强度。

3.5.2　应变计算

1. 已有的计算方法

很多学者对 FRP 约束混凝土圆柱的极限应变进行了研究，主要有
Fardis 和 Khalili[25]提出公式：

$$\varepsilon_{cc} = \varepsilon_{c0} + 0.0005 \frac{E_l}{f'_{c0}} \tag{3.16}$$

式中，ε_{c0}、ε_{cc} 分别为 FRP 约束前后混凝土的峰值应变。
Toutanji[42]提出公式：

$$\varepsilon_{cc} = \varepsilon_{c0} \left[1 + (310.57\varepsilon_l + 1.90) \left(\frac{f'_{cc}}{f'_{c0}} - 1 \right) \right] \tag{3.17}$$

式中，ε_l 为 FRP 约束混凝土侧向应变。

Lam 和 Teng[5]建议在确定应力-应变关系时用下式计算极限应变。

外贴 CFRP 约束：

$$\frac{\varepsilon_{cc}}{\varepsilon_{c0}} = 2 + 15\frac{f_1}{f'_{c0}}$$ （3.18）

GFRP 管约束：

$$\frac{\varepsilon_{cc}}{\varepsilon_{c0}} = 2 + 27\left(\frac{f_1}{f'_{c0}}\right)^{0.7}$$ （3.19）

Samaan 等[40]提出公式：

$$\varepsilon_{cc} = \frac{f'_{cc} - f_o}{E_2}$$ （3.20）

式中，E_2 为 FRP 约束混凝土圆柱应力-应变关系曲线硬化段的斜率；f_o 为硬化段曲线斜率与应力坐标轴交点值，并且基于试验提出了计算 E_2 和 f_o 的回归公式。

Saadatmanesh 等[46]提出公式：

$$\varepsilon_{cc} = \varepsilon_{c0}\left[1 + 5\left(\frac{f'_{cc}}{f'_{c0}} - 1\right)\right]$$ （3.21）

于清[47]提出公式：

$$\varepsilon_{cc} = \varepsilon_{c0} + 0.1(f_1 / f'_{c0})$$ （3.22）

2. 本书提出的计算方法

很多学者都指出，现有应变计算公式计算的极限应变值误差较大。作者认为，已有的公式计算的数值误差较大，原因除了公式基于的试验数据太少外，还因为以上公式多以参数 E_1 / f'_{c0} 或 f_1 / f'_{c0} 进行回归分析，没有考虑 FRP 极限应变和 FRP 形式的影响。

前人研究表明，混凝土的泊松比在应力较小时变化小，接近常值，一般为 0.15～0.22，随着荷载增加，横向应变增长加快，泊松比也随之发生变化。对于受侧向约束的混凝土，由于横向应变发展受到约束，在相同的轴向应力水平下，相应的泊松比将变小，Gardner[48]曾经对不同大小的静水压力约束下混凝土圆柱的泊松比变化规律进行过研究。

作者研究发现，FRP 约束混凝土圆柱在极限阶段泊松比趋向稳定，其数值主要与FRP 的形式及侧向约束强度等有关：

1）因为 FRP 是线弹性材料，FRP 约束圆柱后混凝土膨胀率在极限阶段趋向一恒定值[49]，泊松比是膨胀率的直接反映，所以极限阶段的泊松比也将趋于一恒定值，该值主要与参数 f_1 / f'_{c0} 有关。大量试验数据的分析结果也验证了这一点。

2）极限阶段的泊松比还与 FRP 对混凝土约束的形式有关。如前面所述，外贴 FRP片材约束混凝土时，FRP 片材与混凝土结合不如 FRP 管密实，故其发挥的约束作用比FRP 管滞后，极限阶段的泊松比也更大。

作者[50]基于理论分析和试验数据建议，对不同形式 FRP 约束的混凝土圆柱，可分别用下式计算 FRP 约束混凝土极限阶段的泊松比 ν_u。

外贴 FRP 片材约束：

$$\nu_u = 0.56\left(\frac{f_1}{f'_{c0}}\right)^{-0.66}$$ （3.23）

FRP 管约束：

$$v_{\text{u}} = 0.31\left(\frac{f_1}{f'_{\text{c0}}}\right)^{-0.44} \tag{3.24}$$

式（3.23）和式（3.24）中的未约束混凝土强度 f'_{c0} 是以圆柱体强度为指标的，若以规范规定的立方体强度值为指标，式（3.23）和式（3.24）需根据式（3.15）进行转化。

图 3.7 运用收集的数据库数据分别对 FRP 片材和 FRP 管约束混凝土圆柱的极限泊松比模型进行了验证，图中横坐标为 FRP 侧向约束强度和无约束混凝土强度比 f_1/f'_{c0}，纵坐标为约束混凝土圆柱极限阶段泊松比的试验值，即约束混凝土圆柱横向极限应变和轴向极限应变比。

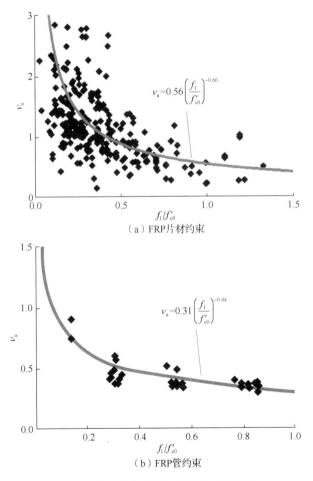

图 3.7　极限阶段泊松比计算公式的验证

求得极限阶段的混凝土泊松比后，根据应变相容，即 FRP 约束混凝土圆柱的横向应变与 FRP 极限应变相等，可得到 FRP 约束混凝土圆柱的轴向极限应变 ε_{cc} 为

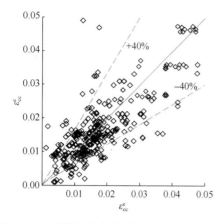

图 3.8　本书提出的公式计算值与试验值比较

$$\varepsilon_{cc} = \frac{\varepsilon_{fu}}{v_u} \qquad (3.25)$$

式中，ε_{fu} 为 FRP 极限应变。

根据本书方法得到的极限应变计算值 ε_{cc}^{c} 与试验值 ε_{cc}^{e} 比较如图 3.8 所示。从试验数据看，应变的试验数据误差普遍较大，即使是同一个研究者在同一个实验室做的同一批试验中设计相同的构件，应变数据也会有较大偏差，这在很大程度上是由于混凝土材料的不均匀性所致。本书提出的模型使应变计算和试验误差基本控制在可接受范围内。

3.5.3　应力-应变关系曲线

1. 已有的模型

近年来，国内外一些学者基于试验研究或理论分析，提出了 FRP 约束混凝土圆柱的应力-应变(σ_c-ε_c)关系模型，如 Fardis 和 Khalili 模型[25]、Samaan 等模型[40]、Saadatmanesh 和 Ehasni 模型[46]等。

Fardis 和 Khalili 模型：

$$\sigma_c = \frac{E_c \varepsilon_c}{1 + \varepsilon_c \left(\dfrac{E_c}{f'_{cc}} - \dfrac{1}{\varepsilon_{cc}} \right)} \qquad (3.26)$$

式中，E_c 为未约束混凝土的初始弹性模量。

Saadatmanesh 和 Ehasni[46]基于已有的箍筋约束模型提出了应力-应变关系模型：

$$\sigma_c = \frac{f'_{cc} x n}{n - 1 + x^n} \qquad (3.27)$$

式中，$x = \varepsilon_c / \varepsilon_{cc}$；$n$ 为与峰值点及初始弹性模量有关的系数。模型中以 FRP 断裂作为极限点，并根据能量法计算其轴向极限应变值。

Samaan 等[40]基于 FRP 管约束混凝土的试验研究，提出了以下的模型，并建议公式中 n_0 取为 1.5。

$$\sigma_c = \frac{(E_c - E_2) \varepsilon_c}{\left[1 + \left(\dfrac{(E_c - E_2) \varepsilon_c}{f_o} \right)^{n_0} \right]^{1/n_0}} + E_2 \varepsilon_c \qquad (3.28)$$

Becque 等[51]根据应变相容和力的平衡并基于混凝土塑性理论提出了另一模型，该模型的确定需通过编制程序来实现。其他一些学者也提出了相应的应力-应变关系模型[52]。

2. 本书提出的模型

作者把目前能收集到的各模型与较多的试验数据进行了比较[50]，发现已有各模型的

误差均较大，有的模型计算还比较复杂。部分模型与文献[49]中 DA31 试件、文献[41]
中 C5 试件的试验结果比较如图 3.9 所示。

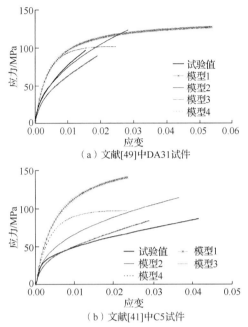

（a）文献[49]中 DA31 试件

（b）文献[41]中 C5 试件

注：模型 1～4 分别为 Fardis 和 Khalili 模型[25]、Toutanji 模型[41]、Samaan 等模型[40]、Saadatmanesh 和 Ehasni 模型[46]。

图 3.9　部分模型与试验数据的比较

　　试验研究表明,FRP 约束混凝土圆柱无软化段时的应力-应变关系曲线一般可分为 3
个阶段（图 3.10），即阶段 1、阶段 2、阶段 3：阶段 1 类似于无约束混凝土初始阶段应
力-应变关系曲线；阶段 2 为无约束混凝土强度附近的软化和过渡时期；阶段 3 为 FRP
充分发挥作用阶段，其应力-应变关系曲线近似于直线。总结认为，以上曲线可以简化
为三折线（图 3.11）：①阶段 1 和阶段 3 均具有较明显的线性；②FRP 约束混凝土圆柱
应力-应变关系曲线无软化段时，约束后极限应变大，因此阶段 1 和阶段 2 对其应力-应
变关系的精确描述影响较小。

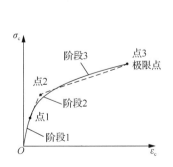

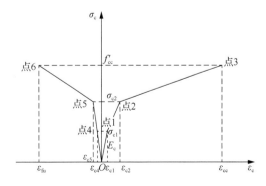

图 3.10　无软化阶段应力-应变关系曲线的简化　　　图 3.11　三折线模型示意图

简化后的三折线模型如图 3.11 所示，其中，点 1 对应于混凝土开裂点，由于该阶段 FRP 发挥的作用还很小，可近似根据无约束混凝土开裂点的应力、应变确定；点 2 近似对应未约束混凝土抗压强度转折点，该阶段 FRP 已发挥了一定的作用，故该点的应力和应变比无约束混凝土强度和峰值应变有所提高，提高系数主要与侧向刚度有关，基于已有试验数据的分析，本书给出了点 2 的应变和应力相应的计算公式；点 3 为极限点（图 3.10），对应 FRP 断裂。各关键点的应变和应力公式如下：

点 1 （ $\varepsilon_{c1}, \sigma_{c1}$ ）：

$$\sigma_{c1} = 0.7 f'_{c0} \tag{3.29}$$

$$\varepsilon_{c1} = \frac{\sigma_{c1}}{E_c} \tag{3.30}$$

点 2 （ $\varepsilon_{c2}, \sigma_{c2}$ ）：

$$\sigma_{c2} = k_{\sigma1} f'_{c0} \tag{3.31}$$

$$\varepsilon_{c2} = k_{\varepsilon1} \varepsilon_{c0} \tag{3.32}$$

$$k_{\sigma1} = 1 + 0.0002 E_l \tag{3.33}$$

$$k_{\varepsilon1} = 1 + 0.0004 E_l \tag{3.34}$$

式中， $k_{\sigma1}$ 、 $k_{\varepsilon1}$ 分别为 FRP 约束后相对无约束混凝土强度和峰值应变的提高系数。

图 3.10 中点 3 （ $\varepsilon_{cc}, f'_{cc}$ ）：点 3 为极限点，极限强度、极限应变分别根据本书前面相关公式计算。

确定 FRP 约束混凝土圆柱横向应力-应变关系时，可近似假设点 4 和点 5 的混凝土泊松比为 0.2，则可确定点 4 （ $0.2\varepsilon_{c1}, \sigma_{c1}$ ）、点 5 （ $0.2\varepsilon_{c2}, \sigma_{c2}$ ）、点 6 （ $\varepsilon_{fu}, f'_{cc}$ ）。若需要，以上模型还可进一步简化为二折线模型（图 3.12），但在确定点 7 时，建议应力和应变提高系数为 $k_{\varepsilon2} = k_{\sigma2} = 1 + 0.0002 E_l$ ，则各点值为：点 7 （ $k_{\varepsilon2}\varepsilon_{c0}$ ， $k_{\sigma2}f'_{c0}$ ）、点 8 （ $\varepsilon_{cc}, f'_{cc}$ ）、点 9 （ $0.2 k_{\varepsilon2}\varepsilon_{c0}$ ， $k_{\sigma2}f'_{c0}$ ）、点 10 （ $\varepsilon_{fu}, f'_{cc}$ ）。式（3.29）和式（3.31）均以圆柱体强度为指标来表示，若以立方体强度或棱柱体强度为指标，则应进行转换。

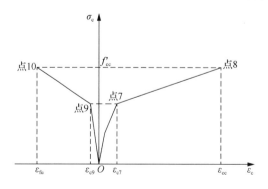

图 3.12   二折线模型示意图

3.6　弱约束混凝土圆柱的应力-应变关系模型

本节提出了短期弱约束下混凝土圆柱的应力-应变模型,通过收集 50 多个有软化段的 FRP 约束混凝土圆柱试件[3,6,12,35]的应力-应变关系曲线对提出的模型加以验证,圆柱混凝土强度为 26.7～75.4MPa,约束材料以 CFRP 为主,CFRP 抗拉强度为 3048～4227MPa,弹性模量为 203～248GPa。

3.6.1　强度计算

1. 峰值应力

经过分析,FRP 约束混凝土峰值应力主要和 FRP 侧向约束刚度与混凝土弹性模量之比有关。引入 FRP 特征值 λ_1,则有

$$\lambda_1 = \rho_f E_f / \sqrt{f_{c0}'} \tag{3.35}$$

考虑未约束混凝土强度对 FRP 约束混凝土圆柱峰值应力有较大关系,引入系数 α_1,α_1 为以圆柱体抗压强度 30MPa 为基准来考虑未约束混凝土强度影响的调整系数,可由下式计算:

$$\alpha_1 = f_{c30}' / f_{c0}' = 30 / f_{c0}' \tag{3.36}$$

峰值应力 f_{cp} 计算公式如下:

$$f_{cp} = f_{c0}'(1 + 0.002\alpha_1\lambda_1) \tag{3.37}$$

2. 极限应力

FRP 约束混凝土圆柱的极限状态对应 FRP 断裂,故约束混凝土的极限应力主要与参数 f_1 / f_{c0}' 有关,FRP 约束混凝土圆柱有软化段时极限应力 f_u 可按下式进行计算:

$$f_u = f_{c0}'(0.75 + 2.5f_1 / f_{c0}') \tag{3.38}$$

本书用搜集到的试验数据对相应公式进行验证,如图 3.13 所示,横坐标为 f_1 / f_{c0}',纵坐标为 f_u / f_{c0}'。将运用式(3.38)得到的计算值与已有试验数据的比较,如图 3.14 所示。图 3.14 中,f_u^e、f_u^c 分别为 FRP 约束混凝土圆柱极限应力试验值和计算值。由此可知,本书提出的极限应力计算公式有较高精度,且计算简单。

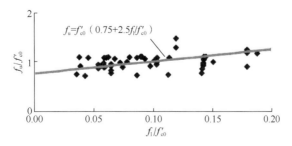

图 3.13　极限应力模型验证

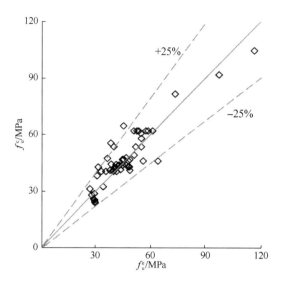

图 3.14   极限应力计算值和试验值的比较

3.6.2 应变计算

1. 峰值应变

经过分析，FRP 约束混凝土峰值应变也主要和 FRP 侧向约束刚度与混凝土弹性模量之比有关，回归后得到峰值应变 ε_{cp} 计算公式：

$$\varepsilon_{cp}/\varepsilon_{c0} = 1 + 0.007\alpha_1\lambda_1 \tag{3.39}$$

同样，本书用搜集到的试验数据对峰值应变的模型进行验证，如图 3.15 所示，横坐标为 $\alpha_1\lambda_1$，纵坐标为 $\varepsilon_{cp}/\varepsilon_{c0}$。运用式（3.39）得到计算值与已有试验数据的比较结果如图 3.16 所示。图中 ε_{cp}^e、ε_{cp}^c 分别为 FRP 约束混凝土圆柱峰值应变的试验值和计算值。由此可知，本节提出的极限应力计算公式有较高精度，且计算简单。

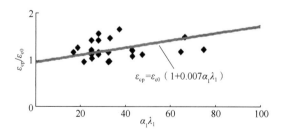

图 3.15   峰值应变模型验证

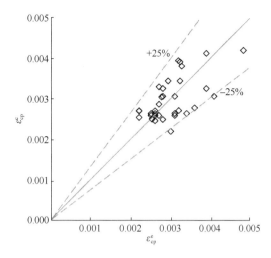

图 3.16　峰值应变计算值和试验值比较

2. 极限应变

文献[53]和[54]基于 FRP 约束混凝土极限阶段泊松比的分析，提出了 FRP 约束混凝土无软化段时极限轴向应变计算方法。图 3.17 所示为部分 FRP 约束混凝土试件轴向应力-泊松比关系曲线。泊松比由粘贴在圆柱中部 FRP 横向应变与纵向应变之比得到。试件 S1 为未约束混凝土圆柱，当轴向应力达到未约束混凝土强度时，试件 S1 的泊松比变得不稳定；试件 S6 侧向约束强度比为 0.28，大于界限值 0.13，应力-应变关系曲线无软化段，故其极限阶段的泊松比趋于稳定，大约为 1.0；试件 S3 的侧向约束强度比为 0.07，小于 0.13，应力-应变关系曲线有软化段，其极限阶段的泊松比也是不稳定的。以上结果表明，文献[54]方法不适用于 FRP 约束混凝土圆柱有软化段时轴向极限应变的计算。

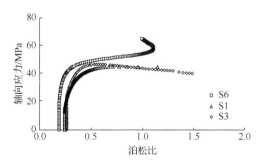

图 3.17　部分 FRP 约束混凝土试件轴向应力-泊松比关系曲线

本书作者提出 CFRP 约束混凝土圆柱极限应变 ε_{cu} 计算公式，其模型的准确性通过数据库数据进行了验证，如图 3.18 所示。

$$\varepsilon_{cu} = \varepsilon_{u}\left(1.3 + 6.3 f_{l} / f_{c0}'\right) \tag{3.40}$$

式中，ε_{u} 为未约束混凝土的极限应变，可取为 0.0038。

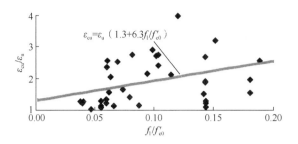

图 3.18　极限应变计算模型的验证

式（3.40）是根据 CFRP 约束混凝土试件的数据得到的，而本书的试验结果表明，FRP 的极限拉应变对 FRP 约束混凝土的轴向极限压应变影响大，但因为目前的试验数据少，而考虑了 FRP 极限拉应变影响的数据更少，所以系统分析 FRP 极限拉应变对 FRP 约束混凝土圆柱轴向极限压应变的影响还较为困难。基于本书 CFRP 和 DFRP 约束混凝土圆柱试验数据的分析，暂时建议可根据下式计算其他种类 FRP 约束混凝土圆柱轴向极限压应变。

$$\varepsilon_{cu} = \varepsilon_u \left(1.3 + 6.3 k_f f_1 / f'_{c0}\right) \tag{3.41}$$

式（3.41）中引入了考虑 FRP 种类影响的系数 k_f ，k_f 可取为 $250/E_f$（E_f 的单位为 GPa），因为 FRP 极限强度的影响在 FRP 侧向约束强度比 f_1/f'_{c0} 中已考虑了，故引入与弹性模量有关的参数 k_f 可以反映 FRP 极限拉应变的影响。

3.6.3　应力-应变关系曲线

1. 模型 I

Saadatmanesh 和 Ehasni[46]曾基于 Mander 箍筋约束模型对 FRP 约束混凝土圆柱有软化段时的应力-应变关系曲线进行了研究。但因为箍筋约束机理与 FRP 约束混凝土差别大，所以误差也大，另外，极限应变计算也较复杂。本模型认为，FRP 约束混凝土有软化段时，应力-应变关系仍可以用文献[46]建议的全曲线方程［式（3.42）］确定，但峰值应力、峰值应变根据本书提出的公式计算，曲线极限点根据式（3.40）或式（3.41）计算得到的极限应变值确定，曲线如图 3.19 所示。

$$\sigma_c = \frac{f_{cp} x n}{n - 1 + x^n} \tag{3.42}$$

式中，$x = \varepsilon_c / \varepsilon_{cp}$ ；$n = E_c / \left(E_c - E_{sec}\right)$，$E_{sec} = f_{cp} / \varepsilon_{cp}$ 。

2. 模型 II

模型 II 假定 FRP 约束混凝土圆柱有软化段时的应力-应变关系曲线在峰值点（图 3.20 点 A）以前部分为抛物线，在峰值点以后部分为直线（图 3.20），该模型可按下式确定。

$$\begin{cases} \sigma_{c} = f_{cp}\left[2\left(\varepsilon_{c}/\varepsilon_{cp}\right) - \left(\varepsilon_{c}/\varepsilon_{cp}\right)^{2} \right] & \varepsilon_{c} \leqslant \varepsilon_{cp} \\ \sigma_{c} = f_{cp} + \dfrac{\left(f_{u} - f_{cp}\right)\left(\varepsilon_{c} - \varepsilon_{cp}\right)}{\varepsilon_{cu} - \varepsilon_{cp}} & \varepsilon_{cp} < \varepsilon_{c} \leqslant \varepsilon_{cu} \end{cases} \tag{3.43}$$

式中，峰值应力 f_{cp}、峰值应变 ε_{cp}、极限应力 f_{u} 和极限应变 ε_{cu} 均根据本书相关公式计算。

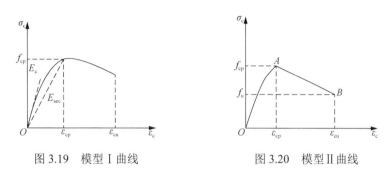

图 3.19　模型 I 曲线　　　　　　　　图 3.20　模型 II 曲线

3.7　模型验证与比较

1.　强约束模型

本书提出的模型与部分试验曲线[21,24,26,42,43,49]的比较如图 3.21 所示。图 3.21 中，FRP 约束混凝土圆柱的轴向应变用正值表示，横向应变用负值表示。图 3.21 表明，本书提出的模型简单，而且与各种参数的试验曲线均符合较好。

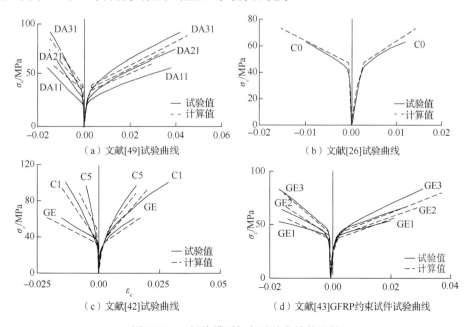

（a）文献[49]试验曲线　　　　　　　　（b）文献[26]试验曲线

（c）文献[42]试验曲线　　　　　　　　（d）文献[43]GFRP约束试件试验曲线

图 3.21　三折线模型与各试验曲线的比较

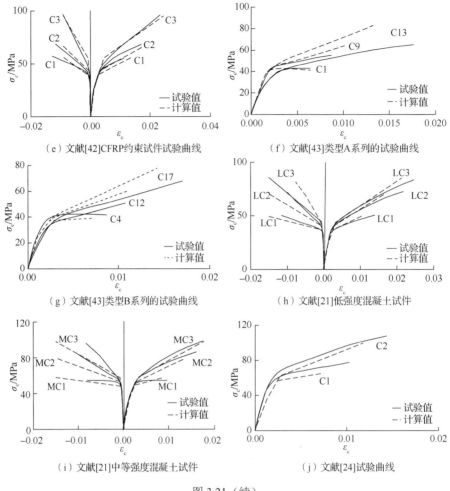

图 3.21（续）

根据试验结果与计算模型的对比分析，可以得出以下结论。

1）FRP 约束混凝土圆柱可显著提高其强度和延性，但由于 FRP 是线弹性材料，其约束性能与箍筋、钢管等约束有明显区别。已有的箍筋或钢管约束混凝土圆柱的应力-应变关系模型不能直接用于 FRP 约束分析。

2）FRP 约束混凝土圆柱的极限强度主要与 f_l/f_{c0}'、FRP 形式及 FRP 抗拉强度确定方法等有关，对不同情况下的极限强度可根据本书提出的一般公式和简化公式进行计算。

3）已有的 FRP 约束混凝土圆柱极限应变的计算公式所计算出的数据误差均较大，主要是因为未考虑 FRP 极限应变和 FRP 形式的影响。本书提出了 FRP 约束混凝土圆柱极限阶段泊松比的计算公式，进而根据应变相容原理，即可得到轴向极限应变，该计算方法有较明确的物理意义，公式简单，精度较高。

4）对 FRP 约束的混凝土圆柱无软化段时的应力-应变关系可以用三折线模型确定，该模型简单，而且与目前的试验数据均符合较好。

2. 弱约束模型

为验证所提出的模型，模型Ⅰ、Ⅱ与较多试验数据做了比较，该部分试验数据如

表 3.2 所示。表 3.2 中，D、L 分别为圆柱直径和高度；f_f 为 FRP 极限抗拉强度。图 3.22 列出模型 Ⅰ、Ⅱ 与部分试验曲线的比较，可知，模型 Ⅰ 和模型 Ⅱ 简单，而且与试验数据符合较好，可直接用于设计。

表 3.2　用于模型比较的试验数据情况

文献	试件	D/mm	L/mm	f'_{c0}/MPa	FRP 类型	f_f/MPa	E_f/GPa	ρ_f/%	f_1/f'_{c0}
文献 [31]	F1C1	100	200	47	CFRP	3048	203	0.19	0.06
	F5C1	100	200	47	AFRP	3303	114	0.36	0.13
文献 [33]	C11	200	600	38	CFRP	4227	248	0.111	0.06
	C12	200	600	38	CFRP	4227	248	0.167	0.09
文献 [55]	C0423	150	300	32	CFRP	3790	244	0.076	0.05
	C0726	150	300	58	CFRP	3790	244	0.148	0.05
	C1528	150	300	75	CFRP	3790	244	0.296	0.07

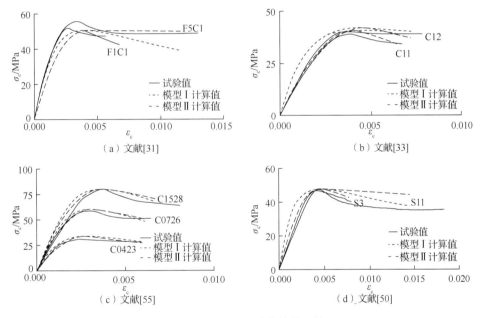

图 3.22　模型与试验曲线的比较

3.8　混杂 FRP 约束混凝土圆柱的应力-应变关系模型

现在越来越多的 FRP，如 AFRP、BFRP、PBO、DFRP 等出现在工程界。然而，在已有的研究中，试验主要集中于 CFRP 或 GFRP 约束混凝土的力学性能。而对于其他类型纤维约束混凝土及多种类型纤维混杂约束混凝土的力学性能的研究极其少见。作者研究了 5 种性能不同 FRP（高强度 CFRP、高弹模 CFRP、AFRP、GFRP、PBO 纤维）及其混杂 FRP 约束混凝土的力学性能，比较了单一 FRP 与混杂 FRP 在应力-应变关系曲线上的差异，从应力-应变曲线及泊松比变化等方面研究了混杂 FRP 约束混凝土圆柱体的约束机理等，提出了混杂 FRP 约束混凝土的相关模型。

3.8.1 材料性能

为研究不同类型 FRP 对 FRP 约束混凝土圆柱体性能的影响，本节选择了 5 种 FRP 试验，包括高强度 CFRP、高弹性模量 CFRP、AFRP、GFRP、PBO 等，分别被缩写为 CF1、CF7、AF、GF、PF。FRP 的有关参数指标见表 3.3。为把握各种 FRP 的实际力学性能，对不同类型材料分别进行了 FRP 单向拉伸材性试验。表 3.3 所示为 FRP 性能的设计值与试验值。

表 3.3 FRP 性能的设计值与试验值

编号	FRP 类型	FRP 厚度/mm	极限强度/（N/mm²）		弹性模量/（N/mm²）		极限应变/%	
			设计值	试验值	设计值	试验值	设计值	试验值
CF1	高强度 CFRP	0.167	3400	4233.8	2.3×105	2.43×105	1.48	1.74
CF7	高弹模 CFRP	0.143	1900	2543.5	5.4×105	5.63×105	0.35	0.51
AF	芳纶纤维	0.286	2000	2323.5	1.2×105	1.15×105	1.67	2.02
GF	玻璃纤维	0.118	1500	1793.7	7.3×104	8.05×104	2.05	2.223
PF	PBO 纤维	0.128	4000	4158.2	2.4×105	2.6×105	1.67	1.60

3.8.2 试验方案

为研究各种 FRP 约束混凝土的性能，进行了 35 个 FRP 约束混凝土圆柱体的试验，圆柱体的尺寸为 Φ150mm×300mm，设计强度为 25MPa，采用日铁公司提供的树脂粘贴 FRP FP-NS、FP-Z、FR-E3P 等。FRP 材料搭接部分长 100mm，在 FRP 表面沿 FRP 纤维方向粘贴 8 片应变片，用以测量试验中 FRP 应变变化。试验时，在对称位置架设两个位移传感器，以测量圆柱体纵向位移。试验在 2000kN 试验机上进行，加载速度为 10kN/min。FRP 粘贴方向及试验装置如图 3.23 所示。

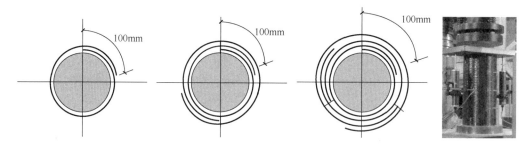

图 3.23 FRP 粘贴方向及试验装置

3.8.3 试验结果

1. 应力-应变关系曲线

各试件的应力-应变关系曲线如图 3.24 所示。由图 3.24 可知，FRP 约束混凝土的极限强度和极限应变均能得到显著的提高。

对单一 FRP 约束混凝土，FRP 约束混凝土的应力-应变关系与箍筋、钢管等约束混凝土不同，试件的侧向约束强度均大于 0.13，故约束后的混凝土应力-应变关系曲线无软化段。无软化段的应力-应变关系曲线由 3 部分组成：初始阶段，其应力-应变关系曲线类似于无约束混凝土；当应力接近无约束混凝土强度时，由于微裂缝的快速发展，混凝土侧向膨胀明显，同时 FRP 约束作用不断被激活，其侧向约束应力随之增加，此时会产生较明显的软化和过渡区域；随后，FRP 侧向约束应力增加明显，直至 FRP 断裂破坏，该阶段的应力-应变具有明显的线性关系。

图 3.24（a）给出 1 层 CF1、1 层 CF7 与 1 层 CF1 混杂后约束混凝土的应力-应变关系曲线。对于仅受一层高强度 CFRP 约束混凝土试件 CF1，初始应力-应变关系由于混凝土横向膨胀较小，与未约束混凝土相似。当应力水平达到的未约束混凝土强度时，混凝土的应力-应变关系伴随着微裂缝的发展进入过渡区，之后 FRP 片材被完全激活，约束混凝土的应力-应变关系曲线呈线性增加，直到最后 FRP 片破裂。高强度 CFRP 与高弹模 CFRP 混杂约束混凝土试件 CF7 + CF1 的应力-应变关系曲线，可划分为 3 个不同的区域。在第一区域中，曲线是类似于未约束混凝土；在第二区域中，混凝土开始开裂，并完全激活 FRP 的约束作用。由于两种不同类型的 FRP 被用于约束核心混凝土，该区域中的应力-应变曲线没有线性关系，当达到 CF7 纤维材料的拉伸极限应变时，纤维断裂逐渐发生，当轴向的约束混凝土的应力达到 48.8MPa 时，FRP 的侧向拉应变达到 0.005，即达到 CF7 的极限拉应变，此时 FRP 断裂，断裂后侧向约束应力释放，并很快传递到高延性 CF1 上，此时，混杂 FRP 约束混凝土的应力-应变曲线刚度下降，直到高延性的 CF1 断裂，FRP 约束混凝土应力-应变均表现出良好的线性关系，类似于单一 FRP 约束混凝土极限阶段的曲线。

图 3.24（b）为 1 层 PF、1 层 CF7 与 PF 混杂，以及 1 层 CF7 与 2 层 PF 混杂后约束混凝土的应力-应变关系曲线。对 1 层 PF 约束后，破坏时极限强度达到 45.0MP，极限应变达到 0.0237。对 1 层 CF7 和 1 层 PF 混杂后，当轴向应力水平达到 44.5MP 时，侧向应变即达到 CF7 单向拉伸的极限应变，此时 CF7 断裂，释放的能量及侧向约束应力很快传递给外侧 1 层的 PF。因为外侧 PF 的侧向约束强度相对较小，吸收 CF7 释放的能量时，已经超过其单向拉伸极限应变，所以外侧的 PF 也较快断裂，约束混凝土的应力无法得到继续提高，并较快发生破坏。其延性甚至比单一 PF 约束的混凝土要低得多。这也说明，两种 FRP 进行混杂时，高延性 FRP 比例不能太低，否则混杂后的约束混凝土初期应力较大，但延性差，甚至比单一 FRP 约束混凝土的延性还差。然而，对于 1 层 CF7 与 2 层 PF 混杂后，由于两层的 PF 强度足够大，能够吸收 1 层 CF7 断裂所释放的能量，最终得到了有效混杂产生的较高的极限强度和极限应变。

图 3.24（c）为 2 层 CF1、2 层 CF7、1 层 CF7 与 2 层 CF1 混杂后约束混凝土的应力-应变关系曲线。2 层 CF1、1 层 CF7 与 2 层 CF1 混杂的约束混凝土的应力-应变关系曲线几乎相同，表明 CF7 与 2CF1 混杂后，附加的 1 层 CF7 对混凝土受压性能几乎没有改善。分析原因如下：①2CF1 的侧向约束强度很大，因为侧向约束强度越高，对其承载力提高系数的提升越不明显，所以即使增加 1 层 CF7，约束后承载力提高不大；②这

2 层 CF1 对于 1 层 CF7 约束力的相对比值过大（约为 3.9），故 1 层 CF7 的约束作用得不到很好体现，因此，没有发挥出较好的混杂效果。由此可知，对这两种 FRP 混杂时，混杂效果也不明显，而且不经济。

图 3.24（d）为 3 种不同类型的 FRP 混杂后约束混凝土的应力-应变关系曲线。试件都是 1 层 CF7、1 层 AF 与 1 层 CF1 混杂，只是 FRP 粘贴的顺序不同，其他参数相同，约束后混凝土的应力-应变关系曲线基本一致。因此，混杂时 FRP 的粘贴次序对约束性能影响不大。

图 3.24（e）、（f）分别给出了 3 层 GF、1 层 CF7+3 层 GF、1 层 CF7+4 层 GF，以及 1 层 AF、1 层 CF7+1 层 AF、1 层 CF7+2 层 AF 约束混凝土的应力-应变关系曲线。通过比较 3GF 与 CF7 +3GF，以及 CF7 + AF、AF 与 CF7 +2AF 约束混凝土的应力-应变关系曲线，可以发现，对于高延性纤维约束的混凝土，混杂 1 层 CF7 使其极限强度有很大的提升，而对其极限应变却没有很显著的影响。

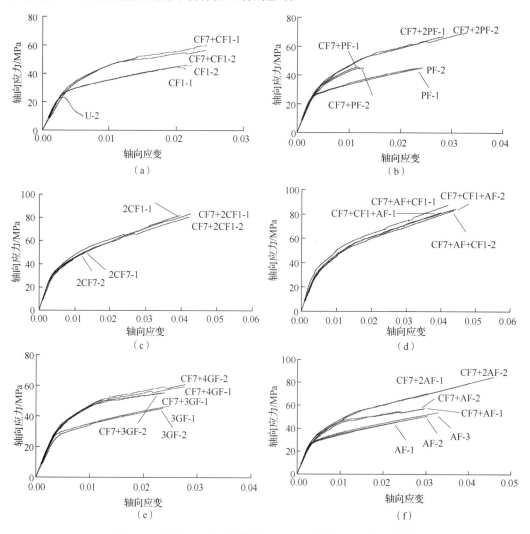

图 3.24　混杂 FRP 约束混凝土的应力-应变关系曲线对比图

2. 轴向应力-侧向应变关系

图 3.25（a）所示为 FRP 约束混凝土轴向应力与侧向应变的关系，以 CF7+AF 与 AF 比较为例。对单一 AF 约束混凝土，初始阶段混凝土侧向膨胀很小，FRP 发挥的作用很小；加载后期，混凝土裂缝快速发展，FRP 逐渐发挥作用。对 CF7+AF 混杂 FRP 约束混凝土，初始阶段 FRP 作用也很小；当在接近未约束混凝土强度时，FRP 发挥较大的作用；当应力达到 46.8MPa 时，CF7 纤维布断裂，此时 CF7 承担的侧向应力释放出来由 AF 承担，混凝土也随之膨胀，在图中表现为轴向应力-侧向应变关系曲线处于一个水平段，如果剩下的高延性 FRP 材料能全部接收传来的能量，那么侧向 FRP 的应力能继续增加（如 CF+AF 约束混凝土）；如果不能接收，那么应力无法再继续增加，外侧的 FRP 逐渐断裂，如 CF7+PF。

图 3.25（b）表示单一 PF、1 层 PF 与 1 层 CF7 混杂约束混凝土的轴向应力-侧向应变的关系曲线。如前所述，一层 PF 无法吸收一层 CF7 破裂而释放的能量，因此 CF7 断裂后，PF 瞬间断裂，而且 CF7+PF 约束试件的极限应变小于 PF 约束试件的极限应变。

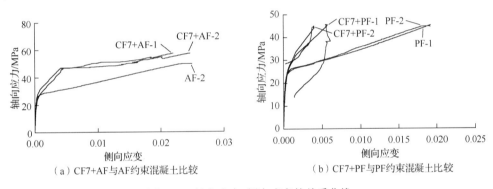

（a）CF7+AF 与 AF约束混凝土比较　　　（b）CF7+PF 与 PF约束混凝土比较

图 3.25　轴向应力-侧向应变的关系曲线

典型的混杂 FRP 约束混凝土的轴向应力-侧向应变的关系曲线如图 3.26 所示。当约束混凝土的侧向应变达到高强度 FRP 的极限应变 $\varepsilon_{\mathrm{fu1}}$ 时，FRP 断裂释放的应力需要由高延性 FRP 承担，此时高延性的 FRP 应变有一突变。以两种 FRP 混杂为例，当低延性 FRP 断裂后，要维持原来的侧向约束应力时，第二种 FRP 的应变 $\varepsilon_{\mathrm{f2,c}}$ 可按下式计算：

$$\varepsilon_{\mathrm{f2,c}} = \frac{f_{\mathrm{f1}}t_{\mathrm{f1}} + E_{\mathrm{f2}}\varepsilon_{\mathrm{fu1}}t_{\mathrm{f2}}}{E_{\mathrm{f2}}t_{\mathrm{f2}}} \tag{3.44}$$

式中，f_{f1}、t_{f1} 和 $\varepsilon_{\mathrm{fu1}}$ 分别为低延性 FRP 的强度、厚度和极限应变；E_{f2} 和 t_{f2} 分别为高延性 FRP 的弹性模量和厚度。

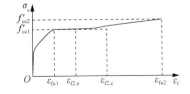

图 3.26　混杂 FRP 约束混凝土的轴向应力-侧向应变的关系曲线

由试验得知，实际上低延性 FRP 断裂时，第二种 FRP 的应变比理论计算值要低，原因如下：①混杂后内侧高强度的 FRP 受外侧高延性的约束；②轴向应力与外侧的 FRP 是间接发生作用的，而低延性 FRP 断裂也是一个逐渐发展的过程。因此，实际上第二种 FRP 应变 $\varepsilon_{\mathrm{f2,e}}$ 可以用理论计算值 $\varepsilon_{\mathrm{f2,c}}$ 乘以一个折减系数 η 得到，计算公式如下：

$$\varepsilon_{\mathrm{f2,e}} = \eta\varepsilon_{\mathrm{f2,c}} \tag{3.45}$$

根据作者的试验数据分析：系数 η 一般为 0.45～0.90，主要与两种 FRP 约束强度比 β 有关。图 3.27 所示为 η 与 FRP 侧向约束强度比 β 的关系。

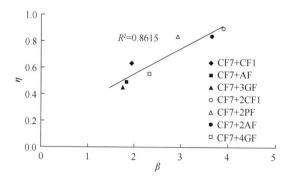

图 3.27　η 与 FRP 侧向约束强度比 β 的关系（$\eta = 0.195\beta + 0.1689$）

FRP 侧向约束强度比为

$$\beta = \frac{f_{\mathrm{f2}}t_{\mathrm{f2}}}{f_{\mathrm{f1}}t_{\mathrm{f1}}} \tag{3.46}$$

$$\eta = 0.195\beta + 0.1689, \quad \beta > 1.45, \quad \eta < 1 \tag{3.47}$$

当 $\beta \leqslant 1.45$ 时，低延性 FRP 材料断裂后，高延性 FRP 材料不能很好地接受低延性 FRP 材料释放的应力，混杂无效。当 $\beta > 4.26$ 时，低延性 FRP 材料所能提高的侧向约束应力比高延性 FRP 材料大得多，因此，高延性 FRP 材料对约束的影响很小，无法发挥其优势。

3. 泊松比变化曲线

图 3.28 所示为未约束混凝土、单一和混杂 FRP 约束混凝土泊松比的变化曲线图。图 3.28 中，横坐标为混凝土泊松比，根据应变片测得的混凝土横向应变除以相应的混凝土纵向应变得到，纵坐标为混凝土轴向应力。对无约束混凝土，初始泊松比为 0.15～0.22，随着应力的增加，泊松比略有增加，当应力接近无约束混凝土强度值，微裂缝快速发展，混凝土的泊松比也急剧增加，呈发散趋势，直至破坏。以 CFRP 约束混凝土为例，在初始阶段，泊松比稳定，且略小于无约束混凝土，当应力接近无约束混凝土强度值时，微裂缝快速发展，混凝土的泊松比也急剧增加，但同时，混凝土的侧向膨胀导致 FRP 更大地发挥作用，限制混凝土的侧向膨胀，经过调整以后，约束混凝土的泊松比逐渐趋向稳定，且随着应力的增加有逐渐减小的趋势，但总体上稳定在一个固定的范围内。根据分析，无约束及 FRP 约束混凝土的泊松比有以下几个特点：

1）对无约束混凝土，应力达最大应力附近时，泊松比呈发散趋势，不稳定；而 FRP 约束混凝土的泊松比在极限强度附近大体稳定在一个固定的范围内。

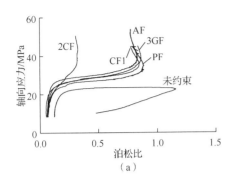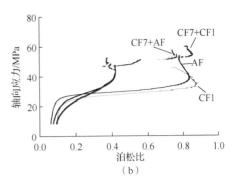

图 3.28　未约束混凝土、单一和混杂 FRP 约束混凝土泊松比的变化曲线

2）CF1、3GF、PF、AF 约束混凝土的侧向约束强度分别为 9.43MPa、8.47MPa、7.10MPa、8.86MPa，极限阶段的混凝土泊松比为 0.78～0.84，可见对普通弹性模量 FRP 约束混凝土，极限阶段的泊松比主要与侧向约束强度与未约束混凝土强度比值（f_1 / f_{c0}'）有关，而 FRP 材料种类的影响则不是很明显。高弹模 CF7 约束混凝土的侧向约束强度是 9.70MPa，与其他 4 种 FRP 约束混凝土相近，极限阶段泊松比为 0.31 左右，比其他 4 种 FRP 约束混凝土极限阶段泊松比要小得多，而且高弹模 CF7 约束的混凝土的泊松比相对更快地达到稳定阶段。由此可知，当 FRP 弹模较大时，极限阶段的泊松比不仅与 f_1 / f_{c0}' 有关，而且与 FRP 的弹性模量有关。

3）相同 FRP 约束的混凝土，随着 f_1 / f_{c0}' 的增加，其极限阶段混凝土泊松比减小，而且能更好地稳定在一个更小的范围内。

对于混杂 FRP 约束混凝土泊松比的变化曲线，将 CF7+2CF1 和 2CF1 泊松比对比发现，2CF1 约束混凝土在达到未约束混凝土强度时，混凝土裂缝快速发展，且 FRP 约束混凝土泊松比会由一个较小的值快速增大，同时 FRP 充分发挥约束作用。随后，约束混凝土的泊松比稳定在一个范围之内。CF7 和 2CF1 混杂约束混凝土，在初始阶段，其泊松比较小，随着荷载的增加，泊松比逐渐增加，在快要达到未约束混凝土强度时，泊松比快速增加，但受高弹模 FRP 的约束，因为 FRP 弹模高，故在相同的侧向变形下，FRP 产生的约束力更大，约束效果更明显，所以约束混凝土能相对较快地达到稳定值。随着荷载增加，泊松比变化不大，但当 CF7 断裂时，CF7 侧向约束力释放，在该时刻，混凝土侧向变形很大，其体现是：泊松比有一个突变，但随着高延性 FRP 发挥作用，泊松比又逐渐稳定在一个范围内，直至破坏。同时可以发现，极限阶段的泊松比主要由混杂 FRP 的高延性 FRP 材料的侧向约束强度决定，而且，极限阶段泊松比与对应系统的单一 FRP 约束混凝土的值接近。

3.8.4　计算模型

1. 极限强度

单一 FRP 约束混凝土的极限强度在前面已经叙述。本节仅涉及混杂 FRP 约束混凝土的极限强度的计算。分别以两种 FRP 混杂和三种 FRP 为例混杂论述。

（1）两种 FRP 混杂

图 3.29（a）和（b）所示为两种 FRP 混杂约束混凝土的应力-应变关系试验和简化模型曲线。在第一种 FRP 断裂前，其力学性能表现与单一 FRP 约束混凝土相似，在低延性 FRP 断裂后，FRP 约束混凝土应力水平保持在低延性 FRP 断裂时的水平，高延性 FRP 的应变将从 ε_{ful} 跳跃至 $\varepsilon_{\text{f2,e}}$，FRP 约束应力降低，自此以后，应力随着应变持续线性增加，直至高延性 FRP 断裂。

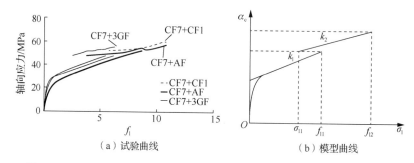

（a）试验曲线　　　　　　　　（b）模型曲线

图 3.29　两种 FRP 混杂约束混凝土的轴向应力-侧向约束力关系模型曲线

第一种 FRP：弹模 E_{f1}、强度 f_{f1}、极限应变 ε_{ful}，厚度 t_{f1}。

第二种 FRP：弹模 E_{f2}、强度 f_{f2}、极限应变 ε_{fu2}，厚度 t_{f2}。

极限应变：$\varepsilon_{\text{fu2}} > \varepsilon_{\text{ful}}$。

第一种 FRP 断裂时的 FRP 约束混凝土强度为

$$f'_{\text{cc1}} = f'_{\text{c0}}\left(1 + k_1 \frac{f_{\text{l1}}}{f'_{\text{c0}}}\right) \tag{3.48}$$

第一种 FRP 断裂时的 FRP 侧向约束应力为

$$f_{\text{l1}} = \frac{f_{\text{f1}}t_{\text{f1}} + E_{\text{f2}}\varepsilon_{\text{ful}}t_{\text{f2}}}{R} \tag{3.49}$$

第一种 FRP 断裂后侧向约束应力 σ_{l1} 为

$$\sigma_{\text{l1}} = \frac{E_{\text{f2}}\varepsilon_{\text{f2,e}}t_{\text{f2}}}{R} \tag{3.50}$$

第一种 FRP 断裂后突变到第二种 FRP 时的应变为

$$\varepsilon_{\text{f2,c}} = \frac{f_{\text{f1}}t_{\text{f1}} + E_{\text{f2}}\varepsilon_{\text{ful}}t_{\text{f2}}}{E_{\text{f2}}t_{\text{f2}}} \tag{3.51}$$

$$\varepsilon_{\text{f2,e}} = \eta\varepsilon_{\text{f2,c}} \tag{3.52}$$

第二种 FRP 断裂时的 FRP 约束混凝土强度为

$$f'_{\text{cc2}} = f'_{\text{cc1}}\left(1 + k_2 \frac{f_{\text{l2}} - \sigma_{\text{l1}}}{f'_{\text{cc1}}}\right) \tag{3.53}$$

$$f_{\text{l2}} = \frac{f_{\text{f2}}t_{\text{f2}}}{R} \tag{3.54}$$

式中，k_1、k_2 分别为两个阶段的应力提高系数，一般 $k_1 > k_2$，因为在第一阶段混凝土处在较低的应力水平下，约束效果明显；而在第二阶段混凝土处在较高的应力水平下，约束效果相对较低。但为了简单起见，假设 $k_1 = k_2$，根据作者的试验结果，可以取值为 2.0，对于高弹模 FRP 约束的应力提高系数应取 2.4。

如果对于混杂 FRP 约束混凝土公式中的折减系数 η 等于 1.0，则 $\varepsilon_{f2,e} = \varepsilon_{fu2}$，由以上公式可得极限强度的简化计算公式：

$$f'_{cc2} = f'_{c0}\left(1 + k\frac{f_{l2}}{f'_{c0}}\right) \tag{3.55}$$

（2）三种 FRP 混杂

图 3.30 所示为 3 种 FRP 混杂约束混凝土的轴向应力-侧向约束力关系模型曲线。其极限强度按以下步骤计算：

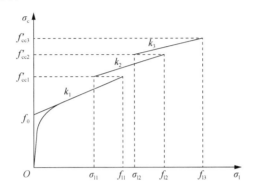

图 3.30　三种 FRP 混杂约束混凝土的轴向应力-侧向约束力关系模型曲线

第一种 FRP：弹模 E_{f1}、强度 f_{f1}、极限应变 ε_{fu1}，厚度 t_{f1}。
第二种 FRP：弹模 E_{f2}、强度 f_{f2}、极限应变 ε_{fu2}，厚度 t_{f2}。
第三种 FRP：弹模 E_{f3}、强度 f_{f3}、极限应变 ε_{fu3}，厚度 t_{f3}。
极限应变：$\varepsilon_{fu3} > \varepsilon_{fu2} > \varepsilon_{fu1}$。
第一种 FRP 断裂时的 FRP 约束混凝土强度为

$$f'_{cc1} = f'_{c0}\left(1 + k_1\frac{f_{l1}}{f'_{c0}}\right) \tag{3.56}$$

$$f_{l1} = \frac{f_{f1}t_{f1} + E_{f2}\varepsilon_{fu1}t_{f2} + E_{f3}\varepsilon_{fu1}t_{f3}}{R} \tag{3.57}$$

第一种 FRP 断裂后突变到第二种 FRP、第三种 FRP 时的应变为

$$\varepsilon_{f2,e} = \eta_1\varepsilon_{f2,c} \tag{3.58}$$

$$\varepsilon_{f2,c} = \frac{f_{f1}t_{f1} + E_{f2}\varepsilon_{fu1}t_{f2} + E_{f3}\varepsilon_{fu1}t_{f3}}{E_{f2}t_{f2} + E_{f3}t_{f3}} \tag{3.59}$$

$$\eta_1 = 0.195\beta_1 + 0.1689 \tag{3.60}$$

$$\beta_1 = \frac{f_{f2}t_{f2} + E_{f3}\varepsilon_{fu2}t_{f3}}{f_{f1}t_{f1}} \tag{3.61}$$

式中，$\varepsilon_{f2,c}$ 为最低延性 FRP 断裂后，较高延性的 FRP 要维持原来侧向约束应力时的理论应变；$\varepsilon_{f2,e}$ 为相应实际应变；η_1 为与 FRP 侧向约束强度比 β 相关的折减系数。

第二种 FRP 断裂时的 FRP 约束混凝土强度为

$$f'_{cc2} = f'_{cc1}\left(1 + k_2\frac{f_{l2}}{f'_{cc1}}\right) \tag{3.62}$$

$$f_{l2} = \frac{E_{f2}\left(\varepsilon_{fu2} - \varepsilon_{f2,e}\right)t_{f2} + E_{f3}\left(\varepsilon_{fu2} - \varepsilon_{f2,e}\right)t_{f3}}{R} \tag{3.63}$$

第二种 FRP 断裂后突变到第三种 FRP 时的应变为

$$\varepsilon_{f3,c} = \frac{f_{f2}t_{f2} + E_{f3}\varepsilon_{fu2}t_{f3}}{E_{f3}t_{f3}} \tag{3.64}$$

$$\varepsilon_{f3,e} = \eta_2\varepsilon_{f3,c} \tag{3.65}$$

$$\eta_2 = 0.195\beta_2 + 0.1689 \tag{3.66}$$

$$\beta_2 = \frac{f_{f3}t_{f3}}{f_{f2}t_{f2}} \tag{3.67}$$

第三种 FRP 断裂时的 FRP 约束混凝土强度为

$$f'_{cc3} = f'_{cc2}\left[1 + k_3\frac{E_{f3}\left(\varepsilon_{fu3} - \varepsilon_{f3,e}\right)t_{f3}}{Rf'_{cc2}}\right] \tag{3.68}$$

表 3.4 所示为作者建议公式的计算结果与试验结果对比，误差范围为–19%～17.8%。

表 3.4　混杂 FRP 约束混凝土的计算结果对比

试件编号	约束方式	极限强度			极限应变		
		试验值/ MPa	计算值/ MPa	误差/%	试验值/ MPa	计算值/ MPa	误差/%
U-1	无约束	23.5	—	—	0.0022	—	—
U-2		23.0	—	—	0.0027	—	—
U-3		22.7	—	—	0.0031	—	—
CF7-1	2 层 CF7	50.5	53.3	5.6	0.0127	0.0100	–21.0
CF7-2		48.9	53.3	9.1	0.0120	0.0100	–16.4
CF1-1	1 层 CF1	44.9	47.6	6.0	0.0201	0.0224	11.3
CF1-2		45.9	47.6	3.7	0.0215	0.0224	4.1
2CF-1	2 层 CF1	82.0	72.1	–12.1	0.0375	0.0354	–10.7
PF-1	1 层 PF	44.7	41.5	–7.1	0.0230	0.0171	–25.8
PF-2		45.3	41.5	–8.3	0.0243	0.0171	–29.8
AF-1	1 层 AF	45.2	46.1	2.0	0.0231	0.0249	7.9
AF-2		50.7	46.1	–9.1	0.0303	0.0249	–17.7
AF-3		53.7	46.1	–14.1	0.0329	0.0249	–24.2
3GF-1	3 层 GF	46.4	45.1	–2.8	0.0249	0.0246	–1.3
3GF-2		45.0	45.1	0.2	0.0236	0.0246	4.1
CF7+CF1-1	1 层 CF7、1 层 CF1	59.7	57.3	–4.0	0.0245	0.0224	–8.7
CF7+CF1-2		56.4	57.3	1.6	0.0244	0.0224	–8.3
CF7+PF-1	1 层 CF7、1 层 PF	45.6	53.0	16.2	0.0117	—	—
CF7+PF-2		45.0	53.0	17.8	0.0126	—	—
CF7+AF-1	1 层 CF7、1 层 AF	57.4	55.5	–3.4	0.0298	0.0249	–16.3
CF7+AF-2		57.2	55.5	–3.0	0.0293	0.0249	–14.9

试件编号	约束方式	极限强度			极限应变		
		试验值/ MPa	计算值/ MPa	误差/%	试验值/ MPa	计算值/ MPa	误差/%
CF7+3GF-1	1 层 CF7、3 层 GF	55.3	54.3	−1.9	0.0241	0.0266	10.5
CF7+3GF-2		55.3	54.3	−1.9	0.0235	0.0266	13.3
CF7+2CF1-1	1 层 CF7、2 层 CF1	83.5	73.9	−11.5	0.0426	0.0354	−17.0
CF7+2CF1-2		80.7	73.9	−8.4	0.0425	0.0354	−16.8
CF7+2PF-1	1 层 CF7、2 层 PF	67.0	66.8	−0.2	0.0283	0.0270	−4.8
CF7+2PF-2		69.4	66.8	−3.7	0.0328	0.0270	−17.8
CF7+2AF-1	1 层 CF7、2 层 AF	79.6	71.2	−10.6	0.0404	0.0394	−2.5
CF7+2AF-2		84.8	71.2	−16.1	0.0459	0.0394	−14.2
CF7+4GF-1	1 层 CF7、4 层 GF	59.3	59.6	0.5	0.0276	0.0322	16.7
CF7+4GF-2		60.8	59.6	−2.0	0.0278	0.0322	15.8
CF7+CF1+AF-1	1 层 CF7、1 层 CF、1 层 AF	81.5	71.0	−12.8	0.0399	0.0331	−17.1
CF7+CF1+AF-2		84.3	71.0	−15.7	0.0441	0.0331	−25.0
CF7+AF+CF1-1	1 层 CF7、1 层 AF、1 层 CF	87.8	71.0	−19.0	0.0420	0.0331	−21.2
CF7+AF+CF1-2		83.3	71.0	−14.6	0.0437	0.0331	−24.3

2. 极限应变

观察前述内容的实测应力-应变曲线及泊松比发展变化图，可以发现，混杂 FRP 约束混凝土的极限应变与单一 FRP 约束混凝土的极限应变影响规律相似。因此，混杂 FRP 约束混凝土极限应变可根据单一 FRP 约束混凝土极限应变的计算方法粗略确定。

根据前述内容，对于普通弹性模量的 CFRP、GFRP 及 AFRP 等单一 FRP 约束混凝土极限泊松比计算公式为

$$v_{\mathrm{u}} = 0.56\left(f_1 / f_{\mathrm{c}}'\right)^{-0.66} \tag{3.69}$$

可知，极限状态下的泊松比不仅与 f_1 / f_{c}' 有关，还与约束 FRP 的弹性模量有关，对于高弹性模量的 FRP 约束混凝土，其泊松比按下式计算：

$$v_{\mathrm{u}} = 0.56 k_1 \left(f_1 / f_{\mathrm{c}}'\right)^{-0.66} \tag{3.70}$$

式中，k_1 为 FRP 弹性模量的影响系数。对于弹性模量不大于 250GPa 的 FRP，$k_1=1.0$；对于弹性模量小于等于 250GPa 的 FRP，$k_1 = \sqrt{250 / E_{\mathrm{f}}}$。

另外，未约束混凝土强度对极限状态下的泊松比也具有一定的影响，尤其是低强度混凝土。因此，引入调整系数 α_1，α_1 是以圆柱体抗压强度 30MPa 为基准的未约束混凝土强度影响的调整系数。对于 $f_{\mathrm{c}0}' \geqslant 30\mathrm{MPa}$ 时，$\alpha_1 =1.0$；对于 $f_{\mathrm{c}0}' < 30\mathrm{MPa}$ 时，可由下式计算，根据前面内容，计算极限状态下的泊松比 v_{u} 最后应除以系数 α_1。

$$\alpha_1 = f_{\mathrm{c}30}' / f_{\mathrm{c}0}' = 30 / f_{\mathrm{c}0}' \tag{3.71}$$

在计算出极限状态时 FRP 约束混凝土的泊松比之后，FRP 约束混凝土的极限应变即可根据应变相容原理按下式计算得到

$$\varepsilon_{\mathrm{cc}}' = \frac{\varepsilon_{\mathrm{fu}}}{v_{\mathrm{u}}} \tag{3.72}$$

式中，ε_{fu} 为最高延性的 FRP 极限应变。当单一 FRP 约束混凝土时，取 ε_{fu1}；当两种 FRP 混杂约束混凝土时，取 ε_{fu2}；三种 FRP 混杂约束混凝土时，取 ε_{fu3}。

将作者提出的方法计算的极限应变计算值与试验值结果比较，参见表 3.6，对比结果发现作者所提的计算方法简单且有较高的精度。

3. 应力-应变关系曲线模型

不论是两种 FRP 混杂约束混凝土，还是三种 FRP 混杂约束混凝土，其应力-应变关系模型抗压机理是相似的。此处以两种 FRP 混杂约束混凝土为例，阐述其混杂 FRP 约束混凝土的应力-应变关系模型。两种 FRP 混杂约束混凝土的应力-应变关系模型，共由 4 个区域组成，其中，第 1 区域和第 2 区域与单一 FRP 约束混凝土的情况是相似的，第 3 区域和第 4 区域分别对应低延性和高延性 FRP 充分发挥作用点。根据现有试验结果，对于两种 FRP 混杂约束混凝土的应力-应变关系，可以用图 3.31 所示的多线性模型很好地表达，此模型关键之处为确定模型中 A、B、C 和 D 点的应力和应变。

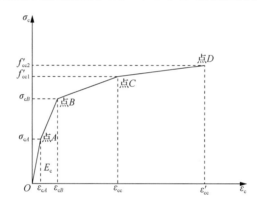

图 3.31　两种 FRP 混杂约束混凝土的多线性应力-应变关系模型

对于 A（ε_{cA}，σ_{cA}）点，对应第一条裂缝出现点，其 ε_{cA}、σ_{cA} 可根据前面的公式计算。

对于 B（ε_{cB}，σ_{cB}）点，对应未约束混凝土峰值点附近，其应力、应变略大于未约束混凝土峰值应力、应变，其 ε_{cB}、σ_{cB} 可根据前面公式计算，但是，侧向约束刚度应按下式计算：

$$E_{ll} = \frac{E_{f1}t_{f1} + E_{f2}t_{f2}}{R} \tag{3.73}$$

对于 C（ε_{cc}，f'_{cc1}）点，对应低延性 FRP 断裂点，ε_{cc} 可根据下面公式计算，f'_{cc1} 可根据前面公式计算。

$$\varepsilon_{cc} = \varepsilon_{fu1}/\nu_{u1} \tag{3.74}$$

式中，ν_{u1} 为混杂 FRP 约束混凝土对应低延性 FRP 断裂时的泊松比。

对于 D（ε'_{cc}，f'_{cc2}）点，对应极限点，即高延性 FRP 断裂点，ε'_{cc} 和 f'_{cc2} 的计算方法在前面已经提出。

两种 FRP 混杂约束混凝土的多线性应力-应变关系模型与试验曲线对比情况，如图 3.32 所示。

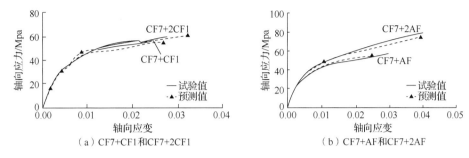

图 3.32　两种 FRP 混杂约束混凝土的多线性应力-应变关系模型与试验曲线对比结果图

3.9　小　　结

本章对公开发表文献中 FRP 约束圆形截面混凝土的试验数据进行了收集,包括有软化阶段的和无软化阶段的试验数据,参数变化包括试件直径、混凝土强度、FRP 形式、FRP 类型、FRP 厚度等;分析了 FRP 约束力学性能的主要影响参数,如侧向约束强度、FRP 侧向约束刚度、体积配纤率等,提出了判断 FRP 约束混凝土圆柱强弱约束的方法与界限,提出了极限阶段 FRP 约束混凝土的泊松比计算公式,基于应变相容原理,又提出了 FRP 约束混凝土的极限应变计算方法;分析了短期轴压荷载下 FRP 约束混凝土圆柱的应力-应变全曲线计算模型,并与国内外代表性 FRP 约束混凝土圆柱计算模型进行了对比;同时,对混杂 FRP 约束混凝土圆柱的应力-应变关系进行了试验研究,基于试验结果,提出了混杂 FRP 约束混凝土圆柱应力-应变关系计算模型。

参 考 文 献

[1] RICHART F E, BRANDTZAEG A, BROWN R L. A study of the failure of concrete under combined compressive stresses[D]. Illinois: University of Illinois, 1928.

[2] SHEHATA I A, CARNEIRO L A, SHEHATA L C. Strength of short concrete columns confined with CFRP sheets[J]. Materials and structures, 2002, 35(1): 50-58.

[3] XIAO Y, WU H. Compressive behavior of concrete confined by various types of FRP composite jackets[J]. Journal of reinforced plastics and composites, 2003, 22(13): 1187-1201.

[4] CAMPIONE G, MIRAGLIA N. Strength and strain capacities of concrete compression members reinforced with FRP[J]. Cement and concrete composites, 2003, 25(1): 31-41.

[5] LAM L, TENG J G. Design-oriented stress-strain model for FRP-confined concrete[J]. Construction and building materials, 2003, 17(6): 471-489.

[6] HARRIES K A, CAREY S A. Shape and "gap" effects on the behavior of variably confined concrete[J]. Cement and concrete research, 2003, 33(6): 881-890.

[7] BENZAID R, MESBAH H, CHIKH N E. FRP-confined concrete cylinders: axial compression experiments and strength model[J]. Journal of reinforced plastics and composites, 2010, 29(16): 2469-2488.

[8] WU H L, WANG Y F, YU L. Experimental and computational studies on high-strength concrete circular columns confined by aramid fiber-reinforced polymer sheets[J]. Journal of composites for construction, 2009, 13(2): 125-134.

[9] SMITH S T, KIM S J, ZHANG H. Behavior and effectiveness of FRP wrap in the confinement of large concrete cylinders[J]. Journal of composites for construction, 2010, 14(5): 573-582.

[10] LAM L, TENG J G. Ultimate condition of fiber reinforced polymer-confined concrete[J]. Journal of composites for construction, 2004, 8(6): 539-548.

[11] LAM L, TENG J G, CHEUNG C H, et al. FRP-confined concrete under axial cyclic compression[J]. Cement and concrete composites, 2006, 28(10): 949-958.

[12] TENG J G, YU T, WONG Y L, et al. Hybrid FRP-concrete-steel tubular columns: concept and behavior[J]. Construction and building materials, 2007, 21(4): 846-854.

[13] JIANG T, TENG J G. Analysis-oriented stress-strain models for FRP-confined concrete[J]. Engineering structures, 2007, 29(11): 2968-2986.

[14] WANG L M, WU Y F. Effect of corner radius on the performance of CFRP-confined square concrete columns: test[J]. Engineering structures, 2008, 30(2): 493-505.

[15] ALMUSALLAM T H. Behavior of normal and high-strength concrete cylinders confined with E-glass/epoxy composite laminates[J]. Composites part B: engineering, 2007, 38(5): 629-639.

[16] BERTHET J F, FERRIER E, HAMELIN P. Compressive behavior of concrete externally confined by composite jackets. Part A: experimental study[J]. Construction and building materials, 2005, 19(3): 223-232.

[17] ELSANADEDY H M, AL-SALLOUM Y A, ALSAYED S H, et al. Experimental and numerical investigation of size effects in FRP-wrapped concrete columns[J]. Construction and building materials, 2012, 29: 56-72.

[18] PIEKARCZYK J, PIEKARCZYK W, BLAZEWICZ S. Compression strength of concrete cylinders reinforced with carbon fiber laminate[J]. Construction and building materials, 2011, 25(5): 2365-2369.

[19] LIANG M, WU Z M, UEDA T, et al. Experiment and modeling on axial behavior of carbon fiber reinforced polymer confined concrete cylinders with different sizes[J]. Journal of reinforced plastics and composites, 2012, 31(6): 389-403.

[20] BENZAID R, CHIKH N E, MESBAH H. Study of the compressive behavior of short concrete columns confined by fiber reinforced composite[J]. Arabian journal for science and engineering, 2009, 34(1B): 15-26.

[21] XIAO Y, WU H. Compressive behavior of concrete confined by carbon fiber composite jackets[J]. Journal of material in civil engineering, 2000, 12 (2): 139-146.

[22] KONO S, INAZUMI M, KAKU T. Evaluation of confining effects of CFRP sheets on reinforced concrete members[C]// Proceedings 2nd International Conference on Composites in Infrastructure Ehsani and Saadatmanesh. Tucson, 1998.

[23] MATTHYS S, TOUTANJI H, AUDENAERT K, et al. Axial load behavior of large-scale columns confined with fiber-reinforced polymer composites[J]. ACI structural journal, 2005, 102(2): 258-267.

[24] 宮内克之, 井上正一, 黒田保, 等. 連続繊維シート補強の剛性がコンクリート柱の横拘束効果に及ぼす影響[J]. コンクリート工学年次論文報告集, 2001, 23 (1): 865-870.

[25] FARDIS M N, KHALILI H. Concrete encased in fiberglass-reinforced plastic[J]. ACI journal, 1981, 78(28): 440-446.

[26] PICHER F, ROCHETTE P, LABOSSIERE P. Confinement of concrete cylinders with CFRP[C]//SAADATMANESH H, EHSANI M R. Proceedings of the First International Conference on Composites for Infrastructures. Tucson, 1996.

[27] AHMAD S H, KHALOOT A R, IRSHAID A. Behaviour of concrete spirally confined by fibreglass filaments[J]. Magazine of concrete research, 1991, 43(156): 143-148.

[28] PESSIKI S, HARRIES K A, KESTNER J T, et al. Axial behavior of reinforced concrete columns confined with FRP jackets[J]. Journal of composites for construction, 2001, 5(4): 237-245.

[29] THÉRIAULT M, CLAUDE S, NEALE K W. Effect of size and slenderness ratio on the behaviour of FRP-wrapped columns[C]//TELFORD T. Proceedings of the 5th International Symposium on FRP Reinforcement for Concrete Structures(FRPRCS-5). Beijing, 2001: 765-772.

[30] WATANABE K, NAKAMURA H, HONDA Y, et al. Confinement effect of FRP sheet on strength and ductility of concrete cylinders under uniaxial compression[C]//Proceedings of Non-metallic (FRP) reinforcement for concrete structures. Sapporo: Japan Concrete Institute, 1997.

[31] 福澤公夫, 沼尾達弥, 三井雅一. 炭素繊維およびアラミド繊維により横方向補強されたコンクリートの圧縮性状[J]. 土木学会論文集（JSCE）, 1998, 599 (40): 119-130.

[32] 細谷学, 川島一彦, 星隈順一. 炭素繊維シートで横拘束したコンクリート柱の応力度—ひずみ関係の定式化[J]. 土木学会論文集（JSCE）, 1998, 592 (39): 37-52.

[33] 細谷学, 川島一彦, 星隈順一. 炭素繊維シートで横約束されたコンクリート柱の応力度-ひずみ関係[J]. コンクリート工学年次論文報告集, 1996, 18 (2): 95-100.

[34] ANDO T, WU Z S. Study on strengthening effect of compressive concrete with hybrid frp sheets[C]//Proceedings of the 55th Annual Conference of the Japan Society of Civil Engineering. Tokyo: 2006.

[35] WEI Y Y, WU Y F. Experimental study of concrete columns with localized failure[J]. Journal of composites for construction, 2016, 20(5): 04016032.

[36] MIRMIRAN A, SHAHAWY M, SAMAAN M, et al. Effect of column parameters on FRP-confined concrete[J]. Journal of composites for construction, 1998, 2(4): 175-185.

[37] PARVIN A, WANG W. Behavior of FRP jacketed concrete columns under eccentric loading[J]. Journal of composites for construction, 2001, 5(3): 146-152.

[38] WU Y F, JIANG C. Effect of load eccentricity on the stress-strain relationship of FRP-confined concrete columns[J]. Composite structures, 2013, 98: 228-241.

[39] JIANG C, WU Y F, JIANG J F. Effect of aggregate size on stress-strain behavior of concrete confined by fiber composites[J]. Composite structures, 2017, 168: 851-862.

[40] SAMAAN M, MIRMIRAN A, SHAHAWY M. Model of concrete confined fiber composite[J]. Journal of structural engineering, 1998, 124 (9): 1025-1031.

[41] 中华人民共和国住房和城乡建设部，中华人民共和国国家质量监督检验检疫总局. 混凝土结构设计规范（2015 年版）：GB 50010—2010[S]. 北京：中国建筑工业出版社，2015.

[42] TOUTANJI H A. Stress-strain characteristics of concrete columns externally confined with advanced fiber composite sheets[J]. ACI materials journal, 1999, 96(3): 397-404.

[43] SAAFI M, TOUTANJI M, LI Z J. Behavior of concrete columns confined with fiber reinforced polymer tubes[J]. ACI materials journal, 1999, 96 (4): 500-510.

[44] KARABINIS A I, ROUSAKIS T C. Carbon FRP confined concrete elements under axial load[C]//Proceedings of the International Conference on FRP Composite in Civil Engineering. Hong Kong, 2001.

[45] MIYAUCHI K, INOUE S, KURODA T, et al. Experimental study on the confinement effect of concrete cylinders confined by carbon fiber sheets[C]//Proceedings Japan Concrete Institute. Tokyo: 2001.

[46] SAADATMANESH H, EHASNI M R. Strength and ductility of concrete columns externally reinforced with fiber composite straps[J]. ACI structural journal, 1994, 91(4): 434-447.

[47] 于清. 轴心受压 FRP 约束混凝土的应力-应变关系研究[J]. 工业建筑，2001，31（4）：5-8.

[48] GARDNER N J. Tri-axial behavior of concrete[J]. ACI structural journal, 1969, 66(15): 136-146.

[49] MIRMIRAN A, SHAHAEWY M. Behavior of concrete columns confined by fiber composite[J]. Journal of structural engineering, 1997, 123(5): 583-590.

[50] 吴刚. FRP 加固钢筋混凝土结构的试验研究与理论分析[D]. 南京：东南大学，2002.

[51] BECQUE J, PATNAIK A, RIZKALLA S H. Analytical models for concrete confined with FRP tubes[J]. Journal of composites for construction, 2003, 7(1): 31-38.

[52] OZBAKKALOGLU T, LIM J C, VINCENT T. FRP-confined concrete in circular sections: review and assessment of stress-strain models[J]. Engineering structures, 2013, 49: 1068-1088.

[53] WU G, LU Z T, WU Z S. Strength and ductility of concrete cylinders confined with FRP composites[J]. Construction and building materials, 2006, 20(3): 134-148.

[54] 吴刚，吕志涛. FRP 约束混凝土圆柱无软化段时的应力-应变关系研究[J]. 建筑结构学报，2003，25（5）：1-9.

[55] 中塚佶，小牟禮建一，田垣欣也. 炭素繊維シートを用いたコンファインドコンクリートの軸応力度一軸ひずみ度特性[J]. コンクリート工学論文集，1998，9（2）：65-78.

第4章 短期轴压荷载下FRP约束混凝土矩形柱的应力-应变关系模型

4.1 引 言

针对FRP约束混凝土柱应力-应变关系的研究绝大多数集中于圆形截面，对既有的文献归纳证实[1,2]，不少学者在理论分析或试验研究基础上提出了各自的应用模型，其中一些模型具有较高的精度；而实际建筑工程中的框架柱和桥梁工程中的桥墩，大部分是矩形截面和方形截面，对于FRP约束此类截面混凝土性能的研究还相对较少，可以利用的试验数据也较少，且适用于FRP约束矩形或方形截面柱并系统考虑了各种参数影响的、具有较高精度的应力-应变关系模型就更加有限了。

本章对公开发表文献中FRP约束混凝土矩形柱的试验数据进行了收集，对有限的既有模型进行分类、总结与评估，在此基础上，系统分析影响FRP约束矩形柱应力-应变关系的主要参数，并针对FRP约束矩形柱有无软化段分别提出相应的应力-应变关系模型。

4.2 试验数据收集及主要影响参数

4.2.1 试验数据收集

本书对公开发表文献中FRP约束矩形截面混凝土的试验数据进行了收集[3-18]，配有钢筋或预加轴力的试件被排除在外，共收集了35个研究者共计455个数据，不包括未加固试件及试验参数不全试件，部分数据为多个试件的平均值，其中，109个数据属于有软化段的情况。所收集试件的统计情况见表4.1，矩形截面边长为95~500mm，截面长宽比为0.5~1.0，长细比为3~4，倒角半径为2~75mm，FRP类型包括CFRP、AFRP、GFRP及HCFRP，变化参数主要包括截面尺寸、倒角半径、FRP类型、FRP加固量及未约束混凝土强度等。这些试验数据表明，截面形状对FRP约束效率有着直接的影响，具有较大倒角半径的矩形FRP约束试件能够表现出与圆形截面类似的双线型应力-应变关系曲线；随着FRP约束层数的增加，试件将由弱约束转变为强约束；弱约束试件的应力-应变曲线在峰值点后会出现软化段；弱约束试件的极限点比强约束具有更大的离散性。

表 4.1　FRP 约束矩形截面混凝土试验数据统计

试验者	试件数量	试件尺寸特性/mm				FRP 类型
		b	h	L	倒角半径 r	
Rochette 和 Labossiere[3]	26	152	152	500	5、25、38	C、A
			303			
Mirmiran 等[4]	9	153	153	305	6.35	GT
Parvin 和 Wang[5]	2	108	108	305	8.26	C
Pessiki 等[6]	4	150	150	610	38	G
中出睦等[7]	13	200	200	400	10、20	C、HC
細谷学等[8,9]	11	200	200	600	50、30	C、HC
		500	500	1500		
中塚佶等[10]	11	150	150	300	30	C、HC
赵彤等[11,12]	20	100	100	300	2	C
李静等[13]	10	200	200～400	600、900	20	C
		300				
Suter[14]	16	150	150	300	5、25	C、A、G、HC
Chaallal 等[15]	24	95～133	133～191	305	25.4	C
Masia 等[16]	15	100～150	100～150	300～450	25	C
Masia 等[16]	4	150	150	300	10	C
Parvin and Wang[5]	3	207	207	610	20	G
Harries 和 Carey[17]	4	152	152	305	11、25	G
Campione[18]	2	150	150	450	3	C
Lam 和 Teng[19]	8	150	150	500	5～50	C
Wang 和 Wu[20]	54	150	150	300	5～60	C
Wang 和 Wu[21]	15	70～150	70～150	210～500	7、10、15	A
Wu 和 Wei[22]	30	150	150～300	300～302	30	C
Rousakis 等[23]	15	200	200	320	30	C、G
Hantouche 和 Harajli[24]	3	131.5	131.5	300	15	C
Tao 等[25]	24	150	150～300	450	20、35、50	C
Ilki 等[26]	24	150、250	250～450	500	10、20、40	C
Benzaid 等[27]	6	100	100	300	5、8、16	G
Micelli 和 Modarelli[28]	6	150	150、200	300、400	10、25	C
Wang 和 Wang[29]	10	100～400	100～400	300～1200	10～45	C
Wang 和 Wu[19]	12	100	100	300	10	A
Mostofinejad 等[30]	19	106～150	150～212	300	5～38	C
Saleem 等[31]	12	106、150	150、212	300	13、26	PET
Dediego 等[32]	10	150	150	600	25	C、G
Al-Salloum[33]	10	150	150	500	5～75	C
Youssef 等[34]	2	254、381	381	762	38	C
Lam 和 Teng[19]	12	150	150、225	600	15、25	C
刘涛等[35-37]	9	150	150	300	15～75	C

注：b、h、r 为矩形截面的短边、长边及倒角半径；L 为柱身高度；FRP 类型符号意义如下：A 为芳纶纤维增强聚合物（AFRP）、C 为碳纤维增强聚合物（CFRP）、G 为玻璃纤维增强聚合物（GFRP）、GT 为玻璃纤维管增强聚合物（GFRP Tubes）、HC 为高弹模碳纤维增强聚合物（HCFRP）、PET 为聚酯合成纤维增强聚合物（PETFRP）。

4.2.2　主要影响参数

1. 侧向约束强度

对于圆柱，FRP 侧向约束强度 f_1 可按式（4.1）定义[38,39]，其综合反映了 FRP 强度、加固量和截面尺寸对约束试件性能的影响。

$$f_1 = 2n_f f_f t_f / D \qquad (4.1)$$

式中，f_f、t_f、n_f 分别为 FRP 极限强度、单层厚度及层数；D 为圆形截面直径。

侧向约束强度对 FRP 约束矩形柱的性能也有着重要的影响，但矩形柱侧向约束强度 f_1 的计算有着不同的方法[40,41]，各研究方法的主要区别在于如何确定 D，FRP 对矩形柱的约束效果与截面尺寸成反向关系。

2. FRP 侧向约束刚度、未约束混凝土强度及弹性模量

FRP 必须具有足够的侧向约束刚度才能在较低轴力水平时发挥 FRP 的约束效果，侧向约束刚度的强弱决定了 FRP 限制内部混凝土膨胀能力的大小，从而影响约束构件的性能。对于圆形截面，FRP 侧向约束刚度 E_1 可以按式（4.2）进行计算，但对于矩形截面，面临着等价圆直径的取值问题。

$$E_1 = 2n_f E_f t_f / D \qquad (4.2)$$

式中，E_1 为 FRP 侧向约束刚度；E_f 为 FRP 弹性模量。

在相同的倒角半径、约束条件下，未约束混凝土强度低的 FRP 约束试件极限应力-应变试验曲线整体位置明显高于强度高的试件。对于未约束混凝土的弹性模量，一般认为与混凝土强度的平方根呈线性相关，但对其相关系数有多种不同的取值，因而未约束混凝土弹性模量也可以归结为混凝土强度的影响因素。

3. 倒角半径

在对 FRP 约束矩形柱性能的研究过程中倒角半径 r 已经得到一定的重视，其对 FRP 约束矩形柱性能的影响主要总结为两点：一是 FRP 的发挥系数，二是矩形截面的有效约束面积。较多的学者都意识到倒角半径对 FRP 约束矩形柱力学性能的重要影响，但大多数试验是针对固定倒角半径的试件进行研究的，没有去寻求倒角半径变化的影响规律，只有少量试验对试验试件的倒角半径大小进行了改变，得到一些有益的结论[3,14]。一般认为，较小的倒角半径更易引起 FRP 的过早破坏，同样条件下，随着倒角半径的增加，FRP 约束的效率逐渐提高；固定倒角半径，随着截面尺寸的减小，FRP 约束的效果也逐渐提高。

4. 有效约束系数

如前所述，由于矩形的截面特性，棱角处和边长中部所受的约束不同，柱角附近所受的约束最强，柱角之间相对较弱，有效约束区多少会影响矩形截面侧向约束强度大小，故定义有效约束系数为有效约束面积与整个截面面积的比值，折减系数即取有效约束系数。但是，针对有效约束面积的取法，有着相当大的随意性[4,38,42,43]。另外，试验中对有效约束区内约束的均匀性假设与实际情况也是不相符的。

5. 截面长宽比

目前，只有个别研究者专门针对截面长宽比的变化进行了试验研究[15]。试验结果表明，截面长宽比值大小对约束效果具有显著的影响，但依据长细比及其他参数与长宽比的相互影响，很难得到截面长宽比对约束效果影响的定量结论。通常认为长宽比大于 0.6 或 0.5 时可近似忽略长宽比的影响[44]。

应该指出，以上所列影响因素并不是孤立的，各因素之间也是互相制约、互相渗透的，所有因素综合决定了 FRP 约束矩形截面的力学性能表现。

4.2.3　关键影响参数

本书通过体积配纤率 ρ_f 表达 FRP 缠绕量、截面尺寸对混凝土性能的影响，ρ_f 与 FRP 强度 f_f 或弹性模量 E_f 的乘积综合表达出了 FRP 侧向约束的强弱特性，ρ_f 可按式（4.3）计算。FRP 对矩形截面混凝土的约束，在角部及核心区内部的作用是最强的，边部较弱，即存在不均匀的现象，如何定论 FRP 对矩形截面的平均约束效果是一个关键问题。本书根据 Karam 的研究成果[43]采用形状系数 k_s 考虑截面形状及倒角半径 r 对平均约束效果的影响，k_s 按式（4.4）计算，该方法建立在简化力学模型的基础上，得到了有限元分析结果的验证，当 $b=h$ 时，与 Mirmiran 的结论是一致的[4]。

$$\rho_f = \frac{2nt_f(b+h)}{bh} \tag{4.3}$$

$$k_s = \frac{r(b+h)}{bh} \tag{4.4}$$

式中，n 为侧向包裹 FRP 层数；t_f 为单层 FRP 厚度；b、h、r 分别为矩形截面的宽度、长度及倒角半径。

4.3　FRP 约束混凝土矩形柱的应力-应变关系模型 I （强弱约束统一模型）

本书对于 FRP 约束混凝土圆柱强弱约束的判定同样适用于矩形柱（见前述圆柱部分），并认为当 $f_l/f_c' \geqslant \lambda$ 时为强约束；当 $f_l/f_c' < \lambda$ 时为弱约束。但对于矩形柱，其极限侧向应力 f_l 按下式计算：

$$f_l = \frac{1}{2}\rho_f f_{fu} \tag{4.5}$$

$$\rho_f = \frac{2(b+h)t_f b_f}{bh(b_f+s_f)} \tag{4.6}$$

式中，b_f 为 FRP 条带宽度；s_f 为 FRP 条带净间距。

为了简便起见，本书将 FRP 约束混凝土矩形柱的强弱约束统一处理。假定 FRP 约束混凝土矩形柱的应力-应变关系曲线（图 4.1）在转折点以前为抛物线，在转折点以后为直线，模型可按以下方法确定。

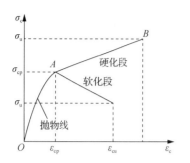

图 4.1　模型 I 假定的应力-应变关系曲线

第 1 步：计算 FRP 约束后的转折点应力 σ_{cp}、转折点应变 ε_{cp}、极限应力 σ_u 和极限应变 ε_{cu}。

第 2 步：根据下式确定曲线（抛物线），即

$$\sigma_c = \sigma_{cp}\left[2\left(\frac{\varepsilon_c}{\varepsilon_{cp}}\right) - \left(\frac{\varepsilon_c}{\varepsilon_{cp}}\right)^2\right] \qquad (4.7)$$

第 3 步：根据下式确定直线，即

$$\sigma_c = \sigma_{cp} + \frac{\left(\sigma_u - \sigma_{cp}\right)\left(\varepsilon_c - \varepsilon_{cp}\right)}{\varepsilon_{cu} - \varepsilon_{cp}} \qquad (4.8)$$

1）峰值应力和峰值应变的计算。经过分析，本书认为 FRP 约束混凝土矩形柱转折点应力主要与侧向约束刚度和混凝土弹性模量之比有关，引入 FRP 特征值 λ_1，则有

$$\lambda_1 = \frac{\rho_f E_f}{\sqrt{f'_{c0}}} \qquad (4.9)$$

式中，f'_{c0} 为混凝土圆柱体抗压强度。

对已有试验数据进行分析和回归后，建议峰值应力、应变可根据式（4.10）和式（4.11）计算：

$$\sigma_{cp} = (1 + 0.0008\alpha_1\lambda_1)f_{op} \qquad (4.10)$$

$$\varepsilon_{cp} = (1 + 0.0034\alpha_1\lambda_1)\varepsilon_0 \qquad (4.11)$$

式中，α_1 为对不同强度混凝土的调整系数，可根据式（4.12）进行计算：

$$\alpha_1 = \frac{f_{c30}}{f'_{c0}} = \frac{30}{f'_{c0}} \qquad (4.12)$$

计算得到的结果与试验值的比较如图 4.2 所示，峰值应力计算值偏低，峰值应变计算值吻合较好。

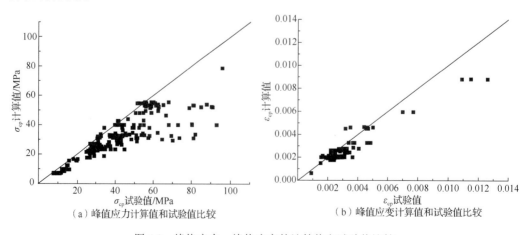

（a）峰值应力计算值和试验值比较　　　　（b）峰值应变计算值和试验值比较

图 4.2　峰值应力、峰值应变的计算值和试验值比较

2）极限应力和极限应变的计算。引入等价圆柱的概念，定义以矩形截面较长边为直径的圆柱为等价圆柱（图 4.3）。由于 FRP 约束矩形柱的效果比约束圆柱差，FRP 约束混凝土矩形柱的极限应力可以在等价 FRP（相同类型、厚度及间距的 FRP）约束、等价圆柱极限强度基础上乘以折减系数 k_{u1} 得到，k_{u1} 与 r/h 及混凝土强度等有关，即

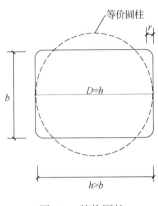

图 4.3　等价圆柱

$$\sigma_u = k_{u1} f'_{cc} \tag{4.13}$$

式中，σ_u 为 FRP 约束混凝土矩形柱的极限应力；f'_{cc} 为 FRP 约束等价圆柱的极限强度，可根据 FRP 约束圆柱的计算方法得到；k_{u1} 为折减系数，建议根据式（4.14）计算。

$$k_{u1} = \alpha_2 \left(1.2 \frac{r}{h} + 0.4 \right) \tag{4.14}$$

式中，α_2 为考虑混凝土强度影响的修正系数，可根据式（4.15）计算。

$$\alpha_2 = \sqrt{\frac{f_{c30}}{f'_{c0}}} = \sqrt{\frac{30}{f'_{c0}}} \tag{4.15}$$

FRP 约束混凝土矩形柱的极限应变可在等价圆柱极限应变基础上乘以折减系数 k_{u2} 得到，建议 k_{u2} 根据式（4.17）计算。

$$\varepsilon_{cu} = k_{u2} \varepsilon_{cc} \quad 且 \quad \varepsilon_{cu} \geqslant 0.0038 \tag{4.16}$$

$$k_{u2} = \alpha_2 \left(0.4 \frac{r}{h} + 0.8 \right) \tag{4.17}$$

式中，ε_{cu} 为 FRP 约束混凝土矩形柱的极限应变；ε_{cc} 为等价 FRP 约束等价圆柱的极限应变。

极限应力、极限应变的计算值和试验值比较如图 4.4 和图 4.5 所示，吻合较好。

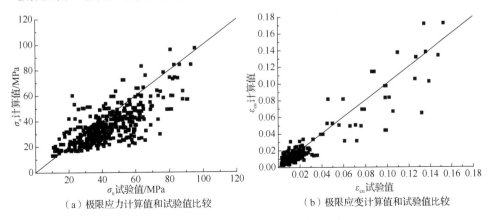

（a）极限应力计算值和试验值比较　　　　（b）极限应变计算值和试验值比较

图 4.4　极限应变的计算值和试验值比较

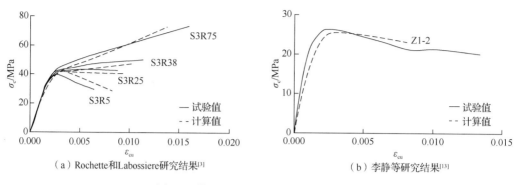

（a）Rochette和Labossiere研究结果[3]　　　　　（b）李静等研究结果[13]

图 4.5　模型计算结果与试验曲线的比较

4.4　FRP 约束混凝土矩形柱的应力-应变关系模型 II（强弱约束区别模型）

4.4.1　强弱约束判断

根据侧向约束的强弱，FRP 约束矩形混凝土柱的应力-应变关系曲线可能没有软化段也可能有软化段，二者的力学性能表现截然不同。强约束试件在峰值点后承载力可以继续上升，最终达到极限点，承载力提高幅度较大，极限点明确；弱约束试件在峰值点后，承载力开始下降，直至 FRP 断裂，极限点不容易判定，其承载力提高幅度较小，但软化段的刚度有较明显的改变，混凝土的延性能得到有效改善。鉴于两类约束条件下的不同表现，应该辨别不同的研究侧重点，以区别对待，因此，判断矩形截面混凝土 FRP 约束的强、弱界限显得尤为重要。

对于 FRP 约束矩形截面混凝土，当前所给定的强弱界限判定方法较少，且较多存在误判的情况。日本学者中塚佶等[10]认为侧向约束刚度的相对大小决定了约束混凝土是否进入软化段，其通过 $\rho_f E_f$ 与未约束混凝土强度 f_{c0} 的比值来判定，对于矩形截面，当 $\rho_f E_f / f_{c0} < 0.5$ 时，即认为 FRP 约束是不足的，然而，分析结果表明，f_{cc}/f_{cp} 还与截面尺寸、角部特性相关[3,14]，因此，判定结果很不理想。我国 FRP 应用规范采用单位约束刚度系数比 β_j［式（4.18）］为关键指标，综合反映纤维用量和截面尺寸的影响，并以 $\beta_j = 6.5 / k_{s\sigma}$ 作为 FRP 约束矩形截面混凝土强弱约束的判定点，其中，$k_{s\sigma}$ 为应力截面形状系数。

$$\beta_j = \frac{E_f t}{f_{c,k} r} \qquad (4.18)$$

式中，$f_{c,k}$ 为混凝土棱柱体抗压强度标准值；对矩形截面 $r = 0.5\sqrt{b^2 + h^2}$。应用规范公式判定所收集到的试验数据，结果如图 4.6 所示，当 $k_{s\sigma}\beta_j < 6.5$ 时，基本都表现为弱约束情况，而对于 $k_{s\sigma}\beta_j > 6.5$ 时，较多的试件也表现为约束不足，判断出现较多的失误。Mirmiran 等[4]对侧向约束强度进行了修正［式（4.19）］，认为修正后约束强度比 MCR<0.15 的矩形约束试件不会出现上升段：

$$MCR = \left(\frac{2r}{h}\right)\frac{f_l}{f_{c0}'} \qquad (4.19)$$

式中，f_l 为 FRP 侧向约束刚度；f'_{c0} 为混凝土标准圆柱体抗压强度。对所收集的 116 个 FRP 约束试件的判断结果表明，所有弱约束试件都能够得到正确判断，而有 17 个强约束试件被误判，MCR 的界限值取得过高。

极限应力 f_{cc} 是否会小于峰值应力 f_{cp}，主要由两方面原因决定，一是侧向约束强度，二是截面形状与角部特性[3,14]，可分别通过 $\rho_f f_f$ 和 k_s 反映，因此，定义参数 m[式（4.20）]来表达这一思想。

$$m = k_s \rho_f \left(\frac{f_f}{f'_{c0}} \right) \tag{4.20}$$

式中，f'_{c0} 为混凝土标准圆柱体抗压强度；k_s 为形状系数；ρ_f 为 FRP 体积配纤率；f_f 为 FRP 极限抗拉强度。

图 4.7 所示为 f_{cc}/f_{cp} 与 m 的相关关系，横坐标为 m，纵坐标为 f_{cc}/f_{cp}，可以看出，m 可以较好地反映不同参数下 FRP 对矩形截面混凝土约束的有效程度。通过 f_{cc}/f_{cp} 对 m 的相关趋势分析，可以取 $m=0.20$ 为其界限状态，此时，$f_{cc}=f_{cp}$；当 $m<0.20$ 时，为弱约束，应力-应变关系曲线会出现软化段；当 $m \geqslant 0.20$ 时，为强约束，应力-应变关系曲线不会出现软化段。

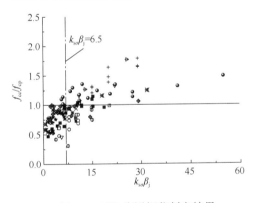

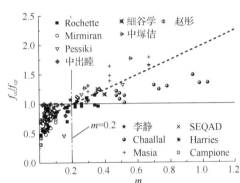

图 4.6　FRP 应用规范判定结果　　　图 4.7　f_{cc}/f_{cp} 与 m 的相关关系及判定结果

4.4.2　强约束混凝土矩形柱的应力-应变关系模型

1. 强度计算

对现有极限强度计算公式的评估结果表明，有的误差较大，有的计算较为复杂。对相关文献的试验数据进行系统分析，可以发现：弱约束极限应力数据的离散性较大，与强约束不统一；随着纤维用量的增加，约束后极限应力提高幅度增大；相同纤维用量的情况下，所采用 FRP 抗拉强度越高、未约束混凝土强度越低，约束效果越明显；形状系数 k_s 增大，约束后极限强度的提高系数也随之增大。在综合考虑各主要影响参数的情况下，根据回归分析结果，本书建议 FRP 约束矩形截面混凝土的极限强度可以按式（4.21）计算。

$$\frac{f_{cc}}{f_{c0}} = 1 + 0.134 k_s \rho_f \left(\frac{f_f}{f'_{c0}} \right)^{1.5} \tag{4.21}$$

式中，f_{c0} 为矩形截面未约束混凝土抗压强度；f'_{c0} 为混凝土标准圆柱体抗压强度，各混凝土强度指标按以下方法进行相应换算，对于边长或直径 150mm、高度 300mm 的标准试件，$f_{c0} = 0.95 f'_{c0}$，$f_{c0} = 0.76 f_{cu}$（f_{cu} 为标准立方体强度），非标准尺寸试件需考虑尺寸效应系数的影响；k_s 为形状系数；ρ_f 为 FRP 体积配纤率；f_f 为 FRP 极限抗拉强度。

图 4.8 为公式计算值与所收集的试验值数据比较，数据点落在 45° 斜线附近意味着计算值与试验值一致，经统计，公式计算的平均绝对误差在 7% 以内，一般情况下误差为 3%～5%。

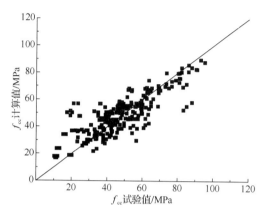

图 4.8　极限应力计算值与试验值的比较图

2. 应变计算

由于极限应变的离散性比极限应力更大，其精确计算也更加困难。已有极限应变公式计算数据的平均绝对误差通常超过 30%，部分公式甚至失真，未能反映极限应变随 FRP 侧向约束特性的变化规律。研究发现，FRP 约束矩形截面混凝土极限应变的影响参数与极限应力是相似的，建议按式（4.22）计算，根据该公式，ε_{cc} 计算的平均绝对误差在 18% 以内，比现有其他计算模型的精度要高得多。

$$\frac{\varepsilon_{cc}}{\varepsilon_{c0}} = 1 + 15.6 k_s \rho_f \left(\frac{f_f}{f'_{c0}} \right) \tag{4.22}$$

式中，ε_{c0} 为未约束混凝土峰值应变，取 $\varepsilon_{c0} = 0.002$，其他符号意义同前。

图 4.9 给出了计算值与试验值的比较情况。

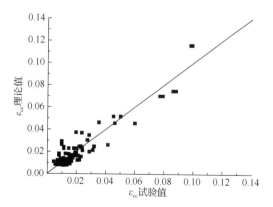

图 4.9　极限应变计算值与试验值的比较

3. 应力-应变关系曲线

本书系统地研究了 FRP 强约束矩形截面试件的应力-应变关系曲线特性，提出两个确定 FRP 强约束矩形截面混凝土的应力-应变关系模型（图 4.10 和图 4.11），其模型的简化思路依据以下事实。

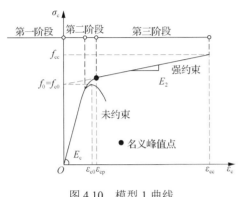

图 4.10　模型 1 曲线　　　　　　　图 4.11　模型 2 曲线

FRP 强约束矩形截面混凝土的全过程曲线可分为 3 个阶段，第一阶段为弹性阶段，基本呈线性关系，至未约束混凝土强度 f_{c0} 附近结束；第二阶段为弹塑性阶段，在 f_{c0} 附近存在软化和过渡区域，至峰值点结束，应力-应变呈非线性关系；越过峰值点后进入第二阶段的线性强化阶段，应力-应变又近似为线性关系。

第一阶段，由于混凝土的体积膨胀较小，FRP 的侧向约束作用没有明显发挥出来，可以认为其刚度与未约束混凝土刚度 E_c 相同，经比较，在已有 E_c 的计算公式中，以文献[44]建议的 E_c 计算公式较为精确（$E_c = 3950\sqrt{f_{c0}'}$），本书采用该公式计算 FRP 约束初始阶段刚度。

第二阶段的应力-应变关系呈非线性特性，对其准确描绘涉及峰值点的计算，然而，对 FRP 强约束矩形截面混凝土的试验数据分析表明，其峰值点的应力、应变具有较大的离散性，计算公式很难确定。考虑到第二阶段非常短，对整个曲线历程影响小，在第一、第三阶段确定的情况下，其显得并不十分重要，因此，可以按下式对模型 1 或模型 2 进行分析。

$$f_0 = f_{c0} \tag{4.23}$$

$$E_2 = \frac{f_{cc} - f_0}{\varepsilon_{cc}} \tag{4.24}$$

式中，f_{c0} 为未约束混凝土强度；f_{cc}、ε_{cc} 分别为 FRP 强约束矩形截面混凝土极限应力、极限应变。

（1）模型 1

模型 1 参考 Lam 和 Teng[19]基于 FRP 约束圆形截面混凝土提出的应力-应变关系模型，将第一、第二阶段合并，假定为抛物线，通过抛物线末端与第三阶段直线始端的光滑衔接条件来确定峰值点的位置，其实际上回避了对峰值点的准确计算。本模型符合

FRP 强约束矩形截面试件的应力-应变关系特性。本模型认为应力-应变关系曲线可由抛物线和直线两部分组成，抛物线起始点的刚度取无约束混凝土刚度 E_c，抛物线的终点与直线相切于 ε_{cp}，满足以上条件的曲线及 ε_{cp} 的数学表达式如下式所示，其他参数按前述相关公式计算。

$$\sigma_c = E_c \varepsilon_c - \frac{(E_c - E_2)^2}{4 f_0} \varepsilon_c^2 \qquad 0 \leqslant \varepsilon_c \leqslant \varepsilon_{cp} \qquad (4.25)$$

$$\sigma_c = f_0 + E_2 \varepsilon_c \qquad \varepsilon_{cp} < \varepsilon_c \leqslant \varepsilon_{cc} \qquad (4.26)$$

$$\varepsilon_{cp} = \frac{2 f_0}{E_c - E_2} \qquad (4.27)$$

（2）模型 2

如前所述，第二阶段为过渡区域，由于 FRP 强约束作用的发挥，该阶段变得更为短暂，加载过程在经历第一阶段以后。很快进入第三阶段，因此，第二阶段是否准确对整个应力-应变关系的精确描述影响不大。本模型忽略第二阶段，应力-应变关系直接由第一阶段进入第三阶段，阶段一和阶段三具有明显的线性，可通过两折线描述。本模型认为 FRP 强约束矩形截面混凝土应力-应变关系曲线可由两直线组成，第一段直线的刚度取未约束混凝土刚度 E_c，第二段直线通过（0, f_0）、（ε_{cc}, f_{cc}）两点，两直线交于 ε_{ct}，其应力-应变关系如式（4.28）和式（4.29）所示，ε_{ct} 按式（4.30）计算，其他相关参数见前述内容。

$$\sigma_c = E_c \varepsilon_c \qquad 0 \leqslant \varepsilon_c \leqslant \varepsilon_{ct} \qquad (4.28)$$

$$\sigma_c = f_0 + E_2 \varepsilon_c \qquad \varepsilon_{cp} < \varepsilon_c \leqslant \varepsilon_{ct} \qquad (4.29)$$

$$\varepsilon_{ct} = \frac{f_0}{E_c - E_2} \qquad (4.30)$$

对第三阶段上升段与应力轴的交点 f_0 的系统分析表明，f_0 与 FRP 缠绕量、FRP 侧向约束强度及刚度没有明显的相关性。将 f_0 进行归一化处理，除去相应未约束混凝土强度 f_{c0}，图 4.12 显示了 f_0 / f_{c0} 对应 $\rho_f f_f / f_{c0}$ 的变化情况，f_0 / f_{c0} 值基本都位于 0.95～1.20，其统计结果 f_0 / f_{c0} 的平均值为 1.1，标准差为 0.13。该结果与 Lam 和 Teng[19] 的 FRP 约束圆柱统计结果是相近的。

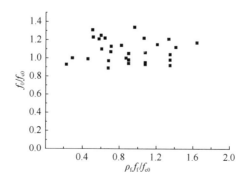

图 4.12　f_0 / f_{c0} 对应 $\rho_f f_f / f_{c0}$ 的变化情况

4.4.3　弱约束混凝土矩形柱的应力-应变关系模型

　　FRP 弱约束矩形截面混凝土的应力-应变关系全曲线可分为两个阶段，第一阶段为上升阶段，应力-应变基本呈线性关系，FRP 未发挥侧向约束作用，当荷载逐渐增大时，混凝土内部裂缝不断出现并扩展，应力-应变关系曲线斜率变小，混凝土体积应变转向膨胀，体积的膨胀激励 FRP 被动约束加强，混凝土的峰值应力得到一定的提高。由于 FRP 的侧向约束较弱，越过峰值点后不能继续强化，而转入第二阶段的软化段。软化段的应力-应变曲线近似为直线，其坡度及极限点的位置同样由 FRP 的侧向约束特性所决定，换句话说，即使曲线峰值点相同，软化段的坡度及极限点的位置也可能不同。

　　对于矩形截面，FRP 的侧向约束特性及截面特性综合决定了截面内部混凝土的平均约束程度，也即决定了混凝土约束后的力学性能表现，对于平均约束程度高的混凝土，峰值点后的直线段坡度较平缓，对应极限点的极限应变也较大。对既有大量的应力-应变关系曲线研究后发现[3-18]，不同约束程度下的极限点近似位于同一条直线上（定义为虚直线），且该直线通过原点。图 4.13 给出了文献[3]和文献[13]的部分试验曲线。文献[13]未约束混凝土强度为 23.5MPa，倒角半径为 20mm，CFRP 体积配纤率 ρ_f 分别为 0.11%、0.22%、0.33%、0.66%，由此可知，随着 ρ_f 的提高，软化段直线的坡度更趋平缓，极限应变更大，极限点位于通过原点的同一条虚直线上。文献[3]两组曲线分别反映了相同参数下约束层数变化和倒角半径变化的影响规律，图 4.13（b）曲线为 AFRP 约束试件，体积配纤率 ρ_f 分别为 3.18%、6.4%、9.66%、13%，其他参数相同，曲线对比显示，AFRP 约束层数的不同，软化段直线坡度及极限点的相应变化规律同文献[13]中的 CFRP 约束试件；图 4.13（c）曲线为 CFRP 约束试件，截面边长为 152mm，倒角半径分别为 5mm、25mm、38mm、76mm，随着倒角半径的增加，应力-应变曲线逐渐由有软化段转变为无软化段，峰值点后的直线刚度越来越大，极限点越来越远，同时各极限点连线为通过原点的一条虚直线。

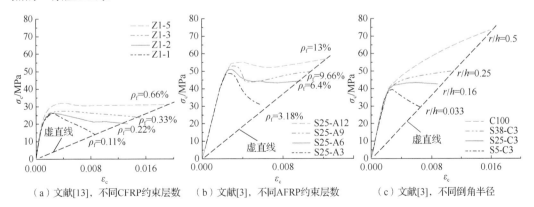

（a）文献[13]，不同 CFRP 约束层数　　（b）文献[3]，不同 AFRP 约束层数　　（c）文献[3]，不同倒角半径

图 4.13　FRP 约束矩形截面混凝土应力-应变曲线随约束条件的变化规律

　　综上所述，FRP 缠绕量、倒角半径等参数影响 FRP 对内部混凝土的平均约束程度，约束程度越高，软化段直线坡度越平缓，极限点越远。不同约束条件下的各极限点连线形成通过原点的一条虚直线，对比发现，该虚直线代表的试件刚度仅与混凝土强度有关，混凝土强度越高，虚直线代表的试件刚度越大。

1. 强度计算

FRP 弱约束矩形截面混凝土应力-应变关系曲线具有明确的峰值点，而对于强约束情况，峰值点则很难准确确定，部分现有的峰值点计算公式未区分二者的不同而误差较大；另外一些专门针对弱约束情况的公式套用箍筋约束成果[11,40]，以 FRP 的侧向约束强度为关键指标，然而，对应曲线峰值点时的 FRP 并未发挥其极限强度，显然此类公式的参数设置并不合理，误差自然很大。

相关试验及分析表明[39]，峰值点的应力与 FRP 的侧向约束强度大小无关，而与 FRP 的侧向约束刚度相关；在相同侧向约束刚度的情况下，未约束混凝土强度越低，峰值点的提高效果越明显；另外，试验结果显示，截面的角部特性对 FRP 弱约束混凝土峰值应力没有显著影响。在以上基本认识的前提下，本书对所收集的试验数据进行回归分析，建议峰值应力按式（4.31）进行计算。

$$\frac{f_{cp}}{f_{c0}} = 1 + 0.02\rho_f \frac{E_f}{f_{c0}'^{3/2}} \tag{4.31}$$

式中，f_{c0} 为矩形截面未约束混凝土抗压强度；f_{c0}' 为混凝土标准圆柱体抗压强度；ρ_f 为 FRP 体积配纤率；E_f 为 FRP 弹性模量。

峰值应力计算值与试验值的比较情况如图 4.14 所示，其平均绝对误差在 7%以内。

2. 应变计算

峰值点的应变与 FRP 的侧向约束强度大小无关，而与 FRP 的侧向约束刚度相关；可以得到峰值应变计算公式。

$$\frac{\varepsilon_{cp}}{\varepsilon_{c0}} = 1 + 0.016\rho_f \left(\frac{E_f}{f_{c0}'}\right) \tag{4.32}$$

式中，ε_{c0} 为未约束混凝土峰值应变，取 $\varepsilon_{c0}=0.002$；其他符号意义同前。

图 4.15 显示了峰值应变计算结果与试验值的比较，其平均绝对误差在 10%以内，具有较高的精度。

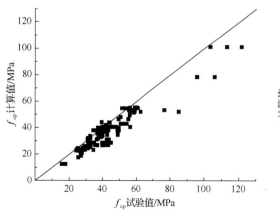

图 4.14　峰值应力计算值与试验值的比较

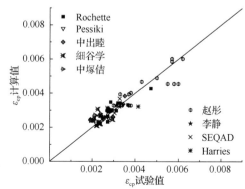

图 4.15　峰值应变计算值与试验值的比较

3. 软化段直线刚度及虚直线刚度的计算

对于 FRP 弱约束混凝土，因为 FRP 的断裂破坏是一个逐步的过程，所以很难对软化段的极限点进行准确界定。FRP 侧向约束，对混凝土软化段力学性能的改善主要体现在两个方面：一是使软化段的曲线变得平缓，二是对应极限点能够达到更远。相同混凝土强度不同约束条件下的极限点位于同一条虚直线上。本书对软化段的刚度及极限点所处的虚直线刚度进行分析如下。

对相关试验[3-18]软化段刚度 E_2 的分析表明：所采用 FRP 弹性模量 E_f 越大，直线下降坡度越小；FRP 缠绕量越大，其下降坡度越小；倒角半径越大，其下降坡度越小；坡度的大小与 FRP 的强度无关。经回归分析（图 4.16），建议 E_2 按下式进行计算，其中，k_s 大于 0.5 时，取 0.5。

$$E_2 = -44(1-2k_s)\frac{f_{c0}'^{\,3}}{\rho_f E_f} \tag{4.33}$$

对各种参数下 FRP 弱约束矩形试件的极限点进行归一化处理，图 4.17 显示了处理后极限点（f_{cc}/f_{c0}，$\varepsilon_{cc}/\varepsilon_{c0}$）的分布情况，由此可知，分布区域形成一条通过原点的直线带，对其回归分析，可认为 FRP 弱约束试件极限点所位于的虚直线方程为式（4.34），或偏于安全的式（4.35），该虚直线对应的刚度 E_3 分别按式（4.36）或式（4.37）计算。

$$f_{cc}/f_{c0} = 0.17\varepsilon_{cc}/\varepsilon_{c0} \tag{4.34}$$

$$f_{cc}/f_{c0} = 0.22\varepsilon_{cc}/\varepsilon_{c0} \tag{4.35}$$

$$E_3 = 0.17 f_{c0}/\varepsilon_{c0} = 85 f_{c0} \tag{4.36}$$

$$E_3 = 0.22 f_{c0}/\varepsilon_{c0} = 110 f_{c0} \tag{4.37}$$

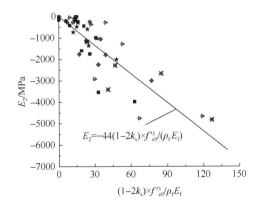

图 4.16　E_2 与 $(1-2k_s)\dfrac{f_{c0}'^{\,3}}{\rho_f E_f}$ 的相关关系

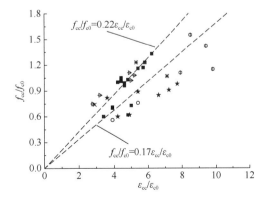

图 4.17　极限点（f_{cc}/f_{c0}, $\varepsilon_{cc}/\varepsilon_{c0}$）的分布情况

4. 应力-应变关系曲线

基于前面的分析，FRP 弱约束矩形截面混凝土的应力-应变关系可采用两段式表达形

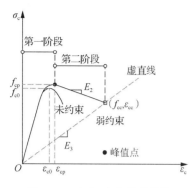

图4.18　应力-应变模型曲线

式，即以二次抛物线加直线来反映全过程曲线（图4.18），第一阶段以抛物线模拟，第二阶段为软化段，用直线表示，并根据软化段与虚直线交于极限点的条件，求得极限点的坐标。

该模型做以下基本假设：

1）应力-应变曲线关系由两阶段组成，第一阶段为二次抛物线，第二阶段为下降斜直线，二者以约束后的峰值点（ε_{cp}, f_{cp}）为界。

2）相同混凝土强度在不同 FRP 约束条件下的极限点位于同一条通过原点的虚直线上，该直线刚度（E_3）只与未约束混凝土强度有关。

3）软化段直线与虚直线的交点（ε_{cc}, f_{cc}）为 FRP 约束混凝土应力-应变关系曲线的极限点。

4）FRP 对内部混凝土的约束效果通过峰值点、软化段坡度（E_2）及极限点位置来体现；基于以上假设，得到数学表达式（4.38）和式（4.39）。

$$\sigma_c = f_{cp}\left[2\left(\frac{\varepsilon_c}{\varepsilon_{cp}}\right) - \left(\frac{\varepsilon_c}{\varepsilon_{cp}}\right)^2 \right] \quad 0 \leqslant \varepsilon_c \leqslant \varepsilon_{cp} \qquad (4.38)$$

$$\sigma_c = f_{cp} + E_2(\varepsilon_c - \varepsilon_{cp}) \quad \varepsilon_{cp} < \varepsilon_c \leqslant \varepsilon_{cc} \qquad (4.39)$$

$$\varepsilon_{cc} = \frac{f_{cp} - E_2 \varepsilon_{cp}}{E_3 - E_2} \qquad (4.40)$$

式中，E_2、E_3 分别为软化段（直线、虚直线）的刚度，其计算方法及 FRP 约束后峰值应力 f_{cp}、峰值应变 ε_{cp} 的取值按本节建议公式计算。

4.4.4　模型验证与比较

1.　强约束模型

本书所提出的强约束模型与相关文献部分试验曲线的比较情况如图 4.19 和图 4.20 所示。文献[3]的试件尺寸为 152mm×152mm×500mm，倒角半径分别为 38mm、25mm（S38-C3、S25-C4），CFRP 的约束层数分别为 3 层、4 层；文献[16]中，各试件长细比相同，CFRP 的约束层数都为 2 层，倒角半径都为 25mm，但截面边长分别为 100mm、125mm、150mm（WM1、WS2、WL2）。结果表明，所给出的计算模型具有较好的精度，能够反映 FRP 强约束试件在轴压行为下的力学特性，尤其对于模型 2，计算相当简单，简化合理，且具有较高精度。

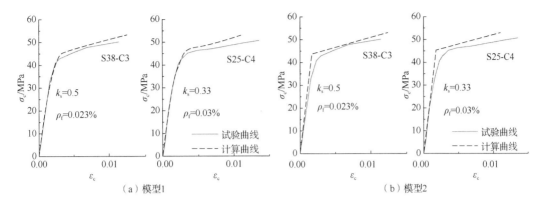

图 4.19　文献[3]计算曲线与试验曲线比较（$f'_{c0}=42$MPa）

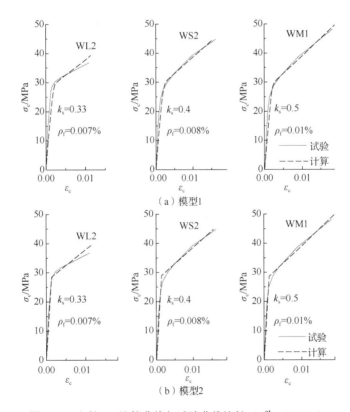

图 4.20　文献[16]计算曲线与试验曲线比较（$f'_{c0}=27$MPa）

　　根据本书所提出的计算公式，采用模型 2 对 FRP 强约束矩形截面混凝土的应力-应变关系进行参数化研究。假定基准试件参数如下：$b=h=150$mm，$f'_{c0}=30$MPa，倒角半径 $r=22.5$mm，所用 CFRP 抗拉极限强度为 $f_f=3500$MPa，极限应变为 1.5%，每层厚度为 $t_f=0.167$mm，包裹 2 层。在基准试件的基础上，分别对 CFRP 层数、倒角半径及未约束混凝土强度进行变化，计算结果如图 4.21 所示。可以看出，约束混凝土的极限应力、应变随着 FRP 约束层数的增加或倒角半径的增大，提高的幅度越来越大；对未约束混凝土强度较低的约束效果要优于未约束混凝土强度较高的情况。

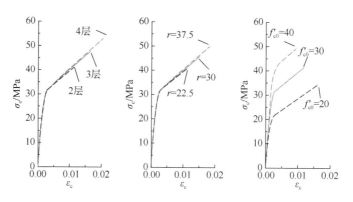

图 4.21　计算曲线随参数的变化情况

2. 弱约束模型

根据本章相关公式，E_3 按式（4.36）考虑，极限应变 ε_{cc} 计算值与试验值比较情况如图 4.22 所示，横坐标为 ε_{cc} 试验值，纵坐标为计算值，图示表明，本书公式是偏于安全的，且能够反映 ε_{cc} 随 FRP 侧向约束条件的变化趋势。

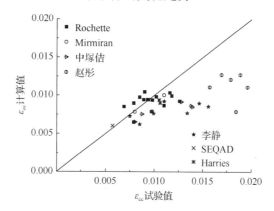

图 4.22　极限应变 ε_{cc} 计算值与试验值的比较

本节所提出模型与相关文献的部分试验曲线的比较情况如图 4.23（a）～（c）所示。文献[3]试件，混凝土强度基本相同，S5-C3 与 S25-C3 倒角半径不同（r 分别为 5mm、25mm），S5-C3 与 S5-C5 体积配纤率不同（ρ_f 分别为 2.35%、3.93%）；文献[7]试件，截面相同，体积配纤率 ρ_f 都是 0.296%，倒角半径均为 30mm，混凝土强度分别为 34.8MPa（S1523）、59.6MPa（S1526）、72.7MPa（S1528）；文献[13]试件尺寸分别为 200mm×200mm×600mm（Z1-1、Z1-2）、400mm×200mm×900mm（Z5-1、Z5-2）和 300mm×300mm×900mm（Z6-1、Z6-2）共 3 种，截面形状有方形及矩形，倒角半径都是 20mm，体积配纤率 ρ_f 有不同变化。对比结果表明，本书所给出的各文献试验曲线涉及截面尺寸、形状、FRP 缠绕量及混凝土强度等多项参数变化：不同参数下的 FRP 弱约束混凝土应力-应变关系曲线，所给出的计算模型具有较好的精度，能够反映 FRP 弱约束试件在不同变化参数下的反应规律，计算简单，简化合理，且能够满足计算的精度要求。

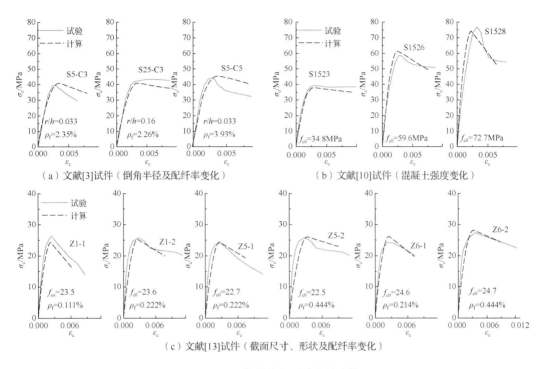

（a）文献[3]试件（倒角半径及配纤率变化）　　　（b）文献[10]试件（混凝土强度变化）

（c）文献[13]试件（截面尺寸、形状及配纤率变化）

图 4.23　计算曲线与试验曲线比较

根据本书所提出的计算公式，对 FRP 弱约束矩形截面混凝土的应力-应变关系进行参数化研究。假定基准试件参数如下：$b=h=200$mm，混凝土标准圆柱体抗压强度 $f_c=30$MPa，倒角半径 $r=20$mm，所用 CFRP 极限强度 $f_f=3500$MPa，$E_f=240$GPa，每层厚度 $t_1=0.167$mm，包裹 1 层。在基准试件的基础上，分别对 CFRP 层数、倒角半径及未约束混凝土强度进行变化，计算结果如图 4.24 所示。可以看出，FRP 约束层数的增加或倒角半径的增大将使约束混凝土的极限应变变大，下降坡度变得更加缓和，这与大量试验得出的结论是一致的；同样 FRP 约束条件下，未约束混凝土强度越低，约束效果越好。

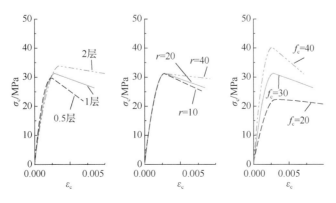

图 4.24　计算曲线随参数的变化情况

4.5　小　　结

本章对公开发表文献中 FRP 约束矩形截面混凝土的试验数据进行了广泛的收集,包括有软化阶段和无软化阶段的试件,收集数据涵盖了广泛的参数范围,主要包括截面尺寸、倒角半径、FRP 材料类型、FRP 加固量及未约束混凝土强度等。在对试验数据分析的基础上,系统分析了影响 FRP 约束矩形柱应力-应变关系的主要参数及关键参数,提出了两套 FRP 约束混凝土矩形柱的应力-应变关系模型,一套为强弱约束统一的应力-应变关系模型,另一套为强弱约束区别的应力-应变关系模型。强弱约束统一的应力-应变关系模型无须对 FRP 约束混凝土进行强弱判断,具有统一性和简便性;强弱约束区别的应力-应变关系模型具有更好的针对性,精度较好。同时,建议了强弱约束判断的条件。

参 考 文 献

[1] LORENZIS L D, TEPFERS R. Comparative study of models on confinement of concrete cylinders with fiber-reinforced polymer composites[J]. Journal of composites for structural, 2003, 7(3): 219-237.

[2] BISBY L A, DENT A J S, GREEN M F. Comparison of confinement models for fiber-reinforced polymer-wrapped concrete[J]. ACI structural journal, 2005, 102(1): 62-72.

[3] ROCHETTE P, LABOSSIÈRE P. Axial testing of rectangular column models confined with composites[J]. Journal of composites for construction, 2000, 4(3): 129-136.

[4] MIRMIRAN A, SHAHAWY M, SAMAAN M, et al. Effect of column parameters on FRP-confined concrete[J]. Journal of composites for construction, 1998, 2(4): 175-185.

[5] PARVIN A, WANG W. Behavior of FRP jacketed concrete columns under eccentric loading[J]. Journal of composites for construction, 2001, 5(3): 146-152.

[6] PESSIKI S, HARRIES K A, KESTNER J T, et al. Axial behavior of reinforced concrete columns confined with FRP jackets[J]. Journal of composites for construction, 2001, 5(4): 237-245.

[7] 中出睦, 米奥久貴, 渕川正四郎. 炭素繊維シートによるコンクリート柱の拘束効果に関する実験の研究[J]. コンクリート工学年次論文報告集, 2001, 21 (1): 859-864.

[8] 細谷学, 川島一彦, 星隈順一. 炭素繊維シートで横約束されたコンクリート柱の応力度-ひずみ関係[J]. コンクリート工学年次論文報告集, 1996, 18 (2): 95-100.

[9] 細谷学, 川島一彦, 星隈順一. 炭素繊維シートで横拘束したコンクリート柱の応力度-ひずみ関係の定式化[J]. 土木学会論文集 (JSCE), 1998, 39 (592): 37-52.

[10] 中塚佶, 小牟禮建一, 田垣欣也. 炭素繊維シートを用いたコンファインドコンクリートの軸応力度-軸ひずみ度特性[J]. コンクリート工学論文集, 1998, 9 (2): 65-78.

[11] 赵彤, 谢剑, 戴自强. 碳纤维布约束混凝土应力-应变全曲线的试验研究[J]. 建筑结构, 2001, 30 (9): 12-18.

[12] ZHAO T, XIE J, LIU M G, et al. Study on high strength concrete confined by continuous carbon fiber sheet[J]. Transactions of Tianjin University, 2002, 8(1):12-15.

[13] 李静, 钱稼茹, 蒋剑彪. CFRP 约束混凝土应力-应变全曲线研究[C]//岳清瑞. 第二届全国土木工程用纤维增强复合材料 (FRP) 应用技术. 昆明, 2002.

[14] SUTER R. Confinement of concrete columns with FRP sheets[C]//TELFORD T. Fiber-reinforced plastics for reinforced concrete structures, Cambridge, 2001.

[15] CHAALLAL O, SHAHAWY M, HASSAN M. Performance of axially loaded short rectangular columns strengthened with carbon fiber reinforced polymer wrapping[J]. Journal of composites for construction, 2003, 7(3): 200-208.

[16] MASIA M, GALE T, SHRIVE N. Size effects in axially loaded square section concrete prisms strengthened using carbon fibre reinforced polymer wrapping[J]. Canadian journal of civil engineering, 2004, 31(1): 1-13.

[17] HARRIES K A, CAREY S A. Shape and gap effects on the behavior of variably confined concrete[J]. Cement and concrete research, 2003, 33: 881-890.

[18] CAMPIONE G. Influence of FRP wrapping techniques on the compressive behavior of concrete prisms[J]. Cement and concrete composites, 2006, 28(5): 497-505.

[19] LAM L, TENG J. G. Design-oriented stress-strain model for FRP-confined concrete[J]. Construction and build materials, 2003, 17(6-7): 471-489.

[20] WANG L M, WU Y F. Effect of corner radius on the performance of CFRP-confined square concrete columns: test[J]. Engineering structures, 2008, 30(2): 493-505.

[21] WANG Y F, WU H L. Size effect of concrete short columns confined with aramid frp jackets[J]. Journal of composites for construction, 2011, 15(4): 535-544.

[22] WU Y F, WEI Y Y. Effect of cross-sectional aspect ratio on the strength of CFRP-confined rectangular concrete columns[J]. Engineering structures, 2010, 32(1): 32-45.

[23] ROUSAKIS T C, KARABINIS A I, KIOUSIS P D. FRP-confined concrete members: axial compression experiments and plasticity modelling[J]. Engineering structures, 2007, 29(7): 1343-1353.

[24] HANTOUCHE E, HARAJLI M H. Stress-strain model for fiber-reinforced polymer jacketed concrete columns[J]. ACI structural journal, 2006, 103(5): 672-682.

[25] TAO Z, YU Q, ZHONG Y Z. Compressive behaviour of CFRP-confined rectangular concrete columns[J]. Magazine of concrete research, 2008, 60(10): 735-745.

[26] ILKI A, KUMBASAR N, KOC V. Low strength concrete members externally confined with FRP sheets[J]. Structural engineering and mechanics, 2004, 18(18): 167-194.

[27] BENZAID R, CHIKH N E, MESBAH H. Behaviour of square concrete column confined with GFRP composite warp[J]. Journal of civil engineering and management, 2008, 14(2): 115-120.

[28] MICELLI F, MODARELLI R. Experimental and analytical study on properties affecting the behavior of FRP-confined concrete[J]. Composites part B: engineering, 2013, 45(1): 1420-1431.

[29] WANG Z, WANG D, SMITH S T. Size effect of square concrete columns confined with CFRP wraps[C]//The 3rd Asia-Pacific Conference on FRP in Structures. Hokkaido, 2012.

[30] MOSTOFINEJAD D, MOSHIRI N, MORTAZAVI N. Effect of corner radius and aspect ratio on compressive behavior of rectangular concrete columns confined with CFRP[J]. Materials and structures, 2013, 48(1-2): 107-122.

[31] SALEEM S, HUSSAIN Q, PIMANMAS A. Compressive behavior of PET FRP-confined circular, square, and rectangular concrete columns[J]. Journal of composites for construction, 2016, 21(3): 04016097.

[32] DEDIEGO A, ARTEAGA A, FERNÁNDEZ J, et al. Behaviour of FRP confined concrete in square columns[J]. Materiales de construcción, 2015, 65(320): e069.

[33] AL-SALLOUM Y A. Influence of edge sharpness on the strength of square concrete columns confined with FRP composite laminates[J]. Composites part B: engineering, 2007, 38(5-6): 640-650.

[34] YOUSSEF M N, FENG M Q, MOSALLAM A S. Stress-strain model for concrete confined by FRP composites[J]. Composites part B: engineering, 2007, 38(5-6): 614-628.

[35] 刘涛, 冯伟, 张智梅, 等. 碳纤维布约束混凝土矩形柱的抗压性能研究[J]. 土木工程学报, 2006, 39 (12): 41-47.

[36] 吴刚, 吕志涛. FRP 约束混凝土圆柱无软化段时的应力-应变关系研究[J]. 建筑结构学报, 2004, 24 (5): 1-9.

[37] WU G, LÜ Z T, WU Z S. Strength and ductility of concrete cylinders confined with FRP composites[J]. Construction and building materials, 2006, 20(3):134-148.

[38] LAM L, TENG J G. Compressive strength of FRP-confined in rectangular columns[C]//TENG J G. Proceedings of the International Conference on FRP Composite in Civil Engineering. Hong Kong, 2001.

[39] 吴刚, 吕志涛. 纤维增强复合材料 FRP 约束混凝土矩形柱应力-应变关系的研究[J]. 建筑结构学报, 2004, 25 (3): 99-106.

[40] SAADATMANESH H, EHASNI M R. Strength and ductility of concrete columns externally reinforced with fiber composite straps[J]. ACI structural journal, 1994, 91(4): 434-447.

[41] WANG Y C, RESTREPO J I. Investigation of concentrically loaded reinforced concrete columns confined with glass

fiber-reinforced polymer jackets[J]. ACI structural journal, 2001, 98(3): 377-385.

[42] SEIBLE F, PREISTLEY N, HEGEMIER G A, et al. Seismic retrofit of RC columns with continuous carbon fiber jackets[J]. Journal of composites for construction, 1997, 1(2): 52-62.

[43] KARAM G, TABBARA M. Confinement effectiveness in rectangular concrete columns with fiber reinforced polymer wraps[J]. Journal of composites for construction, 2005, 9(5): 388-396.

[44] AHMAD S M, SHAH S P. Stress-strain curves of concrete confined by spiral reinforcement[J]. ACI structural journal, 1982, 79(6): 484-490.

第5章 长期轴压荷载下外包 FRP 约束混凝土柱的应力-应变关系模型

5.1 引 言

目前,国内外对于 FRP 约束混凝土受压的试验研究主要集中在短期荷载作用下的力学性能方面,而对其在长期荷载作用下性能的试验研究很少。为数不多的几个试验[1-4],也是在无负载情况下对混凝土柱外包 FRP 后,再进行长期荷载试验,而在负载情况下对混凝土进行外包 FRP 加固后的长期荷载试验尚未见到有关文献报道。但是在实际工程中,混凝土柱往往是在未卸载或部分卸载的情况下进行 FRP 包裹加固的。针对这种情况,考虑不同负载水平,本章进行了不同加固历程的碳纤维布(CFRP)约束混凝土柱在长期荷载作用下受压力学性能的试验研究,并对试验结果进行分析。

5.2 试 验 研 究

5.2.1 试验方案

实际工程中有待加固的混凝土柱,总是具有一定初始压应力,且在加固前后存在一定时间的使用期,这就使外包纤维存在一定的应变滞后和应力松弛,应变滞后和应力松弛的程度随着初始压应力的增大及加载时间的延长而增大。如果想了解混凝土柱采用外包 FRP 进行加固的最终效果,则必须充分考虑混凝土的初始压应力及长期加载的影响,这也是实际加固设计中不可忽略且非常重要的一个环节。正因为如此,本章试验对混凝土圆柱在不同负载水平下外包碳纤维布,且考虑不同加固历程的受压力学性能进行了探索性的研究。

考虑不同的加固历程,本章试验研究包括以下 3 种试验模式。

1)第一种模式:对无初始压应力的混凝土进行碳纤维布外包后,在不同负载水平下长期持荷,并观测其长期变形,达到预定持荷时间后测试其受压力学性能。

2)第二种模式:对不同负载水平下的混凝土柱长期持荷,并观测其长期变形,达到预定的持荷时间后再外包碳纤维布,最后测试其受压力学性能。

3)第三种模式:对不同负载水平下的混凝土柱长期持荷,达到预定的持荷时间后外包碳纤维布,然后提高受压荷载后再长期持荷,并观测其长期变形,最后,在达到预定的持荷时间后测试其受压力学性能。

5.2.2　试件设计与制作

1. 试件的设计

基于上述 3 种试验模式，本次试验共设计了 15 个圆形截面的混凝土试件。试件为直径 110mm、高 200mm 的素混凝土圆柱体。混凝土强度等级均为 C20，CFRP 包裹 1 层。根据不同负载水平和不同加固历程，试件分为 3 组，每组 4 个，共计 12 个，详细参数见表 5.1。余下的 3 个构件用于混凝土力学性能测试。表 5.1 中需要说明的内容如下。

1）名义负载水平定义为预加荷载与未包裹碳纤维柱体破坏荷载的比值；实际负载水平定义为二次加载前考虑预加荷载损失后的实际荷载与未包裹碳纤维柱体破坏荷载的比值。

2）第三组构件中 CCL3-1 和 CCL3-2 在包裹 CFRP 后，提高后的受压荷载的大小分别为第二组构件中 CCL2-1 和 CCL2-2 破坏荷载值的 0.3 倍和 0.6 倍。即包裹 CFRP 前，其实际负载水平为未包裹碳纤维柱体破坏荷载的 0.3 倍和 0.6 倍（即 $30\%f_c$ 和 $60\%f_c$）；包裹 CFRP 后，其实际负载水平为包裹碳纤维柱体破坏荷载的 0.3 倍和 0.6 倍（即 $30\%f_{cc}$ 和 $60\%f_{cc}$）。

3）每组后两个构件（编号尾数为 3 和 4），分别定义为对比构件和基准构件，不进行长期荷载试验，仅与本组的构件同时包裹 CFRP，以及同时加载至破坏。

表 5.1　试件分组一览表

试件分组	编号	碳纤维层数	加载龄期/d	名义负载水平	实际负载水平	加固历程	加固模式
第一组	CCL1-1	1	70	0.35	0.31	包裹CFRP 负载 加载至破坏 0　68 70　持荷　250　时间/d 180	第一种
	CCL1-2	1		0.65	0.63		
	CCL1-3	1	250	—	—	在第 68 天包裹一层 CFRP，在第 250 天加载至破坏	对比
	CCL1-4	0		—	—	未包裹 CFRP 的素混凝土柱，在第 250 天加载至破坏	基准
第二组	CCL2-1	1	70	0.35	0.32	负载 包裹CFRP 加载至破坏 0　70　持荷　250 252　时间/d 180	第二种
	CCL2-2	1		0.65	0.61		
	CCL2-3	1	252	—	—	在第 250 天包裹一层 CFRP，在第 252 天加载至破坏	对比
	CCL2-4	0		—	—	未包裹 CFRP 的素混凝土柱，在第 252 天加载至破坏	基准
第三组	CCL3-1	1	70	0.35	0.30	负载 包裹CFRP 提高荷载 加载至破坏 0　70　持荷　250 252　430　时间/d 180　　180	第三种
	CCL3-2	1		0.65	0.60		
	CCL3-3	1	430	—	—	在第 252 天包裹一层 CFRP，在第 430 天加载至破坏	对比
	CCL3-4	0		—	—	未包裹 CFRP 的素混凝土柱，在第 430 天加载至破坏	基准

2. 材料力学性能

本次试验所有试件的混凝土为同一批浇筑、28d 龄期的立方体，其强度实测平均值为 21.1MPa。不同龄期的混凝土力学性能参数详见表 5.2。其中，混凝土的立方体试块 150mm×150mm×150mm，每到预定时间试验 1 组试块，每组 3 个，强度取其平均值；混凝土的弹性模量由预留的 150mm×150mm×300mm 柱体的静力受压弹性模量试验确定，每到预定时间试验 1 组试块，每组 3 个，弹性模量取其平均值。混凝土力学性能的试验严格按现行《混凝土物理力学性能试验方法标准》（GB/T 50081—2019）执行，相关测试工作在东南大学材料科学与工程学院的材料性能实验室完成。

表 5.2　不同龄期混凝土的力学性能参数

龄期/d	立方体抗压强度/MPa	弹性模量/GPa	圆柱抗压强度/MPa
28	21.1	27.6	—
70	23.4	28.7	19.4
250	26.5	29.5	—
430	30.2	31.8	—

注：圆柱抗压强度是指本试验中圆柱体试件的抗压强度，而非欧美规范中的圆柱体抗压强度，它的目的是计算出各组构件需要施加长期荷载的大小。表中的值是取 3 个混凝土圆柱抗压强度的平均值。

根据实测结果，碳纤维布的抗拉强度平均值为 4412MPa，延伸率平均值 1.9%，弹性模量平均值为 $2.36×10^5$MPa，粘贴碳纤维用的结构胶采用"智鑫牌"JGN 型碳纤维建筑结构胶。

3. 环境的温度和湿度

本次长期试验在东南大学土木工程学院的徐变实验室进行，由于徐变实验室配备了加湿器和空调，且房间较为封闭，试验的环境温度和环境湿度基本保持稳定，在长达 430d 的变形测试期间没有出现较大幅度的温度和湿度的升降。试验的环境温度和环境湿度的观测情况，如图 5.1 和图 5.2 所示。温度的变化范围为 11.5～23.5℃，平均值为 17.6℃；湿度的变化范围为 66%～74%，平均值为 69.9%。

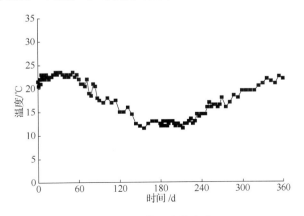

图 5.1　环境温度的变化

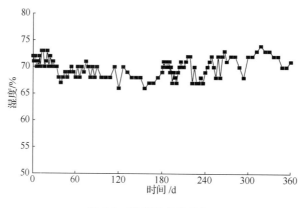

图 5.2　环境湿度的变化

4. 试验装置及测试方法

长期荷载的试验装置采用与短期荷载相同的加载装置，如图 5.3 所示。该加载装置一共有 6 个，需要施加长期荷载的构件可以同时进行。在预加载时，对试件进行了严格的对中，以防止试件偏心受压。另外，还在构件两端设置了球铰。试验过程大致可以分为两个阶段：施加长期荷载的第一阶段和施加破坏荷载的第二阶段。

（1）第一阶段——长期荷载下的变形测量

在长期加载中，首先用千斤顶对构件预加荷载至名义负载水平（第一次加载），然后拧紧螺母进行持荷。考虑钢拉杆的应力松弛，以及拧螺母过程中的应力损失，实际施加到试件上的预加荷载值由千斤顶与钢承力板之间的压力传感器来进行控制和测量，并结合手持应变仪进行复核。当构件产生徐变和收缩后，试件的轴向长度会缩短，钢拉杆将产生松弛现象，从而导致构件上的实际负载不断减小。为了使构件所受到的荷载值基本保持恒定，根据压力传感器的读数，并结合手持应变仪，不定期用千斤顶对试件进行适当的荷载补加。考虑加载时间较长，如果采用应变片进行长期变形的测量，很有可能由于应变片的读数产生漂移，而不能准确反映构件真实的长期变形情况。相比之下，指示表具有良好的稳定性和可靠性，很合适作为长期变形测量的仪器。故本书选择了在试件的两个对角方向分别布置一个指示表，来进行长期变形的测量，如图 5.3 所示。

（2）第二阶段——持荷后的应力和应变测量

在达到预定持荷时间后，未包裹碳纤维布的构件开始包裹碳纤维布。为避免由于碳纤维布搭接不牢而导致构件提前破坏，碳纤维布的搭接长度为 100mm；为避免混凝土试件端部提前破坏，在试件两端加贴两层 30mm 宽纤维布进行加强。48h 后，待结构胶完全干后，对第一、第二组的试件用千斤顶继续加载（第二次加载）直至试件破坏；对第三组试件则用千斤顶提高受压荷载后，继续持荷到预定时间，再进行第三次加载至构件破坏。对比构件的加载直接在 200t 液压试验机上进行。

　　加载至破坏的试验中，主要测量内容包括：沿圆柱试件中部一周的 CFRP 环向拉应变、柱子的纵向应变和柱子的竖向极限荷载值。为测量 CFRP 的环向拉应变和柱子的纵向应变，沿圆柱一周分别均匀布置了 3 片标距为 20mm 和 80mm 的电阻应变片，如图 5.3 所示。试验数据的采集采用"靖江市东华测试技术有限公司"开发的 DH3818 静态应变采集仪完成。试验遵照《混凝土结构试验方法标准》（GB/T 50152—2012）的有关规定执行，相关的测试工作在东南大学土木工程学院的结构实验室完成。

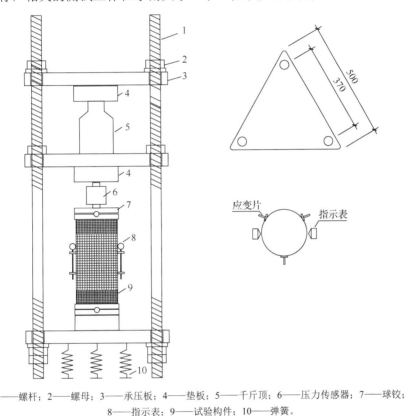

1——螺杆；2——螺母；3——承压板；4——垫板；5——千斤顶；6——压力传感器；7——球铰；
8——指示表；9——试验构件；10——弹簧。

图 5.3　长期荷载试验装置图

5.2.3　试验结果和分析

1. 长期荷载作用下的变形测量

　　表 5.3 所示为试件变形的测量结果。由表 5.3 可知，负载水平越高，则总应变就越大；相同负载水平下，未包裹 FRP 的构件总应变高于包裹 FRP 的构件。前者的原因是由混凝土徐变的特性决定的。一般而言，混凝土徐变随负载水平的提高而增大[5]。后者的原因则主要是 FRP 包裹所形成的密封状态阻碍了混凝土中水分的散失，从而减小了干燥徐变和收缩所造成的变形。

表 5.3　试件变形的测量结果

项目	CCL1-1	CCL1-2	CCL2-1	CCL3-1^{I}	CCL2-2	CCL3-2^{I}	CCL3-1^{II}	CCL3-2^{II}
负载水平	31%f_c	63%f_c	32%f_c	30%f_c	61%f_c	60%f_c	30%f_{cc}	60%f_{cc}
初始应变	410	730	420	400	710	700	1180	2120
最终总应变	680	1285	810	785	1455	1425	1820	3380
平均总应变	680	1285	797.5		1440		1820	3380

注：持荷时间为 180d；I 表示第三组构件的第一阶段变形终值；II 表示第三组构件的第二阶段变形终值。

图 5.4～图 5.8 所示为 6 个构件的纵向总应变随时间变化的曲线,其中第三组构件的变形分为前、后两个阶段。如图 5.4～图 5.6 所示,不论是约束混凝土,还是无约束混凝土,在长期荷载作用下纵向变形早期发展较快,持荷 60d 的变形量为总变形量的 63.6%～75.9%,而此后变形发展逐渐放缓,曲线渐趋水平。对于图 5.7 和图 5.8 所示的第三组构件,其第二阶段的变形也呈现出相同的特点,在提高荷载后的前 60d,CCL3-1 和 CCL3-2 增长的变形量分别为增加的总变形量的 69.5% 和 67.5%,此后变形发展逐渐放缓,曲线渐趋水平。

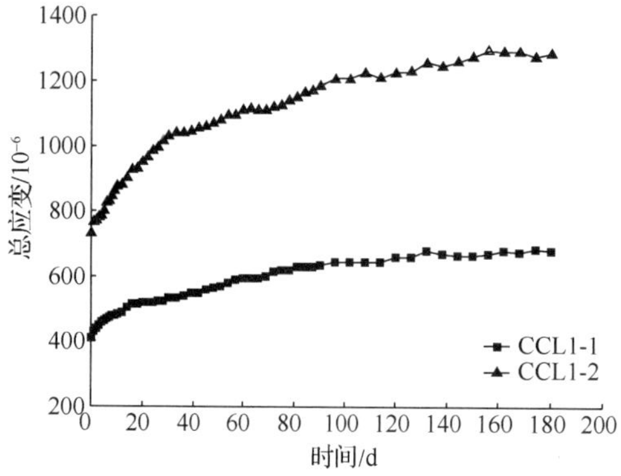

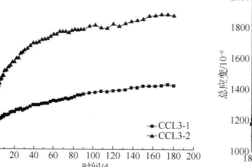

图 5.4　第一组构件的变形

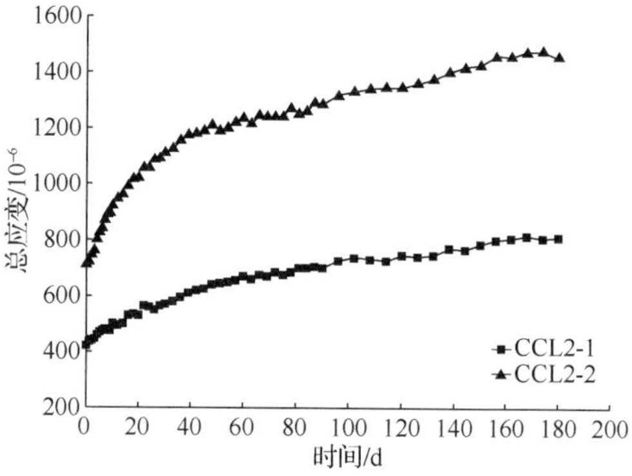

图 5.5　第二组构件的变形

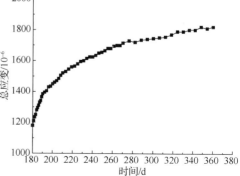

图 5.6　第三组构件的变形（第一阶段）

图 5.7　CCL3-1 的变形（第二阶段）

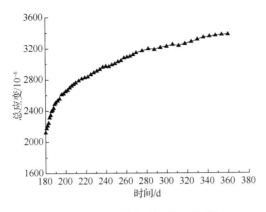

图 5.8　CCL3-2 的变形（第二阶段）

2. 持荷后的应力-应变曲线

图 5.9～图 5.11 所示为 6 个长期负载构件和 6 个未负载构件的应力-应变关系的试验曲线。其中，长期负载构件的初始应变取长期变形测量结束时的终值应变。可以看出，虽然经过长期荷载作用，长期负载构件的应力-应变曲线特征并未发生改变，与对比构件基本相同。所不同的仅仅是应变起始点的变化。

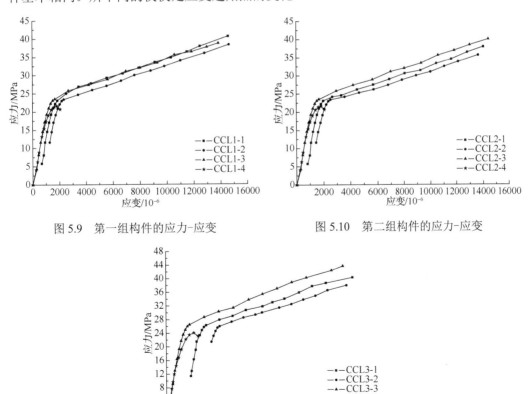

图 5.9　第一组构件的应力-应变　　　　　　图 5.10　第二组构件的应力-应变

图 5.11　第三组构件的应力-应变

长期负载构件与对比构件的峰值点应力、应变的测量结果，如表 5.4 所示。

表 5.4　破坏荷载作用下构件的试验结果

构件编号		实际负载水平	峰值点应力/MPa	峰值点应变/10⁻⁶	应力提高倍数	应变提高倍数
第一组	CCL1-1	31%f_c	40.6	14587	2.05	7.96
	CCL1-2	63%f_c	38.3	14647	1.93	8.00
	CCL1-3	—	38.7	13857	1.95	7.56
	CCL1-4	—	19.8	1832	1.00	1.00
第二组	CCL2-1	32%f_c	37.9	14016	1.75	7.12
	CCL2-2	61%f_c	35.6	13639	1.65	6.93
	CCL2-3	—	40.0	14404	1.85	7.32
	CCL2-4	—	21.6	1968	1.00	1.00
第三组	CCL3-1	30%f_{cc}^*	40.0	13978	1.73	5.87
	CCL3-2	60%f_{cc}^{**}	37.7	13518	1.63	5.68
	CCL3-3	—	43.4	13252	1.88	5.56
	CCL3-4	—	23.1	2382	1.00	1.00

注：1）f_{cc}^*为 CCL2-1 的峰值点应力，即 37.9MPa；f_{cc}^{**}为 CCL2-2 的峰值点应力，即 35.6MPa。
　　2）若以 f_c（70d 龄期的混凝土强度）为标准，则 30%f_{cc}^*约为 59%f_c，60%f_{cc}^{**}约为 110%f_c。

由表 5.4 可知，由于每组构件的加固历程不同，其试验结果的表现也不尽相同，现逐一分析如下。

1）在第一组构件中，长期负载构件的峰值点应力与对比构件相差不大，而峰值点应变则稍大于对比构件。这是由于负载前已经包裹了 FRP，施加的荷载相对包裹后的约束混凝土而言就比较低，长期荷载仅对变形产生影响，而对构件承载力的影响不大。

2）在第二组构件中，长期负载构件的峰值点应力和应变均小于对比构件，且负载水平越高，应力与应变值下降幅度越大。这是由于未包裹 FRP 的构件在长期负载中，混凝土产生了侧向膨胀，后包裹的 FRP 拉应变滞后，且混凝土有损伤。这和短期负载下 FRP 约束混凝土应变滞后及损伤的原因基本相同。需要说明的是，尽管长期荷载作用下构件产生了一定的徐变，但该变形尚不足以弥补由于拉应变滞后、混凝土损伤等带来的峰值点应变的下降。

3）在第三组构件中，长期负载构件的峰值点应力比对比构件小，特别是高负载水平下的构件有明显下降。应力下降的原因同第二组，不再赘述。峰值点应变则略高于对比构件。这是由于提高负载水平后，在随后的持荷时间内，构件产生了充分的徐变，最后应变叠加的结果导致了最终的应变稍高于对比构件的应变。

以上的分析是从与对比构件的角度来进行的，下面从基准构件的角度来分析。以各组的素混凝土构件为基准，对其峰值点应力和应变进行分析，如图 5.12 和图 5.13 所示。由图 5.12 和图 5.13 可知，从第一组到第三组，应力和应变的提高倍数都出现了不同程度的下降，特别是应变的提高倍数尤其明显。这主要归结于三点原因：一是包裹 FRP 之前的负载导致拉应变滞后；二是包裹 FRP 后随着荷载提高，FRP 在参与受力过程中产生了徐变和应力松弛；三是混凝土的峰值应力和应变随龄期发生了增长。

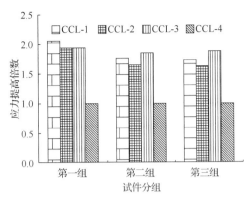

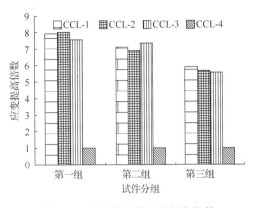

图 5.12　各组构件的应力提高倍数　　　　　图 5.13　各组构件的应变提高倍数

总体而言，第一种模式中，长期荷载对负载构件的峰值点应力、应变的影响不大；在第二种模式中，长期荷载削弱了负载构件的峰值点应力、应变；第三种模式中，长期荷载作用的结果是峰值点应力降低，而峰值点应变则有所增长。

3. 试件的破坏特征

试件长期荷载的破坏特征与短期荷载基本相同。长期负载试件的典型破坏形态如图 5.14 所示。

（a）CCL1-2　　　　　　（b）CCL2-2　　　　　　（c）CCL3-2

图 5.14　长期负载试件的典型破坏形态

5.3　混凝土的徐变和收缩

徐变和收缩是混凝土固有的材料特性。从 1905 年 Woolson 首次发现在较高的轴向应力作用下混凝土有流动现象，到 1907 年美国普渡大学 Hatt 在美国材料试验学会（ASTM）的会议论文集发表文章，第一次给出混凝土的徐变数据[6]，迄今为止对混凝土徐变和收缩的研究已经有 100 多年的历史。研究者对混凝土徐变和收缩进行了大量的试验研究和理论分析，取得了很多的研究成果，建立了一些能够描述混凝土长期变形行为的方法。

5.3.1　原因与机理

厘清徐变和收缩的原因和机理，是建立相关计算混凝土性能模型的基础。徐变的原因大致分为两种：一是混凝土硬结后，骨料之间的水泥浆中有部分尚未转化为晶体的水泥胶体向水泥晶体转化，使得应力重分布，从而导致了徐变；二是混凝土内部微裂缝在长期荷载作用下不断发展、增加，导致了徐变。其中，高应力下混凝土内部的微裂缝扩展对徐变有很大的影响。另外，混凝土内部水分的挥发也使其干燥徐变[7]发生。

多年来，徐变机理一直没有统一的解释，各种观点都只能解释一部分徐变现象。尽管对徐变机理没有一个统一的认识，但综合美国混凝土学会第 209 委员会（ACI Committee 209）[8]和清华大学过镇海[9]等国内外专家的研究成果，有一个共同的结论：在长期荷载作用下，混凝土中凝胶粒子定向运动，水的作用则是加速粒子定向运动，其总趋势是由高能状态向低能状态运动；这种黏性流动的结果就是将水泥胶体的压力转移给骨料颗粒，转移压力的大小取决于胶体的亚微观组织。

基于上述结论，解释混凝土徐变机理的理论包括：黏弹性理论、渗出理论、内力平衡理论、黏性流动理论、塑性流动理论和微裂缝理论等[6]。尽管这些理论互相交错又千差万别，但其共同前提是混凝土徐变是水泥石（即硬化的水泥浆体）的徐变所引起的，骨料所产生的徐变基本可以忽略不计，占混凝土组成大部分的骨料的性质可以明显地改变混凝土的徐变量[10]。

5.3.2　影响因素

影响混凝土徐变和收缩的因素很多，归纳起来不外乎内部因素和外部因素两种。内部因素主要指组成混凝土的材料自身性质，包括水泥的品种和细度、骨料的品种和含量、水灰比的大小、灰浆率的高低和混凝土的强度。外部因素是除内部因素之外的其他因素，包含了加载龄期、荷载大小、持荷时间、环境的温度和湿度等。其中，长期荷载大小或者加载应力比（加载应力与混凝土强度之比）对混凝土徐变具有重要的影响。

一般而言，混凝土的徐变随加载应力比 σ_c / f_c 的增大而增大。当 $\sigma_c / f_c \leqslant 0.5$ 时，徐变大致与应力成正比，称为线性徐变；当 $0.5 < \sigma_c / f_c \leqslant 0.8$ 时，徐变增长较应力的增大更快，称为非线性徐变；当 $\sigma_c / f_c > 0.8$ 时，在混凝土持荷一段时间后，因非线性徐变不能收敛，从而导致混凝土被破坏。导致以上徐变破坏的应力比 σ_c / f_c 称为临界应力比[11]。临界应力比与加载龄期有关，对于 28d 而言，其值为 0.85；对于 180d 而言，其值为 0.96[12]。这是由于加载龄期晚的混凝土徐变速率和总徐变都较小的缘故。对于约束混凝土是否也存在临界应变比的问题，目前尚未见到相关报道。本次长期荷载试验的加载应力比大多数都小于 0.6，可以近似认为徐变为线性徐变。

5.3.3　计算模型的比较与选择

目前，国际上广泛采用的徐变收缩模型主要包括 ACI 209[8]、CEB-FIP[13]、BP-KX[14]、B3[15,16]、AASHTO[17]、Garder 和 Lockman[18]和中国建筑科学研究院模型[19]（简称建科院-86）等。从建立方法上看，徐变收缩模型大致可以分为两类[20]：一类是以试验研究为基础，通过对大量的试验数据进行观察和分析，构造出双曲函数、幂函数、指数函数等预测公式。人们早期按照这种方法建立了大量的预测模型，其中影响较大的是 Ross 教授于 1937 年提出的双曲线幂函数预测模型。该模型于 1970 年被 ACI 209 委员会修正后采用，至今，ACI 209 委员会在保持这种预测模型基本公式的前提下，仅对参数进行了修正。GL 2000、ACI 209、建科院-86 模型均为此类模型的代表。另一类是以理论分析为基础，建立预测模型的框架，根据试验数据回归分析确定参数。该类模型一般具有比较明确的物理意义，并随着理论的发展而不断发展完善。CEB-FIP、BP-KX、B3 模型均为该类模型的代表。

上述这些模型均为经验公式或半理论半经验公式。不同模型建立的计算方法不完全相同，模型中参数的选用也各有特点。各计算模型均对大量的试验数据进行了统计及回归分析，最终得到计算模型中的经验参数。由于试验条件的局限、研究者侧重点及研究方法的不同，不同研究者提出的模型所考虑的影响因素也有不同。计算模型对混凝土徐变收缩的主要影响因素考虑是否全面，往往是研究者在选择模型时所关心的一个问题。各计算模型考虑的影响因素见表 5.5。

表 5.5　常见计算模型考虑的影响因素一览表

模型	CEB 78		CEB 90		ACI 82		ACI 92		B3		BP-KX		AASHTO		GL 2000		建科院-86	
	C	S	C	S	C	S	C	S	C	S	C	S	C	S	C	S	C	S
相对湿度	√	√	√	√	√	√	√	√	√	√	√	√	√	√	√	√	√	√
温度	√	√	√	—	—	—	—	—	—	—	—	—	—	—	√	√	—	—
构件尺寸	√	√	√	√	√	√	√	√	√	√	√	√	√	√	√	√	√	√
加载龄期	√	—	√	—	√	—	√	—	√	—	√	—	√	—	√	—	√	—
干燥龄期	—	√	—	—	—	√	—	√	—	√	—	√	—	√	—	√	—	√
加载强度	—	—	—	—	√	—	—	—	—	—	—	—	—	—	—	—	—	—
28d 强度	—	—	√	—	—	—	—	—	√	—	—	—	—	—	√	—	—	—
水灰比	—	—	—	—	—	—	—	√	√	—	—	—	—	—	—	—	—	—
水泥含量	—	—	—	—	—	√	—	√	√	—	—	—	—	—	—	—	—	—
坍落度	√	√	—	—	—	—	—	√	—	—	—	—	—	—	—	—	—	—
空气含量	—	—	√	—	—	—	—	√	—	—	—	—	—	—	—	—	—	—
粗/细骨料	—	—	—	—	—	—	—	√	—	—	—	—	—	—	—	—	—	—
混凝土的密度	—	—	—	—	—	—	—	—	—	—	—	—	—	—	—	—	—	—
水泥品种	√	—	√	—	—	—	—	—	√	—	—	—	—	—	√	—	—	—
弹性模量	√	—	—	—	—	—	—	—	—	—	—	—	—	—	—	—	—	—
水泥重量	—	—	—	—	—	—	—	—	—	—	—	—	—	—	—	—	—	—
养护条件	—	—	—	—	—	—	—	—	—	—	—	—	√	—	√	—	—	√

注：C 代表徐变（creep）；S 代表收缩（shrinkage）。

表 5.5 中相对湿度和构件尺寸是所有收缩和徐变预测模型中均需考虑的因素，而加载龄期是所有徐变模型要考虑的因素，干燥龄期则是大多数收缩模型所要考虑的因素，因此这 3 种影响因素比较重要。相比之下，温度在收缩和徐变预测模型中体现不多，只有在 CEB 系列模型中用“换算龄期法”加以考虑。此外，水泥含量、坍落度、粗细骨料、空气含量等反映混凝土配合比等自身性质的因素在 CEB 和 ACI 预测模型中考虑得较多。

事实上，由于影响混凝土收缩和徐变的因素十分复杂，目前无法也没有必要在计算模型中完全考虑这些影响因素。影响因素考虑多少，并不能完全决定一个计算模型的优劣。文献[20]认为选择混凝土收缩徐变模型主要应依据三点：①该模型是否通过了大量的试验数据验证；②是否能够方便地使用；③能否通过少量的、有针对性的短期试验来修正模型的参数，使其成为针对某一特定混凝土的预测模型，达到"量体裁衣"的效果。根据这一标准，并考虑应用的广泛程度，本书选择了 ACI-209-92 模型、CEB FIP-90 模型、GL 2000 模型和建科院-86 模型对试验的第二组试件、第三组试件（第一阶段徐变）进行了预测，并将模型的计算结果与试验结果进行了比较，如图 5.15 和图 5.16 所示。

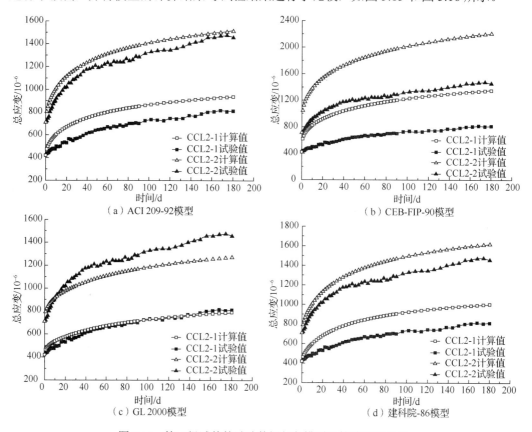

图 5.15   第二组试件的试验数据与各模型计算结果的对比

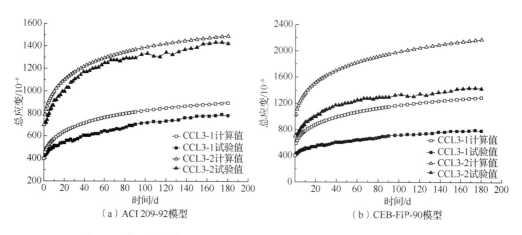

图 5.16   第三组试件（第一阶段）的试验数据与各模型计算结果的对比

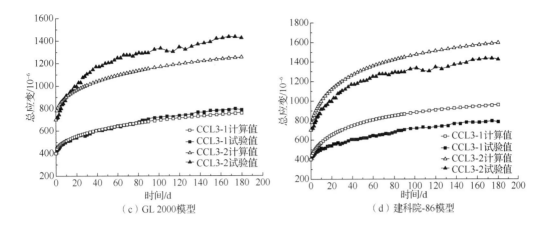

（c）GL 2000模型　　　　　　　　　　（d）建科院-86模型

图 5.16（续）

由图 5.15 和图 5.16 可知，CEB-FIP-90 模型的预测效果较差，各试件均高估了构件的收缩徐变值；GL 2000 模型应用于预测负载水平为 30% 的构件时效果较好，与试验结果较一致，但在预测负载水平为 60% 的构件时效果较差，其低估了构件的收缩徐变值；ACI 209-92 模型和建科院-86 模型的预测效果相对其他两种模型较好，而在应用于预测负载水平为 60% 的构件时，ACI 209-92 模型比建科院-86 模型更好一些。

综上所述，相比其他 3 种计算模型，ACI 209-92 模型虽然有些高估了构件的收缩徐变值，但总体上和试验结果接近，因此本章选择 ACI 209-92 模型作为混凝土收缩徐变的计算模型。

5.4　FRP 的徐变

FRP 的徐变是指在应力不变的情况下，FRP 的应变随时间而增长的现象。在持续荷载作用下，FRP 存在时间依赖性，在经过一段时间后，如果长期荷载超过一定的限值，构件可能会发生突然断裂而破坏[21]，这种破坏称为 FRP 的徐变破坏（也称为蠕变破坏）。破坏现象类似金属的疲劳破坏，不同的是金属的疲劳破坏是循环荷载导致的，而使 FRP 徐变破坏的因素则是恒定的长期荷载[22]。在对结构进行加固时，FRP 所受的正是这种长期荷载的作用。因此，FRP 的徐变对被加固构件的长期性能产生不容忽视的影响。

5.4.1　原因与机理

在介绍 FRP 的徐变原因之前，首先要弄清楚 FRP 的材料属性。FRP 的胶结材料是高分子聚合物，因此这种材料具有黏弹性的特点。换句话说，FRP 既具有弹性固体的力学特性，又具有黏滞液体的流动性。当施加荷载时，FRP 像弹性固体一样发生瞬时变形，但如果继续维持荷载，FRP 就会像黏滞液体一样变形到某种程度。这种黏弹性的材料特性正是引起 FRP 徐变或应力松弛的根源。

关于 FRP 的徐变机理，通常有两种不同的观点。

1）Holmes 和 Rahman[23]认为，当作用力的垂直分力作用在纤维上时，使得纤维上产生微观断裂。这种断裂也可能是由连续纤维材料的热膨胀系数存在差异引起的。例如，在纤维末端存在几何不连续性，再加上所使用树脂材料的脆性，加速了微观断裂的形成。正是这种断裂发展机理引起了纤维复合材料出现非线性的、与应力水平相关的流变特性。这种流变特性即使在很小的应力状态下也不可避免。

2）Alagusundaramoorthy 等[24]认为，当 FRP 发生徐变时，纤维复合材料的微观结构保持不变，纤维复合材料和基质作为一个整体发生变形，树脂传递纤维之间的应力。这样，纤维复合材料的徐变是由于基质材料的黏弹性流动引起的。

5.4.2　影响因素

FRP 徐变的影响因素很多，受目前研究水平所限，下面仅列出一些主要的影响因素。

1）负载水平也称为应力水平或应变水平，是影响 FRP 徐变的主要因素。Tamuzs 等研究了 CFRP/AFRP 和 CFRP/GFRP 混杂纤维的徐变行为[25,26]。纤维的混杂比例如下：CFRP 与 AFRP 的体积掺量分别为 24%和 76%；CFRP 与 GFRP 的体积掺量分别为 19%和 81%。试验结果表明，初始应力或者初始应变越大，纤维的徐变量越大。

2）持荷时间的长短显然是影响 FRP 徐变的主要因素。一般而言，持荷时间越长，FRP 的徐变越充分，其徐变量就越大[27]。

3）温度的高低对 FRP 徐变的影响不容忽视。Saadatmanesh 和 Tannous[28]的试验结果表明，随着温度的升高，环氧树脂基体发生软化，降低了其将外部荷载传递给内部纤维的能力，导致了 FRP 徐变量增大。

4）FRP 粘贴的角度对 FRP 的徐变产生影响。Sturgeon[29]认为，对于单向排列的纤维，若沿纤维方向施加拉应力，则垂直于纤维方向的 FRP 徐变可以不考虑。否则，就应当考虑 FRP 粘贴的角度的影响，即 FRP 徐变与 FRP 粘贴角度为函数关系。

5）周围环境对 FRP 的徐变有一定影响。Saadatmanesh 和 Tannous[30]研究了 AFRP 筋在 25℃不同溶液中持载 3000h 的徐变性能[28]。荷载保持为抗拉强度的 40%不变，在大气、碱溶液、酸溶液中的初始应变分别为 0182%、0184%和 0183%。试验结果表明，AFRP 筋在酸溶液中的徐变最大，约为 01037%；在大气中徐变最小，约为 0.023%；而在碱溶液中居中，约为 0.025%。

5.4.3　计算模型的比较与选择

现在大多数的 FRP 徐变计算模型，都是基于 FRP 为线性黏弹性材料的假设而提出的。线性黏弹性是指在任意时间间隔内，应力和应变的线性关系。这些计算模型都是由弹簧和阻尼器通过并联或串联的方式建立起来的流变模型。典型的计算模型如下。

1. Voigt 模型

Voigt 模型是由一个弹簧和一个阻尼器通过并联的方式组成的，如图5.17所示。在任何时刻 t，弹簧和阻尼器的应变都相等，而此时的应力可能是不同的。但弹簧和阻尼器的应力之和与外加荷载的应力相等。根据牛顿黏性定律，Voigt 认为 FRP 徐变的表达式如下：

$$E\varepsilon + \eta\frac{\mathrm{d}\varepsilon}{\mathrm{d}t} = \sigma \qquad (5.1)$$

式中，E 为 FRP 的弹性模型；σ 为外加应力的大小。

对式（5.1）求积分，则应力、应变和时间的徐变关系可以用式（5.2）表达如下：

$$\varepsilon = \frac{\sigma}{E}\left[1 - \exp\left(-\frac{E}{\eta}t\right)\right] \tag{5.2}$$

2. Maxwell 模型

Maxwell 模型也是由一个弹簧和一个阻尼器组成的，所不同的它是串联而成的，如图 5.18 所示。在 Maxwell 模型中，弹簧和阻尼器的应力相等，但应变可能不同。类似 Voigt 模型，相应的关系式可以用式（5.3）表达如下：

$$\frac{\mathrm{d}\varepsilon_{\text{Spring}}}{\mathrm{d}t} + \frac{\mathrm{d}\varepsilon_{\text{Dashpot}}}{\mathrm{d}t} = \frac{1}{E}\frac{\mathrm{d}\sigma}{\mathrm{d}t} + \frac{\sigma}{\eta} \tag{5.3}$$

同样对式（5.3）求积分，则应力、应变和时间的徐变关系可以用式（5.4）表达如下：

$$\varepsilon = \frac{\sigma}{E} + \frac{\sigma}{\eta}t \tag{5.4}$$

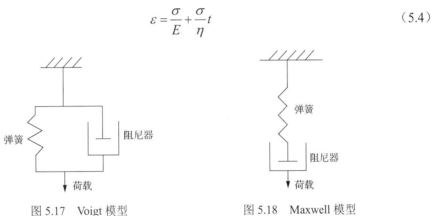

图 5.17　Voigt 模型　　　　　　图 5.18　Maxwell 模型

3. Voigt & Maxwell 联合模型

通过观察上述两个徐变模型的计算结果，就会发现 Voigt 模型没有描述长期荷载施加时的初始应变；Maxwell 模型的徐变恢复曲线为线性，且相对于真实应变而言，高估了徐变值。因此，有学者提出了将 Voigt 模型和 Maxwell 模型相串联，组成 Voigt & Maxwell 联合模型，如图 5.19 所示。根据每一个串联部件应力相等的原则，整个系统的徐变表达式如下：

$$\varepsilon_{\text{Total}} = \varepsilon_{\text{v}} + \varepsilon_{\text{m}} = \frac{\sigma}{E}\left(1 - \mathrm{e}^{-\frac{E}{\eta}t}\right) + \left(\frac{\sigma}{E} + \frac{\sigma}{\eta}t\right) \tag{5.5}$$

图 5.20 是由 Voigt & Maxwell 联合模型计算得到的一个应力、应变和持荷时间的关系图——黏弹性徐变曲线[31]。从图 5.20 中可以看出，在不同的应力下，FRP 具有不同的徐变曲线；而在任意时刻，应力与应变呈线性关系。

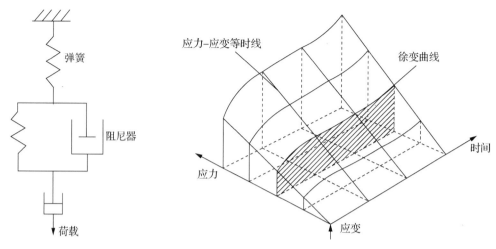

图 5.19　Voigt & Maxwell 联合模型　　　　图 5.20　黏弹性徐变曲线[31]

4. Findley 模型

在对大量试验数据分析的基础上，Findley 和 Peterson 提出了计算 FRP 徐变的模型[32,33]。Findley 和 Peterson 认为，FRP 的总应变是加载时的初始弹性应变与在长期荷载作用下由黏性流动所产生的黏性应变（FRP 的徐变）之和。Findley 模型的具体表达式如下：

$$\varepsilon = \varepsilon_0' + \varepsilon_t' \left(\frac{t}{t_0} \right)^n \tag{5.6}$$

式中，ε_0' 为初始弹性应变；ε_t' 为徐变系数；n 为材料常数；t 为持荷时间，h；t_0 为单位时间，h。

Findly 以双曲线的形式给出了 ε_0' 和 ε_t' 的计算表达式如下：

$$\varepsilon_0' = \varepsilon_0 \sinh \frac{\sigma}{\sigma_0} \tag{5.7}$$

$$\varepsilon_t' = \varepsilon_t \sinh \frac{\sigma}{\sigma_t} = m \tag{5.8}$$

式中，σ 为长期荷载作用的压力值；m 为弹性徐变系数；ε_0、σ_0、ε_t 和 σ_t 都是从应力、应变和持荷时间的关系图中得到的材料常数。为了获取这些材料常数，Findly 和 Peterson[33] 进行了长达 10 年的试验研究，建立了各种 FRP 材料常数的数据库。由应力-应变关系，可得下面的关系式：

$$\varepsilon_0' = \frac{\sigma}{E_0} \tag{5.9}$$

$$\varepsilon_t' = \frac{\sigma}{E_t} \tag{5.10}$$

式中，E_0 为与时间无关的弹性模量；E_t 为与时间有关的弹性模量。

将式（5.9）和式（5.10）代入式（5.6），就可以建立 FRP 徐变的计算表达式如下：

$$\varepsilon = \sigma E_v = \sigma \left(\frac{1}{E_0} + \frac{t^n}{E_t} \right) \tag{5.11}$$

式中，E_v 为黏弹性模量。

将式（5.8）代入式（5.6）中，稍加变换就可以得到

$$\varepsilon - \varepsilon_0' = mt^n \tag{5.12}$$

一旦获得了材料的徐变数据，式（5.12）就可以计算徐变参数和材料常数了。对式（5.12）取对数，则可以得到

$$\ln(\varepsilon - \varepsilon_0') = m + n \ln t \tag{5.13}$$

从式（5.13）中可以看出，虽然总应变和时间是非线性关系，但一旦从总应变中去掉与时间有关的初始弹性应变，那么在对数坐标上，$(\varepsilon - \varepsilon_0')$ 与时间 t 就成了直线关系，该直线的斜率和截距就是参数 m 和 n。Choi 等[34]进行了 GFRP 柱的徐变试验，通过对试验数据的回归分析，推断出了式（5.12）中参数 ε_0'、m 和 n 的值，见表 5.6。理论分析和试验研究的结果都表明，ε_0' 与加载的应力级别（或初始应力）有关；m 与加载的应力级别和持荷时间都有关；n 与材料的属性有关，而与加载的应力级别和持荷时间都无关。

表 5.6　Findley 模型的相关参数[34]

截面类型	加载的应力级别/%	$\varepsilon_0' / \mu\varepsilon$	$m / \mu\varepsilon$	n
宽翼十字形截面	20	1180	45	0.148
	30	1875	50	0.170
	40	2150	70	0.137
	50	2850	95	0.133
箱形截面	20	1253	30	0.195
	30	1935	43	0.196
	40	2340	47	0.178

注：$\mu\varepsilon$ 为拉应变。

5. 本书的计算模型

Findley 模型已经得到许多研究者[1,3,4,28,31,40]的认可，并在 FRP 加固构件的徐变研究中得到了广泛的应用。因此，有理由认为 Findley 模型是目前 FRP 徐变计算中比较成熟的模型。在式（5.12）基础上，结合式（5.7）和式（5.8），Findley 将大量的试验数据进行了拟合，从而确定了式中的各个参数，最终推出了 FRP 计算模型[32]，如下式所示：

$$\varepsilon_t = 0.011 \sinh\left(\frac{\sigma}{54.2} \right) + 0.000305 \sinh\left(\frac{\sigma}{33.0} \right) t^{0.20} \tag{5.14}$$

式（5.14）有如下限制条件：①FRP 的密度不超过 20kg/m³；②施加的应力不超过 50kPa；③持荷时间不少于 1d；④温度宜控制在 23℃左右，若低于这个温度，则式（5.14）得出的徐变可能偏小。

式（5.14）优点在于：①公式的限制条件在本次试验中基本都能得到满足；②公式的形式简单、参数较少；③参数物理意义明确，取值比较容易确定。因此，本书采用式（5.14）作为 CFRP 徐变的计算模型公式。

5.5　FRP 约束混凝土长期变形计算的影响因素

前述内容分别介绍了混凝土的徐变收缩和 FRP 的徐变，但二者之间并没有建立起任何联系。如何将二者有效地结合起来，是本节要解决的问题。在建立 FRP 约束混凝土柱的变形计算模型之前，首先要考察对约束混凝土变形产生重要影响的几个因素，因为它们是不同模式的计算模型建立过程中必须考虑的内容。

5.5.1　纤维密封条件的影响

如前所述，干燥徐变和收缩的速度与变形量及持荷载大小的关系不大，而与混凝土中水分的散失密切相关。水分散失得越快，干燥徐变和收缩就越大。已有的研究表明[35]，在密封条件下，混凝土的干燥徐变基本就停止了。对于本书参考的试验而言，混凝土外涂刷了环氧树脂，并包裹了 CFRP，形成密封外壳，混凝土中的水分沿柱轴向散失的路径相当长，因此包裹了 CFRP 的混凝土可以近似认为是理想状态的密封混凝土，不产生干燥徐变。

试验研究表明[1]，混凝土的收缩主要发生在浇注后的 90d 内，此后随时间的增加，收缩速度放缓。对于密封条件下的混凝土，其收缩在 90d 后几乎停止。就本节所参考的试验而言，混凝土柱加载时已经是第 70d，收缩大部分已经完成。对于实际工程中的被加固柱，在加固之前也有足够的时间完成收缩。

根据上面的分析，对不同加固模式下的混凝土柱做出如下规定。

1）第一种加固模式下，构件不考虑其干燥徐变和收缩变形。由于在持荷期间内包裹了 CFRP，混凝土处于密封条件下，与周围环境无湿度交换。根据文献[21,22]的研究结果，混凝土的相对湿度近似取为 90%。

2）第二种加固模式下，由于构件在持荷期间内未包裹 CFRP，其干燥徐变和收缩都要考虑。

3）第三种加固模式下，构件在包裹 CFRP 之前，加固模式同第二种；在包裹 CFRP 后，加固模式同第一种。

为了更清楚地说明密封条件对 3 种加固模式变形计算的影响，这里给出纤维密封条件对不同模式影响的示意图，如图 5.21 所示。

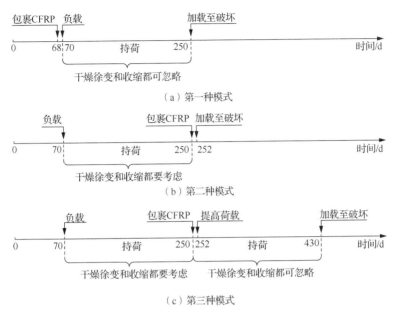

图 5.21　纤维密封条件的影响

5.5.2　多轴应力状态的影响

根据轴向应力可以在侧向产生徐变的试验现象，可以推出，在多轴应力状态下，在某一方向上，既有该方向上施加的应力产生的徐变，也有其他两个垂直方向的应力在这个方向上产生的徐变。这就涉及多轴应力状态下混凝土的徐变问题。

Gopalakrishnan 等[36]研究发现，在外加荷载相同时，多轴应变状态下混凝土徐变计算服从叠加原则，即某一方向的徐变等于各方向应力状态对该方向徐变影响的代数和。这样就可以表达为

$$\varepsilon_1 = \varepsilon_{u1} - \mu_{cp,u}\varepsilon_{u2} - \mu_{cp,u}\varepsilon_{u3} \tag{5.15}$$

式中，ε_{u1}、ε_{u2} 和 ε_{u3} 分别为各方向应力分别作用产生的轴向应变；$\mu_{cp,u}$ 为在单轴压缩时的徐变泊松比；ε_1 为多轴应力状态下该方向的净徐变。

根据 Gopalakrishnan 等的理论分析，Jordaan 和 Illston[37]对混凝土立方体试件进行了不同应力状态下的徐变试验。立方体试件的抗压强度为 42MPa，试验分为 3 种不同的应力状态：第一种是单向应力状态，压应力为 10MPa；第二种是双向应力状态，压应力为 9.5MPa，作用在两对正交的试验面上；第三种是三向应力状态，三个主方向压应力相等，都为 9.69MPa。试验结果很好地支持 Gopalakrishman 等的理论研究，如图 5.22 所示。

从上述内容可以看出，徐变泊松比对于多轴应力状态下的徐变有重要影响。因此，有必要对泊松比进行说明。在本章中，静态或短期泊松比（SPR）定义为侧向弹性变形与轴向弹性变形之比，如下式所示：

$$\nu_s = \frac{\varepsilon_{\text{Elastic,Lateral}}}{\varepsilon_{\text{Elastic,Axial}}} \tag{5.16}$$

徐变泊松比（CPR）定义为总侧向变形与总轴向变形之比，如下式所示：

$$v_c = \frac{\varepsilon_{\text{Total,Lateral}}}{\varepsilon_{\text{Total,Axial}}} \tag{5.17}$$

在徐变泊松比的基础上，有效徐变泊松比（EPR）定义为净侧向徐变与净轴向徐变之比，如下式所示：

$$v_{\text{EPR}} = \frac{\varepsilon_{\text{Creep,Lateral}}}{\varepsilon_{\text{Creep,Axial}}} \tag{5.18}$$

　　Gopalakishnan[36,38]等对多轴应力状态下有效徐变泊松比的试验研究表明：在三向应力状态下，3 个主方向的 EPR 在 0.09~0.17 的范围内波动；而单轴应力状态下 EPR 在 0.17~0.20 范围内变动，试验结果如图 5.23 所示，从图可以看出，三向应力状态下的 EPR 较之单向受力状态为小。此次试验还首次发现，各方向的 EPR 与持荷时间没有明显的相关性，在一定范围内 EPR 可以视为常数。这一发现也为后来的众多学者所证实[39-41]。

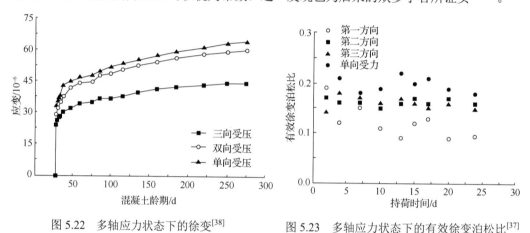

图 5.22　多轴应力状态下的徐变[38]　　　　图 5.23　多轴应力状态下的有效徐变泊松比[37]

　　Jordaan 和 Illston[37]就多轴应力对徐变的影响进一步做了总结，本书将用到其中部分结论，归纳如下。

　　1）混凝土的徐变泊松比和有效徐变泊松比在长期荷载作用下基本不变，且徐变数值与静态泊松比基本相同。

　　2）单向应力状态和多轴应力状态下，静态泊松比随应力增加而加大；而三向应力状态下，静态泊松比基本保持稳定。

　　3）侧向徐变可以按照轴向徐变的方法进行计算，计算时只需要考虑徐变泊松比的影响即可。

　　综上所述，在建立 FRP 约束柱的徐变计算模型时，可以将静态泊松比作为有效徐变泊松比，并且在徐变计算中取为常数。将式（5.15）稍加变换，可以得到处于轴对称侧向压力下混凝土的轴向徐变的表达式，如下所示：

$$\varepsilon_{\text{u,Multi}} = \varepsilon_{\text{u,Uniaxial}} - 2v_c J(t,t_0) f_1 \tag{5.19}$$

式中，$\varepsilon_{\text{u,Multi}}$ 为多轴应力状态下的徐变；$\varepsilon_{\text{u,Uniaxial}}$ 为单轴应力状态下的徐变；v_c 为短期静力加载的徐变泊松比，近似取 0.18；$J(t,t_0)$ 为徐变函数或徐变柔度；f_1 为侧向应力。

混凝土的侧向徐变 ε_l 则可以通过有效徐变泊松比 ν_{EPR} 计算得到，计算表达式如下：

$$\varepsilon_l = \nu_{EPR}\varepsilon_{u,Multi} \tag{5.20}$$

5.5.3　约束混凝土计算模型

FRP 约束混凝土在短期荷载下的应力-应变关系既是计算加固柱承载力和变形的基础，又是在长期荷载下进行徐变分析的基础，对徐变分析的结果有重要影响。因此，有必要给予说明。

截至目前，众多学者对 FRP 约束混凝土进行了试验研究和理论分析，提出了各自的计算模型。但考虑负载水平影响的计算模型几乎没有，而在本书长期荷载的试验中，除第一组构件外，其余都是在先负载后包裹 CFRP 的情况下进行的。因此，本书徐变计算模型采用负载下 FRP 约束混凝土圆柱的应力-应变模型来计算，如图 5.24 所示（图中 1、2、3、4 分别对应轴向应力-轴向应变、轴向应力-侧向应变曲线的峰值点和极限点），计算表达式如下：

当 $0 \leqslant \varepsilon_c \leqslant \varepsilon_t$ 时，

$$\sigma_c = E_c\varepsilon_c - \frac{(E_c - E_2)^2}{4f_0}\varepsilon_c^2 \tag{5.21}$$

当 $\varepsilon_t < \varepsilon_c \leqslant \varepsilon_{cc}$ 时，

$$\sigma_c = f_0 + E_2\varepsilon_c \tag{5.22}$$

式中，$f_0 = f_{cc} - E_2\varepsilon_{cc}$；$E_c = 4734\sqrt{f_{c0}}$；$\varepsilon_t = \dfrac{2f_0}{E_c - E_2}$；相关的符号定义和计算公式参考本书前述章节。

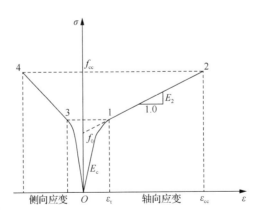

图 5.24　CFRP 约束圆形截面混凝土的计算模型

5.5.4　约束体系的破坏准则

短期荷载试验表明，约束体系的破坏是外包 CFRP 的拉断导致的。但在长期荷载作用下，体系破坏则比较复杂。从理论上而言，在维持碳纤维片材应力不变的情况下，碳纤维片材的应变会随时间增加而不断地增加，当拉应变超过极限拉应变时，碳纤维片材就会被拉断，即碳纤维片材的徐变断裂。但已有的试验又表明，只要施加的应力不超过一定的限值，就不会发生徐变断裂。同时，试验结果表明碳纤维片材在经过徐变后有变脆的趋势，即极限拉应变经过徐变后会下降[41]。限于目前的研究水平，发生徐变断裂的临界值和徐变后 FRP 极限拉应变的降低系数尚不清楚。在这里，定义 $\beta_u(t)$ 是一个与时间有关的 FRP 极限拉应变的徐变函数，其值不大于 1。$\beta_u(t)$ 函数表达式的确定还需相关的徐变试验研究进一步开展。

根据文献[41]的试验数据，本书给出了当 FRP 的应力水平为 0.6 时，持荷 500h，徐变前后 FRP 力学性能参数，见表 5.7。从表 5.7 中可以看出，徐变后 FRP 的极限拉应变值为徐变前的 77.8%。因此，本章关于 FRP 徐变计算模型中的 $\beta_u(t)$ 取值建议如下：当 $t=0$ 时，$\beta_u(t)=1.0$；当 $t \geqslant 500\,\mathrm{h}$ 时，$\beta_u(t)=0.8$；其间按线性插值。

表 5.7　当 FRP 的应力水平为 0.6 时，徐变前后 FRP 力学性能参数

	力学性能参数	试件 1	试件 2	试件 3	性能参数平均值	性能参数比值
徐变试验前	极限抗拉强度/MPa	3890	3890	3890	3890	—
	弹性模量/（10^3MPa）	207	207	207	207	—
	极限拉应变/$\mu\varepsilon$	18792	18792	18792	18792	—
徐变试验后	极限抗拉强度/MPa	3522	3415	3125	3354	86.2%
	弹性模量/（10^3MPa）	216	240	235	230	111.3%
	极限拉应变/$\mu\varepsilon$	16305	14229	13297	14610	77.8%

基于以上的分析和短期荷载下 FRP 的破坏标准，本书提出一个长期荷载作用下 FRP 的破坏准则，其表达式如下：

$$\varepsilon(t)_{\mathrm{rup}} \leqslant \beta_u(t) \cdot \varepsilon_{\mathrm{frp}} \tag{5.23}$$

式中，$\varepsilon(t)_{\mathrm{rup}}$ 为发生徐变后 FRP 的极限拉应变；$\varepsilon_{\mathrm{frp}}$ 为发生徐变前 FRP 的极限拉应变；$\beta_u(t)$ 为与时间有关的 FRP 极限拉应变的徐变函数；t 为持荷时间，h。

5.6　FRP 约束混凝土长期变形计算方法

5.6.1　第一种模式

1. 计算模型

根据上述基本假设而得出的静力平衡条件和几何相容条件，第一种模式 FRP 约束混凝土的受力和徐变情况如图 5.25 所示。FRP 只承受环向拉伸，而混凝土处于三向受力状态。外包 FRP 限制了混凝土侧向变形的发展，但 FRP 自身也会产生徐变。

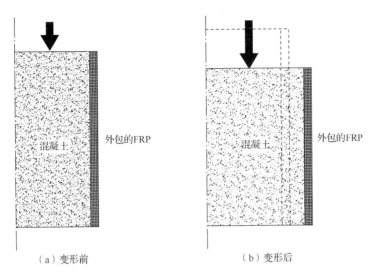

（a）变形前　　　　　　　　　　　　　（b）变形后

图 5.25　FRP 约束混凝土的徐变

本书提出了计算第一种模式长期变形的数值计算方法，即按照持荷时间采用程序迭代计算负载下构件的长期变形，程序的计算流程如图 5.26 所示。总体而言，整个计算过程分为两个部分，即短期负载下的变形计算和长期负载下的徐变计算。模型的具体计算步骤如下。

1）输入构件的几何尺寸、材料参数和负载水平等参数，采用相关短期负载下 FRP 约束混凝土圆柱的计算模型计算约束混凝土的轴向应变 ε_{c} 和侧向应变 ε_{r}。

2）由轴向应变 ε_{c} 和侧向应变 ε_{r}，计算有效徐变泊松比 $\nu_{EPR} = \varepsilon_{r} / \varepsilon_{c}$。

3）设定迭代步为一个小的时间增量 Δt。

4）利用 ACI 209-92 模型计算出在该次迭代步中混凝土单轴的徐变 $\varepsilon_{Uni,c}$ 和徐变系数 $\varphi(t,\tau)$。

5）将单轴应力状态下的徐变 $\varepsilon_{Uni,c}$ 转换为多轴应力状态下的徐变 $\varepsilon_{Multi,c}$，即

$$\varepsilon_{Multi,c} = \varepsilon_{Uni,c} - 2\nu_{c}J(t_0 + \Delta t, t_0)f_r \qquad (5.24)$$

式中，f_r 为外包 FRP 的约束应力；$J(t_0 + \Delta t, t_0)$ 为徐变函数，可由徐变系数 $\varphi(t,\tau)$ 计算得到。

6）通过有效徐变泊松比 ν_{EPR}，计算混凝土的侧向（径向）徐变 $\varepsilon_{Creep,r}$，如下所示：

$$\varepsilon_{Creep,r} = \nu_{EPR}\varepsilon_{Multi,c} \qquad (5.25)$$

7）根据该次迭代步中 FRP 的应力，通过 Findley 模型和 Boltzman 叠加原理计算外包 FRP 的环向徐变 $\varepsilon_{frp,h}$。

8）将混凝土的侧向（径向）徐变 $\varepsilon_{Creep,r}$ 与外包 FRP 的环向徐变 $\varepsilon_{frp,h}$ 比较，如果二者的差值超过了设定的容差 $\Delta\varepsilon$，则调整 FRP 的约束应力 f_r，重复步骤 5）～8）的计算。

9）如果径向变形协调条件得到满足，则要判断 FRP 的环向徐变 $\varepsilon_{frp,h}$ 是否达到 FRP 的极限拉应变 $\varepsilon(t)_{rup}$，如果没有，则增加时间步长，重复步骤 5）～8）的计算；

如果 FRP 达到极限应变，则意味着 FRP 出现了徐变破坏，程序将终止迭代过程，计算结束。

　　按照上述的计算步骤，本书选择 Visual Basic 作为程序设计语言[41-43]，在 Visual Basic 6.0 编译器下开发了相应的计算程序。

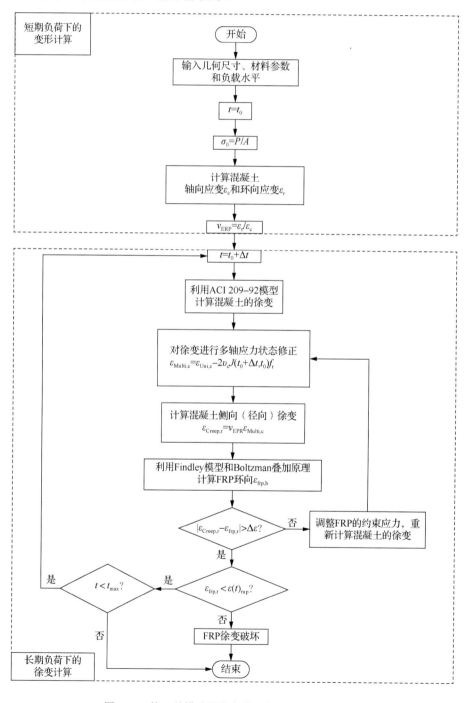

图 5.26　第一种模式长期负载下的变形计算流程图

2. 模型验证

长期负载下外包 FRP 加固混凝土柱的试验很少，能获得的试验数据就更少了。本书采用 Naguib 和 Mirmiran[1,2]对于外包 FRP 加固混凝土柱的徐变试验数据和作者的试验数据，对前述内容提出的计算模型进行验证。

（1）Naguib 和 Mirmiran 的试验

2001 年 Naguib 和 Mirmiran 在美国的辛辛那提大学进行了外包玻璃纤维布加固混凝土柱（fiber-wrapped concrete column，FWCC）的徐变试验研究。混凝土采用普通硅酸盐水泥，粗骨料是碎石，最大粒径为 10mm。混凝土配合比为 C（水泥）：W（水）：S（砂）：G（石子）=1：0.5：2.4：2.0。混凝土龄期为 21d 时，其抗压强度为 29.4MPa。混凝土柱的直径为 152mm，高为 304mm。柱子为素混凝土柱，未配钢筋。粘结材料采用环氧树脂，FRP 采用单向 E 型玻璃纤维布（GFRP）。外包 GFRP 的抗拉强度为 609MPa，弹性模量为 26.5MPa，每层 GFRP 厚度为 1mm。按照施加的长期荷载大小不同，试验构件分为 FWCC40 和 FWCC80 两种。其中，FWCC40 在长期试验中的压力为 8.75MPa，约为约束构件峰值点压应力的 15%；FWCC80 在长期试验中的压力为 17.5MPa，约为约束构件峰值点压应力的 30%。试件的加载龄期为 21d，持荷时间为 90d，共计 111d。徐变相关的试验数据主要是根据文献[1]和文献[2]给出的应变–时间曲线图，在 Windig 软件中进行坐标跟踪来获得该曲线的整个数据列表。

根据 Naguib 和 Mirmiran 给出的试验数据，采用 Naguib 的预测模型和本书的预测模型进行计算，将二者的计算结果与试验结果进行了比较，如图 5.27 所示。从图 5.27 可以看出，相比 Naguib 的计算模型，本书的计算模型与试验数据吻合得更好，特别是在负载水平较高时。这由于 FRP 约束混凝土的徐变主要是由被约束混凝土的徐变控制，而本书模型采用了修正后的 ACI 209-92 徐变计算模型，使该模型更加符合混凝土的实际变形情况。

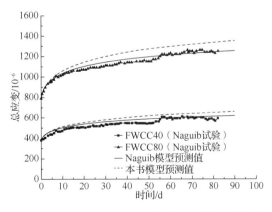

图 5.27　Naguib 试验曲线及模型与本书模型的比较

（2）本章第一组构件的试验

如图 5.28 所示，按照计算模型中考虑混凝土的收缩和忽略混凝土的收缩这两种情况，将本书第一组构件中的 CCL1-1 和 CCL1-2 的试验数据与本章模型的计算结果进行了比较。从图 5.28 可以看出，进行 FRP 外包后，使混凝土形成相对密封的环境，并且在施加长期荷载前混凝土已经完成了大部分的收缩。因此，如果考虑混凝土收缩的影响将会高估构件的徐变。相反，忽略混凝土的收缩，可以使计算模型更加接近试验值。

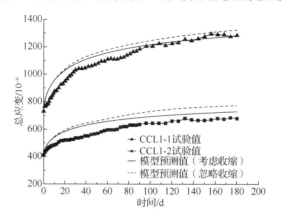

图 5.28　CCL1-1 和 CCL1-2 与本书模型的比较

3. 参数分析

下面利用计算模型分析加载龄期、负载水平、FRP 层数和混凝土强度等参数对 FRP 约束混凝土构件在长期负载下变形性能的影响。根据我国现行《建筑结构可靠性设计统一标准》（GB 50068—2018）中对普通房屋和构筑物设计使用年限的规定[44]，以下计算中凡未经说明，其持荷时间均取为 50 年；参数分析中构件的几何尺寸、材料参数等相关数据，凡未经说明，均与本章试验的第一组的构件相同。

（1）加载龄期

不同负载水平下，加载龄期对长期荷载作用下 FRP 约束混凝土变形性能的影响，如图 5.29 所示。可见，FRP 约束混凝土的徐变随着加载龄期的增加而减小，同时，又随着负载水平的提高而增加。以负载水平为 30% 为例，如果以 28d 加载龄期的应变为基准，70d 加载龄期的应变为其 81.1%，250d 加载龄期的应变为其 62.5%，430d 加载龄期的应变为其 52.0%。另外，从图 5.29 中还可以看出，随着负载水平的提高，不同加载龄期的应变差值在扩大；构件的应变随着持荷时间的增加而增加，但增长速率不断下降，一般在第 5 年就完成了 50 年应变总量的 90% 左右，之后应变的增长变小。

（2）负载水平

考虑不同持荷时间，负载水平对长期荷载作用下 FRP 约束混凝土变形性能的影响[45,46]如图 5.30 所示。当负载水平较低时，长期变形随着持荷时间的增加变化不明显。随着负载水平的提高，不同持荷时间的长期变形差异逐渐增大。如果负载水平高，则持荷时间长的构件其长期变形大；反之，则小。此外，从图 5.30 中还可以看出，持荷时间为 3 个月的折线和持荷时间为 1a 的折线之间的间距最大。这说明 3 个月到 1a 是构件徐变发生的主要时期。

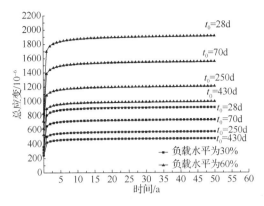

图 5.29　加载龄期对长期变形的影响

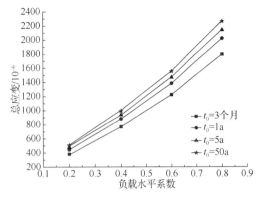

图 5.30　负载水平对长期变形的影响

（3）FRP 层数

考虑不同负载水平时，FRP 层数对长期荷载作用下 FRP 约束混凝土变形性能的影响，如图 5.31 和图 5.32 所示。由图 5.31 可知，当负载水平较小时（$30\%f_c$），不同 FRP 层数的应变-时间曲线之间的差别很小，FRP 层数的增加对长期变形的影响微弱，几乎可以忽略。在负载水平较高时（$60\%f_c$），FRP 层数的增加对长期变形的影响才体现出来，如图 5.32 所示。随着 FRP 层数的增加，FRP 约束混凝土的长期变形减小，主要原因如下：一方面，FRP 对混凝土的约束增强；另一方面，相同负载下单位厚度的 FRP 承担的拉应力减小，从而导致 FRP 的徐变减弱，因此约束混凝土的变形就变小了。此外，从图 5.32 中还可以看出，FRP 为 1 层的曲线与 FRP 为 2 层的曲线之间距离较大，之后曲线之间的距离减小。这说明，随着 FRP 层数的增加，对减小 FRP 约束混凝土徐变的作用在逐渐削弱。

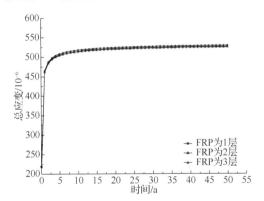

图 5.31　负载水平为 $30\%f_c$ 时层数对变形的影响

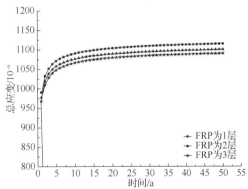

图 5.32　负载水平为 $60\%f_c$ 时层数对变形的影响

（4）混凝土强度

考虑不同负载水平时，混凝土强度大小对长期荷载作用下 FRP 约束混凝土变形性能的影响，如图 5.33 和图 5.34 所示。由此可知，在其他参数相同的情况下，无论负载水平高低，都呈现出相同的变化规律，即 FRP 约束混凝土的总应变随着混凝土强度的提高而增加，这是因为在相同负载水平下，强度较高的混凝土承受的长期荷载也较大，初始弹性变形也较大。高负载水平与低负载水平唯一不同的是，高负载水平下不同混凝土强度大小之间的应变差距比低负载水平的更大一些。

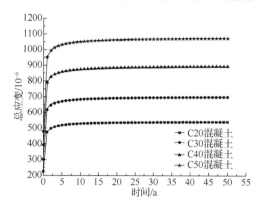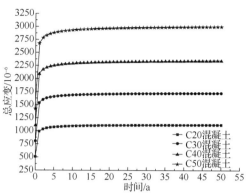

图 5.33　负载水平为 30%时混凝土强度大小　　　　图 5.34　负载水平为 60%时混凝土强度大小
　　　　　　对变形的影响　　　　　　　　　　　　　　　　对变形的影响

5.6.2　第二种模式

1. 计算模型

本章选择 ACI 209-92 模型作为混凝土收缩和徐变的计算模型，该模型是美国混凝土协会推荐使用的混凝土变形计算模型，由徐变计算模型和收缩计算模型两部分组成[8]。将这两部分简述如下。

（1）徐变计算模型

在 ACI 209-92 的徐变计算模型中，徐变值的计算方法是初始弹性应变乘以徐变系数，计算公式如下：

$$\varepsilon_{cr} = \varepsilon_i \varphi(t, \tau_0) \tag{5.26}$$

式中，ε_{cr} 为徐变应变；ε_i 为长期荷载作用时的初始弹性应变；τ_0 为长期荷载作用的开始时刻；$\varphi(t, \tau_0)$ 为徐变系数。

在 ACI 209 委员会的报告中，对于徐变系数 $\varphi(t, \tau_0)$ 的计算，建议采用以下经验公式：

$$\varphi(t, \tau_0) = \left[\frac{(t - \tau_0)^{0.6}}{10 + (t - \tau_0)^{0.6}} \right] C_u \gamma_{cr} \tag{5.27}$$

式中，C_u 为极限徐变系数，它的变化范围较大，一般在 1.30～4.15 内变化，平均值建议取为 2.35；γ_{cr} 为考虑非标准条件下各种影响因素的徐变修正系数。

按照 ACI 209 委员会的报告，徐变修正系数 γ_{cr} 考虑了混凝土配合比、环境相对湿度、构件尺寸、加载龄期等因素的影响，它的计算公式如下：

$$\gamma_{cr} = \gamma_{la} \gamma_\lambda \gamma_{vs} \gamma_s \gamma_\varphi \gamma_\alpha \tag{5.28}$$

式中，$\gamma_{la} = 1.25(t_{la})^{-0.118}$，$t_{la}$ 为加载龄期；$\gamma_\lambda = 1.27 - 0.0067\lambda$，$\lambda$ 为相对湿度；$\gamma_{vs} = 2/3(1 + 1.13e^{-0.0213v/s})$，$v/s$ 为构件体积与表面积的比值；$\gamma_s = 0.82 + 0.00264s$，$s$ 为坍落度；$\gamma_\varphi = 0.88 + 0.0024\xi$，$\xi$ 为细集料含量；$\gamma_\alpha = 0.46 + 0.09\theta$，$\theta$ 为空气含量。

（2）收缩计算模型

在 ACI 209-92 的收缩计算模型中，混凝土收缩应变的计算公式如下：

$$(\varepsilon_{\text{sh}})_{\text{t}} = \left(\frac{t}{35+t}\right)(\varepsilon_{\text{sh}})_{\text{u}} \tag{5.29}$$

式中，t 为养护终了以后的干燥时间；$(\varepsilon_{\text{sh}})_{\text{u}} = 780\gamma_{\text{cp}}\gamma_{\lambda}\gamma_{\text{h}}\gamma_{\text{s}}\gamma_{\varphi}\gamma_{\text{c}}\gamma_{\alpha}$，$\gamma_{\text{cp}} = 1.2$，$\gamma_{\lambda} = 3 - 0.03\lambda$，$\gamma_{\text{vs}} = 1.2\mathrm{e}^{-0.00472v/s}$，$\gamma_{\text{s}} = 0.89 + 0.00161s$，$\gamma_{\varphi} = 0.30 + 0.014\xi$，$\gamma_{\text{c}} = 0.75 + 0.00061c$，$c$ 为水泥含量，$\gamma_{\alpha} = 0.95 + 0.008\theta$，相关参数的意义同徐变计算模型。

2. 模型分析

从式（5.27）可以看出，极限徐变系数 C_{u} 的变化范围较大，对徐变预测结果有重大影响。因此，本书以长期试验中第二组构件、第三组构件（第一阶段徐变）为算例，对 C_{u} 变化导致的徐变预测结果变化的范围进行比较和分析，如图 5.35～图 5.38 所示。由此可知，C_{u} 的取值对准确预测徐变结果有重要的影响，C_{u} 为 4.15 时的总应变，达到了 C_{u} 为 1.30 时总应变的 1.6～1.8 倍。当 C_{u} 取 ACI 209 委员会建议的 2.35 时，计算曲线表现出高估了试验结果的趋向，尤其是对于低负载水平（$30\% f_{\text{c}}$）的情况。

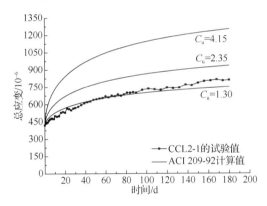

图 5.35　CCL2-1 的试验值与模型计算值的比较

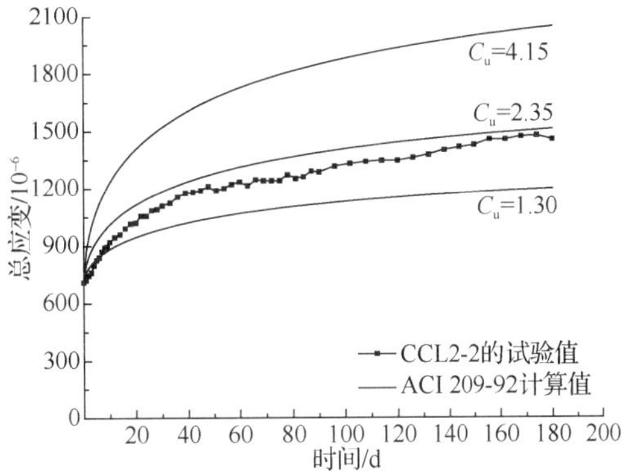

图 5.36　CCL2-2 的试验值与模型计算值的比较

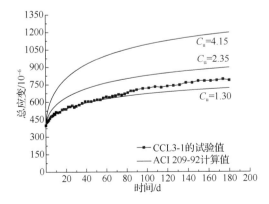

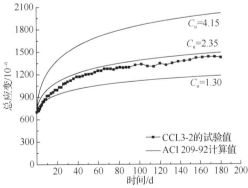

图 5.37　CCL3-1 的试验值与模型计算值的比较

图 5.38　CCL3-2 的试验值与模型计算值的比较

　　按照 ACI 209 委员会的报告,从严格意义上而言,ACI 209-92 模型并不适合应用于负载水平高于 50%f_c 的情况,但从试验结果来看,ACI 209-92 模型对于负载水平为60%f_c 的预测结果甚至还好于负载水平为 30%f_c 的预测结果。文献[31]对此进行了专门的试验研究,研究结果表明:当 $C_u = 2.35$ 时,对于负载水平低于 65%f_c 的未约束混凝土,ACI 209-92 模型将高估其徐变;对于负载水平高于 65%f_c 的未约束混凝土,ACI 209-92模型又会低估其徐变。这一结论与分析结果基本吻合。本书认为,在 ACI 209-92 模型中,徐变修正系数 γ_{cr} 尽管考虑了对很多影响因素进行修正,但对于不同负载水平对徐变的影响却没有考虑。这是导致 ACI 209-92 模型对不同负载水平的混凝土徐变预测精度有较大差距的根本原因。

　　3. 模型修正

　　根据前述内容的分析,为了提高 ACI 209-92 模型对不同负载水平的混凝土徐变预测精度,必须对该模型进行一定的修正。模型修正主要是在徐变修正系数 γ_{cr} 中引入负载水平影响系数 γ_{PR}。根据对试验结果的分析、计算发现:当负载水平为 30%f_c 时,C_u 取1.30;当负载水平为 60%f_c 时,C_u 取 2.00,ACI 209-92 模型的计算曲线与试验曲线吻合较好,如图 5.39 和图 5.40 所示。因此,假设长期荷载为 σ_0,本书提出 γ_{PR} 的计算方法如下:当 $\sigma_0 / f_c \leqslant 30\%$ 时,$\gamma_{PR} = 0.55$;当 $\sigma_0 / f_c = 60\%$ 时,$\gamma_{PR} = 0.85$;当 $30\% < \sigma_0 / f_c < 60\%$时,$\gamma_{PR}$ 在 0.55 和 0.85 之间。

　　经过修正后的徐变修正系数 γ_{cr} 的计算公式如下:

$$\gamma_{cr} = \gamma_{la}\gamma_{\lambda}\gamma_{vs}\gamma_{s}\gamma_{\varphi}\gamma_{\alpha}\gamma_{PR} \tag{5.30}$$

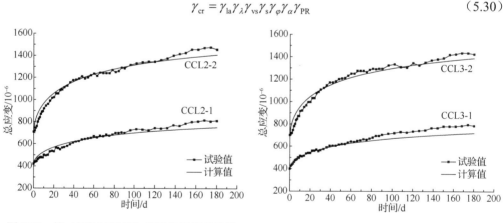

图 5.39　第二组的试验值与模型计算值的比较　　　图 5.40　第三组的试验值与模型计算值的比较

5.6.3　第三种模式

　　第三种模式的长期变形由两个阶段构成,即第一阶段素混凝土的收缩和徐变以及第二阶段约束混凝土的徐变。第一阶段变形的计算方法与前述内容相同,不再赘述。以下主要探讨如何建立第二阶段约束混凝土的徐变的计算模型。

　　如图 5.41～图 5.43 所示,根据试验中第三组构件的应变随时间发展变化的规律,选用指数函数进行拟合的效果较好。因此,通过建立指数函数方程,对第三组构件 CCL3-1和 CCL3-2 第二阶段徐变的试验数据进行回归分析,建立回归方程为式(5.31),其相关

指数 $R^2 = 0.96$ 。

$$\varepsilon(t,\tau_0) = \varepsilon_{\tau_0} + \Delta\varepsilon(1 - e^{-(t-\tau_0)/\alpha}) \tag{5.31}$$

式中，$\varepsilon(t,\tau_0)$ 为徐变第二阶段 t 时刻的应变；ε_{τ_0} 为徐变第二阶段开始时刻的初始应变；τ_0 为徐变第二阶段的开始时刻；$\Delta\varepsilon$ 为徐变第二阶段最终应变与初始应变的差值；α 为待定常数，根据本次回归分析结果值，建议取 46。

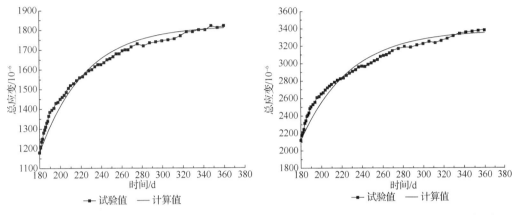

图 5.41　CCL3-1 第二阶段变形回归分析图　　　图 5.42　CCL3-2 第二阶段变形回归分析图

按照式（5.31），CCL3-1 和 CCL3-2 的计算公式分别如式（5.32）和式（5.33）所示。由图 5.41 和图 5.42 可知，计算曲线较好地吻合了约束混凝土的徐变随持荷时间发展的规律。

$$\varepsilon(t,180) = 1180 + 640(1 - e^{-(t-180)/46}) \tag{5.32}$$

$$\varepsilon(t,180) = 2120 + 1260(1 - e^{-(t-180)/46}) \tag{5.33}$$

式（5.31）中其他参数都比较容易确定，而 $\Delta\varepsilon$ 的确定则比较困难，因此有必要探讨如何计算 $\Delta\varepsilon$ 的问题。如果第一种模式和第三种模式的第二阶段都忽略考虑被约束混凝土的收缩变形，则这两种模式的长期变形就主要是混凝土的徐变造成的。将两种模式的总应变减去各自的初始弹性应变，可以得到净的徐变应变与时间的关系曲线，如图 5.43 和图 5.44 所示。

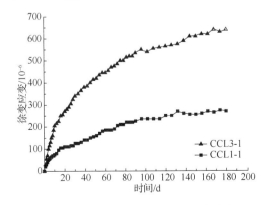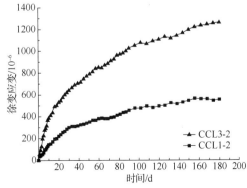

图 5.43　CCL1-1 和 CCL3-1 的徐变应变　　　图 5.44　CCL1-2 和 CCL3-3 的徐变应变

　　CCL1-1 的负载水平为 31% f_c；CCL3-1 的负载水平为 30% f_{cc}，相当于 59% f_c。从图 5.43 可知，CCL3-1 的徐变应变大致为 CCL1-1 的 2.4 倍。CCL1-2 的负载水平为 63% f_c；CCL3-2 的负载水平为 60% f_{cc}，相当于 110% f_c。从图 5.44 可知，CCL3-2 的徐变应变大约为 CCL1-2 的 2.3 倍。

　　文献[31]也进行了与此类似的试验研究，图 5.45 给出了试件的徐变应变-时间的曲线。图 5.45 中编号为 B0U 的素混凝土构件先是承担负载水平为 65% f_c 的荷载，持荷 2a，接下来是卸载后外包 FRP，然后提高荷载至 65% f_{cc}（相当于 120% f_c），再持荷 2a。从图 5.47 可以看出，负载水平为 65% f_{cc} 的 FRP 约束混凝土的徐变应变是负载水平为 65% f_c 的素混凝土的徐变应变的 2 倍，这与本书试验中所观测到的现象基本一致。

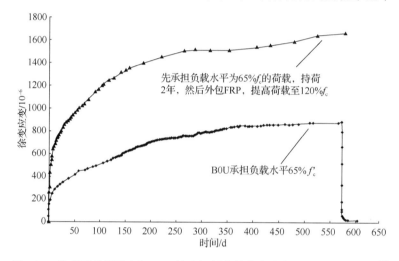

图 5.45　负载下素混凝土与 FRP 约束混凝土的徐变应变-时间的关系曲线[6]

　　根据上述提高荷载前后负载水平和徐变应变的关系，结合本章的第一组构件和第三组构件试验结果，提出 $\Delta\varepsilon$ 的计算公式如下：

$$\Delta\varepsilon = \beta\kappa\varepsilon_{\mathrm{Creep,I}} \tag{5.34}$$

式中，κ 为提高荷载前后负载水平的比值；$\varepsilon_{\mathrm{Creep,I}}$ 为提高荷载前的徐变应变；β 为待定常数，建议取 1.3。

　　式（5.34）中需要说明的是，κ 的确定是基于同一比较标准，用提高荷载后的负载水平除以提高荷载前的负载水平；对于本书的试验而言，$\varepsilon_{\mathrm{Creep,I}}$ 的确定可按照第一种模式的长期变形计算模型进行计算；β 是一个修正系数，根据本书的试验暂时取为 1.3。由于目前相关的试验研究很少，所能获得的试验数据仅有 3 个试件，即文献[31]中的 1 个试件和本章试验的 2 个试件。式（5.34）还有待更多试验研究的验证和完善。

　　综上所述，第三种模式的长期变形计算可以由下面两部分组成。

　　1）第一阶段的变形可以由第二种模式的计算模型进行计算。

　　2）第二阶段的变形则由第一种模式的计算模型，结合式（5.31）和式（5.34）进行计算。

5.7　长期轴压荷载下的应力-应变关系模型

5.7.1　基本假设

为了简化计算模型，本节采用如下基本假设：

1）FRP 与混凝土之间粘结牢固，无任何相对滑移，在长期荷载作用下，混凝土与 FRP 的变形协调一致。

2）FRP 约束混凝土在长期荷载作用过程中整个截面上的轴向应力、应变变化一致，其圆周方向上的环向应变、径向应变变化一致。

3）FRP 与混凝土在长期荷载作用过程中，全部竖向荷载由混凝土承担，FRP 不承受任何竖向荷载，仅在环向承受拉应力。

为了本书后面叙述方便，本节做出统一规定：

1）素混凝土的单轴受压应力-应变关系曲线的上升段为抛物线，抛物线的方程采用 Hognestad 给出的计算表达式[47]，如图 5.46 和式（5.35）所示。

$$\sigma = \sigma_0 \left[2\frac{\varepsilon}{\varepsilon_0} - \left(\frac{\varepsilon}{\varepsilon_0}\right)^2 \right] \quad \varepsilon \leqslant \varepsilon_0 \tag{5.35}$$

式中，$\sigma_0 = 0.85 f_{c0}$；$\varepsilon_0 = 2(\sigma_0/E_0)$，$E_0$ 为初始弹性模量。

2）FRP 约束圆形截面混凝土的应力-应变关系曲线采用以下简化模型，计算表达式见式（5.36），应力-应变曲线如图 5.47 所示。

当 $0 \leqslant \varepsilon_c \leqslant \varepsilon_t$ 时，

$$\sigma_c = E_c \varepsilon_c - \frac{(E_c - E_2)^2}{4f_0} \varepsilon_c^2 \tag{5.36}$$

当 $\varepsilon_t < \varepsilon_c \leqslant \varepsilon_{cc}$ 时，

$$\sigma_c = f_0 + E_2 \varepsilon_c \tag{5.37}$$

式中，$f_0 = f_{cc} - E_2 \varepsilon_{cc}$；$E_c = 4734\sqrt{f_{c0}}$；$\varepsilon_t = \dfrac{2f_0}{E_c - E_2}$；相关的符号定义和计算公式见本书前面章节。

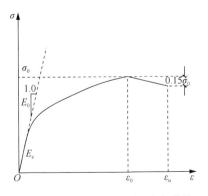

图 5.46　素混凝土的应力-应变曲线

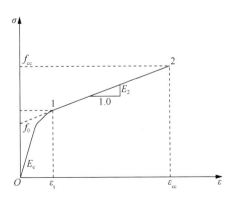

图 5.47　FRP 约束混凝土的应力-应变曲线

5.7.2　应力-应变曲线

1. 第一种模式

首先，将 CCL1-1 和 CCL1-2 在持荷期间和持荷后的应力和应变相叠加，得到应力-应变的全过程曲线，如图 5.48 所示。与短期荷载作用下的曲线相比，经过长期荷载作用的应力-应变的曲线特征并没有发生变化，仅仅是在持荷期间持荷点的应力作用下，曲线随长期变形的大小向前平移了一个相应的应变值。根据曲线的该特点，建立第一种模式的应力-应变曲线，如图 5.49 所示。

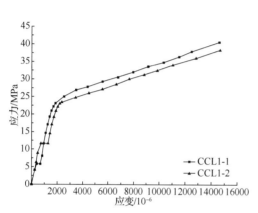

图 5.48　CCL1-1 和 CCL1-2 全过程曲线

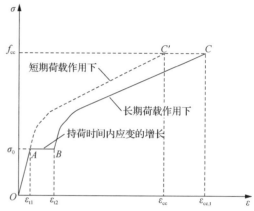

图 5.49　第一种模式的应力-应变曲线

在图 5.49 中，σ_0 为持荷点的应力，OA 段为荷载加载到 σ_0 时的应力-应变关系线，AB 段为持荷期间由于构件的徐变引起的应变增长关系线，BC 段为长期持荷后从 σ_0 加载至 f_{cc} 的应力-应变关系线。与 BC 段相对应的，AC' 段为不考虑长期荷载作用的应力-应变曲线。曲线 $\overset{\frown}{OABC}$ 即第一种模式的应力-应变全过程曲线，与之相对应的曲线 $\overset{\frown}{OAC'}$ 则为短期荷载作用下的应力-应变曲线。

假设施加在轴压构件上的长期应力为 σ_0，第一种模式的应力-应变曲线的计算过程如下。

1）OA 段：按式（5.35）计算至 σ_0 值，即可绘出 $\overset{\frown}{OA}$ 段。

2）AB 段：根据本书提出的第一种模式的长期变形计算模型，求出在 σ_0 作用下持荷时间为 t 的构件应变增量 $(\varepsilon_{t2} - \varepsilon_{t1})$，即可绘出 $\overset{\frown}{AB}$ 段。

3）BC 段：仍按式（5.36）或式（5.37）计算至 f_{cc} 值，即可绘出 $\overset{\frown}{BC}$ 段。

4）将 $\overset{\frown}{OA}$、$\overset{\frown}{AB}$、$\overset{\frown}{BC}$ 相连即为应力-应变全过程曲线 $\overset{\frown}{OABC}$。

在上述有关计算中，需要说明两点：

1）由于混凝土在负载前已经包裹了 FRP，因此计算中不考虑负载水平对峰值点应力 f_{cc} 和峰值点应变 ε_{cc} 的折减，即在 f_{cc} 和 ε_{cc} 的相关计算公式中负荷水平取为 0。

2）根据试验结果，长期荷载对第一种模式的峰值点应力影响比较小，因此计算中忽略长期荷载对峰值点应力的影响。

根据上述计算模型，采用本书的试验数据对该模型进行验证，计算曲线与试验曲线的对比如图 5.50 和图 5.51 所示。图 5.50 和图 5.51 计算模型数据与试验数据吻合较好。

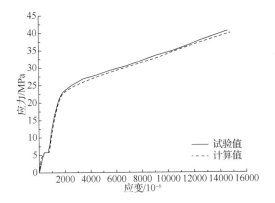

图 5.50　CCL1-1 试验结果与计算结果的比较　　　图 5.51　CCL1-2 试验结果与计算结果的比较

2. 第二种模式

第二种模式的应力-应变曲线建立方法与第一种模式很接近，如图 5.52 和图 5.53 所示。

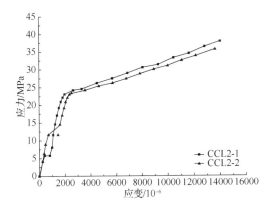
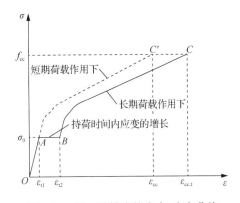

图 5.52　CCL2-1 和 CCL2-2 全过程曲线　　　图 5.53　第二种模式的应力-应变曲线

假设施加在轴压构件上的长期应力为 σ_0，第二种模式的应力-应变曲线的计算过程如下。

1）OA 段：按素混凝土的式（5.35）计算至 σ_0，即可绘出 $\overparen{OA}$ 段。

2）AB 段：根据本书中提出的第二种模式的长期变形计算模型，求出在 σ_0 作用下持荷时间为 t 的构件应变增量 $(\varepsilon_{t2} - \varepsilon_{t1})$，即可绘出 $\overparen{AB}$ 段。

3）BC 段：按约束混凝土的式（5.36）或式（5.37）计算至 f_{cc}，即可绘出 $\overparen{BC}$ 段。

$\overparen{OA}$、$\overparen{AB}$、$\overparen{BC}$ 相连即应力-应变全过程曲线 $\overparen{OABC}$。

在上述计算中，需要说明两点：

1）由于混凝土在负载前未包裹 FRP，因此计算中需要考虑负载水平对峰值点应力

f_{cc} 和峰值点应变 ε_{cc} 的折减，即在 f_{cc} 和 ε_{cc} 的相关计算公式中负荷值取实际负载水平大小。

2）经过计算，发现不考虑长期荷载影响的计算结果和试验结果的差异比较小，因此计算中忽略长期荷载对峰值点应力的影响，仅对峰值点应变做叠加。

根据上述计算模型，采用本书的试验数据对该模型进行了验证。计算曲线与试验曲线的对比如图 5.54 和图 5.55 所示。图 5.54 和图 5.55 中计算数据与试验数据吻合较好。

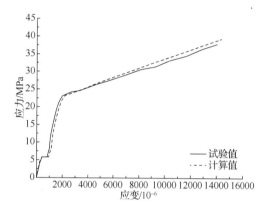

图 5.54　CCL2-1 试验结果与计算结果的比较　　图 5.55　CCL2-2 试验结果与计算结果的比较

3. 第三种模式

第三种模式的应力-应变曲线建立方法与前面两种模式类似，如图 5.56 和图 5.57 所示。

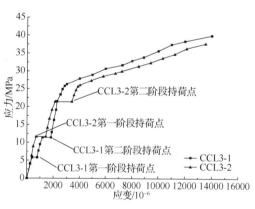
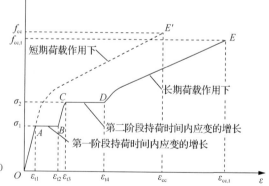

图 5.56　CCL3-1 和 CCL3-2 全过程曲线　　图 5.57　第三种模式的应力-应变曲线

在图 5.57 中，σ_1 为第一阶段持荷点的应力水平，σ_2 为第二阶段持荷点的应力水平，OA 段为荷载加载到 σ_1 时的应力-应变曲线，AB 段为第一阶段持荷期间由于构件的收缩和徐变引起的应变增长，BC 段为荷载从 σ_1 加载到 σ_2 时的应力-应变曲线，CD 为第二阶段持荷期间由于构件的徐变引起的应变增长，DE 段为长期持荷后从 σ_2 加载至 $f_{cc,t}$ 的应力-应变曲线。与 DE 段相对应的，AE' 段为不考虑长期荷载作用的应力-应变曲线。将各段相叠加，$\overset{\frown}{OABCDE}$ 即第三种模式的应力-应变全过程曲线，与之相对应的 $\overset{\frown}{OAE'}$ 则为短期荷载作用下的应力-应变曲线。

假设施加在轴压构件上的第一阶段和第二阶段的长期应力分别为 σ_1 和 σ_2，第三种模式的应力-应变曲线具体的计算过程如下。

1）OA 段：按素混凝土的式（5.35）计算至 σ_1，即可绘出 $\overset{\frown}{OA}$ 段。

2）AB 段：根据本书提出的第二种模式的长期变形计算模型，求出在 σ_1 作用下持荷时间为 t_1 的构件应变增量 $(\varepsilon_{t2} - \varepsilon_{t1})$，即可绘出 $\overset{\frown}{AB}$ 段。

3）BC 段：按约束混凝土的式（5.36）或式（5.37）计算至 σ_2，即可绘出 $\overset{\frown}{BC}$ 段。

4）CD 段：根据本书提出的第三种模式长期变形的计算模型，求出在 σ_2 作用下持荷时间为 t_2 的构件应变增量 $(\varepsilon_{t4} - \varepsilon_{t3})$，绘出 $\overset{\frown}{CD}$ 段。

5）DE 段：按约束混凝土的式（5.2）计算至 $f_{cc,t}$，即可绘出 $\overset{\frown}{DE}$ 段。

6）$\overset{\frown}{OA}$、$\overset{\frown}{AB}$、$\overset{\frown}{BC}$、$\overset{\frown}{CD}$ 和 $\overset{\frown}{DE}$ 即应力-应变全过程曲线 $\overset{\frown}{OABCDE}$。

在上述计算中，需要说明三点：

1）由于混凝土在负载前未包裹 FRP，因此计算中需要考虑负载水平对峰值点应力 f_{cc} 和峰值点应变 ε_{cc} 的折减，即在 f_{cc} 和 ε_{cc} 的相关计算公式中负载值取为实际负载水平。

2）根据本章的试验结果，长期荷载对第三种模式的峰值点应力有明显的削弱，因此计算中需要考虑长期负载对峰值点应力的影响，引入长期负载效应系数 ψ。根据不考虑长期荷载影响的计算结果和试验结果的差异，本章将 ψ 暂时定义如下：当 $\sigma_2 \leqslant 30\% f_{cc,t3}$ 时，$\psi = 0.95$；当 $\sigma_2 = 60\% f_{cc,t3}$ 时，$\psi = 0.90$；当 $30\% f_{cc,t3} < \sigma_2 < 60\% f_{cc,t3}$ 时，ψ 在 0.95 和 0.90 之间线性插值。其中，$f_{cc,t3}$ 为提高荷载时（即 t_3 时），FRP 约束混凝土的峰值点应力，其数值由 t_3 时混凝土的强度代入式（5.35）计算得到，或者由相应构件的试验获取。

3）$f_{cc,t}$ 为考虑长期荷载影响 t 时刻的峰值点应力，$f_{cc,t} = \psi f_{cc}$。

采用本章的试验数据对上述模型进行了验证，计算关系曲线与试验关系曲线的对比如图 5.58 和图 5.59 所示，图 5.58 和图 5.59 中计算结果与试验结果的吻合较好。

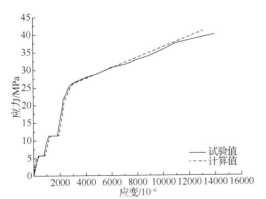

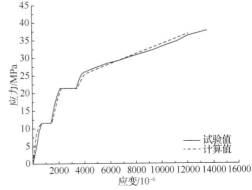

图 5.58　CCL3-1 试验结果与计算结果的比较图　　图 5.59　CCL3-2 试验结果与计算结果的比较图

5.8　小　　结

　　本章开展了圆形截面混凝土柱在不同加固模式下进行长期荷载作用的静力受压试验研究，试验结果表明：长期荷载作用下，FRP 包裹的构件比未包裹构件的长期变形小；随负载水平的提高，构件的长期变形增大；长期荷载作用下，构件长期变形主要发生在前面 2 个月，其变形量达到了测量期间总变形量的 60%～70%，此后的变形放缓，逐渐趋于停止；在破坏荷载作用下，长期负载构件的曲线特征并未发生改变，与无负载的对比构件相同。当负载水平较低时，长期荷载的作用不明显，对负载构件的峰值点应力、应变的影响不大；而当负载水平较高时，长期荷载的作用才突显出来，对负载构件的峰值点应力、应变有削弱的趋势；当负载水平很高时，长期荷载导致了负载构件的承载力降低，变形增大。

　　本章首先总结了目前国内外关于混凝土收缩和徐变及 FRP 徐变的研究现状；然后对目前混凝土和 FRP 常用的几种计算模型进行了分析和比较，并选择了适合本章的计算模型作为 FRP 约束混凝土的长期变形计算的基础，对影响 FRP 约束混凝土长期变形的主要因素进行了分析，建立了不同模式下的长期变形计算模型，对其计算模型进行了验证和分析；最后根据长期荷载作用后 FRP 约束混凝土应力-应变的曲线特征，考虑负载水平和长期荷载的影响，建立了不同模式下的应力-应变曲线的简化计算方法，并根据试验数据进行了验证，结果表明计算曲线和试验曲线吻合较好。

参 考 文 献

[1] NAGUIB W, MIRMIRAN A. Time-dependent behavior of fiber-reinforced polymer confined columns under axial loads[J]. ACI structural journal, 2002, 99(2): 142-148.

[2] NAGUIB WASSIM, MIRMIRAN AMIR. Creep analysis of axially loaded fiber reinforced[J]. Journal of engineering mechanics, 2003, 129(11): 1308-1319.

[3] 饶欣频, 曹国辉, 方志. 不同表面处理混凝土短柱的徐变试验[J]. 水利水电科技进展, 2006, 26（5）：26-33.

[4] 周浪, 王元丰. FRP 徐变对 FRP 约束混凝土柱徐变的影响分析[J]. 公路交通科技, 2007, 24（7）：71-75.

[5] 周履, 陈永春. 收缩　徐变[M]. 北京：中国铁道出版社, 1994.

[6] 惠荣炎, 黄国兴, 易冰岩. 混凝土的徐变[M]. 北京：中国铁道出版社, 1988.

[7] 李兆霞. 混凝土非线性徐变理论的研究[J]. 河海科技进展, 1991, 11（2）：26-33.

[8] ACI Committee 209. Prediction of creep, shrinkage and temperature effects in concrete structures[R]. Detroit: American Concrete Institute, 1992.

[9] 过镇海. 高等混凝土理论[M]. 北京：高等教育出版社, 1999.

[10] 姜福田. 混凝土力学性能与测定[M]. 北京：中国铁道出版社, 1989.

[11] 过镇海. 钢筋混凝土原理[M]. 北京：清华大学出版社, 1999.

[12] 内维尔 A M. 混凝土的性能[M]. 北京：中国建筑工业出版社, 1983.

[13] Comite Euro-International du Beton and the Federation Internationale de la Precontrainte. CEB-FIP fib model code for concrete structures CEB Bulletin D'Information No. 213/214 [S]. Paris: CEB-FIP, 1990.

[14] BAZANT Z P, FOLKER W. Creep and shrinkage in concrete structures[M]. New York: Wiley, 1982.

[15] BAZANT Z P, BWE J A S. Creep and shrinkage prediction model for analysis and design of concrete structures model B3[J]. Materials and structures, 1995, 28: 357-365.

[16] BAZANT Z P, BWE J A S. Justification and refinement of model B3 for concrete creep and shrinkage[J]. Materials and structures, 1995, 28: 488-495.

[17] 美国各州公路和运输工作者协会（AASHTO）. 美国公路桥梁设计规范——荷载与抗力系数设计法[S]. 辛济平, 万国

朝，张文，等译. 北京：人民交通出版社，1998.

[18] GARDER N J, LOCKMAN M J. Design provisions for drying shrinkage and creep of normal-strength concrete[J]. ACI materials journal, 2001, 98(2): 159-167.

[19] 杨小兵. 混凝土收缩徐变预测模型研究[D]. 武汉：武汉大学，2004.

[20] 丁文胜，吕志涛，孟少平，等. 混凝土收缩徐变预测模型的分析比较[J]. 桥梁建设，2006，4：13-16.

[21] ACI Committee 440. Guide for the design and construction of externally bonded FRP systems for strengthening concrete structures[R]. Detroit: American Concrete Institute, 2002.

[22] 王文炜，李果. 纤维增强塑料（FRP）在混凝土结构中的研究与应用[J]. 混凝土，2001，10（3）：36-37.

[23] HOLMES M, RAHMAN J A. Creep behavior of glass reinforced plastic box beams[J]. Composites, 1980, 78(4): 79-85.

[24] ALAGUSUNDARAMOORTHY P, HARIK I E, CHOO C C. Flexural behavior of RC beams strengthened with carbon fiber reinforced polymer sheets or fabric[J]. Journal of composites for construction, 2003, 8(7): 292-299.

[25] TAMUZS V, APINIS R, et al. Creep tests using hybrid composite rods for reinforcement in concrete[C]//3rd International Conference on Advanced Composite Materials in Bridges and Structures. Montreal, 2000.

[26] TAMUZS V, MAKSIMOVS R, MODNIKS J. Long-term creep of hybrid FRP bars[C]//BURBOYNE C J. Fibre reinforced plastics for reinforced concrete structures (FRPRCS-5), Cambridge, 2001.

[27] PATRICK X, W ZOU. Long-term properties and transfer length of fiber reinforced polymers[J]. Journal of composites for construction, 2003, 2: 10-19.

[28] SAADATMANESH H, TANNOUS F E. Relaxation, creep, and fatigue behavior of carbon fiber reinforced plastic tendons[J]. ACI materials journal, 1999, 96(2): 143-153.

[29] STURGEON J B. Creep of fibre reinforced thermosetting resins in creep of engineering materials[M]. London: Mechanical Engineering Publishing Ltd, 1978.

[30] SAADATMANESH H, TANNOUS F E. Long-term behavior of aramid fiber reinforced plastic (AFRP) tendons[J]. ACI materials journal, 1999, 96(3): 297-305.

[31] AI CHAMI G. Creep behaviour of CFRP strengthened concrete columns and beams[D]. Sherbrooke: Sherbrooke University, 2006.

[32] FINDLEY W N. Mechanism and mechanics of creep of plastics[C]//Society of Plastic Engineering, Society of Plastic Engineering. Brookfield, 1960.

[33] FINDLEY W N, PETERSON D B. Prediction of long-time creep with ten-year creep data on four laminates[C]//American Society of Testing Materials, American Society of Testing Materials International. West Conshohocken, 1958.

[34] CHOI Y, YUAN R L. Time- dependent deformation of pultruded fiber reinforced polymer composite columns[J]. Journal of composites for construction, 2003, 774(11): 356-357.

[35] RUSSEL H G, CORLEY W G. Time- dependent behavior of columns in water tower place[R]. Portland Cement Association: Research and Developments Bulletin RD025B, 1977.

[36] GOPALAKRISHNAN K S, NEVILLE A M, GHALI A. A Hypothesis on mechanism creep of concrete with reference to multiaxial compression[J]. ACI journal, 1970, 67(3): 29-35.

[37] JORDAAN I J, ILLSTON J M. Time-dependent strain in seals concrete under multiaxial compressive stress[J]. Magazine of concrete research, 1971, 23(75): 78-88.

[38] GOPALAKRISHNAN K S, NEVILLE A M, GHALI A. Creep Poisson's ratio of concrete under multiaxial compressive[J]. ACI journal, 1969, 66(12): 1008-1020.

[39] NAGUIB W. Long-term behavior of hybrid FRP-concrete beam-columns[D]. Cincinnati: Cincinnati University, 2001.

[40] 单波. FRP 加固钢筋混凝土柱考虑地震及使用损伤的长期性能和修复[D]. 长沙：湖南大学，2006.

[41] 任慧韬，胡安妮，赵国藩. 碳纤维片材的徐变性能试验研究[J]. 工程力学，2004，21（2）：10-14.

[42] 潘瑜. Visual Basic 程序设计[M]. 北京：科学出版社，2007.

[43] 晶辰工作室. Excel 2000 中文版 VBA 开发实例指南[M]. 北京：电子工业出版社，2000.

[44] 中华人民共和国住房和城乡建设部. 建筑结构可靠性设计统一标准：GB 50068—2018[S]. 北京：中国建筑工业出版社，2018.

[45] PAN Y, GUO R, LI H Y, et al. Study on stress-strain relation of concrete confined by CFRP under preload[J]. Engineering structures, 2017, 143(4): 52-63.

[46] PAN Y, GUO R, LI H Y, et al. Analysis-oriented stress-strain model of FRP-confined concrete with preload[J]. Composite structures, 2017, 166(1): 57-67.

[47] PARK R, PAULAY T. Reinforced concrete structures[M]. New York: John Wiley & Sons, 1975.

第6章 FRP网格约束混凝土柱的力学性能

6.1 引 言

FRP 网格是一种由纵横正交的预浸 FRP 筋组成的网格性材料，是将碳纤维、玻璃纤维、玄武岩纤维等高性能连续纤维材料浸渍于耐腐蚀性良好的树脂中，形成的整体网格状物。FRP 网格在某些应用领域具有 FRP 片材所不具备的优势，如加固界面平整度差的结构、潮湿环境及水下环境中的结构。FRP 网格具有轻质、高强、耐腐蚀及成型方便的优点。FRP 网格约束混凝土与普通钢筋网约束混凝土力学原理类似，相比较而言，FRP 网格混凝土更加轻柔，使用更加方便。

6.2 FRP 网格的加工工艺

6.2.1 平面 FRP 网格

日本针对 FRP 网格应用较早，开发出了较多规格的平面碳 FRP 网格制品（图 6.1），规格及力学性能见表 6.1，其抗拉强度可达 2200MPa，弹性模量达 140GPa。网格规格有 50mm×50mm、50mm×100mm、100mm×100mm、100mm×150mm、150mm×150mm 等。近年来，作者领导的课题组，采用真空辅助树脂灌注（vacuum assisted resin infusion，VARI）成型工艺，制作不同网格直径与不同网格间距的 CFRP 网格和 BFRP 网格，其中，BFRP 的平均抗拉强度超过 750MPa，弹性模量达 37.5GPa。

图 6.1 日本 FRP 网格材料实例图

表 6.1 日本 FRP 网格制品规格及力学性能

试件编号	纤维筋直径/mm	横截面面积/mm²	承载力/kN	抗拉强度/MPa	弹性模量/GPa	极限应变/%	网格尺寸（纵向×横向）*
C3	3	7.1	15.5				50×50、100×100
C6	6	28.3	62.2				50×50、50×100、100×100 100×150、150×150
C8	8	50.2	110.5	2200	140	1.5	50×50、50×100、100×100 100×150、150×150
C10	10	78.5	172.7				50×50、50×100、100×100 100×150、150×150
C12	12	113.0	248.7				50×50、100×100

*本列数字单位均为 mm。

在国内，FRP 网格制品作为一种新型复合材料，目前尚缺乏有效可靠的生产工艺，其制备仍停留于传统的手制工艺[1,2]，树脂难以浸渍均匀，产品质量难以保证。FRP 网格的制作工艺水平直接影响其力学性能，课题组研发出一种新型 FRP 网格制备工艺——VARI 工艺[3]，研究其拉伸力学性能及加固混凝土水下结构的技术效果，以期更好地应用于土木工程领域。

VARI 工艺是在真空下利用树脂的流动、渗透实现对纤维及其织物浸渍，利用真空设备吸出纤维内部空气及多余树脂，并在真空条件下固化成型的复合材料制造工艺。VARI 工艺制备 FRP 网格的技术原理如图 6.2 所示。相对于传统手工工艺，VARI 工艺制品质量高、性能稳定，树脂损耗小、分布均匀。

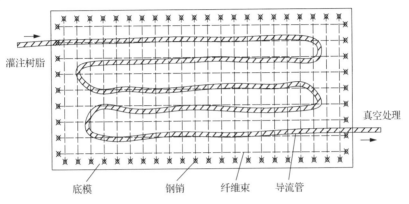

图 6.2　FRP 网格 VARI 工艺

采用 VARI 工艺制作 FRP 网格的主要流程包括：模具制作→涂抹脱模剂→网格增强纤维编制及浸胶→真空材料铺设→抽真空处理→固化及脱模，具体如下。

（1）模具制作

采用木板制作模具。木板经清理、整形、加固后，按照网格编制规格在模具四周边缘利用钢销定出纵、横纤维丝束的定位点。

（2）涂抹脱模剂

采用固体蜡作为脱模剂，使用前，模具表面须完全干燥，涂抹后，静置 1h 后再进行网格编制。

（3）网格增强纤维编制及浸胶

按设计要求，将所选用的纤维按照网格间距，牵拉单股纤维束纵横交错编制，端部固定于钢销定位点。

（4）真空材料铺设

在网格表面依次铺设脱模布、导流布、导流管及真空袋，铺设时合理布置导流管走向，确保导流管均匀分布［图 6.3（a）］。

（5）抽真空处理

将导流管的进管埋入树脂内，在抽真空条件下，实施浸胶。浸胶过程中控制真空度，利用真空产生的压力将网格纤维压紧，挤出多余树脂［图 6.3（b）］。

（a）真空材料铺设　　　　　　　　　（b）抽真空处理

图 6.3　真空材料铺设及抽真空

（6）固化及脱模

浸渍完成后，覆以加热装置对其升温加热，促使树脂硬化，最终成品如图 6.4 所示。图 6.4（a）为本书试验用小尺寸 FRP 网格制品，图 6.4（b）为面向工程应用的大尺寸 FRP 网格制品，其中，大尺寸 FRP 网格的宽度为 1.5m，长度达 7.5m，孔洞尺寸为 50mm×100mm，纵向、横向 FRP 筋分别采为 16 束、8 束 4000tex 玄武岩纤维编制。

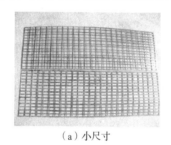

（a）小尺寸　　　　　　　　　　　（b）大尺寸

图 6.4　FRP 网格制品

6.2.2　空间曲面 FRP 网格

目前，工程研究和应用的 FRP 网格材料多是采用模塑成型工艺、拉挤成型工艺[4]或 VARI 工艺等制成，均为平面制品。但是，平面 FRP 网格在弯曲时表现出一定的刚度，对于曲面、异形混凝土结构的加固时缠绕困难，甚至出现局部纤维断裂的问题，影响结构加固效果。因此，为满足实际工程应用的需求，寻求一种制作过程简便、制品稳定可靠的曲面、异形 FRP 网格成为必要。

面向曲面、异形混凝土结构加固的需求，本书作者课题组[5]结合现有平面 FRP 网格的成型工艺，利用空间模具，提出空间曲面 FRP 网格的成型工艺，主要包括：原材料准备→模具制作→浸渍树脂→空间网格编制→加热固化→脱模与修剪等流程，其关键工艺如图 6.5 所示，具体过程如下。

（1）原材料准备

如图 6.5（a）所示，空间曲面 FRP 网格制作的主要原材料为纤维丝束、乙烯基树脂及热固型固化剂、保鲜膜、脱模蜡、PVC 管、橡胶皮等，其中纤维丝束的种类、规格及数量应根据设计和使用要求确定。

（2）模具制作

以所需尺寸的 PVC 管作为模具骨架。为方便脱模，将 PVC 管一侧沿纵向预先切开再拼装为整体，选用一定厚度的橡胶层，将其切割成与 PVC 管外表面大小一致的圆形，缠绕、固定于 PVC 管表面，根据设计网格间距在橡胶层表面画出定位线，如图 6.5（b）所示。最后，在橡胶层表面包裹一层保鲜膜，以方便脱模。橡胶层和 PVC 管选用耐高温、阻燃型材料，以防止加热过程中模具的变形或燃烧。

（3）浸渍树脂

浸渍树脂采用乙烯基树脂，配制前按比例精确称量树脂与固化剂，并充分搅拌均匀，将纤维丝束缓慢匀速穿过树脂槽内，如图 6.5（c）所示，以保证纤维均匀浸透树脂。

（4）空间网格编制

将浸渍好的纤维束按模具上的定位尺寸进行缠绕编制，为了纵、横向纤维相互交合，竖向纤维束编制于横向纤维束的 1/2 位置处，横向纤维束环向搭接 100mm，编制完成的空间 FRP 网格如图 6.5（d）所示。

（5）加热固化

将编制完成的 FRP 网格连同模具一起放在烘箱中，烘箱温度保持为 120℃，并养护 1h，如图 6.5（e）所示，完成树脂固化。

（6）脱模与修剪

将固化的 FRP 网格取出，待其冷却后拆除 PVC 管及橡胶层，修剪边角及多余的树脂，完成空间 FRP 网格的制作，如图 6.5（f）所示。

（a）纤维丝束

（b）模具制作

（c）浸渍树脂

（d）空间网格编制

（e）烘箱加热

（f）网格成品

图 6.5　空间曲面 FRP 网格成型关键工艺

6.2.3　FRP 网格的力学性能

针对不同的 FRP 网格加工工艺，课题组对平面 FRP 网格和空间曲面 FRP 网格分别进行了拉伸性能试验。

1. 平面 FRP 网格拉伸性能试验

本节试验利用 VARI 工艺制备了碳纤维、玄武岩纤维增强体的两种小尺寸 FRP 网格，研究了 VARI 工艺下 FRP 网格的拉伸强度，以及碳纤维、玄武岩纤维增强体的 FRP 网格的拉伸强度。其网格尺寸规格相同，均为 0.3m×1.0m，孔洞尺寸 20mm×40mm（中线至中线），FRP 网格 I 的纵、横向 FRP 筋分别为 3 束 4000tex 玄武岩纤维和 2 束 4000tex 玄武岩纤维编制，网格 II 的纵、横向 FRP 筋分别为 4 束 12k 碳纤维和 2 束 4000tex 玄武岩纤维编制，纤维的体积含量约 60%，玄武岩纤维丝束和碳纤维丝束的单束纤维皆由 12000 根单丝组成，其单丝直径分别为 13μm 和 6.9μm。FRP 网格拉伸性能试验的试件随机截取自预先编制的 FRP 网格，共分 3 组，即 3 种规格，分别为 2 束 4000tex 玄武岩纤维、3 束 4000tex 玄武岩纤维和 4 束 12k 碳纤维，其纤维截面面积分别为 3.18mm^2、4.78mm^2、1.79mm^2，每组 6 个试件，共计 18 个试件。

试验试件尺寸如图 6.6（a）所示，其长度 230mm，两端粘贴夹持铝片，试件中部区域长度 130mm。制作时，先用酒精将试件表面擦洗干净，再采用环氧树脂胶将洁净铝片粘贴于试件端部两侧，使铝片和试件同轴线，并用燕尾夹夹紧固定，7d 后去除燕尾夹，完成试件如图 6.6（b）所示。试验在 100kN 拉力试验机上进行，采用中心受拉，加载速度为 0.2mm/min。加载前，将引伸计固定于试件中部区域，测得试件的变形程度。试件所测的荷载、变形等数据由采集仪自动采集。典型 FRP 网格筋破坏形态如图 6.7 所示：3 束 4000tex 玄武岩纤维试件出现爆炸型撕裂现象，试件破坏时无确切的裂口；4 束 12k 碳纤维试件破坏时，裂口齐整，断裂位置明确。

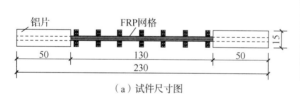

（a）试件尺寸图　　　　　　　　　　（b）试件实体图

图 6.6　FRP 网格筋试件

（a）3 束 4000tex 玄武岩纤维试件　　　　　（b）4 束 12k 碳纤维试件

图 6.7　FRP 网格筋破坏形态

玄武岩纤维丝束和碳纤维丝束破坏形态的区别是因为这两种纤维破的特性不同，玄武岩纤维丝束呈松散状，破坏时容易发生撕裂。

各规格的 FRP 网格筋的应力-应变关系曲线如图 6.8 所示。从图 6.8 中可以看出，FRP 网格筋的应力-应变关系曲线呈很好的线性特征，同规格的各试件应力-应变关系曲线走向基本重合，弹性模量较为稳定。相对于弹性模量，FRP 网格筋的极限强度与极限应变的离散性较大。

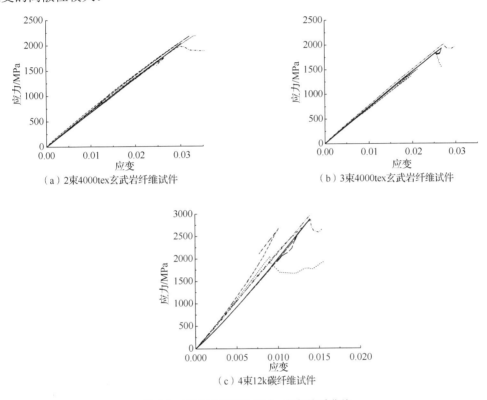

（a）2 束 4000tex 玄武岩纤维试件　　　　　　（b）3 束 4000tex 玄武岩纤维试件

（c）4 束 12k 碳纤维试件

图 6.8　FRP 网格试件应力-应变关系曲线

表 6.2 所示为各规格的平面 FRP 网格筋的拉伸性能试验结果分析。2 束 4000tex 玄武岩 FRP 网格筋平均极限荷载为 6439.2N，按照网格筋纤维面积计算，极限强度为 2022.4MPa，弹性模量 66.8GPa，极限应变 0.030，可以看出，2 束玄武岩 FRP 网格筋的拉伸性能与其纤维布的拉伸性能相近。3 束 4000tex 玄武岩 FRP 网格筋平均极限荷载为 8079.8N，极限强度为 1691.8MPa，弹性模量为 71.4GPa，极限应变为 0.024，对比表明，3 束 4000tex 玄武岩 FRP 网格筋的拉伸强度与极限应变能力低于 2 束 4000tex 玄武岩 FRP 网格筋的试验结果，二者弹性模量相近。分析原因：FRP 网格筋的纤维用量越多，纤维可能出现缺陷破坏的概率越大，其引起网格筋的极限强度降低；由于弹性模量反映网格筋在拉伸过程中发生单位变形的拉伸应力，其不受纤维用量的影响。4 束 12k 碳 FRP 网格筋极限荷载为 4760.7N，平均极限强度为 2652.4MPa，弹性模量为 216.1GPa，极限应变为 0.012，可以看出，碳 FRP 网格筋试件的极限强度和弹性模量高于玄武岩 FRP 网格筋，但极限应变低于后者。

表 6.2　平面 FRP 网格筋的拉伸性能试验结果

试件种类	试验条件	No.1	No.2	No.3	No.4	No.5	No.6	平均值	标准差
2 束 4000tex 玄武岩 FRP 网格筋	极限荷载/N	6451.1	6916.3	6460.9	6284.6	5577.6	6944.5	6439.2	500.0
	极限强度/MPa	2026.1	2172.2	2029.2	1973.8	1751.8	2181.1	2022.4	157.0
	极限应变	0.030	0.032	0.026	0.030	0.026	0.034	0.030	0.002
	弹性模量/GPa	67.5	67.7	68.6	65.8	66.1	65.0	66.8	1.4
3 束 4000tex 玄武岩 FRP 网格筋	极限荷载/N	9185.9	7031.7	6502.2	7190.1	9615.1	8954.2	8079.8	1320.9
	极限强度/MPa	1923.4	1472.3	1361.5	1505.5	2013.2	1874.8	1691.8	276.6
	极限应变	0.027	0.021	0.020	0.021	0.027	0.026	0.024	0.003
	弹性模量/GPa	71.6	71.2	69.0	70.9	73.4	72.0	71.4	1.4
4 束 12k 碳 FRP 网格筋	极限荷载/N	5161.2	4459.6	4807.7	5127.9	5332	3675.6	4760.7	615.1
	极限强度/MPa	2875.6	2484.7	2678.6	2857	2970.7	2047.9	2652.4	342.7
	极限应变	0.014	0.012	0.010	0.015	0.014	0.009	0.012	0.002
	弹性模量/GPa	206.4	201	264.4	186.1	212.2	226.5	216.1	27.1

2. 空间曲面 FRP 网格拉伸性能试验

为研究空间曲面 FRP 网格的拉伸性能，研究人员制作了不同规格参数的空间曲面 FRP 网格，截取直线段材料做力学性能测试，测试了 2 束、4 束、6 束 4800tex 玄武岩纤维束编制的网格筋，以及 4 束、6 束 12k 碳纤维束编制的网格筋的材料性能，纤维束试验参数如下：4800tex 玄武岩纤维丝束线密度为 4.8g/m，密度为 2.6g/cm³，单束计算面积为 1.85mm²；12k 碳纤维丝束线密度为 0.8g/m，密度为 1.8g/cm³，单束计算面积为 0.44mm²。试件尺寸图如图 6.6（a）所示，试件总长度为 230mm，中部试验区段长度为 130mm，试验在 600kN 材料试验机上进行，加载速度为 0.8mm/min，引伸计标距 100mm，固定于试件中部测试材料应变。

FRP 网格试件试验结果见表 6.3，总体而言，纤维束的束数越多，强度越低，而弹性模量与束数用量关系不明显。取同类型纤维不同用量的 FRP 网格材料性能的平均值，BFRP 空间网格的平均拉伸强度为 1704MPa，弹性模量为 85.9GPa，极限应变为 0.020；CFRP 空间网格的平均拉伸强度为 2273MPa，弹性模量为 255.4GPa，极限应变为 0.0089。碳 FRP 网格的弹性模量约为玄武岩 FRP 网格的 3 倍，而玄武岩 FRP 网格具有更大的极限应变。

表 6.3　空间 FRP 网格试件试验结果

试件类型	玄武岩 FRP 网格（BFRP 网格）				碳 FRP 网格（CFRP 网格）		
网格规格	2 束	4 束	6 束	平均值	4 束	6 束	平均值
极限荷载/kN	6.44	13.46	17.14	—	4.16	5.88	—
拉伸强度 f_f/MPa	1743	1822	1548	1704	2340	2205	2273
极限应变 ε_f	0.020	0.022	0.018	0.020	0.0094	0.0084	0.0089
弹性模量 E_f/GPa	86.3	83.1	88.4	85.9	248.9	261.8	255.4

6.3　FRP 网格约束混凝土轴压性能试验

6.3.1　普通 FRP 网格约束混凝土的轴压力学性能

为研究普通 FRP 网格约束混凝土的轴压性能，本书作者制作了尺寸为 150mm×300mm 的混凝土圆柱体，如图 6.9 所示，这批试件 30d 龄期的压缩强度为 25MPa。试验所用 FRP 为日本新日铁公司提供的 FORCA 网格，网格中每片 FRP 筋截面面积为 4.4mm^2，抗拉强度为 1400MPa，弹性模量为 100GPa。本试验对 5 组不同参数的圆柱试件进行轴压试验，每组两个试件，见表 6.4：试件组 1 为未加固的试验，试件组 2~4 分别用 1 层 CR3-30、CR3-50、CR3-60 加固，试件组 5 用 2 层 CR3-30 加固。FRP 网格接头为 100mm。

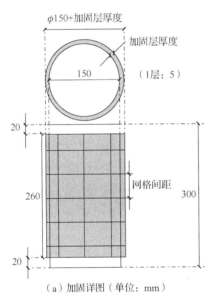

（a）加固详图（单位：mm）	（b）加固后照片

图 6.9　FRP 网格约束混凝土圆柱试验

表 6.4　试验方案

试件组	FRP 网格型号	网格间距/mm	FRP 网格层数/层	周向纤维含量/（g/mm^2）	试件个数/个
1	对比试件	—	—	—	2
2	CR3-30	30	1	114	2
3	CR3-50	50	1	68	2
4	CR3-60	60	1	57	2
5	CR3-30	30	2	228	2

各试件组的应力-应变关系曲线如图 6.10 所示，定义应力下降到最大应力的 85% 时为极限点或者 FRP 断裂点为极限点，在极限点以前，曲线单调上升的，称为应力-应变关系无软化段（强约束），如试件组 5；曲线在达到峰值后下降的，称为应力-应变关系

有软化段（弱约束），如试件组 2。表 6.5 中，ρ_f 为周向纤维含量值，f_{cp}、ε_{cp} 分别为混凝土应力-应变关系有软化段时的峰值应力和峰值应变，f_{cu}、ε_{cu} 分别为混凝土应力-应变关系有软化段时的极限应力和极限应变，f'_{cc}、ε_{cc} 分别为混凝土应力-应变关系无软化段时的极限应力和极限应变。

表 6.5　试验结果

| 试件组 | FRP 网格型号 | 层数 | $\rho_f/$ (g/mm²) | 有软化段 | | | | 无软化段 | | 破坏形态 |
				f_{cp}/MPa	$\varepsilon_{cp}/10^{-6}$	f_{cu}/MPa	$\varepsilon_{cu}/10^{-6}$	f'_{cc}/MPa	$\varepsilon_{cc}/10^{-6}$	
1	无加固	1	—	25.1	3827	21.4	4483	—	—	混凝土破坏
2	CR3-30	1	114	—	—	27.8	11341	—	—	FRP 网格断裂后混凝土压坏
3	CR3-50	1	68	27.4	4567	23.3	9675	—	—	FRP 网格断裂后混凝土压坏
4	CR3-60	1	57	—	—	—	—	26.2	9292	FRP 网格断裂后混凝土压坏
5	CR3-30	2	228	—	—	—	—	37.2	14933	FRP 网格断裂后混凝土压坏

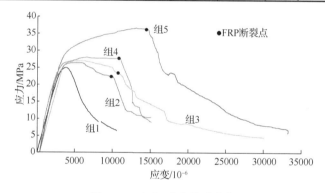

图 6.10　应力-应变关系曲线

由表 6.5 和图 6.11 可知：

1）对无约束混凝土，应力达到峰值后，即很快下降，延性较差；FRP 网格约束的混凝土，在初始阶段，由于 FRP 发挥的作用有限，其应力-应变关系曲线类似于无约束混凝土，但当应力接近无约束混凝土强度时，由于微裂缝的快速发展，混凝土侧向膨胀明显，此时会产生一较急剧的软化和过渡区域，FRP 约束作用不断被激活，FRP 约束力也不断增加，直至 FRP 断裂破坏。FRP 对里面混凝土体的反作用应力使其处于三轴受压状态，因此可提高其纵向抗压强度和延性。不过，FRP 约束与箍筋及钢管等约束是有区别的，因为后两者在屈服后其约束应力几乎保持不变。

2）由图 6.10 可知，网格状 FRP 约束后，混凝土圆柱的强度和延性都得到明显提高，其应力-应变关系主要与侧向约束量有关。对 1 层 CR3-50 和 1 层 CR3-60 约束的试件组 3 和组 4，由于 FRP 约束量比较少，应力-应变关系有明显的软化段；对 1 层 CR3-30、CR3-50 和 CR3-60 约束的试件组 2、试件组 3 和试件组 4，由于 FRP 约束量比较少，应力-应变关系没有出现明显的强化段；对 2 层 CR3-30 约束的试件组 5，由于 FRP 约束量大，故随着 FRP 约束作用不断被激活，约束混凝土强度能够持续得到提高。

3）无约束混凝土试件组 1，峰值应力为 25.1MPa，峰值应变为 3827$\mu\varepsilon$。对 1 层 CR3-50 约束的试件组 3，峰值应力为 27.4MPa，比无约束混凝土提高 9.2%，峰值应变为 4567$\mu\varepsilon$，比无约束混凝土提高 19.3%。对 1 层 CR3-60 约束的试件 4，峰值应力为 26.2MPa，比无约束混凝土提高 4.4%，峰值应变为 3991$\mu\varepsilon$，比无约束混凝土提高 4.3%。无约束混凝土试件的极限应力和极限应变分别为 21.4MPa 和 4483$\mu\varepsilon$。对 1 层 CR3-60 约束的试件 4，极限应力和极限应变分别为 22.3MPa 和 9292$\mu\varepsilon$，与未加固圆柱相比分别提高 4.2% 和 90.3%。1 层 CR3-50 约束的试件 3，其极限应力和极限应变分别为 23.3MPa 和 9675$\mu\varepsilon$，与未加固圆柱相比分别提高 8.9%和 98.1%。对 1 层 CR3-30 约束的试件组 2，其极限应力和极限应变分别为 27.8MPa 和 11341$\mu\varepsilon$，与未加固圆柱相比分别提高 30%和 132%。2 层 CR3-30 约束的试件组 5，其极限应力和极限应变分别为 37.2MPa 和 14933$\mu\varepsilon$，与未加固圆柱相比分别提高 73.8%和 206%。由此可知，与未加固试件组 1 比较，网格状 FRP 加固的各试件组的峰值应力、峰值应变、极限应力、极限应变等均有明显的增加。对于约束量比较少的试件，约束后曲线有软化段，其峰值应力和极限应力提高有限，但对极限应变提高却很明显；对于约束量比较大的试件，约束后曲线无软化段，其最大应力和极限应变提高都非常明显。

4）最终的破坏形态，除了试件组 1 以外，均是发生 FRP 拉断、混凝土压坏的破坏，如图 6.11 所示。

（a）未加固试件　　　　　　　　　（b）FRP 网格加固

图 6.11　试件破坏情况

6.3.2　水下平面 FRP 网格约束混凝土的轴压力学性能

FRP 网格用于水下结构加固时能够克服普通 FRP 布在水下难以粘贴均匀的难题[6]，保证其水下结构中使用时的界面性能和粘结效果，另外，水下不分散砂浆和水下环氧树脂的研究开发为 FRP 网格加固桥梁水下结构提供了便利的现实条件。水下不分散砂浆借助于絮凝剂[7,8]，使砂浆具有很好的黏稠性，形成纵横交错的絮凝体，从而实现抗水洗、不分层、不泌水、自流平、自密实的水下不分散砂浆；水下环氧树脂具有水下不分散、水下强度不损失等特性，克服了普通环氧树脂水下发白、不能固化的缺陷。

为研究 FRP 网格加固桥梁水下结构的技术效果，课题组[9]共制作了 5 组 15 个混凝土圆柱试件，直径 150mm，高度 300mm，混凝土强度等级 C30。根据不同粘结材料及浇筑环境，将试件分为 5 组：①对比试件；②不分散砂浆陆上浇筑加固；③不分散砂浆水下浇筑加固；④不分散环氧树脂陆上浇筑加固；⑤不分散环氧树脂水下浇筑加固。所有 FRP 网格加固试件均包裹 3 层 FRP 网格，粘结材料为水下不分散砂浆时，灌注厚度为 25mm，当粘结材料为水下环氧树脂时，灌注厚度为 5mm。试件具体参数见表 6.6。

表 6.6　试件参数

试件类别		编号	直径 D/mm	高度 H/mm	加固厚度 c/mm
未加固对比试件		Z-01			—
		Z-02			—
		Z-03			—
粘结材料为 水下不分散砂浆	陆上 浇筑成型	Z-MU1			25
		Z-MU2			25
		Z-MU3			25
	水下 浇筑成型	Z-MW1			25
		Z-MW2	150	300	25
		Z-MW3			25
粘结材料为 水下环氧树脂	陆上 浇筑成型	Z-RU1			5
		Z-RU2			5
	水下 浇筑成型	Z-RW1			5
		Z-RW2			5
		Z-RW3			5
		Z-RW4			5

试验所采用的 FRP 网格规格为 20mm×20mm，类型为碳纤维，横向、纵向网格筋间距均为 20mm，经拉伸试件测试，网格筋的破坏荷载平均为 1.5kN，按网格筋的截面面积为 0.795mm² 计算，其抗拉强度平均为 2220.2MPa。

为检测水下不分散砂浆的水下浇筑效果，共完成 2 组试件的对比测试，1 组陆上成型，1 组水下成型，每组 3 个试件，试件尺寸 70.7mm×70.7mm×70.7mm。其中，水下成型时，砂浆距离水面 30cm。试件测得数据见表 6.7，水下成型试件的平均抗压强度约为陆上浇筑试件的 95%，由此可知该水下不分散砂浆的水下强度损失很小，性能达到水下不分散的要求。

表 6.7　水下不分散砂浆力学性能

试件类别	荷载/kN	抗压强度/MPa
陆上成型试件	291.1	58.9
水下成型试件	276.0	55.8

为检测水下环氧树脂的水下浇筑效果，对水下环氧树脂进行了水下成型试件的抗压强度、钢-钢剪切强度和钢-混凝土正拉粘结强度试验。在距离水下试模 30cm 高水位线处浇筑树脂，试件成型后于水下养护 14d，然后进行测试，水温保持在 25℃ 左右，试件尺寸及试验方法均参照相关规范进行。试验结果见表 6.8，结果显示，水下不分散环氧树脂的抗压强度 72.2MPa，钢-钢剪切强度 13.51MPa，钢-混凝土正拉粘贴强度 2.80MPa，达到我国《混凝土结构加固设计规范》（GB 50367—2013）[10]规定的普通陆上 B 级粘结胶的要求，满足桥梁水下结构加固工程的性能需要。

表 6.8　水下树脂力学性能试验结果

抗压强度/MPa	钢-钢剪切强度/MPa	钢-混凝土正拉粘结	
		粘结强度/MPa	破坏模式
72.2	13.51	2.80	混凝土拉坏

为准确测量试件变形，在每个试件侧面沿纵向均匀布置 4 个电阻应变片，同时在试件两侧沿纵向设置 2 个电测位移计，测试试件的纵向变形，应变片测量结果和位移计测量结果相互校正。试验时，利用数据采集仪采集相关数据，并观察记录破坏过程与破坏形态。

对于未加固对比试件，其典型破坏形态如图 6.12（a）所示，破坏时，裂缝快速发展，且纵向裂缝较宽，试件沿纵向裂缝被分割成较大的混凝土块，破坏过程中响声较小，混凝土碎片飞溅较少。

当粘结材料为水下不分散砂浆时，陆上加固情况（以 Z-MU1 为例）：试件典型破坏形态如图 6.12（b）所示，当荷载增至 855kN，试件周向砂浆出现纵向裂缝，随着荷载加大，原有裂缝不断增大，新裂缝不断产生，FRP 网格被撕裂，加固砂浆层逐渐脱落，荷载下降，当荷载降至 802kN 时，FRP 网格外露，试件完全破坏。水下加固情况（以 Z-MW1 为例）：试件典型破坏形态如图 6.12（c）所示，当荷载增至 740kN，柱身表面出现第 1 条纵向裂缝，当荷载增至 1000kN，柱身纵向裂缝更加明显，并不断出现新的纵向裂缝，在荷载达到峰值荷载时，FRP 网格发生断裂，之后，现有裂缝宽度不断增大，加固砂浆层逐渐脱落，荷载逐渐下降，直至试件完全破坏。

当粘结材料为水下环氧树脂时，陆上加固情况（以 Z-RU2 为例）：试件典型破坏形态如图 6.12（d）所示，当荷载增至 840kN，柱身出现第 1 条纵向裂缝，继续加载，不断听到清脆的胶体断裂声，纵向裂缝数量不断增加，宽度增大，在达到峰值荷载之后，FRP 网格被拉断，荷载下降，当荷载降至 324kN，FRP 网格几乎发展至沿柱身断裂、剥落；在整个加载过程中，胶体及 FRP 网格断裂声不断出现，并伴有树脂飞溅，最终树脂剥落，FRP 网格失去粘结，试件完全破坏。水下加固情况（以 Z-RW3 为例）：试件典型破坏形态如图 6.12（e）所示，当荷载增至 970kN，柱身出现两条较宽的纵向裂缝；当荷载增至 1013kN，圆柱中部、圆周向均有裂缝出现；随着试验的进行，胶体断裂响声越来越大，并伴有树脂飞溅，裂缝不断发展，新裂缝相继产生，FRP 网格断裂，胶体脱落，直至完全破坏。

（a）未加固对比试件　（b）不分散砂浆（陆上）（c）不分散砂浆（水下）（d）不分散树脂（陆上）（e）不分散树脂（水下）

图 6.12　典型破坏形态

　　各试件组的应力-应变关系曲线如图 6.13 所示。其中，未加固对比混凝土试件如图 6.13（a）所示，试件平均峰值荷载为 629.4kN，对应平均峰值应力为 35.6MPa，峰值应变为 0.0022，在试件达到峰值后，曲线下降很快，试件延性较差。

　　粘结材料为水下不分散砂浆的试件，在陆上浇筑时，荷载-位移曲线如图 6.13（b）所示，试件平均峰值荷载为 1020.3kN，对应平均峰值应力为 57.8MPa，峰值应变为 0.0042，承载力提高 1.62 倍，峰值应变提高 1.92 倍；在水下浇筑时，荷载-位移曲线如图 6.13（c）所示，平均峰值荷载为 1017.0kN，对应平均峰值应力为 57.6MPa，峰值应变为 0.0044，承载力提高 1.62 倍，峰值应变提高 1.98 倍。

　　粘结材料为水下环氧树脂的试件，在陆上浇筑时，荷载-位移曲线如图 6.13（d）所示，平均峰值荷载为 1094kN，对应平均峰值应力为 61.9MPa，峰值应变为 0.0045，承载力提高 1.74 倍，峰值应变提高 2.03 倍；在水下浇筑时，荷载-位移曲线如图 6.13（e）所示，平均峰值荷载为 1061.8kN，对应平均峰值应力为 60.1MPa，峰值应变为 0.0056，承载力提高 1.69 倍，峰值应变提高 2.56 倍。

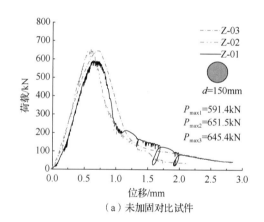

（a）未加固对比试件

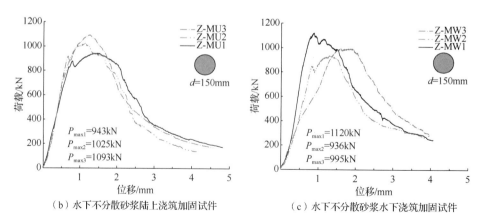

（b）水下不分散砂浆陆上浇筑加固试件　　　　　（c）水下不分散砂浆水下浇筑加固试件

图 6.13　试件荷载-位移曲线

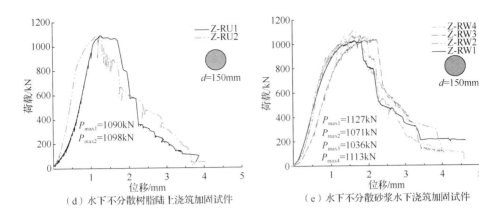

（d）水下不分散树脂陆上浇筑加固试件　　　　　（e）水下不分散砂浆水下浇筑加固试件

图 6.13（续）

针对粘结材料分别为水下不分散砂浆和水下环氧树脂的试件，对比其陆上浇筑和水下浇筑的峰值荷载与位移，发现虽然水下浇筑试件较陆上浇筑试件的试验结果偏低，但是这一区别并不显著，这表明水下不分散砂浆和水下环氧树脂作为 FRP 网格粘结材料，以无排水施工方式时，二者都能够实现 FRP 网格加固水下结构的技术效果。

同时，从图 6.13 的对比可以看出，粘结材料水下不分散砂浆和水下环氧树脂，在陆上浇筑与水下浇筑条件下，加固试件的荷载-位移曲线较为相似：在初始阶段，其性能类似于无约束混凝土；当荷载接近无约束混凝土试件峰值时，FRP 网格的约束作用开始发挥，混凝土柱体侧向膨胀越来越明显，FRP 网格的约束作用逐渐体现出来，随着 FRP 网格约束力不断增大，随后达到峰值荷载，曲线出现一个较为缓和的峰值阶段，在峰值荷载之后 FRP 网格逐渐被拉断、撕裂，核心混凝土逐渐失去 FRP 网格的侧向约束作用，荷载-位移曲线呈下降状态，直至试件破坏。由此可知，FRP 网格对混凝土柱的约束力使其处于三轴受压状态。

通过对比，发现粘结材料为水下不分散砂浆的加固试件表现了较为缓和的破坏过程，而粘结材料为水下环氧树脂的加固试件在破坏过程中有较为剧烈的胶体断裂响声，以及树脂的脱落现象。在荷载-位移曲线的表现上，前者为较为光滑的下降曲线，而后者则出现阶梯形的下降曲线，但是，二者总体变形能力的区别并不显著。

6.3.3　空间曲面 FRP 网格约束水下混凝土的轴压力学性能

为研究空间曲面 FRP 网格约束水下混凝土柱的受力性能，课题组[5]设计了一组 FRP 网格加固水下混凝土柱的轴压试验。其中，待加固试件采用圆柱体，直径为 200mm，高度为 400mm，试件浇筑模板采用内径为 200mm 的优质 PVC 管，为了保证试件两端端面平整，并与纵轴线垂直，试件按高度 500mm 浇筑，后期采用岩石切割机切除两端各 50mm，实测直径为 200，素混凝土圆柱体强度为 21.1MPa。

FRP 网格加固水下混凝土结构试验如图 6.14 所示，包括：①原材料准备。包括水泥、石英砂及水下不分散剂（UWB-II）等。②钢模板加工。钢模板为 FRP 网格水下粘结层浇筑所用侧向模板，每套模板包括两个半圆柱面及一块底板，两个半圆柱面之间采用螺栓拼接，钢模板厚度 4mm，钢模板尺寸满足加固后试件尺寸要求。③缠绕空间 FRP 网格。为了保证 FRP 网格及粘结层只产生环向约束作用，不参与竖向受力，在靠近试件两端 15mm 范围内，预先粘贴填充泡沫，与试件一起入模。④粘结层浇筑。本书采用不分散砂浆作为 FRP 网格粘结材料，按配比搅拌后浇筑，对于水下加固混凝土试件，砂浆浇筑过程在水中完成。⑤拆模与养护。拆除模板后的试件放入水中养护。

| （a）模具准备 | （b）试件及网格准备 | （c）试件入模 |
| （d）不分散砂浆搅拌 | （e）不分散砂浆灌注 | （f）加固试件养护 |

图 6.14　FRP 网格加固水下混凝土结构试验

试件加固后的尺寸为 ϕ250mm×400mm。试验采用的不分散砂浆材料配合比为水泥：粗砂：细砂：水：不分散剂=1：1：0.5：0.575：0.03，灌注厚度 25mm，其在水下浇筑和陆上浇筑实测抗压强度分别为 35.1MPa 和 41.5MPa。试件共计 7 组，未加固试件 1 组，加固试件 6 组，每组 2 个试件，分别冠以 1、2 以示区别。为了精确分析，避免截面增大对试件承载力的影响，在试件两端留出 15mm 的空隙，以保证 FRP 网格及粘结层只对里面混凝土体产生环向约束增强作用，其结构如图 6.15 所示。试件详细参数见表 6.9，FRP 网格间距均为 50mm×50mm，加固试件主要变化因素为 FRP 网格的纤维种类、横向纤维数量，以及粘结材料在陆上与水下的不同浇筑条件。

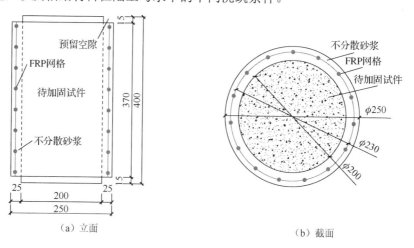

（a）立面　　　　　　　　　　　　　（b）截面

图 6.15　FRP 网格加固试件结构（单位：mm）

表 6.9　FRP 网格加固水下混凝土试件详细参数

试件组号	直径×高度*	试件数量	纤维丝束种类及规格	网格截面面积 A_f/mm²	纵向纤维束数	环向纤维束数	侧向约束刚度 E_l/MPa	侧向约束强度 f_l/MPa	粘结材料浇筑条件
WG1	200×400	2	—	0	—	—	—	—	—
WG2	250×400	2	12k CFRP	4.16	2	4	184.8	1.6	水下
WG3	250×400	2	12k CFRP	5.88	2	6	261.2	2.3	水下
WG4	250×400	2	4800tex BFRP	6.44	2	4	96.2	1.9	水下
WG5	250×400	2	4800tex BFRP	13.46	2	4	201.1	4.0	水下
WG6	250×400	2	4800tex BFRP	17.14	2	6	256.1	5.1	水下
WG7	250×400	2	4800tex BFRP	13.46	2	4	201.1	4.0	陆上

*本列数字单位均为 mm。

各组试件典型破坏模式如图 6.16 所示。当未加固试件荷载达到峰值时，裂缝快速发展，且产生的纵向裂缝较宽，试件沿纵向裂缝被分割成较大的混凝土块，并迅速坍塌，试件沿着破坏裂缝被分割成多块。FRP 网格加固试件破坏模式相似，在接近峰值荷载时，试件周围砂浆出现纵向裂缝，裂缝数量较多且宽度较小；随着荷载加大，纵向裂缝发展变缓；当达到极限荷载时，出现 FRP 网格断裂，试件中部区域明显膨胀；在继续加载过程中，横向膨胀发展加快，砂浆层逐渐从加固试件脱落；荷载下降但继续加载，FRP 网格继续出现不同位置的断裂，FRP 网格逐渐外露，裂口明显，其破坏过程同平面网格加固水下混凝土柱相似[3]。由于 BFRP 的极限应变较大，BFRP 网格加固试件破坏时具有更好的延性，以及更稳定的保持荷载的能力，其极限变形能力远大于 CFRP 加固试件；对于同一种 FRP 网格类型加固的试件，随着纤维丝束数的增多，对应 FRP 网格断裂时的极限荷载和极限变形也随之增大。

（a）WG1 组　　（b）WG2 组　　（c）WG3 组　　（d）WG4 组　　（e）WG5 组　　（f）WG6 组　　（g）WG7 组

图 6.16　试件典型破坏模式

各试件应力-应变关系曲线如图 6.17 所示。试件应力由计算得到，纵向应变由应变片和位移计共同测得，横向应变由横向应变片测得。横向应变在接近峰值荷载时，混凝土表面出现纵向裂缝，应变片失效，失效前，横向应变随着荷载大小基本呈线性增加，对应应变片失效时的横向应变为 0.0002～0.0008。在峰值荷载之后，纵向应变片也很快失效，纵向应变由竖向位移计算得到，在初始弹性阶段，各试件的纵向应力-应变关系曲线基本相同，因为这个阶段混凝土的横向变形太小，未能激发 FRP 网格的侧向约束作用；在峰值荷载之后，FRP 网格的侧向约束作用逐渐被激发，根据 FRP 网格的约束参数变化，峰值后纵向应力-应变关系曲线可分为 3 种类型，即软化型、强化型和临界型。未加固混凝土试件的应力、应变峰值都较低，其延性也较差；FRP 网格加固后，混凝土柱在 FRP 网格约束的情况下，约束后的应力-应变关系曲线可能没有软化段（强约束），可能有软化段（弱约束），也可能位于强、弱约束的界限附近。当 FRP 网格提供的约束力较小时，曲线表现为软化型（WG2），曲线在峰值应力之后下降；当 FRP 网格提供的约束力较大时，曲线表现为强化型（WG5、WG6、WG7），曲线在峰值应力后继续上升，FRP 网格约束量越大，上升的曲线斜率越大，但上升的斜率较峰值荷载之前减小，由于 WG5 和 WG7 均采用 4 束 4800tex BFRP，其侧向约束刚度相同，故应力-应变关系曲线上升的斜率较小，WG6 采用 6 束 4800tex BFRP，其侧向约束强度和约束刚度比 WG5 和 WG7 大，应力-应变关系曲线上升的斜率较大；当 FRP 网格提供的约束力处于强、弱约束的界限附近时，曲线表现为临界型（WG3、WG4），曲线在峰值应力之后表现为近水平变化，WG3 和 WG4 组侧向约束强度相近，但约束刚度相差甚远（后者约是前者的 2.7 倍），因此其约束行为更多地取决于侧向约束强度。

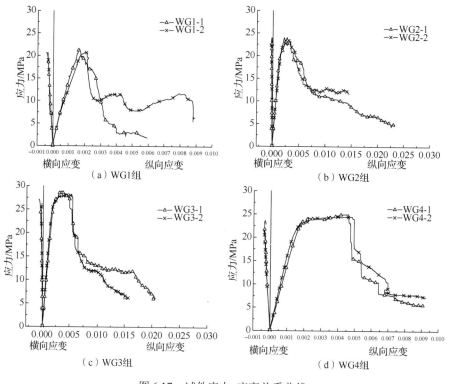

图 6.17　试件应力-应变关系曲线

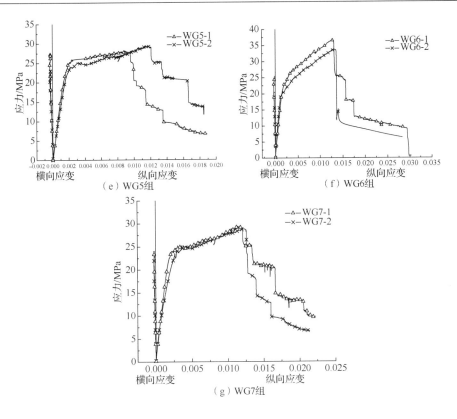

图 6.17（续）

　　各试件试验结果见表 6.10，峰值点定义为试件应力-应变关系曲线的转折点，极限点定义为对应于 FRP 的断裂点。根据现有 FRP 布约束混凝土柱的研究成果，参考文献[11,12]，对于未约束混凝土试件和弱约束型混凝土试件，取峰值点的应力为极限应力；对于临界型和强约束型混凝土试件，取极限点的应力为极限应力。各试件极限应力和极限应变的对比如图 6.18 所示（图中所示数据为每组 2 个试件的平均值）。对于水下加固试件，4 束、6 束 12k CFRP 网格加固试件平均极限应力分别是未加固试件的 1.13 倍、1.30 倍，平均极限应变分别是未加固试件的 2.89 倍、2.81 倍；2 束、4 束、6 束 4800tex BFRP 网格加固试件平均极限应力分别是未加固试件的 1.17 倍、1.32 倍、1.64 倍，平均极限应变分别是未加固试件的 2.54 倍、5.38 倍、6.81 倍。综上所述，由于空间曲面 FRP 网格的约束加固，核心混凝土处于三轴受压状态，混凝土的承载能力和变形能力得到显著提高，且随着 FRP 网格使用量的增加，试件极限应力和极限应变总体上呈增大趋势。

表 6.10　各试件试验结果

试件编号	峰值应力 f_{cc}/MPa	峰值应变 ε_{cc}	极限应力 f_{cu}/MPa	极限应变 ε_{cu}	曲线类型
WG1-1	21.47	0.0017	—	—	软化型
WG1-2	20.73	0.0020	—	—	软化型
WG2-1	23.96	0.0027	17.09	0.0058	软化型
WG2-2	23.93	0.0021	16.98	0.0049	软化型
WG3-1	28.52	0.0030	27.23	0.0049	临界型

试件编号	峰值应力 f_{cc}/MPa	峰值应变 ε_{cc}	极限应力 f_{cu}/MPa	极限应变 ε_{cu}	曲线类型
WG3-2	27.73	0.0032	27.49	0.0055	临界型
WG4-1	23.94	0.0026	25.01	0.0046	临界型
WG4-2	24.20	0.0027	24.45	0.0048	临界型
WG5-1	25.93	0.0025	27.01	0.0085	强化型
WG5-2	25.04	0.0031	28.49	0.0114	强化型
WG6-1	24.55	0.0027	35.87	0.0124	强化型
WG6-2	22.10	0.0026	33.13	0.0128	强化型
WG7-1	24.21	0.0027	28.49	0.0114	强化型
WG7-2	23.90	0.0030	28.06	0.0118	强化型

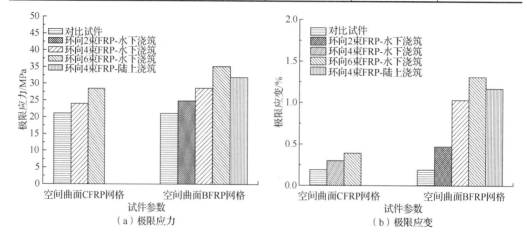

图 6.18　试件极限应力与极限应变对比

对于不同纤维类型的加固试件，BFRP 网格加固试件相对于 CFRP 网格加固试件，极限应变的提高效果更好，如同为环向 4 束、6 束 FRP 网格加固试件，BFRP 网格加固试件的极限应力分别是 CFRP 网格加固试件的 1.17 倍、1.26 倍，而极限应变分别是 1.86 倍、2.42 倍，由于 BFRP 网格拉伸应变更大，加固试件的极限应变提高效果更好。对于浇筑条件为水下和陆上的对比（WG5 组和 WG7 组），WG5 组为水下实施加固，WG7 组为陆上实施加固，其他试件参数相同，WG7 组的极限应力、极限应变分别为 WG5 组的 1.02 倍、1.17 倍，区别并不显著，说明空间曲面 FRP 网格水下加固混凝土结构能够取得和陆上加固相近的效果。

6.4　FRP 网格约束混凝土的计算模型

空间曲面 FRP 网格加固水下混凝土柱的承载力和变形能力的提高原理是基于约束混凝土概念，在 FRP 网格约束下混凝土极限应力和极限应变得到有效提高，根据试验结果，FRP 网格加固水下混凝土可以获得与陆上加固相近的效果，因此，其计算方法可借鉴 FRP 约束混凝土相关计算模型。国内外对 FRP 约束混凝土试件进行了大量的试验和理论研究，各研究者提出了许多 FRP 约束混凝土计算模型[13-20]，本书统计了部分代表性模型的极限应力及与其对应的极限应变的计算公式，见表 6.11。

表 6.11　FRP 约束混凝土模型统计

模型	年份	极限应力		极限应变
Samaan 和 Mirmiran[13]	1998	$f_{cu} = f_{c0}' + 6.0 f_1^{0.7}$		$\varepsilon_{cu} = \dfrac{f_{cc}' - f_0}{E_2}$
Toutanji[14]	1999	$\dfrac{f_{cu}}{f_{c0}'} = 1 + 3.5 \left(\dfrac{f_1}{f_{c0}'} \right)^{0.85}$		$\dfrac{\varepsilon_{cu}}{\varepsilon_{c0}} = 1 + (310.57\varepsilon_{fu} + 1.90)\left(\dfrac{f_{cu}}{f_{c0}'} - 1 \right)$
Lam 和 Teng[15]	2003	$\dfrac{f_{cu}}{f_{c0}'} = 1 + 3.3 \dfrac{f_{1,a}}{f_{c0}'}$		$\dfrac{\varepsilon_{cu}}{\varepsilon_{c0}} = 1.75 + 12 \dfrac{f_{1,a}}{f_{c0}'} \left(\dfrac{\varepsilon_{h,rup}}{\varepsilon_{c0}} \right)^{0.45}$
Wu 等[16]	2006	$\dfrac{f_{cu}}{f_{c0}'} = 1 + 2.0 \dfrac{f_1}{f_{c0}'}$　（强约束） $\dfrac{f_{cu}}{f_{c0}'} = 0.75 + 2.5 \dfrac{f_1}{f_{c0}'}$　（弱约束）		$\varepsilon_{cu} = \dfrac{\varepsilon_{fu}}{v_u}$ $v_u = 0.56 k_4 \left(\dfrac{f_1}{f_{c0}'} \right)^{-0.66}$　$\dfrac{\varepsilon_{cu}}{\varepsilon_u} = 1.3 + 6.3 \dfrac{f_1}{f_{c0}'}$
Youssef 等[17]	2007	$\dfrac{f_{cu}}{f_{c0}'} = 1 + 2.25 \left(\dfrac{f_1}{f_{c0}'} \right)^{1.25}$		$\varepsilon_{cu} = 0.003368 + 0.2590 \dfrac{f_1}{f_{c0}'} \left(\dfrac{f_{fu}}{E_f} \right)^{0.5}$
Teng 等[18]	2009	$\dfrac{f_{cu}}{f_{c0}'} = 1 + 3.5 \left(\left(\dfrac{E_1}{f_{c0}'/\varepsilon_{c0}} \right) - 0.01 \right) \left(\dfrac{\varepsilon_{h,rup}}{\varepsilon_{c0}} \right)$, $\dfrac{\varepsilon_{h,rup}}{\varepsilon_{c0}} \geqslant 0.01$ $\dfrac{f_{cu}}{f_{c0}'} = 1$, $\dfrac{\varepsilon_{h,rup}}{\varepsilon_{c0}} < 0.01$		$\dfrac{\varepsilon_{cu}}{\varepsilon_{c0}} = 1.75 + 6.5 \left(\dfrac{E_1}{f_{c0}'/\varepsilon_{c0}} \right)^{0.8} \left(\dfrac{\varepsilon_{h,rup}}{\varepsilon_{c0}} \right)^{1.45}$
Fahmy 和 Wu[19]	2010	$f_{cu} = f_{c0}' + 4.5 f_1^{0.7}$, $f_{c0}' \leqslant 40\text{MPa}$ $f_{cu} = f_{c0}' + 3.75 f_1^{0.7}$, $f_{c0}' > 40\text{MPa}$		$\varepsilon_{cu} = \dfrac{f_{cu} - f_0}{E_2}$
Wei 和 Wu[20]	2012	$\dfrac{f_{cu}}{f_{c0}'} = 0.5 + 2.7 \left(\dfrac{f_1}{f_{c0}'} \right)^{0.73}$		$\dfrac{\varepsilon_{cu}}{\varepsilon_{c0}} = 1.75 + 12 \left(\dfrac{f_1}{f_{c0}'} \right)^{0.75} \left(\dfrac{f_{30}}{f_{c0}'} \right)^{0.62}$
Ozbakkaloglu 和 Lim[12]	2013	$f_{cu} = \left(1 + 0.0058 \dfrac{E_1}{f_{c0}'} \right) f_{c0}' + 3.2(f_1 - f_{10})$ $f_{10} = E_1 \left(0.43 + 0.009 \dfrac{E_1}{f_{c0}'} \right) \varepsilon_{c0}$, $E_1 \geqslant f_{c0}'^{1.65}$		$\varepsilon_{cu} = c_2 \varepsilon_{c0} + 0.27 \left(\dfrac{E_1}{f_{c0}'} \right)^{0.9} (\varepsilon_{h,rup})^{1.35}$ $c_2 = 2 - \dfrac{f_{c0}' - 20}{100} \geqslant 1$

　　侧向约束刚度和侧向约束强度是影响 FRP 约束混凝土圆柱性能的两个重要参数。由于 FRP 是线弹性材料，根据力的平衡及应变相容，可得到网格状 FRP 约束混凝土圆柱体的侧向约束刚度和侧向约束强度计算式（6.1）和式（6.2）。

　　侧向约束刚度：

$$E_1 = \frac{2 E_f A_f}{D s_f} \tag{6.1}$$

　　侧向约束强度：

$$f_1 = \frac{2 f_f A_f}{D s_f} \tag{6.2}$$

式中，E_f、f_f 分别为 FRP 的弹性模量、极限抗拉强度，MPa；A_f 为 FRP 横截面面积，mm^2；D 为圆柱直径，mm；s_f 为各相邻 FRP 网格之间的距离，mm。

　　将本章所述空间 FRP 网格约束水下混凝土轴压试验的数据代入表 6.11 各个模型，计算过程中，仅考虑环向纤维筋的作用，侧向约束刚度 E_1 和侧向约束强度 f_1 分别可通过式（6.1）和式（6.2）计算得到。其极限应力和极限应变的计算结果见表 6.12，其中，

AV 为计算值/试验值的平均值，SD 为计算值/试验值的标准差，AAE 为平均绝对误差。对于极限应力，Toutanji 模型、Teng 等模型、Ozbakkaloglu 和 Lim 模型都具有较小的平均绝对误差，而 Teng 等模型平均值最接近试验结果，其 AV=0.98，预测效果最好；对于极限应变，由于极限应变本身的离散型较大，各个模型的计算误差都比较大，Wu 等模型具有最小的平均绝对误差，并且平均值最接近试验结果，AV=1.14。

表 6.12　FRP 网格约束混凝土柱计算结果

模型	年份	f_{cu}/f_{c0}'			$\varepsilon_{cu}/\varepsilon_{c0}'$		
		AV	SD	AAE	AV	SD	AAE
Samaan 和 Mirmiran[13]	1998	1.25	0.09	0.25	1.99	0.47	0.99
Toutanji[14]	1999	1.03	0.06	0.06	1.61	0.29	0.61
Lam 和 Teng[15]	2003	1.20	0.07	0.20	1.31	0.40	0.37
Wu 等[16]	2006	1.09	0.07	0.10	1.14	0.24	0.18
Youssef[17]	2007	0.85	0.06	0.15	1.28	0.39	0.36
Teng 等[18]	2009	0.98	0.06	0.05	1.29	0.41	0.39
Fahmy 和 Wu[19]	2010	0.91	0.06	0.09	1.42	0.48	0.45
Wei 和 Wu[20]	2012	0.86	0.08	0.14	1.61	0.68	0.63
Ozbakkaloglu 和 Lim[12]	2013	0.97	0.06	0.05	1.35	0.47	0.44

注：f_{cu}、ε_{cu} 分别为 FRP 约束混凝土的极限强度和极限应变；f_{c0}'、ε_{c0}' 分别为未约束混凝土的极限强度和极限应变。

6.5　FRP 网格约束混凝土圆柱抗震性能

为研究 FRP 网格约束混凝土圆柱的抗震性能，作者共制作了 6 个钢筋混凝土圆柱，圆柱直径 300mm，总高度 1450mm，纵筋为 12Φ19，配箍量为 Φ6@80，如图 6.19（a）所示，混凝土抗压强度为 30N/mm²。FRP 网格型号为 CR3-50，FRP 网格接头长度为 100mm，如图 6.19（b）所示。

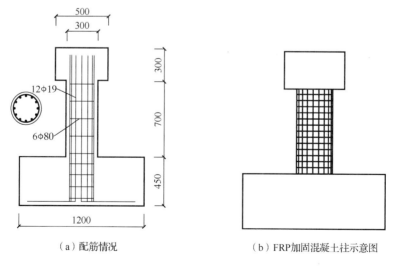

（a）配筋情况　　　　　　　　　　（b）FRP 加固混凝土柱示意图

图 6.19　FRP 网格加固混凝土柱示意图（单位：mm）

（c）FRP网格底部锚固示意

图 6.19（续）

各柱子加固方式及相关参数见表 6.13，C-0 为未加固的 RC 圆柱，C-Grid-1 和 C-Grid-2 分别为 1 层和 2 层网格状 FRP 加固混凝土圆柱；C-Grid-1B 和 C-Grid-2B 分别为 1 层和 2 层网格状 FRP 加固混凝土圆柱并把网格中纵向 FRP 筋锚入柱底座内，锚入长度为 150mm，如图 6.19（c）所示。

表 6.13　各柱子加固方式及相关参数

试件	纵筋/mm	纵筋屈服强度/MPa	箍筋/mm	箍筋屈服强度/MPa	轴压力/kN	加固方式
C-0	12Φ19	400	Φ6@80	350	100	未加固
C-Grid-1	12Φ19	400	Φ6@80	350	100	1 层 FRP 网格加固
C-Grid-2	12Φ19	400	Φ6@80	350	100	2 层 FRP 网格加固
C-Grid-1B	12Φ19	400	Φ6@80	350	100	1 层 FRP 网格+纵向 FRP 筋锚入底座
C-Grid-2B	12Φ19	400	Φ6@80	350	100	2 层 FRP 网格+纵向 FRP 筋锚入底座

试验时，首先在轴向施加 100kN 大小的荷载并保持恒定，水平向施加反复荷载，加载方法参照日本规范由柱顶位移控制：第一阶段取柱顶位移为 $L/800$、$L/400$ 各循环一次，第二阶段取 $L/200$、$L/100$、$L/50$、$L/25$、$L/20$ 各循环 2 次，第三阶段一直单向加载到试件破坏，其中 L 为侧向荷载加载点中心到柱底的距离，本试验中 L 值为 850mm。测量的数据包括纵筋、箍筋、FRP 网格的应变值，同时观测柱上裂缝发展情况，荷载及柱顶位移由电脑自动采集，并绘制出水平荷载-位移滞回曲线。

对于未加固的对比柱，当荷载增加为 43.7kN 时，柱根部出现第一条水平弯曲裂缝；当荷载为 63.3kN 时，柱身中部出现交叉斜裂缝；随着荷载持续增加，旧裂缝不断开展，新裂缝不断出现；当荷载增加至 91.5kN 时，最外侧纵向钢筋屈服，在 $L/20$ 第二次循环加载时，混凝土大块剥落，钢筋外露，纵筋屈曲，箍筋断裂，侧向承载能力迅速下降，试件破坏，呈现如图 6.20（a）所示的典型弯剪破坏。

柱 C-Grid-1 用 1 层 FRP 网格加固，在位移控制值为 $L/100$ 循环加载时，外侧主筋屈服；在位移控制值为 $L/20$ 的循环加载过程中，纤维丝间断断裂；当 $L/20$ 循环结束后，进行单向加载过程时，开始阶段承载力继续得到增加，但在侧向位移大致达到 120mm

时，不断有受压区混凝土压碎脱落，并且柱底纤维发生断裂，承载力持续下降，直至构件破坏，如图 6.20（b）所示，呈现弯曲破坏的特征。

两层 CR3-30 网格加固的柱 C-Grid-2 破坏过程与柱 C-Grid-1 大致类似，但破坏更集中在底部区域，柱身位置 FRP 基本完好，如图 6.20（c）所示。

（a）柱 C-0   （b）柱 C-Grid-1   （c）柱 C-Grid-2

图 6.20   部分柱破坏示意图

各柱在典型位移时的承载力比较见表 6.14。各柱的荷载-位移关系曲线如图 6.21 所示。

表 6.14   典型位移时的承载力比较及破坏模式

试件编号	柱顶侧移 $L/50$ 时的荷载/kN			柱顶侧移 $L/20$ 时的荷载/kN			侧移 90mm 时的荷载/kN	破坏特征及模式
	正向	反向	平均	正向	反向	平均	正向	
C-0	107.2	106.7	107	115.2	94.1	104.7	破坏	钢筋屈服、箍筋断裂、混凝土脱落，弯剪破坏
C-Grid-1	106.7	125.1	116	128.1	133.1	130.6	138.2	钢筋屈服、横向 FRP 断裂、混凝土脱落，弯曲破坏
C-Grid-2	115	110.5	112.8	136.2	121.6	128.9	168.8	钢筋屈服、纵横向 FRP 断裂、混凝土脱落，弯曲破坏
C-Grid-1B	122.5	122.4	122.5	131.8	134.6	133	165	钢筋屈服、横向 FRP 断裂、混凝土脱落，弯曲破坏
C-Grid-2B	132.5	130.3	131.4	142.2	136.7	139.5	175.4	钢筋屈服、纵横向 FRP 断裂、混凝土脱落，弯曲破坏

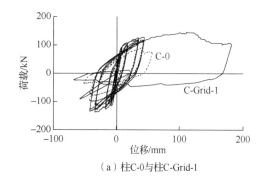 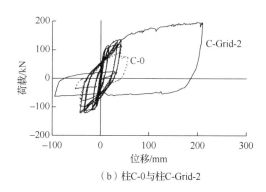

（a）柱C-0与柱C-Grid-1   （b）柱C-0与柱C-Grid-2

图 6.21   各柱荷载-位移关系曲线

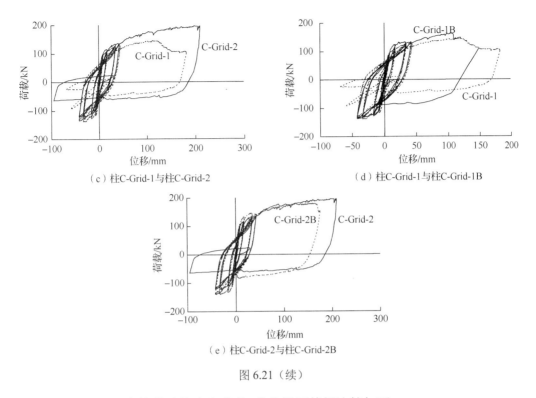

（c）柱C-Grid-1与柱C-Grid-2

（d）柱C-Grid-1与柱C-Grid-1B

（e）柱C-Grid-2与柱C-Grid-2B

图 6.21（续）

结合图 6.21，各柱的承载力和荷载-位移滞回特征比较如下。

1）未加固柱 C-0 的荷载-位移关系曲线如图 6.21（a）所示，当侧向位移 $L/50$ 时，荷载为 107kN；当侧向位移 $L/20$ 时，荷载为 104.7kN，比侧移 $L/50$ 时荷载有所下降，表明此时柱子损伤已比较严重，荷载-位移关系曲线也表明，在侧移 $L/20$ 第 2 次循环的时候柱子已经破坏。

2）1 层 FRP 网格加固的柱 C-Grid-1 的荷载-位移关系曲线如图 6.21（a）所示，当侧向位移 $L/50$ 时的荷载为 116.0kN，比未加固柱提高 8.4%，FRP 发挥了一定的作用；当侧向位移为 $L/20$ 时的荷载为 130.6kN，比未加固柱提高 25.9%，FRP 网格发挥了较大的作用；当侧向位移为 90mm 时的荷载为 138.2kN，而此时对应的未加固柱 C-0 早已破坏，由此可知，FRP 约束加固混凝土作用明显。随着加载的继续，当侧向位移为 150.2mm 时，FRP 断裂，试件承载力开始下降，并逐渐破坏。

3）2 层 FRP 网格加固的柱 C-Grid-2 的荷载-位移关系曲线如图 6.21（b）和（c）所示，当侧向位移 $L/50$ 时的荷载为 112.8kN，比未加固柱提高 5.4%；当侧向位移 $L/20$ 时的荷载为 128.9kN，比未加固柱提高 23.1%；当侧向位移为 90mm 时的荷载为 168.8kN，此时 FRP 的作用极为明显；随着加载的继续，侧向位移为 208.3mm 时，FRP 断裂，试件承载力突然大幅度下降，试件破坏，停止加载。

4）1 层 FRP 网格加固且纵向 FRP 筋锚入底座的柱 C-Grid-1B 的荷载-位移关系曲线如图 6.21（d）所示，当侧向位移为 $L/50$ 时，荷载为 122.5kN，比未加固柱提高 14.5%；当侧向位移为 $L/20$ 时，荷载为 133.2kN，比未加固柱提高 27.2%，由此可知 FRP 网格已发挥较大的作用；当侧向位移为 90mm 时，荷载为 165kN，承载力提高明显，随着加载的继续，当侧向位移为 143.1mm 时，FRP 断裂，承载力开始下降，试件破坏。

5）2 层 FRP 网格加固且纵向 FRP 筋锚入柱底座的柱 C-Grid-2B 的荷载-位移关系曲线如图 6.21（e）所示，当侧向位移 $L/50$ 时，荷载为 131.4kN，比未加固柱提高 22.8%；当侧向位移为 $L/20$ 时，荷载为 139.5kN，比未加固柱提高 33%，由此可知 FRP 网格发挥了较大的作用；当侧向位移 90mm 时，荷载为 175.4kN，承载力提高明显；随着加载的继续，当侧向位移为 179.5mm 时，FRP 断裂，试件承载力开始下降，并逐渐破坏。

6）图 6.21（c）所示为 1 层和 2 层 FRP 网格加固的柱 C-Grid-1 和柱 C-Grid-2 荷载-位移关系曲线的比较。当侧向位移为 $L/50$ 时，柱 C-Grid-1 和柱 C-Grid-2 荷载分别为 116kN、112.8kN；当侧向位移为 $L/20$ 时，柱 C-Grid-1 和 C-Grid-2 荷载分别为 130.6kN、128.9kN，承载力相差不大甚至柱 C-Grid-2 还略低，说明此时 FRP 发挥的作用还很小；当侧向位移为 90mm 时，柱 C-Grid-1 和 C-Grid-2 荷载分别为 138.2kN、168.8kN，后者是前者的 1.22 倍，说明此时 FRP 发挥了较大的作用，两柱承载力的差别也逐渐明显，当加载位移为 123.6mm 时，柱 C-Grid-1 的 FRP 开始断裂，试件承载力逐渐降低，而柱 C-Grid-2 由于 FRP 加固量更大，可继续加载，直到最大荷载 189.2kN、最大位移 213mm 时，FRP 断裂，试件破坏。

7）图 6.21（d）所示为 1 层 FRP 网格加固的柱 C-Grid-1 和 1 层 FRP 网格加固且底部有锚固的柱 C-Grid-1B 的荷载-位移关系曲线的比较。当侧向位移为 $L/50$ 时，C-Grid-1 和 C-Grid-1B 荷载分别为 116kN、122.5kN；当侧向位移为 $L/20$ 时，柱 C-Grid-1 和 C-Grid-1B 荷载分别为 130.6kN、133.2kN，承载力相差不大，说明此时 FRP 发挥的作用还很小；当侧向位移为 90mm 时，柱 C-Grid-1 和 C-Grid-1B 荷载分别为 138.2kN、165.0kN，后者承载力是前者的 1.2 倍，说明此时 FRP 发挥了较大的作用，而且，由于锚入底部的 FRP 筋所起的抗拉作用，柱 C-Grid-1B 的承载力更大；随着加载的继续，当位移为 149.2mm 时，C-Grid-1B 中锚入柱底的 FRP 筋超过其极限拉伸应变而断裂，断裂后最大承载力接近柱 C-Grid-1 的值。

综合以上分析可知：①FRP 网格环向加固能显著提高试件的抗震性能；②随着 FRP 用量的增加，柱的破坏形态从未加固时延性较差的弯剪破坏逐渐过渡到延性很好的弯曲破坏；③FRP 网格用量的增加与承载力和延性的增加不呈线性关系，特别是用量大到一定程度后，所加固柱的承载力和延性提高幅度有限；④网格状 FRP 加固时纵向加强筋锚入底部能够有效增大所加固柱的承载力和延性，在本书试验中，由于是对圆柱加固，故布置在受拉区的 FRP 纵筋数量有限，若对方柱加固，若在受拉区一侧锚固的 FRP 纵筋数量较多，加固作用会更加明显。

网格状 FRP 加固钢筋混凝土圆柱反复荷载试验结果表明，网格状 FRP 加固能有效提高其承载力和延性等抗震性能，能使柱的破坏形态从未加固时延性较差的弯剪破坏逐渐过渡到延性很好的弯曲破坏。另外，网格状 FRP 中的纵向 FRP 筋锚入柱底可以进一步提高加固柱的承载力。综合考虑 FRP 材料耐腐蚀、质量轻、施工便利等优点，可知网格状 FRP 用于桥墩、潮湿环境和水下结构的抗震加固具有独特的优势。

6.6　应　用　实　例

6.6.1　工程背景

某预应力混凝土简支梁桥（图 6.22），桥梁全长 551.0m，共 22 跨，跨径组合为（15×20m+5×40m+2×20m），主桥跨江，上部结构为跨径 40m 预应力混凝土 T 型梁，下部结构为双柱墩及钻孔灌注桩基础。主桥桥墩和桩基础位于江水中，最低水位时水深 4.5m 左右，最高水位时水深 8m 左右。其主桥桥墩和桩基础结构如图 6.23 所示，桩基础直径为 2.0m，桥墩直径为 1.8m，在墩桩交界处的两墩之间设有宽为 1.9m、高为 1.0m 的水平系梁，最低水位位于系梁底面以上[3]。

图 6.22　预应力混凝土简支梁桥

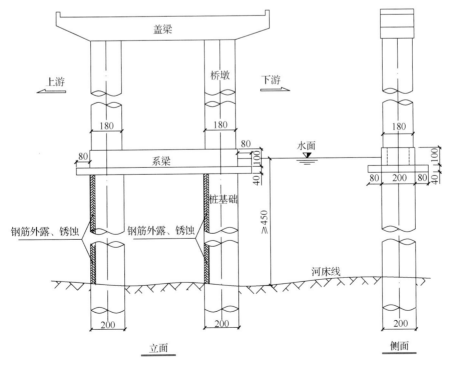

图 6.23　主桥桥墩和桩基础的结构（单位：cm）

在桥梁建成后，桥梁上游增建了水力发电站，引起水流显著变化，自水电站建成以来，桥梁一直受上游水流的直接冲刷、侵蚀。该桥水下桩基础的检测方法为专业潜水员进行潜水摸查，使用水下录像设备对桩基现状和病害情况进行拍照、录像。检测结果表明该桥梁 2 个桩基础存在以下严重病害：①保护层剥落（设计保护层厚度为 5.5cm）；②夹泥、缩径；③箍筋和主筋外露；④钢筋锈蚀（图 6.24）。同时，发现桩身自由长度发生变化，河床被冲刷。保护层剥落、夹泥、缩径等病害减小了桩基的有效截面面积，箍筋和主筋外露、钢筋锈蚀严重威胁桩基的耐久性，该桥的使用性能存在严重的安全隐患，因此，需对该桥梁 2 个病害桩基础进行加固修复。

　　　　　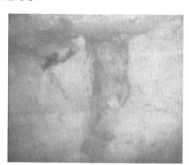

（a）钢筋外露　　　　　　　　　　　　　　（b）钢筋锈蚀

图 6.24　桥梁桩基础病害

6.6.2　水下桩基础加固设计

根据该桥梁桩基础的病害以及病害对结构耐久性、安全性的危害情况，结合该桥桩基础的工程特点，以及水位深、水流大等因素的影响，按以下原则考虑了 3 种加固设计方案。

1）进行水下桩基础的补强加固，使桩基础恢复至病害前的工作状态。

2）对露出钢筋进行除锈、防锈处理，补充受损的钢筋面积，并采取有效措施进行保护，避免病害的进一步恶化。

3）对桥墩桩基础采取相应的防冲刷措施。

4）提高维修加固后桥梁结构的安全性、耐久性。

5）加固设计应与施工方法紧密结合，设计方案需要充分考虑水下特点，施工方案有效可行。

具体加固方案如下。

方案 1：普通钢筋混凝土套箍围堰抽水加固方案

传统的桩基础加固，采用围堰抽水的方法，按照工程需要搭设围堰，抽除桩基础四周的水，营造与普通陆上加固相同的施工条件。对于本案例的桥梁桩基础而言，可采用钢套箱围堰[21-23]或钢板桩围堰[24,25]：采用钢套箱围堰，首先需根据桩基础、桥墩及横系梁的尺寸设计钢套箱围堰，并在工厂进行预加工，搭设施工平台，用浮吊或其他起重设备将钢套箱围堰起吊拼装，注水下沉至设计标高［图 6.25（a）］，浇筑封底混凝土，待封底混凝土达到设计要求后，安装内支撑，抽水，清理桩身，对桩基础做钢筋混凝土的加固施工，待加固完成后，拆除钢套箱围堰。采用钢板桩围堰，首先需依地质资料及作业条件设定钢板桩长度，要求钢板桩入土深度达钢板桩桩长 0.5 倍以上，通过吊机配合振动打桩锤将钢板桩插打在桩基础的四周，形成钢板桩围堰，安装内支撑，抽水堵漏 [图 6.25（b）]，随后，进行桩基础加固的无水施工，待加固完成后，采用拔桩机拔除钢板桩。

（a）钢套箱围堰法　　　　　　　　　　　　　（b）钢板桩围堰法

图 6.25　传统围堰法加固桥梁水下桩基础

方案 2：加桩加固

考虑原有桩基础的钢筋锈蚀使结构的安全性有所降低，在桩基础横系梁的两侧添加两根钻孔灌注桩基础，同时，扩大承台及横系梁，使桥墩的部分荷载传递至新的桩基础，减小原有桩基础所承担的荷载量，从而提高桥梁结构的整体安全性。另外，为了抑制原有桩基础病害的继续发展，对桥位所处区域进行防护，减小水流对桩基础的冲刷，在水位适当条件下对桩基础现有的病害进行修复处理。

方案 3：FRP 网格不排水加固

该方案用 FRP 网格加固桥梁水下桩基础，利用 FRP 网格结合钢套管及不分散砂浆或水下环氧树脂可实现水下结构的不排水加固。在对桩基础的表面缺陷进行预处理之后，沿桩基础四周缠绕安装 FRP 网格，随后，在 FRP 网格外侧按节段拼装下沉钢套管，对钢套管的底部进行封堵，通过高压灌浆机将配制好的不分散砂浆或水下环氧树脂灌入钢套管内，从而完成桥梁水下桩基础的结构加固，钢套管可以回收重复利用。本方案粘结材料可为不分散砂浆或水下环氧树脂，不分散砂浆厚度可为 50～200mm，水下环氧树脂厚度可为 5～20mm。

各加固方案比较见表 6.15。

1）方案 1 采用普通钢筋混凝土套箍围堰抽水加固方案，营造与普通陆上加固相同的施工条件，工艺成熟，质量可靠，加固效果明显，钢套箱围堰壁板或钢板桩临时设施可回收利用，但在水深较大的情况下，不论是采用钢套箱还是钢板桩围堰，都需要安装多层内支撑，进行抽水处理，钢套箱围堰拼装等工序需要浮吊或其他大型起重设备，钢板桩打入与拔除也需要专门的大型机具，整个围堰工作耗时较长，临时设施费用巨大，甚至是直接费用的数十倍。

表 6.15　加固方案比较

方案	方案 1	方案 2	方案 3
优点	1）采用围堰将水下施工转换为无水施工，施工质量可靠。 2）施工工艺成熟，加固效果明显。 3）堰壁可重复利用。 4）对施工期水位要求较低	1）施工工艺成熟。 2）承载力提高效果明显。 3）工期较长	1）FRP 网格强度高、轻而薄、耐久性好、施工性能好。 2）钢套管施工技术先进，无须排水，加固效果明显。 3）施工工艺简单，无须大型设备，对通航影响小，工期短。 4）钢套管钢材用量较小，且可重复利用，经济投入小
缺点	1）钢套箱围堰结构复杂。 2）施工工艺复杂。 3）围堰内外水位差较大，需设多层内支撑，止水难度大。 4）钢套箱运输、拼装及下放或钢板桩打入与拔除需采用大型设备，投入资源较多，经济投入较大，间接费用高	1）对作业空间要求较高，施工难度较大。 2）加桩与原桩基础共同受力，要求加桩与原结构紧密结合。 3）未对桩基础已有缺陷进行维修处置，故原桩基础病害仍存在继续发展的可能。 4）施工需要大型机械，经济投入较多	1）首节钢套管下放入河床难度大。 2）水下结构四周整平度要求高。 3）灌注过程对钢套管的密封性要求高

2）方案 2 采用加桩加固，此方案较方案 1 投入的临时设施费用较少，经济性较好，承载力提高效果明显，能够较大地降低现有桩基础承担的荷载；但在施工工艺上要求较大的作业空间，需要搭设较大的作业平台，施工设备也较大，加固效果决定于新加桩与原有桩的共同受力，其弱点是无法对原有桩基础的现有缺陷进行及时处理，不能对原有钢筋锈蚀等问题提供耐久性保护。

3）方案 3 采用 FRP 网格不排水加固水下桩基础，主要利用 FRP 网格轻质高强、耐腐蚀、施工方便等优良特性，同时结合不分散砂浆或水下环氧树脂作为不排水填充的粘结材料，进行不排水加固施工，其解决了纤维复合材料在水下加固施工中纤维布难以粘贴的难题，钢套管直径比待加固桩基础略大，采用分段拼装的方法，化整为零，体积与质量都较小，无须大型设备，工期短，临时设施费用低，整体工艺较先进。

综合考虑，本案例选择方案 3，即 FRP 网格不排水加固法，根据工程的水下实际检测结果，桩径变化大，桩身有多处不规则突起，填充材料必须具有较大的厚度，因此，最终选择不分散砂浆作为粘结材料，不分散砂浆厚度定为 10cm。根据本桥的原有图纸及水下检测结果，本加固项目的目的主要是提高受损桩身的承载力和混凝土耐久性，并对受损的部位予以修复，FRP 网格选用性能较好且造价较低的玄武岩纤维编制，玄武岩纤维具有抗老化、耐久性好、强度高、极限应变大的优点，在竖向结构的约束加固与修复方面具有天然的优势，最终，选择 4000tex 玄武岩纤维束编制 FRP 网格，单束纤维截面积为 1.59mm^2，长度方向玄武岩纤维 16 束，幅宽方向玄武岩纤维 8 束（图 6.26）。

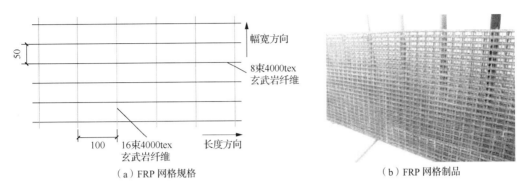

（a）FRP 网格规格　　　　　　　　　　　（b）FRP 网格制品

图 6.26　FRP 网格规格与制品

6.6.3　网格加固水下结构施工工艺

1.　水下结构四周整平

对桩基础四周存在较大高差处抛填碎石与砂进行初步整平，以满足钢套管下方的水平需要；对底部一些突出大块石，采用钢钎结合钢丝绳牵引进行清除处理。

2.　FRP 网格安装

按设计要求的尺寸进行 FRP 网格下料，FRP 网格布设 1 层，搭接长度为 1.0m，采用环向缠绕的形式安装，完成后采用水下检测设备进行网格安装情况检测，图 6.27（a）所示为所加固桩基础的网格缠绕情况，通过水下检测照片可以看出，网格安装位置与预期一致，整体情况良好。

3.　安装钢套管

钢套管横截面由两个半圆组成，采用 4mm 钢板卷制，外设横向与竖向加劲肋，每节长度应满足安装方便的需要，标准节段为 1m，多节套管通过法兰螺栓拼装连接，底端首节节段为了能够方便地切入基础泥土中，最下缘设置的加劲肋距离底端 150mm，顶端节段设置加筋肋长度 0.5m、0.3m 和 0.2m 各 1 个，以适应调整现场标高的需要，除底端节段仅在上端设置连接法兰，其他节段上下端同时设置法兰，每一节段分为两个半圆加工，两个半圆之间同样通过法兰连接。由于该桩基础设有承台，且承台位于水面以下，为减少水下工作，每套桩基础的钢套管在水上预先拼装两个竖向半圆后整体沉入水下 [图 6.27（b）]，再由潜水员进行就位，沿着竖向在水下拼装。钢套管的连接处应垫上橡胶或泡沫垫层等防水装置，本工程采用橡胶垫作为垫层，以提高钢套管的密封性。为保证加固工程完成后钢套管拆除方便，在钢套管安装前应对其内部均匀涂抹隔离剂。为确保钢套管底面的封闭，首节钢套管底部应插入河床以下。

4.　封闭砂浆浇筑

所有钢套管沉入设计标高就位后，应对钢套管底部进行整平，利用碎石及砂袋在钢套管的底部四周堆填，对钢套管的底部进行初步的堵塞封底。为了防止灌压不分散砂浆引起较大的静压力，导致漏浆，在正式灌压不分散砂浆前预先灌注 30cm 高度不分散砂浆，对钢套管底部进行封闭，待该部分不分散砂浆达到终凝后，正式灌压不分散砂浆。

5. 灌压不分散砂浆

水下不分散砂浆的制备，是将以絮凝剂为主的水下不分散剂加入新拌砂浆中，使其与水泥颗粒表面生成离子键或共价键，起到压缩双电层、吸附水泥颗粒和保护水泥的作用；同时，水泥颗粒之间、水泥与骨料之间，可通过絮凝剂的高分子长链的"桥架"作用，使拌和物具有稳定的柔性[26-28]。在无排水的情况下，水下不分散砂浆是一种很好的选择，水下不分散剂能有效提高水下砂浆的施工性能与强度，工作性能好、抗分散能力强、流动度保持性能好、强度损失小，水下不分散砂浆强度为陆上水泥砂浆强度的 80% 以上。本工程选用的水下砂浆不分散剂为双组分，组分甲为袋装粉末状材料，按照水泥量 6%～8% 掺入，使用时应紧随水泥加入搅拌机中或预先拌入水泥中；组分乙为液体，在砂浆搅拌过程中加入，按照水泥量 6% 掺入。灌压施工使用位于施工平台上的高压灌浆机［图 6.27（c）］，砂浆由高压灌浆机自带的搅拌机搅拌后压入导管，导管伸入钢套管底部。在灌压过程中，应保证不分散砂浆的高流动性，随时检查钢套管底部及侧面有无漏浆现象，如果出现漏浆，立刻减慢灌浆速度或停止灌浆，进行漏浆处理，待灌压砂浆至设计标高，继续灌注 3～5 罐方可停止灌注，在灌注 24h 之后，通过水下触摸的方式探明水下不分散砂浆灌注的密实性。

6. 拆除钢套管

通过同条件养护试件检测钢套管内浆体的强度，应达到设计强度，不小于 28d 龄期时，由潜水员对钢套管自上向下依次进行回收，首节钢模板如因嵌入河床中，无法回收，可根据现场情况保留。拆除后，水下不分散砂浆的实测外观如图 6.27（d）所示，表面光滑，无蜂窝、麻面、孔洞、FRP 网格外露等现象。经 28d 同条件养护试件实测，现场水下不分散砂浆的抗压强度标准值为 39.3MPa，按照我国《公路钢筋混凝土及预应力混凝土桥涵设计规范》（JTG 3362—2018）对混凝土轴心抗压强度及混凝土等级的规定，该强度等级相当于 C35～C40 混凝土，满足水下桩基础的混凝土强度要求。在加固完成后，对桥位所处区域桩基础周围进行防护，减小水流对桩基础的冲刷。

　　（a）网格安装　　　　　　（b）钢套管下沉　　　　（c）灌压不分散砂浆　　　　（d）完成效果

图 6.27　FRP 网格加固水下桩基础关键施工工艺

在该桥梁两个病害桩基础加固施工中，仅投入 5 人的情况下，30d（不计拆除钢套管时间）施工期，无须大型设备，对通航影响小，经济投入小。

工程实践表明，FRP 网格加固桥梁水下结构技术，以水下无排水施工为指导思想，减少投资，是桥梁水下结构加固修复的一种新的有效技术，尤其在无法或难于修筑围堰的情况下，具有广阔的应用前景。

6.7　小　　结

本章阐述了 FRP 网格的基本概念，开发了 FRP 网格成型模具，创新性地提出了大尺寸平面 FRP 网格真空辅助生产工艺，提出了空间曲线 FRP 网格编制制造工艺，进行了 FRP 网格的拉伸力学性能测试，对普通 FRP 网格约束混凝土的轴压性能进行了试验研究，研究分析了网格间距与层数的影响。基于不排水加固的思想，本章提出 FRP 网格加固水下混凝土结构的方法，对 FRP 网格约束水下混凝土结构进行了广泛的试验研究，试验参数包括水下粘结材料、FRP 网格参数、施工环境等，试验结果表明，无论采用水下不分散砂浆，还是水下环氧树脂，FRP 网格约束水下混凝土结构均可提高混凝土柱的峰值荷载及峰值位移，显著提高其延性，能够达到与陆上加固相近的效果。在现有 FRP 布约束混凝土计算模型的基础上，提出了 FRP 网格约束混凝土的计算模型。

本章对 FRP 网格加固混凝土柱的抗震性能进行了试验研究，低周期反复荷载试验结果表明，FRP 网格加固能有效提高混凝土柱的承载力和延性等抗震性能，能使柱的破坏形态从未加固时延性较差的弯剪破坏逐渐过渡到延性很好的弯曲破坏，FRP 网格的纵向 FRP 筋锚入柱底可以进一步提高加固柱的承载力，FRP 网格用于桥墩及潮湿环境和水下结构的抗震加固有独特优势。最后，介绍了 FRP 网格加固某水下桩基础的应用实例。

参 考 文 献

[1] SAAFI M. Design and fabrication of FRP grids for aerospace and civil engineering applications[J]. Journal of aerospace engineering, 2000, 13(4):144-149.

[2] PAPANICOLAOU C, TRIANTAFILLOU T, LEKKA M. Externally bonded grids as strengthening and seismic retrofitting materials of masonry panels[J]. Construction and building materials, 2011(25): 504-514.

[3] 魏洋，纪军，张敏. FRP 网格拉伸性能及加固水下混凝土试验研究[J]. 玻璃钢/复合材料，2014（7）：10-15.

[4] 欧阳懿桢，庄勇，刘伟庆. 带蒙皮 FRP 格栅增强混凝土板受弯理论分析[J]. 混凝土，2014（11）：44-46.

[5] 魏洋，张希，吴刚，等. 空间曲面纤维网格制作及加固水下混凝土柱试验研究[J]. 土木工程学报，2017（10）：45-53.

[6] 吴智深. FRP 粘贴结构加固中的几个关键问题和技术[J]. 建筑结构，2007，37（S1）：8-14.

[7] 陈梓洪. 水下不分散砼、砂浆施工法[J]. 石油工程建设，1993（3）：36-38.

[8] 王红喜，田焜，丁庆军，等. 盾构隧道同步注浆水下不分散砂浆的研制[J]. 混凝土与水泥制品，2006（6）：29-31.

[9] 魏洋，吴刚，纪军，等. 纤维网格加固桥梁水下结构试验研究[J]. 施工技术，2014（16）：28-32.

[10] 中华人民共和国住房和城乡建设部，中华人民共和国国家质量监督检验检疫总局. 混凝土结构加固设计规范：GB 50367—2013[S]. 北京：中国建筑工业出版社，2013.

[11] WU Y F, WEI Y. General stress-strain model for steel- and FRP-confined concrete[J]. Journal of composites for construction, 2015, 19(4): 04014069.

[12] OZBAKKALOGLU T, JIAN C L. Axial compressive behavior of FRP-confined concrete: experimental test database and a new design-oriented model[J]. Composites part B: engineering, 2013, 55(12): 607-634.

[13] SAMAAN M, MIRMIRAN A. Model of concrete confined by fiber composites[J]. Journal of structural engineering, 1998, 124(9): 1025-1031.

[14] TOUTANJI H A. Stress-strain characteristics of concrete columns externally confined with advanced composite sheets[J]. ACI

materials journal, 1999, 96(3): 397-404.

[15] LAM L, TENG J G. Strength models for fiber-reinforced plastic-confined concrete[J]. Journal of structural engineering, 2002, 128(5): 612-623.

[16] WU G, LU Z T, WU Z S. Strength and ductility of concrete cylinders confined with FRP composites[J]. Construction and building materials, 2006, 20(3): 134-148.

[17] YOUSSEF M N, FENG M Q, MOSALLAM A S. Stress-strain model for concrete confined by FRP composites[J]. Composites part B: engineering, 2007, 38(5-6): 614-628.

[18] TENG J G, JIANG T, LAM L, et al. Refinement of a design-oriented stress-strain model for FRP-confined concrete[J]. Journal of composites for construction, 2009, 13(4): 269-278.

[19] FAHMY M F M, WU Z. Evaluating and proposing models of circular concrete columns confined with different FRP composites[J]. Composites part B: engineering, 2010, 41(3): 199-213.

[20] WEI Y, WU G. Unified stress-strain model of concrete for FRP-confined columns[J]. Construction and building materials, 2012, 26(26): 381-392.

[21] 李陆平, 尤继勤, 王吉连. 蔡家湾汉江特大桥深水基础钢套箱围堰施工技术[J]. 桥梁建设, 2010 (1): 59-62.

[22] 王红伟. 钦防铁路茅岭江特大桥主墩双壁钢围堰施工技术[J]. 铁道建筑, 2013 (5): 35-37.

[23] 向科. 上海长江隧桥高桩承台围堰选型与设计[J]. 施工技术, 2011, 40 (2): 48-51.

[24] 武向东, 吴中鑫, 姚振海. 松花江大桥抢险维修加固钢板桩围堰设计[J]. 公路, 2013 (1): 153-157.

[25] 贾广林. 萧山特大桥深水承台钢板桩围堰施工[J]. 公路, 2013 (2): 125-128.

[26] 林宝玉, 傅智. 公路水下水泥混凝土水中抗分离剂应用技术[J]. 公路, 2006, 4: 57-65.

[27] 宋伟, 李长锁. 水下不分散混凝土配制和施工[J]. 中国港湾建设, 2012 (3): 64-66.

[28] 韦灼彬, 唐军务, 王文忠. 水下不分散混凝土性能的试验研[J]. 混凝土, 2012 (2): 124-126.

第7章 FRP 管及 FRP-钢复合管约束混凝土柱的力学性能

7.1 引　言

FRP 约束混凝土不仅能够应用于既有建筑结构的加固，也可以应用于新建结构。应用于新建结构时，其作用类似于钢管，FRP 管与混凝土组合即形成 FRP 管约束混凝土，如进一步与钢材料组合，即形成 FRP-钢复合管约束混凝土。FRP 管约束混凝土以 FRP 管代替钢管，避免了钢材的腐蚀问题，同时又具有钢管混凝土结构的优点。FRP 管混凝土组合结构的工作原理与钢管混凝土结构相似，均是利用管材对内部混凝土的紧箍约束作用，使混凝土处于三向受力状态，使混凝土的抗压强度和延性大大提高，同时提高了管壁的局部稳定性，抑制了其局部屈曲，从而达到良好的综合性能。

7.2 FRP 管混凝土组合结构

7.2.1 基本概念

FRP 管填充混凝土（concrete filled FRP tubes，CFFT）组合结构，简称 FRP 管混凝土组合结构，是将混凝土浇筑于预制 FRP 管中而形成 FRP 与混凝土的组合结构。Mirmiran 和 Shahawy[1]于 1995 年首次提出了将 FRP 管混凝土柱应用于桥墩的新型结构概念。Cole 与 Fam[2]于 2006 年又提出了 FRP 管填充钢筋混凝土（reinforced concrete filled FRP tubes，RCFFT）组合结构的概念，它是指在柱中配有纵筋的 FRP 管混凝土组合结构，该结构可以有效改善 CFFT 结构的脆性破坏特征，提高结构延性，有利于结构抗震。典型 FRP 管混凝土组合结构横截面如图 7.1 所示。

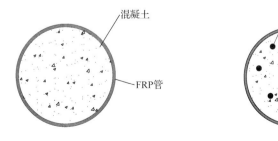

（a）FRP管填充混凝土组合结构　　　（b）FRP管填充钢筋混凝土组合结构

图 7.1　FRP 管填充混凝土及 FRP 管填充钢筋混凝土组合结构横截面示意图

FRP 管混凝土组合结构是以预制 FRP 管作为永久模板和保护外壳，在管内浇筑混凝土或钢筋混凝土所形成的构件。和传统钢筋混凝土、钢管混凝土结构相比，FRP 管混凝土组合结构具有以下特点。

1）强度高、质量轻，具有较高的强度质量比、刚度质量比和良好的耐腐蚀性能，特别适用于沿海桥墩、桩基础等腐蚀环境。

2）FRP 管结构可作用内部混凝土的模板，可为混凝土提供全寿命周期的保护，延长了结构的使用寿命。

3）内部混凝土防止了 FRP 管的屈曲，FRP 管对混凝土的全截面约束比传统钢筋混凝土更有效，可有效防止纵筋的压屈，避免了混凝土的脱落，极大地提高了混凝土的强度和变形能力，增加了结构的承载力和延性。

4）FRP 管为组合结构提供了一定的抗弯和抗剪能力，其性能可以根据结构构件的受力特点对其纤维铺层数量及铺设方向进行优化设计。

5）和钢管混凝土结构相比，FRP 管无须考虑耐腐蚀性保护和维护问题，节省了钢管在结构使用期间的维护费用。

FRP 管混凝土组合结构利用混凝土材料抗压强度较好，FRP 质量轻、抗拉强度高、耐腐蚀、材料可设计、成型方便的特点，相互结合，充分发挥各自特长。通过不同纤维混杂铺层设计 FRP 壳体，不但可用作混凝土的永久性模板，而且还可作为混凝土纵横向加强材料提高构件的承载力，提高结构的耐久性。

7.2.2　力学性能

1. 混凝土

混凝土的强度由与试件同批浇注并在相同条件下养护成型的标准试块试验测得。28d 混凝土立方体抗压强度为 37.6MPa，经计算可得其轴心抗压强度为 29.6MPa。

2. 玄武岩纤维

本章试验中所用的玄武岩纤维单向布是由浙江石金玄武岩纤维有限公司生产提供的，其计算厚度为 0.142mm，宽度为 500mm，使用时按具体需要尺寸进行裁剪。浸渍胶采用上海三悠树脂有限公司的进口浸渍胶，规格为 L-500AS/L-500BS。

玄武岩纤维单向布编织方法和其他纤维布一样，只是编织密度一般较其他纤维（如碳纤维）稍密。在进行单向布材性试验时要考虑其计算厚度，计算厚度可由单位面积质量除以体密度得到，其中单位面积质量的测定方法依据标准《结构加固修复用碳纤维片材》（JG/T 167—2016）的规定。

玄武岩纤维单向布拉伸试件按标准《定向纤维增强聚合物基复合材料拉伸性能试验方法》（GB/T 3354—2014）[3]制作。如图 7.2 所示，试件长为 230mm，宽为 15mm。

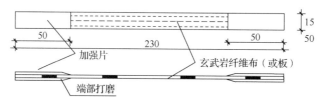

图 7.2　试件尺寸（单位：mm）

BFRP 的材性试验在万能试验机上进行，加载速度控制在 2mm/min，试件中间位置固定引伸计测量伸长量，连续加载直至试件破坏。试验加载装置及试件破坏形式如图 7.3 所示。由以上试验测得的数据列于表 7.1 中。

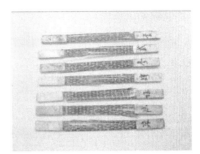

（a）试验加载装置　　　　　　　　　　　　　（b）试件破坏形式

图 7.3　试验加载装置及试件破坏形式

表 7.1　玄武岩纤维单向布拉伸试验数据

试件号	试验面积/mm²	最大载荷/N	抗拉强度/MPa	弹性模量/MPa	断裂伸长率/%
1	2.13	3746.5	1758.9	87207.6	2.09
2	2.13	3932.7	1848.8	78295.2	2.52
3	2.13	4459.9	2001.8	86548.7	2.50
4	2.13	4335.3	1992.8	81420.8	2.60
5	2.13	4068.9	1910.3	86965.4	2.32
平均值	—	—	1902.5	84087.5	2.41
均方差	—	—	101.96	4022.96	0.20
变异系数	—	—	0.054	0.048	0.083

由表 7.1 可知，该批玄武岩纤维单向布的抗拉强度平均值为 1902.5MPa，弹性模量平均值为 84087.5MPa，断裂伸长率平均值为 2.41%。

3. 试件设计

本试验共有 8 个 BFRP 管约束混凝土试件、2 个无约束混凝土对比试件，一次浇筑完成。试件编号和具体参数如表 7.2 所示。

表 7.2　试件编号和具体参数

试件编号	直径×柱高	约束类型	混凝土强度/MPa	试件数量
UC1	150mm×450mm	无约束	37.6	2
BTC1-3	100mm×300mm	Tube1	37.6	2
BTC2-2	150mm×450mm	Tube2	37.6	2
BTC2-3	150mm×450mm	Tube3	37.6	2
BTC2-4	150mm×450mm	Tube4	37.6	2

注：混凝土强度为 150mm 混凝土立方体抗压强度，BFRP 管为玄武岩纤维单向布手工缠绕而成。Tube1 为 1 层布缠绕而成的内径为 100mm 的 BFRP 管；Tube2 为 2 层布缠绕而成的内径为 150mm 的 BFRP 管；Tube3 为 3 层布缠绕而成的内径为 150mm 的 BFRP 管；Tube4 为 4 层布缠绕而成的内径为 150mm 的 BFRP 管。

　　本试验采用的 BFRP 管为玄武岩纤维单向布手工缠绕而成，先将玄武岩纤维单向布用结构胶浸渍完全，然后用 PVC 管作为模具，将玄武岩纤维单向布缠绕成管状，并滚压使单向布缠绕密实并使结构胶分布均匀。待结构胶硬化后取出 PVC 管，即完成 BFRP 管的制作，之后待结构胶达到强度后在车床上加工完成，具体过程如图 7.4 所示。

（a）BFRP 片材、PVC 管　　　　（b）BFRP 管成型　　　　（c）BFRP 管脱模后

图 7.4　BFRP 管成型过程

4. 试验现象

　　对各试件的试验过程进行观察可发现，所有 BFRP 管混凝土试件存在一些共同的试验现象：荷载加到极限荷载 50% 左右，纤维管表面出现白纹，随着荷载增加，白纹不断扩展。当 BFRP 管的拉应力达到极限强度 80% 左右，可以听见树脂开裂的声音。当其达到极限强度时，BFRP 管中部纤维先被拉断，然后迅速向两端扩展，随着管对混凝土约束作用的消失，承载力急剧降低，试件破坏，如图 7.5 所示。

（a）BFRP 管混凝土试件　　　　（b）BFRP 管混凝土破坏后

图 7.5　BFRP 管混凝土破坏形式

　　与素混凝土圆柱体破坏形式（图 7.6）不同，BFRP 管混凝土轴心受压破坏时其核心混凝土达到复合受力（三轴受压）状态下的抗压强度，同时 BFRP 管环向拉断。

（a）素混凝土圆柱体试件

（b）素混凝土圆柱体破坏后

图 7.6　素混凝土圆柱体破坏形式

各试件极限应力及极限应变见表 7.3，由于 BFRP 管纤维方向垂直于管轴，计算其极限应力时不计其承压作用。根据试验数据可知：BFRP 管的约束极大提高了混凝土的极限应力及极限应变。极限应力最大可提高 133.7%，极限应变最大提高至 0.0319，改善了混凝土构件的延性；比较构件 BTC1-3 与构件 BTC2-3 的试验结果可知：BFRP 管对小尺寸构件的约束效果大于大尺寸构件，其极限应力与应变提高量均较大；比较构件 BTC2-2、BTC2-3 与 BTC2-4 可知：BFRP 管的厚度越大其约束效果越好，混凝土的极限应力及极限应变提高越大。

表 7.3　各试件的极限应力及极限应变

试件编号	极限应力/MPa			极限应变/με		
	试验值	平均值	提高比率	试验值	平均值	提高比率
UC1-1	29.1	30.2	—	0.0033	0.0034	—
UC1-2	31.3			0.0035		
BTC1-3-1	71.54	70.57	2.34	0.030	0.0319	9.38
BTC1-3-2	69.59			0.0338		
BTC2-2-1	40.04	41.65	1.38	0.0145	0.0146	4.29
BTC2-2-2	43.26			0.0147		
BTC2-3-1	50.66	53.24	1.76	0.0215	0.0232	6.82
BTC2-3-2	55.82			0.0249		
BTC2-4-1	64.98	65.90	2.18	0.0274	0.0286	8.41
BTC2-4-2	66.81			0.0298		

图 7.7 所示为典型试件的应力-应变关系曲线，纵坐标为 BFRP 管混凝土的轴压应力，其为仪器测量的轴力值与管内混凝土截面面积的比值；横坐标为试件的轴压应变值，应变值根据引伸计测量值计算而得。为便于不同参数之间应力-应变关系的比较，现取每类试件的其中一组试件的试验曲线进行分析比较，如图 7.7 所示。

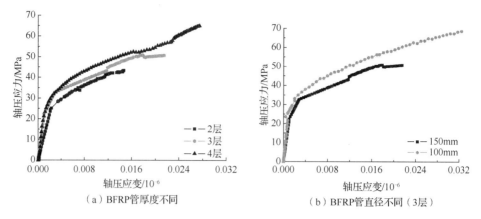

图 7.7　BFRP 管混凝土试件的应力-应变关系曲线

图 7.7 中,在各参数状态下,BFRP 管混凝土的应力-应变关系曲线大致分为 3 个阶段。第一阶段类似于无约束混凝土初始阶段应力-应变关系曲线,此阶段混凝土产生的横向变形很小,BFRP 管的弹性模量及环向刚度均较低,对混凝土基本没有约束作用。第二阶段为无约束混凝土强度附近的软化和过渡期,此阶段混凝土横向变形增加,BFRP 管内产生环向拉应力,混凝土开始受约束作用。第三阶段为 BFRP 管充分发挥作用的阶段,其应力-应变关系曲线近似为直线。

对于相同直径不同管厚的 BFRP 管混凝土,其第一、第二阶段的斜率基本一致,这也说明了前两个阶段 BFRP 管未充分发挥其约束作用;第三阶段,随着层数的增加,斜率增大,BFRP 管混凝土的刚度增大,可知第三阶段斜率主要由 BFRP 管对核心混凝土的约束刚度决定。由图 7.7(b)可知,相同层数的 BFRP 管,小尺寸构件的极限强度及第三阶段的斜率明显高于大尺寸构件,极限强度更高。

7.2.3　计算模型

有关 FRP 约束混凝土轴压应力-应变模型的研究已有很多,FRP 管与 FRP 片材约束混凝土都是通过约束核心混凝土提高其强度和变形性能,且多数 FRP 管是由 FRP 片材制作完成,FRP 管的轴向刚度很低,因此 FRP 管约束混凝土的应力-应变关系与 FRP 片材约束混凝土无本质区别,很多研究者将 FRP 片材约束混凝土模型引入 FRP 管约束混凝土计算。

目前,FRP 管约束混凝土计算模型主要针对圆 FRP 管混凝土。Mirmiran 等[4]和 Saafi 等[5]沿用 FRP 片材约束混凝土模型提出了 FRP 管约束混凝土模型,但模型参数是根据 FRP 管约束混凝土的试验结果得到的。作者提出了 FRP 约束混凝土圆柱无软化段的三折线模型,同样适用于 FRP 管约束混凝土,只是模型公式中的多项式系数有所区别。对于 FRP 管约束混凝土,由于是先成型 FRP 管,后在其内浇筑混凝土,因此 FRP 与混凝土粘结密实,有更好的约束效率,模型公式具体如下。

1)极限强度计算公式为

$$\frac{f'_{cc}}{f'_{c0}} = 1.316 + 2.098 \frac{f_1}{f'_{c0}} - 0.317 \left(\frac{f_1}{f'_{c0}}\right)^2 \tag{7.1}$$

2）简化公式为

$$\frac{f'_{cc}}{f'_{c0}} = 1 + 2.5\frac{f_1}{f'_{c0}} \tag{7.2}$$

3）极限压应变计算公式为

$$\varepsilon_{c3} = \varepsilon_{cc} = \frac{\varepsilon_{fu}}{\nu_u} \tag{7.3}$$

式中，ν_u 为强化阶段混凝土稳定时的泊松比，其计算公式为

$$\nu_u = 0.31\left(\frac{f_1}{f'_{c0}}\right)^{-0.44} \tag{7.4}$$

三折线应力-应变关系的其他关键点仍然等同于 FRP 片材约束混凝土模型，具体如下。

1）第一折线终点（$\varepsilon_{c1}, \sigma_{c1}$）为

$$\sigma_{c1} = 0.7f'_{c0} \tag{7.5}$$

$$\varepsilon_{c1} = \frac{\sigma_{c1}}{E_c} \tag{7.6}$$

2）第二折线终点（$\varepsilon_{c2}, \sigma_{c2}$）为

$$\sigma_{c2} = (1 + 0.0002E_1)f'_{c0} \tag{7.7}$$

$$\varepsilon_{c2} = (1 + 0.0004E_1)\varepsilon_{c0} \tag{7.8}$$

图 7.8～图 7.11 分别对比了试件 BTC1-3、BTC2-2、BTC2-3、BTC2-4 的试验曲线与吴刚三折线模型的试验曲线，吻合度较好，同时其计算值偏于安全，可满足实际工程中的设计要求。

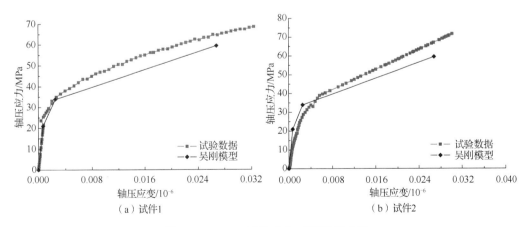

（a）试件1　　　　　　　　　　（b）试件2

图 7.8　BTC1-3 试件应力-应变关系曲线

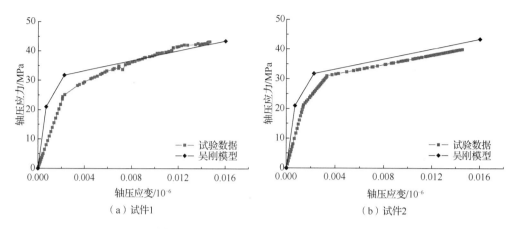

图 7.9　BTC2-2 试件应力-应变关系曲线

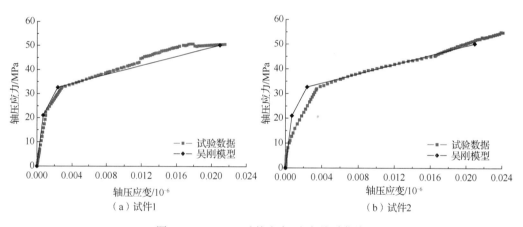

图 7.10　BTC2-3 试件应力-应变关系曲线

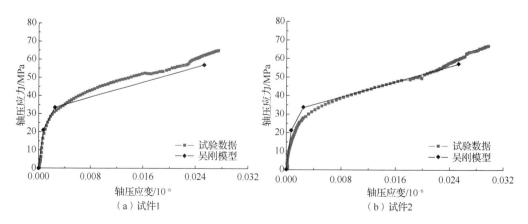

图 7.11　BTC2-4 试件应力-应变关系曲线

7.3　FRP-钢复合管混凝土结构

7.3.1　圆形截面 FRP-钢复合管混凝土结构

1. 基本概念

FRP-钢复合管混凝土结构，即在钢管内填充混凝土，外部缠绕 FRP 而形成的组合结构[6-8]。这种新的结构形式能够充分发挥钢、FRP、混凝土 3 种材料的各自优势，具有传统钢管混凝土和 FRP 管混凝土两者的长处，并基本解决两种材料的不足之处[9,10]，典型 FRP-钢复合管混凝土结构横截面如图 7.12 所示。

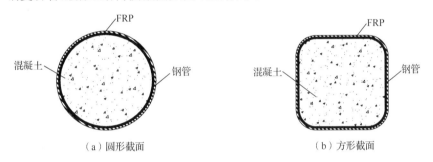

（a）圆形截面　　　　　　　　　　　　　（b）方形截面

图 7.12　典型 FRP-钢复合管混凝土结构横截面

FRP-钢复合管混凝土结构具有以下特点。

1）内部钢管可为纤维-钢复合管提供可靠的连接，利用现有成熟的钢管混凝土柱的节点技术，能够解决 FRP 管的连接难题。

2）内部钢管为纤维-钢复合管的制造提供了芯模，并在施工过程中有效承担竖向施工荷载。

3）内部钢管能显著增强截面刚度，解决 FRP 管混凝土变形过大的缺陷。

4）外部 FRP 保护内部钢管。

5）外部 FRP 可作为火灾的第一道防线，可作为内部钢管的防火保护。外部 FRP 的作用主要是约束、抗震，无须担心其在火灾中的失效。

6）FRP 的各向异性为优化纤维-钢复合管设计提供了方便。

7）外部 FRP 的高强度约束可以显著降低用钢量，降低加工难度。

针对不同性能目标的 FRP-钢复合管，线弹性 FRP 和弹塑性钢管两种材料结合有不同的方式，FRP 的纤维方向可以沿着钢管纵向或横向，也可以呈一定的角度。FRP 在横向主要可增强约束力，阻止内部钢管的屈曲，FRP 在纵向可提高其抗弯承载力及抗弯屈服后的二次刚度。在具体设计时，应根据不同的性能目标进行优化。

2. 试验设计

本次试验共制作了 12 个试件，其中 4 个为钢管混凝土试件，8 个为纤维-钢复合管混凝土试件，试件的具体参数见表 7.4。试验采用的钢管为圆形无缝钢管，无缝钢管外

径 D_t=133mm，加工后钢管的厚度 t_s 为 3.0mm、4.5mm、6.0mm、7.5mm，其径厚比分别为 44.3、29.6、22.2、17.7，钢管钢材屈服强度 364.9MPa，极限强度 503.6MPa，试件高度均为 400mm，浇筑混凝土强度等级为 C30，各试件试验时混凝土圆柱体轴心抗压强度为 31.2MPa 和 34.7MPa 两个批次，相应实测立方体抗压强度为 46.6MPa 和 51.8MPa。复合管采用纤维布缠绕于钢管表面制作而成，所用纤维布为日本东丽 200g/m² 碳纤维（CFRP），厚度 0.111mm，实测强度 4067MPa，弹性模量 239.8GPa，极限应变 1.7%，每种厚度的钢管分别缠绕 1 层、2 层碳纤维，搭接长度 150mm，其中，2 层碳纤维采用连续缠绕的形式，纤维浸渍胶为德国慧鱼 FRS-CB 树脂胶，同时实现底涂、找平、浸渍三项要求。为方便描述，各试件按以下规则编号，第 1 部分字母 C 表示圆柱，中间部分表示纤维层数（0、C1 或 C2），第 3 部分表示钢管厚度，如试件 C-C2-4.5，表示试件参数为 2 层碳纤维与 4.5mm 厚钢管形成的复合管混凝土圆柱试件。

表 7.4　试件的具体参数

试件编号	混凝土轴心抗压强度 f_{c0}/MPa	钢管厚度 t_s/mm	径厚比 D_t/t	纤维层数	纤维厚度 t_f/mm	极限荷载 N_t/kN	综合极限强度 f_{csf}/MPa
C-0-3.0	31.2	3.0	44.3	0	0	1153	83.1
C-C1-3.0	31.2	3.0	44.3	1	0.111	1451	104.5
C-C2-3.0	31.2	3.0	44.3	2	0.222	1555	112.0
C-0-4.5	34.7	4.5	29.6	0	0	1568	112.9
C-C1-4.5	34.7	4.5	29.6	1	0.111	1806	130.1
C-C2-4.5	34.7	4.5	29.6	2	0.222	1963	141.3
C-0-6.0	34.7	6.0	22.2	0	0	1798	129.5
C-C1-6.0	34.7	6.0	22.2	1	0.111	1876	135.1
C-C2-6.0	34.7	6.0	22.2	2	0.222	2312	166.5
C-0-7.5	34.7	7.5	17.7	0	0	1941	161.9
C-C1-7.5	34.7	7.5	17.7	1	0.111	2091	150.6
C-C2-7.5	34.7	7.5	17.7	2	0.222	2363	170.2

注：对于 t_s=6.0mm 和 t_s=7.5mm 的对比试件，为方便对比，其极限荷载取对应 1 层纤维增强试件纤维断裂时的荷载值。

3. 试验现象

图 7.13 所示为 C-0-4.5、C-C1-4.5 及 C-0-6.0、C-C1-6.0 的破坏形态。对于对比钢管混凝土试件 C-0-4.5、C-0-6.0，在受荷早期，加载过程稳定，未见明显变形，继续加载至屈服荷载后，试件中部膨胀变形越来越明显，并在靠近加载板的试件上端部，钢管逐渐发生局部屈曲。对于纤维-钢复合管混凝土试件，在加载初期外观无显著变化，在纤维断裂前，试件变形一直稳定发展，由于受外部纤维布的约束，内部钢管的局部屈曲得到了有效抑制，钢管无局部屈曲现象，且内部混凝土的横向膨胀较对比试件减小；在纤维布首次断裂时，荷载发生跳跃性下降，继续加载，纤维布在试件不同高度持续断裂，钢管逐渐丧失外部纤维布的约束，表现出越来越显著的横向变形，对于钢管径厚比较大的试件（t_s 为 3.0mm、4.5mm），随着纵向变形的增加，柱身逐渐表现出钢管的局部屈曲；对于钢管径厚比较小试件（t_s 为 6.0mm、7.5mm），柱身钢管表现出越来越明显的横向膨胀。

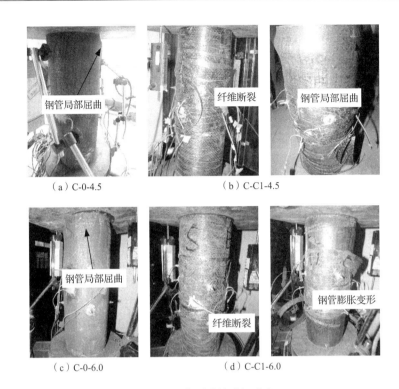

图 7.13　典型试件破坏形态

4. 试验结果分析

各试件的应力-应变关系曲线如图 7.14 所示，纵坐标为截面应力，忽略纤维布的厚度，按钢管外径计算，横坐标为应变，左侧负值为横向应变，右侧正值为纵向应变，由于仪器故障，C-C1-6.0 的横向应变未能记录。

从图 7.14 中的应力-横向应变关系曲线可以看出，在达到钢管屈服应力之后，纤维-钢复合管试件的横向应变显著小于对比钢管混凝土试件，表明其横向应变相对对比试件明显减小；外部纤维在钢管屈服后应变发展速度急剧增大，随着纤维层数的增加，增长的速率减小，反映出外部纤维约束刚度越大，侧向膨胀变形速度减缓的趋势，其对应纤维断裂应变在 0.009~0.015，即纤维强度发挥效率为 52.9%~88.2%。

对于应力-纵向应变关系曲线，整个曲线包括弹性阶段、屈服阶段、强化阶段及残余阶段 4 个阶段：加载初期，应力与应变呈线性关系，为弹性阶段；随后钢管屈服，刚度下降，应力-应变关系曲线出现转折，此即屈服阶段；随后，截面应力继续表现出线性增加，但斜率较初期下降，此为强化阶段；在达到最大应力时，纤维发生断裂，荷载发生跳跃性下降，但之后仍然能够维持较大的残余强度，此为残余阶段。整个应力-纵向应变关系曲线表现出了纤维与钢管复合约束的独特效果：外部纤维赋予了钢管屈服后的强化阶段，使构件获得钢管屈服后的二次刚度；钢管赋予了纤维断裂后的构件残余强度，使构件在极限荷载之后，仍然保持较高的承载能力。对比可以发现，外部纤维的约束能够提高钢管混凝土构件的屈服应力，但对于 t_s=7.5mm 试件，这一表现不是十分明显，因为纤维与钢管的相对用量减小减弱了对比效果。

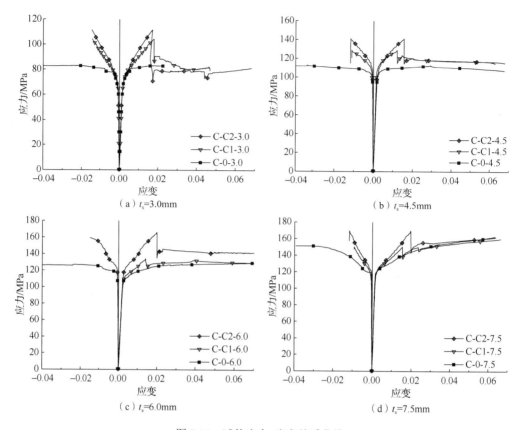

图 7.14　试件应力-应变关系曲线

　　对比不同径厚比试件，纤维断裂后，构件承载力表现出不同的变化趋势。当径厚比很大时（t_s=3.0mm），构件承载力表现出轻微的下降；减小径厚比（t_s=4.5mm），构件承载力表现出基本恒定；继续减小径厚比（t_s=6.0mm），构件承载力表现出轻微的上升；当径厚比很小时（t_s=7.5mm），构件承载力表现出较为显著的上升。径厚比越小，局部屈曲越不容易发生，钢材屈服后的强化强度能够发挥作用。

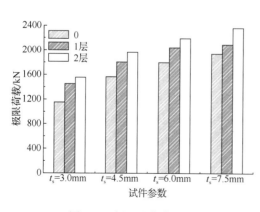

图 7.15　极限承载力对比

　　对比不同纤维用量试件，2 层纤维-钢复合管混凝土试件较 1 层纤维-钢复合管混凝土试件具有更大的强化刚度和更大的极限承载力，各试件的极限承载力对比如图 7.15 所示。相对于对比试件，当 t_s=3.0mm 时，1 层、2 层纤维-钢复合管混凝土试件的极限承载力分别提高 26%、35%；当 t_s=4.5mm 时，分别提高 15%、25%；当 t_s=6.0mm 时，分别提高 14%、22%；当 t_s=7.5mm 时，分别提高 8%、22%。由此可知外部纤维约束对于极限承载力提高效果十分显著，承载力随着纤维层数增加而增加。

5. 承载力计算模型

普通钢管混凝土对内部混凝土承载力的提高可通过钢管的约束效应系数来反映，而针对纤维-钢复合管混凝土结构的承载力，一般认为在钢管混凝土的基础上增加纤维约束提高的承载力，其中，钢管与纤维引起混凝土轴压承载力的增加各自分别计算，计算中不考虑两种材料的相互作用[11,12]。纤维-钢复合管混凝土结构是混凝土、钢管、纤维 3 种材料的组合，内部混凝土受多重约束作用，相对于普通钢管混凝土，其外部纤维的约束抑制了钢管的向外屈曲，提高了钢管的承载力，本书认为钢管混凝土的轴压承载力大小应考虑纤维约束对试件整体的加强效应，二者作用应进行综合考虑，钢管与纤维的用量、强度可分别采用钢管套箍指标 ξ_s 和 FRP 套箍指标 ξ_f 表达。

模型推导过程具体如下。

1）钢管套箍指标为

$$\xi_s = \frac{A_s}{A_{cc}} \frac{f_y}{f_c} = \frac{4t_s}{D_t} \frac{f_y}{f_c} \tag{7.9}$$

式中，ξ_s 为钢管套箍指标；A_s 为钢管的横截面面积，mm^2；f_y 为钢材屈服强度，MPa；f_c 为混凝土轴心抗压强度，MPa；A_{cc} 为钢管内混凝土的横截面面积，mm^2；t_s 为钢管壁厚，mm；D_t 为钢管外径，mm。

2）FRP 套箍指标为

$$\xi_f = \frac{A_f}{A_{cc}} \frac{f_f}{f_c} = \frac{4t_f}{D_t} \frac{f_f}{f_c} \tag{7.10}$$

式中，ξ_f 为 FRP 套箍指标；A_f 为纤维的横截面面积，mm^2；f_f 为纤维的抗拉强度设计值，MPa；t_f 为 FRP 筒壁厚，mm。

3）FRP-钢复合管混凝土的综合套箍指标为

$$\xi = \xi_s + \xi_f \tag{7.11}$$

对本书及文献[7]和文献[13]的试验结果进行回归分析，总结出纤维-钢复合管混凝土综合强度可按式（7.12）计算，对参考文献中未提供的混凝土圆柱体轴心抗压强度试件，其标准立方体抗压强度可按式（7.13）转换得到[14]，即

$$\frac{f_{csf}}{f_{c0}} = 1 + 1.31\xi \tag{7.12}$$

$$f_{c0} = \left[0.76 + 0.2 \lg \frac{f_{cu}}{19.6} \right] f_{cu} \tag{7.13}$$

式中，f_{csf} 为纤维-钢复合管混凝土综合强度，MPa；f_{c0} 为混凝土标准圆柱体轴心抗压强度，MPa；ξ 为综合约束效应系数，f_{cu} 为混凝土标准立方体抗压强度，MPa。

纤维-钢复合管混凝土的轴压承载力可按下式计算：

$$N_u = f_{csf} A_{scf} \tag{7.14}$$

式中，f_{csf} 为纤维-钢复合管混凝土综合强度，MPa；A_{scf} 为纤维-钢复合管混凝土的综合截面面积（忽略纤维厚度），mm^2。

根据式（7.14）将纤维-钢复合管混凝土柱轴压承载力计算结果和试验结果进行对

比，如图 7.16 所示，发现计算结果和试验结果相一致。

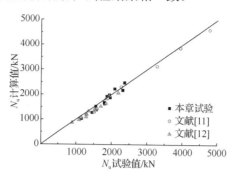

图 7.16　轴压承载力计算值与试验值对比

7.3.2　矩形截面 FRP-钢复合管混凝土结构

1. 原理

目前，圆形 FRP-钢管混凝土结构已经得到了较为充分的研究[15-21]，并成功应用于实际工程中[6]。因为 FRP 具有较低的剪切强度，相对于圆形 FRP-钢复合管混凝土，对于矩形 FRP-钢复合管混凝土，FRP 在倒角部位容易由于应力集中而发生破坏[6]，所以对于矩形 FRP-钢复合管混凝土，截面角部的倒角半径对于其受力性能具有决定性的影响。目前，只有少量学者对矩形 FRP-钢管复合约束混凝土结构进行研究，魏洋等[22]通过矩形 FRP-钢复合管混凝土短柱的轴压试验研究了 FRP 类型及 FRP 层数对其轴压性能的影响，但未涉及不同倒角对受力性能影响的对比；王庆利等[23]研究了方形截面 CFRP-钢管混凝土轴压柱的静力性能，研究参数主要为 FRP 的层数，研究未考虑截面特性的影响；Alwash 和 Alsalih[24]同时进行了 FRP 约束圆钢管和方钢管的混凝土试件的轴压性能研究，外部 FRP 约束能有效提高约束强度和延缓构件的破坏，对比证实了 FRP 约束圆钢管混凝土的效果好于约束矩形钢管混凝土；Prabhu 和 Sundarraja[25]对 FRP 条带约束矩形钢管混凝土柱的受压性能进行了研究，试验发现 FRP 能延缓钢管混凝土试件的屈曲，同时也能够提高试件的强度和刚度。本章通过对不同倒角半径的矩形 FRP-钢复合管混凝土短柱的轴压试验，研究截面倒角半径对其轴压受力性能的影响。

2. 试验设计

本章共设计 10 个不同倒角半径的矩形 FRP-钢复合管混凝土试件，按倒角不同（倒角半径分别为 0mm、15mm、30mm、45mm、66.5mm）分为 5 组，具体参数见表 7.5。每一组里有 1 个钢管混凝土对比试件和 1 个两层 CFRP-钢复合管混凝土试件。所有的试件截面宽度为 133mm，高度为 400mm，保证长细比为 3.0，钢管厚度为 3mm。对于矩形截面试件，先将钢板根据不同倒角半径的模具冷弯形成两个对称的 U 形截面，随后将两个 U 形截面对焊形成完整的矩形截面钢管；对于圆形截面试件，采用直径 133mm 的无缝钢管制作。各个试件都按如下方式编号：第一个字母 S 代表矩形，中间的字母和数字代表 FRP 类型和层数，第三部分的数字代表截面的倒角半径，其中，倒角半径为

66.5mm 的试件即圆形截面试件。试件采用的混凝土强度等级 C30，实测的混凝土立方体强度（150mm×150mm×150mm）、圆柱体强度（直径 150mm×高度 300mm）和钢材力学性能见表 7.5。所用 FRP 为 CFRP（碳纤维增强复合材料），厚度皆为 0.111mm，纤维浸渍胶为德国慧鱼 FRS-CB 树脂胶，CFRP 实测拉伸强度为 4067MPa，弹性模量为 239.8GPa，极限应变为 1.7%。

表 7.5　试件试验参数

试件编号	倒角半径 r/mm	钢管		FRP				混凝土	
		厚度 t_s/mm	屈服强度 f_y/MPa	强度 f_f/MPa	弹性模量 E_f/GPa	层数	厚度 t_f/mm	圆柱体 f_{c0}/MPa	立方体 f_{c0}/MPa
S-0-0	0	3.0	268.4	—	—	—	—	34.7	51.8
S-C2-0	0	3.0	268.4	4067	239.8	2	0.222	34.7	51.8
S-0-15	15	3.0	268.4	—	—	—	—	34.7	51.8
S-C2-155	15	3.0	268.4	4067	239.8	2	0.222	34.7	51.8
S-0-30	30	3.0	268.4	—	—	—	—	31.2	51.8
S-C2-30	30	3.0	268.4	4067	239.8	2	0.222	31.2	46.6
S-0-45	45	3.0	268.4	—	—	—	—	34.7	51.8
S-C2-45	45	3.0	268.4	4067	239.8	2	0.222	34.7	51.8
S-0-66.5	66.5	3.0	364.9	—	—	—	—	31.2	46.6
S-C2-66.5	66.5	3.0	364.9	4067	239.8	2	0.222	31.2	46.6

3. 试验现象

图 7.17 和图 7.18 所示分别为钢管混凝土试件和 FRP-钢复合管混凝土试件的破坏模式。对于矩形钢管混凝土试件，在峰值荷载之前，试件表面没有明显变化。在峰值荷载之后，试件表面开始出现轻微凸鼓，横向凸鼓一般出现在试件侧面的中部部位，纵向凸鼓则出现在试件高度的中部区域。随着试验荷载的增加，凸鼓屈曲沿着环向自试件侧面的中部向两侧扩展，纵向则可能出现一些新的凸鼓屈曲部位，钢管凸鼓现象越来越严重，表面越来越明显，继续加载，试件能够保持一定的承载力。对于倒角变化至圆形截面时，试件的侧向变形整体较为均匀，由于设备问题，试验停止较早，未进入局部凸鼓屈曲状态。

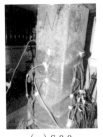    

　（a）S-0-0　　　　　（b）S-0-15　　　　　（c）S-0-30　　　　　（d）S-0-45　　　　　（e）S-0-66.5

图 7.17　钢管混凝土试件的破坏模式

（a）S-C2-0　　　（b）S-C2-15　　　（c）S-C2-30　　　（d）S-C2-45　　　（e）S-C2-66.5

图 7.18　FRP-钢复合管混凝土试件的破坏模式

对于 FRP-钢复合管混凝土试件，在 FRP 断裂之前，试件表面无显著变化，继续加载，钢管屈服，荷载或转为下降或者继续上升，在 FRP 断裂之前，试件的横向变形不明显，未见钢管的局部屈曲现象，说明钢管的局部屈曲能够得到有效抑制，在达到极限点时，FRP 发生断裂。对于矩形截面，其 FRP 断裂位置都发生在试件中部的倒角部位，倒角半径越小，其裂口越加齐整，原因如下：倒角半径越小，角部的局部应力集中现象越发严重，对 FRP 造成更加不利的受力状态。当 FRP 断裂之后，横向变形增大，在试件中部能看到轻微凸起，继续加载，试件中部的凸鼓屈曲变得越来越严重。对比不同倒角半径试件，倒角半径越大，破坏模式越加缓和，倒角可以改善矩形 FRP-钢复合管混凝土柱的受力性能。

4. 试验结果分析

图 7.19 所示为各个试件的轴向应力-应变关系曲线图，其中应力值为竖向荷载除以截面面积而得。从图 7.19 可以看出，在试件屈服之前，应力-应变关系曲线无明显区别，这是因为在试件屈服之前，混凝土膨胀尚不明显，FRP 的约束增强作用尚未激发。在试件屈服之后，由于 FRP 的约束增强作用，其应力-应变关系曲线有显著的变化，且屈服拐点之后的荷载下降变得缓和或转变为上升强化型，对于倒角相同的同一组试件，由于 FRP 的侧向约束作用，FRP 对试件承载力有提高效果。同时，对比各组试件可知，对于倒角半径 $r=0mm$ 和 $r=15mm$ 两组试件，承载力提高不是十分显著，主要是由于倒角半径较小，FRP 在倒角处更容易断裂；同时，该两组试件在 FRP 约束增强之后，其应力-应变关系曲线在屈服拐点后仍出现下降阶段，证实了倒角半径较小，FRP 对其内部混凝土的约束效果较差。对于矩形截面倒角较大的试件（$r=30mm$、$r=45mm$ 和 $r=66.5mm$），在屈服拐点之后，其应力-应变关系曲线为上升阶段，倒角半径越大，上升段的斜率越大，说明 FRP 对钢管混凝土试件约束效果更好，同时，比较 FRP 约束增强试件，倒角半径越大，试件在 FRP 断裂之后的残余应力越大。

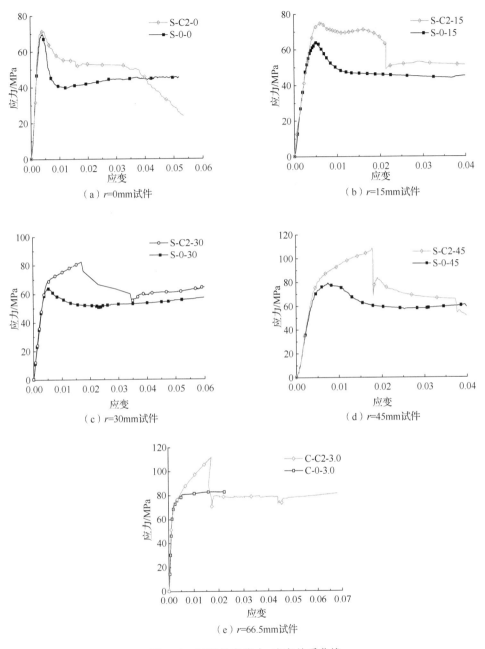

（a）r=0mm试件

（b）r=15mm试件

（c）r=30mm试件

（d）r=45mm试件

（e）r=66.5mm试件

图 7.19　试件轴向应力-应变关系曲线

　　图 7.20 给出了不同倒角各个试件的应力-应变关系曲线，对比可以发现，倒角半径的增大对试件受力的有益影响不仅存在于 FRP-钢复合管混凝土试件，也存在于钢管混凝土试件，在其他参数相同的条件下，倒角半径增大，试件的应力-应变关系曲线表现为从下降型转变为强化型，在屈服拐点之后，其曲线的斜率由负值转变为正值，并随着半径的增大而越来越大，这表明，倒角半径越大，钢管混凝土或 FRP-钢复合管混凝土的受力性能越好。

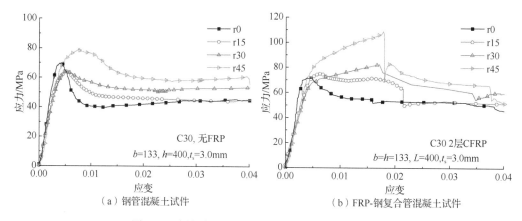

（a）钢管混凝土试件　　　　　　　　　（b）FRP-钢复合管混凝土试件

图 7.20　倒角半径对试件的轴向应力–应变关系影响

5. 结论

本节通过研究 10 个不同倒角半径的矩形 FRP-钢复合管混凝土试件的轴压性能试验，分析了截面倒角半径对其轴压受力性能的影响，根据试验结果可以得到如下结论。

1）对于矩形 FRP-钢复合管混凝土试件，在 FRP 断裂之前，试件的横向变形不明显，未见钢管局部屈曲现象，钢管的局部屈曲能够得到有效抑制，在达到极限点时，其 FRP 断裂位置都发生在试件中部的倒角部位，归因于角部的局部应力集中现象。

2）由于 FRP 的侧向约束作用，FRP 对钢管混凝土的承载力有提高效果；倒角半径较小时，FRP 对其内部混凝土的约束效果较差，倒角半径较大时，FRP 对钢管混凝土试件约束效果更好。倒角可以显著改善矩形 FRP-钢复合管混凝土的 FRP 在倒角处的受力。

3）倒角半径的增大，FRP-钢复合管混凝土的应力–应变关系曲线从下降型转变为强化型，曲线的斜率越大，残余应力越大，钢管混凝土或 FRP-钢复合管混凝土的受力性能越好。

7.3.3　应用实例

针对近年来桥墩在地震时的破坏特点，桥墩的抗震设计理念越来越引起研究人员的重视，同时，在某些特殊场合下，如桥墩的截面受到限制、处于腐蚀环境下等，FRP-钢复合管混凝土结构能表现其突出的应用优势。结合某高速公路工程，本节进行了 FRP-钢复合管混凝土结构的试点应用，该工程某枢纽匝道的 2 个桥墩位于已建高速公路的中央分隔带，因尺寸大小受分隔带宽度的严重限制，桥墩结构采用了新型 FRP-钢复合管混凝土，用以减小截面尺寸、缩短施工工期。

经设计，该桥墩采用圆截面设计形式，墩高 5.671m 和 6.409m，两桥墩除高度不同外，其余结构形式相同，桥墩结构的施工过程如图 7.21（b）所示。钢管选用 Q235-C 钢板，外径 1.6m，厚度 $t=10$mm，FRP 选用厚度为 0.167mm 的 300g/m^2 CFRP，桥墩底部 2.5m 范围横向采用 2 层碳纤维环向复合，底部 2.5m 范围以外采用 1 层碳纤维环向复合，采用 C30 混凝土。桥墩与桩基础不设承台而直接连接，桥墩柱脚埋入桩基础顶部深度为

1.1m，通过桩基纵筋与钢管焊接连接，并用直径 10mm 环向钢筋加强。FRP 外侧抹两层灰色复合材料专用涂料抗紫外线，外观自然颜色，美观大方，如图 7.21（b）所示。

（a）桥墩施工过程

（b）桥墩完成效果

图 7.21　FRP-钢复合管混凝土桥墩应用实例

7.4　小　　结

本章阐述了 FRP 管混凝土组合结构的基本概念，对 FRP 管约束混凝土的轴心受压性能进行了试验研究，基于 FRP 片材约束混凝土的应力-应变关系模型，提出了 FRP 管约束混凝土应力-应变关系的计算方法。论述了 FRP-钢复合管混凝土结构的组成与特点，这种新的结构形式能够充分发挥钢、FRP、混凝土三种材料的各自优势，兼具有传统钢管混凝土和 FRP 管混凝土两者的长处。本书课题组对圆截面和矩形截面 FRP-钢复合管混凝土结构的轴压性能进行了试验研究，分析了钢管厚度、FRP 层数、截面形状等参数对其力学性能的影响，发现外部纤维约束对极限承载力提高效果十分显著，承载力随着纤维层数增加而增加；在其他参数相同的条件下，倒角半径越大，FRP-钢复合管混凝土的受力性能越好。本章在系统分析试验结果的基础上，提出了圆形截面 FRP-钢复合管混凝土结构承载力计算模型。对 FRP-钢复合管混凝土结构在 2 个桥墩进行了试点应用，介绍了工程应用背景及基本的设计构造。

参 考 文 献

[1] MIRMIRAN A, SHAHAWY M. A novel FRP-concrete composite construction for the infrastructure [C]//Proceeding of the ASCE Structures Congress XⅢ, Baston, 1995.

[2] COLE B, FAM A. Flexural load testing of concrete-filled FRP rubes with longitudinal steel and FRP reber[J]. Journal of composites for construction, 2006, 10 (2): 161-171.

[3] 全国纤维增强塑料标准化技术委员会，全国航空器标准化技术委员会. 定向纤维增强聚合物基复合材料拉伸性能试验方法：GB/T 3354—2014[S]. 北京：中国建筑工业出版社，2015.

[4] MIRMIRAN A, SHAHAWY M, SAMAAN M, et al. Effect of column parameters on FRP-confined concrete[J]. Journal of composites for construction, 1998, 2(4): 175-185.

[5] SAAFI M, TOUTANJI H, LI Z. Behavior of concrete columns confined with fiber reinforced polymer tubes[J]. Materials journal, 1999, 96(4): 500-509.

[6] 赖用满，魏洋，李国芬，等. FRP-钢复合管混凝土轴压短柱试验及应用研究[J]. 森林工程，2011，27（6）：58-61.

[7] 王庆利，顾威，赵颖华. CFRP-钢复合圆管内填混凝土轴压短柱试验研究[J]. 土木工程学报，2005，38（10）：44-48.

[8] 翟存林，魏洋，李国芬，等. FRP-钢复合管混凝土桥墩设计与应用实践研究[J]. 公路，2012（1）：83-87.

[9] 余涛，滕锦光. FRP-混凝土-钢双壁空心构件及其在桥梁结构中的应用前景[J]. 玻璃钢/复合材料，2011（5）：20-23.

[10] HU Y M, YU T, TENG J G. FRP-confined circular concrete-filled thin steel tubes under axial compression[J].Journal of composites for construction, 2011, 15(5): 850-860.

[11] 顾威，赵颖华，尚东伟. CFRP-钢管混凝土轴压短柱承载力分析[J]. 工程力学，2006，23（1）：149-153.

[12] 武萍，于峰. FRP约束钢管混凝土柱应力-应变关系研究[J]. 建筑结构，2013，43（8）：89-91.

[13] 陶忠，庄金平，于清. FRP约束钢管混凝土轴压构件力学性能研究[J]. 工业建筑，2005，35（9）：20-23.

[14] MIRZA S A, LACROIX E A. Comparative strength analyses of concrete-encased steel composite columns[J]. Journal of structural engineering, 2004, 130(12): 1941-53.

[15] WEI Y, WU G, LI G F. Performance of circular concrete-filled fiber-reinforced polymer-steel composite tube columns under axial compression[J]. Journal of reinforced plastics and composites, 2014, 33(20): 1911-1928.

[16] DONG J, WANG Q, GUAN Z. Structural behaviour of recycled aggregate concrete filled steel tube columns strengthened by CFRP[J]. Engineering structures, 2013, 48(3): 532-542.

[17] 魏洋，吴定燕，李国芬，等. 圆形玄武岩纤维-钢复合管混凝土短柱轴心受压力学性能[J]. 工业建筑，2015，45（3）：169-173.

[18] TENG J G, HU Y M, YU T. Stress-strain model for concrete in FRP-confined steel tubular columns[J]. Engineering structures, 2013, 49(2): 156-167.

[19] PARK J W, HONG Y K, HONG G S, et al. Design formulas of concrete filled circular steel tubes reinforced by carbon fiber reinforced plastic sheets[J]. Procedia engineering, 2011, 14(3): 2916-2922.

[20] TENG J G, YU T, FERNANDO D. Strengthening of steel structures with fiber-reinforced polymer composites[J]. Journal of constructional steel research, 2012, 78(6): 131-143.

[21] ABDALLA S, ABED F, ALHAMAYDEH M. Behavior of CFSTs and CCFSTs under quasi-static axial compression[J]. Journal of constructional steel research, 2013, 90(5): 235-244.

[22] 魏洋，李国芬，端茂军. 矩形FRP-钢复合管混凝土短柱的轴压试验研究[J]. 玻璃钢/复合材料，2014（12）：47-51.

[23] 王庆利，李佳，赵维娟. 方形截面碳纤维增强聚合物-钢管混凝土轴压柱的静力试验[J]. 建筑结构学报，2013，34（S1）：267-273.

[24] ALWASH N A, ALSALIH H I. Experimental investigation on behavior of SCC filled steel tubular stub columns strengthened with CFRP [J]. Construction engineering, 2013, 1(2): 37-51.

[25] PRABHU G G, SUNDARRAJA M C. Behaviour of concrete filled steel tubular (CFST) short columns externally reinforced using CFRP strips composite[J]. Construction & building materials, 2013, 47(10): 1362-1371.

第8章 外包 FRP 约束混凝土圆柱的抗震性能

8.1 引 言

钢筋混凝土（reinforced concrete，RC）柱是结构中重要的受力构件，其破坏将会直接导致结构物的坍塌，在我国的已建结构物中，存在大量未考虑抗震延性要求以及因设防烈度提高而不能满足相应抗震要求的 RC 柱，其常见的缺陷包括构造细节、抗剪不足、箍筋约束不足及构件延性不足等，使 RC 柱在地震中发生脆性剪切破坏或缺乏延性的弯曲破坏。因此，如何提高缺陷柱的抗剪能力、加强其侧向约束、改善其抗震性能，成为RC 柱加固中亟待解决的问题。

在 RC 柱的抗震加固中用 FRP 缠绕包裹，可有效增大塑性变形的滞回环面积，增强吸收地震能量的能力，提高柱的延性，是一种非常理想的结构加固方法，目前已经在RC 柱抗震加固方面得到广泛的应用。国内外已有很多学者对 FRP 约束 RC 柱的抗震性能进行了大量的研究，对影响加固柱抗震性能的基本参数做了比较系统的分析。在研究柱抗震性能提高的同时，对 FRP 包裹加固后 RC 柱的受弯和受剪性能也进行了相关研究。

8.2 研 究 现 状

Saadatmanesh 等[1]对 FRP 加固震损柱进行了试验研究，试验中有 4 根 RC 柱先通过试验加载到一定的破坏程度，然后用 FRP 加固后再进行模拟地震试验。Seible[2]对塑性铰区钢筋有搭接情况的试件用 FRP 进行了加固，试验结果表明，采用 FRP 加固后的柱在往复荷载作用下均表现出良好的抗震性能。Xiao 等[3]采用玻璃纤维对 RC 柱进行了抗剪加固的试验研究，结果表明未加固柱为剪切破坏，加固后变为延性较好的弯曲破坏，当位移延性系数达到 10 以上时，其受力变形能力仍能保持稳定。Saidi 等[4]在振动台上进行了 3 个相似比为 0.3 的桥墩的抗震试验，其中 2 个加固柱分别采用玻璃纤维和碳纤维加固，另 1 个为未加固的对比试件。试验表明 FRP 提高了构件的位移延性和抗剪承载力。Sheikh 和 Yau[5]对箍筋、碳纤维布以及玻璃纤维布约束后 RC 柱的抗震性能进行了比较试验研究，结果表明，碳纤维布和玻璃纤维布都能起到很好的约束效果，加固后柱的承载力、延性以及耗能能力均显著提高。Li 和 Sung[6]进行了 3 个模型比例为 0.4 的圆柱的试验研究，其中一个为对比柱，试验结果表明加固柱的受弯承载力能得到一定程度的提高，其侧向变形能力提高很明显。Haroun 等[7]用 CFRP 和 GFRP 加固了 14 根 RC圆柱和方柱，试验的模型比例为 0.5，试验结果表明通过 FRP 加固可以有效避免未加固柱的脆性剪切破坏，加固柱的侧向变形能力得到有效的提高。Ozbakkaloglu 和 Saatcioglu[8]

对 CFRP 管约束普通和高强混凝土圆柱进行了抗震性能试验研究，试验结果表明 FRP 管约束混凝土柱相比传统箍筋约束混凝土柱位移延性系数显著提高。Desprez 等[9]进行了 8 根相似比为 0.33 的 CFRP 约束 RC 圆柱抗震性能试验，其中 4 根是对比柱，主要参数是轴压比和螺旋箍筋间距，试验中观察到钢筋疲劳断裂的现象。Youssf 等[10]进行了 5 根 CFRP 约束圆柱抗震性能试验，其中 2 根是普通混凝土，另外 3 根是废胶混凝土，变化参数是 FRP 层数，结果表明 FRP 约束能显著提高抗震性能，尤其 FRP 对于废胶混凝土有更好的约束效果。Wang 等[11]对 11 根大尺寸 CFRP 约束混凝土方柱进行了试验研究，主要参数有高轴压比、FRP 层数和截面尺寸，结果表明即使在高轴压比 0.75 下，CFRP 约束仍能较显著地提升抗震性能。

我国自 1997 年以来以东南大学、清华大学、国家工业建筑诊断与改造工程技术研究中心为代表的高等院校和科研机构对 FRP 加固混凝土结构进行了较为系统的研究。学者们对 FRP 加固 RC 柱抗震性能进行了比较系统的试验研究，结果表明通过 FRP 加固可以有效阻止斜裂缝的开展，显著提高柱的抗剪承载力，加固柱发生延性较好的弯曲破坏。根据试验研究的结果给出了碳纤维布加固后柱的抗剪承载力的计算方法[12-19]。范立础等[20]进行了 3 个试件的试验研究，其中 2 个为玻璃纤维管约束 RC 柱，1 根为未约束的对比柱。结果表明采用纤维复合材料约束后，柱的延性显著改善，试件表现为弯曲延性破坏，位移延性系数能到 8 以上，但 FRP 加固对受弯刚度几乎没有影响。李忠献等[21]研究了加载顺序对 RC 柱抗震性能的影响。试验结果表明，二次加载对加固柱抗震性能会有一定的影响。对混凝土柱先施加恒定轴力然后再加固，FRP 对短柱核心混凝土的约束作用将减弱，延性将变差。潘景龙和王陈远[22]对高轴压比下 FRP 包裹 RC 短柱的抗震性能进行了研究，试验采用的剪跨比分别为 1.5 和 1.25，设计轴压比在 0.9 以上。在对试验结果分析时把 FRP 换算成箍筋，抗剪承载力的理论计算值与试验结果相一致。李伟[23]对 CFRP 约束高强混凝土柱进行了试验研究，利用 CFRP 的力电感知特性，将铜丝编织在碳纤维片材中作为电极，测量碳纤维布材的电阻变化规律，以揭示外包碳纤维的损伤程度与破坏顺序。王代玉[24]进行了 FRP 加固足尺钢筋混凝土圆柱和方柱的伪静力试验，探讨了 FRP 包裹层数、轴压比、截面尺寸和形状对加固柱荷载-位移滞回性能的影响。黄照南[25]采用 CFRP 布+高流动性早强混凝土的快速修复法对震后破坏钢筋混凝土桥墩进行修复，进行了其抗震性能和滞回性能的试验研究，研究表明，修复后的桥墩承载力不仅可以恢复到原型桥墩水平，个别桥墩甚至有更大提高，延性和耗能性能有显著提高。郭夏[26]分析了加固层数对加固效果的影响，研究表明，由于碳纤维布有效地约束了薄弱段混凝土的横向变形，使其处于三向受压状态，推迟了混凝土的破碎，使纵向钢筋的塑性变形得到充分发挥，改善了构件的延性，提高了其承载力。

东南大学研究团队在吕志涛院士的领导下对 FRP 在土木工程中应用的相关问题进行了系统的研究，取得了大量的研究成果[27-29]。吴刚等[30,31]研究了轴压比、配箍率和纤维用量对 RC 柱抗震性能的影响。试验中对比了试件发生延性很差的剪切破坏，试验中采用的轴压比分别为 0.29、0.48 和 0.68 共 3 种。结果表明，碳纤维布加固 RC 柱可以提高柱的受剪承载力和延性，使其抗震性能得到显著改善；轴压比对变形能力有较大的影响，在相同的加固量下，轴压比越大，柱延性系数的提高比例就越小。研究还表明[32]，随着 FRP 用量的增加，加固柱从弯剪破坏转变为弯曲破坏，相应的侧向变形能力得到了有效加强，但二次受力及混杂加固对试验结果的影响并不显著。

　　为了深入研究 FRP 约束圆柱抗震性能，本书课题组进行了 21 个大比例尺寸 FRP 加固 RC 圆柱低周反复荷载下的试验，着重研究了轴压比、剪跨比以及不同种类和不同用量 FRP 对于抗震性能的影响。当 FRP 用量较少时，加固柱会发生剪切破坏，随着用量的增加，破坏模式会转变为弯曲破坏。由此可以确定受剪承载力计算的 FRP 有效应变的取值方法。对于加固柱的变形能力，本章将根据现有的方法对已有的试验数据进行相关计算，并和试验结果进行比较，以揭示影响 FRP 加固 RC 圆柱变形能力的关键性因素，在此基础上提出 FRP 加固圆柱侧向位移角的计算方法。最后提出了 FRP 加固 RC 圆柱相关的设计方法。

8.3　试　验　研　究

　　本章在已有研究的基础上，主要对不同参数下 FRP 加固大截面尺寸 RC 圆柱进行系统的试验研究，并进行深入的理论分析，提出 FRP 加固 RC 圆柱的受弯承载力、变形能力和有效刚度等主要抗震指标的定量计算方法。

　　拟静力试验方法是目前研究结构或构件性能中应用较广泛的试验方法[33]。应用这种方法加载试验可以最大限度地利用试件判定各种基本信息，如承载力、刚度、变形能力、耗能能力和损伤特征等。本章对 FRP 加固柱抗震性能的试验研究也采用拟静力的方法，作者课题组进行了总共 16 个试件的试验研究。

8.3.1　试验概况

1. 试件设计

　　本次试验在东南大学结构实验室进行，共制作了 16 个 RC 圆柱，直径 360mm。试件呈工字形，柱区段长度分为 600mm 和 900mm 两种；纵筋 14Φ25，箍筋 Φ6@150，混凝土保护层厚度为 25mm；为防止试验时柱根部与底座交界刚度突变处变形集中导致过早破坏和理论分析困难，特别加强了柱根部 100mm 范围。此加强区共设纵筋 22Φ25mm，配箍筋 Φ10@30，在柱底 100mm 部位和底座表面用短 CFRP 粘贴，以加强连接，并在外面横向包裹 3 层 100mm 宽的 CFRP 条带，确保试验时此部位不会发生破坏。此加强区段不作为试验区段。试验概况如图 8.1 所示。

　　试件所用混凝土立方体抗压强度实测平均值 44.3MPa，Φ25mm 纵筋屈服强度 382.4MPa，Φ6 箍筋屈服强度 319.8MPa。所用加固纤维有 CFRP、DFRP、BFRP 3 类，其中玄武岩纤维为无捻粗纱丝束形式，其他为布材，材料性能试验按相关要求进行[34]，结果见表 8.1。本次试验的碳纤维布和 Dyneema 纤维布及使用的粘结胶由日本三菱公司提供，玄武岩纤维布由浙江石金玄武岩纤维有限公司提供。

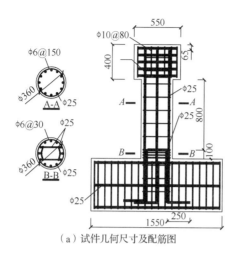

（a）试件几何尺寸及配筋图

（b）加载装置

图 8.1　试验概况

表 8.1　所用 FRP 材料的性能指标

材料类别	材料厚度/mm	抗拉强度/MPa	弹性模量/GPa	断裂伸长率/%
CFRP	0.167	3945	259.5	1.52
DFRP	0.258	1832	70.2	2.61
BFRP	0.167	1835	92.2	1.99

注：CFRP、DFRP 试样为宽度 15mm 浸制布材，玄武岩纤维试样为整束浸制丝束。

2. 加固方案

试件加固程序如下：混凝土表面打磨、浮尘清洗、涂刷底涂、找平界面、粘贴纤维布，纤维沿着柱身环向缠绕，粘贴时严格保证施工质量，由专业人员按照有关要求进行施工[35]。碳纤维布的包裹范围为整个柱身，端部搭接 150mm。试件基本参数及加固方式见表 8.2。

表 8.2　各试件基本参数及加固方式

柱号	加固方式	试验轴力/kN	试验轴压比	剪跨比	配箍特征值 λ_y	配纤特征值 λ_F
CH0	未加固	1200	0.34	2.8	0.028	—
CH1	1.5 DFRP	1200	0.34	2.8	0.028	0.236
CH2	2.5 DFRP	1200	0.34	2.8	0.028	0.393
CH3	1.5 CFRP	1200	0.34	2.8	0.028	0.326
CH4	0.5C1.0D	1200	0.34	2.8	0.028	0.231
CH5	0.5C1.0D	1200	0.34	2.8	0.028	0.231
CL0	未加固	1200	0.34	1.9	0.028	—
CL1	1.0CFRP	1200	0.34	1.9	0.028	0.217
CL2	2.5DFRP	1200	0.34	1.9	0.028	0.393

柱号	加固方式	试验轴力/kN	试验轴压比	剪跨比	配箍特征值 λ_y	配纤特征值 λ_F
CL3	3.0DFRP	1200	0.34	1.9	0.028	0.472
CL4	4.0DFRP	1200	0.34	1.9	0.028	0.629
CL5	2.5CFRP	1200	0.34	1.9	0.028	0.543
CL6	3.5CFRP	1200	0.34	1.9	0.028	0.76
CL7	4.5CFRP	1200	0.34	1.9	0.028	0.977
CL8	2.5DFRP Pre	1200	0.34	1.9	0.028	0.393
CL9	BFRP	1200	0.34	1.9	0.028	1.212

注：CH 表示柱高为 900mm 的试件，CL 表示柱高为 600mm 的试件；剪跨比计算时考虑了柱头 200mm 有效高度，并减去了柱底 100mm 的高度；0.5 层 CFRP 加固是用 20mm 的 CFRP 条带，以净间距 20mm 进行粘贴；0.5 层 DFRP 加固是把整片纤维布中抽出一半纤维丝，再粘贴加固；BFRP 为连续玄武岩无捻粗纱丝束缠绕加固柱，缠绕圈数为 1600 圈，根据每束丝的宽度计算，效果相当于 12 层厚度为 0.167mm 的 BFRP 布加固；CH5 与 CH4 加固形式相同，试件加载方式不同；CL8 试件中 Pre 表示加固前预加轴力。

（1）混凝土抗压强度之间的关系[36]

试件制作的同时制作了一定数量的混凝土立方体和棱柱体试块，且与试件同等环境条件和同期养护，轴压试验表明混凝土抗压强度实测值离散程度不大，本章中混凝土强度用立方体强度的平均值来表示。

国外通常采用圆柱体抗压强度 f_c'（直径为 150mm，高度为 300mm）描述混凝土强度，其与我国习惯的立方体抗压强度 f_{cu}（边长为 150mm 的立方体）可用式（8.1）进行换算：

$$f_c' = 0.8 f_{cu} \tag{8.1}$$

（2）轴压比的计算

实际工程中，受压构件的设计轴压比 n_d 一般为 0.3～1.0，对应的实际轴压比 n_t 范围为 0.18～0.59。设计轴压比和试验轴压比分别按式（8.2）和式（8.3）计算。

$$n_t = \frac{N_t}{\mu_{f_c} A} \tag{8.2}$$

$$n_d = \frac{N_d}{f_c A} \tag{8.3}$$

式中，N_t、N_d、μ_{f_c}、A 分别为试验轴力、轴力设计值（考虑地震作用效应组合）、棱柱体抗压强度、柱截面面积。$N_d \approx 1.2 N_t$，$\mu_{f_c} = 1.4 f_c$，则设计轴压比为试验轴压比的 1.68 倍[37]。

（3）配箍特征值

箍筋用量可用体积含箍率 ρ_v 反映，即箍筋与被箍筋约束混凝土的体积比，其约束指标配箍特征值为 λ_h，见式（8.4），f_{yh}、f_c' 分别为箍筋屈服强度及混凝土圆柱体强度，本书取平均值进行分析。

$$\lambda_h = \rho_v \frac{f_{yh}}{f_c'} \tag{8.4}$$

对于箍筋约束混凝土圆柱，可用下式计算：

$$\rho_v = \frac{4A_s}{D's} \tag{8.5}$$

式中，A_s 为箍筋截面积；s 为箍筋沿柱轴向间距；D' 为箍筋中心线所在圆的直径。

（4）配纤特征值

与箍筋相似，FRP 用量用体积含纤率 ρ_f 反映，即 FRP 与被 FRP 约束混凝土的体积比，其约束指标配纤特征值为 λ_F，见式（8.6），f_f 为 FRP 极限抗拉强度。

$$\lambda_F = \rho_f \frac{f_f}{f_c'} \tag{8.6}$$

当构件为全包 FRP 约束混凝土圆柱体时，有

$$\rho_f = \frac{2\pi R t_f}{\pi R^2} = \frac{4t_f}{D} \tag{8.7}$$

当构件为条带 FRP 间隔约束混凝土圆柱体时，有

$$\rho_f = \frac{4t_f b_f}{b_f + s_f} \tag{8.8}$$

式中，t_f 为 FRP 的厚度；b_f 为 FRP 条带宽度；s_f 为 FRP 条带净间距。

3. 试验荷载及位移控制原理

试验加载装置如图 8.1（b）所示，本试验竖向荷载通过顶端穿心式千斤顶张拉 7 根 $\phi^s_{15-1860}$ 钢绞线，钢绞线穿在试件预留的中心孔洞中，底端锚固于反力梁上，试验时，千斤顶压力可随时调整，以确保竖向荷载的恒定、准确；水平荷载通过固定在反力墙上的作动器施加，机具为由美国产 MTS 电液加载伺服系统控制器。

试验时，先由竖向千斤顶加载至预定值，并保持恒定，然后施加水平低周反复荷载。水平加载程序采用荷载-变形双控制方法[38]：在纵筋屈服前，以荷载值控制加载，每级荷载循环一次，荷载主要级差为 40kN，试验开始及接近屈服时，级差为 20kN；纵筋屈服后，以水平位移值控制加载，每级循环 3 次，直至试件破坏。试验加载控制原理如图 8.2 所示。

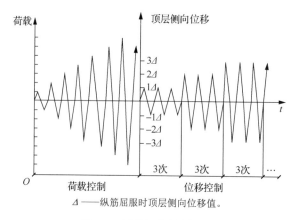

Δ——纵筋屈服时顶层侧向位移值。

图 8.2 试验加载控制原理

测定结果包括纵筋、箍筋、FRP 的应变值，水平荷载-位移滞回曲线，以及观测柱

上裂缝发展情况。应变数据通过 TDS303 应变采集系统获得，伺服作动器的荷载与试件位移值通过传感器由计算机自动采集，控制加载过程、绘制水平荷载-位移滞回曲线如图 8.2 所示。

8.3.2　试验主要结果

1. CH 系列和 CL 系列试件破坏形态和滞回曲线

CH 系列（柱长 900mm）和 CL 系列（柱长 600mm）试件破坏形态如图 8.3 和图 8.4 所示，滞回曲线分别如图 8.5 和图 8.6 所示，未加固柱试验形态为典型的脆性剪切粘结破坏，随着 FRP 加固量的增加，柱的破坏形态从延性极差的剪切破坏转变为具有一定延性的剪切破坏，最后变成延性好的弯曲破坏，抗震能力得到明显的提高。

（a）CH0　　（b）CH1　　（c）CH2　　（d）CH3　　（e）CH4　　（f）CH5

图 8.3　CH 系列各试件破坏形态

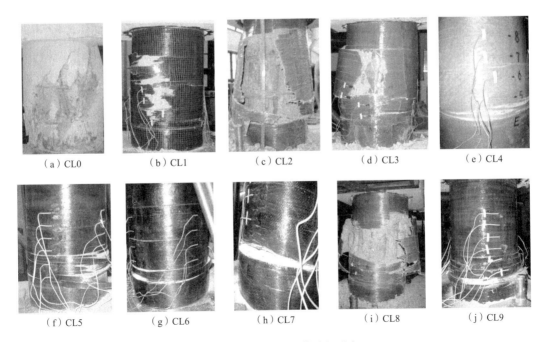

（a）CL0　　（b）CL1　　（c）CL2　　（d）CL3　　（e）CL4

（f）CL5　　（g）CL6　　（h）CL7　　（i）CL8　　（j）CL9

图 8.4　CL 系列各试件破坏形态

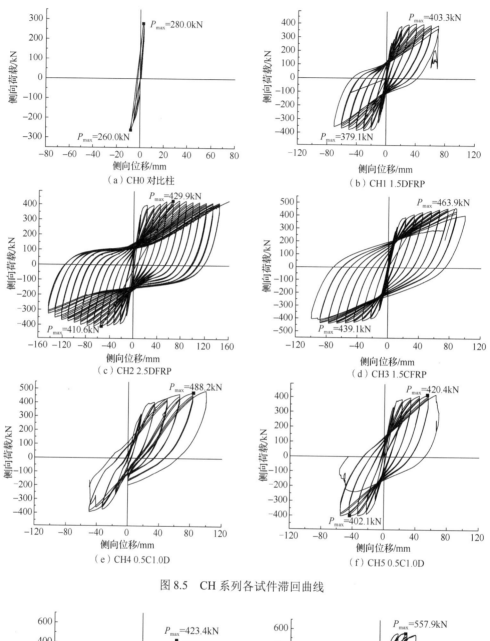

图 8.5　CH 系列各试件滞回曲线

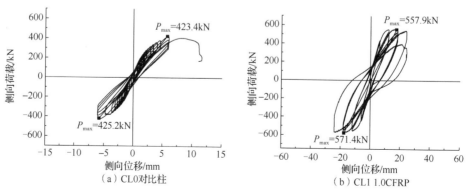

图 8.6　CL 系列各试件滞回曲线

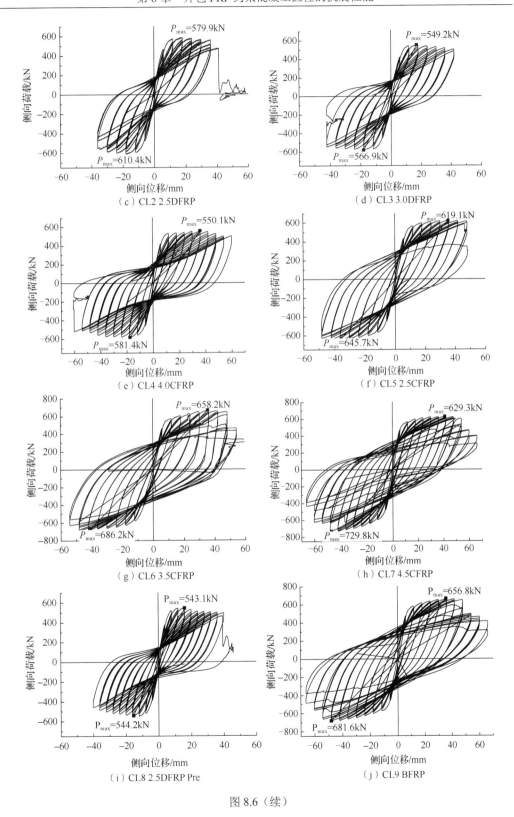

（c）CL2 2.5DFRP

（d）CL3 3.0DFRP

（e）CL4 4.0CFRP

（f）CL5 2.5CFRP

（g）CL6 3.5CFRP

（h）CL7 4.5CFRP

（i）CL8 2.5DFRP Pre

（j）CL9 BFRP

图 8.6（续）

FRP 加固后 RC 柱的破坏模式较多，较常见的是剪切破坏、有一定延性的剪切破坏

（弯剪破坏）、弯曲破坏，本书主要对这 3 种破坏模式进行研究。

1）剪切破坏。未加固柱 CH0 和 CL0 发生的是剪切破坏。在加载过程中，首先在加载点和柱底座之间形成一条斜向的剪切主裂缝，当加载到最大荷载时，剪切主裂缝宽度很大，箍筋断裂，同时伴随着柱保护层混凝土大面积剥落、纵筋屈曲等现象，侧向承载力下降迅速，试件破坏突然，属于典型的脆性剪切破坏。试件最终破坏形状如图 8.3（a）和图 8.4（a）所示。

2）弯剪破坏。1 层 CFRP 加固的柱 CL1 和 3 层 DFRP 加固的柱 CL3 发生弯剪破坏，如图 8.3（b）和（d）所示。在加载过程中，首先在柱底出现横向裂缝，随着加载继续，柱身出现斜向的剪切裂缝，柱身局部纤维发生断裂，当加载到最大荷载时，FRP 断裂，试件破坏，试件承载力迅速下降。发生弯剪破坏的 FRP 加固柱有两个明显的特征：①破坏在柱身的剪切面位置；②由于柱身各截面所受剪力相同，柱身剪切面上 FRP 的应变基本相同，破坏时柱身中的绝大部分的 FRP 均断裂。

3）弯曲破坏。2.5 层 DFRP 加固的柱 CH2 和 3.5 层 CFRP 加固的柱 CL6 发生弯曲破坏，如图 8.3（c）和图 8.4（g）所示。此时，裂缝的发展、混凝土的压碎及 FRP 的断裂均发生在柱底塑性铰区域，各种破坏现象的出现都是一个逐渐的过程，柱承载力的下降也是一个缓慢的过程，试件表现出很好的耗能能力和延性。另外，柱身中部的 FRP 应变较小，柱身塑性铰区的 FRP 应变值较大。

2. 位移延性系数计算

延性是衡量结构或构件抗震性能好坏的重要指标，也就是结构或构件在承载能力没有明显下降的情况下承受变形的能力。一般用延性系数来衡量结构或构件的延性，定义为在保持结构或构件基本承载能力不明显降低的情况下，极限变形 D_u 和初始屈服变形 D_y 的比值，即

$$\beta_D = \frac{D_u}{D_y} \tag{8.9}$$

在结构抗震领域，一般采用两种延性系数：曲率延性系数和位移延性系数，曲率延性系数表示某一截面的延性，位移延性系数可用来表示整个结构或者构件的延性。由于位移延性系数表达延性比较直观方便，本章采用位移延性系数，如下所示：

$$\mu_\Delta = \frac{\Delta_u}{\Delta_y} \tag{8.10}$$

式中，μ_Δ 为位移延性系数；Δ_u 为相应于极限状态时试件的侧向位移；Δ_y 为试件的屈服位移。极限位移 Δ_u 取试件破坏或者侧向荷载下降为最大侧向荷载 85% 前能稳定完成 3 次循环加载的位移。

目前，我国工程界对于屈服位移的取法一般用能量等值法和直接作图法[39]，如图 8.7 所示。对于能量等值法，作直线 OC 与过最大承载力 M 点的水平线交于 C 点，与骨架曲线交于 B 点，如果图中 $S_{OAB}=S_{BCM}$，则认为试验曲线和理论曲线表示试件耗能能力相同。过 C 点做横轴的垂线与骨架线相交于 Y 点，Y 点所对应的位移即屈服位移。该方法至少有两点不方便之处：①试验前无法预测屈服位移，因为此时曲线形状不知，面积无法计算；②屈服位移的确定受骨架曲线形状影响较大，对于同一批试件，屈服位移

相差较大，会给位移延性系数的计算带来不便。对于直接作图法也同样存在这样的问题。

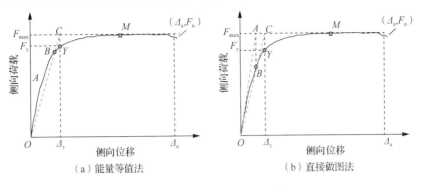

（a）能量等值法　　　　　　　　　（b）直接做图法

图 8.7　屈服位移的定义方法

　　国际上，对于 RC 柱试验屈服位移一般用如下的方法确定[40]：首先定义试件首次屈服点，延长首次屈服点与截面理想受弯承载力水平线相交得到屈服位移，如图 8.7（b）所示。首次屈服点定义为最外侧钢筋受拉屈服点，当轴压较大或者纵筋较多时，最外侧混凝土会比受拉钢筋先达到屈服状态，此时首次屈服点取最外侧混凝土应变达到 0.002 时的状态。截面理想受弯承载力一般取截面最外侧混凝土应变达到 0.0035 时的截面受弯承载力。截面受弯承载力通过选用箍筋约束混凝土应力-应变关系进行数值计算，参考 Mander 约束混凝土本构关系[41]。该定义方法有明确的力学意义，已经为公路桥梁抗震设计规范所采用[42]。也有学者研究，把最外侧混凝土应变达到 0.004 或者 0.005 时的受弯承载力当作截面受弯承载力[3]，因为此时截面已经进入屈服状态。这些定义方法的差异对截面受弯承载力计算影响较小。本章后面部分将介绍 RC 圆柱正截面受弯承载力的简化计算方法。

　　屈服位移可以按下式计算：

$$\Delta_y = \frac{F_i}{F_y} \Delta'_y \tag{8.11}$$

式中，F_i 为截面达到理想受弯承载力时对应侧向荷载；F_y 为首次屈服点对应侧向荷载；Δ'_y 为试件首次屈服点的位移。

　　本书采用国际上常用的方法确定试件的屈服位移（图 8.8）。由于轴压较大，纵筋较多，根据计算，本次试验的首次屈服点对应的最外侧混凝土应变为 0.002，此时截面弯矩为 209.8kN·m，最外侧混凝土应变 0.0035 时的受弯承载力为 308.4kN·m。FRP 加固对弹性阶段的影响很小，为了便于比较，不考虑 FRP 加固对于屈服位移的影响。对于 900mm 和 600mm 的柱，F_y 分别为 209.8kN 和 299.7kN，F_i 分别为 308.4 kN 和 440.6kN。根据 F_y 值可以在试验曲线上得到各个试件的 Δ'_y。因为 Δ'_y 较小，受试件的材料性能、制作、安装等影响较大，所以要进行平均处理，以

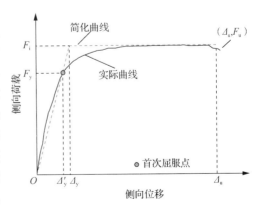

图 8.8　屈服位移确定方法

消除偶然误差的影响。本书选择试验开始时比较理想的数据进行统计，以确定试件的屈服位移。选用的试件首次屈服点位移如表 8.3 所示。

表8.3　试件首次屈服点位移　　　　　　　（单位：mm）

柱号	加固方式	Δ_y'（+）	Δ_y'（-）
CH1	1.5 DFRP	4.38	4.23
CH2	2.5DFRP	6.18	5.42
CH3	1.5 CFRP	5.69	5.12
CL0	未加固	2.52	2.28
CL1	1.0CFRP	2.78	2.38
CL2	2.5DFRP	2.37	2.48
CL4	4.0DFRP	2.72	2.64
CL7	4.5CFRP	2.39	2.57
CL8	2.5DFRP Pre	2.41	2.34
CL9	BFRP	2.52	2.72

注：Δ_y'（+）和 Δ_y'（-）分别为正、负向测试结果。

对表 8.3 中的数据取平均值，可以得到 600mm 和 900mm 柱的 Δ_y' 值分别为 2.51mm 和 5.17mm，计算得屈服位移 Δ_y 分别为 3.69mm 和 7.60mm。在此基础上可以对各个试件的位移延性系数进行计算，结果见表 8.4。

表8.4　试验主要结果

柱号	加固方式	屈服位移/mm	极限位移/mm	延性系数 μ_Δ	最大荷载/kN	荷载提高/%
CH0	未加固	7.60	8.5	1.1	270	—
CH1	1.5 DFRP	7.60	60	7.9	391.2	44.9
CH2	2.5DFRP	7.60	>100.00	>13.2	420.3	55.7
CH3	1.5 CFRP	7.60	88	11.6	451.5	67.2
CH4	0.5C1.0D	7.60	80	10.5	488.2	80.8
CH5	0.5C1.0D	7.6	55	7.2	411.3	52.3
CL0	未加固	3.69	6	1.6	424.3	—
CL1	1.0CFRP	3.69	18	4.9	564.7	33.1
CL2	2.5DFRP	3.69	36	9.8	595.2	40.3
CL3	3.0DFRP	3.69	36	9.8	558.1	31.5
CL4	4.0DFRP	3.69	54	14.6	565.8	33.3
CL5	2.5CFRP	3.69	48	13	632.4	49
CL6	3.5CFRP	3.69	48	13	672.2	58.4
CL7	4.5CFRP	3.69	48	13	679.6	60.2
CL8	2.5DFRP Pre	3.69	36	9.8	543.7	28.1
CL9	CBF	3.69	48	13	669.2	57.7

8.3.3　试验结果分析

FRP 加固混凝土柱抗震性能和很多因素有关，本节着重研究了剪跨比和 FRP 种类及用量对加固性能的影响，对这些因素对抗震性能的影响做定性的分析，相关定量的计算见后面介绍。

1. 剪跨比的影响

剪跨比是影响 FRP 加固 RC 圆柱抗震性能的一个重要因素。2.5 层 DFRP CH2 剪跨比为 2.8 加固的试件发生了弯曲破坏，而同样用 2.5 层 DFRP 加固剪跨比为 1.9 的试件 CL2 发生了弯剪破坏，两者的骨架曲线如图 8.9 所示。随着剪跨比的减小，试件达到截面受弯承载力时，对应的侧向荷载变大，图 8.9 中，CL2 承受的侧向荷载大于 CH2，而试件的受剪承载力随剪跨比的减小而增大的影响并不明显，随着剪跨比的减小，加固柱的破坏形态可能发生变化。

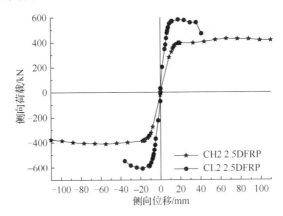

图 8.9　不同剪跨比的 CH2 和 CL2 骨架曲线比较

2. FRP 用量的影响

FRP 用量较少时，FRP 不能提供足够的剪力，加固柱可能发生弯剪破坏，如图 8.10（a）中的柱 CL2 和 CL3 发生了弯剪破坏。随着 FRP 加固用量的增加，试件发生弯曲而破坏，加固柱的侧向变形能力相应有所增加，如图中的 CL4 侧向变形能力有所增加。从图 8.10（a）中还可以看出，FRP 加固用量对于加固柱承受的侧向荷载的影响并不明显，因此 FRP 用量对于加固柱正截面的受弯承载力影响并不明显。图 8.10（b）是 CFRP 加固柱的骨架曲线，CFRP 用量较少的 CL1 也发生了弯剪破坏，随着 CFRP 用量的增加，加固柱 CL5 和 CL6 发生弯曲破坏，相应的侧向变形能力相比 CL1 有明显的增加。从图 8.10（b）中还可以看出，当 CFRP 用量达到一定的程度时，再增加 FRP 用量，被加固试件变形能力的提高效果就不明显了，3.5 层 CFRP 加固柱 CL 6 和 2.5 层 CFRP 加固柱 CL5 相比侧向变形能力基本没有提高，说明 FRP 对于加固柱变形能力的提高有一个上限。对于正截面受弯承载力来说，发生弯曲破坏的 CL5 和 CL6 屈服后侧向荷载虽然还能有所增加，但是增加幅度并不明显，也说明 CFRP 用量对于正截面受弯承载力影响不明显。

从图 8.10 中可以看出 FRP 加固对于 RC 圆柱刚度基本没有什么影响，对于 DFRP 加固和 CFRP 加固情况均是如此。从总体上而言，FRP 用量的影响主要如下：①对加固柱的破坏模式产生明显的影响，使加固柱从弯剪破坏转变为弯曲破坏，相应的侧向变形能力有明显的提高，但变形能力的提高也有一定的上限；②FRP 用量对正截面受弯承载力影响不明显；③FRP 用量对加固柱刚度影响很小。

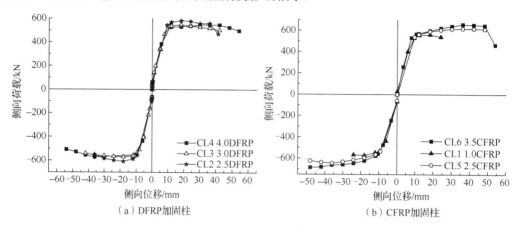

（a）DFRP加固柱　　　　　　　（b）CFRP加固柱

图 8.10　FRP 用量对于骨架曲线的影响

3. FRP 种类的影响

FRP 种类对于抗震性能的影响可以通过 FRP 约束强度比 λ_f 进行比较和研究：

$$\lambda_f = \frac{2t_f f_f}{D f_{c0}'} \tag{8.12}$$

式中，t_f 为 FRP 的厚度；f_f 为 FRP 的单向拉伸强度；D 为圆柱体直径；f_{c0}' 为混凝土圆柱体强度。根据计算，2.5 层 CFRP 加固的 CL4 和 4.0 层 DFRP 加固的 CL5 的约束强度比分别为 0.26 和 0.30，比值为 0.87。这两个试件的骨架曲线如图 8.11 所示，CL4 和 CL5 的侧向位移为 48mm 和 54mm，两者比值为 0.89，这个值基本和约束强度比相等。从图 8.11 的结果可以看出，约束强度比对 FRP 加固 RC 圆柱极限变形能力有决定性的影响。当然，对 FRP 加固柱侧向变形能力的影响因素较多，试验的结果也不能完全符合这一结论。

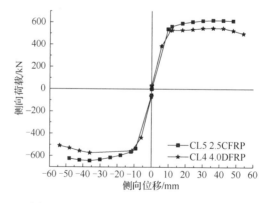

图 8.11　约束强度比对于变形能力的影响

8.4　FRP 加固 RC 圆柱受弯承载力计算

RC 圆形截面偏压构件广泛应用于桥墩柱、高层建筑桩基和深基坑支护结构，《混凝土结构设计规范（2015 年版）》（GB 50010—2010）（简称混凝土规范）给出正截面承载力计算公式如下：

$$N \leqslant \alpha \alpha_1 f_c A \left(1 - \frac{\sin 2\pi\alpha}{2\pi\alpha} \right) + (\alpha - \alpha_t) f_y A_s \tag{8.13}$$

$$M \leqslant \frac{2}{3} \alpha_1 f_c A r_c \frac{\sin^3 \pi\alpha}{\pi} + f_y A_s r_s \frac{\sin \pi\alpha + \sin \pi\alpha_t}{\pi} \tag{8.14}$$

式中，A 为圆形截面面积；A_s 为全部纵向钢筋的截面面积；r_c 为圆形截面的半径；r_s 为纵筋重心所在圆周的半径；α 为对应于受压区混凝土截面面积的圆心角（rad）与 2π 的比值，α 意义见图 8.12；α_t 为纵向受拉钢筋横截面面积与全部钢筋横截面面积的比值，$\alpha_t = 1.25 - 2\alpha$，当 $\alpha > 0.625$ 时，取 $\alpha_t = 0$；α_1 为系数。

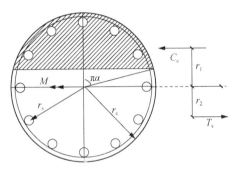

图 8.12　截面概况

式（8.13）和式（8.14）详细的推导过程见文献[43]，其适用于周边均匀配置纵向钢筋（截面内纵向钢筋数量不少于 6 根）的圆形截面。

式（8.13）和式（8.14）在应用时涉及超越方程的求解，关键问题是确定 α。进行手算迭代求解 α 非常烦琐，为了简化计算，研究者进行了大量工作。文献[44]和文献[45]采用图表法和解析法等计算 α，这些求解方法相对而言较复杂，应用不方便，因此有必要对 α 的计算方法做进一步的研究。

目前，数值计算方法已经成为 RC 构件截面特性研究的主要方法之一[46]，通过数值计算方法对 RC 圆形正截面受弯承载力进行计算，并研究 α 变化规律，得到 α 的计算公式。在此基础上通过式（8.14）可以方便地计算正截面受弯承载力。

8.4.1　RC 圆柱正截面受弯承载力数值计算方法

进行截面数值计算时一般用纤维截面模型方法。纤维截面模型首先将截面离散为许多较小面积的纤维，每一微小面积的纤维根据不同材料取相应的应力-应变关系模型，如钢筋混凝土截面由两部分组成——纵向钢筋和混凝土。在计算时把截面分成一定数量的条带，每一条带纤维应变相同，不同条带应变符合平截面假定。纤维截面模型的建立可通过开放有限元程序 OpenSees 执行。在计算时做如下假定：①截面变形符合平截面假定；②钢筋和混凝土之间无相对滑移；③忽略混凝土受拉强度。这些假设在截面承载力计算时通常都被采用[46]。

钢筋的应力-应变关系采用理想弹塑性曲线，在钢筋屈服以前，钢筋应力和应变成正比，屈服以后钢筋应力保持不变，并且纵向受拉钢筋极限应变规定为 0.01[43]，这是构件达到承载能力的标志之一。混凝土应力-应变关系曲线由一条二次抛物线及水平线所组成。

计算模型截面参数如下，截面半径 r 为 500mm，混凝土圆柱体的抗压强度 f_c' 为 28MPa，纵筋直径为 36mm，屈服强度 f_y 为 450MPa，r_s 为 432mm，纵筋配筋率（$\rho_l = A_s / A$）为 1%、2%、3% 和 4%，分别为 8 根、16 根、24 根和 32 根纵筋沿圆周均匀分布。轴向压力分别为 0、2198kN、4396kN、6594kN、8792kN、10990kN 和 13188kN，分别对应轴压比 $n = N / Af_c'$ 为 0、0.1、0.2、0.3、0.4、0.5、0.6。

计算得到的每个截面的受弯承载力 M 和对应的 α 值列于表 8.5。在表中，纵筋用配筋特征值 λ_l 表示，$\lambda_l = \rho_l f_y / f_c'$，$\lambda_l$ 可以同时考虑纵筋的用量和强度的影响。在所有算例中，只有 $n = 0$ 且 $\lambda_l = 0.164$ 的算例的正截面受弯承载力由纵筋受拉应变 0.01 控制。此时纵筋用量较少，轴压比为零，因此受压区高度较小，钢筋拉应变达到 0.01 时，混凝土应变还没有达到 0.0033。其余正截面受弯承载力都受混凝土应变 0.0033 控制。

表 8.5　截面参数

n	λ_l	α		M /kN·m			M 比值	
		数值结果	式（8.16）	数值结果	式（8.14）	式（8.19）	式（8.14）/数值结果	式（8.19）/数值结果
0	0.164	0.27	0.27	1392.5	1687.1	1424.3	1.21	1.02
0	0.327	0.31	0.32	2654.6	3045.7	2636.6	1.15	0.99
0	0.491	0.34	0.35	3785.3	4310.4	3737.8	1.14	0.99
0	0.655	0.36	0.37	4863.6	5482.8	4777.2	1.13	0.98
0.1	0.164	0.33	0.33	2091.8	2284.8	2077.1	1.09	0.99
0.1	0.327	0.36	0.36	3193.9	3533.8	3144.3	1.11	0.98
0.1	0.491	0.38	0.38	4224.8	4676.0	4149.1	1.11	0.98
0.1	0.655	0.40	0.40	5245.0	5743.9	5120.7	1.10	0.98
0.2	0.164	0.39	0.38	2551.2	2769.9	2518.3	1.09	0.99
0.2	0.327	0.41	0.41	3564.9	3864.8	3480.8	1.08	0.98
0.2	0.491	0.42	0.42	4539.4	4884.7	4418.7	1.08	0.97
0.2	0.655	0.43	0.43	5502.8	5859.6	5344.2	1.06	0.97
0.3	0.164	0.45	0.44	2873.7	3049.3	2737.2	1.06	0.95
0.3	0.327	0.46	0.45	3804.2	3998.7	3644.1	1.05	0.96
0.3	0.491	0.46	0.46	4728.0	4918.6	4547.3	1.04	0.96
0.3	0.655	0.47	0.46	5637.7	5822.0	5449.0	1.03	0.97
0.4	0.164	0.50	0.50	3036.8	3062.0	2740.2	1.01	0.90
0.4	0.327	0.50	0.50	3914.4	3914.8	3640.4	1.00	0.93
0.4	0.491	0.50	0.50	4790.7	4771.5	4540.1	1.00	0.95
0.4	0.655	0.50	0.50	5670.6	5630.5	5439.4	0.99	0.96
0.5	0.164	0.55	0.56	3001.8	2797.2	2550.9	0.93	0.85

续表

n	λ_1	α		M/kN·m			M 比值	
		数值 结果	式（8.16）	数值 结果	式（8.14）	式（8.19）	式（8.14）/ 数值结果	式（8.19）/ 数值结果
0.5	0.327	0.54	0.54	3817.3	3616.2	3484.3	0.95	0.91
0.5	0.491	0.53	0.54	4679.3	4450.0	4406.7	0.95	0.94
0.5	0.655	0.53	0.53	5564.7	5292.1	5322.2	0.95	0.96
0.6	0.164	0.61	0.62	2840.5	2298.9	2209.1	0.81	0.78
0.6	0.327	0.59	0.59	3615.0	3130.7	3197.8	0.87	0.88
0.6	0.491	0.57	0.57	4452.8	3973.2	4161.2	0.89	0.93
0.6	0.655	0.56	0.56	5300.6	4821.2	5107.1	0.91	0.96

8.4.2　RC 圆柱正截面受弯承载力公式计算方法

1. α 的表达式

所有算例的 α 变化规律如图 8.13 所示，从图中可以看到 α 和 n 存在线性关系，同时 λ_1 对两者之间的线性关系对直线的斜率和在纵轴的截距有明显影响。为了用 n 和 λ_1 表示 α，本书选用了不同函数形式进行了对比研究。根据分析，采用下式表示比较合适：

$$\alpha = \frac{n}{p_1\lambda_1 + p_2} + \frac{p_3\lambda_1 + p_4}{p_1\lambda_1 + p_2} \tag{8.15}$$

式中，p_1、p_2、p_3 和 p_4 均为未知参数，可以通过数值计算结果回归分析得到。

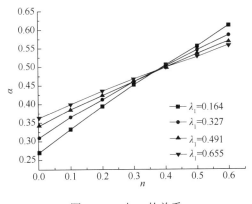

图 8.13　α 与 n 的关系

根据表 8.5 中 α 的数值计算结果并通过最小二乘法确定未知参数 p_1、p_2、p_3 和 p_4，可以得到 α 的表达式如下：

$$\alpha = \frac{n + 1.37\lambda_1 + 0.24}{2.79\lambda_1 + 1.27} \tag{8.16}$$

将式（8.16）计算的 α 列于表 8.5 中，从表 8.5 中的数据可以看出计算结果和数值结果吻合很好，有非常高的计算精度。至此，在偏压下 RC 圆形截面 α 值可以由式（8.16）很方便地计算，这为正截面受弯承载力计算带来很大便利。

2. 正截面受弯承载力计算公式

通过式（8.16）计算 α 值并代入式（8.14），可以计算正截面受弯承载力。将数值计算算例的正截面受弯承载力计算结果列于表 8.5。根据规范要求，在用式（8.14）计算正截面受弯承载力时，要用到混凝土的棱柱体强度，混凝土棱柱体强度取圆柱体强度的0.95 倍。根据分析和统计，计算结果和数值结果的比值的平均值为 1.03，离散系数（COV）为 9.2%，可以看出式（8.14）的计算结果有较高的精度。

式（8.14）计算精度（计算结果和数值计算结果的比值）与轴压比 n 的关系如图 8.14所示，从图 8.14 中可以看出，在 n 较小时式（8.14）计算结果偏大，在 n 较大时式（8.14）计算结果偏小。造成这样偏差的原因是在推导式（8.14）时做了简化，因此对计算精度有影响。文献[3]已经指出在低轴压时，式（8.14）计算结果偏差较大。低轴压时，α 较小，从 $\alpha_t = 1.25 - 2\alpha$ 表达式可以看出，α_t 在 α 较小时取值偏大，受拉钢筋数量对受弯承载力有显著影响，造成式（8.14）计算结果在低轴压时偏大。

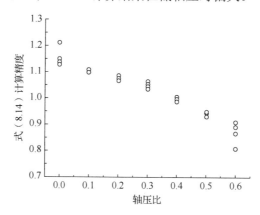

图 8.14　式（8.14）计算精度与轴压比的关系

为了解决式（8.14）在低轴压时计算结果偏差较大的问题，提出了一种正截面受弯承载力计算方法。计算时偏于安全地忽略受压纵筋对受弯承载力的影响，计算轴压力和纵筋拉力对受压区形心的弯矩，并将这两者相加得到正截面受弯承载力。在计算受拉纵筋弯矩时，根据文献[9]建议可假设纵筋已全部屈服，这一假设可以大大简化弯矩的计算，从计算结果的比较可以看出这一做法不会明显影响计算精度。因为在计算纵筋受拉引起的弯矩时，最外侧的纵筋起主要作用，根据数值分析的结果可知，达到正截面受弯承载力时，最外侧受拉纵筋都已经屈服。根据数学公式，受压区弓形形心与圆心距离 $r_1 = 4r\sin^3(\alpha\pi) / [6\alpha\pi - 3\sin(2\alpha\pi)]$，受拉纵筋圆弧形心与圆心距离为 $r_2 = r_s\sin(\pi - \alpha\pi) / (\pi - \alpha\pi)$（$r_1$ 和 r_2 表达的意义参照图 8.12 所示），纵筋拉力和轴压力对受压区形心的弯矩 M_s 和 M_n 可分别表示为

$$M_s = (1-\alpha)f_y A_s \left[\left(r_s \frac{\sin(\pi - \alpha\pi)}{\pi - \alpha\pi} \right) + 4r_c \frac{\sin^3 \alpha\pi}{6\alpha\pi - 3\sin(2\alpha\pi)} \right] \tag{8.17}$$

$$M_n = n f_c' \pi r_c^2 \frac{4r_c \sin^3(\alpha\pi)}{6\alpha\pi - 3\sin(2\alpha\pi)} \tag{8.18}$$

由 $M = M_s + M_n$，并代入纵筋的配筋特征值 λ_1 以简化表达，可得

$$M = f_c'\pi r_c^3 \left\{ \lambda_1 (1-\alpha) \left[\left(\frac{r_s}{r_c} \frac{\sin(\pi-\alpha\pi)}{\pi-\alpha\pi} \right) + \frac{4\sin^3(\alpha\pi)}{6\alpha\pi - 3\sin(2\alpha\pi)} \right] \right\}$$

$$+ nf_c'\pi r_c^3 \frac{4\sin^3(\alpha\pi)}{6\alpha\pi - 3\sin(2\alpha\pi)} \tag{8.19}$$

将式（8.19）计算的正截面受弯承载力列于表 8.5 中。从表中可以看出，只有在轴压比为 0.5 和 0.6，由式（8.19）计算的纵筋配筋率为 1% 和 2% 的截面结果偏小较多，在实际工程中，高轴压时配筋率较小的情况还是比较少见的，除去这两种情况，别的截面计算结果的精度都是令人满意的，误差基本在 5% 左右。根据统计，式（8.19）计算结果和数值计算结果比值的平均值为 0.95，离散系数为 5.2%，从统计意义上计算的精度比式（8.14）要高。

式（8.19）（计算的正截面受弯承载力和数值计算结果比值）与轴压比 n 的关系如图 8.15 所示。从图 8.15 中可以看出，在低轴压下，式（8.19）计算结果有很高的精度；在高轴压下，式（8.19）和式（8.14）的计算精度基本接近。用无量纲参数 $M/(f_c'\pi r^3)$ 表示的式（8.14）和式（8.19）计算结果与数值计算结果之间的关系如图 8.16 所示，从图 8.16 中可以清楚地看出式（8.19）计算结果偏于安全，并且离散性小于式（8.14）的计算结果。

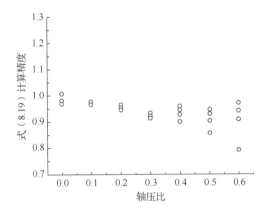

图 8.15　式（8.19）计算精度和轴压比的关系

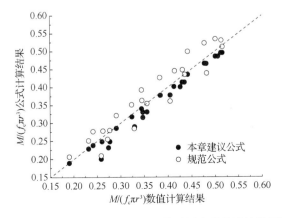

图 8.16　式（8.14）和式（8.19）计算结果和数值计算结果比较

8.4.3　FRP 加固 RC 圆柱受弯承载力计算

现有的潜在塑性铰区中，没有充分侧向约束的钢筋混凝土柱在遭遇地震时特别容易受损。因此，在加固现有结构时，此类混凝土柱尤其需要受重视。近年来，FRP 在加固有缺陷混凝土柱中得到广泛应用。广泛的文献调查表明，轴向荷载作用下的 FRP 约束混凝土柱的性能得到了大量研究，然而有关 FRP 约束混凝土柱在模拟地震作用下的性能研究却相对较少[47]。

本章研究旨在计算 FRP 约束混凝土柱在模拟地震作用下破坏时的正截面承载力。已有文献报道试验得出的 FRP 约束混凝土柱受弯承载力比规范定义的要大得多[48]，这与其使用混凝土受压极限应变值 0.0033 有关。这个差异是混凝土受侧向约束而使应力提高所致。此外，纵筋的应变强化也导致了受弯承载力的提高。人们并不希望看到受弯承载力的提高，因为这会导致剪力提高。计算 RC 圆柱的受弯承载力相当困难，因为这需要求解三角超载方程，而 FRP 的约束效应又增加了研究的难度。本书从 FRP 约束效应、轴压比及纵筋应变强化等因素入手，对该问题进行了系统的研究。

1.　数值模拟

本章将采用与上节相同的数值分析方法来研究 FRP 加固 RC 柱截面中性轴高度。数值分析中使用的圆柱截面分层划分如图 8.17 所示。图 8.17 中，R 表示截面半径，r_s 表示截面圆心到纵筋中心的距离，θ 为受压区对应圆心角值的一半。约束混凝土的参数考虑了 FRP 约束效应的影响。纵筋使用截面的分层及适当的材料参数来描述。

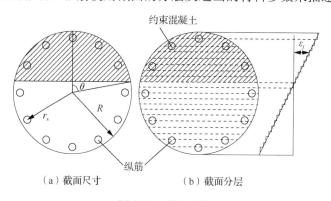

（a）截面尺寸　　　　（b）截面分层

图 8.17　截面分析

本章数值采用 Lam 和 Teng[49]模型进行分析，此模型不考虑混凝土的受拉强度。纵向钢筋可以选用单轴双折线模型，应变强化阶段的弹性模量取弹性阶段弹性模量的 0.01 倍。

（1）数值分析采用参数

本章分析以典型的桥墩柱为例，其直径为 1m，保护层厚度 40mm，混凝土强度采用标准圆柱体抗压强度 f_c' 为 30MPa。本章得出的结论通过无量纲参数分析得到。轴压

比 n 定义为 $n = N / (A_g f'_c)$，其中 A_g 为截面毛面积，其以增量 0.1 从 0.1 变化到 0.4。纵筋配筋率 ρ_s（$\rho_s = A_s / A_g$，其中 A_s 为纵筋面积）从 1%变化到 4%。相应的纵筋配筋特征值 λ_1（$\lambda_1 = \rho_s f_{yl} / f'_c$）为 0.14、0.28、0.42 和 0.56。约束强度比定义为 $\lambda_f = f_1 / f'_c = 2E_f t_f \varepsilon_f / (D f'_c)$，其中 f_1 为 FRP 提供的侧向约束强度，E_f 为 FRP 弹性模量，t_f 为 FRP 总厚度，ε_f 为 FRP 布的极限破坏应变，D 为 RC 圆柱截面直径。

（2）数值计算结果

截面受压区的最外层受压纤维达到极限应变时所对应的圆心角是本次数值分析中主要考虑的参数。计算所得值的曲线如图 8.18（a）所示。为了简洁，在图 8.18（a）中只给出了考虑约束强度比 0.1 和 0.3 时的 θ 值曲线。从图 8.18（a）中可看出，影响 θ 的主要因素是轴压比 n，随着轴压比 n 的增加，θ 值近似线性增长。FRP 约束强度比 λ_f 和纵筋配筋特征值 λ_1 对 θ 值的影响也比较显著。θ 值的表达式如下所示：

$$\theta = \frac{n}{a\lambda_1 + b\lambda_f + c} + \frac{d\lambda_1 + e\lambda_f + f}{a\lambda_1 + b\lambda_f + c} \tag{8.20}$$

式中，a、b、c、d、e 和 f 为未知参数，可以通过数值分析得到。对数值分析的 48 个数据点进行线性回归分析后得到以下公式：

$$\theta = \frac{n + 1.56\lambda_1 + 0.11\lambda_f + 0.20}{1.08\lambda_1 + 0.34\lambda_f + 0.38} \tag{8.21}$$

图 8.18（b）将数值分析结果与式（8.21）计算结果进行了比较，发现式（8.21）计算结果与数值分析结果吻合很好。式（8.21）计算结果与数值分析结果的比值均值为 1.0，变异系数（COV）为 0.7%。

图 8.19 画出了式（8.21）计算的 θ 值在轴压比较小时随纵筋配筋特征值 λ_1 提高的变化情况。在高轴压比情况下，θ 值提高并不明显，这是因为 θ 值在 FRP 约束量较小时比 FRP 约束量较大时大。θ 值的差异是因为当截面 FRP 约束量较大时，混凝土应力较大，所以在相同的轴压比下截面中性轴高度较小。

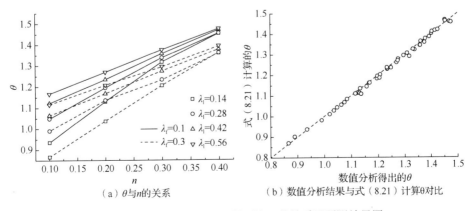

（a）θ 与 n 的关系　　　　　　　（b）数值分析结果与式（8.21）计算 θ 对比

图 8.18　受压区圆心角 θ 与轴压比 n 的关系及预测效果图

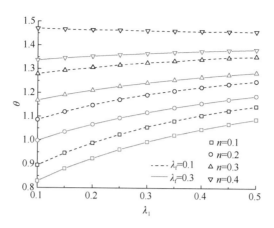

图 8.19　θ 与纵筋配筋特征值 λ_1 关系

2. 正截面受弯承载力计算公式

（1）受弯承载力

截面的受弯承载力值可以通过将受拉钢筋提供的弯矩 M_s 和轴压力提供的弯矩 M_n 加起来得到。受压钢筋提供的弯矩可以忽略，因为与受拉区钢筋提供弯矩相比较小。计算受拉钢筋提供的弯矩 M_s 时，假设受拉钢筋位于受拉钢筋分层的形心位置，并且已达到屈服状态。截面圆心到受压区形心的距离定义为 $r_1 = 4R\sin^3\theta/[6\theta - 3\sin(2\theta)]$，而截面圆心到钢筋分层形心的距离定义为 $r_2 = r_s\sin(\pi - \theta)/(\pi - \theta)$。计算 M_s 和 M_n 时力臂分别为 $r_1 + r_2$ 和 r_1。M_s 和 M_n 表达式如下所示：

$$M_s = \left(1 - \frac{\theta}{\pi}\right)f_{yl}A_s\left[\left(r_s\frac{\sin(\pi - \theta)}{\pi - \theta}\right) + 4R\frac{\sin^3\theta}{6\theta - 3\sin(2\theta)}\right] \tag{8.22}$$

$$M_n = nf_c'\pi R^2 \times \frac{4R\sin^3\theta}{6\theta - 3\sin(2\theta)} \tag{8.23}$$

代入 λ_1 的表达式并简化，得

$$M_u = M_s + M_n = f_c'\pi R^3\left\{\lambda_1\left(1 - \frac{\theta}{\pi}\right)\left[\left(\frac{r_s}{R}\frac{\sin(\pi - \theta)}{\pi - \theta}\right) + \frac{4\sin^3\theta}{6\theta - 3\sin(2\theta)}\right] + n\frac{4\sin^3\theta}{6\theta - 3\sin(2\theta)}\right\} \tag{8.24}$$

（2）公式计算数据与试验数据对比

为了验证前面提出的公式，本节收集了文献中 FRP 约束圆柱模拟地震作用下的试验数据（表 8.6）。根据以下原则对收集的试验数据进行了筛选：①RC 柱承载力由受弯性能控制，且破坏模式为柱子根部的约束 FRP 断裂；②柱子塑性铰区没有纵筋搭接连接；③FRP 纤维方向为环向。本次试验共有 37 根 FRP 约束 RC 圆柱符合要求。表 8.6 列出了这些柱子的详细参数。因为这些柱子的配箍量都比较少，所以并没有考虑箍筋的约束效应。在计算受弯承载力 M_u 时考虑了轴压力的二阶效应，如图 8.20 所示。式（8.21）计算的 θ 值和式（8.24）计算的 M_u 值列在图 8.20 中。因为计算 M_u 时假设纵筋应力为屈服强度，所以 M_u 计算值相对偏小。据文献报道，地震作用下破坏的 FRP 约束 RC 柱可能出现纵筋拉断的现象。为了考虑这种效应，式（8.22）计算的 M_u 值需要修正。纵筋

受拉应力和受压区混凝土应力与中性轴高度和 θ 值密切相关。θ 值和计算 M_s 与试验 M_s 比值之间的关系如图 8.20（a）所示，其中试验值 M_s 为从试验值 M_u 减去式（8.23）计算的 M_n。θ 值和计算 M_s 与试验 M_s 比值的线性回归公式如下所示：

$$\zeta = 1.05 - 0.24\theta \tag{8.25}$$

式中，$\zeta =$ 计算 M_s/试验 M_s。为了正确地计算 M_s，将式（8.24）除以 ζ，因此 M_u 修正如下式：

$$M_u = f_c'\pi R^3 \left\{ \frac{\lambda_1}{1.05 - 0.24\theta}\left(1 - \frac{\theta}{\pi}\right)\left[\left(\frac{r_s}{R}\frac{\sin(\pi-\theta)}{\pi-\theta}\right) + \frac{4\sin^3\theta}{6\theta - 3\sin(2\theta)}\right] + n\frac{4\sin^3\theta}{6\theta - 3\sin(2\theta)} \right\} \tag{8.26}$$

表 8.6　收集 RC 柱详细参数

试件	D/mm	f_c'/MPa	f_{frp}/MPa	λ_f	d_b/mm	f_{yl}/MPa	λ_1	n	θ	试验 M_u/(kN·m)	式（8.24）M_u/(kN·m)	式（8.26）M_u/(kN·m)	试验 θ_u	文献[50] θ_u
Cs-csj-rt[3]	610	36	552	0.38	19	303	0.16	0.06	0.81	650	580.4	652.2	0.125	0.049
Cs-Isj-rt[3]	610	36	552	0.51	19	303	0.16	0.06	0.78	645	588.5	657.2	0.173	0.042
ST2NT[5]	356	40	1896	0.14	25	500	0.37	0.64	1.73	270	260.4	320.9	0.046	0.016
ST3NT[5]	356	41	1896	0.11	25	500	0.36	0.64	1.75	278	256.7	317.2	0.046	0.014
ST4NT[5]	356	45	1896	0.11	25	500	0.33	0.31	1.34	269	281.6	336.4	0.089	0.019
ST5NT[5]	356	41	1896	0.07	25	500	0.36	0.31	1.36	267	264.9	320.2	0.09	0.015
FCS-1[6]	760	19	4170	0.24	19	426	0.43	0.17	1.15	1754	1287.5	1560.1	0.063	0.022
FCS-2[6]	760	19	4170	0.16	19	426	0.43	0.17	1.18	1700	1265.4	1543.2	0.054	0.016
RC1[8]	270	90	3800	0.21	16	500	0.16	0.31	1.25	198	192.5	213.9	0.12	0.049
RC2[8]	270	75	3800	0.12	16	500	0.19	0.34	1.35	160	166.1	188.5	0.11	0.032
RC3[8]	270	50	3800	0.19	16	500	0.28	0.52	1.58	140	132.8	156.7	0.09	0.034
C60n1[50]	180	59	3430	0.43	12	353	0.16	0.43	1.32	52	45	49.6	0.059	0.057
C60n2[50]	180	59	3430	0.43	12	353	0.16	0.52	1.46	64	45.7	50.6	0.057	0.05
C60n3[50]	180	77	3430	0.33	12	353	0.12	0.43	1.37	63	52.4	57.1	0.123	0.07
C80n1[50]	180	77	3430	0.33	12	353	0.12	0.52	1.52	72	52.3	57.3	0.068	0.043
C80n2[50]	180	77	3430	0.33	12	353	0.12	0.62	1.67	73	49.7	54.8	0.063	0.037
C80n3[50]	180	59	3430	0.43	12	353	0.16	0.62	1.59	68	44.6	49.7	0.059	0.033
CSR-1[7]	610	41	4168	0.22	19	299	0.14	0.05	0.82	635	575.9	647.4	—	—
CSR-2[7]	610	39	4430	0.25	19	299	0.15	0.06	0.82	650	574.8	646.8	—	—
CSR-3[7]	610	44	415	0.32	19	481	0.21	0.05	0.86	945	813.9	935.5	—	—
CSR-4[7]	610	44	1245	0.11	19	481	0.21	0.05	0.92	940	788.9	919.9	—	—
Fig.7[51]	180	48	1400	0.14	13	604	0.53	0.11	1.15	56	45.5	56.4	—	—
Fig.8[51]	180	48	1400	0.14	13	604	0.53	0.48	1.52	68	52.2	65.3	—	—
Fig.9[51]	180	48	1400	0.72	13	604	0.53	0.11	1.01	59	49.7	59.5	—	—
Fig.10[51]	180	48	1400	0.72	13	604	0.53	0.48	1.32	83	62.7	74.9	—	—
Fig.11[51]	180	48	1400	0.43	13	604	0.53	0.48	1.41	71	57.9	70.6	—	—
Fig.13[51]	180	48	1500	0.15	13	604	0.53	0.11	1.15	51	45.6	56.5	—	—

续表

试件	D/mm	f'_c/MPa	f_{frp}/MPa	λ_T	d_b/mm	f_{yl}/MPa	λ_1	n	θ	试验 M_u/(kN·m)	式（8.24）M_u/(kN·m)	式（8.26）M_u/(kN·m)	试验 θ_u	文献[50] θ_u
Fig.15[51]	180	48	1500	0.77	13	604	0.53	0.11	1	57	50	59.7	—	—
ACTT 9513[52]	610	44	911	0.17	19	293	0.17	0.05	0.86	803	677.2	773.3	—	—
ACTT 9519[53]	610	38	1006	0.16	19	289	0.19	0.05	0.89	803	647	745.5	—	—
CG2[54]	300	25	1214	0.22	12	416	0.31	0.2	1.15	119	90.9	107.3	—	—
J1	300	28	1832	0.11	19	400	0.69	0.05	1.15	159	141.7	180.3	0.085	0.025
J2	300	28	4232	0.11	19	400	0.69	0.05	1.15	174	141.7	180.2	0.086	0.021
J3	300	28	4232	0.11	19	400	0.69	0.05	1.15	169	141.7	180.2	0.086	0.021
J4	300	28	1832	0.23	19	400	0.69	0.05	1.12	216	144.3	182.1	0.126	0.045
J5	300	28	4232	0.22	19	400	0.69	0.05	1.12	202	144.2	182	0.112	0.037
J6	300	28	1832	0.23	19	400	0.69	0.05	1.12	195	144.3	182.1	0.125	0.042
J7	300	28	1832	0.17	19	400	0.69	0.05	1.14	182	143	181.2	0.109	0.033
J8	300	28	1832	0.34	19	400	0.69	0.05	1.1	221	146.6	183.8	0.100	0.063
CH1	360	35	1832	0.13	25	380	0.63	0.36	1.41	411	331.9	418.6	0.050	0.02
CH2	360	35	1832	0.19	25	380	0.63	0.36	1.39	420	337.8	423.9	0.090	0.028
CH3	360	35	3945	0.16	25	380	0.63	0.36	1.4	452	334.8	421.2	0.080	0.019
CL4	360	35	1832	0.3	25	380	0.63	0.36	1.36	396	348.3	433.1	0.068	0.038
CL5	360	35	3945	0.26	25	380	0.63	0.36	1.37	444	344.8	430	0.060	0.025
CL6	360	35	3945	0.37	25	380	0.63	0.36	1.34	465	354.2	438.3	0.060	0.036
P1C[9]	300	35.8	849	0.161	19.5	415	0.29	0.08	1.00	124.7	98.9	122.3	0.140	0.182
P2C[9]	300	34.9	849	0.165	19.5	415	0.30	0.31	1.31	182.0	126.9	172.5	0.119	0.134
P3C[9]	300	34.4	849	0.168	19.5	415	0.31	0.09	1.02	128.8	99.5	123.7	0.140	0.211
P4C[9]	300	34.3	849	0.168	19.5	415	0.31	0.29	1.28	180.0	124.4	167.7	0.073	0.093
RC4[8]	270	204	3800	0.123	16	500	0.19	0.34	1.35	141	166.3	229.5	0.04	0.068
CCF2[10]	240	178	4300	0.149	12	550	0.14	0.04	0.81	48	46.9	54.9	0.097	0.066
CRCF2[10]	240	178	4300	0.201	12	550	0.18	0.05	0.86	49.5	44.9	53.2	0.098	0.075
CFFT-6	150	95	2900	0.24	10	600	0.22	0.41	1.40	45	42.0	58.8	0.103	0.084
RC-1	270	90	3800	0.21	16	500	0.16	0.32	1.27	174	195.5	262.3	0.12	0.079

图 8.20（b）给出了由式（8.26）计算的 M_u 和以无量纲形式表示的试验值 $M_u/(\pi R^3 f'_c)$ 的关系。计算值与试验值的比值的平均值为 0.99，变异系数为 12.3%，计算值与试验值吻合良好。

（3）参数分析

对式（8.26）进行了参数分析，以了解 M_u 计算公式中的各种设计参数的影响。对弯矩提高系数 M_u/M_i 进行了研究，其中，M_i 为《混凝土结构设计规范（2015 年版）》（GB 50010—2010）定义的受弯承载力。M_i 为当受压区混凝土极限应变达到 0.0033 时的截面受弯承载力。本书选择了一根典型的直径 600mm 的桥墩柱用于参数分析。混凝土保护层厚度为 25mm。纵筋直径为 19mm，屈服强度为 400MPa。标准混凝土圆柱体强度为 36MPa。图 8.21 给出了 RC 圆柱在不同配筋率下的计算弯矩提高系数随轴压比（0.1~0.5）的变化情况。从图 8.21 中看出弯矩提高系数随着轴压比升高而升高，这和文献[48]的研究结论相吻合。弯矩提高系数在其他参数一定的情况下，对于 FRP 约束量较大时更显著。在高轴压比下，FRP 约束强度比为 0.3 时，弯矩提高系数为 1.5。在计算地震作用下的约束 RC 柱的剪力时，这种弯矩提高现象需要充分考虑。

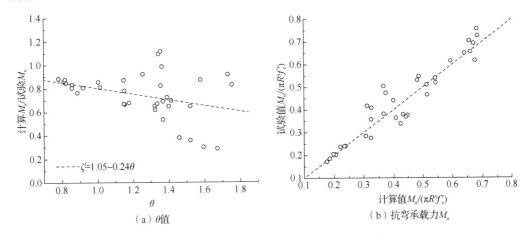

图 8.20　θ 值和计算 M_s/试验 M_s 之间的关系

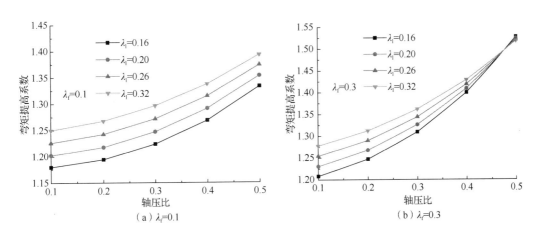

图 8.21　弯矩提高系数-轴压比曲线

8.5　FRP 加固 RC 圆柱受剪承载力计算

在国内外历次地震灾害中，框架柱剪切破坏现象比较常见，特别是短柱破坏更为严重。如何提高已建 RC 柱的既有抗震能力，确保结构不发生剪切破坏，达到延性设计的要求，是国内外研究者近年来关注的问题。已有的研究表明，随着侧向位移的增加，塑性铰区混凝土对受剪承载力的影响逐渐减小，接着 RC 柱的受剪承载力不断衰减[55-58]。

国外对此问题认识较早,且对 RC 柱延性受剪承载力的计算进行了大量的研究。在我国,侧向位移对 RC 柱受剪承载力的影响也引起了一定的重视[55]。已有的研究成果表明,FRP 可以有效地提高 RC 柱的受剪承载力,FRP 的抗剪作用机理与箍筋相似[3]。目前,FRP 加固混凝土规程《碳纤维片材加固混凝土结构技术规程(2007 年版)》(CECS 146:2003) [35] 中对侧向荷载最大时 FRP 可用有效应变做了规定。根据分析,加固柱破坏状态的 FRP 的有效应变才是设计中最值得关注的,它直接决定着破坏状态 FRP 加固柱的受剪承载力,因此规范规定的方法并不能对加固柱随着侧向位移增加受剪承载力的变化规律做定量的描述,对加固柱最终的破坏形式也不能做出判断。

8.5.1　RC 柱受剪承载力计算方法

1. RC 柱破坏模式判别方式

RC 柱在地震作用下的破坏形态一般可分为弯曲型破坏、剪切型破坏和粘结型破坏[59,60]。对于剪切破坏又主要分为对角斜拉破坏、剪拉破坏、剪压破坏和剪切斜压破坏。对角斜拉破坏主要发生在剪跨比很小的柱子中,随着裂缝不断开展,沿对角线发生破坏;RC 柱在压、弯、剪共同作用下首先在柱端出现水平裂缝,接着因剪力作用产生斜裂缝,此时,如果箍筋配置较少,斜裂缝就会迅速开展,形成斜截面断裂,发生破坏;当柱端有足够的抗剪箍筋时,虽然产生了斜裂缝,但开展较慢,柱受剪承载力逐渐降低,最后发生破坏,这种破坏形态的特点是破坏面有明显的剪切斜裂缝;当短柱配箍筋较多,轴压力又比较大时,混凝土出现多条对角分布的斜裂缝,混凝土被斜向压溃,容易发生剪切斜压破坏。

对 RC 柱受剪承载力影响较大的参数是剪跨比、轴压比和配箍率。一般而言,随着剪跨比增加 RC 柱受剪承载力变小,但变形能力有所增加。轴压力的存在可以提高 RC 柱的受剪承载力,并且随着轴压力的增加,破坏形态也可能发生改变。塑性铰区配置一定数量的箍筋可以有效控制斜裂缝的发展,提高 RC 柱的受剪承载力和变形能力,但高配箍率的 RC 柱受剪承载力也不能任意地提高,有一定的限值。

当对角斜拉破坏位移延性系数小于 2 时,属脆性的剪切破坏[59]。这类 RC 柱由于箍筋配置较少,当正截面还没有达到或者刚达到受弯承载力最大值时,其侧向荷载就达到了 RC 柱的受剪承载力,剪切裂缝得不到有效的控制,致使 RC 柱发生破坏。这类破坏的典型滞回曲线如图 8.22(a)[60]所示。

剪拉破坏或者剪压破坏时混凝土截面已经达到受弯承载力最大值,塑性铰区已经进入塑性状态,滞回曲线中的最大侧向荷载受截面受弯承载力的控制。随着侧向位移的增加,塑性铰区斜裂缝不断发展,混凝土对受剪承载力的影响不断削弱,RC 柱受剪承载力逐渐降低,当受剪承载力降到截面受弯承载力最大值对应的侧向荷载时,截面发生破坏。这种形式的剪切破坏具有一定的延性,有试验中发生过位移延性系数达到 8 的剪切破坏[61]。这种破坏的典型滞回曲线如图 8.22(b)所示。

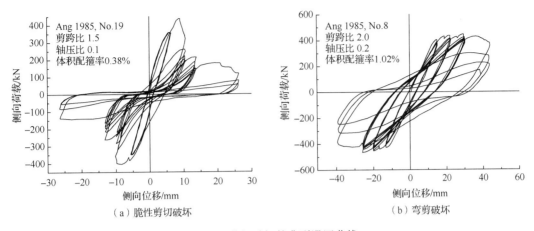

（a）脆性剪切破坏　　　　　　　　　　（b）弯剪破坏

图 8.22　剪切破坏的典型滞回曲线

对 RC 柱抗震性能的评估首先要对 RC 柱的破坏模式进行判断[62]。如果最后会发生弯曲破坏，那么就可以对柱子侧向变形能力进行计算，若不符合位移延性系数的要求，就对塑性铰区混凝土进行约束加固；如果最后发生弯剪破坏，那么首先要进行受剪加固。我国设计规范对于 RC 柱的设计有"强剪弱弯"的要求，就是要控制柱的破坏模式，避免发生突然破坏和危害性大的剪切破坏。具体做法是，根据截面的受弯承载力计算柱子的剪力需求值，要求柱子受剪承载力大于这个值以保证不发生剪切破坏。根据研究，截面受弯承载力受的影响因素较多，特别是在轴压比较高时，箍筋的约束使混凝土的强度得到提高，并且在大变形下钢筋会进入强化阶段，造成截面的受弯承载力相比设计值有很大的提高[63]；而对于 RC 柱受剪承载力来说，在反复荷载不断作用下，受剪承载力会不断衰减，在侧向变形比较大时，这个现象更加严重，此时 RC 柱的性能与设计的状态会有很大的不同，有可能出现受剪承载力不足导致 RC 柱发生剪切破坏的情况。目前，对于按现有规范设计的 RC 柱在大变形下的性能还缺少系统研究。基于性能的设计要求对构件在地震作用下的性能有清楚的认识，才能对结构在地震条件下的各种性能指标进行定量的描述，满足不同的设计要求。

文献[63]提出了研究 RC 柱破坏模式的思路，并给出了 RC 柱在地震荷载作用下破坏模式的定量判别方法，如图 8.23 所示。图中受剪承载力是和位移延性系数相关的。在位移延性系数小于 2 时，受剪承载力最大，并保持不变；当位移延性系数达到某一较大值 μ 后，受剪承载力降到最小，中间部位发生线性变化。当试件受弯承载力最大值对应的侧向荷载需求值一直小于受剪承载力时，试件发生弯曲破坏，图 8.23 中用 a 表示；当受弯承载力对应的侧向荷载大于受剪承载力初始强度时，试件发生脆性剪切破坏，图 8.23 中用 c 表示；当受弯承载力对应的侧向荷载需求值介于受剪强度最大值和最小值之间时，试件发生具有一定延性的剪切破坏，图 8.23 中用 b 表示。

显然，FRP 加固混凝土圆柱的破坏模式也可以参考这种思路确定，但也需要考虑 FRP 加固 RC 圆柱破坏过程中，FRP 用量不同时混凝土的受剪衰减规律有所不同，为定量计算 FRP 受剪承载力，需要对极限阶段的 FRP 有效可用应变进行规定。

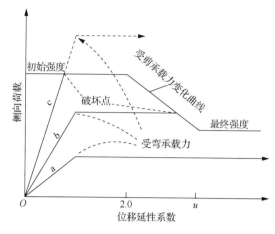

图 8.23　RC 柱受剪承载力与位移的关系

2. RC 柱受剪承载力计算模型

有学者对 RC 构件剪切破坏的机理进行了大量的研究，提出了比较系统的理论，对混凝土构件剪切破坏的原理进行了解释，其中有桁架理论（包涵压力场理论、软化桁架理论、桁架-拱理论）、极限平衡理论、有限元方法以及统计分析方法等，具体介绍见文献[64]。对于 RC 柱受剪承载力的计算，最适用的是桁架-拱模型，其中箍筋对受剪承载力的影响可以用桁架的拉杆模型进行模拟；混凝土的受剪影响用拱模型来模拟，数值用混凝土的抗压或者抗拉强度来表示；对于轴压力对受剪承载力的影响，有的模型把轴压力的影响从混凝土贡献中分离出来，直接考虑。

对于轴压力的影响，有的认为轴压的存在增强了混凝土受剪能力，把轴力对受剪承载力的影响独立考虑，我国规范对于轴压力的作用就独立考虑[65]，对应于以上情况，受剪承载力可分别用式（8.27）和式（8.28）表示：

$$V_n = V_c + V_s \tag{8.27}$$

$$V_n = V_c + V_s + V_p \tag{8.28}$$

式中，V_n 为 RC 柱抗剪承载力；V_c 为混凝土提供的抗剪承载力；V_s 为箍筋提供的抗剪承载力；V_p 为轴力提供的抗剪承载力。箍筋对受剪承载力贡献的计算比较统一，根据桁架模型可由下式计算：

$$V_s = \frac{\pi}{2} \frac{A_{sb} f_{yh} D'}{s} \tag{8.29}$$

式中，A_{sb} 为箍筋横截面面积；f_{yh} 为箍筋屈服强度；s 为箍筋间距；D' 为箍筋所在圆的直径。

（1）我国混凝土设计规范[65]

我国《混凝土结构设计规范（2015 年版）》（GB 50010—2010）把轴压力从混凝土贡献中分离出来，单独考虑，受剪承载力计算公式为

$$V_n = \frac{1}{\gamma_{RE}} \left(\frac{1.05}{\lambda + 1} f_t b h_0 + f_{yv} \frac{A_{hb}}{s} h_0 + 0.056N \right) \tag{8.30}$$

对于 RC 圆柱，柱宽 $b=0.88D$，柱有效高度 $h_0=0.8D$，D 为圆柱直径，N 为轴压力，f_t 为混凝土受拉强度。对于轴压力，当 $N>0.3f_cA_g$ 时，取 $0.3f_cA_g$；当轴向力为拉力时 N 取为零。γ_{RE} 为承载力抗震调整系数。规范中在结构设计时受剪承载力计算值要乘以系数 γ_{RE}，是考虑地震的偶然作用，可靠度可以稍低于正常使用状态。规范公式对可靠度的考虑是用材料强度的分项系数进行调整，但在讨论试验结果的时候用的是材料强度的平均值，因此不要用系数 γ_{RE} 对受剪承载力进行调整[62]。

（2）Priestly 等提出的 RC 柱受剪承载力计算公式

加利福尼亚大学圣迭戈分校（UCSD）的 Priestly 等对于 RC 柱受剪承载力进行了系统研究，在文献[57]中提出了建议公式，这里为便于表达称为 UCSD 公式，在此基础上，文献[58]提出了改进公式，公式也由 3 部分组成，如式（8.28）所示。对于混凝土受剪贡献，由下式表示：

$$V_c = \alpha\beta\gamma\sqrt{f_c'}0.8A_g \tag{8.31}$$

式中，α 为剪跨比的影响系数，认为剪跨比减小对受剪承载力有利。

$$1 \leqslant \alpha = \left(3 - \frac{M}{Vh}\right) \leqslant 1.5 \tag{8.32}$$

式中，β 为纵向钢筋的影响系数，认为纵筋较少时，混凝土受剪作用有所降低。

$$\beta = (0.5 + 20\rho_l) \leqslant 1 \tag{8.33}$$

式中，ρ_l 为纵筋的配筋率。

式（8.31）的一个显著的特点是考虑了侧向位移的变化对混凝土受剪承载力的影响，随着侧向位移的增加，混凝土不断开裂，混凝土的咬合作用逐步降低，对受剪承载力的影响逐步降低。用系数 γ 来表示，γ 是和位移延性系数相关的参数。γ 取值如下：

$$\gamma = \begin{cases} 0.29 & 0 \leqslant \mu_\Delta < 2.0 \\ 0.29 - 0.0475(\mu_\Delta - 2) & 2.0 \leqslant \mu_\Delta < 8.0 \\ 0.05 & \mu_\Delta \geqslant 8.0 \end{cases} \tag{8.34}$$

γ 的取法如图 8.24 所示，其中"原始"代表文献[57]中 γ 的取值方法，"修订后"代表文献[58]中 γ 的取值方法。从图 8.24 中可以看出，随着侧向位移的增加，混凝土部分对受剪承载力的贡献显著减少。因为混凝土受剪贡献在整个 RC 柱受剪承载力中占比重较大，所以当位移延性系数达 8 时，RC 柱的最终受剪承载力相比位移系数小于 2 时的初始受剪承载力要小很多。

箍筋对受剪承载力的作用可以用式（8.35）来表示，示意图如图 8.25（a）

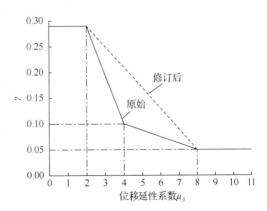

图 8.24　γ 随位移延性系数的变化

所示。式（8.35）认为和斜向裂缝相交的箍筋对受剪承载力有影响，在计算受剪箍筋数量时要考虑受压区高度的不利影响。

$$V_s = \frac{\pi}{2} \frac{A_{hb} f_{yv}(D - c - \text{cover})}{s} \cot 30° \qquad (8.35)$$

式中，c 为受压区高度；cover 为保护层厚度；s 为箍筋间距。

轴压力对于受剪承载力的影响须单独考虑，对于悬臂柱来说，示意图如图 8.25（b）所示。

$$V_p = P \tan \varphi = P(D - c) / 2L \qquad (8.36)$$

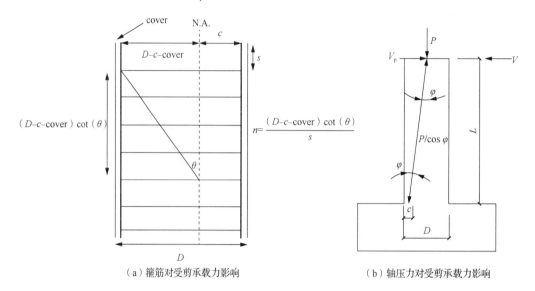

（a）箍筋对受剪承载力影响　　　　　　　　（b）轴压力对受剪承载力影响

图 8.25　受剪承载力的组成

对式（8.36）的详细介绍见参考文献[57]和文献[58]。计算表明式（8.36）对 RC 柱受剪承载力的计算精度较高，对于位移延性系数低于 2 的脆性破坏，该公式的计算结果和试验结果吻合较好，对于位移延性系数大于 2 的剪切破坏时的受剪承载力也能做出比较准确的预测。

8.5.2　FRP 加固混凝土圆柱受剪承载力计算

1. 不同参数下 FRP 应变特性及发展规律

FRP 加固 RC 柱有不同的破坏模式，破坏时 FRP 的受力状态会有所不同，因此要根据试验中采集的 FRP 应变数据，研究 FRP 应变发展规律。

不同种类 FRP 的加固效果可以通过 FRP 侧向约束刚度来进行比较，FRP 加固柱侧向约束刚度可以通过下式进行计算：

$$E_l = \frac{2t_f}{D} E_f \qquad (8.37)$$

式中，t_f 为 FRP 的厚度；D 为被加固柱的直径；E_f 为 FRP 的弹性模量。根据计算，1 层 CFRP 加固的 CL1 和 3 层 DFRP 加固的 CL3 侧向约束刚度基本相等，分别为 0.241GPa 和 0.249GPa。图 8.26（a）为这两个试件柱身 FRP 平均应变和侧向位移的变化关系。FRP 应变随侧向位移的增大基本呈线性增加，当试件位移达到 3 倍屈服位移时，应变增长速度明显增快，两个试件应变发展速率基本相同。当侧向位移达到 24mm 时，柱 CL1 上的 CFRP 达到其单向拉伸极限应变，发生断裂，试件破坏；而柱 CL3 上的 DFRP 应变与其单向拉伸极限应变还相差较大，还能继续承受荷载，直至侧向位移为 42mm 时，DFRP 断裂，试件破坏。可见侧向约束刚度是 FRP 应变发展速度的决定性因素，对于不同种类 FRP，在侧向约束刚度基本相当的情况下，FRP 应变发展速率基本相同。

当 FRP 用量较小时，FRP 对混凝土的约束和对裂缝的限制作用不大，因此混凝土裂缝开展迅速，相应地 FRP 应变增长也很快，如图 8.26（b）中柱 CL2 应变和位移关系曲线所示。对试验中发生弯剪破坏的柱参数进行统计，表明 DFRP 加固的柱身平均应变约为 21000με，CFRP 加固的柱身平均应变约为 12000με，即剪切破坏时，柱身 FRP 平均应变大约为材料单向拉伸试验极限应变的 70%～80%，高于 FRP 加固梁发生剪切破坏时 FRP 平均应变与材料单向拉伸试验极限应变的比例[66]。

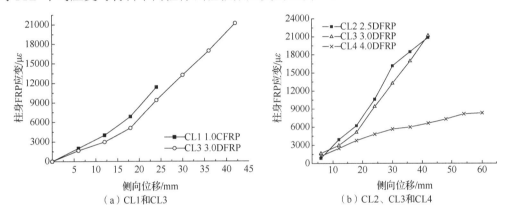

图 8.26　CL1～CL4 柱身 FRP 应变与侧向位移的关系

当 FRP 用量较大时，FRP 加固柱的受剪承载力得到提高，核心区的混凝土受较强的约束。总体上，FRP 应变发展较为缓慢。特别值得注意的是，当破坏模式从弯剪破坏转变为弯曲破坏时，FRP 应变发展规律会有较大的跳跃，应变增加速率明显减小，如图 8.26（b）所示。图 8.26 中给出了 2.5DFRP、3.0DFRP 和 4.0DFRP 加固柱 CL2、CL3 和 CL4 柱身 FRP 应变发展与侧向位移的关系。当发生破坏时，试件 CL4 柱身 FRP 的平均应变约为 8300με，远小于 3 层 DFRP 加固的柱 CL3 破坏时的柱身 FRP 平均应变（约为 21000με）。图 8.27 所示为发生弯剪破坏的长柱 CH1 和发生弯曲破坏的长柱 CH2 的柱身 FRP 平均应变与侧向位移的关系图，短柱 CL1 和 CL5 也有类似的规律。可以看出，发生弯剪破坏的柱身 FRP 平均应变占材料单向拉伸极限应变的 70%～80%，这主要是由于裂缝的存在造成 FRP 应变分布的不均匀，局部 FRP 应变会先达到极限值，FRP 加固梁受剪破坏时这个值大约为 50%[66]，说明 FRP 加固梁中 FRP 的应变分布不均匀性相对严重。

出现这一现象的主要原因是，当 FRP 用量达到一定程度时，可以对混凝土提供足够的侧向约束，阻止其裂缝的发展，使混凝土自身的受剪衰减得到有效的控制。如果混凝土的受剪损失比较严重，FRP 要承担更多的剪力，会造成其应变加速，并快速达到极限应变而断裂。综上可知，不同的 FRP 加固用量导致柱的破坏模式不同，FRP 的应变发展规律和极限阶段 FRP 的有效应变均有明显的差别。

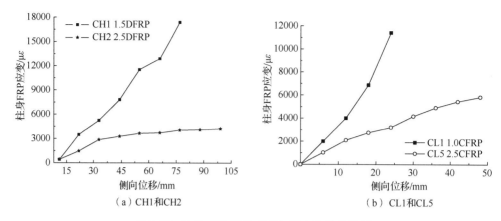

（a）CH1和CH2   （b）CL1和CL5

图 8.27　柱身 FRP 平均应变与侧向位移的关系

进一步研究还发现，当破坏模式转变后，即使 FRP 用量再增加，其应变发展规律都不会再有明显的差异。图 8.28（a）所示为 2.5 层 CFRP、3 层 CFRP 和 4.5 层 CFRP 的加固柱 CL5、CL6 和 CL7 的柱身 FRP 应变和侧向位移的关系曲线。这 3 个试件均发生弯曲破坏，虽然 FRP 的用量在不断增加，但在其极限阶段，FRP 有效应变均稳定在 4100～5850με，变化不明显。

图 8.28（b）为 1 层 CFRP 加固柱 CL1 和 4.5 层 CFRP 加固柱 CL7 在侧向位移为 18mm 时，同一个侧面上不同高度处的 CFRP 应变分布情况。发生剪切破坏的柱 CL1 在柱身中部区域 CFRP 应变最大，CFRP 纤维因为剪切裂缝而发生局部断裂也首先发生在这个位置。发生弯曲破坏的柱 CL7 在柱底 CFRP 应变最大，随着柱身高度的增加，CFRP 应变不断减小，柱身中部区域的 CFRP 应变比对应的柱 CL1 要小得多。

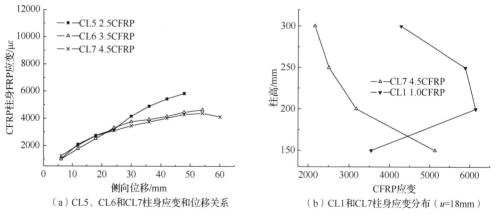

（a）CL5、CL6和CL7柱身应变和位移关系   （b）CL1和CL7柱身应变分布（u=18mm）

图 8.28　CL5～CL7 柱身 FRP 应变规律

2. 侧向荷载最大时 FRP 承受剪力的计算

FRP 加固 RC 柱受剪承载力 V_n 的计算公式一般采用叠加形式[3,63]，即在 RC 柱受剪承载力 V_{RC} 的基础上，叠加 FRP 加固后，对柱受剪承载力的影响值 V_f，表达形式为

$$V_n = V_{RC} + V_f \tag{8.38}$$

对于柱身全包 CFRP 加固时，V_f 可由式（8.39）计算[3]：

$$V_{\mathrm{f}} = \frac{\pi}{2} n_{\mathrm{f}} t (D - c) E_{\mathrm{f}} \varepsilon_{\mathrm{fe}} \cot \theta \qquad (8.39)$$

式中，n_f 为 FRP 层数；t 为单层 CFRP 厚度；D 为圆柱直径；c 为截面受压区高度；E_f 为 FRP 弹性模量；θ 为斜裂缝与柱轴线的夹角，可取为 30°；ε_{fe} 为 FRP 有效拉应变。FRP 受剪计算和箍筋的计算原理基本相同，式（8.39）的意义可以参考图 8.25。式（8.38）中 V_{RC} 的计算可取受剪承载力最终值，也可以参考我国混凝土规范计算公式。

根据测量的 FRP 应变及式（8.39）计算，将 FRP 承受的剪力和试验值进行了对比，结果见表 8.7。计算时要用到截面受压区高度，通过程序计算，这个值基本确定为 45mm，受 FRP 加固用量的影响不大，受压区高度的简化计算方法将在本书后面介绍。表 8.7 中试验值 V_{f-ex} 为加固试件侧向荷载和对比柱最大荷载的差值。根据前面的分析，在具有足够的侧向约束的时候，混凝土的受剪还没衰减，试件 CH2 和 CH3 由于测试仪器的问题，应变数据误差较大，没列在表 8.7 内。

表 8.7　侧向荷载最大时的 FRP 受剪计算值和试验值比较　　　　　（单位：kN）

试件	加固方式	FRP 应变/$\mu\varepsilon$	计算值 V_{f-cal}	试验值 V_{f-ex}	V_{f-cal}/V_{f-ex}
CH1	1.5 DFRP	3490	81	100	0.81
CH4	0.5C1.0D	3457	108	126	0.86
CH5	0.5C1.0D	2930	91	108	0.84
CL1	1.0 CFRP	4000	143	133	1.08
CL2	2.5 DFRP	4466	173	136	1.27
CL3	3.0 DFRP	2976	138	117	1.18
CL4	4.0 DFRP	2483	154	108	1.43
CL5	2.5 CFRP	2092	187	139	1.35
CL8	2.5 DFRP Pre	3930	152	118	1.29

根据表 8.7 的数据，可以看出对剪跨比较大的试件，计算值比试验值偏小。对于剪跨比较小的试件，计算值比试验值稍大。这主要原因可能是式（8.39）计算时采用了确定的斜向裂缝角 30°，根据已有的试验研究，随着剪跨比的减小这个值会有所降低[67]，为了简化起见，此处取定值。此次试验的 10 个试件 FRP 剪力的计算值和试验值之间比值的平均值为 1.12，变异系数为 21.1%，体现了式（8.39）用于计算 FRP 承受的剪力具有比较高的准确性。

3. FRP 有效极限应变的确定

根据前述内容可知，FRP 应变增长速率和 FRP 的侧向约束刚度有很大的关系，当 FRP 的侧向约束刚度增加到一定值的时候，FRP 应变增长速率明显降低。图 8.29 所示为有代表性的试件 FRP 柱身平均应变随着侧向位移增长的速率与 FRP 侧向约束刚度的关系。对于柱高为 600mm 的 CL 系列试件，CL4 是个分界点，当加固柱的侧向约束刚度比 CL4 大时，侧向约束刚度的增加对于 FRP 应变的增长速率影响不大；当加固柱的侧向约束刚度比 CL4 小时，FRP 的应变增长速率随约束刚度的减小而迅速增加，两者之间基本表现出指数函数的变化关系，在图 8.29 中用虚线表示。将长柱 CH1 和 CH2 应变增长速率和 FRP 侧向约束刚度的关系也列于图 8.29 中，可以看出剪跨比较大的长柱应变增长速度，低于具有相同侧向约束刚度短柱的应变增长速度。

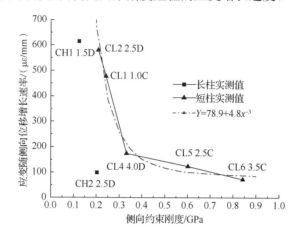

图 8.29　FRP 应变增长速度和侧向约束刚度的关系

通过式（8.39）可以计算出 FRP 随着侧向位移的增加所承受剪力的变化过程，可以看出不同破坏模式的加固柱中，FRP 和混凝土各自承受的剪力随侧向位移变化的特点。试件 CH1、CH2、CL1、CL5，以及 CL3、CL4 的 FRP 受剪贡献随侧向位移的变化情况如图 8.30 所示。图 8.30 中 FRP 受剪情况根据式（8.39）计算得到，每个试件的骨架曲线和 FRP 所受剪力差值部分就是混凝土部分和箍筋对受剪的反应。

从图 8.30 可以看出，发生剪切破坏的试件 CH1 由于 DFRP 用量较小，对混凝土的约束能力不足，随着侧向位移的增加，混凝土裂缝变大，混凝土受剪衰减比较严重，破坏时混凝土的受剪影响基本为零，相应地 DFRP 要不断承担更多的剪力，最后 DFRP 应变达到极限值，试件发生剪切破坏。发生弯曲破坏的试件 CH2，由于屈服后 DFRP 对混凝土较强的约束，混凝土受剪能力衰减并不严重，DFRP 应变的发展也不明显，最后发生塑性铰区约束失效。

CFRP 加固试件 CL1 和 CL5 的规律基本如图 8.30（b）所示，由于 CFRP 极限应变相对较小，当 CFRP 用量较少时，混凝土受剪承载力衰减还不是很严重时 CFRP 已经达到极限应变，试件破坏。DFRP 加固短柱试件 CL3 和 CL4 的规律如图 8.30（c）所示，发生弯剪破坏的 CL3 屈服后由 DFRP 承受的剪力发展速度很快，到破坏状态时混凝土受剪作用已经基本全部衰减，此时 DFRP 实测应变由于混凝土的开裂严重而变大，计算得到的 DFRP 承受的剪力已经大于实际侧向荷载。由于内部混凝土的开裂比较严重，DFRP 应变过大，发生弯曲破坏试件 CL4 的 DFRP 承受的剪力发展一直比较平稳，最后破坏时，混凝土还能继续承受一定的剪力。

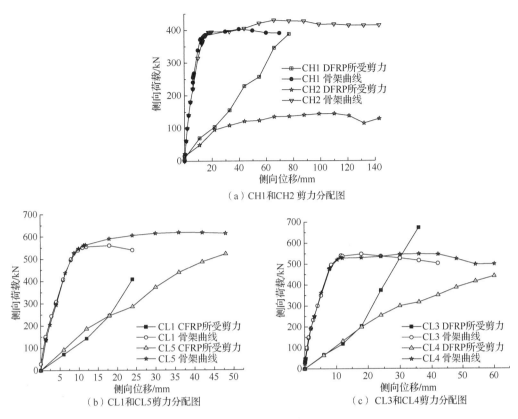

（a）CH1和CH2 剪力分配图

（b）CL1和CL5剪力分配图　　　　　　　　（c）CL3和CL4剪力分配图

图 8.30　FRP 受剪贡献随位移增加变化规律

　　根据前述内容的分析，不同的破坏模式下，FRP 应变发展规律以及破坏时最终的应变状态有显著的不同。直接对 FRP 应变和侧向位移的关系进行定量计算比较困难，并且意义也不是很大，可以认为 FRP 极限有效应变的确定是 FRP 加固混凝土圆柱破坏模式判断的主要标准，也是决定 FRP 加固 RC 圆柱受剪承载力计算的关键。这一思路和国际上 FRP 加固规范对于 FRP 受剪加固有效应变的确定方法一致[68,69]。如果破坏时，FRP 的极限有效应变取值偏大，FRP 的应变发展速度可能会过快，使加固柱容易发生弯剪破坏；如果 FRP 极限有效应变取值过小，则会造成 FRP 用量过多，不利于应用，因此可以根据试验中发生弯曲破坏的加固柱 FRP 能达到的柱身最大平均应变来确定 FRP 的极限有效应变。根据统计，本次试验中，DFRP 加固柱发生弯曲破坏时，DFRP 柱身平均应变最大的试件是 CL4，为 8330με；CFRP 加固柱发生弯曲破坏，CFRP 柱身平均应变最大的试件是 CL5，为 5880με。这里建议，对于 CFRP 加固 RC 圆柱极限有效应变取为 6000με；DFRP 加固柱破坏时，DFRP 纤维断面非常整齐，破坏前征兆不明显，破坏比较突然，因此对 DFRP 有效应变要做较严格的限制。本章规定的 FRP 极限有效应变和 FRP 本身的极限应变相比较小，文献[2]和文献[69]认为受剪计算 FRP 有效应变取 4000με。根据本次试验的研究，如果这个应变值偏低，会造成受剪加固的 FRP 用量过多，浪费材料。

8.5.3　FRP 加固 RC 圆柱破坏模式的判别

对于 FRP 加固 RC 圆柱破坏模式的判断可以参考普通 RC 柱的方法，关键是确定加固柱最终的受剪承载力。FRP 受剪贡献根据本章提出的有效极限应变由式（8.39）计算得到，钢筋混凝土部分最终受剪贡献可以由相关公式计算得到。如果计算的受弯承载力极限对应值 V_{flexure} 小于最终的受剪承载力，试件将发生弯曲破坏，否则将发生剪切破坏。加固柱发生脆性剪切破坏的可能性很小，一般是延性剪切破坏。

本次试验的几个试件的判断情况如图 8.31 所示，图 8.31 中实线是试验的骨架曲线。从图 8.31 中可以看出，各个试件受剪承载力随侧向位移变化，按图 8.23 的思路也可对试件的破坏模式进行准确判断。图 8.31（f）中，CH2 由 2.5 层 DFRP 加固，根据计算，试件弯曲破坏时的侧向荷载小于受剪承载力的最终值，可以认为试件应发生弯曲破坏，但两条曲线相交了，这主要原因是计算的受剪承载力并不能完全和试件的实际受剪承载能力相一致。相交处试件的侧向荷载比计算的受剪承载力大 20kN 左右。

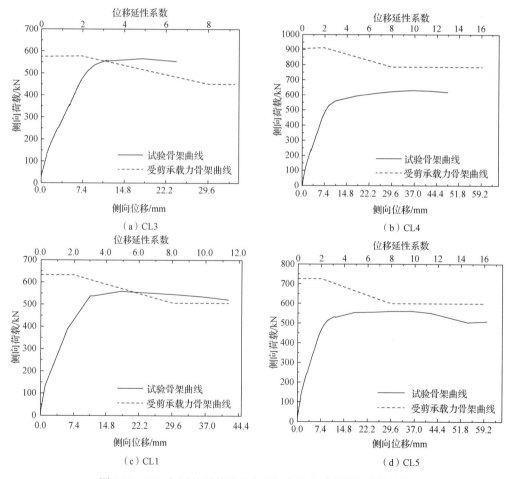

图 8.31　FRP 加固柱受剪承载力骨架曲线和试验骨架曲线比较

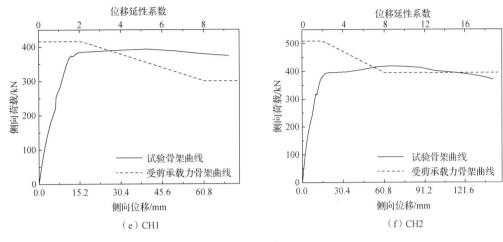

（e）CH1　　　　　　　　　　　　　　　（f）CH2

图 8.31（续）

表 8.8 列出了本次试验加固柱受剪承载力的计算值，和试验的结果进行了比较，可以对试件的破坏方式进行预测。值得说明的是，要对加固柱破坏模式进行预测，理论上应该和受弯承载力计算值对应的侧向荷载进行比较，对 FRP 加固柱受弯承载力计算，可以有很高的精度。表 8.8 中，试验破坏时侧向荷载的确定原则是：试件发生弯剪破坏时取破坏时的侧向荷载；发生弯曲破坏时，取试件破坏荷载或者侧向承载力下降到最大侧向荷载 85% 时的值。

表 8.8　受剪承载力计算值和受弯承载力对应值对比

试件	加固方式	破坏时荷载/kN	GB 50608—2010	预测破坏方式	试验破坏方式
CH1	1.5 DFRP	373	300	弯剪破坏	弯剪破坏
CH2	2.5DFRP	370	393	弯曲破坏	弯曲破坏
CH3	1.5 CFRP	448	496	弯曲破坏	弯曲破坏
CL1	1.0CFRP	554	406	弯剪破坏	弯剪破坏
CL2	2.5DFRP	555	415	弯剪破坏	弯剪破坏
CL3	3.0DFRP	522	461	弯剪破坏	弯剪破坏
CL4	4.0DFRP	512	554	弯曲破坏	弯曲破坏
CL5	2.5CFRP	619	741	弯曲破坏	弯曲破坏
CL6	3.5CFRP	683	964	弯曲破坏	弯曲破坏
CL7	4.5CFRP	728	1187	弯曲破坏	弯曲破坏
CL8	2.5DFRP Pre	475	415	弯剪破坏	弯剪破坏
CL9	CBF	661	1110	弯曲破坏	弯曲破坏

8.6　FRP 加固 RC 柱变形能力研究

8.6.1　RC 柱曲率计算方法及侧向变形能力

试验表明，RC 柱的弹塑性侧向变形主要是由弯曲变形、剪切变形和纵向受力钢筋在节点内的粘结滑移所致。其中粘结滑移引起的变形是由于纵向钢筋和混凝土之间的粘结应力有限，在 RC 柱和底座交界处钢筋拉应变仍在基底以下一定长度内继续发展，导致了附加的转动和位移。Lehman 和 Moehle[70]在剪跨比为 4 的大比例尺寸的 RC 柱试验中，对柱变形的组成进行了系统的测试和研究。得出的结论是在屈服阶段剪切变形所占比例大概为 10%，粘结滑移变形大概占 30%，弯曲变形大概占 60%；构件屈服后，剪切变形占的比例略有减少，占 5%左右；滑移变形所占比例逐渐变大，占 45%左右；弯曲变形占 40%左右；还有 10%左右的变形成分是测量误差造成的。

由于约束箍筋对 RC 柱变形能力有重要影响，各国规范都对塑性铰范围内的约束箍筋最低用量有明确的规定，不同规范在形式上差异较大。研究者也针对 RC 柱端约束箍筋用量的确定方法进行了大量的试验研究，提出了各自的建议公式。下面将采用与 8.4 节类似的方法推导配箍特征值 λ_h 与受压区高度之间的定量关系。

1. RC 圆柱的曲率计算方法

（1）约束混凝土本构关系

约束混凝土的极限应变是影响截面曲率的关键因素之一，地震作用下结构性能模拟的准确性很大程度依赖于材料模型的合理性。箍筋约束混凝土已经有很多种应力-应变模型，其中 Mander 模型[41]得到了较广泛的应用[71]，本书截面曲率的计算选用 Mander 模型。

1）约束混凝土抗压强度。

约束混凝土峰值抗压强度 f_{cc}' 与无约束混凝土圆柱体受压强度 f_{c0}' 关系为

$$\frac{f_{cc}'}{f_{c0}'} = -1.254 + 2.254\sqrt{1 + \frac{7.94 f_{ls}}{f_{c0}'}} - \frac{2 f_{ls}}{f_{c0}'} \qquad (8.40)$$

式中，f_{ls} 为箍筋提供的侧向约束力。式（8.40）比较复杂，对约束混凝土最大应力和箍筋用量的关系不直观。根据分析，在常用的箍筋用量范围内，式（8.40）可以用下式线性关系，如图 8.32（a）所示。

$$f_{cc}' = (1 + 2.7\lambda_h) f_{c0}' \qquad (8.41)$$

式中，λ_h 为箍筋配箍特征值。对于 RC 圆柱，有

$$\lambda_h = \rho_v \frac{f_{yh}}{f_{c0}'} = \frac{4 A_{sp}}{d_s s_h} \frac{f_{yh}}{f_{c0}'} \qquad (8.42)$$

式中，ρ_v 为箍筋体积配箍率。

2）约束混凝土极限应变。约束混凝土极限应变计算公式为

$$\varepsilon_{cu} = 1.4\frac{\rho f_{yh}\varepsilon_{su}}{f'_{cc}} + 0.004 = 1.4\varepsilon_{su}\frac{\rho f_{yh}}{f'_{c0}}\frac{f'_{c0}}{f'_{cc}} + 0.004$$

$$= 1.4\varepsilon_{s}\frac{\lambda_{h}}{1+2.7\lambda_{h}} + 0.004 \tag{8.43}$$

式中，ε_{su} 为箍筋的极限应变。对于常用的箍筋用量范围内，式（8.43）可以用下式线性关系表示。

$$\varepsilon_{cu} = 1.4\varepsilon_{su}(0.54\lambda_{h} + 0.022) + 0.004 \tag{8.44}$$

式（8.43）和式（8.44）关系如图 8.32（b）所示，从图中可以看出随着配箍特征值的增加，混凝土的极限应变基本呈线性增加。本书提出的约束混凝土最大应力和极限应变与箍筋配箍特征值的简化关系给 RC 圆柱侧向变形能力的计算带来了很大方便，在本书后面相关部分将有说明。

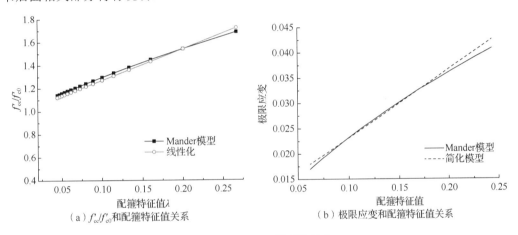

（a）f'_{cc}/f'_{c0} 和配箍特征值关系　　　　（b）极限应变和配箍特征值关系

图 8.32　Mander 模型线性化

3）约束混凝土应力-应变关系。Mander 模型应力-应变关系表达式为

$$f_{c} = \frac{f'_{cc}xr}{r-1+x^{r}} \tag{8.45}$$

式中，

$$x = \varepsilon_{c}/\varepsilon_{cc}, \qquad \varepsilon_{cc} = \varepsilon_{c0}\left[1+5\left(f'_{cc}/f'_{c0}-1\right)\right]$$

$$r = E_{c}/(E_{c}-E_{sec}), \qquad E_{sec} = f'_{cc}/\varepsilon_{cc}$$

式中，ε_{c} 为混凝土轴向应变；ε_{cc} 为对应于 f'_{cc} 时的混凝土轴向应变；ε_{c0} 为对应于 f'_{c0} 时的混凝土应变；E_{c} 为混凝土弹性模量；E_{sec} 为约束混凝土正割模量。

Mander 模型应力-应变关系如图 8.33（a）所示，当配箍特征值变化时，本构关系的曲线关系如图 8.33（b）所示。可以看出，随着配箍特征值增加，峰值应力也有所增加，约束混凝土的极限应变不断增加。由式（8.44）可知混凝土的极限应变随配箍特征值线性增加，图 8.33（b）表示的是计算得到的 Mander 模型应力-应变关系随配箍特征值变化情况，从图 8.33（b）中可以看出，不同配箍特征值约束混凝土的应力-应变曲线结束点基本在一条直线上。

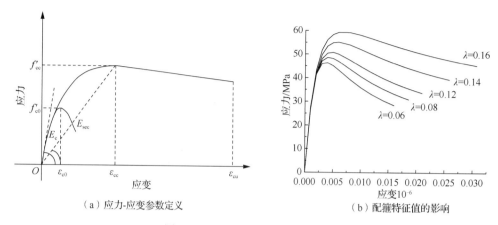

（a）应力-应变参数定义　　　　　　（b）配箍特征值的影响

图 8.33　Mander 模型应力-应变图

（2）截面受压区高度及曲率计算

混凝土截面的受压区高度由截面的受力平衡方程控制，而约束混凝土的应力状态对平衡方程有重要的影响。对于 RC 圆柱而言，规范建议的截面平衡方程见式（8.46），α 表达的意义如图 8.35 所示。式（8.46）是一个三角函数方程，式中 $\alpha_t = 1.25 - \alpha$，这个方程的求解比较麻烦，要解三角函数的超越方程，手算很难完成。本章对于约束混凝土采用 Mander 模型，建立相应的截面平衡方程，并对三角函数提出简化计算方法，得出受压区混凝土高度的简化计算方法。

$$N \leqslant \alpha f_c A \left(1 - \frac{\sin(2\pi\alpha)}{2\pi\alpha}\right) + (\alpha - \alpha_t) f_y A_s \qquad (8.46)$$

由于 Mander 模型是一个曲线方程，表达式比较复杂，要想直接在平衡方程中应用并不方便，可以按照一般的处理方法，把此应力图简化为等效的矩形应力图（图 8.34），以方便平衡方程的建立，示意图如图 8.35 所示。矩形应力图受压区高度取实际受压区高度乘以系数 β，矩形应力图的应力值取 f'_{c0} 乘以系数 γ。通过积分计算可得

$$\gamma = 0.7 + 3\lambda_h \qquad (8.47)$$

$$\beta = 1 \qquad (8.48)$$

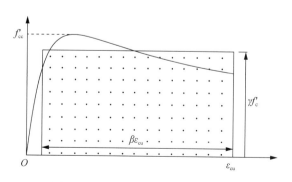

图 8.34　Mander 模型等效矩形应力图

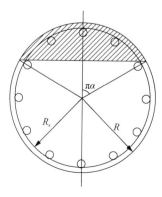

图 8.35　截面示意图

根据式（8.44）可知，当配箍特征值在常规范围内，约束混凝土的极限应变能达到 0.02。根据平截面假定，当最外侧混凝土达到极限应变时，可以假设除截面中心附近极少的受拉钢筋外，绝大多数纵向受拉钢筋已经达到屈服应变 0.002。当轴压较小时，受压区高度更小，这一假设带来的误差就更小，可知这一假设不会显著影响平衡方程的精度，并且可以给方程的推导带来方便。

设混凝土受压区和圆心夹角为 $2\pi\alpha$。当截面上钢筋数量大于 6 根时，可以假设钢筋均匀分布，受压钢筋面积为 αA_s，受拉钢筋面积为 $(1-\alpha)A_s$，则在平衡方程中受拉钢筋平衡掉受压钢筋后有效的受拉钢筋面积为 $(1-2\alpha)A_s$。当截面快要破坏时，保护层混凝土已经基本脱落，因此受压区混凝土的有效半径为 R_s，R_s 为箍筋中心到圆心的距离。

由此可得截面的平衡方程为

$$N + (1-2\alpha)A_s f_{yl} = R_s^2\left(\alpha\pi - \frac{\sin(2\alpha\pi)}{2}\right)\beta\gamma f_c' \tag{8.49}$$

式中，N 为截面所受的轴压力；A_s 为纵向钢筋的面积。

两边同除以 $\pi R_s^2 f_c'$，并代入式（8.47）和式（8.48），得

$$kn = k(2\alpha-1)\lambda_1 + \frac{0.7+3\lambda_h}{2\pi}[2\pi\alpha - \sin(2\pi\alpha)] \tag{8.50}$$

式中，n 为截面的轴压比，$n = N/(A_g f_c')$；λ_1 为纵筋配筋特征值，即

$$\lambda_1 = \frac{A_s f_{yl}}{A_g f_c'} \tag{8.51}$$

$$k = A_g/A_c = R^2/R_s^2 \tag{8.52}$$

式中，A_g 为圆柱截面面积；A_c 为箍筋约束核心区混凝土面积。

式（8.50）含三角函数，直接求解不方便，可以对三角函数进行下面的简化处理，两条曲线的对比如图 8.36（a）所示，可以看出这一简化有较高的精度。

$$2\pi\alpha - \sin(2\pi\alpha) = 10.6\alpha - 2.2 \tag{8.53}$$

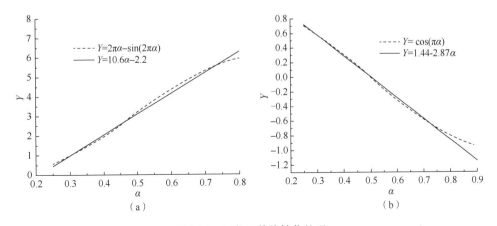

图 8.36　三角函数线性化处理

把式（8.53）代入式（8.50）得

$$kn = k(2\alpha-1)\lambda_1 + \frac{0.7+3\lambda_h}{2\pi}(10.6\alpha - 2.2) \tag{8.54}$$

$$\alpha = \frac{kn + k\lambda_1 + 1.09\lambda_h + 0.25}{2k\lambda_1 + 5.23\lambda_h + 1.18} \tag{8.55}$$

混凝土保护层的厚度比较固定，k 值基本在 1.23 左右，根据统计，在常用的设计范围内，纵筋配筋特征值 λ_1 基本为 0.3 左右，可以考察箍筋特征值 λ_h 对受压区高度的影响（图 8.37）。

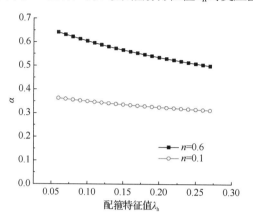

图 8.37　配箍特征值对 α 的影响

如图 8.36 所示，当轴压比为 0.1 时，配箍特征值对于受压区高度的影响很小；当轴压比为 0.6 时，稍有影响。可以取 λ_h 为定值 0.18，以方便下面的推导，使误差在 10% 以内。把 k 值用 1.23 代入，保持纵筋配筋特征值对 α 的影响，则 α 可写成以下形式：

$$\alpha = \frac{n + \lambda_1 + 0.35}{2\lambda_1 + 1.68} \tag{8.56}$$

由图 8.35 知，受压区高度 c 和核心约束混凝土的关系为

$$c = R_s[1 - \cos(\alpha\pi)] \tag{8.57}$$

如图 8.36（b）所示，$\cos(\alpha\pi)$ 也可简化为 α 的线性函数：

$$\cos(\alpha\pi) = 1.44 - 2.87\alpha \tag{8.58}$$

把式（8.56）、式（8.58）代入式（8.57），得

$$\frac{c}{2R_s} = \frac{n + 0.7\lambda_1 + 0.1}{1.4\lambda_1 + 1.2} \tag{8.59}$$

至此，得出了箍筋约束 RC 圆柱截面受压区高度和轴压比及纵筋配筋特征值的关系。由曲率的计算方法 $\Phi = \varepsilon / c$，可得极限曲率为

$$\Phi_u = \frac{\varepsilon_{cu}}{c} \tag{8.60}$$

文献[63]对 RC 柱屈服曲率进行了研究，建议屈服曲率 Φ_y 可通过下式计算：

$$\Phi_y \times 2R = \lambda\varepsilon_y \tag{8.61}$$

对于 RC 圆柱，$\lambda = 2.45$，ε_y 为纵筋的屈服应变，极限曲率与屈服曲率的关系为

$$\Phi_u = \mu_\Phi \Phi_y \tag{8.62}$$

式中，μ_Φ 为截面曲率延性系数。

（3）曲率计算模型的试验验证

由此根据式（8.60）对截面的极限曲率进行计算，虽然对 RC 圆柱的抗震性能进行

了大量的试验研究，但是在公开发表的文献中对于截面曲率进行详细研究的文献并不多。加拿大 Sheikh[5]对箍筋约束 RC 圆柱及 FRP 约束 RC 圆柱进行了系统试验研究和理论分析。文献[5]对箍筋约束 RC 圆柱和 FRP 约束 RC 圆柱的抗震性能进行了试验研究，并对试件的截面曲率进行了测试。这里应用此次试验的结果对本书提出的截面极限曲率计算方法进行验证。

文献[5]中共进行了 4 个箍筋约束 RC 圆柱试验研究。其中 2 个用于 FRP 加固柱的对比试验，箍筋用量很少，柱子发生剪切破坏，延性很差。另 2 个试件 S-1NT 和 S-2NT 按 ACI 规范的要求配置约束箍筋，轴压比分别是 0.54 和 0.27。箍筋直径为 9.5mm，间距为 80mm，屈服强度为 510MPa，试验实测极限应变为 0.13；6 根直径 25mm 钢筋作为纵筋，屈服强度为 490MPa，纵筋配筋特征值为 0.36。圆柱直径为 356mm，保护层厚度为 25mm，柱高为 1470mm。混凝土强度为 40MPa，两个试件配箍特征值为 0.148。

曲率计算的关键是确定受压区混凝土的高度及约束混凝土的极限应变。目前，对于 RC 圆柱受压区高度的计算一般只能通过程序进行，运用本书推导的公式可以很方便地进行计算。通过式（8.59）可以计算得到 S-1NT 和 S-2NT 受压区高度分别为 160mm 和 112mm。运用 UCS-RC 可以算得这两个试件不包括保护层厚度的受压区高度为 165mm 和 105mm，两者计算的结果很接近。试验实测的弯矩-曲率关系如图 8.38 所示。

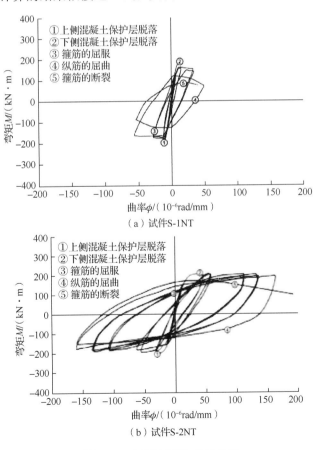

（a）试件 S-1NT

（b）试件 S-2NT

图 8.38　实测的弯矩-曲率关系

对截面的曲率延性系数计算时，首先通过式（8.43）计算箍筋约束混凝土的极限应变，其中箍筋的极限应变取试验实测值 0.13；根据式（8.59）计算受压区混凝土的高度；根据式（8.61）计算截面的屈服曲率；根据式（8.60）计算截面的极限曲率。计算中所用到的强度都使用材料的实测值。表 8.9 列出了计算结果，计算得到的 S-1NT 和 S-2NT 曲率延性系数分别为 7.9 和 11.4，曲率延性系数试验值分别为 5.4 和 8.9，计算精度为 146% 和 128%。

文献[72]对现有箍筋约束 RC 柱和 FRP 约束 RC 柱变形能力相关的研究做了系统总结。文献中用 Sheikh 模型和 Watson 模型这两个模型对 S-1NT 和 S-2NT 的曲率延性系数进行了计算，计算结果也列于表 8.9 中。可以看出本书提出的公式计算的曲率延性系数的精度好于这两个模型，总体上和 Sheikh 模型的精度接近。

表 8.9　曲率延性系数计算模型精度对比

编号	极限应变	$\mu_{\Phi E}$（试验值）	$\mu_{\Phi C}$（本书方法）	$\mu_{\Phi C}/\mu_{\Phi E}$（本书方法）	$\mu_{\Phi C}/\mu_{\Phi E}$（Sheikh 模型）	$\mu_{\Phi C}/\mu_{\Phi E}$（Watson 模型）
S-1NT	0.02249	5.4	7.9	1.46	1.65	3.07
S-2NT	0.02249	8.9	11.4	1.28	1.37	3.08

2. 箍筋约束 RC 圆柱侧向变形能力研究

得到截面的极限曲率后，可以运用集中塑性铰法计算出 RC 柱的侧向位移值。对于 RC 柱的变形能力的描述指标可以有很多种，如截面的曲率延性系数、位移延性系数，或者塑性铰的转角，或侧向位移角。曲率延性系数和位移延性系数需要确定屈服曲率和屈服位移，应用起来不直观；塑性铰转角也不便于工程应用；对于悬臂柱而言，侧向位移角定义为侧向位移与柱高度的比值，比较直观，因此本书选择侧向位移角来描述 RC 柱的侧向变形能力。

（1）侧向位移角计算方法

侧向位移角可以由弹性位移引起的位移角和塑性位移引起的位移角相加得到，由以下公式计算[73]：

$$\theta_u = \theta_y + \theta_p \tag{8.63}$$

$$\theta_y = \frac{\Delta_y}{L} \tag{8.64}$$

$$\theta_p = \frac{(\Phi_u - \Phi_y)l_p\left(L - 0.5l_p\right)}{L} \tag{8.65}$$

对于屈服时侧向位移角的计算，计算纵筋屈服时和截面屈服时的弯矩比较麻烦。考虑屈服位移占总位移的比例较小，可以通过下式计算屈服位移：

$$\Delta_y = \frac{\Phi_y L^2}{3} \tag{8.66}$$

对于 RC 圆柱，弹性位移对应的侧向位移角为

$$\theta_y = \frac{2.45\varepsilon_y L}{3D} \tag{8.67}$$

屈服状态下曲率的计算公式为

$$\varPhi_{y} = \frac{2.45\varepsilon_{y}}{2R} \tag{8.68}$$

极限曲率的计算公式为

$$\varPhi_{u} = \varepsilon_{cu} \times \frac{1.4\lambda_{l} + 1.2}{n + 0.7\lambda_{l} + 0.1} \times \frac{1}{2R_{s}} \tag{8.69}$$

由式（8.65）可以得到塑性变形引起的侧向位移角为

$$\theta_{p} = \left[\varepsilon_{cu} \times \frac{1.4\lambda_{l} + 1.2}{n + 0.7\lambda_{l} + 0.1} - 2.45\varepsilon_{y}\frac{R_{s}}{R} \right] \times \frac{l_{p}\left(L - l_{p}/2\right)}{2R_{s}L} \tag{8.70}$$

则可以得到

$$\theta = \frac{2.45\varepsilon_{y}L}{3D} + \left[\varepsilon_{cu} \times \frac{1.4\lambda_{l} + 1.2}{n + 0.7\lambda_{l} + 0.1} - 2.45\varepsilon_{y}\frac{R_{s}}{R} \right] \times \frac{l_{p}\left(L - l_{p}/2\right)}{2R_{s}L} \tag{8.71}$$

在侧向位移角计算中，要用到塑性铰的等效长度。对于塑性铰长度，文献[70]进行了详细讨论。在 RC 柱塑性铰长度计算中，Priestley 公式[63]得到了最广泛的应用。此模型认为，塑性铰等效长度与柱高 L，纵向钢筋的直径 d_{b}、屈服强度及截面高度 h（直径 D）有关，而受轴压比、纵筋配筋率及强度等影响不大，即

$$l_{p} = 0.08L + 0.022f_{y}d_{b} \tag{8.72}$$

$$l_{p} = 0.044f_{y}d_{b} \tag{8.73}$$

式中，f_{y} 为纵筋的屈服强度，简化分析时也可近似取为 $0.5D$（$0.5h$）来确定塑性铰等效长度。等效长度在剪跨比较小时由式（8.72）控制，当剪跨比较大时由式（8.73）控制。

Berry 在大量试验结果统计的基础上提出了如下塑性铰长度计算公式[74]：

$$l_{p} = 0.05L + 0.1\frac{f_{y}d_{b}}{\sqrt{f_{c}'}} \tag{8.74}$$

（2）侧向位移角计算方法的验证

为验证侧向位移角计算式（8.71）的有效性，选择 PEER 数据库中 RC 圆柱发生弯曲破坏的试件进行计算。试件选择原则为：柱直径不小于 200mm；混凝土强度小于 45MPa。共选取了 27 个试件，所有的试件均有完整的滞回曲线，对于两端固定或两端铰接形式加载的柱已将位移或水平力除以 2，转化为悬臂柱的情况。当正、负方向的包络线承载力都下降至 85%最大承载力以下时，取两个方向中较小的一个；当只有一个方向承载力下降至 85%最大承载力以下时，取这个方向的对应值。各试件详细情况见表 8.10。

表 8.10　弯曲破坏试件试验参数

试件编号	D/mm	L/D	A_{g}/A_{c}	f_{c}'/MPa	f_{yh}/MPa	λ_{h}	f_{yl}/MPa	λ_{l}	n
Watson No.10	400	4.0	1.21	40	372	0.061	474	0.228	0.53
Zahn No.5	400	4.0	1.21	32.3	466	0.092	337	0.267	0.14
Zahn No.6	400	4.0	1.21	27	337	0.144	466	0.442	0.61
Ng No.3	250	3.7	1.18	33	207	0.158	294	0.205	0.34
Ang No.1	400	4.0	1.21	26	308	0.092	308	0.303	0.21
Ang No.2	400	4.0	1.21	28.5	280	0.154	308	0.277	0.59

续表

试件编号	D/mm	L/D	A_g/A_c	f'_c/MPa	f_{yh}/MPa	λ_h	f_{yl}/MPa	λ_l	n
Ang No.9	400	2.5	1.21	29.9	372	0.129	448	0.479	0.20
Potangaroa No. 4	600	2.0	1.19	32.9	423	0.105	303	0.236	0.41
Wong No.1	400	2.0	1.21	38	300	0.114	423	0.356	0.19
Wong No.3	400	2.0	1.21	37	300	0.117	475	0.411	0.39
Vu NH1	457	2.0	1.26	38.3	430.2	0.130	427.5	0.270	0.31
Vu NH6	457	2.0	1.26	35	434	0.385	486	0.720	0.33
Lehman 407	610	4.0	1.16	31	607	0.140	462	0.111	0.07
Lehman 415	610	4.0	1.16	31	607	0.140	462	0.223	0.07
Lehman 430	610	4.0	1.16	31	607	0.140	462	0.446	0.07
Lehman 815	610	8.0	1.16	31	607	0.140	462	0.223	0.07
Lehman 1015	610	10.0	1.16	31	607	0.140	462	0.223	0.07
Kowalsky No.1	457	5.3	1.33	32.7	434	0.125	565	0.358	0.04
Kowalsky No.2	457	5.3	1.33	34	434	0.120	565	0.345	0.04
Calderone328	609	3.0	1.22	34.5	606	0.164	441	0.348	0.09
NIST Flexure	1520	6.0	1.17	35.8	493	0.088	475	0.265	0.07
NIST Shear	1520	3.0	1.17	34.3	435	0.192	475	0.277	0.07
NIST N1	250	3.0	1.18	24.1	441	0.267	446	0.363	0.10
NIST N2	250	3.0	1.18	23.1	441	0.278	446	0.378	0.21
NIST N3	250	6.0	1.18	25.4	476	0.133	446	0.344	0.10
Kunnath No.A2	305	4.5	1.22	29	434	0.143	448	0.315	0.09
Kowalsky FL1	457	5.3	1.33	34	434	0.120	565	0.345	0.04

注：D 为直径；L/D 为剪跨比；A_g 为整个截面面积；A_c 为箍筋约束核心区面积；f'_c 为 RC 圆柱体强度；f_{yh} 为箍筋屈服强度；λ_h 为配箍特征值；f_{yl} 为纵筋屈服强度；λ_l 为纵筋配筋特征值；n 为轴压比。

通过式（8.71）可以得到各个试件的侧向位移角计算值，表 8.11 列出了侧向位移角的试验实测值和计算值。式（8.71）进行计算的时候要用到塑性铰长度，选用不同的塑性铰长度计算方法就会得到不同的侧向位移角，表 8.11 列出了使用 Priestley 塑性铰模型计算得到的 θ_P 和使用 Berry 和 Eberhard 塑性铰模型计算得到的 θ_B 值。根据表 8.12 的统计结果，θ_E/θ_P 平均值为 1.04，方差为 0.24，变异系数 COV 为 22.9%；θ_E/θ_B 平均值为 1.26，方差为 0.38，变异系数 COV 为 25.3%。对表 8.11 中的计算结果分析表明，当剪跨比大于 4 时，用 Priestley 塑性铰模型计算的 θ 值比试验值偏大得较多；当剪跨比小于 4 时，用 Berry 塑性铰模型计算的 θ 值比试验值偏小。因此本书建议，当剪跨比小于 4 时，可以选用 Priestley 塑性铰模型来计算侧向位移角；当剪跨比大于等于 4 时，可以选用 Berry 塑性铰模型计算侧向位移角。根据这一原则计算结果也列于表中，试验实测值与计算值比值的平均值为 1.11，方差为 0.19，变异系数 COV 为 16.9%，说明精度有所提高。

从表 8.11 计算结果可知，本书提出的侧向位移角计算方法可以很好地预测 RC 圆柱的侧向位移角。例如，试件 Lehman 815 和 Lehman 1015 直径为 610mm，剪跨比分别为 8 和 10，试验尺寸很大。本书提出的方法对于这两个试件侧向位移角试验值的预测精度达到 1.00 和 0.99。NIST Flexure 和 NIST Shear 是美国国家标准与技术研究院（NIST）进行的足尺试验试件[75]，此试验试件直径达到 1520mm，剪跨比分别为 6 和 3，试验规模相当大。本书计算方法对这两个试件的侧向位移角预测精度达到 1.05 和 1.00，精度很高。

表 8.11　不同塑性铰模型计算结果

试件编号	θ 试验值 θ_E	Priestley θ_P	θ_E/θ_P	Berry θ_B	θ_E/θ_B	本书建议值 θ_G	θ_E/θ_G
Watson No.10	0.020	0.026	0.76	0.021	0.96	0.021	0.96
Zahn No. 5	0.050	0.048	1.04	0.038	1.33	0.038	1.33
Zahn No.6	0.036	0.039	0.93	0.032	1.12	0.032	1.12
Ng No. 3	0.044	0.046	0.96	0.035	1.27	0.046	0.96
Ang No.1	0.038	0.037	1.00	0.032	1.18	0.032	1.18
Ang No. 2	0.025	0.031	0.82	0.026	0.98	0.026	0.98
Ang No. 9	0.064	0.044	1.44	0.036	1.78	0.044	1.44
Potangaroa No. 4	0.027	0.021	1.25	0.017	1.60	0.021	1.25
Wong No. 1	0.050	0.038	1.31	0.029	1.73	0.038	1.31
Wong No. 3	0.035	0.031	1.14	0.024	1.47	0.031	1.14
Vu NH1	0.044	0.033	1.32	0.025	1.75	0.033	1.32
Vu NH6	0.097	0.068	1.42	0.053	1.83	0.068	1.42
Lehman 407	0.053	0.082	0.64	0.067	0.79	0.067	0.79
Lehman 415	0.062	0.070	0.88	0.057	1.07	0.057	1.07
Lehman 430	0.073	0.058	1.25	0.048	1.52	0.048	1.52
Lehman 815	0.090	0.080	1.13	0.090	1.00	0.090	1.00
Lehman 1015	0.105	0.084	1.25	0.106	0.99	0.106	0.99
Kowalsky No.1	0.078	0.113	0.69	0.087	0.90	0.087	0.90
Kowalsky No.2	0.078	0.112	0.70	0.085	0.92	0.085	0.92
Calderone328	0.072	0.065	1.12	0.049	1.49	0.065	1.12
NIST Flexure	0.059	0.062	0.96	0.056	1.05	0.056	1.05
NIST Shear	0.078	0.078	1.00	0.058	1.34	0.078	1.00
NIST N1	0.100	0.079	1.27	0.064	1.56	0.079	1.27
NIST N2	0.080	0.065	1.23	0.054	1.48	0.065	1.23
NIST N3	0.067	0.064	1.04	0.064	1.04	0.064	1.04
Kunnath No.A2	0.055	0.072	0.77	0.060	0.93	0.060	0.93
Kowalsky FL1	0.078	0.112	0.70	0.085	0.92	0.085	0.92

表 8.12　不同塑性铰模型计算值统计结果

类别	平均值 m	方差 σ	COV/%	最大值	最小值
θ_E/θ_P	1.04	0.24	22.9	1.44	0.64
θ_E/θ_B	1.26	0.38	25.3	1.83	0.79
θ_E/θ_G	1.11	0.19	16.9	1.52	0.79

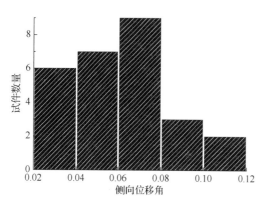

图 8.39　侧向位移角分布情况

从图 8.39 侧向位移角统计分布来看，大多数侧向位移角超过了 0.02，试验侧向位移角统计平均值为 0.06。试件 Zahn No.5 和 Zahn No.6 配箍特征值分别为 0.092 和 0.144，试验轴压比分别为 0.14 和 0.61，试验得到的侧向位移角分别为 0.050 和 0.036。随着轴压比的增加，虽然配箍特征值有了很大的增加，但是侧向变形能力反而有所减小，体现出轴压力对 RC 柱变形能力的影响很大。试件 Ang No.1 和 Ang No.2 的试验结果也体现出同样的规律。对于试件 Ang No.2，轴压比为 0.59，配箍特征值为 0.154，但试验得到的侧向位移角仅为 0.025，侧向变形能力并不好。对于试件 Ang No.1，试验的轴压比为 0.21，配箍特征值为 0.092，低于 ACI 规范的要求，但试验得到的侧向位移角为 0.038，侧向变形能力较好。

8.6.2　FRP 加固 RC 圆柱变形能力分析及相关计算

近年来基于性能的抗震设计越来越得到重视，抗震设计要求对于结构变形能力能够进行定量分析，以满足具体量化的多重性能目标要求。FRP 加固 RC 柱提高其地震荷载作用下变形能力已经得到广泛应用，也有较多的试验研究。目前，FRP 加固 RC 柱变形能力的研究，多集中于轴压下的应力-应变关系和抗震性能方面，而对于地震荷载作用下在截面层次上的曲率延性系数和构件层次上的顶点侧向位移的定量计算方法都比较缺乏，且有待深入研究[47]。

地震荷载作用下 FRP 加固 RC 柱侧向位移能力的计算已经有了一定的研究。文献[16]和文献[77]讨论了 FRP 加固矩形柱变形能力计算方法，但研究结果是从较少的试验结果得到的，尚需验证其适用性，并且研究只限于矩形柱。因为 FRP 约束圆柱和矩形柱具有不同的约束效果，所以还需对约束圆柱的变形能力深入研究。试验结果显示，当加固 RC 圆柱的 FRP 用量较大时，用量的进一步增加对加固柱变形能力基本没有影响，甚至还会引起加固柱变形能力的减小[50,78]。这一现象和一般认为的 FRP 用量越多加固柱变形能力越好的观点矛盾，因此对这一现象的机理需深入研究。另外，试验结果还显示 FRP 加固用量对加固柱塑性铰长度有明显影响，塑性铰长度并不是定值[79]。塑性铰长度是结构计算和设计中一个重要和基础的参数，其研究结果和本构关系一样具有普遍的重要性和广泛的应用性，对 FRP 加固 RC 柱塑性铰长度仍需要深入研究。

本书对地震荷载作用下 FRP 加固 RC 圆柱变形能力进行了计算。首先，根据数值计算结果提出了截面屈服曲率和极限曲率计算方法，并和试验结果进行了比较。然后，通过集中塑性铰法对柱顶侧向位移进行计算，根据 29 个大比例试件试验结果进行回归分析，得到了加固柱塑性铰长度计算方法。最后，进行了参数分析，得到加固柱变形能力的一般性规律。

1. 变形计算相关定义

（1）曲率延性系数的定义

截面屈服曲率 ϕ_y 可按式（8.75）计算[63]：

$$\phi_y = \frac{M_i}{M_y} \phi_y'$$ （8.75）

式中，M_y、ϕ_y' 分别为最外侧受拉钢筋达到屈服应变 ε_y 或最外边缘混凝土受压应变 ε_c 达到 0.002 时截面的弯矩和曲率，因为在较高轴压下，混凝土可能会先于钢筋屈服，所以混凝土屈服也作为了首次屈服点的标志；M_i 为截面理论抗弯承载力，根据 Priestley 等的建议[63]，M_i 取对应最外边缘受压混凝土纤维应变 ε_c =0.004 时的截面弯矩。式（8.75）表明截面屈服曲率并不是钢筋或者混凝土达到屈服状态时截面的曲率 ϕ_y'，也不是达到理论抗弯承载力 M_i 时的截面曲率，而是对首次屈服点截面曲率进行线性延伸计算得到。

极限曲率 ϕ_u 为截面破坏时的曲率，截面曲率可以表达为混凝土应变和受压区高度的比值，即

$$\phi_u = \frac{\varepsilon_{cm}}{c}$$ （8.76）

式中，ε_{cm} 为截面破坏时最外边缘受压混凝土的应变；c 为受压区高度。曲率延性系数 μ_ϕ 反映了截面屈服后的塑性转动能力，定义为

$$\mu_\phi = \frac{\phi_u}{\phi_y}$$ （8.77）

（2）顶点侧向位移计算

根据图 8.40 表示的集中塑性铰法[63]，悬臂柱顶侧向位移 Δ_u 可以表示为

$$\Delta_u = \frac{1}{3}\phi_y L^2 + (\phi_u - \phi_y)l_p(L - 0.5l_p)$$ （8.78）

式中，l_p 为塑性铰长度；L 为悬臂柱高度。相应的侧向位移角 θ_u 可表示为

$$\theta_u = \frac{\Delta_u}{L} = \frac{\phi_y L}{3} + \frac{(\phi_u - \phi_y)l_p(L - 0.5l_p)}{L}$$ （8.79）

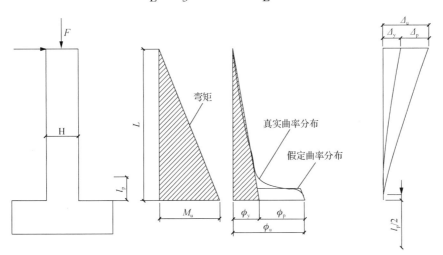

图 8.40　集中塑性铰法

2. 截面曲率延性系数计算

（1）屈服曲率的数值计算

文献[63]提出了一个被广泛接受的桥墩柱 ϕ_y 的计算方法：

$$\phi_{y,priestley} = \frac{\lambda \varepsilon_y}{D} \tag{8.80}$$

对于 RC 圆柱，$\lambda = 2.45$，ε_y 为纵筋的屈服应变，D 为圆柱的直径。式（8.80）适合轴压比较小的桥墩柱 ϕ_y 计算。对于轴压较大的框架柱，式（8.80）是否适用还没有经过验证，对纵筋用量和强度对 ϕ_y 的影响也缺乏系统研究。通过数值计算方法对 RC 圆形截面 ϕ_y 进行计算。截面性能数值计算方法一般用纤维截面模型方法。

钢筋的应力-应变关系采用理想弹性-全塑型曲线，在钢筋屈服以前，钢筋应力和应变成正比，在钢筋屈服以后钢筋应力保持不变。混凝土应力-应变关系曲线由一条二次抛物线和直线组成，混凝土应变在 0~0.002 曲线为抛物线，应变为 0.002 时应力达到最大值，应变为 0.005 时应力为零，应变在 0.002~0.005 为直线。

计算模型截面参数如下：截面直径 D 为 1000mm，混凝土圆柱体强度为 $f_c' = 28$MPa，纵筋直径为 36mm，纵筋中心至圆心距离为 $r_s = 432$mm，纵筋配筋率（$\rho_l = A_s / A$）为 1%、2%、3% 和 4%，分别为 8 根、16 根、24 根和 32 根纵筋沿圆周均匀分布。轴压力为 2198kN、4398kN、6594kN、8792kN、10990kN 和 13188kN，分别对应轴压比 $n = N / Af_c'$ 为 0.1、0.2、0.3、0.4、0.5、0.6。纵筋屈服强度 f_y 取 300MPa、450MPa 和 600MPa 3 个等级，一共有 72 个截面用于数值计算。在进行数值计算时，没有直接考虑混凝土强度的影响，这是因为已经考虑纵筋强度的影响，而混凝土和纵筋强度对 ϕ_y 的影响是受混凝土和纵筋强度的相对值控制的，所以在数值计算时没有直接考虑混凝土强度的影响。

（2）屈服曲率计算模型

在进行数值计算时，发现轴压比为 0.1 和 0.2 时截面首次屈服点由纵向钢筋受拉屈服控制。这是由于此时轴压较低，截面受压区高度较小，受拉纵筋先于混凝土屈服，随着轴压比的增加，首次屈服点由混凝土受压屈服控制。根据数值分析结果由式（8.75）确定 ϕ_y，计算结果与式（8.80）计算的 $\phi_{y,priestley}$ 比值和轴压比 n 的关系如图 8.41（a）所示。在图中不同纵筋强度的截面用不同符号标记。数值计算结果显示，对于 $n < 0.2$ 的截面，轴压比的变化对 ϕ_y 影响很小，说明式（8.80）用于轴压比较小（小于 0.2）的桥墩柱时不考虑轴压比的影响是合理的。在轴压比 $n \geqslant 0.4$ 时，式（8.80）计算的 $\phi_{y,priestley}$ 比数值计算结果偏大，说明式（8.80）用于高轴压柱时不考虑轴压的影响是不合理的。因此式（8.80）应该进行修正，以考虑轴压比的影响。根据 72 个截面的计算结果的回归分析，ϕ_y 数值计算结果与式（8.80）计算结果的比值 ξ 与轴压比 n 的关系可以表示为

$$\xi = -1.27n^2 + 0.54n + 0.90 \tag{8.81}$$

试验时 ϕ_y 测量结果可以从试验得到的弯矩-曲率实测曲线中得到。在确定 ϕ_y 时，首先通过数值计算确定 M_y 和 M_i，并根据 M_y 在实测的弯矩-曲率曲线上确定 ϕ_y'，由式（8.75）得到 ϕ_y。图 8.41（b）所示为 4 批 18 个 RC 圆柱 ϕ_y 的测量结果。其中包括 Sheikh 教授试验的 5 个 FRP 加固柱的结果[5]和 13 个箍筋约束柱的结果[70,79,80]。因为 RC 圆柱屈服曲率的试验数据较少，并且横向约束对屈服曲率影响较少，所以将 FRP 加固柱屈服曲

率的试验结果也参与比较。从图 8.41 中可以看到随着轴压比的增加，式（8.80）计算结果偏大很多，进一步验证了图 8.41（a）中数值计算得到的结论。在图 8.41（b）中式（8.81）以虚线表示，可以看出式（8.81）对于轴压比影响的考虑和试验结果相一致。

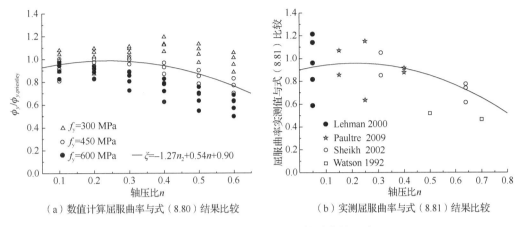

（a）数值计算屈服曲率与式（8.80）结果比较　　　（b）实测屈服曲率与式（8.81）结果比较

图 8.41　轴压比对屈服曲线计算精度的影响

从图 8.41（a）可以看出，与数值计算结果相比，式（8.80）计算结果在纵筋强度较小时偏小，在纵筋强度较大时偏大。说明式（8.80）中纵筋强度对 ϕ_y 影响的处理需要调整。数值计算结果还显示随着纵筋用量的增加，ϕ_y 有所增加，而这一影响式（8.80）没有考虑，需要进行调整。根据对数值计算结果的分析，纵筋强度和用量的影响可以用线性函数的形式表达，结合式（8.81），ϕ_y 可以用下式表示：

$$\phi_y = (-1.27n^2 + 0.54n + 0.90) \times (p_1 + p_2\rho_l) \times \frac{p_3 + p_4\varepsilon_y}{D} \qquad (8.82)$$

式中，p_1、p_2、p_3 和 p_4 分别为未知参数，可以通过数值计算的结果回归分析得到。根据 72 个截面屈服曲率的数值计算结果，通过最小二乘法回归，得到 ϕ_y 的表达式为

$$\phi_y = (-1.27n^2 + 0.54n + 0.9) \times (0.86 + 6.83\rho_l) \times \frac{0.002 + 1.4\varepsilon_y}{D} \qquad (8.83)$$

图 8.42 所示为式（8.83）计算结果与数值计算结果比较情况，对比图 8.41 可以看到，轴压比、纵筋用量和强度对计算精度已经没有明显影响，特别是高轴压下计算精度有明显提高，说明这 3 个参数的影响在式（8.83）中都有合理的考虑。根据统计，两者比值的平均值为 1.0，离散系数（COV）为 7.5%，可以看出式（8.83）的计算精度非常高。用式（8.83）对图 8.41（b）中 18 个试件 ϕ_y 进行计算，计算值与测试值比值的平均值为 1.06，离散系数为 24.2%。

（3）截面极限曲率 ϕ_u 计算

截面破坏时，截面的曲率达到极限曲率 ϕ_u。在用式（8.76）计算 ϕ_u 时，约

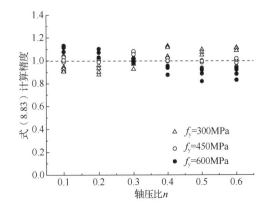

图 8.42　ϕ_y 数值计算结果与式（8.83）计算结果的关系

束混凝土极限应变 ε_{cm}，一般认为其等于相同约束条件轴压下的混凝土极限应变 ε_{cu}[81]。文献[49]提出了轴压下 FRP 约束混凝土圆柱极限应变计算方法：

$$\frac{\varepsilon_{cu}}{\varepsilon_{c0}} = 1.75 + 5.53\lambda_f\left(\frac{\varepsilon_{fu}}{\varepsilon_{c0}}\right)^{0.45} \tag{8.84}$$

式中，ε_{c0} 取 0.002；λ_f 为约束强度比，表示为 $\lambda_f = f_1 / f_c' = 2E_f t_f \varepsilon_f / (Df_c')$，$f_1$ 为约束强度，E_f、t_f 和 ε_{fu} 分别为 FRP 的弹性模量、厚度和极限应变，其中极限应变 ε_{fu} 是单向拉伸情况下的 FRP 断裂应变。

对于地震荷载作用下 FRP 加固 RC 圆柱破坏时截面受压区高度的计算，文献[84]进行了详细的研究，发现受压区高度受 n、λ_f 和纵筋配筋特征值 λ_1 控制，并提出了受压区对应圆心角 θ 的计算方法：

$$\theta = \frac{n + 1.56\lambda_1 + 0.11\lambda_f + 0.20}{1.08\lambda_1 + 0.34\lambda_f + 0.38} \tag{8.85}$$

式中，θ 以弧度表示；$\lambda_1 = \rho_1 f_y / f_c'$。根据文献[82]的研究，式（8.85）计算结果相对大量数值计算结果有很高的计算精度，受压区高度 c 可以表示为

$$c = R(1 - \cos\theta) \tag{8.86}$$

根据文献检索，详细报道 FRP 加固 RC 圆柱弯矩-曲率曲线数据的试验很少，只有文献[5]报道了 6 个试件的弯矩-曲率曲线，并且因为试件 ST-1NT 和 ST-6NT 破坏是 FRP 剥离造成的，所以这两个柱的试验结果没有参考意义，只有另外 4 个试件的试验结果可考虑。把式（8.84）~式（8.86）代入式（8.76），对这 4 个试件 ϕ_u 进行计算，并将结果和试验的极限曲率比较，如图 8.43 所示。从图 8.43 中可以发现，计算结果相比试验结果明显偏小，特别是轴压较低时这一现象更加显著。根据分析，计算结果偏小是截面应变梯度造成的。在地震荷载引起的轴压和弯矩共同作用下，柱子截面应变分布不均匀，受压区最外侧混凝土压应变最大，中和轴处应变为零。由于截面受压的不均匀性，当最外侧混凝土压应变达到轴压下混凝土极限应变 ε_{cu} 时，截面不会发生破坏，还能够继续变形。FRP 加固 RC 矩形柱试验结果显示，地震荷载作用下截面最外侧混凝土压应变可以达到轴压下极限应变的 1.5 倍左右[83]。由于 FRP 约束圆柱效果更好，这一应变增强效应可能更加明显。从图 8.43 中可以看出，随着轴压比的增加，ϕ_u 计算值和实测值的差异逐渐变小。这一规律是很合理的，因为在高轴压下，承受偏压的柱子的性能主要由轴压力控制，截面最外侧混凝土极限压应变逐渐接近轴压下混凝土极限应变。可见对于应变梯度的影响，轴压比是决定性因素，虽然图 8.43 中试验数据较少，但也很好地揭示了这一规律。根据图 8.43 的结果，ϕ_u 实测值和计算值的比值 ξ 可用轴压比 n 的简单线性函数表示为

$$\xi = \begin{cases} 4.6 - 4.2n & n > 0.31 \\ 3.3 & n \leqslant 0.31 \end{cases} \tag{8.87}$$

由于试验数据较少，式（8.87）是一个初步结论，随着试验数据的增加可以进一步进行完善，但式（8.87）体现的基本原理是确定的。另外，文献[5]中 4 个加固柱最低轴压比是 0.31，因此当轴压比低于 0.31 时，ξ 取值还缺乏足够的数据，这里偏于保守取 n 为 0.31 时的值 3.3，则 FRP 加固 RC 圆柱截面 ϕ_u 可以表示为

$$\phi_{u} = \xi \frac{\varepsilon_{cu}}{c} \qquad (8.88)$$

式中，ξ、ε_{cu} 和 c 分别由式（8.87）、式（8.84）和式（8.86）得到。

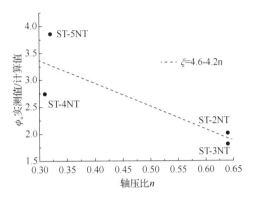

图 8.43　轴压比对极限曲率计算结果的影响

3. 加固柱顶点侧向位移计算

（1）FRP 加固 RC 圆柱塑性铰长度计算模型

用式（8.78）和式（8.79）计算 FRP 加固柱顶点侧向位移时，另一个重要问题就是加固柱塑性铰长度 l_p 的计算。文献[80]对 FRP 加固 RC 圆柱抗震性能进行了系统研究，对 FRP 种类和用量对加固效果的影响进行了对比试验分析。试验结果表明 FRP 用量对加固柱 l_p 有显著的影响。文献[6]试验结果也显示地震荷载作用下加固柱发生破坏区域长度和 FRP 加固用量有关。试件 RC-2 约束强度比是 RC-1 的 82%，但破坏区长度却比 RC-1 增加了 120%。地震荷载作用下，柱子发生破坏的区域长度和 l_p 密切相关，表明 FRP 加固 RC 圆柱 l_p 和 FRP 加固用量密切相关。

对于 RC 柱塑性铰长度 l_p 的计算已经有了较多的研究。文献[63]提出的计算模型得到了广泛的认可，计算公式如式（8.72）所示。从式（8.72）可以看出塑性铰长度主要受两方面因素影响，第一是截面弯矩梯度的影响，第二是纵筋在基础中滑移的影响。式（8.72）的形式仍然可以用于 FRP 加固柱，但需要考虑 FRP 加固的影响。因为 FRP 加固会使截面破坏时的受弯承载力显著增加，其与截面屈服受弯承载力的比值增加，所以式（8.72）第一要考虑 FRP 的影响，而 FRP 加固不会对纵筋在基础中的滑移造成影响，因此该公式的形式可以保留。根据分析，FRP 加固 RC 圆柱 l_p 表达式可以用下式表示：

$$l_p = \alpha L + 0.022 f_y d_b \qquad (8.89)$$

式中，$\alpha = b_0 + b_1 \lambda_f + b_2 \lambda_f^2$，$b_0$、$b_1$ 和 b_2 为未知系数，用 α 综合考虑 FRP 用量的影响，b_0、b_1 和 b_2 的值可以通过大量试验数据回归分析得到。为了确定未知系数，应对现有文献中报道的 FRP 加固圆柱抗震试验结果进行收集。要求最终破坏时试件柱底 FRP 断裂，发生弯曲破坏；要求柱底钢筋直接伸入基础内，在根部没有搭接；FRP 只是在环向缠绕加固，纵向无加固。结合本书 14 个试件试验结果[79]和文献中收集的试件，表 8.6 列出了这些试件的详细情况。表中列出的实测侧向位移角 θ_u，是试验中能够完成 3 次往复循环不发生破坏的最大位移对应的侧向位移角，其中破坏是指 FRP 断裂使试件失去承载力或者侧向荷载下降到最大荷载的 85%以下的状态。试件柱底箍筋用量都非常小，箍筋的约束效果可以忽略不计。

由式（8.79）计算这 29 个柱子 θ_u，其中 ϕ_y、ϕ_u 和 l_p 分别用式（8.83）、式（8.88）和式（8.89）计算。借助非线性最小二乘法拟合程序，对表中实测 θ_u 结果进行回归分析，以确定式（8.89）的未知系数。通过回归分析，得到式（8.89）的函数形式为

$$l_\mathrm{p} = (0.48 - 1.68\lambda_\mathrm{f} + 1.39\lambda_\mathrm{f}^2)L + 0.022 f_\mathrm{y} d_\mathrm{b} \tag{8.90}$$

根据分析，式（8.90）仅适用于约束强度比 $\lambda_\mathrm{f} \geqslant 0.1$ 的情况，因为绝大部分试件的 λ_f 都是大于 0.1 的，只有文献[5]中试件 ST-5NT 的 $\lambda_\mathrm{f} < 0.1$，所以，当 $\lambda_\mathrm{f} < 0.1$ 时，塑性铰长度的变化规律不能从试验数据直接得到。当 $\lambda_\mathrm{f} = 0$ 时，加固柱塑性铰长度应该等于未加固柱，即式（8.89）应该与式（8.72）相等，则 $\alpha = 0.08$。当 $0 < \lambda_\mathrm{f} < 0.1$ 时，α 与 λ_f 的关系可以假设为一直线，表示为 $\alpha = 2.5\lambda_\mathrm{f} + 0.08$。因此 α 与 λ_f 关系可以用图 8.44 表示，在 FRP 用量为零时，$\alpha = 0.08$；$\lambda_\mathrm{f} < 0.1$ 时，l_p 随着 λ_f 增加而增加；当 $\lambda_\mathrm{f} \geqslant 0.1$ 时，l_p 随着 λ_f 增加而减小。

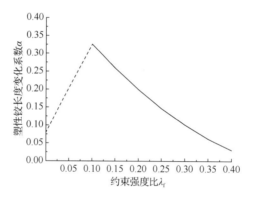

图 8.44　约束强度比对塑性铰长度的影响

图 8.44 表示的 FRP 加固 RC 圆柱 l_p 变化规律的力学机理是，当 FRP 加固用量比较少（$\lambda_\mathrm{f} < 0.1$）时，FRP 加固使 l_p 增加。这是因为 FRP 约束阻止了保护层混凝土剥离，增加了约束混凝土的强度，提高了截面破坏时的受弯承载力，使截面弯矩梯度增加，柱底有更长区域进入塑性，所以 l_p 增加。随着 FRP 用量增加到 $\lambda_\mathrm{f} = 0.1$ 左右，截面的受弯承载力基本不再增加[82]，弯矩梯度也基本不再增加，因此塑性铰长度基本不再增加。但是，由于 FRP 的约束能力不断增强，提高了纵筋和混凝土的粘结应力。根据钢筋混凝土基本理论，纵筋和混凝土之间粘结应力的增加会使纵筋应力减小的速度变快，即柱子底部纵筋的应力在很短长度内迅速减小，因此进入塑性的纵筋长度减小。根据塑性铰的基本概念，这会导致 l_p 变小。因此在这两种机理的共同作用下，l_p 呈现先增加后减小的规律。这就解释了目前学术界对于 FRP 加固使塑性铰长度增加还是减小的争议。文献[63]认为 FRP 加固柱的 l_p 小于未加固柱，这是根据钢套筒加固柱试验结果得到的结论[84]，而钢套筒由于厚度一般较大，约束能力较强，一般会降低 l_p。而大量的试验结果显示 FRP 加固柱 l_p 通常是大于未加固柱的[5]，从图 8.44 也可以看出，当 FRP 用量不太大时，加固柱 l_p 通常是大于未加固柱的。

（2）FRP 加固 RC 圆柱 θ_u 计算

在 ϕ_y、ϕ_u 和 l_p 都能进行计算的基础上，可以用式（8.79）对柱顶侧向位移进行计算。根据统计，θ_u 计算值和试验值比值的平均值为 1.01，离散系数（COV）为 18.5%，θ_u 计算值与试验值比较如图 8.45 所示。说明本书提出的方法对 θ_u 的计算有很高的精度。文献[8]的试件 RC-1 计算值比试验值大得多，试验试件没有破坏，如果发生破坏，θ_u 应该比现有试验值大。

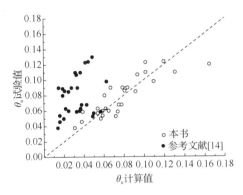

图 8.45　θ_u 模型计算结果与试验结果比较

文献[85]提出了 θ_u 的计算方法，在图 8.45 表示出了其计算结果。根据统计，θ_u 计算值与试验值比值的平均值为 0.43，离散系数（COV）为 49.1%，可见计算结果离散性较大。原因可能是 ϕ_u 计算时没有考虑截面应变梯度的影响，并且加固柱 l_p 计算公式参考的是未加固柱的计算公式。

8.7　小　　结

本章对 RC 圆柱及 FRP 加固 RC 圆柱抗震性能进行了试验研究和理论分析，建立了较系统的 RC 圆柱及 FRP 加固 RC 圆柱抗震性能的定量表达方法。试验对不同参数下 FRP 加固大截面尺寸 RC 圆柱进行系统的研究，并进行深入理论分析，提出了 RC 圆柱和 FRP 加固 RC 圆柱截面受压区高度的计算方法，运用集中塑性铰法得出了 RC 圆柱侧向位移角的计算方法，在此基础上可以对 FRP 加固 RC 圆柱侧向位移角进行定量计算。提出了 FRP 加固 RC 圆柱的受弯承载力、受剪承载力和变形能力等主要抗震指标的定量计算方法，为实际应用打下了基础。

参 考 文 献

[1] SAADATMANESH H, EHSANI M R, LIMIN J. Repair of earthquake-damaged rc columns with FRP wraps[J]. ACI structural journal, 1997, 94(2): 206-215.

[2] SEIBLE F. Seismic retrofit of RC columns with continuous carbon fiber jackets[J].Journal of composites for construction, 1997, 1(2): 52-62.

[3] XIAO Y, WU H, MARTIN G R. Prefabricated composite jacketing of RC columns for enhanced shear strength[J]. Journal of structural engineering, 1999, 125(3): 255-264.

[4] SAIDI M S, SANDERS D H, GORDANINEJAD F, et al. Seismic Retrofit of non-prismatic RC bridge columns with fibrous

composite[C]//Proceeding of the World Congress on Engineering Education 2000. Zealand,2000.

[5] SHEIKH S A, YAU G. Seismic behavior of concrete columns confined with steel and fiber-reinforced polymers[J]. ACI structural journal, 2002, 99(l):72-81.

[6] LI Y F, SUNG Y Y. A study on the shear-failure of circular sectioned bridge column retrofitted by using CFRP jacketing[J]. Journal of reinforced plastics and composites, 2004, 23(8): 811-830.

[7] HAROUN M A, ELSANADEDY H M. Behavior of cyclically loaded squat reinforced concrete bridge columns upgraded with advanced composite-material jackets[J]. Journal of bridge engineering, 2005, 10(6): 741-748.

[8] OZBAKKALOGLU T, SAATCIOGLU M. Seismic behavior of high-strength concrete columns confined by fiber-reinforced polymer tubes[J]. Journal of composites for construction, 2006, 10(6): 538-549.

[9] DESPREZ C, MAZARS J, KOTRONIS P, et al. Damage model for FRP-confined concrete columns under cyclic loading[J]. Engineering structures, 2013, 48: 519-531.

[10] YOUSSF O, ELGAWADY M A, MILLS J E. Static cyclic behaviour of FRP-confined crumb rubber concrete columns[J]. Engineering structures, 2016, 113: 371-387.

[11] WANG D, HUANG L, YU T, et al. Seismic performance of CFRP-Retrofitted large-scale square RC columns with high axial compression ratios[J]. Journal of composites for construction, 2017, 21(5): 04017031.

[12] 赵彤, 刘明国, 谢剑, 等. 碳纤维布改善高强 RC 柱延性的试验研究[J]. 地震工程与工程振动, 2001, 21（4）: 46-52.

[13] 赵彤, 周晓洁. 用 CFRP 改善 RC 极端柱抗震性能的试验研究[J]. 地震工程与工程震动, 2002, 22（1）: 85-91.

[14] 赵彤, 周晓洁, 谢剑. 碳纤维布改善 RC 短柱（λ=1.5）抗震性能的试验研究[J]. 建筑技术开发, 2002, 29（12）: 10-13, 32.

[15] 赵彤, 谢剑, 戴自强. 碳纤维布约束混凝土应力-应变全曲线的试验研究[J]. 建筑结构, 2001, 30（7）: 12-18.

[16] 张柯, 岳清瑞, 叶列平. 碳纤维布加固混凝土柱滞回耗能分析及目标延性系数的确定[J]. 工业建筑, 2001, 31（6）: 5-8.

[17] 岳清瑞, 等. 碳纤维布加固 RC 柱后弯矩-曲率关系分析[J]. 工业建筑, 2001, 31（6）: 20-23.

[18] 岳清瑞. 我国碳纤维（CFRP）加固修复技术研究应用现状与展望[J]. 工业建筑, 2000, 30（10）: 23-26.

[19] 叶列平, 赵树红. 碳纤维布加固混凝土柱的斜截面受剪承载力计算[J]. 建筑结构学报, 2000, 21（10）: 59-67.

[20] 范立础, 卓卫东, 薛元德. FRP 筒套箍加固 RC 墩柱抗震性能的初步研究[C]//冶金工业部建筑研究院. 中国纤维增强塑料（FRP）混凝土结构学术交流会（首届会议论文集）, 北京, 2000.

[21] 李忠献, 徐成祥, 景萌, 等. 碳纤维布加固 RC 短柱抗震性能的试验研究[J]. 建筑结构学报, 2002, 23（6）: 41-48.

[22] 潘景龙, 王陈远. 纤维包裹 RC 短柱抗震性能试验研究[R]. 哈尔滨: 哈尔滨工业大学, 2002.

[23] 李伟. 碳纤维约束高强混凝土圆柱抗震性能研究[D]. 哈尔滨: 哈尔滨工业大学, 2007.

[24] 王代玉. FRP 加固非延性钢筋混凝土框架结构抗震性能试验与分析[D]. 哈尔滨: 哈尔滨工业大学, 2012.

[25] 黄照南. CFRP 修复震后严重破坏钢筋混凝土桥墩抗震性能试验研究[D]. 大连: 大连理工大学, 2009.

[26] 郭夏. CFRP 加固局部强度不足的钢筋混凝土柱试验研究[D]. 大连: 大连理工大学, 2008.

[27] 吴刚. FRP 加固 RC 结构的试验研究与理论分析[D]. 南京: 东南大学, 2002.

[28] 朱虹. 新型 FRP 筋预应力混凝土结构的研究[D]. 南京: 东南大学, 2004.

[29] 梅葵花. CFRP 拉索斜拉桥的研究[D]. 南京: 东南大学, 2005.

[30] 吴刚, 吕志涛. CFRP 布加固 RC 柱抗震性能的试验研究[C]//岳清瑞. 第二届全国土木工程用纤维增强复合材料（FRP）应用技术学术交流会论文集, 昆明, 2002.

[31] 吴刚, 吕志涛, 蒋剑彪. 碳纤维布加固 RC 柱抗震性能的试验研究[J]. 建筑结构, 2002, 32（10）: 42-45.

[32] 顾冬生. FRP 加固钢筋混凝土圆柱抗震性能研究[D]. 南京: 东南大学, 2007.

[33] 李忠献. 工程结构试验理论与技术[M]. 天津: 天津大学出版社, 2004.

[34] 中国建筑材料工业协会, 全国纤维增强塑料标准化技术委员会. 纤维增强塑料性能试验方法总则: GB/T 1446—2005[S]. 北京: 中国标准出版社, 2005.

[35] 中国工程建设标准化协会建筑物鉴定与加固委员会. 碳纤维片材加固混凝土结构技术规程（2007 年版）: CECS146: 2003[S]. 北京: 中国建筑工业出版社, 2003.

[36] BERRY M, PARISH M, EBERHARD M O. PEER structural performance database[R]. Berkeley: Pacific Earthquake Engineering Research Center, 2004.

[37] 张国军，吕西林，刘伯权. 轴压比超限时框架柱的恢复力模型研究[J]. 建筑结构学报，2006，27（1）：90-98.

[38] 中华人民共和国住房和城乡建设部. 建筑抗震试验规程：JGJ/T 101—2015[S]. 北京：中国建筑工业出版社，2015.

[39] 过镇海，时旭东. 钢筋混凝土原理和分析[M]. 北京：清华大学出版社，2003.

[40] ELSANADEDY H M, HAROUN M A. Seismic design criteria for circular lap-spliced reinforced concrete bridge columns retrofitted with fiber-reinforced polymer jackets[J]. ACI structural journal, 2005,102(3): 354-362.

[41] MANDER J B, PRIESTLEY M J N, PARK R. Theoretical stress-strain model for confined concrete[J]. Journal of structural engineering, 1988,114(8): 1804-1826.

[42] 中华人民共和国交通运输部. 公路桥梁抗震设计细则：JTG/T B02-01—2008[S]. 北京：人民交通出版社.

[43] 蓝宗建，梁书亭，孟少平. 混凝土结构设计原理[M]. 南京：东南大学出版社，2002.

[44] 黄义，王赞芝，孙先锋，等. 混凝土圆形截面偏压柱极限承载力的解析解[J]. 工业建筑，2002，32（11）：65-67.

[45] 李广平. 圆形截面钢筋混凝土偏压构件正截面承载力的计算方法[J]. 建筑科学，2001，17（2）：45-49.

[46] PAULTRE P, LEGERON F. Confinement reinforcement design for reinforced concrete columns[J]. Journal of structural engineering, 2008, 134(5): 738-749.

[47] WU Y F, LIU T, OEHLERS D J. Fundamental principles that govern retrofitting of reinforced concrete columns by steel and FRP jacketing[J]. Advances in structural engineering, 2006, 9(4): 507-533.

[48] PRIESTLEY M J N, PARK R. Strength and ductility of concrete bridge columns under seismic loading[J]. ACI structural journal, 1987, 84(1): 61-76.

[49] LAM L, TENG J G. Design-oriented stress-strain model for FRP-confined concrete [J]. Construction and building materials, 2003, 17: 471-489.

[50] 王震宇，芦学磊，李伟，等. 塑性铰区碳纤维约束高强混凝土圆柱抗震性能的试验研究[J]. 建筑结构，2009（2）：21-24.

[51] GOULD N C, HARMON T G. Confined concrete columns subjected to axial load, cyclic shear, and cyclic flexure—Part Ⅱ: experimental program[J]. ACI structural journal, 2002, 99(1): 42-50.

[52] SEIBLE F, HEGEMIER G A, PRIESTLEY M J N, et al. Fiberglass shell jacket retrofit test of a circular shear column with 2.5% reinforcement[R]. San Diego: University of California, 1995.

[53] INNAMORATO D, SEIBLE F, HEGEMIER G A, et al. Carbon shell jacket retrofit test of a circular shear column with 2.5% reinforcement[R]. San Diego: University of California, 1995.

[54] DONG X H. Research on seismic behavior of reinforced concrete bridge short columns strengthened with GFRP[D]. Changsha: Hunan University, 2006.

[55] 管品武，王建强，刘立新. 反复荷载下混凝土框架柱塑性铰区基于延性的抗剪承载力机理分析[J]. 世界地震工程，2005，21（3）：75-81.

[56] PRIESTLY M J N, VERMA R, XIAO Y. Seismic shear strength of reinforced concrete columns [J]. Journal of structural engineering, 1994, 120(8): 2310-2329.

[57] GHAE A B, PRIESTLEY M J N, PAULAY T. Seismic shear strength of circular reinforced concrete columns[J]. ACI structural journal, 1989, 86(1): 45-59.

[58] KOWALSKY M, PRIESTLY M J N. Improved analytical model for shear strength of circular reinforced concrete columns in seismic regions[J].ACI structural journal, 2000, 97(3): 388-396.

[59] 徐贱云，吴健生，铃木计夫. 多次循环荷载作用下钢筋混凝土柱的性能[J]. 土木工程学报，1991，24（3）：57-70.

[60] 周小真，姜维山. 高轴压作用下 RC 短柱抗震性能的试验研究[J]. 西安冶金建筑学院学报，1985，7（2）：103-119.

[61] 广泽雅也. RC 柱剪切破坏的分析-RC 框架柱抗震性能的试验研究（译文集）[M]. 陕西省建筑设计院，等译. 北京：地震出版社，1979.

[62] 秦晓霖. 承载力抗震调整系数的正确应用[J]. 建筑结构，2001，31（1）：70-71.

[63] PRIESTLY M J N, SEIBLE F. Seismic design and retrofit of bridges[M]. New York: John Wiley & Sons, 1996.

[64] 管品武. RC 框架柱塑性铰区抗剪承载力试验研究及机理分析[D]. 长沙：湖南大学，2000.

[65] 中华人民共和国住房和城乡建设部，中华人民共和国国家质量监督检验检疫总局. 混凝土结构设计规范（2015 年版）：GB 50010—2010[S]. 北京：中国建筑工业出版社，2015.

[66] TENG J G, CHEN J F, LAM L. FRP-strengthened RC structures[M]. New York: John Wiley& Sons, 2002.

[67] PRIESTLEY M J N, SEIBLE F, XIAO Y. Steel jacket retrofitting of reinforced concrete bridge columns for enhanced shear-

strength.1. theoretical considerations and test design[J]. ACI structural journal,1991, 91(4): 394-404.

[68] ISIS Canada. Strengthening reinforcement concrete structures with externally-bonded fiber reinforce polymers: design manual No.4[S]. Winuipeg: University of Manitoba, 2001.

[69] American Concrete Institute. Guide for the Design and Construction of Externally Bonded FRP Systems for Strengthening Concrete Structure: ACI committee 440[S]. Farmington Hills: American Concrete Institute, 2000.

[70] LEHMAN D E, MOEHLE J P. Seismic performance of well-confined concrete bridge columns, pacific earthquake engineering research center[R]. Berkeley: The Pacific Earthquake Engineering Research Center, 2000.

[71] PAULAY T, PRIESTLEY M J N. 钢筋混凝土和砌体结构的抗震设计[M]. 戴瑞同, 陈世鸣, 林宗凡, 等, 译. 北京: 中国建筑工业出版社, 1999.

[72] LI Y M. Design of retrofitting FRP for concrete columns[D]. Toronto: University of Toronto, 2003.

[73] Berry M, Eberhard M. performance models for flexural damage in reinforced concrete columns. pacific earthquake engineering research center[R]. Berkeley: The Pacific Earthquake Engineering Research Center, 2003.

[74] Berry M. Performance modeling strategies for modern reinforced concrete bridge columns[D]. Washington: University of Washington, 2006.

[75] STONE W C, CHEOK G S. Inelastic behavior of full-scale bridge columns subjected to cyclic loading, NIST BSS 166, building science series[R]. Gaithersburg: Center for Building Technology, National Institute of Standard and Technology.

[76] 谢剑, 刘明学, 赵彤. 碳纤维布提高高强混凝土柱抗震能力评估方法[J]. 天津大学学报, 2005, 38 (2): 109-113.

[77] 顾冬生, 吴刚, 吴智深, 等. CFRP 加固高轴压比钢筋混凝土短圆柱抗震性能试验研究[J]. 工程抗震与加固改造, 2006, 28 (6): 71-77.

[78] GU D S, WU G, WU Z S, et al. Confinement effectiveness of FRP in retrofitting circular concrete columns under simulated seismic load[J]. Journal of composites for construction, 2010, 14(5): 531-540.

[79] PAULTRE P, EID R, ROBLES H I, et al. Seismic performance of circular high-strength concrete columns[J]. ACI structural journal, 2009, 106(4): 395-404.

[80] WATSON S, PARK R. Simulated seismic load tests on reinforced concrete columns[J]. Journal of structural engineering, 1994, 120(6): 1825-1849.

[81] 李静, 钱稼茹. 碳纤维布约束混凝土柱的非线性分析[J]. 工程力学, 2005, 22 (1): 159-163.

[82] GU D S, WU G, WU Z S. Ultimate flexural strength of normal section of FRP confined RC circular columns[J]. Journal of Southeast University (English Edition), 2010, 26(1): 107-111.

[83] SAUSE R, HARRIES K A, WALKUP S L. Flexural behaviour of concrete columns retrofitted with carbon fiber-reinforced polymer jackets[J]. ACI structural journal, 2004, 101(5): 708-716.

[84] CHAI Y H, PRIESTLEY M J N, SEIBLE F. Seismic retrofit of circular bridge columns for enhanced flexural performance[J]. ACI structural journal, 1991, 88(5): 572-584.

[85] BINICI B. Design of FRPs in circular bridge column retrofits for ductility enhancement[J]. Engineering structures, 2008, 30(3): 766-776.

第9章　外包 FRP 约束混凝土矩形柱的抗震性能

9.1　引　　言

FRP 约束混凝土矩形柱和 FRP 约束混凝土圆柱的抗震性能有一定的差别，主要体现在 FRP 约束矩形柱的约束效率较低、延性较差，FRP 的断裂破坏易发生在角部；同时，FRP 约束混凝土矩形柱与 FRP 约束混凝土圆柱又有很多相似之处，如二者变形的组成、等效塑性铰长度、变形能力均与 FRP 约束量相关。本章主要介绍 FRP 约束混凝土矩形柱的抗震性能和理论计算方法。

9.2　研　究　现　状

对于 FRP 约束矩形混凝土 RC 柱的抗震性能，各国相关学者做了大量的工作，其中以拟静力试验的开展最为广泛。Priestley 和 Seible[1]研究了 GFRP 包裹矩形柱抗震加固的有效性，分析了钢筋搭接、原始抗剪抗弯能力对加固性能的影响。Saadatmanesh 等[2]对纤维复合材料加固震损柱进行了试验研究，结果表明，经过修复加固的震损柱相对于初始情况其承载力和位移延性系数都有所提高。Seible 等[3]论述了针对缺陷柱不同破坏模式的加固设计程序及原则，给出了详细的设计算例，并通过了试验验证，该程序得到后来研究者的广泛应用。Xiao 等[4,5]对防止搭接破坏和剪切破坏的 FRP 加固进行了研究，证实 FRP 可以阻止剪切破坏、改变较差的滞回性能，FRP 的加固对柱的刚度影响很小。Sheikh 等[6]、Iacobucci 等[7]和 Memon 等[8]对 FRP 加固长柱抗震性能进行了全面广泛的试验，系统地研究了方柱加固效果，考虑了轴压比、FRP 类型、FRP 厚度及加固方式等参数影响，认为 CFRP 的适当加固能够获得相当于配置足够箍筋而获得的优良结构性能，高轴力的柱需要更大量的 FRP 才能获得与低轴力相近的性能，轴力水平对加固柱的总体性能有着重要的影响。Bousias 等[9]研究了 FRP 层数、类型及钢筋锈蚀等因素对 FRP 加固矩形柱抗震性能的影响，试验证实，钢筋锈蚀降低了 FRP 作为加固措施的有效性。Harajli 和 Rteil[10]研究了配筋率、FRP 数量等因素对 FRP 加固矩形柱抗震性能的影响，重点研究了 FRP 约束对钢筋和混凝土粘结强度的影响。Sause 等[11]通过将 3 个不同层数 CFRP 约束矩形混凝土柱和 1 个标准柱的足尺试验对比，表明用 CFRP 约束明显提高了柱的变形能力。Mo 等[12,13]和 Cheng 等[14]专门针对 FRP 加固抗剪能力不足的空心矩形桥墩进行了试验研究，FRP 加固可以将桥墩的脆性剪切破坏转变为延性的弯曲破坏。Elsanadedy 和 Haroun[15-18]进行了 7 个矩形比例为 1/2 的 FRP 约束柱试验研究，试验表明，所有 FRP 约束柱的延性都得到了极大的提高。Hosseini 等[19]进行了 FRP 约束柱与标准柱及箍筋约束柱的对比试验，FRP 约束柱的性能能够提高至比箍筋约束柱更高的水平。

Ghosh 和 Sheikh[20]进行了 FRP 加固塑性铰区带搭接钢筋的矩形柱的试验研究,结果表明,FRP 约束极大地提高了构件的延性,塑性铰区损伤减小。Ozbakkaloglu 和 Saatcioglu[21]进行了 FRP 管约束矩形高强混凝土柱的试验研究,FRP 管主要充当其模板。Colomb 等[22]对 7 根矩形短柱进行了 CFRP 约束加固试验研究,试验表明,不同的约束程度可以改变构件的破坏模式。Ozcan 等[23]对 4 根低强度混凝土和光圆配筋的矩形柱进行了 CFRP 约束加固试验研究,结果表明,约束能大幅度提高其承载力和延性。Dai 等[24]采用聚酯纤维(PET)增强塑料约束加固矩形柱,并进行了抗震试验,结果表明,PET 可代替传统 FRP 用于抗震加固。Idris 和 Ozbakkaloglu[25]对 5 根 FRP 管约束矩形高强混凝土柱进行了试验研究,结果表明,FRP 管混凝土柱能达到极高的变形能力。Ma 和 Li[26]采用早强砂浆和 BFRP 约束加固震损矩形混凝土柱,并重新进行抗震性能测试,结果表明,柱的延性得以修复并且耗能能力大幅度提高;而承载力的提高幅度取决于震损程度,中等震损的可以完全恢复,严重震损的只能部分恢复。Wang 等[27]对 9 根 CFRP 约束加固矩形混凝土柱进行了试验研究,主要参数是轴压比(最大达到 0.75),结果表明即使在 0.75 轴压比下,加固柱也能表现出满意的抗震性能。Wang 等[28]对 5 根 CFRP 约束加固矩形混凝土柱进行了抗震性能试验研究,主要参数是加载方向,结果表明加载方向对抗震性能影响很大。

吴刚等[29,30]对采用 CFRP 加固的 11 根钢筋混凝土工字形矩形截面柱进行了试验,结果表明原有柱的轴压比和配箍率对加固效果影响很大,CFRP 的粘贴层数对构件的延性影响很大。张轲等[31]通过耗能分析,得出了加固后混凝土的滞回耗能系数与目标延性系数的关系,基于能量的概念,确定了目标延性系数的计算公式,进而确定了加固柱的纤维用量。范立础等[32]研究了 1/5 比例预制 GFRP 管套箍钢筋混凝土墩柱的抗震性能、破坏模式。赵彤等[33]对 CFRP 约束普通混凝土、高强混凝土及不同加载角度的墩柱的抗震性能进行了研究,其截面都为矩形并未经倒角处理,研究证实了使用 CFRP 横向包裹钢筋混凝土短柱提高其延性加固的有效性,横向包裹 CFRP 可显著提高钢筋混凝土短柱的变形性能。李忠献等[34]研究了轴压比、碳纤维布用量、配箍率和加载顺序对 FRP 加固混凝土短柱的影响,FRP 加固能有效提高混凝土短柱的抗震性能,对先施加轴力然后再加固的混凝土柱,FRP 对核心混凝土的约束作用将减弱,延性提高将降低。陈杰[35]对 9 根芳纶纤维(AFRP)约束矩形混凝土柱的抗震性能进行了试验研究,结果表明,AFRP 可以和 CFRP 联合应用于柱的加固,从而改善柱的抗震性能。郭夏[36]对 12 根 CFRP 加固的含有薄弱段的钢筋混凝土矩形柱进行了偏压试验,参数包括碳纤维布加固量、加固方式及偏心距,结果表明:加固柱的承载力和延性随碳纤维布加固层数的增加而增加,但承载力提高程度与加固层数并不呈线性增长关系;偏心距较小的柱子采用横向外包 FRP 的加固效果较为明显,随着偏心距的增大,承载力提高幅度有限,但延性仍较高。苑寿刚[37]对 7 根 CFRP 约束矩形混凝土柱进行低周反复荷载试验研究,主要考察了轴压比、CFRP 缠绕层数及增大配箍率等参数,试验结果表明:加固后的柱在轴压比较高时表现出优越的抗震性能;在带载状态下对柱进行加固,可以显著提高构件的累积耗能能力和延性;同时还对 3 根轴压比为 0.75 的柱进行了损伤加固分析,结果表明对预损伤的构件进行加固可以较好地改善其抗震性能。齐敬磊[38]对 10 根混凝土矩形柱分 4 组进行了 CFRP 带载约束的静力推覆性能试验研究，参数包括带载应力水平（0、0.5、0.75 和 1.0）、体积配箍率和 CFRP 缠绕层数，结论为随着带载应力水平的增加，试件的位移延性系数减小，最大承载力增加；在 1.0 的带载应力水平下，极限承载力略有提高，而延性相应有所降低。张冬杰[39]对 12 个 FRP 约束矩形空心桥墩进行低周反复荷载试验，按长细比分为 L/b=4 和 L/b=8，低轴压（轴压比 0.2）荷载作用下，FRP 约束可改变矩形空心墩柱的破坏形式和破坏位置，并显著提高其耗能能力和延性，但对最大水平承载力影响较小；对 L/b=4 的约束墩，累计耗能和位移延性系数最大提高幅度分别为 25.8%、65.4%；对 L/b=8 的约束墩，累计耗能和位移延性系数最大提高幅度分别为 32.6%、93.6%。黄乐[40]完成了 10 根 RC 矩形柱（7 根 FRP 塑性铰区约束 RC 柱和 3 根未约束 RC 柱）在恒定轴力和不同方向往复水平荷载作用下的拟静力试验，主要研究了水平荷载加载角度和轴压比对抗震性能的影响，结果表明，当轴压比一定时，随着水平荷载作用方向与截面主轴方向夹角的增大，FRP 约束 RC 矩形柱的水平承载力和极限位移角都有明显降低；理论轴压比为 0.75（相应设计轴压比约为 1.3）时，与低轴压比（0.45）相比，FRP 约束 RC 矩形柱的水平承载力仍有一定提高，延性显著降低，但其极限位移角仍能达到 2.44%，满足罕遇地震作用下 2%位移角限值的要求。

到目前为止，国内外学者对 FRP 约束混凝土墩柱的抗震性能已进行了大量的试验研究，但相关的理论研究尚不充分，多数研究停留在定性的结论上，如 FRP 约束混凝土墩柱的变形能力、FRP 约束混凝土墩柱的恢复力模型等计算方法还比较缺乏，未能取得可以应用面向设计的量化公式。

为了进一步研究 FRP 约束矩形柱抗震性能，本课题组进行了 9 根较大尺寸的 FRP 约束矩形钢筋混凝土短柱在低周反复荷载下的抗震性能试验研究，主要考虑大尺寸、矩形截面、高弯剪强度比（纵筋配筋率高）、短柱及 FRP 类别等对试件破坏形态的影响，对试件的破坏形态、滞回曲线、骨架曲线、位移延性、耗能性能、强度退化、刚度退化等进行了较为深入的系统研究；对不同 FRP 类别（CFRP、DFRP、BFRP）约束试件的滞回性能进行系统比较，研究了加载顺序对 FRP 约束柱抗震性能的影响。

本书拟通过数值分析手段，将第 4 章 FRP 约束矩形截面轴压模型应用于弯剪组合柱进行分析，研究 FRP 约束矩形混凝土截面弯矩-曲率关系；参考普通混凝土柱的破坏模式判别方法，寻求预测 FRP 加固试件破坏模式的有效途径，探讨 FRP 抗剪能力在反复荷载下的变化规律；根据等效塑性铰理论，建立了 FRP 用量与极限位移角之间的定量表达式，对 FRP 约束混凝土矩形柱极限位移角的各种影响参数进行了讨论。

9.3　试　验　研　究

本书对 FRP 加固混凝土矩形柱抗震性能进行了较深入的研究，主要考虑如下情况：①目前 FRP 抗震加固长柱研究相对较多，而 FRP 抗震加固剪跨比较小的短柱试验较少；②已有试验中的试件尺寸一般较小，对大尺寸柱抗震加固的研究较少；③现有研究集中于未约束柱且弯剪强度比较小的情况。

9.3.1　试验概况

本次试验共制作了 9 个钢筋混凝土矩形柱，边长 360mm，柱总高 1600mm，试件呈工字形，底部墩子起固定作用，柱区段长度为 600mm，纵筋参数为 14Φ25，箍筋为Φ6@150；为防止试验时柱根部与底座交界刚度突变处变形集中而导致过早破坏和理论分析困难，特别将柱根部 100mm 范围内进行了加强，此加强区设纵筋 22Φ25，配箍Φ10@30，此加强区段不作为试验区段。详细的几何尺寸及配筋如图 9.1 所示。

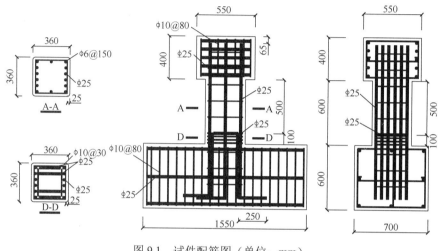

图 9.1　试件配筋图（单位：mm）

试件所用混凝土实测立方体抗压强度平均值为 44.3MPa，标准值为 34.6MPa，Φ25纵筋屈服强度为 382.4MPa，Φ6 箍筋屈服强度为 319.8MPa。所用 FRP 有 CFRP、DFRP、BFRP 共 3 类，其中，玄武岩纤维为无捻粗纱丝束形式，其他为布材，各种材料的性能指标见表 9.1。

表 9.1　所用 FRP 材料的性能指标

材料类别	试样抗拉荷载/N	材料厚度/mm	试样面积/mm²	抗拉强度/MPa	弹性模量/GPa	断裂伸长率/%
CFRP	9882	0.167	2.505	3945	249.6	1.52
DFRP	5568	0.258	3.870	1439	60.3	2.48
BFRP	1437	0.167	0.783	1835	92.0	1.99

注：CFRP、DFRP 试样为宽度 15mm 浸制布材，玄武岩纤维试样为整束浸制丝束。

对矩形柱进行加固时，转角的处理极其重要，为保证质量，试件设计时在矩形柱四周角部预设了半径为 25mm 的弧形转角；纤维的包裹范围为整个柱身，端部搭接长度为150mm；0.5 层的粘贴方式：CFRP 用 2cm 宽条带间隔 2cm 间距粘贴（图 9.2），DFRP为间隔抽丝；为防止试件底部交接处过早开裂破坏，影响试验进程，在试件底部 10cm范围内，除按预定加固方式加固外，又特别附加缠绕 3 层 0.167mm 厚的 CFRP，该段在试验分析时可视为刚性，不计入试件试验区段内。

试件加固程序如下：打磨→清洗→底涂→找平层→粘贴纤维布（或缠绕纤维丝束）。

纤维受力方向与柱中心线垂直，粘贴时严格把握施工质量，由专业人员严格按照有关要求进行施工[41]。

图 9.2　CFRP 条带加固矩形柱

在用连续玄武岩纤维丝束缠绕加固柱前，将试件表面打磨平整，清除浮渣、灰尘，依次均匀涂刷底涂、找平层，待找平层固化以后，在柱身表面均匀涂抹一层环氧树脂，将玄武岩纤维丝束的自由端固定于柱加固区的底部，另一端围绕柱身旋转缠绕，缠绕呈螺旋式上升，各圈之间紧密相连，一直缠绕至柱顶为一层结束，随后，再刷上树脂，同时均匀滚动挤压，保证纤维丝束被树脂浸渍饱满，一层完成以后再进行下一层的循环，依次进行。图 9.3 所示为玄武岩丝束缠绕加固操作过程。缠绕中要确保纤维丝束均匀分布、均匀浸透树脂。

（a）加固处理　　　　　　　（b）缠绕过程　　　　　　（c）缠绕试件整体情况

图 9.3　连续玄武岩丝束（BFRP）缠绕加固过程

各试件加固方式及基本试验参数见表 9.2 所示。表 9.2 中试件的基本参数确定如下。

表 9.2　各试件加固方式及基本试验参数

	柱编号	加固方式	试验轴力/kN	试验轴压比 n_t	设计轴压比 n_d	配箍特征值 λ_y	配纤特征值 λ_f
1	S-0	未加固（对比柱）	800	0.21	0.37	0.079	—
2	S-1.0C	1.0 层 CFRP	1200	0.31	0.56	0.079	0.244
3	S-1.5C	1.5 层 CFRP	800	0.21	0.37	0.079	0.367
4	S-2.5C	2.5 层 CFRP	800	0.21	0.37	0.079	0.612
5	S-2.5C-P	2.5 层 CFRP 预加载	800	0.21	0.37	0.079	0.612

续表

	柱编号	加固方式	试验轴力/kN	试验轴压比 n_t	设计轴压比 n_d	配箍特征值 λ_y	配纤特征值 λ_f
6	S-4.5C	4.5 层 CFRP	800	0.21	0.37	0.079	1.102
7	S-2.5D	2.5 层 DFRP	1200	0.31	0.56	0.079	0.345
8	S-2.5D-P	2.5 层 DFRP 预加载	1200	0.31	0.56	0.079	0.345
9	S-BF	连续玄武岩丝束	800	0.21	0.37	0.079	1.427

注：以 S-2.5C-P 为例说明试件编号，S 表示矩形柱，2.5C 表示加固 2.5 层碳纤维，P 表示加固前预加轴力；S-BF 为连续玄武岩无捻粗纱丝束缠绕加固柱，缠绕圈数为 1600 圈，即 2.67 圈/mm，按材料性能计算，相当于 12.5 层。

1. 混凝土抗压强度之间的关系

混凝土抗压强度之间的关系为

$$f_{cu,k} = \mu_{f_{cu}} - 1.645\sigma_{f_{cu}} \tag{9.1}$$

$$f_{ck} = 0.88\alpha_{c1}\alpha_{c2}f_{cu,k} \tag{9.2}$$

$$f_c = f_{ck} / \gamma_c = f_{ck} / 1.4 \tag{9.3}$$

式中，$\mu_{f_{cu}}$、$f_{cu,k}$ 分别为混凝土立方体抗压强度平均值及标准值；f_{ck}、f_c 分别为混凝土棱柱体抗压强度标准值及设计值；γ_c 为混凝土强度系数，取 1.4；α_{c1} 为混凝土棱柱体抗压强度与立方体抗压强度的比值，对 C50 及以下取 0.76，对 C80 取 0.8，中间按线性规律变化；α_{c2} 为混凝土考虑脆性的折减系数，对 C40 取 1.0，对 C80 取 0.87，中间按线性规律变化。

2. 轴压比的计算

实际工程中受压构件的设计轴压比 n_d 一般在 0.3～1.0 范围内，对应的实际轴压比 n_t 范围为 0.1～0.6。在本次试验中，试件试验轴压比取为 0.21 和 0.31。试验轴压比和设计轴压比分别按式（9.4）、式（9.5）计算。

$$n_t = \frac{N_t}{\mu_{f_c}A} \tag{9.4}$$

$$n_d = \frac{N}{f_cA} \tag{9.5}$$

式中，N_t、N、μ_{f_c}、A 分别为试验轴力、轴力设计值、棱柱体抗压强度平均值、柱截面面积。

3. 配箍特征值

箍筋配比量用体积含箍率 ρ_v 反映，即箍筋与被箍筋约束混凝土的体积比；其约束指标配箍特征值为 λ_v，见式（9.6）；f_y、f_c 分别为箍筋屈服强度及混凝土棱柱体强度，同样，可以是平均值、标准值及设计值，本章以平均值计算。

$$\lambda_v = \rho_v \frac{f_y}{f_c} \tag{9.6}$$

4. 配纤特征值（强度）

与箍筋相似，FRP 配比量用体积含纤率 ρ_f 反映（ρ_f 计算公式见第 2 章），即 FRP

与被 FRP 约束混凝土的体积比；其约束指标配纤特征值为 λ_f，见式（9.7）；f_f、f_c 分别为 FRP 极限抗拉强度及混凝土棱柱体强度，本书以平均值计算。

$$\lambda_f = \rho_f \frac{f_f}{f_c} \tag{9.7}$$

　　试验在东南大学结构实验室进行，装置如图 9.4 所示。为了保证试件底部为严格的固定端，试验时，试件与反力墙之间用预制混凝土挡块塞紧，并在横向钢绞线中施加预应力，将试件牢牢锚住。考虑传统的用反力架施加竖向荷载的方法无法保证试件顶端为自由端，且竖向千斤顶与反力架之间存在较大的摩擦力，本试验竖向荷载通过顶端穿心式千斤顶张拉 7 根 Φ^s15-1860 级钢绞线施加，钢绞线穿在试件预留的中心孔洞中，底端锚固于反力梁上。试验时，随时调整千斤顶压力，确保竖向荷载的恒定、准确；水平荷载通过固定在反力墙上的作动器施加。

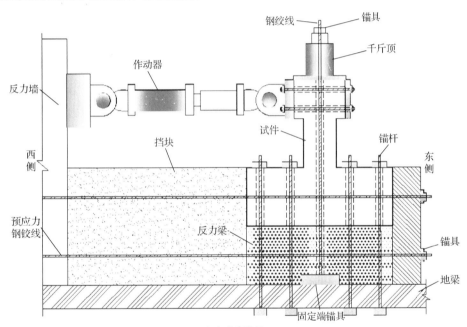

（a）方案设计

（b）实图

图 9.4　加载装置图

　　试验时，先由竖向千斤顶加载至预定值，并保持恒定，然后施加水平低周反复荷载。水平加载程序采用荷载-变形双控制方法[42]：在屈服前，以荷载值控制加载，每级荷载循环一次，荷载主要级差为 40kN，试验开始及接近屈服时级差为 20kN；屈服后，以水平位移值控制加载，水平位移值取试件屈服位移值的整数倍等增量加载，每级循环三次，直至试件破坏（图 9.5）。

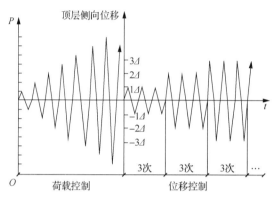

图 9.5　加载控制原理示意图

9.3.2　试验结果

1. 试验过程及破坏形态

　　各试件详细试验结果及破坏特征见表 9.3，其中，首次屈服荷载、首次屈服位移为对应试件第一根钢筋屈服时的相应值，峰值荷载为整个加载过程的最大水平荷载。纵筋应变监测结果表明，各试件首次屈服荷载相差不多，统一按 540kN 取值，首次屈服位移为相应屈服荷载时的侧向位移。表 9.3 首次屈服位移测定结果显示，FRP 约束与否及约束量的大小对首次屈服位移影响不大。

表 9.3　各试件详细试验结果及破坏特征

柱编号	首次屈服荷载/kN	首次屈服位移/mm			峰值荷载/kN			峰值荷载提高/%	极限位移/mm			破坏特征
		推	拉	平均	推	拉	平均		推	拉	平均	
S-0	540	4.19	3.67	3.93	622	620	621	—	6.72	5.58	6.15	A
S-1.0C	540	4.12	3.65	3.89	710	712	711	14.5	14	12.8	13.4	B
S-1.5C	540	4.1	3.96	4.03	730	732	731	17.6	15.02	15.14	15.08	B
S-2.5C	540	3.94	4.04	3.99	748	743	746	20.0	25.5	24.1	24.8	C
S-4.5C	540	4.25	4.31	4.28	736	787	761	22.5	31.2	32.1	31.65	C
S-2.5C-P	540	4.78	4.66	4.72	740	693	717	15.4	24.75	24.74	24.75	C
S-2.5D	540	3.59	3.27	3.43	750	753	752	21.0	14.96	15.27	15.12	C
S-2.5D-P	540	3.92	3.82	3.87	746	723	735	18.3	—	—	—	C
S-BF	540	4.7	4.65	4.68	749	780	765	23.1	35.3	34.9	35.1	C

　　注：首次屈服荷载、首次屈服位移为对应试件第一根钢筋屈服时的相应值；由于试验装置原因，试件 S-1.5C 部分加载循环重复，试件被过早破坏，未能达到应有的延性；试件 S-2.5D-P 由于一侧锚杆破坏，未能得到极限位移数据。A 为剪切破坏；B 为有延性的剪切破坏；C 为弯曲破坏。

由表 9.3 试验结果可以看出，FRP 加固后其受剪承载力得到提高，进而有效转变短柱的剪切破坏模式，实现延性的剪切破坏或弯曲破坏，从而峰值荷载得到大幅度的提高，从剪切破坏试件 S-0 到延性剪切破坏试件 S-1.0C，峰值荷载提高了 14.5%；在实现破坏模式转变以后，峰值荷载的提高幅度较小，此时，承载力的提高幅值应该归因于 FRP 约束混凝土强度的增加及受压区的减小，而 FRP 约束量对约束混凝土强度的提高不明显，承载力提高不是十分显著。随着 FRP 约束量的增加，试件极限位移的提高幅度一直很大，增加 FRP 约束提高了对约束混凝土极限应变的影响结果。

试件的破坏模式如图 9.6 所示，未约束柱为典型的脆性剪切粘结破坏，随着 FRP 加固量的增加，柱的破坏形态从延性极差的剪切破坏转变为延性好的弯曲破坏，抗震能力得到明显的提高。由于截面有角部特性，弯曲破坏试件的破坏都始于 FRP 角部断裂。各试件破坏过程描述如下。

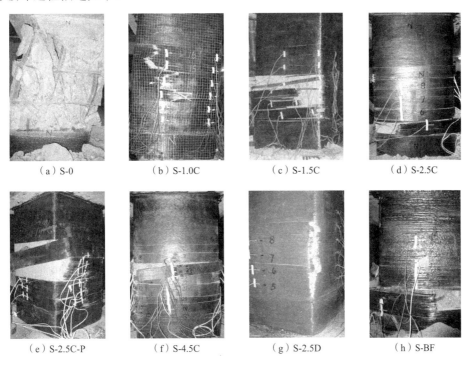

|（a）S-0|（b）S-1.0C|（c）S-1.5C|（d）S-2.5C|
|（e）S-2.5C-P|（f）S-4.5C|（g）S-2.5D|（h）S-BF|

图 9.6　各试件破坏形态

（1）柱 S-0（未加固，n_i=0.21）

竖向轴力加载至 80kN 保持不变，然后施加水平反复荷载 P。当 $P=\pm300$kN 时（正为推，负为拉），在柱西侧、东侧根部分别出现一条水平弯曲裂缝；当 $P=-340$kN 时，柱南、北侧中部分别出现一条斜裂缝；当 $P=360$kN 时，柱南、北侧中部又出现反向斜裂缝，形成交叉斜裂缝，同时随着荷载增加，新裂缝不断出现；当 $P=540$kN 时，纵向钢筋屈服，此时侧移为 4.5mm，继续加载，裂缝数量几乎不再增加，已有裂缝不断发展；当 $P=-620$kN 时，试件承载能力迅速下降，混凝土大块剥落，钢筋外露，纵筋屈曲，箍筋断裂，此现象属于典型的剪切粘结破坏。

（2）柱 S-1.0C（1.0 层 CFRP 加固，n_t=0.31）

当 P=420kN 时，柱顶侧移 3mm，此时部分钢筋已近屈服，P-Δ 曲线出现水平趋势，暂定屈服位移为 Δ_{yi}，随后以此位移倍数控制加载，每级循环 3 次；当加载至 $3\Delta_{yi}$ 时，试件在正反方向达到峰值荷载，分别为 710.2kN 和 –711.8kN；当加载至 $-4\Delta_{yi}$-2（表示拉方向 $4\Delta_{yi}$ 第 2 次循环）时，不断听到纤维丝断裂的声响；在加载至 $-5\Delta_{yi}$-3 的过程中，构件北侧剪切面 FRP 斜向断裂，FRP 断裂面约呈 45° 斜角，此时，水平荷载已下降至 $0.85P_{max}$ 以下。整个试验过程中，FRP 应变随位移的增长基本呈线性，剪切面应变值远远大于弯曲面（最大值分别为 6413$\mu\varepsilon$、4522$\mu\varepsilon$）。试验后剥开 CFRP，南、北面混凝土有许多微小斜裂缝，东、西面受压区混凝土几乎没有压碎，钢筋未外露。可以看出，经过 1.0 层 CFRP 加固，提高了试件的抗剪能力，试件在达到预期抗弯承载力之后，终因加固量太小，试件属于延性剪切破坏。

（3）柱 S-1.5C（1.5 层 CFRP 加固，n_t=0.21）

试件的屈服位移 Δ_{yi} 取为 5mm，当加载至 $\pm2\Delta_{yi}$-1 时，试件在正反方向达到峰值荷载，分别为 730.0kN 和 –731.8kN；当加载至 $2\Delta_{yi}$-2 时，由于东侧锚杆断裂，试验中断，后拆除试件，修复锚杆后重新加载；当加载至 $3\Delta_{yi}$-1 时，西北角部位 FRP 断裂，下一循环过程中，断裂裂缝迅速扩展，试验停止，此时，水平荷载还未下降至 $0.85P_{max}$ 以下，估计试件因为部分加载过程重复，损伤积累导致过早破坏。不过，可以发现，试件的破坏模式已经有所转变，其破坏属于延性剪切破坏。

（4）柱 S-2.5C、柱 S-2.5C-P（2.5 层 CFRP 加固，n_t=0.21；后者为有预加载）

试验时，屈服位移 Δ_{yi} 定为 5mm，当加载至 $\pm2\Delta_{yi}$-1 时，在 FRP 表面出现水平裂缝；当加载至 $5\Delta_{yi}$-1 时，试件东北角根部 FRP 局部断裂，裂口宽度约 1.5cm，该裂口出现在北面扩展至西北角，并继续向西南延伸，南面向东延伸，逐渐绕行一周后剥落。在以上裂口的扩展过程中，试件水平承载能力迅速下降；当加载至 $6\Delta_{yi}$-1 时，水平荷载已降为峰值荷载的 60% 以下，试验停止。试验中，FRP 最大应变达到 11375$\mu\varepsilon$，柱竖向中部明显膨胀外鼓。

柱 S-2.5C-P 为柱 S-2.5C 考虑加载顺序的对比柱，为了模拟实际工程中已有轴向荷载下的加固情况，预加竖向荷载，然后进行加固试验，试验现象与柱 S-2.5C 有诸多类似之处。当加载至 $4\Delta_{yi}$-1 时，西面水平裂缝处纤维出现外鼓褶皱；当加载至 $5\Delta_{yi}$-1 时，在试件东北角，碳纤维局部断裂，裂口宽度约 2cm；当加载至 $6\Delta_{yi}$-1 时，在试件西南角，又出现碳纤维局部断裂，裂口宽度约为 8cm，并迅速绕行一周。同时，前述东北角裂口也迅速延伸，两裂口汇合形成大面积碳纤维剥落，构件承载能力急速下降，试验停止。试验中，纤维最大应变达到 10990$\mu\varepsilon$，相同荷载下，纤维应变发展较 S-2.5C 柱慢，在纤维断裂以后，纤维应变迅即释放，失去约束作用。可以看出，两个试件的破坏都属于典型的弯曲破坏。

（5）柱 S-4.5C（4.5 层 CFRP 加固，n_t=0.21）

加载前期裂缝发展类似于试件 S-2.5C，当加载至 $8\Delta_{yi}$-1 时，柱横向位移已经很大，试件整体变形呈明显的弧形弯曲形状，此时，柱身 FRP 加固层已出现大量的水平裂缝，但滞回曲线依旧稳定；在随后的循环中，试件在四角部位都发生不同宽度的 FRP 断裂，水平荷载已降到峰值荷载的 50%以下，但试件仍然保持良好的滞回性能，测得的 FRP 最大应变约为 7480με，自断裂裂缝处观察，试件底部混凝土已呈粉状压碎，底部约束区域混凝土横向膨胀非常大。

（6）柱 S-2.5D、柱 S-2.5D-P（2.5 层 DFRP 加固，n_i=0.31；后者为有预加载）

柱 S-2.5D 屈服位移 Δ_{yi} 定为 3mm，当加载至±7Δ_{yi}-3 时，分别在两个受拉面出现第一条水平白色裂痕，裂痕长度为整个截面宽度；当加载至 8Δ_{yi}-1 时，发出爆裂的巨响，同时在西南、东南、东北三个角部纤维断裂产生竖向裂口，可以看到纤维内约束的混凝土已经压溃；裂口出现后，水平承载能力急剧下降，试验中，个别纤维最大应变达到 14558με，普通纤维应变极值为 8000～1000με，角部最大应变极值达到 8663με，纤维的强度发挥系数较碳纤维低；试件的破坏特征为弯曲破坏。柱 S-2.5D-P 的试验过程相似于 S-2.5D，当加载至−4Δ_{yi}-1 时，由于一侧锚杆断裂，试验意外停止。与 S-2.5D 比较，可知二者滞回曲线具有一定差别：峰值荷载较 S-2.5D 小 23kN（4%），整个滞回曲线的各极值点都比 S-2.5D 略低，但差别非常有限。

（7）柱 S-BF（BF 无捻粗纱加固，n_i=0.21，2.7 圈/mm）

在荷载控制阶段，试件没有出现裂缝，当加载至±2Δ_{yi}-1 时，伴随着环氧树脂胶的断裂声，分别在两个受拉面出现细微的第一条水平弯曲裂缝，随着位移的增大，水平裂缝不断出现、延伸、扩展，柱根部加强区以上，约束混凝土明显膨胀外鼓；当加载至 7Δ_{yi}-1 时，在试件西北角根部，纤维局部即将断裂，并于 7Δ_{yi}-3 时断裂成约 3cm 宽裂口，此时，柱横向位移已经很大，试件整体变形呈明显的弧形弯曲形状，柱身纤维已出现较多的水平裂缝，但滞回曲线依旧稳定；当加载至 8Δ_{yi}-1 时，上裂口急剧扩大，自该裂口于上下水平裂缝之间向两边扩展，形成绕行趋势，纤维失去约束作用，承载能力下降为峰值荷载的 55%，在该循环卸载反向加载过程中，发现刚度已剧烈下降，反向承载能力只能达到其峰值荷载的 34%，试验停止。最终纤维最大应变约为 11400με，自断裂裂缝看出，试件底部混凝土已呈粉末状，纵筋明显弯曲，试件破坏模式为弯曲破坏。

综上所述，FRP 加固短柱可以转变其破坏形态、改善其抗震性能，随着加固量的增加，试件破坏从脆性的剪切破坏逐步过渡到延性的弯曲破坏是一个渐变的过程，加固柱相对于未约束柱具有更好的耗能能力及更慢的强度退化。根据试验情况，FRP 加固短柱可能发生的典型破坏特征，依次为剪切面 FRP 剪断、角部 FRP 集中拉断、弯曲面水平裂缝的出现与发展；FRP 加固时，应该采取针对性措施防止、抑制这些现象的发生与发展，尤其对于短柱，FRP 加固的首要目的是提供足够的抗剪能力。

2. 滞回曲线及骨架曲线

图 9.7（a）～（i）所示为各试件的 P-Δ 滞回曲线，由于试验装置原因，试件 S-1.5C 部分循环加载重复，试验过早破坏，未能达到应有的延性。

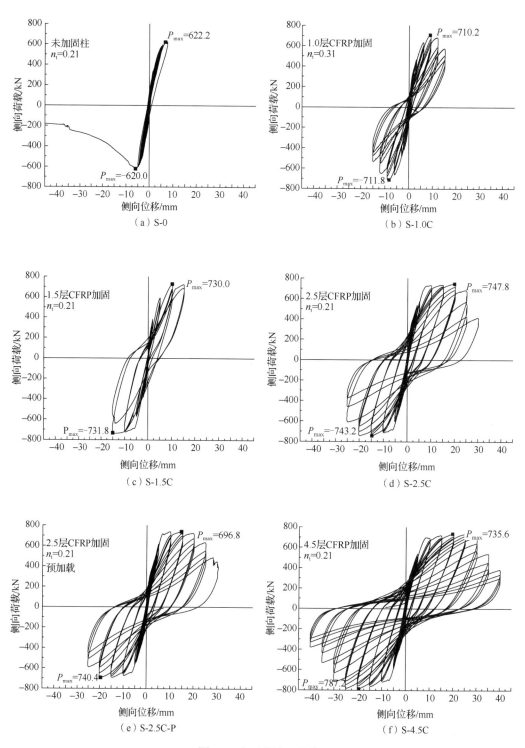

图 9.7　各试件滞回曲线

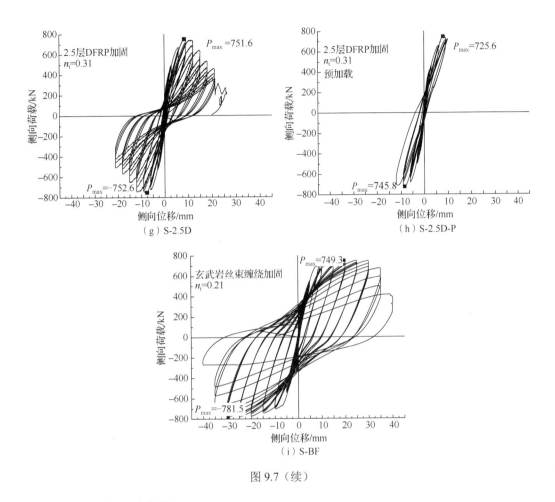

（g）S-2.5D　　　　　　　　（h）S-2.5D-P

（i）S-BF

图 9.7（续）

从图 9.7 中可以发现。

1）试件在屈服以前，每次循环的残余变形很小，屈服以后，随着侧向位移、循环次数的增加，残余变形越来越大。

2）在达到峰值荷载以后，承载能力逐渐退化，随着 FRP 加固量的增加，退化的趋势趋于缓慢，延性得到提高。

3）未约束柱过早发生剪切粘结破坏，随着加固量的增加，破坏模式逐渐从剪切粘结破坏转变为弯曲破坏，滞回环变得越来越扩展，越来越稳定，FRP 加固可以有效改善矩形柱的抗震性能。

4）DFRP 加固能够达到与 CFRP 加固相同效果，2.5 层 DFRP 加固试件 S-2.5D 的滞回性能表现与 1.0 层 CFRP 加固试件 S-1.0C 相似，体现在滞回环包围面积及刚度退化两个方面，但 S-1.0C 抗剪强度低于 S-2.5D，两者最终发生不同的破坏模式，前者为延性剪切破坏，后者为弯曲破坏，后者在提供相近的侧向约束刚度的同时具有更大的侧向约束强度，因此，后者约束试件表现出更好的延性。

5）BFRP 丝束缠绕对墩柱的抗震加固与 CFRP 同样有效：S-BF 表现出比 S-4.5C 更

好的延性及耗能能力,其滞回曲线形状在中部更宽广,"捏拢"现象较轻,表明缠绕 BFRP 约束柱的滞回曲线要优于 CFRP 包裹加固情况。

将滞回曲线循环的峰值点连接起来就得到了"骨架"曲线,图 9.8 给出了部分试件的骨架曲线对比情况。其中,图 9.8(a)给出了不同 CFRP 加固层数的骨架曲线,在试件屈服以前,各试件的骨架曲线基本重合,FRP 加固几乎不改变试件的原始刚度,不会增加结构承受地震荷载的数值;在试件屈服以后,随着 FRP 加固量的增加,试件具有更好的持续承载能力,骨架曲线上表现出,峰值荷载以后出现一段水平线,加固量越大,水平线长度越长,随着 FRP 加固量的增加,骨架曲线下降段斜率变得越来越小,即刚度、承载力退化表现得更趋缓和,试件的抗震性能得到了有效的改善。图 9.8(b)和(c)分别给出了 DFRP、BFRP 与 CFRP 加固的对比情况,发现 S-2.5D 与 S-1.0C 骨架曲线表现相近,体现在峰值点后下降点(平台长度)及下降的坡度;缠绕 BFRP(2.7 圈/mm)试件 S-BF 与 4.5 层 CFRP 加固试件 S-4.5C 骨架曲线相似,两者的约束刚度基本相同,但约束强度前者是后者的 1.3 倍。图 9.8(d)和(e)分别表达了 2.5 层 DFRP 加固试件和 2.5 层 CFRP 加固试件有无预加载的骨架曲线对比情况,由于预加载试件 FRP 约束存在滞后,约束效果稍差,骨架曲线稍有差别,表现为预加载试件峰值荷载略小。

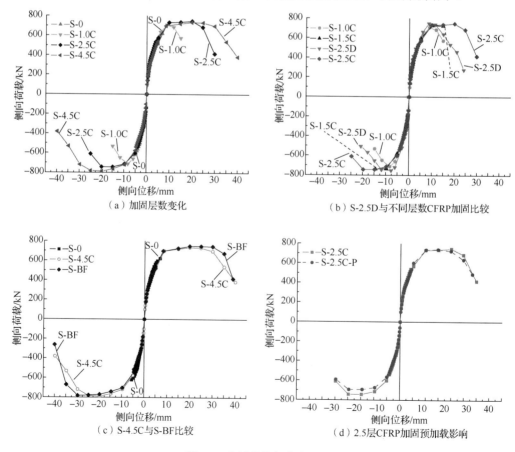

图 9.8　各试件骨架曲线比较

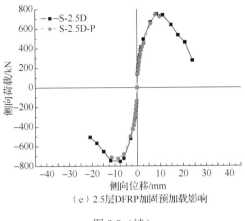

（e）2.5层DFRP加固预加载影响

图 9.8（续）

9.3.3　试验结果分析

位移延性是衡量一个构件或结构整体延性的指标，一般定义极限位移 Δ_u 与屈服位移 Δ_y 之比为延性系数 μ_Δ 来反映延性的大小，但对于屈服位移 Δ_y 和极限位移 Δ_u 存在多种取法。

对于极限位移 Δ_u，有以下几种取法：①骨架曲线上极限荷载对应的变形；②骨架曲线上荷载下降至 80%或 85%峰值荷载时的变形；③滞回曲线上滞回环不稳定时（第三次循环的承载力下降至第一次循环承载力的 90%以下）的变形。本书取 3 种方法最先出现时的变形为极限位移。

屈服位移 Δ_y 反映了构件变形持续增加而承载力不能继续提高，也存在多种不同取法。屈服位移按能量等值法取值时，各试件屈服位移及延性系数计算结果见表 9.4，屈服位移随 FRP 加固层数的增加变化非常显著，屈服位移大小受峰值点及骨架曲线平台的影响过大，延性系数的计算结果呈现不合理状况。例如，比较 4.5 层 CFRP 加固柱 S-4.5C 与 2.5 层 CFRP 加固柱 S-2.5C-P，两者骨架曲线在峰值荷载前形状相似，而极限位移相差较大，分别为 31.65mm、24.75mm，延性应有显著差别，但延性系数却基本相同，按该方法计算延性系数并不能很好反映 FRP 加固层数对延性的影响规律。

表 9.4　各试件的延性系数按能量等值法计算的结果

	柱编号	屈服位移/mm			极限位移/mm			延性系数	
		推	拉	平均	推	拉	平均	数值	提高/%
1	S-0	3.96	3.39	3.68	6.72	5.58	6.15	1.67	—
2	S-1.0C	5.15	4.29	4.72	14	12.8	13.4	2.84	70.1
3	S-1.5C	5.64	5.43	5.54	15.02	15.14	15.08	2.72	62.8
4	S-2.5C	6.09	5.87	5.98	25.5	24.1	24.8	4.15	148.5
5	S-4.5C	6.72	7.7	7.21	31.2	32.1	31.65	4.39	162.8
6	S-2.5C-P	5.63	5.75	5.69	24.75	24.74	24.75	4.35	160
7	S-2.5D	4.75	4.28	4.52	14.96	15.27	15.12	3.35	100
8	S-2.5D-P	5.27	4.53	4.9	—	—	—	—	—
9	S-BF	6.89	8.35	7.62	35.3	34.9	35.1	4.61	176

FRP 约束混凝土柱抗震性能试验及相关数值分析表明：FRP 约束对试件的有效刚

度、钢筋首次屈服点影响非常小，可以忽略其差别；理想抗弯承载力随 FRP 约束量的增加有一定的提高，但提高不大。考虑这些特征，本书采用首次屈服点法对各试件屈服位移进行计算，即定义试件第一根钢筋屈服状态为首次屈服点，延长首次屈服点与理想抗弯承载力水平线相交得到屈服位移，首次屈服点位移取所有试件平均值，理想抗弯承载力取各试件峰值荷载（对未达到理想抗弯承载力以前剪切破坏的试件，取所有弯曲破坏试件峰值荷载的最小值代表其实际抗弯能力）。该方法能较好地反映 FRP 约束后的骨架曲线变化特征。

对各试件分析结果如下：侧向荷载为 540kN 左右时，对应第一根钢筋屈服，首次屈服点位移正向平均为 4.28mm，负向平均为 4.04mm，最终首次屈服位移取 4.16mm，相应各试件屈服位移及延性系数计算见表 9.5。

表 9.5　试件的屈服位移延性系数计算结果

| | 柱编号 | 首次屈服点 | | 峰值荷载/ | 屈服位移/ | 极限位移/ | 延性系数 | 破坏 |
		荷载/kN	位移/mm	kN	mm	mm		特征
1	S-0	540	4.16	621	5.48	6.15	1.12	A
2	S-1.0C	540	4.16	711	5.48	13.4	2.45	B
3	S-1.5C	540	4.16	731	5.63	15.08	2.68	B
4	S-2.5C	540	4.16	746	5.75	24.8	4.32	C
5	S-4.5C	540	4.16	761	5.86	31.65	5.40	C
6	S-2.5C-P	540	4.16	717	5.52	24.75	4.48	C
7	S-2.5D	540	4.16	752	5.79	15.12	2.61	C
8	S-2.5D-P	540	4.16	735	5.66	—	—	C
9	S-BF	540	4.16	765	5.89	35.1	5.96	C

注：A 为剪切破坏；B 为有延性的剪切破坏；C 为弯曲破坏。

从表 9.5 可以看出，未约束柱 S-0 为剪切破坏，延性系数为 1.12，基本无延性可言；1 层 CFRP 加固试件 S-1.0C 和 1.5 层 CFRP 加固试件 S-1.5C 都为延性剪切破坏，延性系数分别为 2.45、2.68，延性系数较标准柱有一定的提高；2.5 层及 4.5CFRP 加固试件的延性系数都达到了 4.0 以上，已基本满足混凝土结构抗震的延性要求。图 9.9 给出了所有 CFRP 约束试件延性系数随 FRP 约束层数的变化情况，可以认为，层数越多，延性越大，并近似呈线性增加的趋势。

DFRP 约束及 BFRP 约束试件的延性系数计算结果，同样表明 FRP 的侧向约束可以转变破坏模态，进而提高延性系数，使短柱的破坏达到一定的延性要求，满足抗震的需要。同时，分析结果表明延性系数计算值能够正确反映不同 FRP 种类、层数对试件延性的提高效果，本章建议的延性系数计算方法合理。

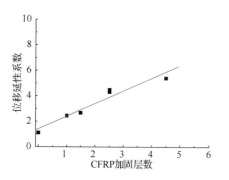

图 9.9　延性系数随 CFRP 加固层数的变化示意图

9.4　弯矩-曲率模型

目前，在 FRP 约束混凝土柱的研究领域，国内外学者在强度、延性、抗震能力等方面开展了大量的试验研究，取得了一定量的定性结论；针对 FRP 约束混凝土柱的轴压行为建立了一定数量的应力-应变关系模型，这些分析模型对轴压行为能够较为准确地预测，但却未能广泛应用于弯剪组合柱的分析。本书基于纤维截面模型计算方法，将 FRP 约束矩形截面轴压模型应用于弯剪组合柱的分析，利用应力-应变关系对相关文献的试验数据进行了对比分析，对比结果表明了分析模型的可靠性，并比较了不同 FRP 约束混凝土的应力-应变关系对弯矩-曲率分析结果的影响；同时，确定了 FRP 约束混凝土截面不同等级的性能状态，通过对不同参数下 FRP 约束矩形混凝土截面弯矩-曲率关系的大量计算分析，讨论了各主要参数对 FRP 约束矩形混凝土截面弯矩-曲率关系的影响，首次考虑了截面形状系数对矩形截面弯矩-曲率的特殊影响，在此基础上，给出了 FRP 约束矩形混凝土截面不同等级性能状态且与尺寸无关的曲率计算公式，计算结果与理论值及相关文献试验结果一致；最后，在 FRP 约束矩形混凝土截面曲率计算公式的基础上，提出了曲率延性系数的简化计算方法，并探讨了曲率延性系数相对 FRP 约束矩形混凝土截面各主要参数的变化规律。

9.4.1　分析模型

1.　钢筋的应力-应变关系

钢筋的应力-应变关系（图 9.10）采用双线型强化模型，受拉和受压时应力-应变关系相同，不考虑钢筋的屈曲，强化阶段弹性模量 E_s' 取起始段弹性模量 E_s 的 1%。

$$\sigma_s = E_s \varepsilon_s \qquad \varepsilon_s \leqslant \varepsilon_y \qquad (9.8)$$

$$\sigma_s = f_y + E_s'(\varepsilon_s - \varepsilon_y) \qquad \varepsilon_s > \varepsilon_y \qquad (9.9)$$

2.　FRP 约束混凝土的应力-应变关系

目前，针对 FRP 约束矩形截面混凝土所建立的应力-应变关系模型非常少，可以利用的完整曲线模型更是屈指

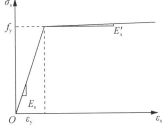

图 9.10　钢筋的应力-应变关系

可数。由于工程实践中的 FRP 约束矩形构件绝大多数是弱约束情况，本书主要针对 FRP 弱约束情况，采用以下 3 种本构关系模型进行了对比分析，在分析结论的基础上，选用本构关系 3 进行了后继的计算和研究。

（1）本构关系 1

本构关系 1 采用作者在文献[43]中所述的模型三，假定 FRP 约束混凝土矩形柱的应力-应变关系曲线在转折点（点 A）以前为抛物线，在峰值点以后为直线 [图 9.11（a）]，模型的数学表达式如下：

$$\sigma_{\mathrm{c}} = f_{\mathrm{cp}} \left[2 \left(\frac{\varepsilon_{\mathrm{c}}}{\varepsilon_{\mathrm{cp}}} \right) - \left(\frac{\varepsilon_{\mathrm{c}}}{\varepsilon_{\mathrm{cp}}} \right)^2 \right] \qquad 0 \leqslant \varepsilon_{\mathrm{c}} \leqslant \varepsilon_{\mathrm{cp}} \tag{9.10}$$

$$\sigma_{\mathrm{c}} = f_{\mathrm{cp}} + E_2 (\varepsilon_{\mathrm{c}} - \varepsilon_{\mathrm{cp}}) \qquad \varepsilon_{\mathrm{cp}} < \varepsilon_{\mathrm{c}} \leqslant \varepsilon_{\mathrm{cc}} \tag{9.11}$$

式中，f_{cp}、$\varepsilon_{\mathrm{cp}}$ 分别为 FRP 约束后峰值应力、峰值应变；f_{cc}、$\varepsilon_{\mathrm{cc}}$ 分别为 FRP 约束后极限应力、极限应变。其各参数的计算方法见文献[43]。

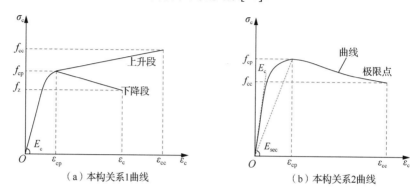

（a）本构关系1曲线　　　　　　（b）本构关系2曲线

图 9.11　本构关系曲线

（2）本构关系 2

本构关系 2 采用文献[43]中所述的模型二，该模型是基于 Saadatmanesh 等模型修正后提出的，修正后的模型既能考虑有软化段的情况，又能考虑有硬化段时的情况，模型中峰值点和极限点的应力、应变同本构关系 1，若 $f_{\mathrm{u}} < f_{\mathrm{cp}}$，则曲线有下降段，其认为可根据以下方法确定 FRP 约束混凝土矩形柱后的应力-应变关系曲线［图 9.11（b）］。

$$\sigma_{\mathrm{c}} = \frac{f_{\mathrm{cp}} x n}{n - 1 + x^n} \tag{9.12}$$

式中，$x = \varepsilon_{\mathrm{c}} / \varepsilon_{\mathrm{cp}}$；$n = E_{\mathrm{c}} / (E_{\mathrm{c}} - E_{\mathrm{sec}})$；$E_{\mathrm{sec}} = f_{\mathrm{cp}} / \varepsilon_{\mathrm{cp}}$。

（3）本构关系 3

本构关系 3（图 9.12）采用作者提出的适用于 FRP 弱约束矩形混凝土应力-应变关系模型，曲线表达形式同本构关系 1，即抛物线衔接直线，下降直线段通过下降刚度控制。该模型与大部分试验数据相一致，应力-应变关系的数学表达式如下：

$$\sigma_{\mathrm{c}} = f_{\mathrm{cp}} \left[2 \left(\frac{\varepsilon_{\mathrm{c}}}{\varepsilon_{\mathrm{cp}}} \right) - \left(\frac{\varepsilon_{\mathrm{c}}}{\varepsilon_{\mathrm{cp}}} \right)^2 \right] \qquad 0 \leqslant \varepsilon_{\mathrm{c}} \leqslant \varepsilon_{\mathrm{cp}} \tag{9.13}$$

$$\sigma_{\mathrm{c}} = f_{\mathrm{cp}} + E_2 (\varepsilon_{\mathrm{c}} - \varepsilon_{\mathrm{cp}}) \qquad \varepsilon_{\mathrm{cp}} < \varepsilon_{\mathrm{c}} \leqslant \varepsilon_{\mathrm{cc}} \tag{9.14}$$

$$\varepsilon_{\mathrm{cc}} = \frac{f_{\mathrm{cp}} - E_2 \varepsilon_{\mathrm{cp}}}{E_3 - E_2} \tag{9.15}$$

式中，f_{cp}、$\varepsilon_{\mathrm{cp}}$ 分别为 FRP 约束后峰值应力、峰值应变；E_2、E_3 分别为下降段直线、虚直线刚度。其按以下公式计算：

$$f_{\mathrm{cp}} = \left[1 + 0.02 \rho_{\mathrm{f}} \frac{E_{\mathrm{f}}}{f_{\mathrm{c0}}'^{3/2}} \right] f_{\mathrm{c0}} \tag{9.16}$$

$$\varepsilon_{cp} = \left[1 + 0.016\rho_f\left(\frac{E_f}{f'_{c0}}\right)\right]\varepsilon_{c0} \tag{9.17}$$

$$E_2 = -44(1 - 2k_s)\frac{f'^{\,3}_{c0}}{\rho_f E_f} \tag{9.18}$$

$$E_3 = 85f_{c0} \tag{9.19}$$

式中，f_{c0} 为矩形截面未约束混凝土抗压强度；f'_{c0} 为混凝土标准圆柱体抗压强度；ε_{c0} 为未约束混凝土峰值应变，取 $\varepsilon_{c0}=0.002$；ρ_f、k_s 分别为配 FRP 体积率和截面形状系数，$\rho_f=2t(b+h)/bh$，$k_s=r(b+h)/bh$；t 为侧向包裹 FRP 总厚度；b、h、r 分别为矩形截面的短边、长边及倒角半径；E_f 为 FRP 弹性模量。

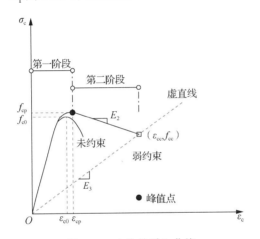

图 9.12　本构关系 3 曲线

弯矩曲率采用纤维截面模型分析，典型纤维截面组成情况如图 9.13 所示，模型采用开放有限元程序 OpenSees 软件执行。

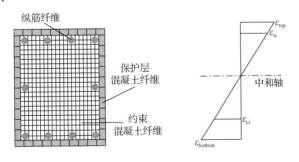

图 9.13　典型纤维截面组成情况

典型的混凝土构件的实际弯矩-曲率关系如图 9.14 中实线所示；当判定其延性的时候，通常将实际的弯矩-曲率（或荷载-位移）关系曲线近似简化为双直线[44,45]，如图 9.14 中虚线所示。其中，第一条直线为通过首次屈服点的割线，与 $M = M_i$ 水平线相交；第二条直线可根据有无强化而相应简化为水平线或斜直线。

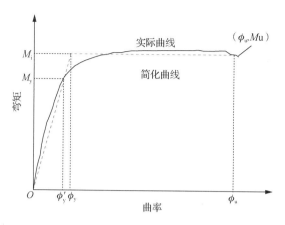

图 9.14　弯矩-曲率关系关键点

1）首次屈服点（ϕ'_y，M_y）。首次屈服点定义为钢筋首次屈服所对应的状态，相应弯矩和曲率为 M_y、ϕ'_y，可通过最外侧受拉钢筋应变达到屈服应变 ε_y 时取得；如果配筋率非常高，或者承受很大的轴向荷载，混凝土应变会达到较高值而钢筋却未屈服，此时，应根据最外侧受压混凝土纤维应变 ε_c 确定，ε_c 取 0.0015。

2）水平屈服点（ϕ_y，M_i）。该点是为了适应曲线简化的需要而定义的，一般在首次屈服点后出现，通过延长首次屈服点与 $M = M_i$ 水平线相交得到，因此，ϕ_y 应按式（9.20）计算：

$$\phi_y = \frac{M_i}{M_y}\phi'_y \qquad (9.20)$$

式中，M_i 为截面预期弯矩，对应最外侧受压混凝土纤维应变 ε_c 达到 0.004（或 0.005）时的弯矩。

3）极限点（ϕ_u，M_u）。极限点定义为截面能够达到的最大曲率所对应的状态，可通过弯剪作用下最外边缘受压混凝土纤维达到的最大应变 ε_{cm} 控制，多数研究者取最大应变 ε_{cm} 为轴心受压时混凝土极限应变 ε_{cc}，忽视了 ε_{cm} 与 ε_{cu} 的区别。文献[46]对 8 个箍筋约束矩形混凝土柱的试验结果表明，ε_{cm} 按轴压荷载下的极限应变 ε_{cc} 计算时，结果严重偏小。文献[47]认为根据 Mander 箍筋约束模型计算的混凝土极限应变比试验观测到的极限应变保守 50%；由于偏压构件截面的压应变存在一定的应变梯度，当最外边缘受压混凝土纤维应变达到极限应变 ε_{cc} 时，压应变较小范围内的箍筋（或 FRP）相对压应变较大处箍筋（或 FRP）存在应变的缓和作用，因此，并不会发生箍筋（或 FRP）的即刻断裂。文献[48]认为可以取受压区中心处压应变达到极限应变 ε_{cc} 时为极限状态，相应的最外边缘受压混凝土纤维应变 ε_{cm} 取 $1.5\varepsilon_{cc}$。同样，文献[11]针对 FRP 约束矩形混凝土柱的试验结果也显示，取 ε_{cm} 为 $1.5\varepsilon_{cc}$ 时所对应的曲率与各试件的极限状态较好。因此，本书定义最外边缘受压混凝土纤维应变达到极限应变 $1.5\varepsilon_{cc}$ 时为极限点，相应曲率为极限曲率 ϕ_u。

4）曲率延性系数。曲率延性系数反映了屈服后塑性铰的转动能力，可通过式（9.21）表达：

$$\mu_\phi = \frac{\phi_u}{\phi_y} \qquad (9.21)$$

9.4.2　模型的验证

为了验证本书分析模型的可靠性，将计算结果与相关文献的试验结果进行了对比。目前，针对 FRP 约束混凝土矩形柱在低周反复荷载下的抗震性能的研究中，绝大多数的试验结果只记录了荷载-位移曲线，只有文献[7]和文献[8]给出了弯矩-曲率滞回曲线，文献[7]是针对 CFRP 约束情况，文献[8]是针对 GFRP 约束情况，加载制度是在预加轴力的情况下进行低周循环加载，采用位移控制，每级位移循环两次，两篇文献试验的试件尺寸及配筋相同，如图 9.15 所示，净保护层为 20mm，纵筋直径为 20mm，屈服强度为 465MPa，屈服应变为 0.0023，所用 FRP 材料性能指标见表 9.6，表 9.7 汇总了两篇文献的部分 FRP 约束试件参数，主要变化参数有 FRP 种类、FRP 约束层数及轴压比等，其曲率由塑性铰区的传感器获得，文献[7]和文献[8]最终给出了弯矩-曲率的滞回曲线。

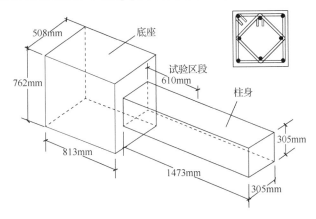

图 9.15　文献[7]和文献[8]试件尺寸

表 9.6　文献[7]和文献[8]所用 FRP 材料的性能指标

材料类别	每层厚度/mm	抗拉强度/（N/mm）	极限应变/（mm/mm）	弹性模量/MPa
CFRP	1.00	962	0.0126	76350
GFRP	1.25	563	0.0211	21346

表 9.7　文献[7]和文献[8]部分 FRP 加固试件的参数

材料类别	试件编号	f_c'	层数/层	轴压比	纵筋	箍筋
CFRP	ASC-6NS	37.0	2	0.38	8Φ20	Φ10@300
	ASC-3NS	36.9	2	0.65	8Φ20	Φ10@300
	ASC-5NS	37.0	3	0.65	8Φ20	Φ10@300
GFRP	ASG-5NSS	43.7	1	0.38	8Φ20	Φ10@300
	ASG-2NSS	42.5	2	0.38	8Φ20	Φ10@300
	ASG-4NSS	43.3	2	0.65	8Φ20	Φ10@300
	ASG-3NSS	42.7	4	0.65	8Φ20	Φ10@300
	ASG-6NSS	44.2	6	0.65	8Φ20	Φ10@300

按照文献[7]和文献[8]试件的截面、材料和荷载信息代入分析模型进行计算时，由于箍筋间距很大，可忽略箍筋的影响，不同 FRP 类别及层数的 FRP 约束混凝土应

力-应变关系如图 9.16 所示，以 FRP 约束混凝土的应力-应变关系（本构关系 3）考虑 FRP 约束的影响。计算程序在计算各试件弯矩-曲率曲线的同时，记录了受压区最外缘混凝土状态随曲率变化的发展情况，图 9.17 显示了各试件弯矩-曲率计算曲线与试验曲线的对比及 FRP 约束混凝土的应力发展情况，横坐标为曲率，左侧纵坐标为弯矩，右侧纵坐标为混凝土应力，虚线为试验所得弯矩-曲率试验曲线，实线为相应程序计算的弯矩-曲率计算曲线，点画线为受压区最外缘混凝土应力变化曲线；试验曲线上的极限点为试验时试件破坏点，如果滞回曲线不能完成两次完整的循环，定义前一级曲率为极限点，计算曲线上的 $1.0\varepsilon_{cc}$ 点、$1.5\varepsilon_{cc}$ 点分别为受压区最外缘混凝土应变达到 $1.0\varepsilon_{cc}$、$1.5\varepsilon_{cc}$ 时的对应点。

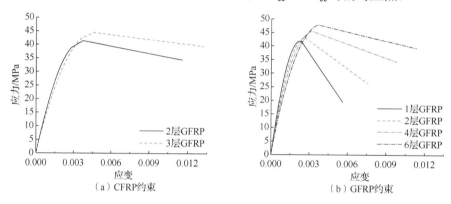

图 9.16 文献[7]和文献[8]不同 FRP 约束层数的 FRP 约束混凝土应力-应变关系

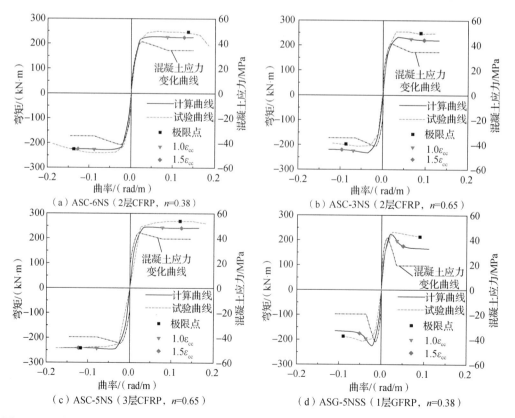

图 9.17 文献[7]和文献[8]各试件弯矩-曲率计算曲线与试验曲线对比及约束混凝土的应力发展示意图

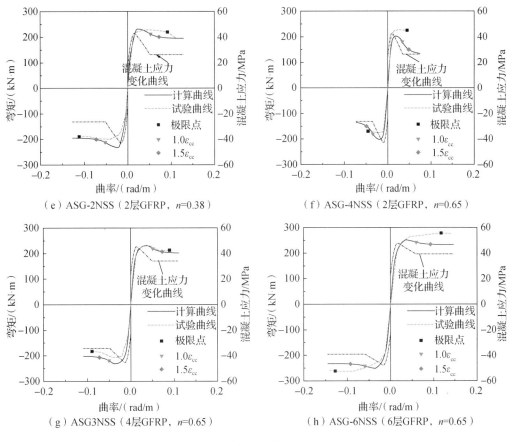

（e）ASG-2NSS（2层GFRP，n=0.38）　　　　（f）ASG-4NSS（2层GFRP，n=0.65）

（g）ASG3NSS（4层GFRP，n=0.65）　　　　（h）ASG-6NSS（6层GFRP，n=0.65）

图 9.17（续）

从图 9.17 中可以看出，对于多数试件，计算得到的弯矩–曲率曲线与试验曲线总体上基本一致。表 9.8 给出了各试件抗弯承载力及极限曲率计算结果对比的统计情况，结果显示了 FRP 约束试件抗弯承载力计算的精确性，对于 CFRP 约束试件，计算值/试验值平均为 0.97，对于 GFRP 约束试件，平均为 1.02，所有试件平均为 0.99，抗弯承载力的计算值/试验值具有非常好的一致性，离散性很小，这表明了本书分析模型的可行性。对于计算曲线中极限点的取值，当取受压区最外缘混凝土应变为 $1.0\varepsilon_{cc}$ 时，所有试件的极限曲率计算值都严重偏小，其平均为试验值的 0.64 倍，证明了弯剪作用下最外边缘受压混凝土纤维所能达到的最大应变远远超过轴心受压时混凝土极限应变；当取受压区最外缘混凝土应变为 $1.5\varepsilon_{cc}$ 为极限点时，所有 CFRP 约束试件的极限曲率计算值与试验值符合良好，平均比值为 1.01，大多数 GFRP 约束试件的极限曲率计算值仍然偏小，平均比值为 0.87。GFRP 约束试件计算值偏小的原因是 GFRP 材料的极限应变较大，延性较好，同样约束刚度的情况下，GFRP 材料约束混凝土的极限应变理应更大。由于缺乏足够的试验数据，本次试验建立的应力–应变关系暂未考虑材料的区别，但总体而言，取受压区最外缘混凝土应变为 $1.5\varepsilon_{cc}$ 为极限点是合适的，所有试件极限曲率计算值与试验值比值平均为 0.94，计算结果是偏于保守的。

表 9.8　文献[7]和文献[8]各试件抗弯承载力及极限曲率计算结果对比

材料类别	试件编号	抗弯承载力/(kN·m)			极限曲率/(rad/m)				
		试验值	计算值	计算/试验	试验值	计算值[①]	计算/试验[①]	计算值[②]	计算/试验[②]
CFRP	ASC-6NS	244.5	227.5	0.93	0.137	0.087	0.64	0.127	0.93
	ASC-3NS	230	232.1	1.01	0.087	0.065	0.75	0.096	1.10
	ASC-5NS	255.5	245.8	0.96	0.122	0.078	0.64	0.123	1.01
	平均	—	—	0.97	—	—	0.67	—	1.01
GFRP	ASG-5NSS	220	225.1	1.02	0.089	0.036	0.40	0.051	0.57
	ASG-2NSS	214.5	231.6	1.08	0.062	0.052	0.84	0.072	1.16
	ASG-4NSS	201	202.4	1.01	0.047	0.035	0.74	0.049	1.04
	ASG-3NSS	218.5	231.7	1.06	0.089	0.051	0.57	0.073	0.82
	ASG-6NSS	270.5	251.8	0.93	0.12	0.06	0.49	0.09	0.76
	平均	—	—	1.02	—	—	0.61	—	0.87
所有试件	平均	—	—	0.99	—	—	0.64	—	0.94
	方差	—	—	—	—	—	—	—	—

①、②分别为计算曲线上对应受压区最外缘混凝土应变达到 $1.0\varepsilon_{cc}$、$1.5\varepsilon_{cc}$ 时的曲率。

　　图 9.17 同时为我们展示了受压区最外缘混凝土应力随曲率的变化过程，其与弯矩-曲率曲线相对应，可以看出，弯矩-曲率曲线的变化与约束混凝土应力-应变状态的变化一致，其详细的讨论将在后续内容中进行。

9.4.3　不同本构关系对弯矩-曲率的影响

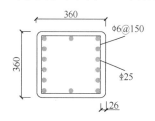

图 9.18　假定截面尺寸及配筋图（单位：mm）

　　为了探讨不同 FRP 约束混凝土应力-应变关系对弯矩-曲率计算结果的影响，本书采用前述 3 种本构关系对特定 FRP 约束混凝土矩形截面柱相关参数进行了计算，截面尺寸及配筋图如图 9.18 所示，纵筋屈服强度为 382.4MPa，忽略箍筋的作用，未约束混凝土棱柱体抗压强度 33.6MPa，所用约束 FRP 假定为 CFRP，每层厚度 0.167mm，抗拉极限强度为 3945MPa，极限应变为 0.015，弹性模量为 250GPa，预加轴力为 800kN，FRP 约束层数取 1.5 层、2.5 层和 4.5 层 3 种变化，分别以 S-1.5C、S-2.5C 和 S-4.5C 编号。

　　图 9.19 给出了不同本构关系的 FRP 约束混凝土的应力-应变关系情况，图中括号内数字表示极限点的应变与应力值，本构关系 1 与本构关系 2 极限应变相同，曲线形式不同，对应的下降段的坡度及残余强度也不同，代表了相同关键参数不同曲线表达式的情况；本构关系 1 与本构关系 3 曲线形式相同，但峰值应力、应变及极限应力、应变等关键参数不同，代表了相同曲线表达式不同关键参数的情况。

　　图 9.20 给出了不同本构关系的弯矩-曲率曲线的计算结果，极限点以受压区最外缘混凝土纤维应变达到 $1.5\varepsilon_{cc}$ 时结束，图中括号内数字表示极限点的曲率与弯矩，随着 FRP 约束层数的增加，极限曲率相应增加。

　　图 9.21 给出了相同 FRP 约束层数时不同本构关系的弯矩-曲率曲线的对比情况，对比显示，不同本构关系对峰值荷载基本没有影响，对峰值荷载以前的计算曲线没有影响，但对峰值点以后的弯矩-曲率曲线有一定的影响，且随着本构关系的不同，极限曲率相

应有所区别。

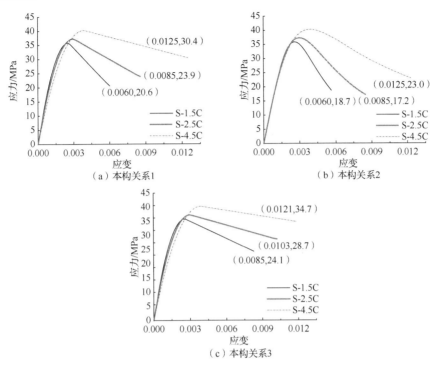

图 9.19　不同本构关系的 FRP 约束混凝土的应力-应变关系

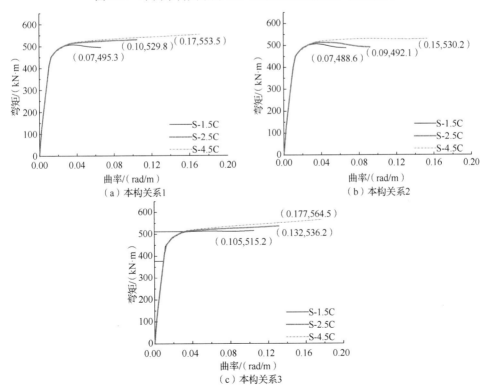

图 9.20　不同本构关系的弯矩-曲率曲线的计算结果

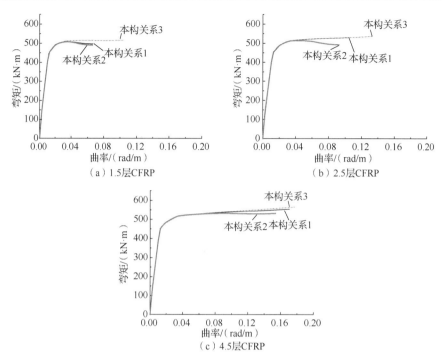

图 9.21　相同 FRP 约束层数时不同本构关系的弯矩-曲率曲线对比情况

　　当 FRP 约束层数较少时（1.5 层 S-1.5C），本构关系 1 与本构关系 2 计算曲线相近，峰值点后的曲线基本重合；当 FRP 约束层数较多时（2.5 层 S-2.5C、4.5 层 S-4.5C），本构关系 1 与本构关系 3 计算曲线形状相近，峰值点后的弯矩-曲率曲线基本重合。分析发现，在 FRP 约束层数较少时，本构关系 1 应力-应变关系曲线下降段的坡度与本构关系 2 相近，在 FRP 约束层数较多时，本构关系 1 混凝土应力-应变关系曲线下降段的坡度与本构关系 3 相近，因此，约束混凝土应力-应变关系曲线下降段的坡度对于峰值点后的弯矩-曲率曲线的形状有着决定性的影响。对于 S-1.5C，本构关系 1 与本构关系 2 计算的极限曲率都为 0.07，极限曲率相同；对于 S-4.5C，本构关系 1 与本构关系 3 计算的极限曲率分别为 0.17、0.18；对于 S-2.5C，本构关系 1 与本构关系 3 计算的极限曲率分别为 0.10、0.13。可以看出，弯矩-曲率曲线形状相近时，FRP 约束混凝土的极限应变是极限曲率的决定因素，极限应变相同，则极限曲率相近，极限应变不同，则极限曲率有所差距；在 3 个不同本构关系计算的弯矩-曲率曲线中，以本构关系 1 所得的曲线在峰值点后的下降最大，因为其应力-应变关系的极限应力 f_{cc} 最小。

　　将不同本构关系对弯矩-曲率影响的对比，建立 FRP 约束混凝土的本构关系的关键参数：本构关系的精确性，对弯矩承载力影响很小，对峰值点以前的曲线形状影响很小，而应力-应变关系曲线的下降段坡度及极限应力 f_{cc} 决定了弯矩-曲率曲线峰值点后的状况，极限应变的大小决定了极限曲率的大小，即决定了截面的极限变形能力的大小，因此，本书作者提出的本构关系 3 以应力-应变关系曲线的下降段坡度及极限应变作为决定性参数是合理的，同时，为了追求更准确的曲线形式而采用更加复杂的数学表达式是没有必要的，在后续章节的分析中，本书将选用本构关系 3 作为 FRP 约束混凝土的应力-应变关系。

9.4.4　FRP 约束矩形混凝土弯矩–曲率影响参数分析

分析相关试验结果及前述内容中的本构关系,可以知道,对于确定尺寸的矩形截面,影响 FRP 约束后截面弯矩-曲率的主要参数有 FRP 约束量（配 FRP 体积率）、FRP 的弹性模量、混凝土的强度、倒角半径等,为了脱离固定的截面特性、FRP 特性来定量地研究不同参数下的弯矩-曲率变化,需进一步做以下分析。

倒角半径的影响同时与截面尺寸相关,以截面形状系数 k_s 考虑:

$$k_s = \frac{r(b+h)}{bh} \tag{9.22}$$

式中,b、h、r 分别为矩形截面的短边、长边及倒角半径。考虑工程中常用的截面尺寸及倒角半径,一般 $k_s = 0.05 \sim 0.20$。

FRP 侧向约束能力的大小不仅与 FRP 约束层数有关,还与 FRP 的弹性模量及混凝土的强度有关,在 FRP 弱约束应力-应变关系关键参数的分析中,可以发现 FRP 侧向约束刚度特征值 λ_E 是一个非常重要的影响参数,用 λ_E 来综合考虑 FRP 侧向约束能力的大小,计算公式为

$$\lambda_E = \frac{\rho_f E_f}{f_{c0}'} \tag{9.23}$$

式中,ρ_f 为 FRP 体积配纤率;E_f 为 FRP 弹性模量;f_{c0}' 为混凝土标准圆柱体抗压强度。考虑工程中常用的 FRP 材料、FRP 约束层数及混凝土强度,一般 $\lambda_E = 10 \sim 60$。

工程实践中,在常用的截面尺寸及 FRP 约束量下,FRP 约束矩形混凝土通常都可归为弱约束情况,现对 FRP 约束矩形截面弯矩-曲率进行影响参数研究。假定基准试件参数如下:$b = h = 1000$mm,纵筋屈服强度为 380MPa,纵筋重心距外缘为 40mm,混凝土标准圆柱体抗压强度 $f_{c0}' = 30$MPa,截面形状系数 $k_s = 0.10$,FRP 侧向约束刚度特征值 $\lambda_E = 30$,纵筋配筋率 $\rho_l = 2\%$,轴压比 $n = 0.4$。在基准试件的基础上,分别对 f_{c0}'、k_s、λ_E、ρ_l、n 各参数取值,见表 9.9。

表 9.9　截面参数变化情况

截面尺寸	纵筋屈服强度 f_y/MPa	混凝土强度 f_{c0}'/MPa	FRP 侧向约束刚度特征值 λ_E	形状系数 k_s	轴压比 n	配筋率 ρ_l
		—	10	0.05	0.2	0.01
1000mm×1000mm	380	30	30	0.1	0.4	0.02
		60	60	0.2	0.6	0.04

1. FRP 约束量

FRP 约束量可通过 FRP 侧向约束刚度特征值 λ_E 反映,其能够表达不同 FRP 层数、弹性模量及所约束混凝土强度的影响,在基准试件参数的基础上,图 9.22（a）给出了不同 FRP 侧向约束刚度特征值 λ_E 对弯矩-曲率曲线的影响情况,λ_E 从 10 变化到 60,不同试件的弯矩承载力及延性都随着 λ_E 的增大而增大。但可以看出,λ_E 对承载力的提高作用不是十分明显,一般不超过 10%;而对于延性的增加却是十分显著的,在 $\lambda_E = 30$ 时,极限曲率为 0.017,在 $\lambda_E = 60$ 时,极限曲率达到了 0.050,提高了 194%,可知 FRP 的侧向约束对混凝土试件的延性改善是显著有效的。

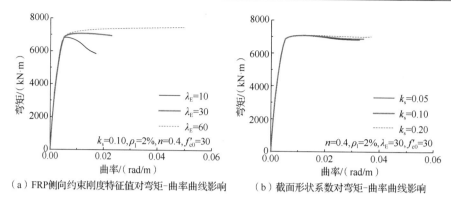

（a）FRP 侧向约束刚度特征值对弯矩-曲率曲线影响　　（b）截面形状系数对弯矩-曲率曲线影响

图 9.22　弯矩-曲率曲线的影响

2. 截面形状系数

由于矩形截面的特性，其角部倒角半径影响着 FRP 的发挥效率，且影响 FRP 约束混凝土的极限变形能力，这在本书作者所建立的本构关系中有所体现，而截面形状系数 k_s 即表达了这一影响。在基准试件参数的基础上，图 9.22（b）给出了不同截面形状系数 k_s 对弯矩-曲率曲线的影响情况。k_s 有 0.05、0.10、0.20 三种不同值，k_s 对承载力没有影响，对预期承载力以前的弯矩-曲率曲线没有影响，对弯矩-曲率曲线的下降段形状存在一定的影响，尤其对截面延性的大小有较明显的影响。极限曲率随着 k_s 的增大而增大，当 k_s=0.05 时，极限曲率为 0.032；当 k_s=0.20 时，极限曲率为 0.037。增大倒角半径即增大截面形状系数，能够提高 FRP 的侧向约束混凝土试件的延性。

3. 轴压比 n

图 9.23（a）和（b）分别给出了轴压比对弯矩-曲率曲线和截面抗弯承载力（弯矩）的影响情况。由图 9.23（a）可知，轴压比对 FRP 约束混凝土试件的弯矩-曲率曲线影响非常大，随着轴压比的增加，曲线下降段越来越陡，截面的极限曲率明显减小，延性越来越差，因此，轴压比 n 是 FRP 约束混凝土截面延性的关键影响参数之一。由图 9.23（b）可以看出，与普通混凝土截面相似，轴压比较小（n 小于 0.6）时，截面的抗弯承载力随着轴压比的增加而增大；轴压比较大（n 大于 0.6）时，随着轴压比的增加，构件的抗弯承载力逐渐减小。

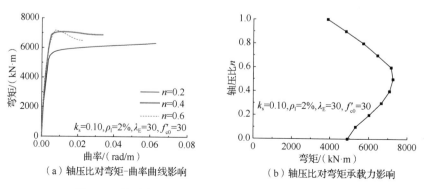

（a）轴压比对弯矩-曲率曲线影响　　（b）轴压比对弯矩承载力影响

图 9.23　轴压比对弯矩-曲率曲线及弯矩承载力的影响

4. 纵筋配筋率 ρ_l

图 9.24（a）为纵筋配筋率及混凝土强度对弯矩-曲率曲线的影响情况，在基准试件参数的基础上，ρ_l 有 1%、2%、4%共 3 种不同值。可以看出，随着 ρ_l 的增大，纵筋屈服越来越晚，截面承载力越来越大，在加载初期及截面进入屈服以后，不同 ρ_l 的截面弯矩-曲率曲线形状是相似的，虽然 ρ_l 的变化对承载力的提高非常显著，但对截面的延性基本没有影响，不同 ρ_l 的截面极限曲率基本相同，因此，纵向配筋率 ρ_l 对 FRP 约束混凝土截面延性的影响可以忽略。

5. 混凝土强度 f'_{c0}

图 9.24（b）为不同混凝土强度对截面弯矩-曲率曲线的影响情况。可以看出，混凝土强度对于 FRP 约束的混凝土矩形截面的影响为：随着混凝土强度的增加，抗弯承载力有所增加，下降段更加陡峭，截面极限曲率减小，截面的延性不断降低。因为混凝土强度越高，FRP 约束混凝土应力-应变关系的下降段越陡，在同样 FRP 侧向约束条件下，极限应变的提高越少。因此，混凝土强度是影响 FRP 约束混凝土截面延性的一个关键参数。

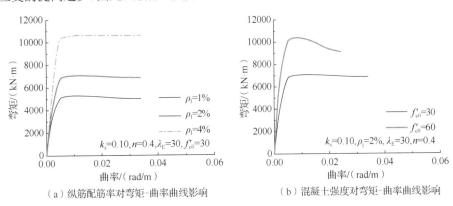

（a）纵筋配筋率对弯矩-曲率曲线影响 （b）混凝土强度对弯矩-曲率曲线影响

图 9.24 纵筋配筋率及混凝土强度对截面弯矩-曲率曲线的影响

9.5 FRP 约束矩形柱抗剪承载力及破坏模式

9.5.1 抗剪承载力

1. 未约束柱抗剪承载力

在地震等横向荷载作用下，柱的剪切破坏是极其严重的脆性破坏，毫无延性可言，只有有效防止柱的剪切破坏才可能在后期发挥出柱弯曲破坏的延性性能。《混凝土结构设计规范（2015 年版）》（GB 50010—2010）[49]中关于地震荷载作用下的混凝土柱抗剪承载力，采用普通受弯构件设计的斜截面抗剪承载力公式进行计算，没有考虑混凝土抗剪能力随位移延性及加载历程的变化规律，其局限是显著的；美国混凝土协会、应用技术委员及相关研究院校对混凝土柱的抗剪承载力进行了广泛的研究[50-56]，或通过抗剪机理的深入探索（包括桁架模型、有限元分析法），或通过试验数据的系统分析，分别给出了各自的适用公式。目前，既有的大量试验数据表明，普通混凝土柱的抗剪承载力主要由混凝土抗剪贡献、箍筋抗剪贡献、轴力抗剪贡献 3 个分项组成，在反复荷载作用下，各抗剪贡献分项随循环次数及位移延性系数而不断变化，图 9.25 为典型的剪切破坏试件抗剪承载力的退化过程（Lynn，1999，试件 3clh18）[57]。由于混凝土裂缝反复开展、闭合，骨料之间的咬合作用逐渐削弱，受压区内混凝土逐渐压碎、保护层剥落而失效，截面有效面积相对减小，使混凝土的抗剪承载力不断退化；在混凝土抗剪承载力退化的过程中，试件所承担的剪力逐渐由混凝土向箍筋转移，但试验同时表明[56]，混凝土材料的退化也使箍筋的锚固性能降低，从而箍筋的抗剪能力也相应退化，即使按箍筋独自承受全部外部剪力来设计箍筋间距，也不能防止构件发生剪切破坏，但箍筋抗剪能力的退化规律目前尚不十分清楚。

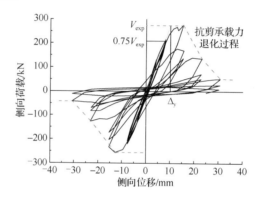

图 9.25　典型的剪切破坏试件抗剪承载力的退化过程

以下为混凝土柱抗剪承载力几种常用计算公式。

（1）GB 50010—2010（2015 年版）公式[49]

《混凝土结构设计规范（2015 年版）》（GB 50010—2010，以下简称《规范》）的柱抗剪承载力如式（8.30）所示，对于 RC 矩形柱，b 为截面宽度，h_0 为截面有效高度。

（2）UCSD 公式[52-55]

UCSD 公式为美国加利福尼亚大学圣迭戈分校提出的混凝土抗剪承载力计算公式，用于预测混凝土柱在地震荷载下的抗剪承载力，其认为混凝土柱的抗剪承载力由 3 项组成，如式（9.24）所示，该公式经过多次的修订，文献[8]对圆柱抗剪承载力计算结果表明，其对圆柱的抗剪承载力具有较高的精度。

$$V_n = V_c + V_s + V_p \tag{9.24}$$

式中，V_c、V_s、V_p 分别为混凝土、箍筋、轴力的抗剪分项。其中，混凝土抗剪承载力分项按式（9.25）计算。

$$V_c = 0.8 \alpha \beta_s \gamma \sqrt{f_c'} A_g \tag{9.25}$$

式中，f_c' 为混凝土圆柱体抗压强度；A_g 为柱毛截面面积；α 反映试件剪跨比对混凝土抗剪承载力的影响，按式（9.26）计算；β_s 为考虑纵筋配筋率 ρ_l 对混凝土抗剪承载力的影响，按式（9.27）计算；γ 为退化系数，反映了柱混凝土抗剪承载力随位移延性系数的退化规律。式（9.24）认为，随着位移延性系数的增大，混凝土抗剪承载力分项按图 9.26 规律退化，其中，实线为原始公式退化规律，虚线为修订公式情况，相应退化系数 γ 分别按式（9.28）～式（9.29）计算。

$$1 \leqslant \alpha = \left(3 - \frac{M}{Vh}\right) \leqslant 1.5 \tag{9.26}$$

$$\beta_s = \left(0.5 + 20\rho_1\right) \leqslant 1 \tag{9.27}$$

$$\gamma = \begin{cases} 0.29 & 0 \leqslant \mu_\Delta < 2.0 \\ 0.29 - 0.095(\mu_\Delta - 2) & 2.0 \leqslant \mu_\Delta < 4.0 \\ 0.1 - 0.0125(\mu_\Delta - 4) & 4.0 \leqslant \mu_\Delta < 8.0 \\ 0.05 & 8.0 \leqslant \mu_\Delta \end{cases} \tag{9.28}$$

$$\gamma = \begin{cases} 0.29 & 0 \leqslant \mu_\Delta < 2.0 \\ 0.29 - 0.0475(\mu_\Delta - 2) & 2.0 \leqslant \mu_\Delta < 8.0 \\ 0.05 & 8.0 \leqslant \mu_\Delta \end{cases} \tag{9.29}$$

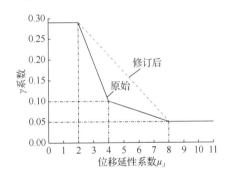

图 9.26 γ 随位移延性系数变化情况

箍筋抗剪承载力分项按式（9.30）计算，式（9.30）考虑了受压区高度的影响，仅计入了受压区高度以外斜裂缝相交部分钢筋的抗剪贡献：

$$V_s = \frac{A_v f_{yh}(D' - x)}{s}\cot\theta \tag{9.30}$$

式中，A_v 为剪力方向箍筋截面面积；f_{yh} 为箍筋屈服强度；D' 为截面有效高度；x 为受压区高度；s 为箍筋间距；θ 为预想剪切斜裂缝与柱轴线的夹角，通常假定为 30°。

轴向压力对抗剪承载力的有利影响（图 9.27），如考虑拱的作用形成斜向压杆，其直接由斜向压杆的水平分力得到，可根据单向弯曲或双向弯曲分别按式（9.31）和式（9.32）计算。轴力对抗剪贡献的机理较为明确、简单，可以看出，随着柱长细比的增加，轴力的抗剪贡献越来越低。

$$V_p = P\tan\varphi = P(h - x) / 2L \tag{9.31}$$

$$V_p = P\tan\varphi = P(h - x) / L \tag{9.32}$$

式中，P 为轴力；h 为截面高度；x 为截面受压区高度；L 为柱净高。

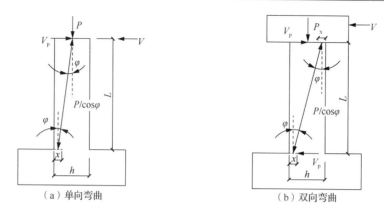

（a）单向弯曲　　　　　　　（b）双向弯曲

图 9.27　轴力对抗剪承载力的贡献

2. FRP 约束柱的抗剪承载力

FRP 约束钢筋混凝土柱抗剪承载力 V 的计算公式一般采用简单叠加形式[1,3-5,16,17,34,58]，即在钢筋混凝土未约束柱抗剪承载力 V_n 的基础上，叠加 FRP 对未约束柱抗剪承载力的贡献 V_f，表达式如式（9.33），其中，未约束柱抗剪承载力 V_n 可按前面相关公式计算。

$$V = V_n + V_f \tag{9.33}$$

对于 FRP 加固钢筋混凝土柱受剪承载力的计算，文献[58]运用桁架-拱模型对试验结果进行了理论研究，但是对于轴压比的影响却得出了和试验相反的结论。本书认为 FRP 对未约束柱抗剪承载力的贡献 V_f 与箍筋抗剪承载力贡献相似，将相应箍筋强度替换为 FRP 有效强度，根据不同的箍筋抗剪承载力公式，可得出 V_f 相应的计算公式：

$$V_f = 2nt_f E_f \varepsilon_{fe} h \quad （对矩形截面） \tag{9.34}$$

$$V_f = 2nt_f E_f \varepsilon_{fe} (h-x)\cot\theta \quad （对矩形截面） \tag{9.35}$$

式中，V_f 为 FRP 提供抗剪承载力；n 为 FRP 层数；t_f 为 FRP 总厚度；E_f 为 FRP 弹性模量；h 为矩形截面在剪力方向的截面高度；θ 为预期剪切斜裂缝与柱轴线的夹角，通常取 30°；ε_{fe} 为 FRP 抗剪可以利用的有效拉应变。其中，式（9.34）是根据 GB 50010—2010（2015 年版）、ACI318-02 公式中相应箍筋抗剪承载力公式变换得到，式（9.35）是根据 UCSD 公式中相应箍筋抗剪承载力公式变换得到。Seible 等[3]为了控制柱在剪力方向的膨胀以保证骨料之间的咬合力，认为混凝土的膨胀应变不应大于 0.4%，因此，建议 ε_{fe} 取 0.004。

9.5.2　破坏模式分类

1. 普通钢筋混凝土柱破坏模式判断方法

根据抗弯承载力及抗剪承载力的相对强弱，普通钢筋混凝土柱在轴力与横向反复荷载共同作用下发生不同的破坏模式[52-54]。当抗剪承载力严重低于试件的屈服荷载时，箍筋不足以承担横向剪力而迅速屈服，混凝土斜裂缝急剧扩展，保护层混凝土大块剥落，钢筋外露，骨料之间的咬合力不能持续维持，混凝土抗剪承载力迅速下降，箍筋甚至发生断裂，试件在纵筋屈服以前即丧失承载力，破坏表现出极大的脆性特征，此为脆性的剪切破坏，通常在箍筋配置极少或剪跨比较小的情况下发生；当增加箍筋配置量后，试件的抗剪承载力得到提高，使试件的抗剪承载力能够超过其抗弯承载力，试件破坏以前，纵筋已经屈服，但随着其荷载循环次数及位移延性系数的增加，混凝土抗剪承载力相应退化，如果其退化后的最终抗剪承载力仍是小于抗弯承载力，则会发生斜裂缝开展过大、箍筋屈服、断裂等明显剪切破坏特征的破坏模式，但此时试件已具有较大的延性，因此，定义为延性的剪切破坏，即通常的弯剪破坏形态；当继续增大箍筋配置量或降低抗弯承载力时，试件在达到很大位移延性时，抗剪承载力退化后的最终值会大于相应抗弯承载力，试件会由于受压区混凝土逐渐压碎，或者纵筋屈服断裂、变形过大，而丧失承载力，此类破坏形态即弯曲破坏模式，由于破坏前具有较持久的承载力，因此滞回环稳定，耗能性能好，且具有较好的延性性能。

在以上破坏模式中，应该尽量寻求延性的弯曲破坏，而避免脆性的剪切破坏，但实际工程中经常遇到剪跨比较小的短柱、极短柱，普通的箍筋配置根本无法实现延性的弯曲破坏，FRP 的侧向约束为这一问题提供了全新的解决思路[1,3-5,16,17,34]，采用 FRP 从四周对柱进行横向包裹，不仅能够直接分担试件所承受的横向剪力，而且由于 FRP 对混凝土有显著的侧向约束作用，可提高内部混凝土的极限强度、极限应变，延缓受压区混凝土的压碎，纵筋充分发挥其塑性变形性能，增加了试件的延性。

普通钢筋混凝土柱根据抗弯承载力及抗剪承载力的相对强弱，发生相应剪切破坏、延性剪切破坏及弯曲破坏等不同的破坏模式。要界定不同的破坏模式，首先需要确定试件的抗弯承载力和抗剪承载力。混凝土柱在屈服以后通常能够保持恒定的抗弯承载力，或由于纵筋的强化抗弯承载力略有上升，荷载-位移曲线基本上表现为近似水平的直线，因此，可以较为明确地确定试件的抗弯承载力；然而，正如前文所述，混凝土柱的抗剪承载力由轴力抗剪分项、箍筋抗剪分项及混凝土抗剪分项 3 部分组成，在整个受力阶段，各抗剪承载力分项处于不断变化之中，尤其对于混凝土抗剪承载力分项，随着位移延性系数的增大，抗剪承载力不断退化，虽然不同的模型公式对退化的规律给出不同的表达式，但混凝土抗剪承载力随着位移延性系数的增大而减小这一事实已得到广泛的认同，文献[52]～文献[54]对于钢筋混凝土柱受剪承载力的计算进行了系统研究，建立了混凝土柱受剪承载力和位移延性系数的定量关系（即 UCSD 公式），并且根据抗弯承载力与抗剪承载力的相对关系，给出了混凝土柱破坏模式界定的方法，为反复荷载下钢筋混凝土柱破坏模式的预测提供了思路。

其预测的主要过程如图 9.28 所示。图 9.28 中外围实线为试件抗剪承载力骨架曲线，抗剪承载力随位移延性系数变化，在位移延性系数小于 2 时，抗剪承载力没有退化，此时承载力为初始抗剪承载力，当位移延性系数达到某一较大值 μ_0 时，抗剪承载力退化到最小，即残余抗剪承载力。图 9.28 中 a、b、c 曲线分别对应试件不同抗弯强度的抗弯承载力骨架曲线，当试件抗弯承载力对应的抗剪能力需求值一直处于抗剪承载力骨架曲线下方时，试件发生弯曲破坏，即图 9.28 中 a 曲线情况；当抗弯承载力对应的抗剪能力需求值介于初始抗剪承载力和残余抗剪承载力之间时，试件发生延性剪切破坏，对应图 9.28 中 b 曲线；当抗弯承载力对应的抗剪能力需求值大于初始抗剪承载力时，试件发生脆性剪切破坏，即图中 c 曲线；对于图 9.28 中曲线 b、c 两种情况，抗弯承载力骨架曲线与抗剪承载力骨架曲线的相交点（图中的圆点）即是试件的理论破坏点，理论上可以通过两曲线相交点的位移来确定试件破坏的延性，但实际上屈服后的抗弯承载力骨架曲线近似为水平线，抗剪承载力的较小误差也会引起交点位移的极大变化，使位移延性系数的确定变得实际不可行。

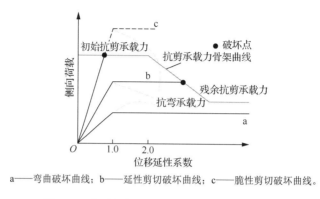

a——弯曲破坏曲线；b——延性剪切破坏曲线；c——脆性剪切破坏曲线。

图 9.28　普通钢筋混凝土柱破坏模型的判断方法

2. FRP 约束矩形柱破坏模式的判断

普通混凝土柱在 FRP 加固以后，虽然试件原始的破坏形态能够得到有效转变，加固试件的破坏模式同样分为脆性的剪切破坏、延性的剪切破坏和弯曲破坏，同时，FRP 对柱的侧向约束并不改变试件的原始刚度，对试件的屈服荷载、抗弯承载力也没有显著的改变，FRP 约束柱的抗弯承载力骨架曲线与未约束柱基本相同，在达到试件预期抗弯承载力后，同样表现为近似的水平直线或略有上升强化；另外，试验表明，FRP 约束柱的混凝土抗剪承载力分项在随荷载循环次数及位移延性系数增加的过程中，同样表现出严重的退化现象，FRP 的约束对混凝土的退化时间及速度有一定的延缓，但差别并不是十分显著，因此，FRP 约束柱的混凝土抗剪承载力退化规律暂时可认为与普通混凝土柱相同；对 FRP 约束柱抗弯承载力骨架曲线，应该注意的是其水平直线段并不是无限的长度延伸，其达到 FRP 约束混凝土的极限状态即会发生抗弯能力的下降。

借助普通混凝土柱破坏模式的判断思路，在最终试件抗剪承载力骨架曲线上叠加 FRP 的抗剪承载力贡献 V_f [V_f 可按式（9.34）、式（9.35）计算]，即得到随着位移延性系数变化的 FRP 约束柱抗剪承载力骨架曲线，通过加固后的抗剪承载力骨架曲线与抗弯承载力骨架曲线的相交情况，即可预测出 FRP 约束柱相应的破坏模式。图 9.29 显示了脆性剪切破坏柱在 FRP 加固后实现破坏模式的有效转变过程，图 9.29（a）和（b）分别表示为 FRP 约束柱的延性剪切破坏情况和弯曲破坏情况，图中细实线表示混凝土柱的抗弯承载力骨架曲线，加固前后相同；粗虚线表示加固前混凝土柱原始抗剪承载力骨架曲线，其在退化前部分与抗弯承载力骨架曲线相交，意味着 FRP 加固前，试件发生脆性剪切破坏。FRP 加固后，试件抗剪承载力骨架曲线得到提升，提升高度即 FRP 抗剪承载力分项的大小。根据提升高度的不同，抗弯承载力骨架曲线与加固后抗剪承载力骨架曲线有可能交于退化过程时期 [图 9.29（a）]，即说明抗弯承载力对应的抗剪承载力需求值位于加固柱抗剪承载力初始值与残余值之间，试件将发生延性剪切破坏；也有可能不再相交 [图 9.29（b）]，意味着加固柱退化后残余的抗剪承载力大于抗弯承载力的相应需求值，试件实现延性弯曲破坏。总之，FRP 对混凝土柱的抗剪加固是在抗弯承载力骨架曲线基本不变的条件下，通过 FRP 抗剪承载力的贡献提升抗剪承载力骨架曲线的位置，改变两曲线的相交状况，从而得到转变试件破坏模式的目的。同样，图 9.29（a）中两曲线的相交点理论上是加固试件的破坏点，但并不能借此准确判断发生延性剪切破坏试件的侧向位移大小。

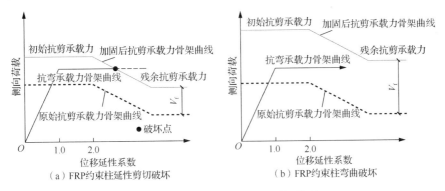

（a）FRP约束柱延性剪切破坏　　　　　（b）FRP约束柱弯曲破坏

图 9.29　FRP 约束柱不同的破坏模型

　　FRP 约束钢筋混凝土柱抗剪承载力的计算采用简单叠加形式 [式（9.33）]，因此，首先需要准确地确定 FRP 约束前的普通混凝土柱抗剪承载力，而由于剪切强度的影响因素太多，当前抗剪承载力公式都具有较大的离散性，尤其对于剪跨比较小的试件，计算值往往具有非常大的安全系数，正如 9.5.1 节对本书未加固标准柱的计算结果显示，各公式计算值与实测抗剪承载力偏离太大，如果以标准柱抗剪承载力的公式计算值为基础，来继续计算 FRP 约束柱的抗剪承载力，无疑会带来巨大的累积误差，并不能真实评价 FRP 抗剪承载力分项 V_f 计算的准确性，故而，本书对 FRP 约束前的标准柱抗剪承载力的实测骨架曲线进行简化，以实测抗剪承载力骨架曲线的简化结果作为 FRP 约束柱的加固前抗剪承载力。图 9.30 显示了简化的过程与结果，在 2 倍屈服位移内抗剪承载力保持最大值 621kN，没有退化，到 8 倍屈服位移时，抗剪承载力减小到最小值 188kN，在位移延性系数继续增大时，保持残余强度不变，中间按线性变化，以此简化曲线作为 FRP 约束柱抗剪承载力计算的基础。当试件轴力不同时，按轴力的抗剪贡献进行预先调整。

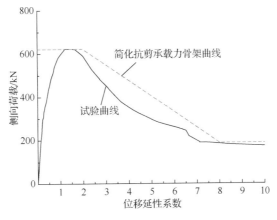

图 9.30　标准柱抗剪承载力的简化

　　FRP 抗剪承载力分项 V_f 参考箍筋计算方法，分别按前述式（9.34）和式（9.35）计算，本书各 FRP 约束试件的计算结果列于表 9.10，计算中取 FRP 有效应变 0.004，可以看出，两个公式计算结果的差别并不明显，尤其对于轴压比较大试件，两公式计算值基本相同。

表 9.10　本书各 FRP 约束试件 FRP 抗剪承载力分项计算结果

项目	S-1.0C	S-1.5C	S-2.5C	S-4.5C	S-2.5D	S-BF
加固材料	CFRP	CFRP	CFRP	CFRP	DFRP	BF
层数	1	1.5	2.5	4.5	2.5	12.5
式（9.35）	121	199	332	598	113	612
式（9.34）	120	180	300	540	111	553

　　本书取式（9.34）计算结果作为 FRP 抗剪承载力分项 V_f，叠加于标准柱抗剪承载力简化的实测骨架曲线之上，得到各加固柱抗剪承载力骨架曲线，如图 9.31（a）～（h）给出了所有 FRP 加固试件抗剪承载力与抗弯承载力骨架曲线的对比关系，图中抗弯承载力骨架曲线用的是试验曲线，以更好地评估 FRP 抗剪承载力分项及其破坏模式判定的有效性。同时，各试件的抗弯承载力需求值（试验值）与初始抗剪承载力对比情况列于表 9.11 中。图 9.31、表 9.11 显示表明，除 1.0 层 CFRP 加固试件 S-1.0C 以外，其他各试件的实测破坏模式都与预测破坏模式相一致，得到了准确的判断。

　　对于试件 S-1.0C，在延性系数约为 1.5 时，达到最大抗弯承载力 711kN，其小于初始抗剪承载力 763.4kN，该试件不会发生脆性剪切破坏，与试验结果一致，证实了加载过程的前期（延性系数小于 2），FRP 的有效应变取 0.004 是合适的；随后，由于 FRP 侧向约束的不足，抗弯承载力开始下降，抗弯承载力骨架曲线并未与抗剪承载力骨架曲线相交，而实际上试件在抗弯能力下降的过程中，于剪切面发生了 FRP 剪断的延性剪切破坏模式，与图 9.31（a）所示的判断结果有所差别。分析原因，发现在反复荷载作用下，FRP 的抗剪能力并不是一成不变的，FRP 在剪切面的实测应变由混凝土膨胀和侧向剪力两部分原因组成，在试件快要达到约束混凝土的极限状态前，内部混凝土已经发生了极大的横向膨胀，此时，混凝土膨胀产生的应变在 FRP 总应变中有非常大的作用，造成 FRP 实际抗剪能力的减弱，而破坏模式判定中，目前还未能考虑 FRP 抗剪能力随位移延性的减弱情况，因此产生了误判的结果。

　　图 9.31（b）显示了 1.5 层 CFRP 加固试件 S-1.5C 抗剪承载力与抗弯承载力骨架曲线的对比情况，试件在抗弯承载力下降以前与抗剪承载力骨架曲线相交，相交点应为理论破坏点，实际上，试件正好在相交点发生了剪切破坏，此时位移延性系数约为 3，属于延性剪切破坏，FRP 加固试件破坏模式的判定思路在该试件上得到了成功的应用，并且准确地预测出了试件破坏时的侧向位移。

　　对于试件 S-2.5C [图 9.31（c）]、S-2.5C-P [图 9.31（d）] 及 S-2.5D [图 9.31（f）]，三种试件情况相似，抗弯承载力需求值低于初始抗剪承载力而大于残余抗剪承载力，试件由于 FRP 约束混凝土极限状态的预先达到，在与抗剪承载力骨架曲线退化段相交前，其先发生了弯曲破坏，预测破坏模式与实测破坏模式一致。S-2.5D-P [图 9.31（g）] 由于试验装置的原因，没能得到完整的抗弯承载力骨架曲线，其判定结果应该与 S-2.5D

相同。

　　由于 FRP 约束量较大，4.5 层 CFRP 加固试件 S-4.5C ［图 9.31（e）］和玄武岩纤维丝束加固试件 S-BF ［图 9.31（h）］试件残余抗剪承载力已经与抗弯承载力需求值相当接近，试件在达到 5～6 的位移延性系数之后，内部混凝土已至受压极限状态，抗弯承载力骨架曲线与抗剪承载力骨架曲线不能相交，根据理论预测，其破坏模式应为延性弯曲破坏，试验结果与预测一致。

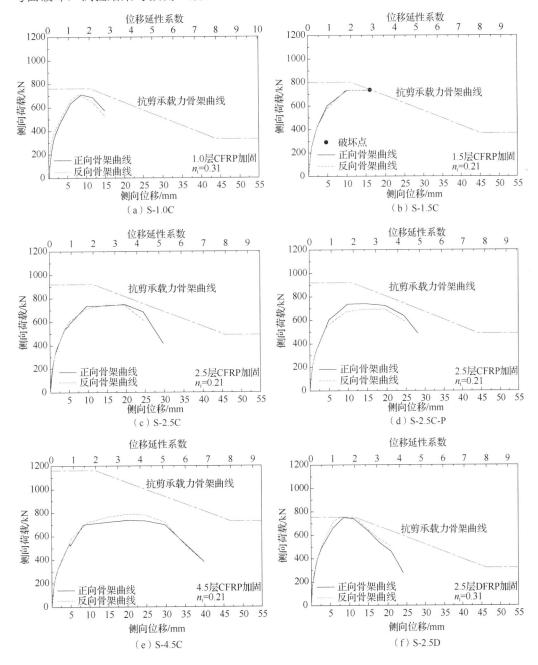

图 9.31　FRP 加固试件抗剪承载力与抗弯承载力骨架曲线的对比关系

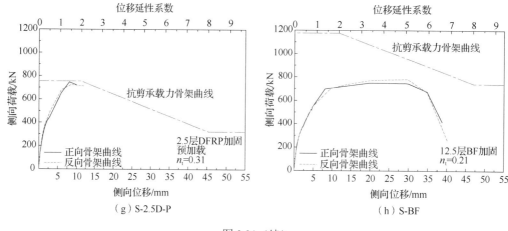

（g）S-2.5D-P　　　　　　　　　　　　（h）S-BF

图 9.31（续）

表 9.11　抗弯承载力需求值和初始抗剪承载力计算值对比

试件	加固方式	抗弯承载力需求值 V_{demand}/kN	初始抗剪承载力计算值 $V_{capacity}$/kN	破坏方式	
				预测	试验
S-1.0C	1.0 层 CFRP	711	763.4	弯曲破坏	延性剪切破坏
S-1.5C	1.5 层 CFRP	731	801	延性剪切破坏	延性剪切破坏
S-2.5C	2.5 层 CFRP	746	921	弯曲破坏	弯曲破坏
S-2.5C-P	2.5 层 CFRP 预加载	761	921	弯曲破坏	弯曲破坏
S-4.5C	4.5 层 CFRP	760	1161	弯曲破坏	弯曲破坏
S-2.5D	2.5 层 DFRP	752	754.4	弯曲破坏	弯曲破坏
S-2.5D-P	2.5 层 DFRP 预加载	735	754.4	弯曲破坏	弯曲破坏
S-BF	连续玄武岩丝束	765	1174	弯曲破坏	弯曲破坏

　　综上所述，选取箍筋抗剪承载力公式，按 FRP 有效应变 0.004 对 FRP 加固矩形截面混凝土柱的 FRP 抗剪承载力分项进行计算，得出加固试件在 FRP 抗剪承载力退化前的 FRP 最大抗剪承载力贡献情况；在 FRP 加固前的普通混凝土柱抗剪承载力骨架曲线的基础之上，叠加 FRP 抗剪承载力分项，即得 FRP 加固试件抗剪承载力的骨架曲线，根据 FRP 加固试件实测的抗弯承载力骨架曲线与理论抗剪承载力骨架曲线的对比情况，判定加固试件不同的破坏模式：如果两条曲线的交点位于理论抗剪承载力骨架曲线的退化段，则试件发生延性剪切破坏；若两条曲线不能相交，则发生延性的弯曲破坏。对 FRP 加固试件破坏模式的这一预测方式是基本可行的。

9.6　FRP 约束矩形柱变形能力分析

9.6.1　钢筋混凝土柱的变形组成及等效塑性铰理论

　　试验研究表明，混凝土柱的弹塑性侧向变形主要包括塑性铰区的弯曲变形、剪切变形和纵向受力钢筋的粘结滑移三种情况。目前，对于极限状态时混凝土柱位移的各个变形情况直接进行计算比较困难，实际常常采用等效塑性铰理论间接计算混凝土柱的侧向位移；同时，不同研究者及规范将箍筋用量与变形能力相联系，但采用的变形参数很多，如曲率延性系数、位移延性系数、位移角等，等效塑性铰理论为我们提供了联系各参数的桥梁。等效塑性铰理论对悬臂构件屈服后的曲率分布及变形组成，做如图 9.32 所示的理想化假定[1,54]，认为悬臂构件屈服后的顶端极限位移 Δ_u 由两部分组成［式（9.36）］，第一部分为屈服位移 Δ_y，第二部分为塑性变形 Δ_p，其中，塑性变形 Δ_p 是由端部塑性铰塑性转动引起柱整体的刚体转动产生的，塑性铰区非线性的曲率分布等效常数为 ϕ_p，通过假定塑性铰长度 L_p，来综合考虑纵筋的粘结滑移和剪切变形的影响，L_{eff} 按式（9.39）计算。

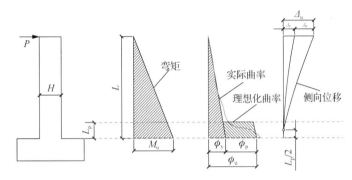

图 9.32　塑性铰理论

$$\Delta_u = \Delta_y + \Delta_p \tag{9.36}$$

对应屈服曲率为 ϕ_y 时的弯曲变形 Δ_f 可由曲率积分得到，按式（9.37）计算，忽略剪切变形 Δ_s 的影响，为了考虑纵筋在基础中的应变渗透引起钢筋滑移的影响，以有效长度 L_{eff} 代替式（9.37）中的 L，得到屈服位移 Δ_y 的计算式（9.38），式中可考虑滑移及剪切等原因对屈服位移的放大，本书仅考虑了粘结滑移影响。

$$\Delta_f = \int_0^L \phi x \mathrm{d}x = \phi_y L^2 / 3 \tag{9.37}$$

$$\Delta_y = \frac{\phi_y L_{\text{eff}}^2}{3} = \left(\frac{L_{\text{eff}}}{L}\right)^2 \frac{\phi_y L^2}{3} = C\frac{\phi_y L^2}{3} \tag{9.38}$$

$$L_{\text{eff}} = L + 0.022 f_y d_b \tag{9.39}$$

式中，f_y 为纵筋屈服强度；d_b 为纵筋直径；C 为变形增加系数。

极限曲率 ϕ_u 的端部塑性铰区的塑性转动量 θ_p，可由塑性铰区内的塑性曲率积分得到，按式（9.40）计算。假定塑性转动集中于塑性铰长度的中心，其顶端的相应塑性位移即可按式（9.41）计算。

$$\theta_p = \int_0^{L_p} \phi_p \mathrm{d}x = \phi_p L_p = \left(\phi_u - \phi_y\right)L_p \tag{9.40}$$

$$\Delta_p = \theta_p\left(L - L_p / 2\right) = \left(\phi_u - \phi_y\right)L_p\left(L - L_p / 2\right) \tag{9.41}$$

曲率（位移）延性 μ_ϕ 定义为极限曲率（位移）与屈服曲率（位移）的比值：

$$\mu_\phi = \frac{\phi_u}{\phi_y} \tag{9.42}$$

$$\mu_{\varDelta} = \frac{\varDelta_{\mathrm{u}}}{\varDelta_{\mathrm{y}}} \tag{9.43}$$

根据位移延性系数的定义及塑性铰长度的假定,可以推得位移延性系数与曲率延性系数的相互关系,可以看出,两者呈线性相关,在位移延性系数和 L_{p}/L 确定的情况下,C 值越大,曲率延性系数也越大,曲率延性系数受 C 值的影响较大。

$$\mu_{\varDelta} = \frac{\varDelta_{\mathrm{u}}}{\varDelta_{\mathrm{y}}} = \frac{\varDelta_{\mathrm{y}} + \varDelta_{\mathrm{p}}}{\varDelta_{\mathrm{y}}} = 1 + \frac{3}{C}(\mu_{\phi} - 1)\frac{L_{\mathrm{p}}}{L}(1 - 0.5L_{\mathrm{p}} / L) \tag{9.44}$$

$$\mu_{\phi} = 1 + \frac{C(\mu_{\varDelta} - 1)}{3(L_{\mathrm{p}} / L)(1 - 0.5L_{\mathrm{p}} / L)} \tag{9.45}$$

对应的屈服位移和极限位移的屈服位移角 θ_{y} 及极限位移角 θ_{u} 可通过位移除以长度 L 得到

$$\theta_{\mathrm{y}} = \varDelta_{\mathrm{y}} / L \tag{9.46}$$

$$\theta_{\mathrm{u}} = \varDelta_{\mathrm{u}} / L \tag{9.47}$$

由极限位移和屈服位移可以反推得端部塑性铰区的塑性转动量 θ_{p}:

$$\theta_{\mathrm{p}} = \left(\varDelta_{\mathrm{u}} - \varDelta_{\mathrm{y}}\right) / \left(L - L_{\mathrm{p}} / 2\right) \tag{9.48}$$

在以上各参数相互关系的推导过程中,塑性铰长度是一个关键的参数,侧向位移能力的计算也必涉及对塑性铰长度的确定,对应极限曲率时的等效塑性铰长度为 L_{p}。不同的研究者得到不同的计算公式,大量引用的模型有 Priestley 和 Seible 模型[45]及 Berry 模型[59],Priestley 模型得到了较为广泛的应用,Berry 模型为较新的模型。

Priestley 和 Seible[45]认为,塑性铰等效长度与反弯点到最大弯矩截面的距离 L、截面高度 D 成正比,并与纵向钢筋的特性(屈服强度 f_{y}、直径 d_{b})相关,与轴压比、纵筋配筋率及强度等并无明显相关,建议按式(9.49)计算:

$$L_{\mathrm{p}} = \xi_1 L + \xi_2 D + \xi_3 f_{\mathrm{y}} d_{\mathrm{b}} \tag{9.49}$$

式中,ξ_1、ξ_2 和 ξ_3 为常数。第一项包含柱高 L,主要考虑了弯矩分布长度的影响;第二项包含截面高度 D,主要考虑了剪切变形及剪切引起的塑性扩展;第三项包含钢筋的特性,f_{y} 为纵筋屈服强度,d_{b} 为纵筋直径,主要考虑了钢筋底端粘结滑移引起塑性铰区转动的影响。根据试验结果,对于普通柱,Priestley 和 Seible[45]建议 $\xi_1 = 0.08$、$\xi_2 = 0$、$\xi_3 = 0.022$,且 $L_{\mathrm{p}} \leqslant 0.044 f_{\mathrm{y}} d_{\mathrm{b}}$,并建议 L_{p} 可近似取 $0.5D$。

Berry[59]在大量试验结果统计的基础上提出了塑性铰长度 L_{p} 计算公式,具体如下:

$$L_{\mathrm{p}} = 0.05L + 0.1\frac{f_{\mathrm{y}} d_{\mathrm{b}}}{\sqrt{f_{\mathrm{c}}'}} \leqslant L / 4 \tag{9.50}$$

式中,L 为最大弯矩截面到反弯点的距离;f_{y} 为纵筋屈服强度;d_{b} 为纵筋直径;f_{c}' 为混凝土抗压强度。

在下述内容中,柱的各个变形参数相互转换及极限位移的计算研究,如等效塑性铰长度将采用 Priestley 和 Seible 模型[式(9.49)]和 Berry 模型[式(9.50)],对比表明,后者与试验结果符合更好,本书仅给出后者的计算结果。

9.6.2　普通钢筋混凝土柱变形能力与箍筋用量的关系

一直以来，基于强度的设计方法一直是各国相应规范主要采用的抗震设计方法，但历次地震灾害表明，墩柱足够的位移延性能力将能有效地防止结构的倒塌破坏。因此，对混凝土柱的位移延性能力的计算已成为抗震研究的一项重要课题。普通混凝土柱的变形能力（或位移延性）很大程度上是通过柱端塑性铰区的塑性转动能力获得的，而塑性铰区的塑性转动能力与塑性铰区混凝土的极限应变能力成正比，施加侧向约束能够有效提高混凝土的极限应变，对于普通混凝土柱，增加约束箍筋的数量为较常用的施加侧向约束方法，另外，混凝土柱的变形能力还受箍筋形式、轴压比、纵筋配筋率等因素影响。在直接基于位移的抗震设计程序中，为了实现预定的目标位移延性，必须定量地确定约束箍筋的数量；对于配置一定数量箍筋的混凝土柱，必须要有一套简便有效的位移延性能力估计方法。

1.　试验情况

针对箍筋约束混凝土柱的抗震性能，各国学者进行了大量的试验，这些试验为系统地分析混凝土柱在箍筋约束下的变形能力提供了宝贵的数据，为评估既有箍筋计算公式对矩形截面的计算精度，本书从 PEER 数据库[60]挑选部分矩形截面试验数据，并要求所选试件为弯曲破坏试件、试验数据完整，该数据库已将两端固定或两端铰接加载方式的位移或水平力除以 2 等效为悬臂式单向弯曲试件的情况，共得到 223 组数据，数据详细情况见文献[61]。柱截面宽度 b 为 152～600mm，截面高度 h 为 152～610mm，柱身高度 L 为 320～2335mm；混凝土强度 f'_{c0} 为 20.2～118MPa，箍筋屈服强度 f_{yh} 为 255～1424MPa，纵筋屈服强度 f_y 为 339～587MPa；剪跨比 λ 为 1.5～7.6，试验轴压比 n 为 0～0.8，纵筋配筋率 ρ_l 为 0.7%～6%，箍筋体积配箍率 ρ_v 为 0.2%～6.1%，体积配箍特征值 λ_v 为 0.02～0.61，混凝土毛截面面积 A_g 与核心区面积 A_c 比值 A_g / A_c 为 1.07～1.49，极限位移角 θ_u 为 0.007～0.101，位移延性系数 μ_Δ 为 1.2～15.1。这些参数的范围覆盖了常规工程设计的取值，具有广泛的代表性。

2.　本书建议公式

本书在箍筋约束混凝土矩形柱试验数据的基础上，以极限位移角 θ_u 作为柱侧向变形能力的评价指标，对混凝土柱侧向变形能力的影响规律首先进行了分析，以混凝土柱的各主要参数作为变化因素，考虑了纵筋配箍率 ρ_l、剪跨比 λ、A_g / A_c、配箍特征值 λ_v 及轴压比 n 对混凝土柱极限位移角 θ_u 的影响。

图 9.33（a）为 θ_u 相对于纵筋配筋率 ρ_l 的变化情况，可以看出，纵筋配筋率对 θ_u 没有明显的影响规律；图 9.33（b）为 θ_u 相对于剪跨比 λ 的变化情况，λ 在 1～5 常用范围变化时，θ_u 的离散性较大，在 $\lambda > 5$ 时，θ_u 明显减小；图 9.33（c）为 θ_u 相对于 A_g / A_c 的变化情况，可以看出，在 A_g / A_c 值较小（1.1 附近）时，θ_u 的数值较为离散，而在 A_g / A_c 值较大时，θ_u 的变化具有明显规律：随着 A_g / A_c 的增大，θ_u 呈线性降低，因为 A_g / A_c 越大，箍筋有效约束核心区面积所占总面积的比例越小，柱的变形能力越小；图 9.33（d）为 θ_u 相对于配箍特征值 λ_v 的变化情况，随着 λ_v 的增加，柱的极限位移角 θ_u 相应增加，

基本呈线性关系，证实了箍筋约束对混凝土柱变形能力的有利作用；图 9.33（e）表达了 θ_u 相对于试验轴压比 n 的变化情况，θ_u 随着轴力的增加而相应降低，呈反比例关系，轴力的提高减小了柱的变形能力，削弱了构件的延性，轴压比 n 是所有影响因素中最重要的因素之一；图 9.33（f）显示了不同轴压比下，θ_u 相对于配箍特征值 λ_v 的变化情况，在不同轴压比下，θ_u 相对 λ_v 线性增加的趋势是不同的，轴压比越低，增加的趋势越加明显，上升直线的斜率越大。

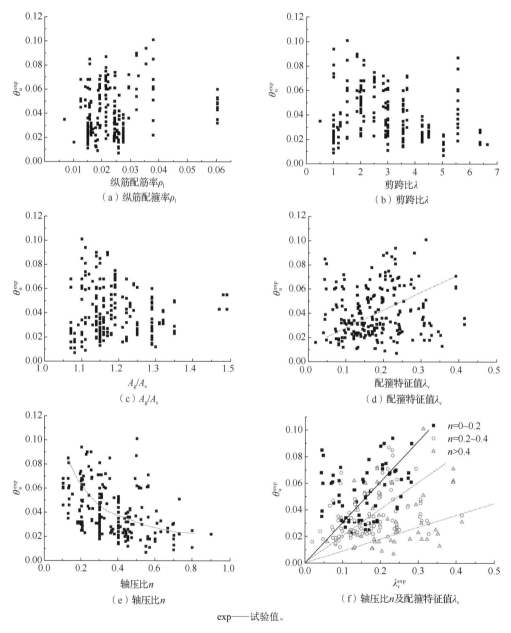

图 9.33　柱主要参数对极限位移角的影响规律

分析可知柱的侧向变形能力（极限位移角 θ_u）与纵筋配箍率 ρ_l 相关性不大，在剪跨

比 λ 的常用范围内，与 λ 相关的离散性也较大，与 A_g / A_c、配箍特征值 λ_v 及轴压比 n 有比较明显的相关性，更加确切地讲，极限位移角 θ_u 与配箍特征值 λ_v 成正比，与 A_g / A_c 和轴压比 n 成反比；而对于普通钢筋混凝土柱，极限位移角 θ_u 所需求的箍筋配箍特征值 λ_v，与 A_g / A_c 及轴压比 n 成正比，并且随着 θ_u 的增大而增大。根据以上所述关系，构造式（9.51）和式（9.52）组成含常数 a 的方程组，式（9.51）和式（9.52）虽然为互为反函数的简单关系，但我们要求对所有收集的试验数据中的常数 a 同时都满足最小二乘法原理，而并不是通常推导中仅以式（9.51）和式（9.52）之一为满足条件（这常常使得反向的公式不能适用）。

$$\theta_u = \frac{\lambda_v}{a \dfrac{A_g}{A_c} n} \tag{9.51}$$

$$\lambda_v = a \frac{A_g}{A_c} n\theta_u \tag{9.52}$$

经过初步试探分析，发现式（9.51）轴压比 n 过小（接近 0）时，极限位移角计算结果太大，严重偏离试验值，因此，限制式（9.51）中轴压比 n，如 n 小于 0.15 时，取 0.15；同样，对于式（9.52），发现极限位移角 θ_u 过大（大于 0.06）时，箍筋配箍特征值计算结果太大，超过正常的合理需求范围，因此，限制式（9.52）中极限位移角 θ_u，当 θ_u 大于 0.06 时，取 0.06。

$$\theta_u = \frac{\lambda_v}{15 \dfrac{A_g}{A_c} n} \qquad n<0.15 \text{ 时，取 } 0.15 \tag{9.53}$$

$$\lambda_v = 15 \frac{A_g}{A_c} n\theta_u \qquad \theta_u>0.06 \text{ 时，取 } 0.06 \tag{9.54}$$

对于收集的所有试验数据，同时使得式（9.51）和式（9.52）具有最小的绝对误差和，回归过程如图 9.34 所示，其中，图 9.34（a）显示了 θ_u 随着 $\lambda_v / [(A_g / A_c)n]$ 的变化基本呈线性增加的变化规律，图 9.34（b）显示了 λ_v 随着 $(A_g / A_c)n\theta_u$ 的变化基本呈线性增加的变化规律，综合考虑，取常数 a=15，分别得到式（9.53）和式（9.54），两个计算公式分别表达了根据配箍特征值计算柱的变形能力和根据变形能力计算需求的配箍特征值两方面的应用需求。

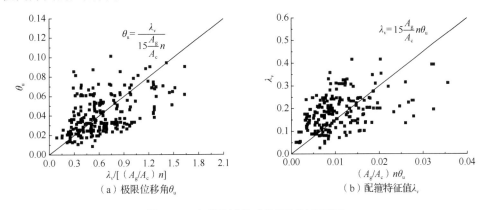

（a）极限位移角 θ_u　　　　　　　（b）配箍特征值 λ_v

图 9.34　本书建议公式的回归过程图示

图 9.35 给出了根据式（9.53）和式（9.54）计算所收集试验数据的对比情况，图 9.35（a）显示了 θ_u 的计算结果，图 9.35（b）显示了 λ_v 的计算结果，横坐标为试验值，纵坐标为公式计算值，同时，表 9.12 给出了计算结果的统计情况。可以看出，式（9.53）和式（9.54）在平均意义上较好地反映了 θ_u 和 λ_v 随相关参数的变化规律，其计算值和试验值的均值分别为 1.08 和 1.00，θ_u 计算结果稍许偏大，式（9.53）和式（9.54）均值标准差分别为 0.59、0.65，绝对误差均值都在 50%以内，在试验误差内，建议公式较好地表达了钢筋混凝土柱的侧向变形能力与箍筋配箍特征值等参数之间的相互关系，且公式简单，便于应用，公式的正反向同样适用。

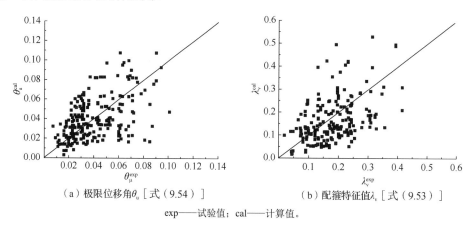

（a）极限位移角 θ_u［式（9.54）］　　（b）配箍特征值 λ_v［式（9.53）］

exp——试验值；cal——计算值。

图 9.35　本书建议公式的计算值与试验值对比

表 9.12　本书公式计算结果的统计情况

统计项目	计算值/试验值		（计算值/试验值）绝对误差/%		样本数量
	均值	标准差	均值	标准差	
极限位移角 θ_u	1.08	0.59	45	39	223
配箍特征值 λ_v	1.00	0.65	47	44	223

式（9.53）和式（9.54）给出了混凝土柱极限位移角与配箍特征值之间的相互推算关系，这在混凝土柱基于位移的设计中非常方便应用，为了更加广泛地应用该组公式，本章在此基础上，继续推导曲率延性系数 μ_ϕ 与配箍特征值之间的定量关系。

柱端塑性铰区的极限转动量 θ_{plc}^u 可按下式计算：

$$\theta_{plc}^u = \phi_u L_p = \mu_\phi \phi_y L_p \tag{9.55}$$

柱极限位移角 θ_u 可按下式计算：

$$\theta_u = \frac{\Delta_u}{L} = \frac{\Delta_y + \Delta_p}{L} = \frac{C\phi_y L}{3} + (\phi_u - \phi_y)L_p(L - L_p/2)/L$$

$$\approx \frac{C\phi_y L}{3} + (\phi_u - \phi_y)L_p = \phi_u L_p + \phi_y\left(\frac{CL}{3} - L_p\right)$$

$$= \phi_u L_p + \frac{\phi_u}{\mu_\phi}\left(\frac{CL}{3} - L_p\right) \tag{9.56}$$

可以看出，$\theta_{\text{plc}}^{\text{u}}$ 与 θ_{u} 的计算表达式中，仅相差 $\dfrac{\phi_{\text{u}}}{\mu_{\phi}}\left(\dfrac{CL}{3}-L_{\text{p}}\right)$ 一项，分析该项组成，μ_{ϕ}

的数值一般在 10 以上，$\dfrac{CL}{3}$ 与 L_{p} 数值相接近，因此，$\dfrac{\phi_{\text{u}}}{\mu_{\phi}}\left(\dfrac{CL}{3}-L_{\text{p}}\right)$ 对 ϕ_{u} 的影响很小，

即尽管 $\theta_{\text{plc}}^{\text{u}}$ 与 θ_{u} 的物理意义不同，但数值上是非常接近的，可近似认为相同［如式（9.57）］，这在对试验数据的分析中已经得到了证实。

$$\theta_{\text{u}}=\theta_{\text{plc}}^{\text{u}}=\phi_{\text{u}}L_{\text{p}}=\mu_{\phi}\phi_{\text{y}}L_{\text{p}} \tag{9.57}$$

将式（9.57）代入式（9.53）和式（9.54），并近似取塑性铰长度 $L_{\text{p}}=0.5h$，同时，屈服曲率 ϕ_{y} 按照 Priestley 和 Seible 的研究成果，取 $\phi_{\text{y}}=2.14\varepsilon_{\text{y}}/h$（$\varepsilon_{\text{y}}$ 为纵筋屈服应变，h 为截面高度），可以得到

$$\mu_{\phi}(2.14\,\varepsilon_{\text{y}}/h)0.5h=\dfrac{\lambda_{\text{v}}}{15\dfrac{A_{\text{g}}}{A_{\text{c}}}n}\qquad n<0.15\text{时，取}0.15 \tag{9.58}$$

$$\lambda_{\text{v}}=15\dfrac{A_{\text{g}}}{A_{\text{c}}}n\mu_{\phi}(2.14\,\varepsilon_{\text{y}}/h)0.5h\qquad \theta_{\text{u}}>0.06\text{时，取}0.06 \tag{9.59}$$

整理得

$$\mu_{\phi}=\dfrac{\lambda_{\text{v}}}{16\dfrac{A_{\text{g}}}{A_{\text{c}}}n\varepsilon_{\text{y}}}\qquad n<0.15\text{时，取}0.15 \tag{9.60}$$

$$\lambda_{\text{v}}=16\dfrac{A_{\text{g}}}{A_{\text{c}}}n\mu_{\phi}\varepsilon_{\text{y}}\qquad \mu_{\phi}>0.056/\varepsilon_{\text{y}}\text{时，取}0.056/\varepsilon_{\text{y}} \tag{9.61}$$

对于常用的二级钢筋，屈服应变 $\varepsilon_{\text{y}}=0.002$，代入式（9.60）和式（9.61），得到

$$\mu_{\phi}=\dfrac{\lambda_{\text{v}}}{0.032\dfrac{A_{\text{g}}}{A_{\text{c}}}n}\qquad n<0.15\text{时，取}0.15 \tag{9.62}$$

$$\lambda_{\text{v}}=0.032\dfrac{A_{\text{g}}}{A_{\text{c}}}n\mu_{\phi}\qquad \mu_{\phi}>28\text{时，取}28 \tag{9.63}$$

式（9.62）和式（9.63）即最终得到的曲率延性系数与配箍特征值之间定量关系的表达式。

3. 相关规范的规定

（1）ACI318-02 规范[50]

ACI 混凝土结构设计规范认为，只要混凝土柱保护层剥落后核心区约束柱能够保持轴心抗压承载力不变，箍筋对强度和延性的提高就是充足的。根据核心区抗压承载力的提高等于保护层承载力的损失这一等式，可以推导出箍筋的最小需求量。假定核心混凝土强度的提高 $(f_{\text{cc}}'-f_{\text{c0}}')$ 按 $4.1f_{\text{l}}$ 计算（f_{l} 为侧向约束强度）。对于矩形截面柱，式（9.64）为推导最终结果，但为了保证大尺寸柱的曲率延性系数，还需要满足式（9.65），该式也为 AASHTO 规范[62]（美国各州通用公路桥梁设计规范）所接受，但此式提高了箍筋数量的下限值，可将式（9.65）中的右侧系数改为 0.12。

$$\frac{A_{sh}}{sh_c} = 0.3 \frac{f_c'}{f_{yh}} \left(\frac{A_g}{A_c} - 1 \right) \tag{9.64}$$

$$\frac{A_{sh}}{sh_c} = 0.09 \frac{f_c'}{f_{yh}} \tag{9.65}$$

式中，A_{sh} 为箍筋横截面面积；s 为箍筋间距；h_c 为垂直于箍筋方向的混凝土核心区宽度；A_g 和 A_c 分别为截面总截面面积和核心混凝土面积；f_c' 和 f_{yh} 分别为混凝土的标准圆柱体强度和箍筋的屈服强度。

（2）Caltrans 规范[63]

Caltrans 规范为美国加利福尼亚州桥梁抗震设计规范，公式采用的形式及系数与 AASHTO 规范相同，但考虑了轴力水平的影响，式（9.66）和式（9.67）给出了矩形截面最低箍筋用量的要求，相对 AASHTO 规范，当轴压比小于 0.4 时，约束箍筋用量降低了；当轴压比大于 0.4 时，则箍筋用量提高了，其重点反映了相同位移延性系数情况下不同轴压比对箍筋需求量的不同要求。

$$\frac{A_{sh}}{sh_c} = 0.30 \frac{f_c'}{f_{yh}} \left(\frac{A_g}{A_c} - 1 \right) \left(0.5 + 1.25 \frac{P}{A_g f_c'} \right) \tag{9.66}$$

$$\frac{A_{sh}}{sh_c} = 0.12 \frac{f_c'}{f_{yh}} \left(0.5 + 1.25 \frac{P}{A_g f_c'} \right) \tag{9.67}$$

（3）CEN 规范[64]

欧洲标准化委员会（CEN）的桥梁抗震设计规范（Eurocode 8）中，为保证塑性铰区的位移延性系数，对箍筋的最低配置数量通过力学含箍率来定义，力学含箍率的含义与卓卫东和范立础公式相同，对于矩形截面，w_{cd} 最低值按式（9.68）计算，曲率延性系数要求不小于 15。

$$w_{cd} = 1.3(0.15 + 0.01\mu_\phi) \frac{A_g}{A_c} (\eta_k - 0.08) \geqslant 0.12 \tag{9.68}$$

式中，w_{cd} 为力学含箍率，$w_{cd} = (A_{sh}/sh_c) f_{yh}/f_c$；$\eta_k$ 为轴压比；μ_ϕ 为曲率延性系数。

（4）《建筑抗震设计规范（2016 年版）》（GB 50011—2010）[65]

为了确保地震作用下混凝土柱的延性要求，建筑抗震设计规范对于不同轴压比规定了不同的最小配箍特征值，见表 9.13。

表 9.13　规范规定柱的加密区最小配箍特征值 λ_{cv}（$\lambda_{cv} = \rho_v f_{yh}/f_c$）

抗震等级	轴压比 n								
	0.3	0.4	0.5	0.6	0.7	0.8	0.9	1	1.05
一级	0.1	0.11	0.13	0.15	0.17	0.2	0.23	—	—
二级	0.08	0.09	0.11	0.13	0.15	0.17	0.19	0.22	0.24
三级	0.06	0.07	0.09	0.11	0.13	0.15	0.17	0.2	0.22

4. 相关研究者的研究成果

（1）Watson 和 Zahn 的公式

Watson 和 Zahn[48]以 Mander 约束混凝土模型为基础，通过对混凝土柱截面的弯曲-

曲率的滞回分析，对分析结果统计回归，建立了约束箍筋用量与曲率延性系数关系的计算公式，考虑的主要因素包括轴压比、纵筋配筋率及柱的截面形状，其给出了不同纵筋用量及曲率延性系数下箍筋用量与轴压比的设计关系图，对于方形或矩形截面的箍筋用量如式（9.69）所示，该公式已经被现行新西兰抗震设计规范所采用，并规定延性框架的曲率延性系数至少为 20。

$$\frac{A_{sh}}{sb_c} = \frac{A_g}{A_c} \frac{\dfrac{\phi_u}{\phi_y} - 33\rho_t m + 22}{111} \frac{f_c'}{f_{yh}} \frac{P}{\varphi f_c' A_g} - 0.006 \tag{9.69}$$

式中，A_{sh} 为荷载作用方向上箍筋的总有效面积；s 为箍筋间距；b_c 为垂直于箍筋方向的混凝土核心区宽度；A_g 和 A_c 分别为截面总截面面积和核心混凝土面积（按箍筋外围边长计算）；ϕ_u 为极限曲率（按下降为 80%最大弯矩计算）；ϕ_y 为屈服曲率；ρ_t 为纵向钢筋配筋率，$m = f_y / (0.85f_c')$，其中，f_y 为纵筋箍筋的屈服强度；f_{yh} 为箍筋的屈服强度；P 为轴向压力；φ 为强度折减系数，取 0.9；f_c' 为混凝土标准圆柱体强度。

（2）Paulay 和 Priestley 的公式[66]

该公式根据上述 Watson 和 Zahn 的公式进行简化，提出了更为简洁的公式，主要考虑了轴压比、曲率延性系数的影响：

$$\frac{A_{sh}}{sh_c} = \frac{A_g}{A_c} \frac{f_c'}{f_{yh}} \left(0.15 + 0.01\mu_\phi\right)\left(\frac{P}{f_c' A_g} - 0.08\right) \tag{9.70}$$

式中，h_c 为垂直于箍筋方向的混凝土核心区宽度；μ_ϕ 为曲率延性系数（按下降为 80%的最大弯矩计算）；其他符号意义同式（9.69）。

（3）Sheikh 和 Khoury 的公式

Sheikh 和 Khoury[67]在 ACI 规范（ACI318-02）最低箍筋需求量的基础上，另外考虑了 3 个影响变量的修正参数［如式（9.71）］，包括箍筋的构造、轴力水平和曲率延性系数，其将箍筋的构造分为 3 类（图 9.36）。

1）第 1 类为仅在周边设置环向箍筋。

2）第 2 类除了在周边设置环向箍筋外，每个边长的中部纵筋至少有一处设置箍筋，但箍筋的弯钩并未锚固到核心混凝土内。

3）第 3 类除了在周边设置环向箍筋外，每个边长的中部纵筋至少有一处设置箍筋，但箍筋的弯钩锚固到核心混凝土内。

$$A_{sh} = \left(A_{sh,c}\right)\alpha Y_P Y_\phi \tag{9.71}$$

式中，A_{sh} 为箍筋需求面积；$A_{sh,c}$ 为 ACI 规范（ACI318-02）最低箍筋需求量，见式（9.64）和式（9.65）；α 为考虑箍筋构造的系数，对于第 2、第 3 类箍筋形式，α 取 1.0，对于第 1 类箍筋形式，α 取 2.5；Y_P、Y_ϕ 分别为考虑轴力水平和截面曲率延性需求的影响系数，在对试验数据回归分析以后，认为可按式（9.72）和式（9.73）计算。

$$Y_P = 1 + 13\left(\frac{P}{P_0}\right)^5 \approx \left(6\frac{P}{P_0} - 1.4\right) \geqslant 1.0 \tag{9.72}$$

$$Y_\varphi = \frac{\left(\mu_\phi\right)^{1.15}}{29} \approx \frac{\mu_\phi}{18} \tag{9.73}$$

式中，P 为轴向压力；P_0 为轴向压力的极限承载力（可取 $f'_c A_g$）；μ_ϕ 为曲率延性系数（按下降为 80% 最大弯矩计算）。

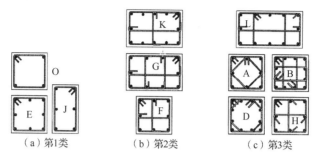

（a）第1类　　　　　　（b）第2类　　　　　（c）第3类

图 9.36　箍筋形式分类[67]

（4）Saatcioglu 和 Razvi 的公式[68]

Saatcioglu 和 Razvi 也是在箍筋约束的应力-应变关系的基础上，对箍筋约束柱的骨架曲线进行分析，在研究配箍特征值与极限位移角、轴压比的相互关系之后，建立了箍筋用量与极限位移角的定量关系式，考虑了箍筋约束效率的影响及效率系数，适用于矩形和圆形的截面形式，其表达式如下：

$$\frac{A_{sh}}{sh_c} = 14 \frac{f'_c}{f_{yh}} \left(\frac{A_g}{A_c} - 1 \right) \frac{1}{k_2} \frac{P}{P_0} \theta_u \qquad (9.74)$$

式中，A_{sh} 为各肢箍筋面积；$\dfrac{A_g}{A_c} - 1 \geqslant 0.3$；$k_2$ 为箍筋约束有效系数（圆柱时 $k_2 = 1$），$k_2 = 0.26 \sqrt{\dfrac{b_c}{s} \dfrac{b_c}{s_1} \dfrac{1}{f_1}}$，其中，$b_c$ 为约束混凝土核心区宽度，s_1 为有箍筋约束的纵筋之间的距离，$f_1 = \dfrac{\sum A_{sh} f_{yh}}{s b_c}$；$P$ 为轴向压力；P_0 为轴向压力的极限承载力，$\dfrac{P}{P_0} \geqslant 0.2$；$\theta_u$ 为极限位移角（按下降为 80% 的最大弯矩计算）；其他符号意义同式（9.69）。

（5）卓卫东和范立础的公式[69]

卓卫东和范立础基于 3 位研究者对混凝土柱的低周反复荷载试验的试验结果，在分析了混凝土柱位移延性主要影响因素的基础上，通过回归分析，得到箍筋约束量与位移延性系数 μ_Δ 关系的定量表达式 [式（9.75）]，并认为要达到《公路工程抗震设计规范》（JTJ 004—89）的要求（采用综合系数折减地震荷载来考虑延性），延性墩柱的位移延性系数应不小于 5，将其代入式（9.75）得到最低箍筋用量的实用式（9.76），为保证轴压比较低时的含箍率不至于太小，最低含箍率不应低于 0.003，圆形截面在公式右侧应乘以 1.4 的系数。

$$w_{cd} = \left[0.00486 \mu_\Delta (1 + 4n) + 4.17(n - 0.1)(\rho_t - 0.01) - 0.004 \right] \qquad (9.75)$$

$$w_{cd} = \left[0.1n + 4.17(n - 0.1)(\rho_t - 0.01) + 0.02 \right] \geqslant 0.003 f_{yh} / f_c \qquad (9.76)$$

式中，w_{cd} 为力学含箍率，$w_{cd} = (A_{sh} / sh_c) f_{yh} / f_c$；$\mu_\Delta$ 为位移延性系数；n 为轴压比；ρ_t 为纵向钢筋配筋率；其他符号意义同式（9.69）。

（6）吕西林等的公式[70]

吕西林等针对矩形截面柱，以 Mander 约束混凝土模型计算塑性铰区箍筋约束后混凝土的极限应变，将塑性铰区长度进行简化（近似认为 $0.5h_c$），通过截面极限曲率与混凝土极限应变、受压区高度的关系，推导出柱端塑性铰区极限转动量 θ_{plc}^u 与轴压比 n 及配箍特征值 λ_{cv} 之间的关系表达式 [式（9.77）]，同时，得到配箍特征值相对轴压比及曲率延性系数 μ_ϕ 的计算方法 [式（9.78）]。

$$\lambda_{cv} = 20 \frac{A_g}{A_c} n \theta_{plc}^u - 0.04 \tag{9.77}$$

$$\lambda_{cv} = 0.0355 \frac{A_g}{A_c} n \mu_\phi - 0.04 \tag{9.78}$$

式中，λ_{cv} 为配箍特征值，$\lambda_{cv} = \rho_v f_{yh} / f_c$，$\rho_v$ 为体积配箍率；A_g 和 A_c 分别为截面总截面面积和箍筋约束核心混凝土面积；n 为轴压比；θ_{plc}^u 为塑性铰区极限转动量；μ_ϕ 为曲率延性系数。

5. 不同研究者的普通混凝土柱变形能力计算公式评估

正如前文所述，对于普通混凝土柱变形能力与箍筋用量之间的关系，不同研究者给出了不同的公式表达式，为了综合评估各表达式的精确及优劣，现将所收集试验数据代入各个不同的计算公式中，分别计算各个试件的极限位移角的大小，并与试件所发生的实际极限位移角相比较，以评价公式的可靠性。对于表达式中以曲率延性系数表达约束混凝土柱的变形能力时，根据前文等效塑性铰理论将曲率延性系数转化为极限位移角，其中，涉及塑性铰长度的取值时，将计算结果对比验证，发现 Paulay 和 Priestley 模型偏大，Berry 模型取值较为适中，因此，本书仅给出按 Berry 模型的计算结果。

图 9.37 给出了各公式对极限位移角 θ_u 计算结果的对比情况，横坐标为 θ_u 的试验值，纵坐标为 θ_u 的计算值，数据点落在 45° 斜线附近，说明计算值与试验值一致。表 9.14 给出了各个公式对所有试件计算结果的统计情况。

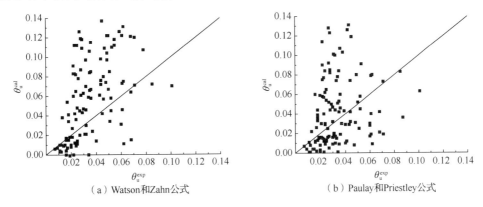

（a）Watson 和 Zahn 公式　　　　　　（b）Paulay 和 Priestley 公式

图 9.37　普通混凝土柱极限位移角的不同研究者公式计算结果分析

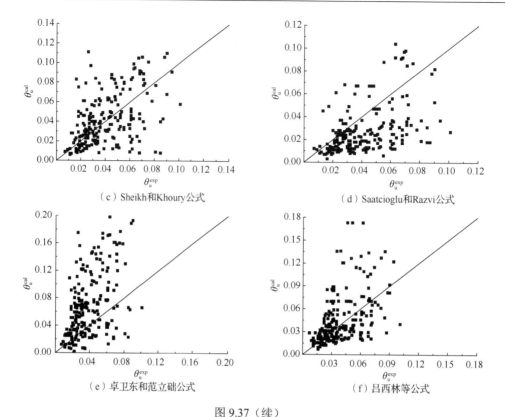

（c）Sheikh和Khoury公式　　　　　　（d）Saatcioglu和Razvi公式

（e）卓卫东和范立础公式　　　　　　（f）吕西林等公式

图 9.37（续）

表 9.14　不同研究者计算公式的普通混凝土柱极限位移角的统计情况

极限位移角 θ_u 计算结果统计	计算/试验			（计算/试验）绝对误差/%		样本数量
	均值	标准差	变异系数	均值	标准差	
Watson 和 Zahn 公式	2.75	2.12	0.77	198	191	223
Paulay 和 Priestley 公式	4.92	—	—	—	—	223
Sheikh 和 Khoury 公式	1.11	0.71	0.64	48	52	223
Saatcioglu 和 Razvi 公式	0.71	0.48	0.68	48	30	223
卓卫东和范立础公式	1.99	1.25	0.63	116	109	223
吕西林等公式	1.29	0.74	0.57	56	56	223
本书建议公式	1.08	0.59	0.55	45	39	223

　　Watson 和 Zahn 公式、Paulay 和 Priestley 公式都建立在弯矩-曲率数值分析的基础上，公式中含有较多的常数项，在根据箍筋数量反算其变形能力时，常常引起计算结果严重偏大或严重偏小，不少甚至出现负值，这是因为公式本身未能考虑广泛的参数范围。因此，两个公式的总体计算结果与实际试验结果的误差较大，尤其 Paulay 和 Priestley 公式的多数计算结果失真了，表 9.14 中未再给出统计结果。Watson 和 Zahn 公式含有较多的参数，公式较复杂，这表明，复杂的公式形式，并不能对公式的精度有多少改善。

　　分析发现，Sheikh 和 Khoury 公式建立在弯矩-曲率试验结果分析的基础上，具有较好的精度和较好的离散性，从图 9.37（c）可以看出，多数数据点都落在 45°斜线附近，且散布规律明显，公式较好地反映了混凝土柱的变形能力，计算/试验均值为 1.11，标准差为 0.71。

Saatcioglu 和 Razvi 公式建立在荷载-位移数值分析的基础上，较好地表达了极限位移角与箍筋约束量的线性关系，但从图 9.37（d）可以看出，对于多数试件，其计算结果偏小，计算/试验均值为 0.71，计算值太过保守。

对于多数试件，卓卫东和范立础公式建立在荷载-位移试验结果分析的基础上，计算结果与试验结果相接近［图 9.37（e）］，但对于轴压比较低或配箍特征值较大的试件，计算值偏大，这部分试件的计算结果影响了公式的精度评估，因此，计算/试验均值为 1.99，总体来说，计算值偏大。

吕西林等公式建立在理论分析的基础上，并考虑了一些重要参数的影响，较好地反映了混凝土柱变形能力的影响规律［图 9.37（f）］，与卓卫东和范立础公式相似，此公式对于部分轴压比较低或配箍特征值较大的试件，计算结果偏大，但离散性要好于卓卫东和范立础公式，计算/试验均值为 1.29，标准差为 0.74。

本书建议公式中极限位移角计算值与试验值对比情况如图 9.35 所示，对于所有试件的计算结果与试验结果符合良好，计算/试验均值为 1.08，标准差为 0.59，具有较高的精度和最小的离散性，公式所含参数较少，公式形式简单。

6. 我国规范配箍特征值所对应的变形能力

将我国《高层建筑混凝土结构技术规程》（JGJ 3—2010）规定的不同抗震等级下的最小配箍特征值代入本书建议式（9.53），假定 A_g/A_c 为 1.10，得到规范箍筋用量对应的混凝土柱极限位移角大小，如表 9.15 和图 9.38 所示，由此可知，如需满足极限位移角不小于 1/50 的性能要求，轴压比必须限制在较低的水平，对于一、二、三级框架分别不超过 0.3、0.2、0.18；在轴压比不超过 0.4 时，随着轴压比的增加，柱的极限位移角变形能力急剧降低，在轴压比超过 0.4 时，各级框架都能够保持比较稳定的变形能力，一级为 1/65 左右，二级为 1/75 左右，三级为 1/90 左右，但这一稳定值远未达到 1/50 这一基本的性能目标。

表 9.15　对应我国规范配箍特征值的极限位移角

轴压比	一级	二级	三级	轴压比	一级	二级	三级	轴压比	一级	二级	三级
0.1	1/17	1/21	1/28	0.5	1/63	1/75	1/92	0.9	1/65	1/78	1/87
0.2	1/33	1/41	1/55	0.6	1/66	1/76	1/90	1	—	1/75	1/82
0.3	1/50	1/62	1/83	0.7	1/68	1/77	1/89	1.05	—	1/72	1/79
0.4	1/60	1/73	1/94	0.8	1/66	1/78	1/88				

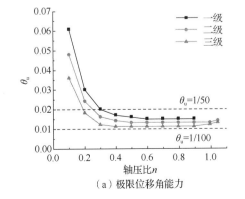

（a）极限位移角能力

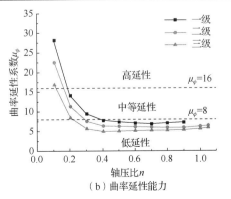

（b）曲率延性能力

图 9.38　我国规范规定的柱变形能力

将《建筑抗震设计规范（2016 年版）》（GB 50011—2010）规定的不同抗震等级下的最小配箍特征值代入本书建议式（9.62），得到规范配箍特征值对应的混凝土柱曲率延性系数，见表 9.16，并反映于图 9.38 中。按照 Sheikh 和 Khoury 的建议，曲率延性系数小于 8，属于低延性水平；曲率延性系数位于[8,16]，属于中等延性水平；曲率延性系数大于 16，属于高延性水平。因此，可以看出，对于一级框架，在轴压比低于 0.4 时，延性能达到中等延性水平以上，并在轴压比低于 0.18 时达到高延性水平；对于二、三级框架，分别在轴压比低于 0.3 和 0.2 时，能够达到中等延性水平以上，超过这一轴压比界限时，属于低延性水平，不能满足抗震的延性需求；各级框架在轴压比超过 0.4 时，配箍特征值的增加能够弥补轴压比增加引起的延性降低带来的缺陷，使曲率延性系数保持在一个比较稳定的水平，虽然这一水平对于各级框架属于低延性的范畴。

表 9.16　对应《建筑抗震设计规范（2016 年版）》（GB 50011—2010）中
配箍特征值对应的曲率延性系数

抗震等级	轴压比									
	0.1	0.2	0.3	0.5	0.6	0.7	0.8	0.9	1	1.05
一级	28.4	14.2	9.5	7.4	7.1	6.9	7.1	7.3	—	—
二级	22.7	11.4	7.6	6.3	6.2	6.1	6.0	6.0	6.3	6.5
三级	17.0	8.5	5.7	5.1	5.2	5.3	5.3	5.4	5.7	6.0

箍筋用量的需求与轴压比是相关的，但同时，这一需求更与混凝土柱变形能力的性能目标息息相关。目前，按照各国抗震设计规范对混凝土柱潜在塑性铰区的约束箍筋用量提出的最低要求中，都是基于一个确定的变形能力目标，并未考虑对于不同结构这一性能目标的变化引起箍筋用量的理应变化，本书建议的式（9.54）和式（9.63）为计算不同变形能力需求的箍筋用量提供了可能。表 9.17 计算了不同极限位移角 θ_u 对应配箍特征值 λ_v 的需求，并表达于图 9.39（a）中，表 9.18 计算了不同曲率延性系数 μ_ϕ 对应配箍特征值 λ_v 的需求，并表达于图 9.39（b）中，计算时假定 $A_g / A_c = 1.10$，可以看出，相同轴压下，配箍特征值的需求与变形能力目标是成正比的，变形能力目标越高，配箍特征值随轴压比增长的速率越大，以侧向位移角 1/50 为目标，所需求的配箍特征值远大于抗震设计规范规定值，可知，我国规范规定的配箍特征值明显偏小，侧向位移角 1/50 的箍筋需求量相当于曲率延性系数在 10 左右，因此，我国规范以 $\theta_u = 1/50$ 为侧向变形能力目标，属于中等延性水平。

表 9.17　不同 θ_u 下 λ_v 的需求

极限位移角	轴压比 n									
	0.1	0.2	0.3	0.4	0.5	0.6	0.7	0.8	0.9	1.0
1/50	0.05	0.07	0.10	0.13	0.17	0.20	0.23	0.26	0.30	0.33
1/100	0.02	0.03	0.05	0.07	0.08	0.10	0.12	0.13	0.15	0.17
1/125	0.02	0.03	0.04	0.05	0.07	0.08	0.09	0.11	0.12	0.13
1/150	0.02	0.02	0.03	0.04	0.06	0.07	0.08	0.09	0.10	0.11

表 9.18　不同 μ_ϕ 下 λ_v 需求

曲率延性系数	轴压比 n									
	0.1	0.2	0.3	0.4	0.5	0.6	0.7	0.8	0.9	1
10	0.05	0.07	0.11	0.14	0.18	0.21	0.25	0.28	0.32	0.35
15	0.08	0.11	0.16	0.21	0.27	0.32	0.37	0.43	0.48	0.53
20	0.11	0.14	0.21	0.28	0.35	0.43	0.50	0.57	0.64	0.71

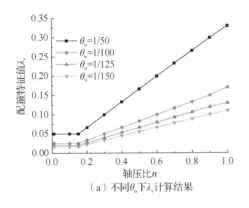

（a）不同 θ_u 下 λ_v 计算结果

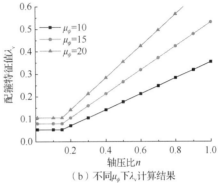

（b）不同 μ_ϕ 下 λ_v 计算结果

图 9.39　本书建议公式 λ_v 计算结果

　　总之，本章建议公式提供了根据轴力、箍筋用量状况评估混凝土柱变形能力的工具，也提供了根据混凝土柱的轴力、变形能力计算箍筋需求量的工具，其在结构抗震性能的评估及基于性能的抗震设计中得到应用。

9.6.3　FRP 约束矩形柱变形能力与 FRP 用量的关系

1. FRP 约束矩形柱极限位移角 θ_u 的计算

　　9.4 节已经给出了 FRP 约束矩形混凝土极限曲率和曲率延性系数与轴压比及 FRP 侧向约束刚度特征值 λ_E 的关系表达式，但是，采用极限曲率和曲率延性系数评价柱的变形能力有时并不是很方便，本节在前述内容的基础上进一步推导极限位移角与轴压比及 FRP 侧向约束刚度特征值 λ_E 的相互关系。由等效塑性铰理论，极限位移角 θ_u 可按式（9.79）计算：

$$\theta_u = \frac{\Delta_u}{L} = \frac{\Delta_y + \Delta_p}{L}$$

$$= \frac{\left(\dfrac{L_{\mathrm{eff}}}{L}\right)^2 \dfrac{\phi_y L^2}{3} + \left(\phi_u - \phi_y\right)L_p\left(L - L_p/2\right)}{L}$$

$$= \left(\frac{L_{\mathrm{eff}}}{L}\right)^2 \frac{\phi_y L}{3} + \frac{\left(\phi_u - \phi_y\right)L_p\left(L - L_p/2\right)}{L} \tag{9.79}$$

$$\frac{L_{\mathrm{eff}}}{L} = \frac{L + 0.022 f_y d_b}{L} = 1 + \frac{0.022 f_y d_b}{L} \tag{9.80}$$

考虑工程中常用混凝土柱的纵筋特性及柱尺寸，纵筋屈服强度为 335MPa，直径为 18～30mm，柱底部至反弯点为 1400～2000mm，$0.022f_y d_b / L$ 一般为 0.09～0.13。对前述内容中所收集 223 根混凝土柱参数的统计表明，混凝土柱 L_{eff} / L 在 1.11 者居多（图 9.40），因此，本书取 $L_{\mathrm{eff}} / L = 1.11$。

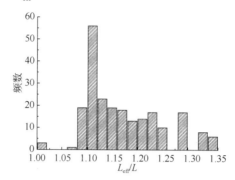

图 9.40 普通混凝土柱 L_{eff} / L 频数分布

$$\frac{L_{\mathrm{eff}}}{L} \approx 1.11 \tag{9.81}$$

ϕ_y 与 ϕ_u 根据第 5 章相关公式变换可得

$$\phi_y = 2.14\varepsilon_y / h \tag{9.82}$$

$$\phi_u = 0.011(1.3 - 0.006 f_{c0}')(1 + k_s)(0.37 + 0.016\lambda_E) / (nh) \tag{9.83}$$

将式（9.81）～式（9.83）代入式（9.79）得到极限位移角 θ_u 的计算公式为

$$
\begin{aligned}
\theta_u &= (1.11)^2 \frac{(2.14\varepsilon_y / h)L}{3} \\
&\quad + \left(\frac{0.011(1.3 - 0.006 f_{c0}')(1 + k_s)(0.37 + 0.016\lambda_E)}{nh} - \frac{2.14\varepsilon_y}{h} \right) \frac{L_p\left(L - L_p / 2\right)}{L} \\
&= \frac{0.88\varepsilon_y L}{h} + \left(\frac{0.011(1.3 - 0.006 f_{c0}')(1 + k_s)(0.37 + 0.016\lambda_E)}{n} - 2.14\varepsilon_y \right) \frac{L_p\left(L - L_p / 2\right)}{Lh}
\end{aligned}
$$

$$\tag{9.84}$$

式中，L 为最大弯矩截面到反弯点的距离；L_p 为塑性铰长度；ε_y 为纵筋屈服应变；h 为截面高度；f_{c0}' 为混凝土标准圆柱体强度；k_s 为截面形状系数，λ_E 为 FRP 侧向刚度特征值；n 为轴压比，当 $n < 0.15$ 时，取 0.15。

由式（9.84）可得到 FRP 侧向约束刚度特征值 λ_E，即

$$\lambda_E = \frac{5682 \left[\dfrac{L(\theta_u h - 0.88\varepsilon_y L)}{L_p\left(L - L_p / 2\right)} + 2.14\varepsilon_y \right] n}{(1.3 - 0.006 f_{c0}')(1 + k_s)} - 23 \tag{9.85}$$

至此，建立了 FRP 侧向约束刚度特征值 λ_E 与轴压比和极限位移角 θ_u 的关系表达式，当已知轴压比和极限位移角时，可以根据式（9.84）求出所需的 FRP 侧向约束刚度 λ_E；

相反，如果已知 FRP 侧向约束刚度 λ_E 和轴压比，可以根据式（9.85）对 FRP 约束混凝土柱的极限位移角进行计算，以评估 FRP 约束混凝土柱的侧向变形能力。其中，目前对 FRP 约束混凝土柱塑性铰长度 L_p 还没有系统的研究，Paulay 和 Priestly 建议按下式计算[45]：

$$L_p = 0.044 f_y d_b \tag{9.86}$$

式中，f_y 为纵筋屈服强度；d_b 为纵筋直径。

对于工程中常用的 HRB335 钢筋，屈服应变 $\varepsilon_y = 0.002$，将其代入式（9.84）和式（9.85），得到

$$\theta_u = \frac{0.0018L}{h} + \left(\frac{0.011(1.3 - 0.006 f'_{c0})(1 + k_s)(0.37 + 0.016\lambda_E)}{n} - 0.0043 \right) \frac{L_p\left(L - L_p/2\right)}{Lh} \tag{9.87}$$

式中，n 为轴压比，当 $n<0.15$ 时，取 0.15。

$$\lambda_E = \frac{\left[\dfrac{5682L}{L_p\left(L - L_p/2\right)}(\theta_u h - 0.0018L) + 24 \right]n}{(1.3 - 0.006 f'_{c0})(1 + k_s)} - 23 \tag{9.88}$$

为避免轴压比较低或极限位移角较小时的 FRP 侧向约束刚度特征值 λ_E 太小，λ_E 计算结果小于 5.0 时，取 $\lambda_E = 5.0$。

为了进一步简化式（9.87）和式（9.88），满足常用设计要求，对两公式中混凝土强度及截面形状分项系数分析如下：考虑工程中常用的混凝土强度，一般 f'_{c0} 为 30～60，偏于安全可取 $f'_{c0} = 60$；考虑工程中常用的截面尺寸及倒角半径，一般 k_s 为 0.05～0.20，偏于安全可取 k_s 为 0.05。将 $f'_{c0} = 60$，$k_s = 0.05$ 代入式（9.87）和式（9.88），得到进一步的简化公式，即式（9.89）和式（9.90），其提供了根据轴力、FRP 侧向约束刚度特征值计算混凝土柱变形能力及根据混凝土柱的轴力、变形能力计算 FRP 侧向约束刚度特征值的工具，这些能够方便地应用在 FRP 约束混凝土结构抗震性能的评估及基于性能的 FRP 抗震设计相关计算中。

$$\theta_u = \frac{0.0018L}{h} + \frac{(0.0043(1 - n) + 0.00018\lambda_E)}{n} \frac{L_p\left(L - L_p/2\right)}{Lh} \qquad n \geqslant 0.15 \tag{9.89}$$

$$\lambda_E = \left[\frac{5411L(\theta_u h - 0.0018L)}{L_p\left(L - L_p/2\right)} + 24 \right]n - 23 \qquad \lambda_E \geqslant 5.0 \tag{9.90}$$

2. 极限位移角 θ_u 计算公式的验证

为了验证本章建议的 FRP 约束矩形混凝土柱极限位移角 θ_u 计算公式的可靠性，特别对 FRP 约束混凝土柱抗震性能研究中的矩形截面的试验数据进行了收集，表 9.19 给出了所收集的 FRP 约束矩形混凝土试件的参数情况，包括本课题组的试验数据，共计 51 个试件。所有试件的 FRP 侧向约束刚度特征值在 14～100 范围内变化，多数试件为 30～60。本章所选试件不包括各参文献中预损伤、钢筋腐蚀等特殊参数变化试件，所收集试件涵盖了广泛的参数范围。

表 9.19 所收集的 FRP 约束矩形混凝土试件的参数

试验者	柱编号	b/mm	h/mm	L/mm	r/mm	所用材料	f_f/MPa	E_f/GPa	t_f/mm	层数 n_f	f_{c0}/MPa	f_y/MPa	d_b/mm
作者课题组	S-2.5D	360	360	700	25	DFRP	1439	60	0.258	2.5	29.9	382	25
	S-1.0C	360	360	700	25	CFRP	3945	250	0.167	1	29.9	382	25
	S-1.5C	360	360	700	25	CFRP	3945	250	0.167	1.5	29.9	382	25
	S-2.5C	360	360	700	25	CFRP	3945	250	0.167	2.5	29.9	382	25
	S-4.5C	360	360	700	25	CFRP	3945	250	0.167	4.5	29.9	382	25
	S-2.5C-P	360	360	700	25	CFRP	3945	250	0.167	2.5	29.9	382	25
	S-BF	360	360	700	25	CBF	1835	92	0.167	12.5	29.9	382	25
Sause 等[11]	F1	458	458	2440	45	CFRP	3473	228	0.167	6	24.8	460	22
	F2	458	458	2440	45	CFRP	3473	228	0.167	4	24.8	460	22
	F3	458	458	2440	45	CFRP	3473	228	0.167	2	24.8	460	22
Hosseini 等[19]	WI4	260	260	1500	15	CFRP	3500	230	0.16	3	53	460	18
	WI8	260	260	1500	15	CFRP	3500	230	0.16	3	52	460	18
Elsanadedy 和 Haroun[17]	RS-R1	457	640	2440	51	CFRP	4382	226	0.167	6	38.1	299	19
	RS-R2	457	640	2440	51	CFRP	4430	230	0.167	6	39.3	299	19
	RS-R3	457	640	2440	51	CFRP	4168	232	0.167	6	44	299	19
	RS-R4	457	640	2440	51	GFRP	744	37	7.6	1	44	299	19
	RS-R5	457	640	2440	51	CFRP	937	63	5.2	1	44	299	19
	RS-R6	457	640	2440	51	GFRP	641	36	7.6	1	42.6	299	19
Bousias 等[9]	US-C2	250	500	1600	25	CFRP	3450	230	0.13	2	18.1	560	18
	US-C5	250	500	1600	25	CFRP	3450	230	0.13	5	17.9	560	18
	UW-C2	500	250	1600	25	CFRP	3450	230	0.13	2	18.1	560	18
	UW-C5	500	250	1600	25	CFRP	3450	230	0.13	5	17.9	560	18
	UW-G5	500	250	1600	25	GFRP	2170	70	0.17	5	18.7	560	18
Iacobucci 等[7]	ASC-2NS	305	305	1473	16	CFRP	962	76	1	1	36.5	465	20
	ASC-3NS	305	305	1473	16	CFRP	962	76	1	2	36.9	465	20
	ASC-4NS	305	305	1473	16	CFRP	962	76	1	1	36.9	465	20
	ASC-5NS	305	305	1473	16	CFRP	962	76	1	3	37.0	465	20
	ASC-6NS	305	305	1473	16	CFRP	962	76	1	2	37.0	465	20
	ASC-7NS	305	305	1473	16	CFRP	962	76	1	1	37.0	465	20
Ozcan 等[23]	S-NL-1-27	350	350	2000	30	CFRP	3450	230	0.165	1	19.4	287	18
	S-UL-1-34	350	350	2000	30	CFRP	3450	230	0.165	1	14.0	287	18
	S-NL-2-39	350	350	2000	30	CFRP	3450	230	0.165	2	11.4	287	18
	S-UL-2-32	350	350	2000	30	CFRP	3450	230	0.165	2	15.6	287	18
苑寿刚[37]	UD-H-050-U	200	200	800	25	CFRP	4255	240	0.111	2	25.5	377	14
	UD-H-100-U	200	200	800	25	CFRP	4255	240	0.111	2	25.5	377	14
Dai 等[24]	SP-2	400	400	1150	25	HSAFRP	3246	79.5	0.252	1	29.4	394	19
	SP-4	400	400	1150	25	PET	923	6.7	0.125	6	29.4	394	19
	SP-5	400	400	1150	25	PET	923	6.7	0.125	3	31.7	394	19
	SP-6	400	400	1500	25	PET	923	6.7	0.125	2	31.7	394	19

续表

试验者	柱编号	b/mm	h/mm	L/mm	r/mm	所用材料	f_f/MPa	E_f/GPa	t_f/mm	层数 n_f	f'_{c0}/MPa	f_y/MPa	d_b/mm
Dai 等[24]	SP-7	400	400	1500	25	PET	923	6.7	0.125	1	31.7	394	19
	SP-9	400	400	1500	25	PET	923	6.7	0.125	2	31.7	394	19
	SP-10	400	400	1500	25	PET	923	6.7	0.125	1	31.7	394	19
Wang 等[27]	N4C3A45	400	400	1400	60	CFRP	4340	241	0.167	3	27.4	437	20
	N4C3A75	400	400	1400	60	CFRP	4340	241	0.167	3	27.4	437	20
	N4C4A45	400	400	1400	60	CFRP	4340	241	0.167	4	27.4	437	20
	N3C2A35	300	300	1050	45	CFRP	4340	241	0.167	2	27.4	358	16
	N3C2A45	300	300	1050	45	CFRP	4340	241	0.167	2	27.4	358	16
	N3C2A55	300	300	1050	45	CFRP	4340	241	0.167	2	27.4	358	16
	N3C3A45	300	300	1050	45	CFRP	4340	241	0.167	3	27.4	358	16
Wang 等[28]	L0-R	300	450	1400	45	CFRP	4340	244	0.167	3	38.2	431	20
	L90-R	450	300	1400	45	CFRP	4340	244	0.167	3	38.2	431	20

为了验证极限位移角 θ_u 计算公式的可靠性,将计算结果与相关文献的试验结果进行对比,按照文献所给试件的截面、材料和荷载信息代入精确公式[式(9.87)]和简化公式[式(9.89)]进行计算,由于各试件箍筋间距很大(一般不小于 150mm),忽略箍筋的影响。本书将各试件计算结果与试验结果进行了比较,见表 9.20。比较发现,作者课题组试件的 θ_u 多数计算结果偏大,因为试件长细比较小及试件底部 100mm 范围内 FRP 的加强作用,前者使弯曲的效应减弱,后者使柱身与底座交接处纵筋的粘结滑移变小。实际塑性铰长度取值偏大,造成了 θ_u 计算结果偏大;对于极限位移角的计算结果统计见表 9.21,以所有试件作为样本,简化公式的 $\theta_u^{cal}/\theta^{exp}$ 均值为 0.97,精确公式的均值为 1.15。出现精确公式计算的平均结果偏大,是由于本课题组试件计算结果普遍偏大引起的。除去本课题组试件部分数据,重新统计得,简化公式的均值为 0.85,精确公式的均值为 0.99,两个公式的变异系数分别为 0.22、0.21,可见,精确公式的计算结果具有较高的精度,简化公式的计算结果偏于安全,式(9.87)和式(9.89)都具有较低的离散性。

表 9.20 所收集的 FRP 约束矩形混凝土试件极限位移角 θ_u 的计算结果

试验者	柱编号	k_s	轴压比 n	L_p/mm	FRP 刚度 λ_E	u/mm	实测 θ_u^{exp}	简化公式计算 θ_u^{cal}	$\theta_u^{cal}/\theta_u^{exp}$	精确公式计算 θ_u^{cal}	$\theta_u^{cal}/\theta_u^{exp}$
本课题组	S-2.5D	0.14	0.31	420	14	15.1	0.022	0.018	0.84	0.022	1.03
	S-1.0C	0.14	0.31	420	15	13.4	0.019	0.019	0.98	0.023	1.19
	S-1.5C	0.14	0.21	420	23	15.1	0.022	0.034	1.56	0.041	1.91
	S-2.5C	0.14	0.21	420	39	24.8	0.035	0.045	1.26	0.055	1.55
	S-4.5C	0.14	0.21	420	70	31.7	0.045	0.067	1.47	0.083	1.82
	S-2.5C-P	0.14	0.21	420	39	24.8	0.035	0.045	1.26	0.055	1.55
	S-BF	0.14	0.21	420	71	35.1	0.050	0.068	1.35	0.084	1.67
Sause 等[11]	F1	0.20	0.26	445	80	233	0.095	0.070	0.73	0.091	0.95
	F2	0.20	0.26	445	54	154	0.063	0.053	0.84	0.069	1.09
	F3	0.20	0.26	445	27	130	0.053	0.037	0.69	0.047	0.88

续表

试验者	柱编号	k_s	轴压比 n	L_p/mm	FRP 刚度 λ_E	u/mm	实测 θ_u^{exp}	简化公式计算		精确公式计算	
								θ_u^{cal}	$\theta_u^{cal}/\theta_u^{exp}$	θ_u^{cal}	$\theta_u^{cal}/\theta_u^{exp}$
Hosseini 等[19]	WI4	0.12	0.15	364	32	128	0.085	0.088	1.03	0.092	1.08
	WI8	0.12	0.15	364	33	142	0.095	0.089	0.94	0.094	0.99
Elsanadedy 和 Haroun[17]	RS-R1	0.19	0.06	250	37	77.7	0.032	0.032	1.02	0.039	1.22
	RS-R2	0.19	0.06	250	44	95.8	0.039	0.035	0.90	0.042	1.08
	RS-R3	0.19	0.05	250	40	103.6	0.042	0.033	0.79	0.039	0.92
	RS-R4	0.19	0.05	250	47	109.7	0.045	0.037	0.82	0.043	0.96
	RS-R5	0.19	0.05	250	56	101.3	0.042	0.041	0.98	0.048	1.15
	RS-R6	0.19	0.05	250	49	114.8	0.047	0.038	0.80	0.044	0.94
Bousias 等[9]	US-C2	0.15	0.37	444	40	84.0	0.053	0.026	0.50	0.030	0.56
	US-C5	0.15	0.39	444	100	105.0	0.066	0.046	0.70	0.053	0.81
	UW-C2	0.15	0.37	444	40	115.0	0.072	0.052	0.73	0.059	0.83
	UW-C5	0.15	0.37	444	100	118.0	0.074	0.097	1.32	0.112	1.52
	UW-G5	0.15	0.34	444	38	120.0	0.075	0.055	0.74	0.063	0.83
Iacobucci 等[7]	ASC-2NS	0.10	0.33	228	27	81.0	0.055	0.053	0.96	0.051	0.93
	ASC-3NS	0.10	0.56	227	54	75.1	0.051	0.060	1.18	0.057	1.12
	ASC-4NS	0.10	0.56	227	27	69.2	0.047	0.038	0.81	0.037	0.79
	ASC-5NS	0.10	0.56	227	81	94.3	0.064	0.089	1.39	0.084	1.31
	ASC-6NS	0.10	0.33	227	54	109.0	0.074	0.080	1.08	0.076	1.03
	ASC-7NS	0.10	0.33	227	27	72.2	0.049	0.053	1.08	0.050	1.02
Ozcan 等[23]	S-NL-1-27	0.17	0.27	217	22	120.0	0.06	0.026	0.43	0.032	0.53
	S-UL-1-34	0.17	0.34	238	31	120.0	0.06	0.026	0.44	0.033	0.55
	S-NL-2-39	0.17	0.39	253	76	160.0	0.08	0.039	0.48	0.051	0.64
	S-UL-2-32	0.17	0.32	231	56	160.0	0.08	0.035	0.44	0.046	0.57
苑寿刚[37]	UD-H-050-U	0.25	0.50	145	42	19.7	0.024625	0.020	0.81	0.026	1.05
	UD-H-100-U	0.25	1.00	145	42	16	0.02	0.012	0.61	0.015	0.76
Dai 等[24]	SP-2	0.13	0.03	196	7	73.1	0.063565	0.076	1.19	0.0909	1.43
	SP-4	0.13	0.03	196	2	71.2	0.061913	0.064	1.03	0.0759	1.23
	SP-5	0.13	0.03	190	1	62.3	0.054174	0.065	1.20	0.0761	1.40
	SP-6	0.13	0.03	208	1	91.4	0.060933	0.072	1.18	0.0844	1.38
	SP-7	0.13	0.03	208	0	80.8	0.053867	0.071	1.32	0.0835	1.55
	SP-9	0.13	0.03	208	1	91.2	0.0608	0.072	1.19	0.0844	1.39
	SP-10	0.13	0.03	208	0	89.5	0.059667	0.071	1.20	0.0835	1.40
Wang 等[27]	N4C3A45	0.30	0.45	237	44	42.4	0.030286	0.019	0.62	0.0250	0.83
	N4C3A75	0.30	0.75	237	44	34.7	0.024786	0.013	0.52	0.0166	0.67
	N4C4A45	0.30	0.45	237	59	63.2	0.045143	0.022	0.49	0.0296	0.66
	N3C2A35	0.30	0.35	162	39	40.6	0.038667	0.020	0.53	0.0272	0.70
	N3C2A45	0.30	0.45	162	39	44.7	0.042571	0.017	0.39	0.0221	0.52
	N3C2A55	0.30	0.55	162	39	40.3	0.038381	0.014	0.38	0.0188	0.49
	N3C3A45	0.30	0.45	162	59	51.0	0.048571	0.021	0.42	0.0277	0.57
Wang 等[28]	L0-R	0.25	0.4	209	36	71.0	0.050693	0.015	0.30	0.0186	0.37
	L90-R	0.25	0.4	209	36	35.6	0.025393	0.023	0.90	0.0279	1.10
平均									0.82		1.23

表 9.21　所收集的 FRP 约束矩形混凝土极限位移角 θ_u 的计算结果统计

极限位移角 θ_u 计算结果统计	简化式（9.89） $\theta_u^{cal}/\theta_u^{exp}$			精确式（9.87） $\theta_u^{cal}/\theta_u^{exp}$			样本数量
	均值	标准差	变异系数	均值	标准差	变异系数	
所有试件	0.97	0.28	0.29	1.15	0.35	0.31	51
除去本课题组试件	0.85	0.19	0.22	0.99	0.21	0.21	44

3. FRP 约束矩形柱极限位移角 θ_u 的影响规律

为了研究 FRP 约束矩形混凝土柱极限位移角 θ_u 的影响规律，假定混凝土柱的相关参数如下：柱截面宽度 b 为 500mm，截面高度 h 为 500mm，柱高度 L 为 1500mm，纵筋直径 d_b 为 25mm，截面形状系数 $k_s = 0.10$，混凝土强度 f_{c0}' 为 30MPa，纵筋屈服强度 f_y 为 335MPa，FRP 侧向约束刚度特征值 $\lambda_E = 30$，轴压比 n 为 0.4。在基准试件的基础上，分别研究 f_{c0}'、k_s、λ_E、n 各参数对极限位移角的影响规律。

图 9.41 和图 9.42 分别显示了极限位移角 θ_u 相对 f_{c0}'、k_s、λ_E、n 的变化。可以看出，在其他参数相同的情况下，极限位移角随着混凝土强度的增大而降低，轴压比越低，降低的速率越大；随着截面形状系数、FRP 侧向约束刚度特征值的增大，极限位移角线性增加，轴压比越低这一影响越大，截面形状系数对极限位移角的影响不容忽略；随着轴压比的增加，极限位移角减小，并且 λ_E 越大，轴压比的这一影响越大。

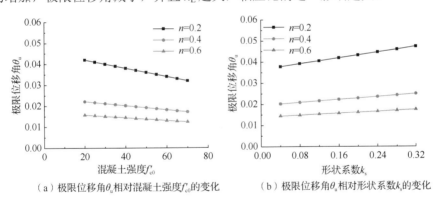

（a）极限位移角 θ_u 相对混凝土强度 f_{c0}' 的变化　　　（b）极限位移角 θ_u 相对形状系数 k_s 的变化

图 9.41　极限位移角 θ_u 相对混凝土强度 f_{c0}' 和形状系数 k_s 的变化

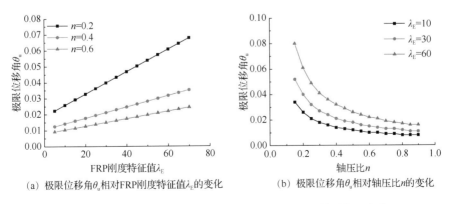

（a）极限位移角 θ_u 相对 FRP 刚度特征值 λ_E 的变化　　　（b）极限位移角 θ_u 相对轴压比 n 的变化

图 9.42　极限位移角 θ_u 相对 FRP 刚度特征值 λ_E 和轴压比 n 变化

4. 对应我国规范规定极限位移角的 FRP 用量分析

正如前述表 9.13 所示，对于不同抗震等级下的框架柱，我国《高层建筑混凝土结构技术规程》（JGJ 3—2010）规定了最小配箍特征值，根据本书所建议的钢筋混凝土柱的侧向变形能力与箍筋配箍特征值等参数之间的相互关系 [式（9.53）]，表 9.15 列出了我国规范配箍特征值对应混凝土柱极限位移角的大小，为了通过 FRP 的侧向约束得到同样大小的变形能力，需要施加不同的 FRP 约束量，采用本书建议式（9.88），表 9.22 给出了对应我国规范配箍特征值相应极限位移角的 FRP 侧向约束刚度特征值 λ_E（柱的相关参数同 9.6.3 节中 "3."），并表达于图 9.43 中。可以看出，在轴压比较低时，λ_E 需求量很低，对于三级框架，轴压比小于 0.4 时，λ_E 需求量甚至低于下限 5，取最小值 5；对于一、二级框架，轴压比为 0.3 左右，λ_E 需求量最少，随后，随着轴压比的升高，λ_E 需求量逐渐增大；当轴压比大于 0.4 时，相同轴压比下，框架等级的升高使 λ_E 需求量以约数量 10 的大小递增，λ_E 变化图中表现为等间距的上升曲线，合理地体现了不同等级框架的 FRP 用量差别。

表 9.22　对应我国规范配箍特征值相应轴压比的 FRP 侧向约束刚度特征值 λ_E

抗震等级	轴压比										
	0.1	0.2	0.3	0.4	0.5	0.6	0.7	0.8	0.9	1	1.05
一级	20	18	16	19	26	33	40	52	63	—	—
二级	11	9	7	10	17	24	31	38	45	57	65
三级	5	5	5	5	8	15	22	29	36	48	56

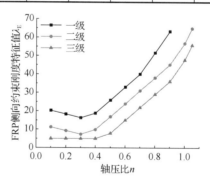

图 9.43　对应我国规范配箍特征值相应轴压比的 FRP 侧向约束刚度特征值 λ_E

表 9.22 和图 9.43 给出了对应我国规范配箍特征值相应轴压比的 FRP 侧向约束刚度特征值 λ_E，但这一极限位移角是变化不确定的，图 9.44（a）和（b）给出了确定的极限位移角所需求的 FRP 侧向约束刚度特征值 λ_E，分别对应极限位移角 $\theta_u = 1/100$ 和 $\theta_u = 1/50$。对于 $\theta_u = 1/100$ 的极限位移角目标，在轴压比不超过 0.5 时，仅需要较低的 λ_E 即可实现；对于 $\theta_u = 1/50$ 的极限位移角目标，在轴压比不超过 0.2 时，λ_E 也仅需要保证下限 5 即可。为了实现 1/50 这一基本的性能目标，随着轴压比的不同，λ_E 在 5～100 范围变化。形状系数 k_s 对 λ_E 的需求值也具有一定的影响，同条件下，$k_s = 0.05$ 时相对 $k_s = 0.30$ 时的 λ_E 值增大 30%～50%，再次证实，忽略形状系数 k_s 对 FRP 约束矩形混凝

土柱变形能力的影响是不合理的。

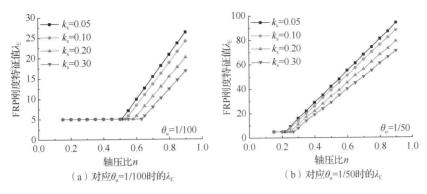

（a）对应 θ_{u}=1/100时的 λ_{E}　　　　（b）对应 θ_{u}=1/50时的 λ_{E}

图 9.44　FRP 侧向约束刚度特征值 λ_{E}

9.7　小　结

本章介绍了本课题组进行的 9 根较大尺寸的 FRP 约束矩形钢筋混凝土短柱在低周反复荷载下的抗震性能试验研究，主要用大尺寸、矩形、高弯剪强度比、短柱及 FRP 类别等因素验证 FRP 转变试件破坏形态的有效性，而且对试件的破坏形态、滞回曲线、骨架曲线、位移延性、耗能性能、强度退化、刚度退化等性能进行了较为深入系统的研究；对不同 FRP 类别（CFRP、DFRP、BF）约束试件的滞回性能进行了系统比较，研究了加载顺序对 FRP 约束柱抗震性能的影响。

通过数值方法，将 FRP 约束矩形截面轴压模型应用于弯剪组合柱进行了分析，研究不同 FRP 约束混凝土的应力-应变关系对弯矩-曲率结果的影响，确定 FRP 约束混凝土截面不同等级的性能状态。通过对不同参数下 FRP 约束矩形混凝土截面弯矩-曲率关系的大量计算和分析，讨论了各主要参数对 FRP 约束矩形混凝土截面弯矩-曲率关系的影响，给出了 FRP 约束矩形混凝土截面不同等级性能状态与尺寸无关的曲率计算公式，在 FRP 约束矩形混凝土截面曲率计算公式的基础上，提出了曲率延性系数的简化计算方法，探讨了曲率延性系数相对 FRP 约束矩形混凝土截面各主要参数的变化规律。

在横向反复荷载的作用下，混凝土柱塑性铰区的混凝土抗剪承载力大小随着位移延性系数的大小变化，塑性铰区混凝土抗剪承载力分项应反映其随位移延性系数的退化规律，在系统分析这一退化规律的基础上，在收集大量剪切破坏特征的矩形截面普通混凝土柱低周反复荷载试验数据时，对《混凝土结构设计规范（2015 年版）》（GB 50010—2010）抗剪承载力公式进行延性系数影响修正。对 FRP 约束钢筋混凝土柱抗剪承载力进行了研究，论证了 FRP 有效应变的取值，参考普通混凝土柱的破坏模式判别方法，预测了 FRP 加固试件破坏模式，探讨了 FRP 抗剪承载力贡献在反复荷载下的变化规律。

本章收集大量弯曲破坏的箍筋约束矩形柱低周反复荷载试验结果，建立了形式简单的、可以双向应用的箍筋用量与变形能力的关系表达式，并与既有研究成果进行比较，在此基础上，计算最小配箍特征值所对应的变形能力。在已经建立的 FRP 用量与极限曲率关系的基础上，根据等效塑性铰理论，建立了 FRP 用量与极限位移角之间的定量表达式，对 FRP 约束混凝土矩形柱极限位移角的各种影响参数进行了详细讨论，计算对应我国现行建筑抗震设计规范配箍特征值相应变形能力的 FRP 用量，推导了 FRP 约束矩形混凝土柱服务功能、损伤控制性能极限状态的极限位移角计算公式。

参 考 文 献

[1] PRIESTLEY M J N, SEIBLE F. Design of seismic retrofit measures for concrete and masonry structures[J]. Construction and building materials, 1995, 9(6): 365-377.

[2] SAADATMANESH H, EHSANI M R, JIN L M. Repair of earthquake-damaged RC columns with FRP wraps[J]. ACI structural journal, 1997, 94(2): 206-215.

[3] SEIBLE F, PREISTLEY N, HEGEMIER G A, et al. Seismic retrofit of RC columns with continuous carbon fiber jackets[J]. Journal of composites for construction, 1997, 1(2): 52-62.

[4] XIAO Y, MA R. Seismic retrofit of RC circular columns using prefabricated composite jacketing[J]. Journal of structural engineering, 1997, 123(10): 1357-1364.

[5] XIAO Y, WU H, MATIN G R. Prefabricated composite jacketing of RC columns for enhanced shear strength[J]. Journal of structural engineering, 1999, 125(3): 255-264.

[6] SHEIKH S A, YAU G. Seismic behaviour of concrete columns confined with steel and fiber-reinforced polymers[J]. ACI structural journal, 2002, 99(1): 72-80.

[7] IACOBUCCI R D, SHEIKH S A, BAYRAK O. Retrofit of square concrete columns with carbon fiber- reinforced polymer for seismic resistance[J]. ACI structural journal, 2003, 100(6): 785-794.

[8] MEMON M S, SHEIKH S A. Seismic resistance of square concrete columns retrofitted with glass fiber-reinforced polymer[J]. ACI structural journal, 2005, 102(5): 774-783.

[9] BOUSIAS S N, TRIANTAFILLOU T C, FARDIS M N, et al. Fiber-reinforced polymer retrofitting of rectangular reinforced concrete columns with or without corrosion[J]. ACI structural journal, 2004, 101(4): 512-520.

[10] HARAJLI M. H, RTEIL A A. Effect of confinement using fiber-reinforced polymer or fiber-reinforced concrete on seismic performance of gravity load-designed columns[J]. ACI structural journal, 2004, 101(1): 47-56.

[11] SAUSE R, HARRIES K A, WALKUP S, et al. Flexural behaviour of concrete columns retrofitted with carbon fiber-reinforced polymer jackets[J]. ACI structural journal, 2004, 101(5): 708-716.

[12] MO Y L, NIEN I C. Seismic performance of hollow high-strength concrete bridge columns[J]. Journal of bridge engineering, 2002, 7(6): 338-349.

[13] MO Y L, YEH Y K, HSIEH D M. Seismic retrofit of hollow rectangular bridge columns[J]. Journal of composites for construction, 2004, 8(1): 43-51.

[14] CHENG C T, MO Y L, YEH Y K. Evaluation of as-built, retrofitted, and repaired shear-critical hollow bridge columns under earthquake-type loading[J]. Journal of bridge engineering, 2005, 10(5): 520-529.

[15] ELSANADEDY H M. Seismic performance and analysis of ductile composite-jacketed reinforced concrete bridge columns[D]. Irvine: University of California, 2002.

[16] ELSANADEDY H M, HAROUN M A. Seismic design criteria for circular lap-spliced reinforced concrete bridge columns retrofitted with fiber-reinforced polymer jackets[J]. ACI structural journal, 2005, 102(3): 354-362.

[17] ELSANADEDY H M, HAROUN M A. Seismic design guidelines for squat composite-jacketed circular and rectangular reinforced concrete bridge columns[J]. ACI structural journal, 2005, 102(4): 505-514.

[18] HAROUN M A, ELSANADEDY H M. Behavior of cyclically loaded squat reinforced concrete bridge columns upgraded with advanced composite-material jackets[J]. Journal of structural engineering, 2005, 10(6): 741-748.

[19] HOSSEINI A, KHALOO A R, FADAEE S. Seismic performance of high-strength concrete square columns confined with carbon fiber reinforced polymers (CFRPs)[J]. Canadian journal of civil engineering, 2005, 32: 569-578.

[20] GHOSH K K, SHEIKH S A. Seismic upgrade with carbon fiber-reinforced polymer of columns containing lap-spliced reinforcing bars[J]. ACI materials journal, 2007, 104(2): 227.

[21] OZBAKKALOGLU T, SAATCIOGLU M. Seismic performance of square high-strength concrete columns in FRP stay-

in-place formwork[J]. Journal of structural engineering, 2007, 133(1): 44-56.

[22] COLOMB F, TOBBI H, FERRIER E, et al. Seismic retrofit of reinforced concrete short columns by CFRP materials[J]. Composite structures, 2008, 82(4): 475-487.

[23] OZCAN O, BINICI B, OZCEBE G. Improving seismic performance of deficient reinforced concrete columns using carbon fiber-reinforced polymers[J]. Engineering structures, 2008, 30(6): 1632-1646.

[24] DAI J G, LAM L, UEDA T. Seismic retrofit of square RC columns with polyethylene terephthalate (PET) fibre reinforced polymer composites[J]. Construction and building materials, 2012, 27(1): 206-217.

[25] IDRIS Y, OZBAKKALOGLU T. Seismic behavior of high-strength concrete-filled FRP tube columns[J]. Journal of composites for construction, 2013, 17(6): 04013013.

[26] MA G, LI H. Experimental study of the seismic behavior of predamaged reinforced-concrete columns retrofitted with basalt fiber-reinforced polymer[J]. Journal of composites for construction, 2015, 19(6): 04015016.

[27] WANG D, HUANG L, YU T, et al. Seismic performance of CFRP-retrofitted large-scale square rc columns with high axial compression ratios[J]. Journal of composites for construction, 2017, 21(5): 04017031.

[28] WANG D, WANG Z, YU T, et al. Seismic performance of CFRP-retrofitted large-scale rectangular RC columns under lateral loading in different directions[J]. Composite structures, 2018, 192: 475-488.

[29] 吴刚. FRP 加固钢筋混凝土结构的试验研究与理论分析[D]. 南京：东南大学，2002.

[30] 吴刚，吕志涛，蒋剑彪. 碳纤维布加固钢筋混凝土柱抗震性能的试验研究[J]. 建筑结构，2002，32（10）：42-45.

[31] 张轲，岳清瑞，叶列平. 碳纤维布加固钢筋混凝土柱滞回耗能分析及目标延性系数的确定[J]. 工业建筑，2001，31（6）：5-8.

[32] 范立础，李建中，王君杰. 高架桥梁抗震设计[M]. 北京：人民交通出版社，2001.

[33] 赵彤，刘明国，谢剑，等. 碳纤维布改善高强钢筋混凝土柱延性的试验研究[J]. 地震工程与工程振动，2001，21（4）：46-52.

[34] 李忠献，徐成祥，景萌，等. 碳纤维布加固钢筋混凝土短柱抗震性能的试验研究[J]. 建筑结构学报，2002，23（6）：41-48.

[35] 陈杰. FRP 加固钢筋混凝土柱抗震性能的试验研究[D]. 南京：东南大学，2004.

[36] 郭夏. CFRP 加固局部强度不足的钢筋混凝土柱试验研究[D]. 大连：大连理工大学，2008.

[37] 苑寿刚. CFRP 约束带载加固混凝土柱滞回性能试验研究[D]. 沈阳：东北大学，2009.

[38] 齐敬磊. CFRP 带载约束加固混凝土柱推覆性能试验研究[D]. 沈阳：东北大学，2009.

[39] 张冬杰. FRP 布约束 RC 矩形空心桥墩抗震性能研究[D]. 北京：北京工业大学，2013.

[40] 黄乐. 不同方向水平荷载作用下 FRP 约束 RC 方柱的抗震性能研究[D]. 哈尔滨：哈尔滨工业大学，2014.

[41] 中国工程建设标准化协会建筑物鉴定与加固委员会. 碳纤维片材加固混凝土结构技术规程（2007 年版）：CECS 146：2003[S]. 北京：中国计划出版社，2003.

[42] 中华人民共和国住房和城乡建设部. 建筑抗震试验规程：JGJ/T 101—2015[S]. 北京：中国建筑工业出版社，2015.

[43] 吴刚，吕志涛. 纤维增强复合材料 FRP 约束混凝土矩形柱应力-应变关系的研究[J]. 建筑结构学报，2004，25（3）：99-106.

[44] PAULAY T，PRIESTLEY M J N. 钢筋混凝土和砌体结构的抗震设计[M]. 戴瑞同，陈世鸣，林宗凡，等译. 北京：中国建筑工业出版社，1999.

[45] PRIESTLY M J N, SEIBLE F. Seismic design and retrofit of bridges[M]. New York: John wiley & Sons, 1996.

[46] 熊朝晖，潘德恩. 钢筋混凝土框架柱侧向变形能力的研究[J]. 地震工程与工程振动，2001，21（2）：103-108.

[47] KOWALSKY M J. Deformation limit states for circular reinforced concrete bridge columns[J]. Journal of structural engineering, 2000, 126(8): 869-878.

[48] WATSON S, ZAHN F A. Confining reinforcement for concrete columns[J]. Journal of structural engineering, 1994, 120(6): 1798-1824.

[49] 中华人民共和国住房和城乡建设部，中华人民共和国国家质量监督检验检疫总局. 混凝土结构设计规范（2015 年版）：GB 50010—2010[S]. 北京：中国建筑工业出版社，2015.

[50] American Concrete Institute. Building code requirements for structural concrete (ACI 318-02) and commentary (ACI 318R-02): ACI Committee 318 structural Building Code[S]. Farmington Hills: American Concrete Institute, 2002.

[51] ATC-32. Seismic design recommendations for bridges[R]. Redwood City: Applied Technology Council, 1995.

[52] GHAE A B, PRIESTLEY M J N, PAULAY T. Seismic shear strength of circular reinforced concrete columns[J]. ACI structural journal, 1989, 86(1): 45-59.

[53] PRIESTLY M J N, VERMA R, XIAO Y. seismic shear strength of reinforced concrete columns[J]. Journal of structural engineering, 1994, 120(8): 2310-2329.

[54] PRIESTLEY M J N, PARK R. Strength and ductility of concrete bridge columns under seismic loading[J]. ACI structural journal, 1987, 84(1): 61-75.

[55] KOWALSKY M, PRIESTLY M J N. Improved analytical model for shear strength of circular reinforced concrete columns in seismic regions[J]. ACI structural journal, 2000, 97(3): 388-396.

[56] SEZEN H, MOEHLE J P. Shear strength model for lightly reinforced concrete columns[J]. Journal of structural engineering, 2004, 130(11): 1692-1703.

[57] LYNN A. Seismic evaluation of existing reinforced concrete building columns[D]. Berkley: University of California at Berkeley, 1999.

[58] 叶列平, 赵树红, 李全旺, 等. 碳纤维布加固混凝土柱的斜截面受剪承载力计算[J]. 建筑结构学报, 2000, 121（10）: 59-67.

[59] BERRY M. Performance modeling strategies for modern reinforced concrete bridge columns[D]. Washington: University of Washington, 2006.

[60] EBERHARD M, PARRISH M. Peer structural performance database[EB/OL].(2003-01-16)[2004-06-18]. http://nisee.berkeley. edu/spd/.

[61] 魏洋. FRP 约束混凝土矩形柱力学特性及其抗震性能研究[D]. 南京: 东南大学, 2007.

[62] American Association of State Highway and Transportation Officials. Standard specifications for highway bridges[M]. Washington: AASHTO, 2002.

[63] Texas Department of Transportation. Bridge design specifications manual[S]. Sacramento: California Department of Transportation, 1998.

[64] Comite European de Normalization. Design Provisions for Earthquake Resistance of Structures, Eurocode 8, Part 2: Bridges[S]. Brussels: CEN, 1994.

[65] 中华人民共和国住房和城乡建设部, 中华人民共和国国家质量监督检验检疫总局. 建筑抗震设计规范（2016 年版）: GB 50011—2010 [S]. 北京: 中国建筑工业出版社, 2010.

[66] PAULAY T, PRIESTLEY M J N. Seismic design of reinforced concrete and masonry buildings[M]. New York: John Wiley & Sons, 1992.

[67] SHEIKH S A, KHOURY S S. A performance-based approach for the design of confining steel in tied columns[J]. ACI structural journal, 1997, 94(4): 421-431.

[68] SAATCIOGLU M, RAZVI S R. Displacement-based design of reinforced concrete columns for confinement[J]. ACI structural journal, 2002, 99(1): 3-11.

[69] 卓卫东, 范立础. 延性桥墩塑性铰区最低约束箍筋用量[J]. 土木工程学报, 2002, 35（5）: 47-51.

[70] 吕西林, 周定松, 蒋欢军. 钢筋混凝土框架柱的变形能力及基于性能的抗震设计方法[J]. 地震工程与工程振动, 2005, 25（6）: 53-61.

第 10 章　嵌入式 FRP 筋与外包 FRP 组合加固 RC 柱的抗震性能

10.1　引　言

近年来，由于 FRP 施工快速便捷、轻质高强及较好的耐久性等优点被广泛用于外包加固 RC 柱[1-3]中。外包 FRP 可以有效提高 RC 柱的抗剪承载力和变形能力，但在提高 RC 柱抗弯承载力方面效果不明显。嵌入式 FRP 加固方法是在混凝土表面开槽，并利用合适的胶结材料将 FRP 筋材或板材粘结到凹槽中的加固技术[4]，具有承载力提高明显等优点，但嵌入式加固使用的筋材或板材易发生剥离破坏，从而导致嵌入的加固材料不能充分利用[5]。

10.2　嵌入式 FRP 筋与外包 FRP 组合加固技术的提出

为了克服单一加固方法的劣势，一些学者提出了结合两种加固方法优势的组合加固技术：Realfonzo 和 Napoli[6]进行了角钢与外包 CFRP 组合加固 RC 柱的试验；Bournas 和 Triantafillou[7]的试验表明，嵌入式 FRP 筋与局部外包 FRP 组合加固可以提高 RC 柱的抗弯承载力和延性；Perrone 等[8]进行了结合嵌入式 CFRP 板条和外包 CFRP 组合加固 RC 柱的抗震试验，结果表明此复合加固方法可显著提高 RC 柱承载力和耗能能力；此外，作者课题组 Ding 等[9]和杨慎银[10]也进行了结合嵌入式 BFRP 筋与外包 BFRP 组合加固 RC 柱的试验研究，系统揭示了该组合加固方法的复合效应，结果表明，组合加固结构不仅能显著提高 RC 柱的抗弯承载力，还能显著提高其延性及抗震性能。

基于纤维模型的有限元方法是一种分析 RC 结构抗震性能的最经济且足够精确的方法[11]。已有 RC 结构试验表明，钢筋的粘结滑移现象不能忽略[12,13]，其影响构件整体性能，并导致构件刚度和耗能能力降低。钢筋的粘结滑移效应在梁柱结点区，以及柱脚塑性铰区变得尤其明显，一些学者在纤维模型分析中提出了很多方法考虑这种粘结滑移效应的影响[14-17]。另外，嵌入式 FRP 筋与混凝土间的粘结条件比钢筋与混凝土间要差，其在柱脚塑性铰区的粘结滑移更为明显，因此，在基于纤维模型的有限元分析中，需要考虑嵌入式 FRP 筋的粘结滑移效应。现有的文献调研发现，仅有 Barros 等[18]对嵌入式 FRP 板条加固柱进行了基于纤维模型的数值分析，但其并没有考虑 CFRP 板条与混凝土间的粘结滑移效应。

本章针对嵌入式 FRP 筋的粘结滑移现象，提出了同时考虑 FRP 筋弹性伸长和粘结滑移的加载端应力-滑移模型，并将其转变为修正应力-应变关系，以在基于纤维模型的有限元分析中方便地确定 FRP 筋的应力、应变状态。在此基础上，作者课题组将 FRP

筋修正应力-应变关系嵌入开放有限元软件 OpenSees 中，对已发表的 6 根 RC 柱[9]相关研究进行了分析，以验证本章提出的模拟方法的可靠性。此外，本章也对嵌入式 BFRP 筋与混凝土完全粘结下的加固试件进行了分析。结果表明，本章提出的方法很好地模拟了组合加固试件的抗震性能，且进一步揭示了此组合加固方法的复合效应，即嵌入式 FRP 筋的粘结滑移现象减缓了 FRP 筋的提早断裂，提高了加固试件的整体延性。

10.3　嵌入式 FRP 筋与外包 FRP 组合加固 RC 柱的抗震性能试验

10.3.1　试件设计

本节试验共设计制作了 7 个钢筋混凝土桥墩缩尺试件模型，试件呈工字形，底部柱台起固定作用，柱头用于承压并跟水平作动器相连接，柱身截面为边长 270mm 的方形截面，混凝土保护层厚度为 30mm，柱身区段高度为 1075mm，纵筋为 6φ12，箍筋为 φ8@60，纵筋钢筋配筋率为 0.93%，箍筋体积配箍率为 1.24%，混凝土立方体抗压强度为 37.06MPa，各试件轴压比为 0.1，轴压力为 205kN，试件尺寸及配筋图、加固方式分别如图 10.1 和图 10.2 所示。

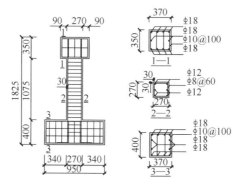

图 10.1　试件尺寸及配筋图（单位：mm）

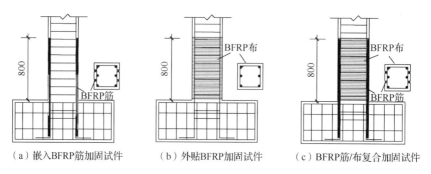

（a）嵌入 BFRP 筋加固试件　　（b）外贴 BFRP 加固试件　　（c）BFRP 筋/布复合加固试件

图 10.2　试件加固方式（单位：mm）

为研究 BFRP 筋/布复合加固效果及 BFRP 筋加固量对承载力的影响，试件加固参数设置见表 10.1。

表 10.1　各试件加固参数设置

试件编号	纵向钢筋配筋率/%	BFRP 筋		箍筋		BFRP 配纤特征值	备注
		直径/mm	等效配筋率/%	配箍特征值	层数		
C1-0-0	0.93	—	0	0.206	—	0	未加固
C2-0-3	0.93	—	0	0.206	3	0.304	BFRP 加固
C3-6-0	0.93	6	0.41	0.206	3	0.304	复合加固
C4-8P-3	0.93	8	0.75	0.206	3	0.304	复合加固
C5-8-3	0.93	8	0.75	0.206	3	0.304	复合加固
C6-10-0	0.93	10	1.20	0.206	—	0	BFRP 筋加固
C7-10-3	0.93	10	1.20	0.206	3	0.304	复合加固
C8-12-3	0.93	12	1.51	0.206	3	0.304	复合加固

注：以 C7-10-3 为例说明 BFRP 筋/布复合加固试件编号，"C7"表示 7 号 RC 柱，"10"表示嵌入直径 10mm 的 BFRP 筋，"3"表示外贴 3 层 BFRP。

10.3.2　材料性能

下面主要介绍试件材料及加固材料的基本材性数据。

1. 混凝土抗压强度

本节试验设计的 7 个试件都是一次性浇筑，按《混凝土结构试验方法标准》（GB/T 50152—2012）制作了 5 个 150mm×150mm×150mm 混凝土立方体试件，经过 28d 养护后，混凝土立方体抗压强度实测值见表 10.2。

表 10.2　混凝土立方体抗压强度实测值

参数	1	2	3	4	5	平均值
实测值 f_{cu}/MPa	37.42	36.92	37.14	36.91	36.86	37.06

混凝土 C50 等级以下，混凝土轴心抗压强度标准值 f_{ck} 可按照下面公式推算出来。

$$f_{ck} = 0.76 \times f_{cu} = 0.76 \times 37.06\text{MPa} = 28.17\text{MPa}$$

则，试验轴压比为 0.1 的情况下，试件柱顶施加的轴压力值为

$$N = 0.1 \times f_{ck} \times A_{RC} = 0.1 \times 28.17\text{MPa} \times 270\text{mm} \times 270\text{mm} = 205\text{kN}$$

2. 钢筋性能

试件的纵筋和箍筋分别选用了 Φ12 和 Φ8 钢筋拉伸材料，其性能实测值见表 10.3。

表 10.3　钢筋拉伸实测值

钢筋种类	f_y/MPa	$\varepsilon_y/10^{-6}$	f_u/MPa	E_s/GPa
Φ12	465.34	2173	593.67	214.15
Φ8	342.24	1861	475.24	180.01

3. BFRP

本节试验中采用的玄武岩纤维布由浙江石金玄武岩纤维有限公司提供，型号为
BUF7-200，实物如图 10.3 所示。BFRP 片材拉伸试验在最大试验力 100t 的 MTS-
SHT4605 液压式万能试验机上进行，采用外接引伸计测量弹性模量，试件破坏形态如
图 10.4 所示，试验结果见表 10.4。

图 10.3　玄武岩纤维布实物图

图 10.4　BFRP 片材破坏形态

表 10.4　BFRP 片材拉伸材料性能试验结果

试件编号	纤维厚度/mm	宽度/mm	极限荷载/kN	抗拉强度/MPa		弹性模量/GPa	
				数值	均值	数值	均值
1	0.111	14.8	2855.42	1738.14		88.98	
2	0.111	15.0	2859.29	1717.29		89.26	
3	0.111	15.1	2901.12	1730.88	1716.35	88.19	88.18
4	0.111	14.9	2796.37	1690.77		87.59	
5	0.111	15.2	2876.11	1704.67		86.88	

4. BFRP 筋及其粘结材料特性

本节试验中采用的 BFRP 筋由江苏绿材谷新材料科技发展有限公司专门生产，为了
获得较好的界面粘结性能，BFRP 筋螺纹深度为 0.06 倍 BFRP 筋直径大小，螺纹间距为
0.8 倍 BFRP 筋直径大小。依据 ACI 440.3R-04 要求，BFRP 筋拉伸试件中间试验段长度
不应小于 40 倍筋材直径 d，BFRP 筋两端通过内径为 1.5 倍左右 BFRP 筋直径大小、厚
度为 2mm、长度为 250mm 的无缝钢管注入环氧树脂和 593 型固化剂（以 4∶1 混合），
制作成混合胶作为锚具内的粘结材料，如图 10.5 所示。BFRP 筋单向拉伸试验结果见
表 10.5。

图 10.5　BFRP 筋材拉伸试件（单位：mm）

表 10.5　BFRP 筋单向拉伸试验结果

BFRP 筋直径/mm	极限荷载/kN		抗拉强度/MPa		弹性模型/GPa	
	均值	标准差	均值	标准差	均值	标准差
6	34.54	0.26	1221.74	9.34	47.27	1.22
8	63.25	1.54	1258.31	48.24	48.96	1.54
10	101.69	2.84	1294.76	61.12	48.62	1.71

在混凝土保护层中嵌入 BFRP 筋的粘结材料采用 Hilti RE500 注射式环氧型植筋胶，其材料性能由国家建筑材料测试中心提供，见表 10.6。

表 10.6　Hilti RE500 环氧型植筋胶性能

项目	劈裂抗拉强度/MPa	抗弯强度/MPa	抗压强度/MPa	钢-钢拉伸抗剪强度/MPa
检测结果	14.5	86	90	22

10.3.3　FRP 筋/布复合加固设计

1. 加固参数设计

（1）嵌入 BFRP 筋凹槽设计

嵌入 BFRP 筋加固技术需要在混凝土保护层中设置凹槽用于粘结锚固，凹槽的大小及位置对嵌入 BFRP 筋的粘结性能影响很大。

嵌入 BFRP 筋的粘结破坏主要包括：①BFRP 筋与粘结植筋胶的界面滑移破坏；②粘结植筋胶的剪拉破坏；③粘结植筋胶与混凝土的界面滑移破坏；④保护层混凝土劈裂破坏。凹槽的参数设计对前 3 种粘结破坏影响较大，凹槽的设计参数包括凹槽截面的大小及凹槽之间的位置。国内外嵌入式 FRP 筋的粘结性能试验研究表明，凹槽截面的长宽比接近 1，且凹槽的大小为嵌入 FRP 筋直径的 1.5～2.5 倍时，能获得较好的粘结性能。嵌入 BFRP 筋的凹槽参数设计如图 10.6 所示，图示为柱身横截面，试件混凝土保护层厚度为 30mm，嵌入 BFRP 筋直径大小分别为 6mm、8mm、10mm。

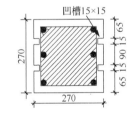

图 10.6　凹槽设计（单位：mm）

（2）BFRP 筋锚固长度设计

嵌入 BFRP 筋在柱台底座中的锚固长度要足够长，以保证不发生 BFRP 筋在柱底拉拔破坏。ACI 1R-06 建议 FRP 筋的设计锚固长度为 40～60 倍 FRP 筋材直径，对于 BFRP 筋，相关的研究表明，当 BFRP 筋在混凝土中的锚固长度达到 20 倍 BFRP 筋直径以上时，BFRP 筋拉断而不发生拔出破坏，为保险起见，嵌入 BFRP 筋在柱台底座的锚固长度取 40 倍 FRP 筋直径大小，以保证底座 BFRP 筋不发生加固失效。

（3）嵌入 BFRP 筋粘结长度设计

嵌入式 FRP 筋加固较容易发生的破坏为粘结破坏，嵌入 FRP 筋的粘结长度是一个关键性因素，而目前对 BFRP 筋粘结长度的设计资料很少，特别是对有 BFRP 约束混凝土保护层下的 BFRP 筋的粘结长度研究很少。为了便于不同直径 BFRP 筋加固之间的比较，同时尽可能保证 BFRP 筋有足够的粘结锚固段，嵌入 BFRP 筋的粘结长度取为 800mm，达到 80 倍以上 BFRP 筋直径大小的粘结长度。

（4）嵌入 BFRP 筋等效配筋率

未加固试件纵向钢筋配筋率为 0.93%，为了便于量化评估嵌入 BFRP 筋加固量，本节中用 BFRP 筋的等效配筋率 ρ_{fe} 表示 BFRP 筋加固量，BFRP 筋的等效配筋率按式（10.1）计算。各试件 BFRP 筋的等效配筋率参见表 10.1。

$$\rho_{fe} = \rho_f \frac{f_{fu}}{f_y} = \frac{A_{FRP}}{A_{RC}} \frac{f_f}{f_y} \tag{10.1}$$

式中，A_{FRP} 表示 RC 柱截面中 BFRP 筋的总截面面积；A_{RC} 表示 RC 柱截面面积；f_{fu} 表示 BFRP 筋的极限抗拉伸强度；f_y 表示纵向钢筋的屈服强度。

（5）配纤特征值

箍筋和 BFRP 对混凝土都有约束加固作用，可采用配箍特征值和配纤特征值加以描述，如式（10.2）和式（10.3）所示，各试件的具体数值见表 10.1。

$$\lambda_v = \rho_v \frac{f_{yv}}{f_{ck}} \tag{10.2}$$

$$\lambda_f = \rho_f \frac{f_f}{f_{ck}} = \frac{2n_f t_f (b+h)}{bh} \frac{f_f}{f_{ck}} \tag{10.3}$$

式中，f_{yv} 表示箍筋屈服强度；ρ_v 表示箍筋体积配筋率；f_f 表示 BFRP 极限抗拉强度；f_{ck} 表示混凝土轴心抗压强度；ρ_f 表示 FRP 体积含纤率；n_f 表示外贴 BFRP 层数；t_f 表示 BFRP 厚度；b 和 h 表示 RC 柱横截面高度和宽度。

2. FRP 筋/布复合加固工艺

BFRP 筋/布复合加固 RC 柱主要包括两个部分，一个为嵌入式 BFRP 筋加固，另一个为 BFRP 约束加固。

（1）嵌入式 BFRP 筋加固工艺流程

嵌入式 BFRP 筋加固时，保证粘结界面的质量和植筋胶的密实度较重要。嵌入式 BFRP 筋主要加固流程如下：①试件凹槽、倒角、打磨、清洗干燥等前处理；②注射植筋胶；③植筋；④挤压抹平；⑤静置固化。其加固流程如图 10.7 所示。

（a）前处理　　　（b）注射植筋胶　　　（c）植筋　　　（d）挤压抹平　　　（e）静置固化

图 10.7　嵌入 BFRP 筋加固流程

（2）BFRP 约束加固工艺流程

试件 RC 柱四周角部设置半径 25mm 的弧形倒角，在柱根底部留置 20mm 高的未贴布加固段，防止试件底部交接处 BFRP 的过早破坏及诱导塑性铰在柱底部产生，纤维布包裹范围为距离柱台 20～820mm 高度内，分两段横向包裹，BFRP 端部搭接 200mm。外贴 BFRP 加固流程如图 10.8 所示。

（a）找平　　　　　　（b）底涂　　　　　　（c）干法贴布　　　　　　（d）固化成型

图 10.8　外贴 BFRP 加固流程

10.3.4　加载装置与加载制度

如图 10.9（a）所示的拟静力试验装置，柱顶轴压力直接采用 MTS 控制的竖向作动器直接施加；柱顶端部与竖向作动器连接处设置了球铰，柱顶侧移作动器也设置了球铰，可自由转动，释放柱端弯矩；柱顶水平加载方向设置了外接力传感器及水平位移传感器，以实现实时监测，同时，试件屈服后监测位移换为外接水平传感器的位移，消除了加载端的空隙、刚体位移等不良因素的影响。拟静力试验采用荷载-位移双控制的方法，具体如下。

1）通过竖向作动器施加柱顶恒定轴压荷载 205kN，然后施加柱顶水平荷载。

2）试件屈服前，以荷载值控制加载，每级荷载循环一次，荷载主要极差为 10kN，试件接近屈服时极差为 5kN。

3）试件屈服后，以水平位移值控制加载，水平位移值取试件屈服位移值的整数倍等增量加载，每级循环三次，直至试件破坏。加载制度示意图如图 10.9（b）所示。

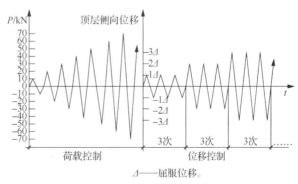

（a）加载装置　　　　　　　　　　　　　（b）加载制度

图 10.9　拟静力试验加载装置与加载制度示意图

10.3.5　试验现象与破坏特征概述

试验柱加固示意图如图 10.10（a）所示。C1-0-0 为对比柱，破坏模式为钢筋屈曲、混凝土压碎的塑性铰破坏；C2-0-3 为仅外包 BFRP 加固柱，破坏模式为钢筋低周疲劳拉断（水平位移为 11δ，其中 δ 为屈服位移 6mm）和 BFRP 外鼓断裂，如图 10.10（b）所示；C6-10-0 为仅嵌入式 BFRP 筋加固柱，柱表面凹槽尺寸为 15mm×15mm，破坏模式为 BFRP 筋的剥离和反复拉压荷载作用下的屈曲破坏，如图 10.10（c）所示；C3-6-3、C5-8-3、C7-10-3 为分别采用嵌入 6mm、8mm、10mm BFRP 筋与外包 3 层 BFRP 复合加固柱，C3-6-3 和 C5-8-3 破坏模式相同，6mm 和 8mm 筋材分别在水平位移 9δ 和 13δ 时拉断，而筋材自由端树脂完好，表明其端部未滑移，如图 10.10（d）所示；C7-10-3 为复合加固柱嵌入 10mm BFRP 筋并外包 3 层 BFRP，破坏模式为 BFRP 筋断裂及端部滑移：在水平位移 14δ 时，试件受推侧的 10mm 筋材拉断，而试件受拉侧的筋材上部自由端发生了约 15mm 的整体滑移，如图 10.10（e）～（g）所示。

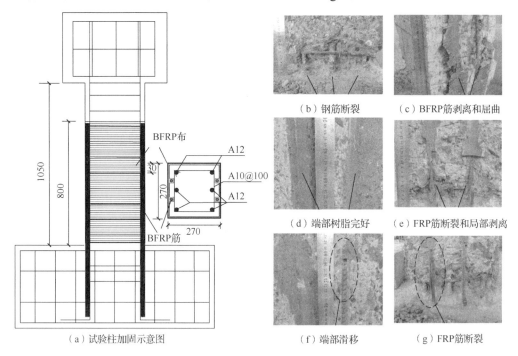

（b）钢筋断裂　　　　（c）BFRP筋剥离和屈曲

（d）端部树脂完好　　　（e）FRP筋断裂和局部剥离

（f）端部滑移　　　　（g）FRP筋断裂

（a）试验柱加固示意图

图 10.10　试验柱加固示意图及 C2-0-3 柱、C6-10-0 柱、C3-6-3 柱、C5-8-3 柱、C7-10-3 柱破坏模式（单位：mm）

10.3.6　试验结果分析

1. 滞回曲线

图 10.11（a）～（f）给出了各试件的荷载-位移滞回曲线，可以发现：

1）未加固试件 C1-0-0 的滞回曲线表现为典型的弯曲破坏形态，滞回环形状开阔。

2）单独采用 BFRP 加固柱 C2-0-3 的滞回环更加开阔，加载后期，荷载缓慢下降，极限破坏位移增大，延性性能提高，但承载力基本未提高。

3）单独采用 BFRP 筋加固柱 C6-10-0 的承载力得到提高，残余位移减小，但极限破坏位移减小，滞回环没有未加固柱 C1-0-0 的开阔，跟对比柱相比有稍微"捏拢"，BFRP 筋发生整体滑移，破坏突然，延性性能降低。

4）采用 BFRP 筋/布复合加固柱 C3-6-3 滞回曲线开阔，承载力和极限位移都增大，滞回环围拢的面积更大，其承载力、延性、耗能性能均得到提高，复合加固效果好。

5）从 BFRP 筋/布复合加固 RC 柱 C3-6-3、C5-8-3、C7-10-3 的滞回曲线可以看出，随着 BFRP 筋加固量的增加，嵌入加固的 BFRP 筋直径细小时，滞回环开阔，但容易发生 BFRP 筋的拉断破坏，承载力直接下降，延性性能相对其他复合加固柱降低，嵌入 BFRP 筋直径太大时，容易发生整体滑移，BFRP 筋强度得不到有效利用，但试验试件总体而言，随着 BFRP 筋直径的增加，BFRP 筋加固量增大，残余位移相对减小，滞回环稍微有趋向"捏拢"现象，滞回环中最大承载力和极限破坏位移得到提高，承载力和延性性能得到提高。

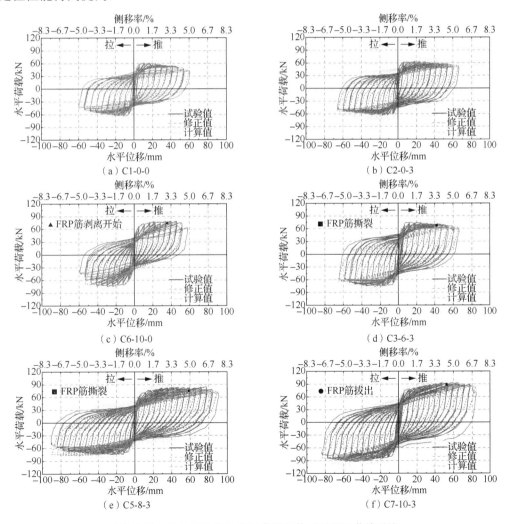

图 10.11　各柱试验测量滞回曲线与修正后滞回曲线对比

2. 承载力和位移延性系数

结合试验现象及试件滞回和骨架曲线，各试件试验结果见表 10.7。

表 10.7　各试件试验结果

试件编号	屈服荷载/kN			屈服位移/mm			峰值荷载/kN			极限位移/mm			破坏特征
	推	拉	均值	推	拉	均值	推	拉	均值	推	拉	均值	
C1-0-0	73.2	74.3	73.8	7.34	7.21	7.28	74.2	75.2	74.7	48.04	47.81	47.93	A
C2-0-3	74.2	75.1	74.7	5.98	6.04	6.01	75.7	76.7	76.2	61.58	59.82	60.70	B
C6-10-0	86.1	86.4	86.3	10.59	10.49	10.54	91.6	91.1	91.4	58.48	51.47	54.98	C
C3-6-3	89.8	92.1	91.0	8.16	8.19	8.18	104.1	107.2	105.7	82.59	82.05	82.32	E
C5-8-3	86.9	87.3	87.1	7.52	8.01	7.76	90.0	94.3	92.2	89.02	81.34	85.18	D
C7-10-3	80.5	83.9	82.2	7.47	6.81	7.14	88.4	86.8	87.6	62.28	60.12	61.20	D

注：A 为塑性铰弯曲破坏；B 为钢筋拉断破坏；C 为 BFRP 筋粘结滑移破坏；D 为 BFRP 筋拉断破坏；E 为 BFRP 筋部分拉断，部分粘结滑移。

由于施工误差、钢筋混凝土材料本身存在的离散性、试验误差等，试件柱推拉荷载和推拉位移的测试数据不可能完全对称，本节对各试件承载力与延性系数进行分析（依据表 10.7 的相关数据），分析结果见表 10.8。

表 10.8　各试件承载力与延性系数分析结果

试件编号	屈服荷载/kN	峰值荷载/kN	峰值荷载提高/%	屈服位移/mm	极限位移/mm	延性系数	延性系数提高/%
C1-0-0	73.8	74.7	—	7.28	47.93	6.58	—
C2-0-3	74.7	76.2	2.0	6.01	60.70	10.10	53.4
C6-10-0	86.3	91.4	22.4	10.54	54.98	5.22	-20.8
C3-6-3	91.0	105.7	41.5	8.18	82.32	10.06	52.9
C5-8-3	87.1	92.2	23.4	7.76	85.18	10.98	66.7
C7-10-3	82.2	87.6	17.3	7.14	61.20	8.57	30.2

（1）BFRP 筋/布复合加固效果分析

从表 10.8 中 C1-0-0、C2-0-3、C6-10-0、C3-6-3 的承载力和延性系数可以看出：

1）BFRP 约束加固试件 C2-0-3，承载力仅提高 2%，而延性性能提高了 53.4%，即单独采用 BFRP 约束加固纵筋配筋少、轴压比小的长柱，承载力基本上没有提高，但能显著改善试件的延性性能。

2）嵌入 BFRP 筋加固试件 C6-10-0 承载力提高了 22.4%，但延性系数降低了 20.8%，即单独采用嵌入 BFRP 筋加固试件，增加了纵筋配筋量，可显著提高试件的承载力，但BFRP 筋在混凝土保护层中易发生劈裂破坏，从而导致 BFRP 筋过早地发生滑移失效，造成荷载突然下降，延性性能降低。

3）BFRP 筋与 BFRP 复合加固试件 C3-6-3 的承载力提高 41.5%，同时延性性能提高 52.9%，这两个参数都比 BFRP 和 BFRP 筋单独加固试件的大，BFRP 筋/布复合加固并不是两者简单相加，即 BFRP 可有效约束混凝土保护层，抑制了 BFRP 筋在混凝土保护层中的劈裂滑移破坏，提高了 BFRP 筋与保护层混凝土的粘结性能，提高了承载力，而 BFRP 筋分担了混凝土的压力，间接地降低了混凝土对 BFRP 的膨胀作用，改善了试件的延性，两种加固方式取长补短，复合加固效果好。

（2）BFRP 筋加固量变化对试件性能的影响

从表 10.6 中 C2-0-3、C3-6-3、C5-8-3、C7-10-3 的承载力和延性系数可以看出以下内容。

1）在 BFRP 加固量一定的情况下，随着嵌入 BFRP 筋直径的增加，即随着嵌入 BFRP 筋加固量的增加，试件的承载能力逐渐提高，分别提高了 2.0%、41.5%、23.4%、17.3%，且延性性能与未加固试件 C1-0-0 相比，有显著提高。

2）从试验现象可以看出，在 BFRP 约束量一定的情况下，随着嵌入 BFRP 筋直径的增大，试件的破坏模式从 BFRP 筋的拉断破坏变成 BFRP 筋的滑移破坏；在 BFRP 筋直径细小时（试件 C7-10-3），BFRP 基本未破坏；随着 BFRP 筋直径的增大，承载力提高，BFRP 约束混凝土贡献越来越大，BFRP 出现了膨胀断裂、破坏，如试件 C5-8-3；同时，随着 BFRP 筋直径的增大，BFRP 筋在混凝土保护层中粘结性能得不到保证，且容易发生滑移，如 C3-6-3 试件中部分 BFRP 筋发生滑移。

3）在 BFRP 约束加固量相同的情况下，随着 BFRP 筋加固量的增大，试件的承载力和延性性能都得到提高，但 BFRP 筋加固量过大时，容易发生 BFRP 筋的滑移或 BFRP 的膨胀断裂。可通过增加 BFRP 的约束加固量或改善嵌入 BFRP 筋的粘结性能，进一步提高试件的承载力和延性性能。

10.4　基于纤维模型的精细化有限元分析

10.4.1　基于纤维模型的有限元模型建立

本节采用 OpenSees 软件[19]对 6 根 RC 柱进行数值分析，如图 10.12（a）所示，研究提出的模型由一个非线性梁柱单元（nonlinear beam column element），以及柱脚一个零长度（zero length section element）的非线性转角弹簧构成，梁柱单元设 5 个积分点。非线性梁柱单元的截面纤维划分如图 10.12（b）所示，分为混凝土纤维、钢筋纤维及嵌入式 BFRP 筋纤维，纤维伸长或缩短时符合平截面假定。此外，为了考虑柱脚 BFRP 筋和钢筋的粘结滑移效应，本节提出了一种可以得出柱脚弯矩-粘结滑移转角关系的理论计算方法，并将其赋予模型中的柱脚非线性弹簧单元，详细过程将在后面的内容中阐述。

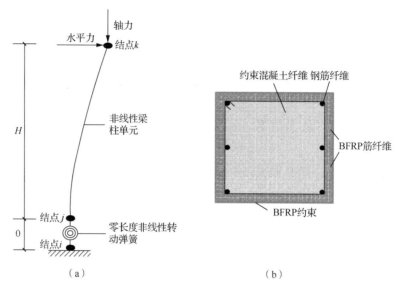

（a）　　　　　　　　　　　（b）

图 10.12　OpenSees 纤维模型示意图

10.4.2　材料应力-应变关系

1. 混凝土

对于对比柱 C1-0-0 和嵌入式加固柱 C6-10-0，未约束保护层混凝土的应力-应变关系采用 Mander 模型[20]计算，并采用 OpenSees 软件中的 Concrete02 材料来模拟，其曲线如图 10.13 所示；而核心区箍筋约束混凝土的应力-应变关系将采用 BGL 模型[21,22]来计算，BGL 模型可以考虑各种箍筋约束形式及外包 FRP 对混凝土的约束效应，且此模型已被嵌入 OpenSees 软件中，以方便应用。

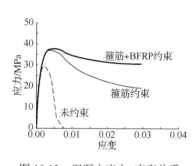

图 10.13　混凝土应力-应变关系

加固试件 C2-0-3、C3-6-3、C5-8-3 和 C7-10-3 的混凝土应力-应变关系需同时考虑箍筋和外包 BFRP 的约束效应，此约束效应也可以通过 BGL 模型方便地输入 OpenSees 软件中（图 10.13），与仅有箍筋约束混凝土曲线相比，其在峰值点后的非线性下降段要平缓一些，说明 BGL 模型恰当地考虑了 BFRP 的约束效应。

此外，对于约束混凝土的极限应变，采用 Scott 等模型[23]计算，则有

$$\varepsilon_{cu} = 0.004 + 0.9\rho_v \frac{f_{yv}}{300} \qquad (10.4)$$

式中，ρ_v 为配箍率；f_{yv} 为箍筋屈服强度。式（10.4）假定未约束混凝土的极限应变为 0.004。

2. 钢筋和 BFRP 筋

OpenSees 程序的材料库中，钢筋模型主要有 Steel01、Steel02、Reinforcing Steel 模型，结合钢筋单轴拉伸的材性试验数据及钢筋在低周反复荷载作用下的强度、刚度退化等，选用 Reinforcing Steel 材料模型。其拉伸模型采用 Chang 和 Mander 模型[24]，考虑包辛格效应，通过定义钢筋屈服点、硬化点位置、硬化斜率和极限点强度，即可较好模拟普通国产 HRB400 钢筋在单向拉伸荷载作用下的性能。本节试验中的纵筋实测应力-应变曲线和 Reinforcing Steel 模型计算的应力-应变曲线对比如图 10.14 所示。各种直径 BFRP 筋在其达到极限强度前都认为是线弹性，材料参数见表 10.5。

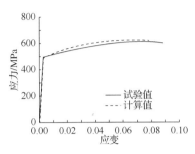

图 10.14　钢筋模型

10.4.3　考虑外包 FRP 后的嵌入式 FRP 筋的粘结滑移效应

如上节所述，加固试件都发生了嵌入式 BFRP 筋的粘结滑移现象，本节将基于 Braga 等[16]提出的简化理论模型来合理分析这种粘结滑移现象。此方法可描述为：通过理论公式推导出嵌入式 BFRP 筋的加载端轴向应力-滑移曲线，继而得出 BFRP 筋的考虑粘结滑移效应的修正应力-应变曲线，在此基础上进行加固试件截面的弯矩-曲率分析，从而得出柱脚弯矩-转角关系。

1. 简化滑移模型推导

本节提出的嵌入式 BFRP 筋应力-滑移模型主要假定如下：①沿 BFRP 筋的滑移场 $S(x)$ 为线性；②嵌入式 BFRP 筋的局部粘结滑移曲线为理想弹塑性。嵌入式 BFRP 筋在 RC 柱混凝土保护层中的受力如图 10.15 所示，第一个假定可以描述为

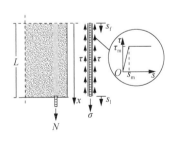

图 10.15　嵌入式 BFRP 筋受力示意图

$$S(x) = S_f + \frac{x}{L}(S_l - S_f) \qquad (10.5)$$

式中，S_f 和 S_l 分别为 BFRP 筋自由端和加载端的滑移值；L 为 BFRP 筋的埋入长度；x 为沿 BFRP 筋的坐标位置，如图 10.15 所示。

De Lorenzis 等[25-27]基于拉拔试验数据提出了 4 种嵌入式 FRP 圆筋的局部粘结滑移模型，其中一种带肋 FRP 圆筋的局部粘结滑移曲线，在达到峰值强度后迅速降低到残余强度，残余强度主要由摩擦导致，而且在反复荷载作用下该残余强度相对稳定。上述第二个假定主要考虑：与标准拉拔试件不同的是，构件中的嵌入式 BFRP 筋受到拉弯作用，同时构件的开裂对 BFRP 筋与周围树脂、混凝土的粘结也产生了削弱；在反复荷载作用下，BFRP 筋的滑移值较大；再加上外包 BFRP 很好地保证了 BFRP 筋与周围树脂及混凝土的粘结条件，因此在模型中仅考虑残余粘结强度是合理且偏于保守的。此假定可将粘结强度函数 $\tau(x)$ 描述为

$$\begin{cases} \tau(x) = \dfrac{\tau_{\mathrm{m}}}{S_{\mathrm{m}}} S(x) & S(x) \leqslant S_{\mathrm{m}} \\ \tau(x) = \tau_{\mathrm{m}} & S(x) > S_{\mathrm{m}} \end{cases} \qquad (10.6)$$

式中，τ_{m} 为残余粘结强度；S_{m} 为相应的滑移值。

由 BFRP 筋的受力平衡条件，可得轴力 $\sigma(x)$ 为

$$\sigma(x) = \frac{N(x)}{A_{\mathrm{f}}} = \frac{\int_0^x \pi D_{\mathrm{f}} \tau(z)\mathrm{d}z}{A_{\mathrm{f}}} = \frac{4}{D_{\mathrm{f}}} \int_0^x \tau(z)\mathrm{d}z \qquad (10.7)$$

式中，D_{f} 和 A_{f} 分别为 BFRP 筋的直径和截面面积；$N(x)$ 为轴力。

BFRP 筋的弹性变形为

$$S_E(x) = \int_0^x \varepsilon(z)\mathrm{d}z = \int_0^x \frac{\sigma(z)}{E_{\mathrm{f}}}\mathrm{d}z \qquad (10.8)$$

式中，ε 和 E_{f} 分别为 BFRP 筋的应变和弹性模量。

由 BFRP 筋的变形协调条件，可得加载端滑移值 S_{l} 为

$$S_{\mathrm{l}} = S_{\mathrm{f}} + S_E(L) \qquad (10.9)$$

当 BFRP 筋加载端受拉轴向应力不断发展时，可分为两种情形讨论（图 10.16）。

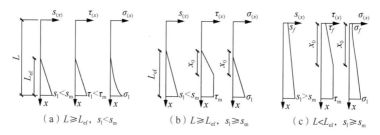

（a）$L \geqslant L_{\mathrm{ef}}$，$s_{\mathrm{l}} < s_{\mathrm{m}}$　　　　（b）$L \geqslant L_{\mathrm{ef}}$，$s_{\mathrm{l}} \geqslant s_{\mathrm{m}}$　　　　（c）$L < L_{\mathrm{ef}}$，$s_{\mathrm{l}} \geqslant s_{\mathrm{m}}$

图 10.16　嵌入式 BFRP 筋的滑移场、粘结应力及轴向应力分布

（1）$S_{\mathrm{l}} < S_{\mathrm{m}}$ ［图 10.16（a）］

BFRP 筋在 x 坐标处的轴向应力和弹性变形分别为

$$\sigma(x) = \frac{4}{D_{\mathrm{f}}} \int_0^x \tau(z)\mathrm{d}z = \frac{4\tau_{\mathrm{m}}}{S_{\mathrm{m}} D_{\mathrm{f}}} \left(\frac{S_{\mathrm{l}} - S_{\mathrm{f}}}{2L} x^2 + S_{\mathrm{f}} x \right) \qquad (10.10)$$

$$S_E(x) = \int_0^x \frac{\sigma(z)}{E_{\mathrm{f}}}\mathrm{d}z = \frac{2\tau_{\mathrm{m}}}{E_{\mathrm{f}} S_{\mathrm{m}} D_{\mathrm{f}}} \left(\frac{S_{\mathrm{l}} - S_{\mathrm{f}}}{3L} x^3 + S_{\mathrm{f}} x^2 \right) \qquad (10.11)$$

令 $x=L$，加载端轴向应力和弹性变形分别为

$$\sigma_{\mathrm{l}} = \frac{2\tau_{\mathrm{m}} L}{S_{\mathrm{m}} D_{\mathrm{f}}} (S_{\mathrm{l}} + S_{\mathrm{f}}) \qquad (10.12)$$

$$S_E(L) = \int_0^x \frac{\sigma(z)}{E_{\mathrm{f}}}\mathrm{d}z = \frac{2\tau_{\mathrm{m}} L^2}{3 E_{\mathrm{f}} S_{\mathrm{m}} D_{\mathrm{f}}} (S_{\mathrm{l}} + 2S_{\mathrm{f}}) = S_{\mathrm{l}} - S_{\mathrm{f}} \qquad (10.13)$$

如果 BFRP 筋自由端的滑移值 $S_{\mathrm{f}} = 0$，则有效粘结长度 L_{ef} 可从式（10.13）中得出

$$L_{\mathrm{ef}} = \sqrt{\frac{3 E_{\mathrm{f}} S_{\mathrm{m}} D_{\mathrm{f}}}{2\tau_{\mathrm{m}}}} \qquad (10.14)$$

加载端轴向应力可以由式（10.12）表示为

$$\sigma_1 = \frac{2\tau_m L_{ef}}{D_f}\frac{S_1}{S_m} \tag{10.15}$$

（2）$S_1 \geqslant S_m$［图 10.16（b）和（c）］

此情况下，BFRP 筋在 x 坐标处的轴向应力和弹性变形分别为

$$\begin{cases} \sigma(x) = \dfrac{4}{D_f}\displaystyle\int_0^x \dfrac{\tau_m}{S_m}S(z)\mathrm{d}z & x \leqslant x_0 \\[3mm] \sigma(x) = \dfrac{4}{D_f}\displaystyle\int_0^{x_0} \dfrac{\tau_m}{S_m}S(z)\mathrm{d}z + \displaystyle\int_{x_0}^x \tau_m \mathrm{d}z & x > x_0 \end{cases} \tag{10.16}$$

$$\begin{cases} S(x) = \dfrac{1}{E_f}\displaystyle\int_0^x \sigma(z)\mathrm{d}z & x \leqslant x_0 \\[3mm] S(x) = \dfrac{1}{E_f}\displaystyle\int_0^{x_0} \sigma(z)\mathrm{d}z + \dfrac{1}{E_f}\displaystyle\int_{x_0}^x \sigma(z)\mathrm{d}z & x > x_0 \end{cases} \tag{10.17}$$

式中，x_0 为滑移场 $S(x)$ 从小于 S_m 转变为等于 S_m 时的坐标位置。如果 $S_f = 0$，则式（10.18）中的 L 采用式（10.21）中的 L'_{ef} 替换，如图 10.16（b）所示，则有

$$\frac{x_0}{L} = \frac{S_m - S_f}{S_1 - S_f} \tag{10.18}$$

令 $x=L$，加载端轴向应力和弹性变形可以分别从式（10.16）和式（10.17）导出，则有

$$\sigma_1 = \frac{2\tau_m L}{D_f}\frac{(2S_m S_1 - S_f^2 - S_m^2)}{S_m(S_1 - S_f)} \tag{10.19}$$

$$S_E(L) = \frac{2\tau_m L^2(S_m^3 + 2S_f^3 + 3S_m S_1^2 - 3S_m^2 S_1 - 3S_f^2 S_1)}{3E_f S_m D_f(S_1 - S_f)^2} = S_1 - S_f \tag{10.20}$$

如果 BFRP 筋自由端的滑移值 $S_f = 0$，则有效粘结长度 L'_{ef} 可从式（10.20）中得出：

$$L'_{ef} = L_{ef}\sqrt{\frac{S_1^3}{S_m(S_m^2 - 3S_m S_1 + 3S_1^2)}} \tag{10.21}$$

加载端轴向应力可以由式（10.19）表示为

$$\sigma_1 = \frac{2\tau_m L'_{ef}}{D_f}\left(2 - \frac{S_m}{S_1}\right) \tag{10.22}$$

如果 $S_f > 0$，此时嵌入式 BFRP 筋自由端开始滑移，也即拔出破坏发生，S_f 可通过解三次方程式（10.23）得到（S_1 为已知常数）。

$$\begin{aligned} &(3E_f S_m D_f + 4\tau_m L^2)S_f^3 - 3S_1(3E_f S_m D_f + 2\tau_m L^2)S_f^2 + 9E_f S_m D_f S_1^2 S_f \\ &+ S_m[2\tau_m L^2(S_m^2 + 3S_1^2 - 3S_m S_1) - 3E_f D_f S_1^3] = 0 \end{aligned} \tag{10.23}$$

进一步，将解出的 S_f 代入式（10.19），可得出加载端轴向应力。

综上所述，可将有充足锚固长度的嵌入式 BFRP 筋的加载端轴向应力-滑移过程描述为（图 10.17）：OA 线性发展段由式（10.15）决定；AB 非线性段由式（10.22）决定；BC 段由式（10.19）决定，其中 S_f 由式（10.23）解出；C 点后 BFRP 筋 σ_1 可能达到极限强度而断裂，或者延伸为水平直线段，此时 BFRP 筋发生整体滑移。故嵌入式 BFRP 筋加载端的轴向应力-滑移全曲线（σ_1-S_1）可表示为

$$\begin{cases} \sigma_1 = \dfrac{2\tau_{\mathrm{m}}L_{\mathrm{ef}}}{D_{\mathrm{f}}}\dfrac{S_{\mathrm{m}}}{S_1} & 0 \leqslant S_1 < S_{\mathrm{m}} \\[3mm] \sigma_1 = \dfrac{2\tau_{\mathrm{m}}L_{\mathrm{ef}}}{D_{\mathrm{f}}}\sqrt{\dfrac{S_1^3}{S_{\mathrm{m}}(S_{\mathrm{m}}^2 - 3S_{\mathrm{m}}S_1 + 3S_1^2)}}\left(2 - \dfrac{S_{\mathrm{m}}}{S_1}\right) & S_{\mathrm{m}} \leqslant S_1 < S_B \\[3mm] \sigma_1 = \dfrac{2\tau_{\mathrm{m}}L}{D_{\mathrm{f}}}\dfrac{(2S_{\mathrm{m}}S_1 - S_{\mathrm{f}}^2 - S_{\mathrm{m}}^2)}{S_{\mathrm{m}}(S_1 - S_{\mathrm{f}})} & S_B \leqslant S_1 \leqslant S_C \end{cases} \quad （10.24）$$

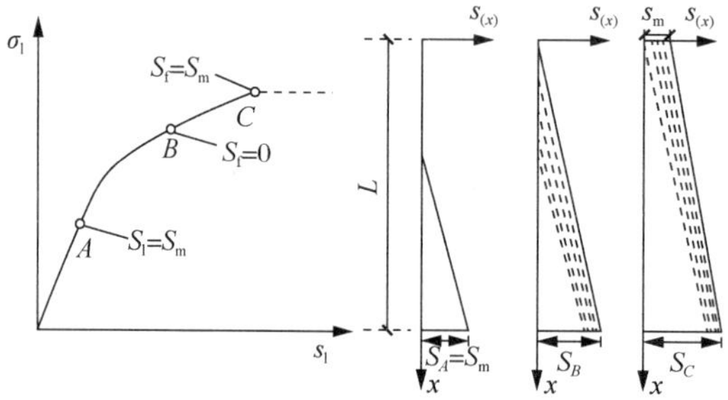

图 10.17　嵌入式 BFRP 筋的加载端轴向应力-滑移发展曲线

为验证提出的加载端轴向应力-滑移 $(\sigma_1\text{-}S_1)$ 模型，取 $\tau_{\mathrm{m}} = 2.7\mathrm{MPa}$，$S_{\mathrm{m}} = 0.08\mathrm{mm}$，直径 6mm 的 BFRP 筋材的 $(\sigma_1\text{-}S_1)$ 曲线，如图 10.18（a）所示，图中同时给出了文献[28]中的两根 6mm 直径的 BFRP 筋在嵌入式凹槽中的拉拔试验曲线，试件 S-240-E-PF 和 S-3600-E-PF 的锚固长度分别为 240mm 和 360mm，所采用的胶结材料为树脂，且与本节研究所使用的树脂材料性能接近。从图 10.18 中对比发现，本节研究提出的模型与拉拔试验基本一致，即提出的模型是可靠的。

此外，变化模型中，粘结强度 τ_{m} 分别为 1MPa、1.5MPa、2MPa、3MPa、4MPa，直径 6mm 的 BFRP 筋材的 $\sigma_1\text{-}S_1$ 曲线如图 10.18（b）所示，可见粘结强度越大，加载达到极限强度的滑移值越小；而随着粘结强度的减小，BFRP 筋将倾向于发生整体滑移破坏，强度利用率降低。

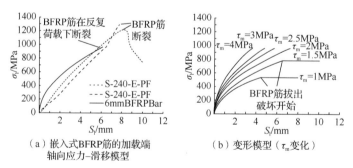

（a）嵌入式BFRP筋的加载端
　　轴向应力-滑移模型
（b）变形模型（τ_{m}变化）

图 10.18　BFRP 筋的 $(\sigma_1\text{-}S_1)$ 曲线

Hassan 和 Rizkalla[29]研究表明，随着树脂表层厚度的增加（即树脂表层厚度与 FRP 筋直径比值的增大），FRP 圆筋与树脂间的径向应力减小，在 BFRP 筋与树脂间摩擦系数不变的情况下，平均粘结应力 τ 将减小，即随着 BFRP 筋直径的减小（10mm、8mm、6mm），最大剪应力有减小的趋势。在经过参数分析和不断尝试后，将 6mm、8mm、

10mm BFRP 筋的粘结应力 τ_{m} 分别取为 2.7MPa、2.8MPa、2.9MPa；而对于仅嵌入式加固柱 C6-10-0 中的 10mm BFRP 筋，由于没有 BFRP 的外包，其粘结条件较差，因此将粘结应力 τ_{m} 取为 2.5MPa，比复合加固柱 C7-10-3 的偏小。参数确定后各加固试件 BFRP 筋的 σ_{1}-S_{1} 曲线如图 10.19 所示。

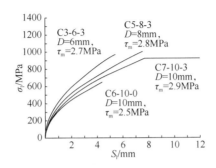

图 10.19　6mm、8mm、10mm 嵌入式 BFRP 筋的 σ_{1}-S_{1} 曲线

2. 修正应力-应变关系

S_{1} 可以看成嵌入 BFRP 筋沿 RC 柱塑性铰长度的总变形，包括弹性伸长和粘结滑移两部分。基于这样的假设，BFRP 筋的轴向应变表示为

$$\varepsilon = \frac{S_{1,\mathrm{tot}}}{L_{\mathrm{p}}} \tag{10.25}$$

式中，L_{p} 为 RC 柱塑性铰长度；$S_{1,\mathrm{tot}}$ 为嵌入式 BFRP 筋在柱脚截面的总拉伸长度，实际上在基础锚固中的 BFRP 筋也产生了拉伸变形，虽然与嵌入柱身保护层混凝土的 BFRP 筋粘结条件有所不同，但为了简化问题，这里认为在锚固长度充分的情况下，嵌入柱身 BFRP 筋的拉伸长度与嵌入基础中的 BFRP 筋拉伸长度相同，即总拉伸长度表示为

$$S_{1,\mathrm{tot}} = 2 \times S_{1} \tag{10.26}$$

从而，嵌入式 BFRP 筋的 σ_{1}-S_{1} 曲线将转变为

$$(\sigma_{1}, S_{1,\mathrm{tot}}) = (\sigma_{1}, 2S_{1}) \tag{10.27}$$

采用 Jiang 等模型[30]计算 BFRP 约束混凝土矩形柱塑性铰长度，则有

$$L_{\mathrm{p}} = L_{\mathrm{p0}} + \left(\frac{2r}{b}\right)^{0.72} L_{\mathrm{pc}} \tag{10.28}$$

式中，r 为倒角半径；b 为 RC 矩形柱截面宽度；L_{p0} 为未约束 RC 矩形柱的塑性铰长度；L_{pc} 为 FRP 约束 RC 圆柱的塑性铰长度，则有

$$L_{\mathrm{p0}} = 0.08H + 0.022 f_{\mathrm{y}} d_{\mathrm{b}} \tag{10.29}$$

$$L_{\mathrm{pc}} = \begin{cases} 3.028\lambda_{\mathrm{f}}L & 0 \leqslant \lambda_{\mathrm{f}} < 0.1 \\ (0.51 - 2.3\lambda_{\mathrm{f}} + 2.28\lambda_{\mathrm{f}}^{2})L & 0.1 \leqslant \lambda_{\mathrm{f}} < 0.5 \end{cases} \tag{10.30}$$

式中，H 为柱高；f_{y} 和 d_{b} 分别为纵筋屈服强度和直径；λ_{f} 为约束强度比，定义为 $\lambda_{\mathrm{f}} = f_{1} / f_{\mathrm{co}}$，其中约束应力 f_{1} 为

$$f_{\mathrm{l}}=\frac{2f_{\mathrm{frp}}t}{b} \qquad\qquad (10.31)$$

式中，f_{frp} 为 FRP 极限强度；t 为外包 FRP 总厚度。

　　嵌入式加固柱 C6-10-0 采用式（10.29）计算塑性铰长度，复合加固柱 C3-6-3、C5-8-3 和 C7-10-3 采用式（10.28）计算塑性铰长度。经过上述计算后，$(\sigma_{\mathrm{l}}\text{-}S_{\mathrm{l,tot}})$ 曲线将转变为 $(\sigma_{\mathrm{l}}\text{-}\varepsilon)$ 曲线，也可以称为修正应力-应变关系。实际上 BFRP 筋的修正应力-应变关系间接考虑了粘结滑移效应，因为推导公式时同时考虑其弹性变形与粘结滑移变形。

　　至此，转换后各加固试件的 BFRP 筋的修正应力-应变关系如图 10.20 所示。为了将得出的非线性 $(\sigma_{\mathrm{l}}\text{-}\varepsilon)$ 曲线应用于通用有限元程序中，基于能量原则，将非线性曲线简化为三折线模型，同时在图 10.20 中标出。OpenSees 软件中提供了线性的材料模型，可考虑材料在反复荷载下的加载、卸载等性能，因此这样的线性简化模型可以方便地应用到 OpenSees 模拟中。本节采用 Uniaxial Material Hysteretic 模型模拟 BFRP 筋的修正应力-应变关系。

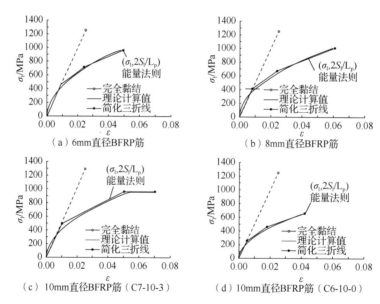

图 10.20　嵌入式 BFRP 筋考虑粘结滑移后的修正应力-应变关系

10.4.4　弯矩-曲率分析

　　本节将对 6 根 RC 柱进行弯矩-曲率分析，OpenSees 软件中并没有图形显示界面，因此采用能显示截面划分和动态弯矩-曲率分析过程的截面分析软件——Xtract 软件[31] 进行分析。纤维截面的划分如图 10.12（b）所示，实测的混凝土和钢筋应力应变关系，将分别赋予混凝土、钢筋纤维，前面提出的嵌入式 BFRP 筋的修正应力-应变关系将被赋予 BFRP 筋纤维。分析过程中同时记录弯矩-曲率关系及各纤维的应力-应变发展情况。

各试件的弯矩-曲率分析曲线如图 10.21 所示，从图中可以看出，对比柱 C1-0-0 在保护层混凝土压碎后弯矩有下降趋势；外包 BFRP 加固柱 C2-0-3 由于混凝土得到有效约束，直到钢筋低周疲劳拉断，弯矩并没有显著下降；嵌入式加固柱 C6-10-0 在屈服点后弯矩有一定程度的增大，但是因为粘结条件相比复合加固柱 C7-10-3 较差，所以屈服后二次刚度相比 C7-10-3 较小，且与复合加固柱 C5-8-3 几乎一致，最终由于 BFRP 筋的剥离和屈曲而过早破坏；复合加固柱 C3-6-3

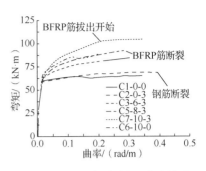

图 10.21　各柱柱底弯矩-曲率关系

和 C5-8-3 在屈服点后弯矩显著增大，表现出很好的屈服后二次刚度，最终由 BFRP 筋的拉断而破坏；复合加固柱 C7-10-3 在屈服点后弯矩也显著增大，且随着 BFRP 筋直径的增加（6mm、8mm、10mm），屈服后刚度提高，最终直径为 10mm 的 BFRP 筋达到临界状态，产生整体滑移，因此在弯矩达到最大值后会产生一个水平延伸段。

10.4.5　弯矩-固端转角分析

RC 柱的柱顶侧移 Δ_1 可以表示为

$$\Delta_1 = \theta_{FER} h_1 + \theta_i h_1 + \delta_e \qquad (10.32)$$

式中，θ_{FER} 为柱脚截面固端转角（粘结滑移效应引起）；θ_i 为柱塑性铰区的弹塑性转角；δ_e 为塑性铰区以上的弯剪变形。图 10.22 给出了各试件试验测量的柱脚固端滑移转角 θ_{FER} 对柱顶整体侧移率（Δ/h）的贡献[9]，从中可以看出，对于仅外包 BFRP 柱，柱顶整体侧移率主要由 θ_{FER} 贡献，这主要是由于 BFRP 的包裹使柱脚截面成为薄弱截面，从而加剧了钢筋在柱脚截面的过度伸长；而复合加固试件中嵌入 BFRP 筋的引入，减缓了钢筋的伸长效应，使塑性铰区的变形分布更均匀；此外，在相同柱顶侧移率下，随着嵌入 BFRP 筋直径的增大，θ_{FER} 对侧移率的贡献越来越小。实际上，柱脚嵌入 BFRP 筋减缓了钢筋的应力、应变增长，因此可以通过理论方法来定量计算钢筋在柱脚截面的伸长，从而得出柱脚理论弯矩-固端转角（M-θ_{FER}）关系。

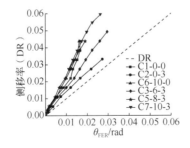

图 10.22　各试件柱脚固端滑移转角与柱顶整体侧移率关系

前面已得出各试件弯矩-曲率关系，各个试件曲率增量对应的钢筋应力、应变，可采用如下方法[32-34]计算柱脚理论 M-θ_{FER} 关系：对于每个曲率增量，柱底转角可以通过计算最外侧钢筋的滑移量，再除以钢筋到中性轴的距离得到。钢筋的滑移转角计算如图 10.23 所示，假定沿钢筋粘结应力 u 均匀分布为

$$u = 0.8\sqrt{f_c'} \tag{10.33}$$

式中，f_c' 为混凝土强度。

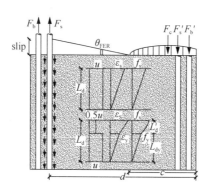

图 10.23 柱底滑移转角计算示意图

图 10.23 给出了钢筋粘结应力 u、应变 ε_s、应力 f_s 在钢筋屈服前和屈服后的分布图，根据钢筋受力平衡，则有

$$\begin{cases} u\pi d_b L_d = f_s \dfrac{\pi d_b^2}{4} & \varepsilon_s \leqslant \varepsilon_y \\[2mm] u\pi d_b L_d' = (f_s - f_y)\dfrac{\pi d_b^2}{4} & \varepsilon_s > \varepsilon_y \end{cases} \tag{10.34}$$

式中，ε_y 为钢筋屈服时的应变；L_d 和 L_d' 分别为钢筋弹性区和塑性区的锚固长度。令 L_{dy} 为钢筋屈服时的锚固长度，则有如下关系：

$$L_{dy} = L_d - L_d' \tag{10.35}$$

对钢筋锚固长度上的应变进行积分，则钢筋滑移量 slip 可表示为

$$\text{slip} = \begin{cases} \dfrac{\varepsilon_s L_d}{2} & \varepsilon_s \leqslant \varepsilon_y \\[2mm] \dfrac{\varepsilon_s L_{dy}}{2} + \dfrac{L_d'}{2}(\varepsilon_s + \varepsilon_y) & \varepsilon_s > \varepsilon_y \end{cases} \tag{10.36}$$

将式（10.34）代入式（10.36）可得到

$$\text{slip} = \begin{cases} \dfrac{\varepsilon_s f_s d_b}{8u} & \varepsilon_s \leqslant \varepsilon_y \\[2mm] \dfrac{d_b}{8u}[\varepsilon_y f_y + 2(\varepsilon_s + \varepsilon_y)(f_s - f_y)] & \varepsilon_s > \varepsilon_y \end{cases} \tag{10.37}$$

则柱底截面固端转角 θ_{FER} 可以计算为

$$\theta_{FER} = \frac{\text{slip}}{h_e - x} \tag{10.38}$$

式中，h_e 为截面有效高度；x 为混凝土受压区高度。计算得到的各试件弯矩-转角（M-θ_{FER}）曲线如图 10.24 所示，同时给出的还有试验中测到的柱底弯矩-转角曲线（考虑了 P-Δ 效应），由于测量仪器量程的关系，各试件只能测量部分转角数据，各试件测量的最大转角对应的水平位移在图中标出，从图 10.24 中对比可见两者吻合较好。值得注意的是，对于复合加固柱 C3-6-3 [图 10.24（d）]，比较计算与试验 M-θ_{FER} 曲线后发现，尽管考

虑了粘结滑移效应，6mm BFRP 筋的断裂应变仍然提前达到，这导致最大计算转角小于试验测量值；类似地，对于复合加固试件 C5-8-3，从图 10.24（e）中趋势可以预测出，最大计算转角也略小于试验测量值，表明 8mm BFRP 筋的计算断裂应变也比实际情况略小；而复合加固柱 C7-10-3 在考虑了 10mm BFRP 筋自由端整体滑移后的计算与试验 $M\text{-}\theta_{\text{FER}}$ 曲线基本吻合。

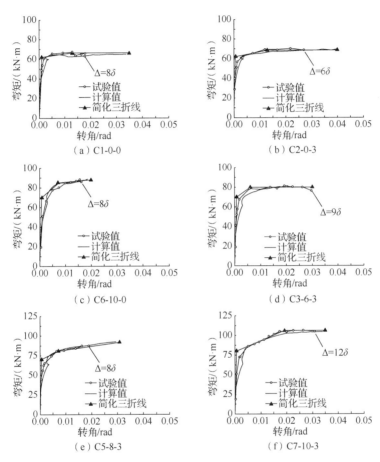

图 10.24　各柱柱底弯矩-转角试验测量曲线与简化计算曲线

6mm、8mm BFRP 筋断裂应变仍小于实际值的具体原因如下：图 10.10（e）和（g）所示为各复合加固柱在剥除 BFRP 后的塑性铰区情况，在 RC 柱钢筋屈服、塑性铰逐渐发展后，塑性铰区的表层混凝土逐渐压碎松动，因而 BFRP 筋的粘结应力显著下降，即塑性铰区域的 BFRP 筋几乎处于无粘结状态，此时 BFRP 筋应力几乎不增长，而应变显著增大；然而本节研究在提出 BFRP 筋 $\sigma_{\text{l}}\text{-}S_{\text{l}}$ 模型时，假设最大粘结应力 τ_{m} 一直不变，因此 BFRP 筋的模型预测断裂应变（或模型预测伸长 S_{l}）会比实际值偏小。

与修正应力-应变关系简化方法类似，根据能量原则，将计算得到的 $M\text{-}\theta_{\text{FER}}$ 曲线简化成三折线模型以方便输入 OpenSees 软件中进行分析，各试件简化三折线模型如图 10.24 所示，并将其赋予 Uniaxial Material Hysteretic 模型来模拟柱脚 $M\text{-}\theta_{\text{FER}}$ 关系。

10.4.6　滞回曲线模拟与对比分析

将 10.3 节中分析得到的柱底弯矩–转角三折线模型赋给纤维模型中的零长度单元，即图 10.12（a）中的柱脚弹簧，对各试件进行非线性分析和计算，各试件计算滞回曲线与修正后的滞回曲线如图 10.11 所示。对比可以发现，由于试件推、拉两侧材料性质不同及筋材的几何位置存在误差，试件两侧的试验曲线不可能完全对称；而计算滞回曲线两侧是完全对称的。

从图 10.11 中可以看出，各试件平均骨架曲线与理论计算曲线吻合较好，尤其对于复合加固柱 C7-10-3 而言，本节提出的 10mm BFRP 筋修正应力–应变关系较好地预测了推覆曲线达到最大荷载后由于 BFRP 筋整体滑移而产生荷载缓慢下降的现象。未考虑粘结滑移效应的推覆计算表现为 BFRP 筋的应力过快增长，直至达到极限应变，发生断裂，导致加固试件的延性显著降低；在 BFRP 筋断裂后，加固试件的承载力下降到对比柱 C1-0-0 的水平。从以上对比可以看出，本节研究提出的理论方法较好地模拟了复合加固柱中由嵌入式 BFRP 筋粘结滑移效应控制的既显著提高承载力，又提高延性的加固效果。

10.5　小　　结

本章针对嵌入式 BFRP 筋在 RC 柱脚的显著粘结滑移效应，提出了一个同时考虑 BFRP 筋弹性伸长和粘结滑移的加载端应力–滑移模型，在进行了参数分析后，假定 BFRP 筋加载端滑移均匀分布在 RC 柱脚塑性铰区域，从而将加载端应力–滑移模型转变为修正应力–应变关系。该修正应力–应变关系可以嵌入基于纤维模型的有限元软件中，在截面分析中可以方便地确定 BFRP 筋的应力、应变状态，避免了需同时满足力平衡和变形协调而导致的烦琐的非线性迭代过程。在截面弯矩–曲率分析的基础上，可以计算出理论弯矩–柱脚固端转角关系，并将其赋予纤维模型中的柱脚非线性转角弹簧，从而完成组合加固试件的推覆分析和滞回曲线分析。

本章将数值分析结果与试验测量值对比，发现研究提出的模型较好地模拟了加固试件的推覆曲线和滞回曲线，而 BFRP 筋与混凝土完全粘结的对比数值分析也表明如果不恰当考虑嵌入式筋的粘结滑移效应，将导致分析结果错误。本章研究的理论分析也进一步揭示了此组合加固方法复合效应的内在机理，即嵌入式 BFRP 筋的粘结滑移现象减缓了 BFRP 筋的提早断裂，提高了加固试件的整体延性。

参 考 文 献

[1] WU G, LÜ Z T, WU Z S. Strength and ductility of concrete cylinders confined with FRP composites[J]. Construction and building materials, 2006, 20(3): 134-148.

[2] SAADATMANESH H, EHSANI M R, JIN L. Seismic strengthening of circular bridge pier models with fiber composites[J]. ACI structural journal, 1996, 93(6): 639-738.

[3] WU G, WU Z S, LÜ Z T. Design-oriented stress-strain model for concrete prisms confined with FRP composites[J]. Construction and building materials, 2007, 21(5): 1107-1121.

[4] DE LORENZIS L, TENG J G. Near-surface mounted FRP reinforcement: an emerging technique for strengthening structures[J]. Composites part B: engineering, 2007, 38(2): 119-143.

[5] TENG J G, DE LORENZIS L, WANG B, et al. Debonding failures of RC beams strengthened with near surface mounted CFRP

strips[J]. Journal of composites for construction, 2006, 10(2): 92-105.

[6] REALFONZO R, NAPOLI A. Cyclic behavior of RC columns strengthened by FRP and steel devices[J]. Journal of structural engineering, 2009, 135(10): 1164-1176.

[7] BOURNAS D A, TRIANTAFILLOU T C. Flexural strengthening of RC columns with NSM FRP or stainless steel[J]. ACI structural journal, 2009, 106(4): 495-505.

[8] PERRONE M, BARROS J A O, APRILE A. CFRP-based strengthening technique to increase the flexural and energy dissipation capacities of RC columns[J]. Journal of composites for construction, 2009, 13(5): 372-383.

[9] DING L, WU G, YANG S, et al. Performance advancement of RC columns by applying basalt FRP composites with NSM and confinement system[J]. Journal of earthquake and tsunami, 2013, 7(2): 1350007.

[10] 杨慎银. FRP 筋/布复合加固钢筋混凝土桥墩抗震性能试验研究[D]. 南京：东南大学，2012.

[11] SPACONE E, FILIPPOU F C, TAUCER F F. Fibre beam-column model for non-linear analysis of r/c frames: Part ii. applications[J]. Earthquake engineering & structural dynamics, 1996, 25(7): 727-742.

[12] HAKUTO S, PARK R, TANAKA H. Effect of deterioration of bond of beam bars passing through interior beam-column joints on flexural strength and ductility[J]. ACI structural journal, 1999, 96(5): 858-864.

[13] BRAGA F, GIGLIOTTI R, LATERZA M. R/C existing structures with smooth reinforcing bars: experimental behaviour of beam-column joints subject to cyclic lateral loads[J]. Open construction and building technology journal, 2009, 3: 52-67.

[14] MONTI G, SPACONE E. Reinforced concrete fiber beam element with bond-slip[J]. Journal of structural engineering, 2000, 126(6): 654-661.

[15] ZHAO J, SRITHARAN S. Modeling of strain penetration effects in fiber-based analysis of reinforced concrete structures[J]. ACI structural journal, 2007, 104(2): 133.

[16] BRAGA F, GIGLIOTTI R, LATERZA M, et al. Modified steel bar model incorporating bond-slip for seismic assessment of concrete structures[J]. Journal of structural engineering, 2012, 138(11): 1342-1350.

[17] D'AMATO M, BRAGA F, GIGLIOTTI R, et al. Validation of a modified steel bar model incorporating bond-slip for seismic assessment of concrete structures[J]. Journal of structural engineering, 2012, 138(11): 1351-1360.

[18] BARROS J A O, VARMA R K, SENA-CRUZ J M, et al. Near surface mounted CFRP strips for the flexural strengthening of RC columns: experimental and numerical research[J]. Engineering structures, 2008, 30(12): 3412-3425.

[19] The Regents of the University of California. OpenSees (version 3.0.3) [EB/OL]. (1999-02-26)[1999-06-15]. https://opensees. berkeley.edu.

[20] MANDER J B, PRIESTLEY M J N, PARK R. Theoretical stress-strain model for confined concrete[J]. Journal of structural engineering, 1988, 114(8): 1804-1826.

[21] BRAGA F, GIGLIOTTI R, LATERZA M. Analytical stress-strain relationship for concrete confined by steel stirrups and/or FRP jackets[J]. Journal of structural engineering, 2006, 132(9): 1402-1416.

[22] D'AMATO M, BRAGA F, GIGLIOTTI R, et al. A numerical general-purpose confinement model for non-linear analysis of R/C members[J]. Computers & structures, 2012, 102: 64-75.

[23] SCOTT B D, PARK R, PRIESTLY M J N. Stress-strain behavior of concrete confined by overlapping hoops at low and high strain rates[J]. ACI structural journal, 1982, 79(1): 13-27.

[24] CHANG G A, MANDER J B. Seismic energy based fatigue damage analysis of bridge columns: Part 1: evaluation of seismic capacity[R]. Buffalo: National Center for Earthquake Engineering Research, 1994.

[25] DE LORENZIS L, NANNI A. Bond between near-surface mounted fiber-reinforced polymer rods and concrete in structural strengthening[J]. ACI structural journal, 2002, 99(2): 123-132.

[26] DE LORENZIS L, RIZZO A, LA TEGOLA A. A modified pull-out test for bond of near-surface mounted FRP rods in concrete[J]. Composites part B: engineering, 2002, 33(8): 589-603.

[27] DE LORENZIS L, LUNDGREN K, RIZZO A. Anchorage length of near-surface mounted fiber-reinforced polymer bars for concrete strengthening-experimental investigation and numerical modeling[J]. ACI structural journal, 2004, 101(2): 269-278.

[28] MOHAMED F M F. Enhancing recoverability and controllability of reinforced concrete bridge frame columns using FRP composites[D]. Ibaraki: Ibaraki University，2010.

[29] HASSAN T, RIZKALLA S. Bond mechanism of NSM FRP bars for flexural strengthening of concrete structures[J]. ACI structural journal, 2004, 101(6): 830-839.

[30] JIANG C, WU Y F, WU G. Plastic hinge length of FRP-confined square RC columns[J]. Journal of composites for construction, 2014, 18(4): 04014003.

[31] CHADWELL C. Xtract (Version 3.0.8) [EB/OL]. (1997-06-26)[1997-10-25]. https://xtract.software.informer.com.

[32] OZCAN O, BINICI B, OZCEBE G. Improving seismic performance of deficient reinforced concrete columns using carbon fiber-reinforced polymers[J]. Engineering structures, 2008, 30(6): 1632-1646.

[33] SEZEN H. Seismic behavior and modeling of reinforced concrete building columns[D]. Berkeley: University of California, 2002.

[34] WEHBE N I, SAIIDI M S, SANDERS D H. Seismic performance of rectangular bridge columns with moderate confinement[J]. ACI structural journal, 1999, 96(2): 248-258.

第 11 章　基于 FRP 的损伤可控结构

11.1　引　　言

大的地震会对结构造成严重的损害，同时带来巨大的经济损失。为了降低这些损失，传统抗震方法的首要工作是保证建筑在地震作用下的安全性。通常认为，使建筑在大震作用下保持弹性是不可取的，因此 20 世纪 50 年代人们提出延性设计方法，利用构件的变形来耗散地震的巨大能量，然而对于常用的混凝土材料，变形与破坏伴随发生，因此在大震作用下，为了首要保证人的生命安全，设计通常允许建筑发生破坏，只要不发生倒塌，仍然可以认为其是地震作用下合格的建筑。

然而按照规范设计的普通混凝土建筑已经不能完全满足建筑日益增长的抗震需求。1994 年美国北岭地震（Northridge Earthquake）、1995 年日本阪神地震（Ōsaka-Kōbe Earthquake）、2011 年东日本大地震（Great Eastern Japan Earthquake）等地震震害调查证明，大量按照抗震规范精细设计的建筑即使在大地震下不倒塌，其建筑本身也遭受致命破坏，无法修复，造成的经济损失异常巨大。因此，人们对牺牲建筑的结构来保护人生命安全的抗震设计思想已不满意，结构不仅需要不倒塌来保证人的生命安全，还需要控制其损伤不至于过大来保证经济效益，为此，学者提出了损伤可控结构理念。

11.2　损伤可控结构及其评价指标

损伤可控结构是指在地震等灾害作用下结构损伤不会过度发展，灾后在合理的技术条件和经济条件下可修复（即可恢复其预期功能）的结构。该定义同时对结构在地震发生时和结束后的性能提出了要求。特别地，结构震后可修复性要求应从技术和经济两方面考虑，两者都会影响对结构修复的决策。前者需要控制结构破坏程度，以便通过现有的技术手段可修复，而后者则需要对修复费用和拆除重建费用对比来决策结构是否可修。损伤可控结构的主要特点是，在技术条件和经济效益条件两方面对结构可修复性能提出要求，因此，本章将结构损伤可控指标定义分为可修复性技术指标和可修复性经济指标两个方面。

11.2.1　可修复性技术指标

损伤可控结构技术层面的定义分别对结构在地震作用发生时和地震作用结束后结构的性能提出要求，因此其技术评价指标也应该从这两方面出发进行考虑。

1）结构在地震作用发生时，损伤不过度发展可以通过损伤指标来表示。现有的关于材料、构件和结构损伤模型的研究，基本采用损伤指数（damage index，DI）表示[1]，

其一般性质的表达式为

$$DI = f\left(\delta_1, \delta_2, \cdots, \delta_n\right) \tag{11.1}$$

式中，$\delta_1, \delta_2, \cdots, \delta_n$ 为损伤参数，分别反映材料、构件、结构等力学性能的变化。

人们认为结构性能和损伤具有对应的关系，如图 11.1 所示。当地震作用较小时，结构损伤较小，低于 DI_L，此时结构落入无损性能区域，即结构状态完好，在地震作用之后不需要修复就可以继续使用；随着地震作用增大，地震的损伤超过一定的限值（即 DI_L）后，结构性能落入损伤可控性能区域，此时结构的使用功能受到影响，在地震作用之后需要修复才能够继续使用；如果遭受的地震作用过大，结构损伤超过一定的限值（即 DI_U），此时认为结构损伤失控，破坏过大而不可修复。

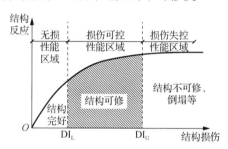

图 11.1　结构在地震作用下性能示意图

因此，根据结构在地震作用下损伤的大小，结构可修复性分为无须修复、可以修复和不可修复 3 个阶段，当采用损伤指数定义损伤可控结构在地震作用下的可修复性技术指标时，可以表示为

$$DI_L \leqslant DI \leqslant DI_U \tag{11.2}$$

式（11.2）给出结构在地震作用下损伤 DI 的限值，即上限值 DI_U 和下限值 DI_L。

损伤指标 DI 可以根据具体的研究目的进行选择，当采用最大位移作为损伤指标时，式（11.2）转化为

$$u_{\text{max,L}} \leqslant u_{\text{max}} \leqslant u_{\text{max,U}} \tag{11.3}$$

式中，$u_{\text{max,U}}$ 和 $u_{\text{max,L}}$ 分别为结构可修复时最大弹塑性位移的上限值和下限值。

2）结构在地震作用后是否可修复，一方面与结构在地震作用发生时的最大损伤有关，损伤越大，修复越难；另一方面与地震作用后结构的形态有关，即需要采用地震作用发生后结构的损伤指标，如残余位移等来评价结构可修复性能。残余位移和最大位移同样重要，两者可以共同对结构的可修复性能进行技术评价，因此损伤可控结构的技术评价模型为

$$\begin{cases} u_{\text{max,L}} \leqslant u_{\text{max}} \leqslant u_{\text{max,U}} \\ u_{\text{res,L}} \leqslant u_{\text{res}} \leqslant u_{\text{res,U}} \end{cases} \tag{11.4}$$

式中，$u_{\text{res,U}}$ 和 $u_{\text{res,L}}$ 分别为残余位移的上限值和下限值。

11.2.2　可修复性经济指标

与结构技术指标评价类似，经济评价也应该从结构遭受地震前[2]和地震后两个方面考虑。

在结构遭受地震前，结构可修复性需要考虑初期投资 E_{input} 与预期损失 E_{loss} 的关系。显然，结构的初期投资越高，结构强度、刚度越高，则预期损失越低；相反投资越低，预期损失越高，理想的经济模型应该是投资与损失趋于最小，即

$$E_{input} + E_{loss} \Rightarrow E_{min} \tag{11.5}$$

初期投资仅考虑结构投入，不考虑非结构投入，而损失需要考虑结构损失和非结构损失，并且还需要考虑直接损失和破坏所带来的间接损失。

结构遭受地震后，假设结构技术层面可修复，即满足式（11.4）的要求，那么仍然面临修复、拆除不重建和拆除重建的决策问题（其中拆除不重建的情况不涉及后续费用，不予考虑）。仅考虑修复和重建之间的决策，即假定结构在受地震损坏，当认为不可修复时，需要拆除重建。此外，修复还涉及修复程度的问题，修复程度决定了在修复的前提下是否将结构恢复到其初始性能水准。本节为简化，假设不考虑修复程度问题，认为修复后结构性能恢复到结构初始水准。

结构震后修复和拆除重建之间的决策可以通过修复和重建费用之间的关系决定，假设修复结构需要的费用为 E_{repair}，拆除重建的费用为 $E_{reconstruction}$，那么单纯从经济效益的角度考虑时，当修复费用小于重建费用时，则选择对结构进行修复，但是在实际情况下，当修复费用达到重建费用的一定比例 β 时，人们就会选择重建而不是修复。因此，结构修复和拆除重建决策的经济模型如下式所示：

$$E_{repair} < \xi E_{reconstruction} \tag{11.6}$$

参数 ξ 在大部分情况下小于 1，但是对于一些特殊建筑，如具有重要意义的古建筑、文物等，参数 ξ 可能大于 1，对于这些建筑，应该考虑其社会价值。

11.2.3　损伤可控结构评价框架

对损伤可控结构评价主要是对其可修复性能的评价，也就是对结构最大位移、残余位移及经济效益的控制，三者关系如图 11.2 所示[3]。

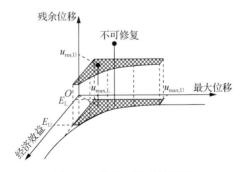

图 11.2　结构可修复性图示

特别需要指出的是，经济指标和技术指标之间不是完全孤立的，而是相互控制的，如较大的初期投资会影响结构的最大位移和残余位移，而最大位移和残余位移的大小也会影响修复和重建的费用。因此综合式（11.4）～式（11.6）及其三者的关系，可以得出损伤可控评价模型为

$$\begin{cases} u_{\text{max,L}} \leqslant u_{\text{max}} \leqslant u_{\text{max,U}} \\ u_{\text{res,L}} \leqslant u_{\text{res}} \leqslant u_{\text{res,L}} \\ E_{\text{input}}(u_{\text{max}}, u_{\text{res}}) + E_{\text{loss}}(u_{\text{max}}, u_{\text{res}}) \Rightarrow E_{\text{min}} \\ E_{\text{repair}}(u_{\text{max}}, u_{\text{res}}) < \xi E_{\text{construction}} \end{cases} \tag{11.7}$$

11.2.4 损伤可控最大位移与残余位移指标限值

1. 最大位移指标限值

当采用最大位移作为损伤指标时，需要定义结构在地震作用下的最大位移下限值 $u_{\text{max,L}}$ 和上限值 $u_{\text{max,U}}$。其中下限值 $u_{\text{max,L}}$ 越小越好，其也可以作为结构震后是否需要修复的界限，由于现实中只有极少安装测试装置的结构可以得到其在地震中的最大位移，因此采用最大位移下限值作为结构是否需要修复的界限值在应用中受一定限制。考虑这些因素，仅对最大位移的上限值 $u_{\text{max,U}}$ 进行限定，认为只要最大位移小于该值，结构都是可修复的。我国现行《建筑抗震设计规范（2016 年版）》（GB 50011—2010）规定了不同结构类型弹性层间位移角和倒塌层间位移角，并没有给出结构可修复的层间位移角限值。本节对一些结论进行了统计，其限值见表 11.1。

表 11.1 结构可修复状态最大位移限值

序号	钢筋混凝土框架位移角	框架-剪力墙结构位移角	文献
1	1/157	1/229	《建筑抗震设计规范（2016 年版）》（GB 50011—2010）
2	1/125	1/125	《建筑工程抗震性态设计通则》[4]
3	1/67	—	Vision 2000[5]
4	1/50	—	FEMA-273[6,7]
5	$1/100 < \theta < 1/50$	—	ATC-40[8]
6	1/200	—	BSL（日本）[9]
7	1/270	—	晋东平[10]
8	1/250	—	杨年祥[11]
9	$1/350 < \theta < 1/150$	—	李应斌[12]
10	1/111	—	黄悠越[13]
11	1/200	1/300	杨莹[14]
12	1/276	—	马宏旺等[2]
13	1/250	—	门进杰等[15]
14	1/200	—	史庆轩等[16]
15	1/150	—	蔡健等[17]
16	1/200	—	刘派等[18]
17	1/150～1/300	—	杨雪平等[19]
18	1/150	—	薛伟辰和胡翔[20]
19	1/250	1/500	张宇等[21]
20	1/100	—	吕静等[22]

从表 11.1 中可以看出，国外规范对结构可修复状态的最大位移限值要求较为宽松，

认为位移角达到 1/50 时，结构仍然可以修复；而国内研究则认为框架结构位移角达到 1/50 时，结构接近倒塌状态。参考表中 11.1 中数据认为，对于框架结构，当层间位移角不大于 1/150 左右时，框架结构仍然可修复。

2. 残余位移指标限值

残余位移可以通过震后检测得到，其可以作为结构震后是否需要修复的判定依据，这时需要确定残余位移的下限值 $u_{\text{res,L}}$，认为残余位移小于该界限值时，结构不需要修复。残余位移的上限值 $u_{\text{res,U}}$ 表示当残余位移超过该限值后，现有的技术手段无法实现结构修复。

（1）残余位移下限 $u_{\text{res,L}}$（需要修复临界值）

残余位移限值应当从建筑功能、修复的难易程度及建筑安全性等多方面确定。首先，试验表明当人长期处于倾斜的平面时会出现头晕、头痛、恶心等症状，而人类可感知的最小平面倾斜角度约为 0.0052rad[23]。震害调查也同样表明：住户可以感知建筑最小倾斜角度范围为 0.005~0.006rad；当建筑倾角大于 0.008rad 时，住户可以较明显感知建筑倾斜，并且有头晕等症状，伴随建筑出现裂缝、物体滚动等现象；当倾角大于 0.01rad 时，住户的感知较为明显，严重影响日常生活。因此当结构震后倾斜角度大于 0.005rad 时，结构需要修复。其次，研究表明，当建筑在地震后残余位移大于 0.005rad 时，建筑非结构构件破坏严重，结构门窗受损严重，可能无法正常开启，导致疏散受阻，因此残余位移应当小于 0.005rad[24,25]。最后，从经济效益出发，日本阪神地震后对 12 栋钢框架的研究表明，当残余位移大于 0.005rad 时，建筑修复在经济上变得不合理[26]。因此，结构震后修复下限值 $u_{\text{res,L}}$ 取 0.005rad 比较合适，超过该值后，会对人的居住感受、地震下逃生产生影响。

（2）残余位移上限 $u_{\text{res,U}}$（是否可修临界值）

震后修复残余位移上限值 $u_{\text{res,U}}$ 的确定需要明确是否考虑经济效益，在部分情况下，技术层面可修的建筑可能会由于修复费用太贵而拆除。除经济效益外，还需要考虑建筑的重要性，如一些具有重要文化意义的古建筑，震后修复工作的重要性与普通建筑是大不相同的。本节中的参数 $u_{\text{res,U}}$ 只作为技术指标，并不考虑经济、文化对其的影响，因此参数 $u_{\text{res,U}}$ 表示当结构残余位移超过该值之后，结构修复已经在技术层面不可能实现。

对于桥梁结构，桥墩在震后通常会产生残余变形。施工经验认为当桥墩的残余位移角超过 $H/60$（其中 H 是桥墩高度），或残余位移超过 15cm 时，就难以将上部结构恢复到原始位置，此时，桥墩不可修[27]。日本《桥梁抗震设计规范》[28]则规定桥墩震后允许残余位移为 $H/100$，要求更加严格。因此，在勘察设计阶段，可以参考将桥梁结构的残余位移上限值定为 $u_{\text{res,U}} = H/100$。

对于框架结构，应当控制框架结构的整体残余位移和层间残余位移，认为钢框架整体残余位移角 $\theta_{R,\text{lim}}$ 和层间残余位移角 $\theta_{\max,r,\text{lim}}$ 分别应满足如下计算公式[29]：

$$\theta_{R,\text{lim}} = \frac{1}{110} \tag{11.8}$$

$$\theta_{\max,r,\lim} = \frac{1}{71} \tag{11.9}$$

钢筋混凝土框架相比钢框架，在遭受同样的最大位移情况下，破坏更加严重。由于钢筋混凝土结构重量大，其限值应当比钢框架更低。对于混凝土框架结构，可以考虑将 1/500 作为残余位移上限值[20]。

11.3 残余位移产生机理及影响因素

11.3.1 结构的位移响应分析

图 11.3 所示为不同二次刚度化单自由度体系在该地震动作用下的位移响应。二次刚度比（二次刚度/初始刚度）α 为 0.0、0.1、0.2 时，最大位移分别为 7.3cm、6.5cm 和 5.9cm，残余位移分别为 4.27cm、2.0cm 和 0.82cm。可以看出，随着二次刚度的增大，残余位移与最大位移的比值分别为 58.5%、30.8% 和 13.9%。另外，不同二次刚度的模型，其最大位移发生的时间为 2.8～2.9s，区别并不大，并且相对于残余位移，最大位移只有少量减小。

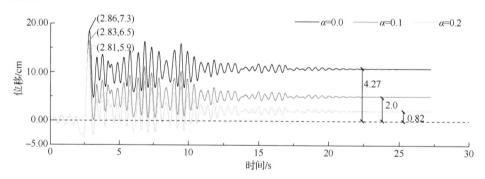

图 11.3　不同二次刚度化单自由度体系位移响应

为了更加详细地分析其机理，图 11.4 所示为在地震波 2～8s 时段，强度折减系数（R）为 2、自振周期 T 为 0.5s 时的单自由度体系的位移响应。其中图 11.4（a）表示了不同的二次刚度情况下单自由度体系的屈服情况，曲线突起代表体系在该时间屈服，可以看出对于各二次刚度体系，屈服基本发生在 2.62～3.16s，当 $t = 6.87$s 时，体系也发生屈服，但是屈服时间持续很短，影响并不大。当强度折减系数 $R = 2$ 时，屈服时间持续长短略有不同，二次刚度越小，屈服持时就越长。图 11.4（b）显示了体系在 2～8s 的位移响应，在体系发生屈服前，不同二次刚度体系位移重合，$2.62\text{s} \leqslant t \leqslant 3.16\text{s}$ 发生屈服，不同体系导致位移响应不同。图 11.4（c）显示了各二次刚度体系之间的位移差，可以看出，不同体系在地震作用下位移的偏移主要发生在屈服阶段；另外，$\alpha = 0.2$ 与 $\alpha = 0.1$ 位移差值经过一个较小的峰值之后基本没有变化，说明当 $\alpha = 0.1$ 时，经过小峰值的位移偏差之后全部为弹性振动。从图 11.4（b）还可以看出，不同二次刚度位移响应在经过峰值后开始向位移 0 点移动，峰值位移大小不同，导致峰值后的第一个谷值位移有很大区别。由图 11.4 可以看出，谷值之后体系开始弹性响应，因此，若体系不继续发生屈服，残余位移应该由该谷值确定。

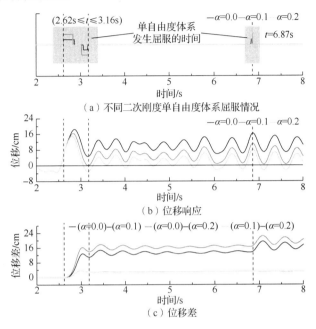

（a）不同二次刚度单自由度体系屈服情况

（b）位移响应

（c）位移差

图 11.4　不同二次刚度单自由度体系的位移响应（$2s \leqslant t \leqslant 8s$，$T=0.5s$，$R=2$）

　　由前述论证可以看出不同二次刚度比的单自由度体系，在相同的地震作用下，位移响应的不同主要是由屈服造成的，并且不同的二次刚度比造成的屈服时间长度也不同。二次刚度造成屈服时间的不同的原因如下。

　　图 11.5 所示为 $2.46s \leqslant t \leqslant 3.16s$ 时不同二次刚度比体系的滞回曲线。从滞回曲线可以清晰看出，当体系进入屈服阶段之后，由于二次刚度的不同，分别达到位移峰值 A、B、C 点，单自由度体系质点速度为 0，恢复力最大，并且开始反向运动。各自通过位移 0 点时，质点速度最大，恢复力最小。继续反向运动，并且发生负方向屈服，不同体系的负向屈服强度由于二次刚度比的不同区别很大。当 $\alpha=0.2$ 时，负向屈服刚度最小，因此更容易屈服。分别到达位移谷值 D、E、F 点之后体系开始弹性振动。

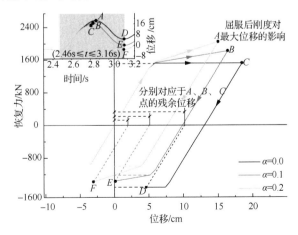

图 11.5　$2.46s \leqslant t \leqslant 3.16s$ 时不同二次刚度比体系的滞回曲线

11.3.2　残余位移影响因素

1.　二次刚度

大部分有关残余位移的研究认为，二次刚度是影响残余位移大小的一个很重要的因素[30-32]：当二次刚度大于 0 时，残余位移较小；当二次刚度接近 0 时，残余位移会有急剧增大的趋势；当二次刚度小于 0 时，残余位移通常较大。

2.　滞回模型

目前，关于残余位移的研究还处于起步阶段，多是基于简单滞回模型来研究影响残余位移的一些主要参数，对于不同滞回模型的影响研究较小。现有的研究表明，不同的滞回模型，特别是一些特殊的滞回模型对计算的残余位移值影响较大。Riddell 和 Newmark 理想弹塑性模型[33]、双折线模型和刚度退化模型在 EL-Centro 地震作用下，残余位移分别为 55.9cm、43.2cm 和 12.7cm；Christopoulos 等[31]则通过研究双折线模型、Takeda 模型和 Flag-shaped 模型发现，不同滞回模型的最大位移响应相差不大，但是残余位移相差很大，Flag-shaped 模型几乎不会产生残余位移。

3.　延性系数

延性系数是现代抗震设计非常关心的参数，较好的延性通常可以保证结构在大震作用下不倒塌。Kawashima 等[30]首先发现延性系数对残余位移率的影响不大，但是该结论可能主要是由于其定义的残余位移率中的最大可能残余位移 $u_{\rm r,max}$ 随着延性系数的增大成正比增大。

4.　强度折减系数

与其他学者的研究不同，Ruiz-Garcia 和 Miranda[32]研究了强度折减系数对残余位移率的影响，发现对于短周期的结构，残余位移率随着强度折减系数的增大而增大，但是随着周期增大，该趋势变得不明显，甚至对于长周期结构，残余位移率都有下降的趋势。总体而言，强度折减系数对残余位移率的影响并不是特别明显。

5.　地震动强度

地震动强度有多种表示方法，很多学者研究了震级对残余位移的影响。Kawashima 等[30]、Ruiz-Garcia 和 Miranda[32]的研究认为，震级对残余位移率的影响没有明显趋势。混凝土柱振动台试验和数值计算结果都发现：地震动峰值速度会影响残余位移率，近场地震会产生较大的残余位移。

6.　场地条件

还有部分学者研究了场地土条件对残余位移的影响，如 Kawashima 等[30]认为场地土条件对残余位移率的影响不大。Ruiz-Garcia 和 Miranda[32]通过对比不同场地条件的残余位移率平均值与总体残余位移率（总样本）平均值发现，对于硬土场地，周期 $T<1.5{\rm s}$

时，不考虑场地土条件会高估残余位移率；而对于软土场地，不考虑场地土条件会低估残余位移率。

7. 高阶模态

高层建筑在地震作用下，高阶模态的存在通常会造成结构竖向位移分布变化，特别是上层结构位移响应增大。Pampanin 等[34]研究了多自由度体系高阶模态对残余位移率的影响，发现高阶模态对残余位移在结构竖向分布的影响不明显，统计分析发现残余位移率相对最大位移离散较大。

8. 扭转效应

Pettinga 等[35]研究了结构扭转效应对残余位移的影响，发现结构平面布置会影响残余位移的响应，平面布置不对称性会导致残余位移增大。

11.4　单自由度体系残余位移响应及其计算方法

11.4.1　残余位移角

本节参考《公路工程抗震规范》（JTG B02—2013）关于结构层间位移角的概念，定义残余位移角 θ_{rd} 为

$$\theta_{\mathrm{rd}} = u_{\mathrm{rd}} / h \tag{11.10}$$

式中，u_{rd} 为震后残余位移；h 为结构高度。

11.4.2　二次刚度比的影响

由前述可以看出，二次刚度比对残余位移角影响很大，因此本节在分析二次刚度比、周期和强度折减系数等参数对残余位移响应的影响前，对每类场地条件的 30 个计算结果进行算数平均，消除单个地震动输入带来的个别性影响。图 11.6 所示为 I 类场地条件下，强度折减系数 $R=3$ 时残余位移角平均值随二次刚度比的变化（其他场地条件下的结论类似）。可以看出，二次刚度比对残余位移的影响很大。随着二次刚度比的增大，残余位移角急剧减小。另外，从图 11.6 还可以看出，二次刚度比 α 对不同周期的结构影响不同。

现行日本桥梁设计规范要求，桥墩残余位移限值为高度的 1%。对于短周期结构，当体系的二次刚度比大于 0.1 时，残余位移角已经趋近于 0，因此可以很容易满足该限值要求；但是对于长周期结构，当二次刚度比大于 0.3 时，残余位移角才能达到要求。此时，单纯增加二次刚度比来减小结构残余位移可能会带来巨大的经济投入，因此对于长周期结构，应当采用多种方法，如采用隔震结构、在结构中添加耗能构件等控制残余位移。

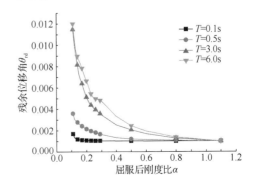

图 11.6　二次刚度比对残余位移角的影响（$R=3$）

11.4.3　周期与强度折减系数

图 11.7 和图 11.8 分别所示为不同强度折减系数下，周期和二次刚度比对残余位移角的影响［为简化起见，图 11.7 所示为 I 类场地二次刚度比 α =0.05 的结果，图 11.8 所示为分别代表短周期结构（T =0.5s）和长周期结构（T =6.0s）的两簇曲线］。从图 11.7 可以看出，残余位移角随周期的增大而增大，但是对于中长周期结构（T >2.0s），平均残余位移进入稳定阶段，随周期的增大，平均残余位移增大趋势减缓；另外，从图 11.7 可以看出，当二次刚度比 α =0.05 时，强度折减系数对残余位移角平均值影响并不是很大，特别是对于短周期结构，基本不受影响。从图 11.8 的两簇典型曲线又可以看出，对于任意二次刚度比的值，强度折减系数的影响都可以忽略，因此可以得出结论，即残余位移角平均值基本不受强度折减系数影响。

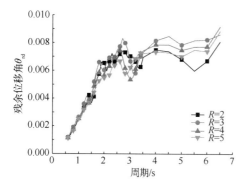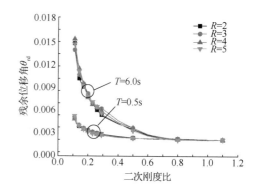

图 11.7　周期对残余位移角的影响（α=0.05）　　　图 11.8　二次刚度比对残余位移角的影响

11.4.4　单自由度体系残余位移谱

1. 等强度延性需求谱和等延性强度需求谱

非弹性反应谱有很多种，其中较常见的是等强度延性需求谱和等延性强度需求谱。两类反应谱都研究强度折减系数 R、延性系数 μ 和结构周期 T 之间的关系，简称 R - μ - T 关系。等强度延性需求谱和等延性强度需求谱的区别主要在于，计算时首先确定哪个参数。等延性强度需求谱将延性系数作为预先设定的值，称为结构的目标延性系数。计算时需要首先假定强度折减系数，再进行弹塑性分析，将计算得到的延性系数与目标延性系数进行比较，通过反复迭代使计算延性系数与目标延性系数接近，最终建立以强度折减系数为纵坐标、周期为横坐标的曲线。同理，等延性延性系数谱计算时，将强度折减系数作为预先设定的值，直接计算不同周期结构的延性系数，从而建立以延性系数为纵坐标，周期为横坐标的曲线。

本书在计算残余位移谱时，借鉴了上述等强度延性需求谱的概念，主要是由于该方法可以直接确定结构的屈服强度，无须迭代过程，因此相对于等延性强度需求谱，计算量大大减小。另外，正如 Miranda 和 Ruiz-Garcia 所指出的，对于普通结构，特别是现有结构而言，结构的目标位移延性系数是未知的，更加合理的计算步骤应当采用结构已知参数（抗侧刚度、周期等）来计算未知参数（延性），由此也可以看出等强度延性系数谱的方法更加合理。

2. 等强度残余位移谱

由前述研究可以看出，二次刚度比、周期和场地条件是影响残余位移的主要因素，因此建立残余位移谱拟合公式时考虑了这 3 个参数的影响。考虑残余位移随二次刚度比变化的趋势，采用指数衰减函数拟合，拟合函数如下式所示：

$$\theta_{\mathrm{rd}} = \theta_0 + \theta_{\mathrm{r0}} \mathrm{e}^{-\alpha/c} \tag{11.11}$$

拟合之后得出的参数 θ_0、θ_{r0} 和 c 是周期 T 的函数。图 11.9 所示为 I 类场地、$R=3$ 时几个代表性周期的残余位移角平均值统计曲线和拟合曲线比较图，可以看出统计值和拟合曲线较接近。

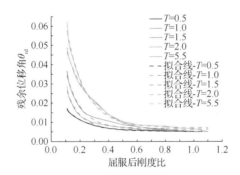

图 11.9　残余位移角平均值统计曲线和拟合曲线比较图（$R=3$）

图 11.10 所示为 I 类场地下拟合参数随周期发生的变化情况。θ_0 绝对值非常小，峰值小于 0.6‰，对 θ_{rd} 影响较小，并且其变化没有一般规律。因此，先假设其为常数，为了确定该常数的大小，将二次刚度比 $\alpha=1$ 代入式（11.11），由于此时结构为弹性，残余位移角 $\theta_{\mathrm{rd}}=0$。另外，θ_{r0} 和 c 的最大值分别为 0.011 和 0.23，代入式（11.11）可得

$$0 = \theta_{\mathrm{rd}}(\alpha=1) = \theta_0 + 0.011 \mathrm{e}^{-1/0.23} = \theta_0 + 0.00014 \tag{11.12}$$

因此 $\theta_0 \approx 0$，此时单自由度残余位移角计算公式简化为

$$\theta_{\mathrm{r}} = \theta_{\mathrm{r0}} \mathrm{e}^{-\alpha/c} \tag{11.13}$$

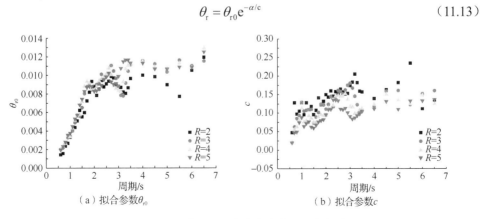

（a）拟合参数 θ_{r0}　　　　　　（b）拟合参数 c

图 11.10　拟合参数随周期发生的变化（ I 类场地）

　　根据前述结论，强度折减系数对残余位移角的影响不大，因此将各强度折减系数计算的 θ_{r0} 和 c 先平均，再拟合。对于 θ_{r0}，由前述结论（图 11.7）可知周期的影响主要体现在短周期阶段，因此采用双折线方程计算参数 θ_{r0}。对不同场地的拟合结果显示，当周期 $T \leqslant 1.3\mathrm{s}$ 时，拟合直线的斜率基本相同（图 11.11），因此得出参数 θ_{r0} 的计算公式为

$$\theta_{r0}(‰) = \begin{cases} 6.23T & 0\mathrm{s} \leqslant T \leqslant 1.3\mathrm{s} \\ 8.10 + \beta(T-1.3) & 1.3\mathrm{s} < T \leqslant 6\mathrm{s} \end{cases} \tag{11.14}$$

式中，β 值如表 11.2 所示。

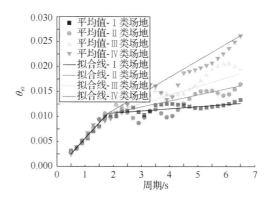

图 11.11　参数 θ_{r0} 周期变化曲线

表 11.2　参数 β 随不同场地类别取值

参数	Ⅰ类场地	Ⅱ类场地	Ⅲ类场地	Ⅳ类场地
β（拟合标准差）	0.46　（0.018）	1.21　（0.037）	1.7　（0.053）	3.1　（0.028）

　　对于参数 c，如图 11.12 所示为Ⅰ类场地 $R = 3$ 时，参数 c 随周期的线性拟合曲线，拟合方程为

$$c = 0.0005T + 0.11 \tag{11.15}$$

式中，T 为系统自振周期，规范取最大值为 6s。因此有 $0.11 \leqslant c \leqslant 0.113$，参数 c 一般取为常数，各类场地的参数 c 如表 11.3 所示。

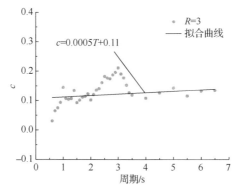

图 11.12　参数 c 随周期变化曲线

表 11.3 参数 c 随场地类别的取值

参数	Ⅰ类场地	Ⅱ类场地	Ⅲ类场地	Ⅳ类场地
$R=2$（拟合标准差）	0.14（0.010）	0.14（0.008）	0.12（0.007）	0.12（0.008）
$R=3$（拟合标准差）	0.12（0.010）	0.12（0.010）	0.10（0.007）	0.10（0.008）
$R=4$（拟合标准差）	0.11（0.009）	0.11（0.010）	0.10（0.007）	0.08（0.006）
$R=5$（拟合标准差）	0.09（0.008）	0.09（0.011）	0.09（0.007）	0.07（0.005）

需要注意的是，前述残余位移角的计算，其地震动输入峰值加速度都调整为 $0.1g$，对于不同强度的地震动输入，时程分析结果显示对于给定参数 T、α 和 R 的单自由度体系，当地震动峰值加速度成倍增大时，位移响应也以相同的倍数增大，基于此结论，残余位移计算公式变为

$$\theta_{\mathrm{rd}} = \frac{a_{\max}}{0.1}\theta_{\mathrm{r0}}\mathrm{e}^{-\alpha/c} \tag{11.16}$$

式中，$a_{\max}$ 为地震动峰值加速度；α 为二次刚度比，取值范围为 $0 \leqslant \alpha \leqslant 1$；$c$ 为拟合参数，其值参见表 11.3；θ_{r0} 为二次刚度 $\alpha = 0$ 时的残余位移，其计算如式（11.14）所示。

11.5 FRP 约束混凝土柱的残余位移

高架桥由大梁、承台、桥墩柱和基础组成。桥墩残余倾角产生的原因之一可能是桥墩柱和基础变形。另一个可能的原因是桥发生了刚体旋转，即地面的残余变形。然而，在神户地震中，许多单柱遭受弯曲模式损坏，一些矩形横截面的桥墩遭受剪切破坏[36]，分析知大残余倾角并非产生于桥墩柱和基础的弯曲残余变形或地面残余变形。一旦钢筋拉拔发生，钢筋则不能恢复到原来的位置，因此，柱子的残余变形可以被认为是拉拔引起的最终位移[37]。

在试验构件中，不论是单向还是双向弯曲柱，基础与地面都是固接。因此残余倾角显然是柱子的残余变形引起的。此外，从现有的文献中可以看出，为避免厚 FRP 改造柱端与相邻基底的接触，通常设计一个空隙来允许塑性铰转动且不需要外约束增加强度和刚度。因此，柱和基础间会形成弯曲裂缝，导致裂缝内钢筋的应变增加。在随后的过程中，裂缝扩大将导致钢筋的非弹性应变。在连续柱筋情况下，屈服延伸进柱脚，导致钢筋显著延长。钢筋的滑动会引起额外的刚体变形，这是搭接钢筋柱产生水平变形和残余变形的主要因素。因此，纵向钢筋的伸长和滑动是柱子残余变形的主要诱因。用推覆试验柱的残余侧移作为指标以评价 FRP 约束柱的震后性能是可靠的。本节相关数据的详细说明请参考 Fahmy[38]的博士论文。

11.5.1 残余变形几何解析式

对于基于图 11.13 所示的损伤可控结构的理想滞回响应参数，本节推导用于评估柱残余变形的几何解析式。

水平荷载 H，其引起的侧向位移 δ，相关的残余位移 δ_R，卸载刚度 E。它们的关系如下：

$$\delta - \delta_R = \frac{H}{E} \tag{11.17}$$

式中，

$$H = H_i + \Delta H$$

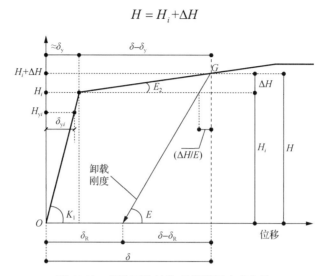

图 11.13　损伤可控结构理想滞回响应参数

假定卸载刚度等于第一刚度 E_1，即 $E = E_1$，则式（11.17）变为

$$\delta_R = \delta - \frac{H_i + \Delta H}{E_1} \qquad (11.18)$$

式中，

$$E_1 = \frac{H_{yi}}{\delta_{yi}}$$

对应于理论强度 H_i 的变形近似等于 δ_y，即

$$\begin{cases} \delta_R = \delta - \delta_y - \dfrac{\Delta H}{E_1} \\ \delta_y = \delta_{yi} \dfrac{H_i}{H_{yi}} \end{cases} \qquad (11.19)$$

式中，H_{yi} 为对应纵筋第一屈服点时的水平荷载；δ_{yi} 为对应纵筋第一屈服点时的水平位移。ΔH 的值取决于二次刚度 E_2，二次刚度 E_2 越大，理论上获得的强度 ΔH 越大。ΔH 的值可按下式确定：

$$\Delta H = E_2 \left(\delta - \delta_y \right) \qquad (11.20)$$

结合式（11.19）和式（11.20）可得

$$\delta_R = \left(\delta - \delta_y \right) - \frac{E_2 \left(\delta - \delta_y \right)}{K_1} \qquad (11.21)$$

$$\delta_R = \left(\delta - \delta_y \right)\left(1 - r \right) \qquad (11.22)$$

式中，

$$r = \frac{E_2}{E_1}$$

在水平非弹性段的影响下，卸载刚度 K 将小于第一刚度 E_1，有利于减小 δ_R 的期望值，即可能小于式（11.22）计算出的值。因此在式（11.22）中引入系数 C_R 来考虑卸载刚度的影响，则有

$$\delta_R = C_R \left(\mu - 1 \right) \left(1 - r \right) \delta_y \tag{11.23}$$

式中，$\mu = \delta / \delta_y$ 且 $C_R \leqslant 1$。

从式（11.23）可看出，随着 r 的增加，残余位移将相应减小。因此可推断出 r 值高的结构有更好的抗震性能。

11.5.2　用残余变形定义恢复极限

现行日本公路桥抗震设计规范采用式（11.23）来评估，并指出残余位移不应超过桥墩柱高度的 1%（日本土木工程师协会地震工程委员会）。

$$\delta_R = C_R \left(\mu_R - 1 \right) \left(1 - r \right) \delta_y \tag{11.24}$$

式中，μ_R 为桥墩柱响应延性系数。

根据现行日本公路桥梁的抗震设计规范，桥墩柱的设计延性系数 μ_a 由地震动类别确定。一个为 L_1 地震动（level Ⅰ），其在结构使用寿命期间有一些重现概率；另一个是 L_2 地震动（level Ⅱ），由近地大规模板块地震或结构附近地震引起。允许位移延性系数 μ_a 由下式提供：

$$\mu_a = 1 + \frac{\delta_u - \delta_y}{\alpha \delta_y} \tag{11.25}$$

式中，α 为根据桥梁重要性和地震动种类确定的安全系数。

根据等能量原则假定，等效加速度响应 S_{es} 按下式确定：

$$S_{es} = \frac{S_s}{\sqrt{2\mu_a - 1}} \tag{11.26}$$

式中，S_s 为弹性加速度响应（日本土木工程师协会地震工程委员会给出了确定 S_s 的具体方法）。

基于以上的抗震设计要素，残余变形需要验算的桥墩柱 μ_R 值可按下式估算：

$$\mu_R = \frac{1}{2} \left[\left(\frac{S_s W}{H_{max}} \right)^2 + 1 \right] \tag{11.27}$$

式中，H_{max} 为桥墩柱极限抗侧力；W 为附属质量。

对于重要桥梁，日本现行规范推荐允许位移延性系数的最大值为 8，因此设计师应依照地震中和震后桥梁预期性能考虑延性需求对侧移能力的影响。

11.5.3　FRP 约束柱抗震性能残余变形指标

根据震后需要的可恢复能力归类，有二次刚度的柱子需要将残余变形作为一个重要的性能指标。定义 FRP-RC 结构的损伤可控段终点是二次刚度的终点，对应于该点的残余变形，本书通过 39 个缩尺模型试验的滞回曲线确定。为了震后能快速修复，残余变形不应超过 1%柱高。受弯缺陷或搭接缺陷柱的残余位移角如图 11.14（a）所示，受剪缺陷柱的残余位移角如图 11.14（b）所示。弱约束圆柱（CH1-1.5D 和 CL1-1C）和方柱

（RS-R3、RS-R4、FRS）的残余位移率在可恢复界限波动。其余柱子不论是最初受剪切、弯曲还是有搭接缺陷，其残余位移角都超过了可恢复界限。因此，在实现延性可恢复结构目标下，用 FRP 复合材料控制既有结构的不可恢复变形是未来的挑战。

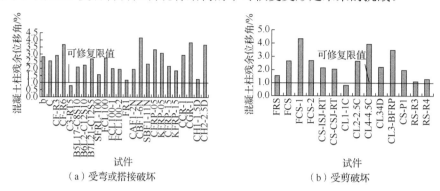

（a）受弯或搭接破坏　　　　　　（b）受剪破坏

图 11.14　二次刚度终点对应柱残余倾角

1. 影响 FRP 约束结构残余倾角的因素

为了减少柱子地震后的残余变形，应当研究可能的影响参数。本章认为 FRP 横向刚度、FRP 种类、轴压比等是主要影响因素。图 11.15（a）和（b）所示为 Chang 等[39-41] 所做两组圆柱试验中 FRP 侧向刚度对柱残余变形的影响。第一组［图 11.15（a）］3 个圆柱 FCL100、FCL100-1 和 FCL100-2 有搭接缺陷，使用碳纤维套增强，分别为 6 层横向、4 层横向、4 层横向中间夹 2 层纵向。第二组［图 11.15（b）］抗剪破坏柱 FCS、FCS-1 和 FCS-2 分别用 0.55mm、0.41mm 和 0.28mm 的碳纤维套增强。尽管 FRP 刚度不同，每一组试件的位移及对应残余变形的关系都相似。值得注意的是，对比横向纤维层数相同的柱 FCL100-1 和柱 FCL100-2，2 层纵向纤维对柱的残余变形没有影响。

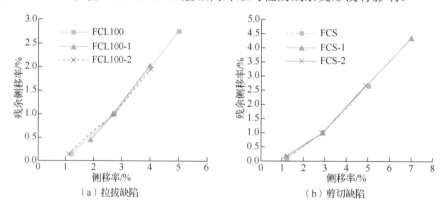

（a）拉拔缺陷　　　　　　（b）剪切缺陷

图 11.15　FRP 侧向刚度对柱残余变形的影响

轴压比的增加对残余变形有显著的影响。例如，轴压比的增加会减小残余变形，但对最大侧移率没有任何明显的影响。Brena 和 Schlick[42] 对测试的 4 个圆柱（CFRP-05、CFRP-15、KFRP-05、KFRP-15）采用碳纤维和芳纶纤维两种不同的复合材料进行修复，以避免短搭接筋的破坏。如图 11.16（a）所示，在恢复极限内，CFRP-15 和 KFRP-15

柱于 15%的轴压比下实现了 4.7%的侧移率，但 CFRP-05 和 KFRP-05 柱在 5%的轴压比下的侧移率不超过 3.4%。如图 11.16（b）所示，当受比 B5L17-C8S10 柱更高的轴压比时，B6L21-C12S10 和 B7L21-C12S5 柱与 1%残余侧移率对应的侧移率有所增加。另外，图 11.16（a）中比较了两对相同轴压比下不同纤维的增强柱（CFRP-05 和 KFRP-05、CFRP-15 和 KFRP-15）。

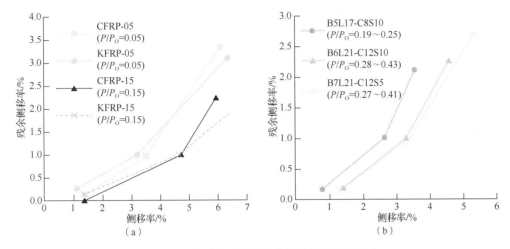

图 11.16　轴压比对拉拔缺陷柱残余变形的影响

FRP 种类对柱残余变形的影响如图 11.17 所示。Wu 等[43-45]研究了相同短柱用不同复合材料增强后对残余变形的影响。对于四层 DFRP 包裹的 CL3-4D 柱和两层半 CFRP 包裹的 CL2-2.5C 柱，尽管 DFRP 提供的横向刚度仅为碳纤维的 1/2，但两者相同侧移后对应的残余变形几乎相同。玄武岩纤维增强的 CL3-BFRP 柱和碳纤维增强的 CL4-4.5C 柱被提供的抗侧刚度几乎相同，两个试件在相同侧移后的残余变形也基本相同。Haroun 和 Elsanadedy[46]使用玻璃纤维包裹的 CFR-3 柱和碳纤维包裹的 CFR-6 柱，在试验 FRP 类型对搭接缺陷柱残余变形的影响中也可得出相同的结论，如图 11.17（b）所示。

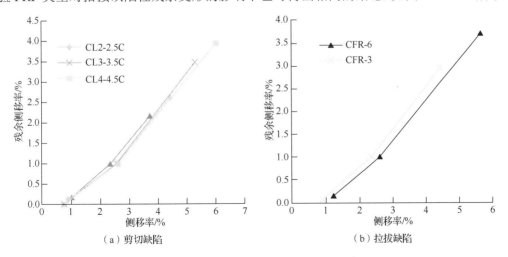

图 11.17　FRP 种类对柱残余变形的影响

2. FRP 约束柱残余位移预测

1996 年，日本公路桥抗震设计规范要求，对于重要桥梁，桥墩柱震后残余位移的发展必须用下式验算：

$$\delta_R < \delta_{RA} \tag{11.28}$$

式中，δ_R 为桥墩柱震后残余位移；δ_{RA} 为允许残余位移。δ_{RA} 应为上部结构重心到底部距离的 1/100。对钢筋混凝土桥墩柱，δ_R 用式（11.24）计算，其中 C_R 根据 Kawashima[47] 残余位移谱设为 0.5。因此采用回归分析确定，提出 FRP 约束混凝土结构的 C_R。

本书采用 39 个缩尺模型的试验结果来确定 C_R 值。残余变形和式（11.22）右半部分的关系如图 11.18（a）和（b）所示，分别为搜集模型的恢复极限和二次刚度终点对应的侧移和残余侧移 y。图 11.18（a）和（b）表明 C_R 的值取决于结构的极限状态。因此，基于模型试验结果线性回归趋势线，C_R 采用 0.5542 和 0.7205 两个值：第一个值用以评估恢复极限状态内的残余变形，第二个值用以评估不可恢复变形状态时的残余位移。

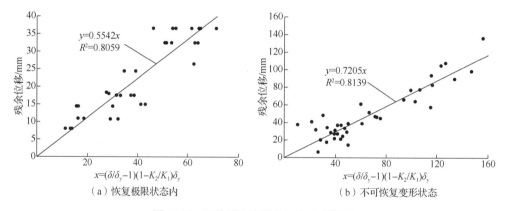

图 11.18　评估残余变形的回归方程图示

本节采用搜集的 39 个试验柱在恢复极限和二次刚度终点处对应的残余变形对式（11.23）进行了验证。两个阶段对应残余位移预测值和试验值对比如图 11.19 所示。

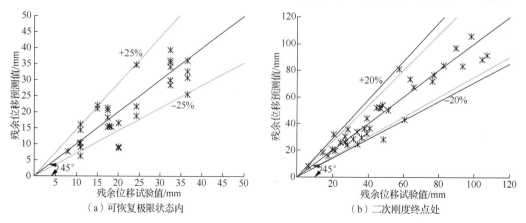

图 11.19　残余位移计算和试验结果对比

11.6　FRP 筋/布复合增强混凝土柱

FRP 筋/布复合增强混凝土柱的二次刚度较普通混凝土柱的二次刚度有明显提升，在拟静力试验后产生的残余位移角明显减小，具体分析可参考本书第 10 章内容。

11.7　钢-连续纤维复合筋增强混凝土柱

11.7.1　钢-连续纤维复合筋性能

钢-连续纤维复合筋（SFCB）是由吴刚等[48]提出的以钢筋为内芯，外包纵向连续纤维的复合筋，如图 11.20 所示。钢与 FRP 的复合可以扬长避短，因为 FRP 具有强度高、弹模低、延性差、耐久性好、重量轻等特点，而钢材具有强度低、弹模高、延性好、耐久性差、重量重等特点，两者互补性较强，两者复合后将具备高强度、高弹模、高韧性、耐腐蚀、低成本等综合性能。作者课题组为了系统地研究 SFCB 的力学性能，对 SFCB 进行单向拉伸试验和反复拉伸试验，并对 SFCB 在单向加载及反复加载下的应力-应变关系理论模型进行了推导与分析。

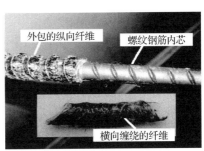

（a）钢筋　　　　　　　　　　　（b）连续纤维

图 11.20　钢-连续纤维复合筋工厂化产品

图 11.21 所示为 SFCB 单调拉伸试验的荷载-应变关系曲线。可以看出，在加载初期，内芯钢筋和纤维外包覆层共同承担荷载，当拉伸应变约为 0.002 时，开始发生屈服现象，主要表现为相同应变增量时 SFCB 的应力增量明显减小，但仍持续且稳定地增加，即 SFCB 表现出较高的二次刚度。此时内芯钢筋已经屈服，不能承担更高的荷载，增加的荷载主要由纤维外包覆层承担。随着荷载的增加，当试件中部的纤维外包覆层断裂失效时达到其承载力峰值，随着纤维断裂，其承载力迅速下降，此时，外荷载由屈服后的内芯钢筋承担，SFCB 的承载力基本上不再增加。试件的破坏形式，首先是试件中部的钢筋屈服，然后是屈服钢筋附近的纤维断裂，最后是纤维断裂破坏处附近区段内的钢筋被拉断。可以发现，SFCB 在单调受拉过程中表现出了明显且稳定的二次刚度性能，并且有明显的屈服点、极限点。

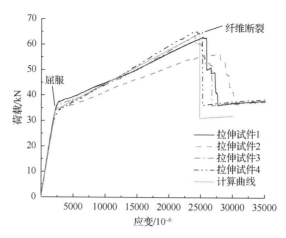

图 11.21　SFCB 单调拉伸试验的荷载-应变关系曲线

假设复合筋纤维外包覆层与钢筋内芯之间的界面结合良好，在承受荷载作用的过程中，两者变形协调，即同一截面处应变相等，则可以运用复合法则得到 SFCB 的应力-应变关系，如图 11.22 所示，统一表示为如下计算公式：

$$\sigma_{sf} = \begin{cases} \varepsilon_{sf}(E_s A_s + E_f A_f)/A_{sf} & 0 \leqslant \varepsilon_{sf} < \varepsilon_{sfy} \\ f_{sfy} + (\varepsilon_{sf} - \varepsilon_{sfy})E_f A_f/A_{sf} & \varepsilon_{sfy} \leqslant \varepsilon_{sf} \leqslant \varepsilon_{sfu} \\ f_y A_s/A_{sf} & \varepsilon_{sfu} < \varepsilon_{sf} \end{cases} \qquad (11.29)$$

式中，E_s、A_s、ε_y 分别为钢筋的弹性模量、横截面面积、屈服应变；E_f、A_f 分别为外包覆的 FRP 的弹性模量、横截面面积；$A_{sf} = A_s + A_f$ 为 SFCB 横截面总面积；f_{sfy} 和 ε_{sfy} 分别为 SFCB 的屈服应力和屈服应变；f_{sfu} 和 ε_{sfu} 分别为 SFCB 纤维断裂时的极限应力和极限应变；f_{sfr} 为 SFCB 的剩余强度。

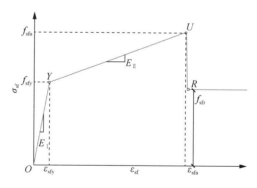

图 11.22　SFCB 的应力-应变关系

SFCB 与普通钢筋在反复加载作用下的荷载-应变关系曲线如图 11.23 所示。观察图 11.23 的 SFCB 试件在循环加载下的荷载-应变关系曲线，可以发现 SFCB 屈服后，当应变不大时，SFCB 的卸载曲线可以近似地看成一条直线，再加载曲线与卸载曲线基本上重合，再加载曲线能穿过前次的峰值点，但循环加载对 SFCB 的抗拉承载能力没有明显削弱；随着塑性应变的发展，SFCB 的卸载曲线呈现出越来越明显的非线性特征，卸载的过程中，其卸载刚度逐渐减小，再加载曲线与卸载曲线也不再重合，但仍能穿过前次的峰值点，与卸载曲线形成一个闭合的滞回环。

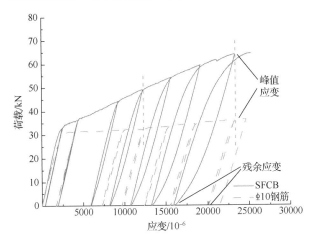

图 11.23　SFCB 与普通钢筋在反复加载作用下的荷载-应变关系曲线

由 SFCB 与普通钢筋的试验曲线对比可以发现，在屈服后达到同样的峰值应变后卸载，SFCB 的残余变形远小于普通钢筋的。例如，在 SFCB 和钢筋均达到约 $12200\mu\varepsilon$ 的峰值应变后卸载，钢筋的残余应变为 $9637\mu\varepsilon$，SFCB 的残余应变为 $7234\mu\varepsilon$，后者是前者的 75%；在 SFCB 和钢筋均达到约 $23400\mu\varepsilon$ 的峰值应变后卸载，钢筋的残余应变为 $20079\mu\varepsilon$，SFCB 的残余应变为 $15951\mu\varepsilon$，后者是前者的 79%。这表明，SFCB 屈服后的可恢复性能比钢筋优越。

基于 SFCB 反复拉伸试验得到的反复加载曲线特征，经过统计分析，得到 SFCB 应力-应变关系恢复力模型如图 11.24 所示[48]。

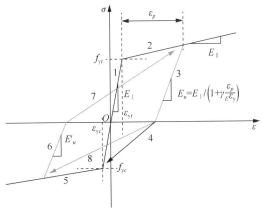

f_{yt}——抗拉屈服强度；f_{yc}——抗压屈服强度；E_{I}——初始刚度；E_{II}——二次刚度；ε_{yt}——抗拉屈服应变；
ε_{yc}——抗压屈服应变；ε_p——SFCB 屈服后的塑性应变；γ_E——刚度退化系数。

图 11.24　SFCB 应力-应变关系恢复力模型

图 11.24 中，关键参数 f_{yt}、E_{I}、E_{II} 等均可按式（11.29）确定。经回归分析，可以得到卸载刚度计算式为

$$E_u = \frac{E_1}{\left(1 + \gamma_E \dfrac{\varepsilon_p}{\varepsilon_y}\right)} \qquad (11.30)$$

通过对 SFCB 循环加载的荷载-应变曲线滞回特征的分析，本节定义恢复力模型的滞回规则如下。

1）在 SFCB 的受力尚未超过屈服荷载以前，加载和卸载都沿着骨架曲线进行（图 11.24 中曲线 1）。

2）SFCB 的受力超过屈服荷载以后，加载路径沿着骨架曲线进行（图 11.24 中曲线 2）。

3）反向加载和再加载曲线路径：当反方向加载尚未超过屈服荷载时，反向加载路径由卸载后应变轴上的相应点指向反方向骨架曲线的屈服点（图 11.24 中曲线 4）。

4）当反方向加载已经超过骨架曲线的屈服点，如图 11.24 中曲线 8，再加载路径指向前一级加载曾经到达的最大应变点（图 11.24 中曲线 7）。

11.7.2 钢-连续纤维复合筋增强混凝土方柱抗震性能试验研究

1. 钢-连续纤维复合筋混凝土柱结构及其抗震性能控制

SFCB 增强混凝土柱结构及其性能示意图如图 11.25 所示[49]，其中纵筋 SFCB 的内芯钢筋可以选择不同直径的钢筋或钢丝；SFCB 的外侧纵向 FRP 可以选用延伸率较高的 BFRP、GFRP 和 AFRP 等；箍筋使用普通钢筋，当具有耐久性要求时，可以选用合适截面形状的 FRP 箍筋。

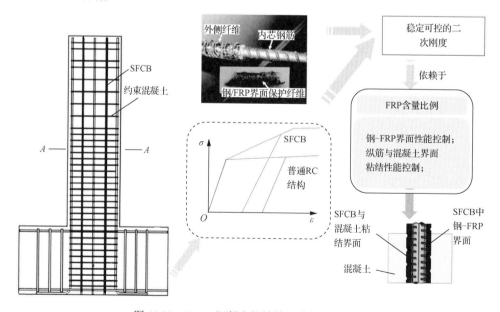

图 11.25 SFCB 混凝土柱结构及其性能示意图

SFCB 的二次刚度比可以通过合理设置钢-FRP 的比例实现，进而控制 SFCB 增强混凝土柱的抗震性能。另外，可以基于不同的界面处理和锚固方式实现 SFCB 增强混凝土柱的抗震性能控制，而粘结性能对混凝土柱的抗震性能有很大影响[50-52]，已有研究表明，合理弱化纵筋与混凝土的粘结性能,可以把混凝土柱失效模式从剪切破坏转为弯曲破坏[53]。

　　两种设想的强化 SFCB 增强混凝土柱锚固和粘结性能的控制方法示意图如图 11.26 所示。由于 FRP 的脆性特征,端部锚固方面可以考虑将部分 FRP 剥除,以弯折内芯钢筋来实现 SFCB 增强混凝土的锚固增强;通过沿 SFCB 增强混凝土柱中高应力区域,间隔增加锚固措施来提升 SFCB 与混凝土的截面性能,如在 SFCB 拉挤成型的过程中进行喷砂处理[54],增加缠绕一体化的表面肋或者在 SFCB 成品上增加高性能粘结式节点。

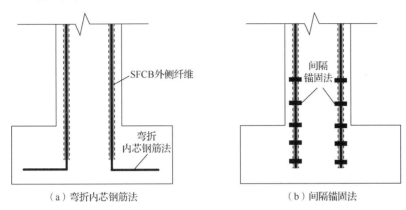

（a）弯折内芯钢筋法　　　　　　　　　（b）间隔锚固法

图 11.26　两种设想的 SFCB 增强混凝土柱锚固和粘结性能的控制方法示意图

　　罕遇地震时爆发巨大的地震能量,若"硬抗"可能引起 SFCB 增强混凝土柱较高的地震响应,可以设计在 SFCB 增强混凝土柱二次刚度达到极值时,使 SFCB 与混凝土界面发生韧性滑移,以避免 FRP 断裂引起结构的倒塌可能。以混凝土柱柱脚纵筋滑移和荷载关系为例,普通钢筋在屈服后,滑移(纵筋伸长)随着荷载增加而迅速增加;SFCB 由于高强度 FRP 的制约,荷载可以继续增加,从而使滑移得以约束。复合后的 SFCB 荷载-滑移曲线与界面处理示意图如图 11.27 所示,在钢筋屈服后,随着 SFCB 的滑移伸长量增加,荷载可以大幅增加(类似材料性能试验中的二次刚度)。为了避免玄武岩纤维断裂而引起承载力的急剧下降,可通过一些关键技术,如采用部分光圆 SFCB 或者利用无粘结套管实现 SFCB 与混凝土的界面控制,使 SFCB 在达到断裂应变前发生可控的滑移。

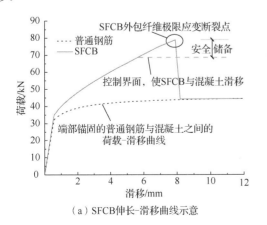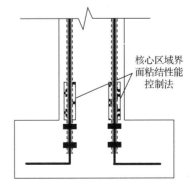

（a）SFCB伸长-滑移曲线示意　　　　　　（b）SFCB柱柱脚粘结弱化/强化方法

图 11.27　SFCB 荷载-滑移曲线与界面处理示意图

混凝土柱的抗震性能试验方法一般有 3 种，即拟静力推覆性能试验[55,56]、拟动力试验[57,58]及振动台试验[59,60]，其中，拟静力推覆性能试验方法较为简单、经济，且可以较好地测试构件的承载力、刚度变化、变形能力和损伤特征等，因而在目前的结构/构件性能试验中得到了广泛的应用。本章在 SFCB 单向和往复拉伸试验、SFCB 与混凝土粘结性能试验基础上，首先研究普通 SFCB 增强混凝土柱在低周反复荷载作用下的抗震性能，本节试验中 SFCB 柱采用直接拉挤成型为 SFCB 制品。

2. SFCB 增强混凝土方柱试件设计

本节试验制作了截面为 300mm×300mm 的 SFCB 增强混凝土柱和 RC 对比柱，试件配筋图与增强纵筋材料性能试验结果分别如图 11.28 和表 11.4 所示。表 11.4 中，SFCB 初始弹性模量 E_1 和二次弹性模量 E_2 分别指 SFCB 内芯屈服前后复合筋的弹性模量；屈服强度为 SFCB 内芯钢筋屈服时复合筋的等效强度；极限强度指 SFCB 外侧 FRP 断裂时的强度。RC 对比柱纵筋为 12 根 HRB335（直径 14mm）钢筋。SFCB 增强混凝土柱中采用的纵筋分别为钢-碳纤维复合筋、钢-玄武岩纤维复合筋。表 11.4 中 S10B30 表示 30 束 2400tex 玄武岩纤维纵向包裹 HRB400 钢筋（直径 10mm）的 SFCB，tex 是纺织业的计量单位，表示单束每千米长度的质量（g）；S10C40 表示 40 束 12k 碳纤维（carbon fiber）纵向包裹 HRB400 钢筋（直径 10mm）的 SFCB，12k 表示每束碳纤维的根数为 12000 根。

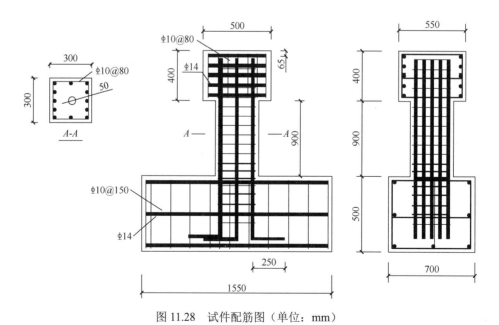

图 11.28　试件配筋图（单位：mm）

表 11.4　增强纵筋材料性能试验结果

试件编号	纵筋直径/mm	复合筋纤维种类	初始弹性模量/E_1/GPa	屈服强度/MPa	二次弹性模量/E_2/GPa	极限强度/MPa	屈服后模量比/(E_2/E_1)	延伸率/%
C-S14	14.00	—	200.00	400.00	0.20	584.00	0.001	15.00
C-S10B20	12.10	BFRP	140.03	309.60	11.05	541.80	0.079	2.50
C-S10B30	12.52	BFRP	138.10	302.35	15.05	573.45	0.109	2.30
C-S10C24	11.10	CFRP	163.70	373.85	15.40	511.10	0.094	1.07
C-S10C40	11.90	CFRP	156.95	339.35	29.60	588.30	0.189	1.15

　　立方体试件（150mm×150mm×150mm）的 24d 实测抗压强度为 47.27MPa。桥梁墩柱的轴压比一般比较小（0.1～0.2），因此 SFCB 增强混凝土柱试验轴压比取为 0.12，试验轴压比计算公式如下：

$$n_t = \frac{P}{f_c' A} \tag{11.31}$$

式中，P、f_c'、A 分别为试验轴力、柱的抗压强度、柱的截面面积。

3. 试验加载

　　试验加载装置如图 11.29（a）所示，根据《混凝土结构试验方法标准》（GB/T 50152—2012），加载按荷载-位移混合控制［图 11.29（b）］。屈服前，以荷载值控制加载，每级荷载循环一次，荷载级差为 10kN；屈服后，以柱顶水平位移控制加载，水平位移值取试件屈服位移值的整数倍等增量加载，每级循环 3 次，直至试件破坏。

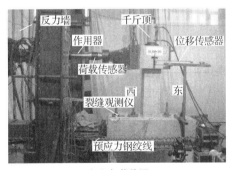

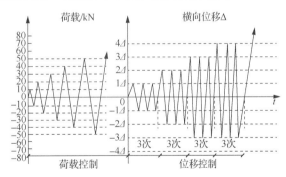

（a）加载装置　　　　　　　　　　　（b）加载控制示意图

图 11.29　试验方法

4. 试验结果分析

（1）荷载-位移关系曲线

　　1）试件的荷载-位移滞回曲线（V-δ 曲线）示意图如图 11.30 所示[61]。试验主要特征点见表 11.5，表中 V_{cr}、V_y、V_p、V_u 分别表示开裂荷载、屈服荷载、最大荷载和极限荷载；δ_{cr}、δ_y、δ_p、δ_u 分别为相应位移。其中，开裂荷载-位移取值为屈服前的 V-δ 曲线转折点；对于屈服荷载-位移，RC 柱和 SFCB 柱分别取 V-δ 曲线进入屈服平台和二次刚度阶段时转折点对应的荷载-位移；极限荷载-位移定义为峰值荷载下降到 85% 时对应的荷载-位移。

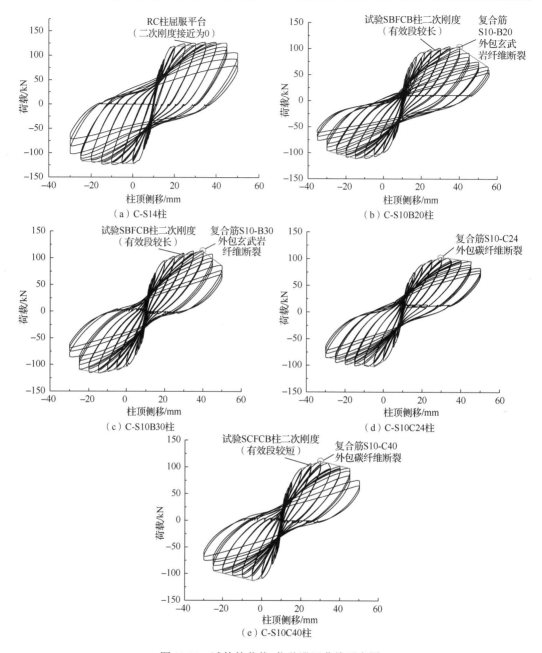

图 11.30　试件的荷载−位移滞回曲线示意图

表 11.5　试验荷载−位移关系曲线主要特征点

试件编号	V_{cr}/kN	δ_{cr}/mm	V_y/kN	δ_y/mm	V_p/kN	δ_p/mm	V_u/kN	δ_u/mm	μ (δ_u/δ_y)
C-S14	51.02	1.35	116.36	7.95	123.65	34.93	105.10	39.35	4.95
C-S10B20	51.90	2.19	93.52	9.80	106.50	27.06	90.53	37.30	3.81
C-S10B30	51.26	2.02	98.46	9.80	115.03	29.43	97.78	37.14	3.79
C-S10C24	55.08	2.53	91.52	9.74	102.16	19.02	86.84	37.43	3.84
C-S10C40	50.69	2.00	97.25	9.83	110.75	20.03	94.14	35.85	3.65

2）普通 RC 柱滞回曲线呈梭形，较开阔，表现出良好的延性和耗能能力［图 11.30（a）］；因为钢筋的二次刚度基本为 0，所以柱屈服后荷载-位移关系曲线基本呈平台状。在 51kN 时，柱脚开裂，荷载-位移关系曲线上存在明显转折点；在 60kN 时，柱东侧柱脚裂缝宽度达 0.06mm；在 91.90kN 时，钢筋初始达屈服应变，相应柱顶水平侧移为 7.96mm；荷载 116kN 时，荷载-位移关系曲线出现明显转折，可以认为是混凝土柱达屈服状态；随着加载的进行，混凝土裂缝继续扩展，侧面斜向交叉裂缝明显扩展；柱顶侧向位移为 40mm 时，柱脚混凝土保护层压溃，承载力下降到极限荷载 85% 以下，柱破坏。

3）SFCB 增强混凝土柱的开裂荷载和 RC 柱相差不多，都为 51kN 左右，4 个 SFCB 增强混凝土柱滞回曲线如图 11.30（b）～（e）所示。

当 C-S10B30 柱的柱顶侧移为 -5mm 时，可听到轻微响声，可能是 FRP 胶层开裂的声音；侧移为 -15mm 时，听到较大的声音，可能是 FRP 部分断裂；侧移到 -25mm 时，有连续两三声较大声音。SFCB 内芯钢筋屈服后，由于外包 FRP 的高强度特征，滞回曲线在正向卸载及反向加载阶段表现出稳定的二次刚度特征，而卸载阶段有一定的捏拢效应。屈服后荷载随着加载位移增加而稳定增长，在荷载达到峰值点之前，3 次循环加卸载曲线基本重合，残余位移基本不变［图 11.30（c）］。在柱顶侧移为 30mm 时，柱承载力达到峰值点；在柱顶侧移为 35mm 时，可连续听到 FRP 逐渐断裂的较大声响。在 FRP 逐渐断裂的过程中，水平荷载响应逐渐降低，最终降至只有内芯钢筋时的承载力水平。

C-S10C40 柱在柱顶侧移 15mm 时，听到轻微响声，卸载时也可听到响声；在柱顶侧移为 20mm 时，侧移达 25mm 的过程中有连续较大响声，可能为碳纤维断裂的声音；侧移为 30mm 时，可以看到柱脚混凝土有较大裂缝。侧移 40mm 时，柱脚混凝土压溃剥落，第二次循环时的承载力比第一次循环有较大下降［图 11.30（e）］，具体下降幅度见后续的强度退化程度分析。

C-S10B20 柱和 C-S10C24 柱的破坏过程也与 C-S10B30 柱和 C-S10C40 柱的类似，其相应的 FRP 含量较低，因此其二次刚度比要比相应 FRP 含量较高的 SFCB 柱低，卸载阶段有一定的捏拢效应。

（2）骨架曲线及柱二次刚度

图 11.31 所示为试验推拉平均骨架曲线。混凝土柱二次刚度的大小可按下式计算：

$$E_2 = \frac{V_p - V_y}{\delta_p - \delta_y} = \beta_1 E_y \tag{11.32}$$

式中，$E_y = V_y / \delta_y$ 为初始等效弹性刚度；β_1 为二次刚度 E_2 与 E_y 的比值。

二次刚度有效长度系数 γ_1 可通过峰值荷载对应位移与柱屈服位移之间曲线在水平轴上的投影长度与屈服位移的比值［式（11.33）］来表示，该值和 SFCB 外包 FRP 的延伸率直接相关。

$$\gamma_1 = \left(\delta_p - \delta_y \right) / \delta_y \tag{11.33}$$

传统 RC 结构中的延性系数计算方法同样适用于 SFCB 增强混凝土柱，计算公式如下：

$$\mu = \delta_u / \delta_y \tag{11.34}$$

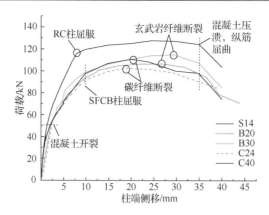

图 11.31　柱试验推拉平均骨架曲线

混凝土柱骨架曲线特征值见表 11.6。

表 11.6　混凝土柱骨架曲线特征值

试件编号	增强材料轴向刚度比	E_y	E_2	E_2/E_y	β_1	γ_1	μ
C-S14	1.000	14.636	0.270	0.018	0.018	3.394	4.950
C-S10B20	0.523	9.543	0.752	0.079	0.079	1.761	3.806
C-S10B30	0.552	10.047	0.844	0.084	0.084	2.003	3.790
C-S10C24	0.514	9.396	1.147	0.122	0.122	0.953	3.843
C-S10C40	0.567	9.893	1.324	0.134	0.134	1.038	3.647

1）4 个 SFCB 增强混凝土柱的二次刚度比（E_2/E_y）都大于文献建议的 5%界限值，可以实现混凝土柱在地震作用下抗震性能的稳定性，即通过 SFCB 增强混凝土柱来达到混凝土柱稳定的二次刚度效果，并进而减小震后残余位移，提高可修复性是切实可行的。

2）玄武岩纤维的延伸率比碳纤维高，故 C-S10B30 柱二次刚度有效长度系数 γ_1 的高延性约为 C-S10C40 柱的 2 倍。对于同种 FRP 复合的 SFCB 增强混凝土柱，FRP 含量较高的 SFCB 增强混凝土柱，其 FRP 断裂点对应的柱端侧移较大，这表明 FRP 含量提高有助于提高 SFCB 增强混凝土柱的变形能力。

3）SFCB 增强混凝土柱与 RC 柱极限变形能力相近（表 11.6），而由于 SFCB 增强混凝土柱屈服位移较大，其相应延性系数小于 RC 柱。4 个 SFCB 增强混凝土柱之间，延性系数相差不多。

一般而言，当 SFCB 增强混凝土柱应用二次刚度来实现较小残余位移时，FRP 用量较大，宜增加二次刚度 E_2 和有效长度 γ_1 作为评价指标；若 SFCB 增强混凝土柱为防腐蚀而应用于恶劣环境下，SFCB 增强混凝土柱中 FRP 比例较少时，柱的承载力因 FRP 的断裂而有较小下降（图 11.30 中柱 C-S10C24），与 RC 柱相似，延性系数更具代表性。

（3）柱脚曲率变化

SFCB 增强混凝土柱在内芯钢筋屈服后，其受拉承载力稳定可持续增加，从而使柱截面中和轴相对 RC 柱往受拉侧移动。相应地，有较长范围的复合筋进入非弹性阶段，即 SFCB 增强混凝土柱的塑性铰长度要大于 RC 柱，以此补偿由塑性铰区截面层次上变形减小的影响，同时也可以满足柱顶的侧向变形能力需求。变化纵筋的硬化系数，以 C-S14 柱的几何尺寸为参数，理论计算的柱脚需求曲率和柱顶侧移的关系如图 11.32 所示。硬化系数为 0.03 的纵筋所增强的混凝土柱在相同柱顶侧移时的柱脚需求曲率远小于 RC 柱（硬化系数 0.001），即具有较高二次刚度的 SFCB 增强混凝土柱可以实现和 RC 柱相同柱顶侧移时较小的柱脚塑性变形，从而实现较小的卸载残余位移。

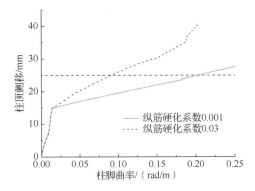

图 11.32　相同柱顶变形时不同的柱脚需求曲率

对试验柱柱脚高度 150mm 范围的平均曲率进行计算，具体方法为在柱脚两侧靠近混凝土保护层取 4 个点，按下式进行计算：

$$\phi = \frac{\varepsilon_{c} + \varepsilon_{t}}{h_{c}} \tag{11.35}$$

式中，ϕ 为平均曲率；ε_{c}、ε_{t} 分别为计算特征点之间拉伸应变和受压应变（均取正值）；h_{c} 为左右特征点竖向连线的水平距离。

柱脚平均曲率随柱顶侧移的变化曲线如图 11.33 所示（为了便于比较，图中也列出了混凝土柱相应的骨架曲线）。

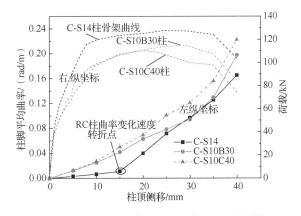

图 11.33　柱脚平均曲率随柱顶侧移的变化曲线

可以看出，C-S14 柱的柱脚曲率最早进入变形快速发展阶段；C-S10B30 柱随着柱顶侧移增加，柱脚曲率逐渐小于 C-S10C40 柱。因为 C-S14 柱图像拍摄位置偏高，柱脚基部主裂缝引起变形（图 11.34）在拍摄图像的范围之外，而其他两个 SFCB 增强混凝土柱的拍摄范围包括柱脚基部主裂缝，所以计算得到的 RC 柱平均曲率反而略小于 SFCB 增强混凝土柱，但因其钢筋塑性发展，从而导致柱脚塑性铰快速发展的趋势依然可见（图 11.33 中 C-S14 柱曲率变化速度转折点）。

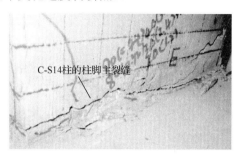

图 11.34　C-S14 柱的柱脚主裂缝（柱顶侧移 25mm 时）

（4）卸载刚度退化

卸载刚度决定了结构在震后的残余位移，它是提高结构可修复性的重要参数。在同样卸载点，卸载刚度越小，相应残余位移越小。混凝土柱的屈服荷载、屈服位移无量纲化骨架曲线如图 11.35 所示。可以看出，各柱在屈服位移以前的荷载-位移关系曲线基本重合。SFCB 增强混凝土柱由于 FRP 具有高强度，表现出稳定的二次刚度特征，不同卸载刚度将直接带来不同的残余位移。

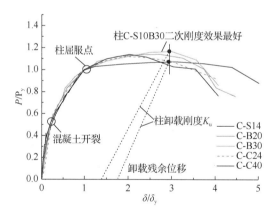

图 11.35　无量纲化试验柱骨架曲线

根据 Takeda 恢复力模型（TK 模型），RC 柱的卸载刚度计算公式为

$$E_{u\text{-}TK} = \left(\frac{\delta_{\max}}{\delta_y}\right)^{-0.4} \times E_1 \tag{11.36}$$

式中，$\delta_{\max}$、δ_y 分别为柱极限位移和屈服位移；E_1、E_u 分别为柱初始刚度和卸载刚度。

TK 模型是钢筋混凝土结构弹塑性地震反应分析中应用较为广泛的模型，其主要特点是考虑了卸载刚度的退化，但其未能考虑柱卸载刚度随钢筋塑性发展而退化的特征。混凝土柱试件卸载刚度（含 C-S14 柱的 TK 模型计算值）变化如图 11.36 所示。

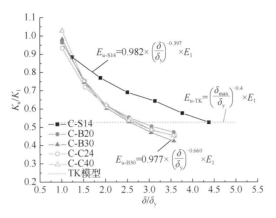

图 11.36　推拉平均卸载刚度变化示意图

可以看出，随着柱顶侧移增大，柱卸载刚度随柱顶侧移增大而显著退化。C-S14 柱卸载刚度拟合曲线见式（11.37），按 TK 模型计算的卸载刚度约为 4.5 倍屈服位移时的相应值（图 11.36）。因此当重要结构需要评价非弹性变形较小时的可修复性时，TK 模型将过小估计结构的残余变形，从而不够安全。

$$E_{\text{u-S14}} = 0.982 \times \left(\frac{\delta}{\delta_y}\right)^{-0.397} \times E_1 \tag{11.37}$$

4 个 SFCB 增强混凝土柱卸载刚度相近，其中 C-S10B30 柱最小，其拟合曲线的计算可按下式：

$$E_{\text{u-B30}} = 0.977 \times \left(\frac{\delta}{\delta_y}\right)^{-0.660} \times E_1 \tag{11.38}$$

本节在此仅对 SFCB 增强混凝土柱与 RC 柱卸载刚度做初步的比较，更详细、系统的比较及建立模型，有助于进一步的试验研究与理论分析。

（5）残余位移角

残余位移角反映了柱震后可修复性的大小。残余位移角越小，结构可修复性越好，当残余位移角为 0 时，表明结构或构件无须修复，如弹性受力状态时的结构或构件。

SFCB 增强混凝土柱的残余侧移率如图 11.37 所示。

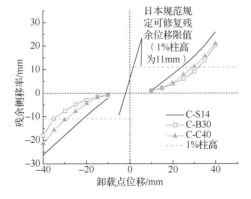

图 11.37　SFCB 增强混凝土柱的残余侧移率

由于钢筋的塑性发展，RC 柱的残余位移随加载位移的增加而增加，且最先达到日本规范的可修复性限值（柱顶加载位移为 24.37mm）。SFCB 增强混凝土柱中的 C-S10C40 柱和 C-S10B30 柱可修复性限值的柱顶侧移分别为 29.76mm 和 32.80mm，是 RC 柱的 122.11% 和 134.59%；随着加载位移增加，SFCB 增强混凝土柱中的外包 FRP 逐渐断裂，SFCB 增强混凝土柱残余侧移率加速变大（曲线增加），相应 RC 柱残余侧移率与加载位移基本呈线性关系。

11.7.3　钢-FRP 螺旋箍筋约束 SFCB 混凝土圆柱的抗震性能

1. 复合螺旋箍筋的力学性能

本书作者课题组研制了一种钢-FRP 复合箍筋，进而提出了全复合筋混凝土柱的设计概念[62]，即采用钢-玄武岩纤维复合筋（SBFCB）作为纵筋、钢-玄武岩纤维混杂复合材料（SBFHS）作为箍筋。本节试验中 SBFCB 由玄武岩纤维浸渍环氧树脂包裹 10mm 钢筋制作而成，而 SBFHS 则由玄武岩纤维浸渍环氧树脂包裹多束 4mm 的钢丝制成。该全复合筋混凝土柱具有类似全 FRP 增强混凝土柱的耐久性，同时具有可设计的抗震性能。本节试验中，SBFCB 由 34 束 BFRP 浸渍环氧树脂后缠绕直径为 10mm 的钢筋制成 [图 11.38（a）]，其二次刚度比由纤维量来控制，具体如下：

$$r_{sf} = \frac{E_f A_f}{E_f A_f + E_s A_s} \tag{11.39}$$

式中，r_{sf} 为二次刚度比；E_f 为 FRP 的弹性模量；A_f 为钢筋外侧 FRP 面积；E_s 为钢筋的弹性模量；A_s 为钢筋截面面积。

SBFHS 是一种玄武岩增强纤维浸渍环氧树脂包裹内部钢丝的新型螺旋箍筋，具有强度高、耐腐蚀性好的特点。本节试验中，SBFHS 由 25 束 BFRP 浸渍环氧树脂后复合 10 根直径 4mm 的钢丝混杂制成，如图 11.38（b）所示。

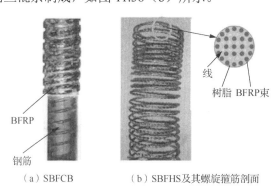

（a）SBFCB　　　　　　（b）SBFHS 及其螺旋箍筋剖面

图 11.38　筋材类型

试验中，各筋材的力学性能见表 11.7，其中 E_I 表示初始弹性模量，E_{II} 表示屈服后弹性模量，f_y 表示屈服强度，f_u 表示极限强度，ε_u 表示极限应变。试验中直径为 12mm 和 6mm 的钢筋分别作为纵筋和箍筋用于参照试件，直径为 10mm 的钢筋用于 SBFCB 中内芯钢筋，直径为 4mm 的钢丝用于 SBFHS 中内芯钢丝，其抗拉强度为 42GPa。生产 SBFCB 与 SBFHS 的纤维和树脂采用 2400tex 的玄武岩纤维增强聚合物（BFRP）和 430

型乙烯基环氧树脂。

表 11.7　筋材的力学性能

筋材种类	直径/mm	E_I/GPa	E_{II}/GPa	f_y/MPa	f_u/MPa	ε_u/%
SBFCB	12.4	147.31	13.75	384.1	644.2	2.30
SBFHS	6	41.21	—	417.7	835.4	1.82
BFRP 筋	10	66.83	—	—	1697.0	2.52
钢筋	6	210.0	—	300.0	420.0	10.0
钢筋	10	210.0	—	572.0	680.6	13.43
钢筋	12	210.0	—	644.6	735.9	11.76

SBFCB 与 SFBHS 的应力-应变关系如图 11.39 所示。

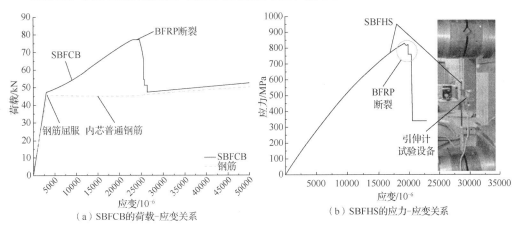

（a）SBFCB的荷载-应变关系　　　（b）SBFHS的应力-应变关系

图 11.39　SBFCB 的荷载-应变关系与 SBFHS 的应力-应变关系

2. 钢丝-FRP 复合箍筋约束混凝土圆柱抗压性能

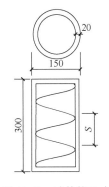

本节介绍了 21 个圆柱试件的轴心抗压试验，重点描述了试件的极限承载力、荷载-位移关系曲线、应力-应变关系及破坏模式等。

试件均为直径 150mm、高 300mm 的圆柱（图 11.40），混凝土保护层厚度均为 20mm。SBFHS 螺旋间距 S 分别设计为 40mm、50mm、60mm、80mm、100mm，见表 11.8，分为 7 组，每组 3 个试件，共计 21 个试件。其中 C0 表示参照试件，即不采用箍筋的试件；C1、C2、C3、C4、C5 均表示采用 SBFHS 螺旋箍筋的试件，且箍筋间距分别为 40mm、50mm、60mm、80mm、100mm；ST 表示采用普通钢箍筋试件，且箍筋间距为 40mm。

图 11.40　试件的尺寸（单位：mm）

表 11.8　试件的分组表

试件编号	直径/mm	高度/mm	螺旋箍筋		数量
			间距/mm	保护层厚度/mm	
C0	150	300	0	20	3
C1	150	300	40	20	3
C2	150	300	50	20	3

试件编号	直径/mm	高度/mm	螺旋箍筋		数量
			间距/mm	保护层厚度/mm	
C3	150	300	60	20	3
C4	150	300	80	20	3
C5	150	300	100	20	3
ST	150	300	40	20	3

试件的混凝土配合比为 0.45∶1∶2∶4（水∶水泥∶砂∶粗骨料），立方体（150mm× 150mm×150mm）试件的 28d 实测抗压强度为 31MPa。试验加载前，在试件表面相对位置粘贴 2 个应变片，同时在其顶部和底部放置砂子，以确保试件表面平整且受力均匀，加载速率为 0.5kN/min，直到试件破坏，加载设备如图 11.41 所示。

试件的荷载-位移关系曲线如图 11.42 所示，可以看出，与无约束试件 C0 相比，SBFHS 约束的试件具有较高的峰值荷载和极限变形，延性较好。与箍筋间距较小的试件 C1 和 C2 相比，试件 C4 和 C5 承载力较小且差异微小。

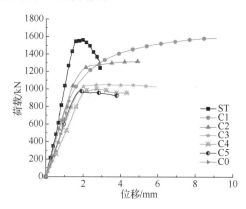

图 11.41　加载设备　　　　　　图 11.42　试件的荷载-位移关系曲线

试件的箍筋间距与极限强度见表 11.9，可以看出，试件 C0（无 SBFHS）作为参照试件，其承载力低，而螺旋间距均为 40mm 的试件 C1 和 ST，承载能力较强，试件 C5 在所有 SBFHS 约束的试件中的承载力最低。

表 11.9　试件的箍筋间距与极限强度

试件	箍筋间距/mm	极限强度/MPa
C0	0	916.02
C1	40	1677.18
C2	50	1365.96
C3	60	1073.11
C4	80	1013.32
C5	100	982.29
ST	40	1595.42

试件达极限承载力后，混凝土开裂，混凝土保护层脱落；继续加载，试件破坏。

图 11.43 所示为轴压试件混凝土保护层剥落照片（其试件外表面产生裂缝）。结果表明，圆柱的极限承载力随 SBFHS 间距增加而减小。与试件 C5 相比，试件 C1 和 C2 的承载力提高了 70.74% 和 39.06%。试件 C1 的抗压强度最高，且延性高于试件 ST。

图 11.43　轴压试件混凝土保护层剥落照片

3. 混凝土圆柱试件设计

采用 SBFCB 与 SBFHS 的混凝土柱的滞回性能试验，主要变化参数包括不同二次刚度比（0.1、0.3、0.5）和塑性铰区无粘结长度（0mm、150mm、300mm）。本节试验分析了试件的力-位移曲线、残余变形、曲率延性系数、耗能能力、刚度退化、黏滞阻尼比等抗震指标的变化规律。

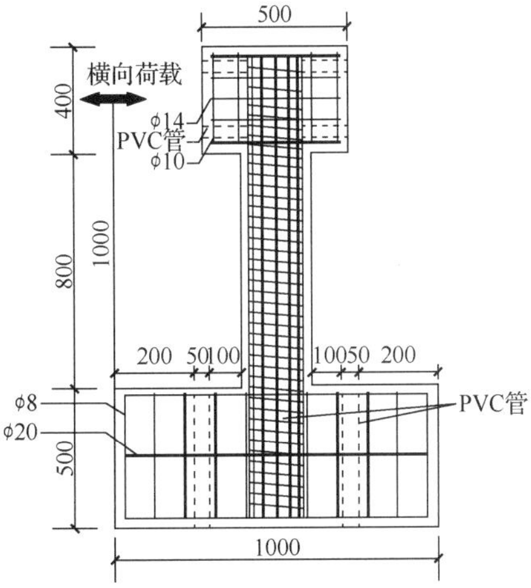

试件均为直径 300mm、计算高度 1000mm 的圆柱，保护层厚度均为 20mm（图 11.44）。直径为 10mm 的 BFRP 筋作为附加纵筋用于改变试件二次刚度比，BFRP 筋的力学性能见表 11.7。试件混凝土 28d 后的强度为 43MPa。

不同二次刚度比的试验中，4 个试件的配筋详情见表 11.10[62,63]。试件 S12 为参照试件，纵筋和箍筋均采用普通钢筋，其中纵筋为 12 根直径为 12mm 的普通钢筋组成，配筋率为 0.0192，试件塑性区域的箍筋为直径为 6mm，且间距为 40mm 的环形钢筋，其余部位的箍筋间距为 60mm，如图 11.45（a）所示。

图 11.44　试件的配筋图（单位：mm）

表 11.10　不同二次刚度比的试验试件的配筋详情

试件设计类别	试件编号	纵筋			箍筋	SBFCB 二次刚度比（r_{sf}）
		类型	数量	BFRP 筋数量及直径		
参照柱	S12	普通钢筋	12φ12	0	普通钢筋	—
SBFCB 柱	SB-0.1	SBFCB	12φ12.4	0	SBFHS	0.1
	SB-0.3	SBFCB	12φ12.4	8φ10	SBFHS	0.3
	SB-0.5	SBFCB	12φ12.4	12φ14	SBFHS	0.5

试件 SB-0.1、SB-0.3、SB-0.5 为对比试件，纵筋和箍筋均采用 SBFCB 和 SBFHS 材料，其中试件 SB-0.1 的纵筋为 12 根二次刚度比为 0.1 的 SBFCB ［图 11.45（b）］，试件 SB-0.3 的纵筋为 12 根二次刚度比为 0.3 的 SBFCB 和 8 根直径为 10mm 的 BFRP 筋［图 11.45（c）］，试件 SB-0.5 的纵筋为 12 根二次刚度比为 0.5 的 SBFCB 和 12 根直径为 14mm 的 BFRP 筋［图 11.45（d）］，试件塑性区域的箍筋均为间距为 40mm 的 SBFHS，其余部位的箍筋间距为 60mm。

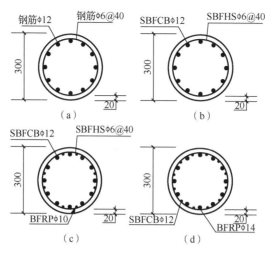

图 11.45 试件的配筋详图（单位：mm）

塑性铰区无粘结长度的试验中，3 个试件的配筋详情见表 11.11。试验试件采用与试验试件 SB-0.3 相同的配筋、材料及构造措施。基于试件 SB-0.3 的基础上，设计位于柱下部塑性区内不同长度无粘结段（0mm、150mm、300mm）的 SBFCB。

表 11.11　塑性铰区无粘结长度的试验试件的配筋详情

试件设计类别	试件编号	纵筋			箍筋	无粘结长度/mm
		类别	数量	BFRP 筋数量及直径		
参照柱	S10B35	SBFCB	12Φ12.4	8Φ10	SBFHS	0
对比柱	SBU150	SBFCB	12Φ12.4	8Φ10	SBFHS	150
	SBU300	SBFCB	12Φ12.4	8Φ10	SBFHS	300

所有试件使用液压穿心千斤顶施加 364.7kN 的恒定轴心压力（混凝土轴压比 12%），同时使用固定在反力墙上的作动器施加侧向循环荷载，直到试件破坏。在加载之前，每根柱安装以下设备来测量试件的位移、荷载、应变等：①安装荷载传感器于柱顶处的作动器上，用于测量承载力；②安装 8 个位移传感器于试件塑性区域，每侧 4 个对称分布（受拉面和受压面），用于测量曲率；③安装位移计（LVDT）于柱顶处，用于测量位移；④在 SBFCB 表面粘贴应变片，用于测量筋材应变。加载设备如图 11.46 所示。

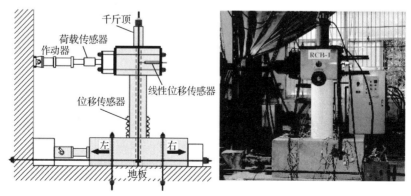

图 11.46　加载设备

　　加载控制分为 3 个阶段：首先，施加轴心压力到恒定值；然后，施加侧向循环荷载至试件屈服，加载程序由力控制，每级荷载增加±10kN；最后，试件屈服后加载程序改为位移控制，每级位移重复 3 次直至破坏。

　　4. 试验结果

　　（1）试件的裂缝发展及破坏形态

　　1）二次刚度比试验。

　　试件 S12 和 SB-0.1 在加载 40kN 的循环荷载时，柱脚上方 75mm 和 45mm 处出现第一条裂缝。当加载至 40kN 时，试件 SB-0.3 的第一条裂缝出现在受拉面中性轴的右侧和左侧，且宽度分别为 0.02mm 和 0.04mm。当加载至 50kN 时，两条裂缝连接在一起，侧移为 2.7%时纵向裂缝出现，部分混凝土保护层脱落。侧移达 3.6%时，荷载减小，柱中出现一些对角裂缝，如图 11.47 所示。试件 SB-0.5 的第一条裂缝出现在加载至 50kN 时；在-60kN 的拉力下，柱脚出现一条长 150mm、宽 0.069mm 的长裂缝；当加载至 50kN 与 60kN 时，出现 2 条裂缝；当加载至 70kN 时，两条位于基础以上 90mm 处和 195mm 处的裂缝延伸至与柱的半径同长，且宽度分别为 0.046mm 与 0.069mm。在侧移为 3.5%时，出现纵向和斜向裂缝，造成 SBFCB 没发生弯曲时混凝土保护层就开始脱落，试件 SB-0.5 在侧移为 5.4%时破坏。在侧移为 3.6%时，试件 SB-0.1、S12 和 SB-0.5 的塑性区附近出现大裂缝，且宽度分别为 4mm、2.8mm 和 2.1mm。

（a）S12　　　　　　　　　　　　　（b）SB-0.1

（c）SB-0.3　　　　　　　　　　　　（d）SB-0.5

图 11.47　试件的裂缝分布与破坏形态

　　试件的裂缝形态和破坏状态如图 11.47 所示，可以看到试件 SB-0.1 因其较低的二次刚度比而导致 SBFCB 中 BFRP 的断裂。图 11.47（b）所示为位于柱底部的 SBFHS 中断裂的 BFRP。所有 SBFCB 柱的破坏都是弯曲破坏模式，但钢筋混凝土柱试件 S12 比 SBFCB 柱受损严重。相同荷载时，SBFCB 增强的试件的破坏面积大小随二次刚度比的值增加而减小。

2）塑性铰区无粘结长度试验。

图 11.48 所示为试件的裂缝分布及破坏形态，试件都发生了由钢筋屈服引起的弯曲破坏，与塑性铰区无粘结的试件相比，试件 S10B35 破坏时的位移相对较低，试件 S10B35、SBU150、SBU300 破坏时的位移分别为 24mm、27mm、36mm。试件 SBU150、SBU300 的破坏形态与试件 S10B35 不同，无粘结段造成混凝土与 SBFCB 有较大破坏，且试件破坏主要集中在柱的 1/3 以下部分（柱高 180mm 以内）。由图 11.48（b）可知，试件 SBU150 比 S10B35 的损伤小。试件 SBU300 的破坏程度最小，损伤也仅位于柱高 90mm 以内（塑性区），主要表现为：BFRP 和外层 SBFHS 断裂，SBFCB 屈服，混凝土保护层剥落。

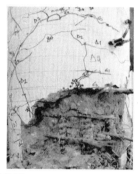

（a）S10B35

（b）SBU150

（c）SBU300

图 11.48　试件的裂缝分布与破坏形态

（2）力-位移曲线

1）二次刚度比试验。

不同二次刚度比的各试件的力-位移曲线如图 11.49 所示，可以看出，随着 SBFCB 的二次刚度比增加，试件的残余变形显著下降，承载力显著增强；同时，试件 SB-0.3 与 SB-0.5 在外层 FRP 破裂后，试件承载力分别下降 3%与 3.6%，而试件 SB-0.1 的承载力却急剧下降，可见二次刚度比的增加对抗震性能较为重要；此外，试验结果表明，采用 SBFCB 试件的二次刚度和耗能能力更稳定。

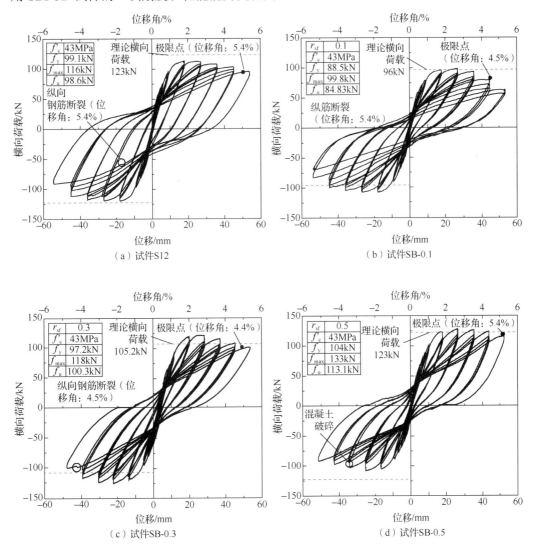

图 11.49　不同二次刚度比各试件的力-位移曲线

2）塑性铰区无粘结长度试验。

塑性铰区无粘结长度试验试件在试验过程中测得的力-位移曲线如图 11.50 所示[64]，从图中可以看出，试件 S10B35（全粘结）的极限承载力为 98.5kN，相应的位移为 48.7mm；

试件 SBU150（无粘结长度 150mm）的极限承载力和相应位移分别为 102kN 与 54.3mm；试件 SBU300（无粘结长度 300mm）的极限承载力和相应位移为 133kN 和 38.7mm。由此可知，SBU300 试件比其他两个试件的承载力大、延性好、滞回曲线稳定。

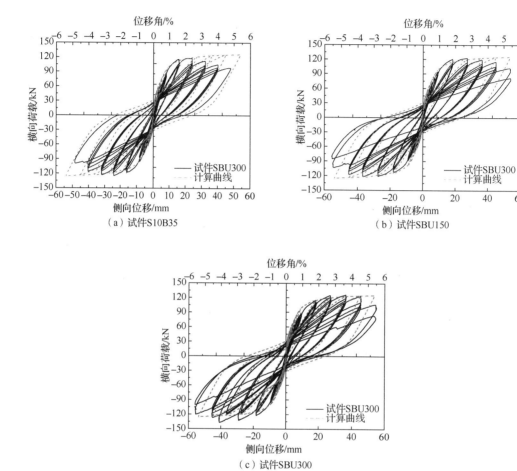

图 11.50　塑性铰区无粘结长度试验试件的力−位移曲线

（3）骨架曲线

试件的力−侧移率曲线如图 11.51 所示，共分为 3 个阶段：第一阶段是弹性阶段，构件表现出弹性且不需要维护的正常使用阶段；第二阶段是弹塑性阶段，从钢筋屈服开始至 SBFCB 达最大承载力，此时期结构构件具有良好的二次刚度；第三阶段，FRP 逐渐断裂，承载力下降，进入破坏阶段。骨架曲线上理想的弹性刚度 E_1 为从原点出发到屈服点的直线，理想的二次刚度 E_2 被定义在从屈服点开始的直线阶段，并在最大荷载点处与骨架曲线相交。试件的延性定义为极限位移与屈服位移的比值。定义柱的理论破坏值为施加最大侧向荷载且其承载力已降到峰值荷载的 85% 时。

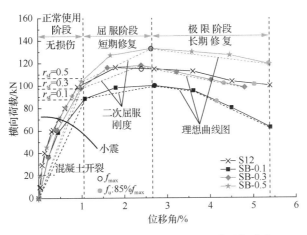

图 11.51　不同二次刚度比试验的试件骨架曲线

从图 11.51 可以看出，SBFCB 外层 FRP 的破坏与 BFRP 占 SBFCB 的比例有关，外层 BFRP 断裂后，试件 SB-0.1 的性能由内部钢筋控制，因此试件承载力急剧下降。SBFCB 的初始刚度小于普通钢筋的刚度（直径同为 12mm），因此试件 SB-0.1 的初始刚度比试件 S12 的初始刚度小 2.27%。二次刚度随 SBFCB 中 FRP 的比例增加而增加，试件 SB-0.5 与 SB-0.3 的二次刚度比试件 SB-0.1 分别大 4.13% 和 3.13%，所有试验柱的屈服和极限强度及其相应的侧移率和延性见表 11.12。结果表明，当二次刚度比为 0.5 时，试件 SB-0.5 的刚度较大，延性系数达到 5.50，且承载力最大。

表 11.12　不同二次刚度比试件的试验结果

试件编号	屈服值		极限值		延性系数	E_2/E_1
	侧移率/%	强度/kN	强度/kN	侧移率/%		
S12	0.92	99.10	98.60	4.9	4.58	—
SB-0.1	1.00	88.50	84.83	4.2	4.18	0.93
SB-0.3	0.98	97.20	100.30	4.6	5.13	0.96
SB-0.5	1.00	104.00	113.05	5.5	5.50	0.97

图 11.52 所示为塑性铰区无粘结长度试验试件的骨架曲线，其延性试验结果见表 11.13。从表 11.13 中可以看出，试件 SBU300 的延性最大。

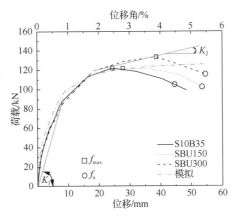

图 11.52　塑性铰区无粘结长度试验试件的骨架曲线

表 11.13　塑性铰区无粘结长度试验试件的延性试验结果

| 试件 | 屈服值 | | 极限值 | | 延性系数 | E_1/ (kN/mm) | E_2/ (kN/mm) | E_2/E_1 |
	侧移值/ mm	强度/kN	强度/kN	侧移值/ mm				
S10B35	10.0	101.10	103.70	46	4.60	10.11	5	0.49
SBU150	10.6	98.80	104.13	53	5.00	9.32	4.4	0.47
SBU300	10.4	96.35	115.00	55	5.30	9.26	3.5	0.38

最后，通过计算得到的试件的理论承载力值比试件 S12 的大 5.6%，比试件 SB-0.1、SB-0.3 和 SB-0.5 的分别小 3.8%、10.8%和 5.8%。

（4）耗能能力、黏滞阻尼和刚度退化

如图 11.53（a）所示，位移值在 18.3mm 之前，所有试件耗能量相同。侧移率达 2.7% 时，试件 SBU150 与 SBU300 几乎具有相同的耗能量，约为 2730kN·mm。图 11.53（b）所示为试件刚度退化与位移的关系，从图 11.53 中可以看出，3 个试件的初始刚度相似。在位移值为 10mm 时，试件 SBU150 和 SBU300 的刚度比试件 S10B35 小 3.7%。试件的破坏模式分为 3 个阶段：BFRP 和外层 SBFCB 断裂阶段；混凝土保护层剥落阶段；钢筋屈服且混凝土破碎阶段。

图 11.53（c）所示为试件黏滞阻尼与侧移率的关系，试件 SBU150 和 SBU300 的初始阻尼与试件 S10B35 的相似，当侧移率超过 1.2%，试件 S10B35 的黏滞阻尼比试件 SBU300 提高了 4.4%。试件 S10B35 与部分粘结的试件相比，当侧移率为 27.3%时，黏滞阻尼值减少了 8.13%。试件 SBU150 和 SBU300 相比，黏滞阻尼降低了 4.0%。

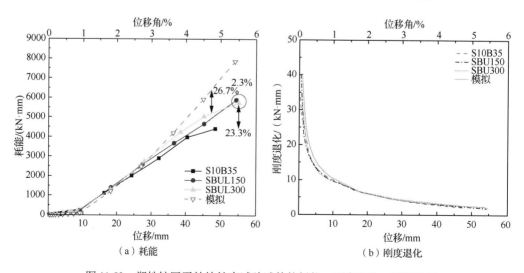

（a）耗能　　　　　　　　　　　　（b）刚度退化

图 11.53　塑性铰区无粘结长度试验试件的耗能、刚度退化、黏滞阻尼

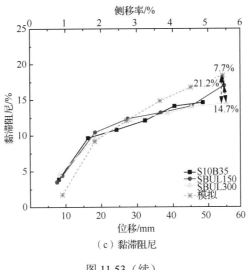

（c）黏滞阻尼

图 11.53（续）

（5）试验柱的曲率分布

1）二次刚度比试验。

图 11.54 所示为试件 S12、SB-0.1、SB-0.3 和 SB-0.5 在侧移率分别为 3.6%、3.6%、4.5% 和 4.8% 的曲率。如图 11.54 所示，所有试件的曲率主要集中在塑性区，长度从 85mm 到 385mm，在侧移率达到 0.4% 之前，曲率关于柱的中心线对称。对于 BFRP 比例较大的试件 SB-0.3 和 SB-0.5，其在第三个和第四个位移计测点时曲率较小。试件 SB-0.1 在基础上方 385mm 处的曲率接近零。每根柱底部的曲率都较大，这是因为加载后期试件侧移最大且混凝土保护层开始剥落。

2）塑性铰区无粘结长度试验。

图 11.55 为试件在特定延性时的曲率结果。从图 11.55 中可以看出，试件的曲率各不相同，特别是在塑性区，试件底部的曲率值较大，这是因为试件底部所受力矩较大，故引起了试件的非线性变形较大。

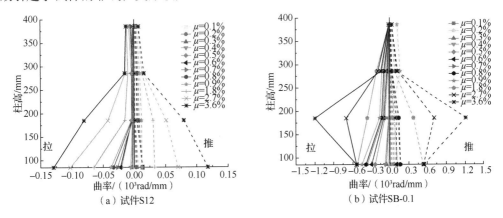

图 11.54　不同二次刚度比试验试件的曲率

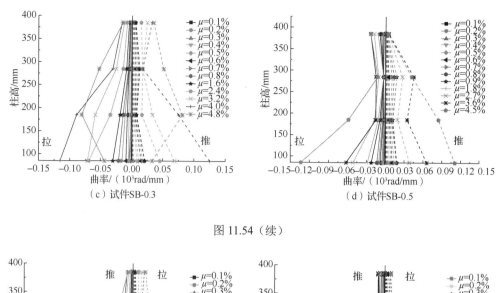

图 11.54（续）

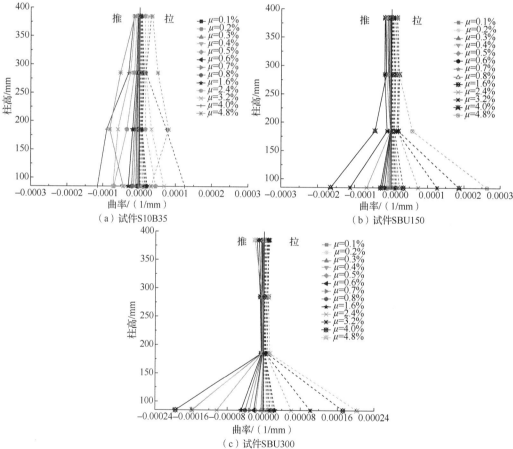

图 11.55　塑性铰区无粘结长度试验试件的曲率

（6）残余位移

采用 SBFCB 的试件 SB-0.1、SB-0.3 和 SB-0.5 的残余位移是非线性的且比试件 S12 小 16.6%～24%。试件 SB-0.5 表现出最好的残余变形，如图 11.56 所示。采用普通钢筋与箍筋制作的试件 S12 的残余变形很大，这是因为钢筋的刚度不同于 FRP。因此，SBFCB

的二次刚度可以减轻地震造成的残余变形。

塑性铰区无粘结长度试验试件的残余位移如图 11.57 所示，试件 S10B35 是第一个达到修复限值的试件，残余位移为 32.8mm。当试件的可修复限值为 1%时，试件 SBU300 的残余位移约为试件 SBU150 残余位移的 102.8%。此外，试件 SBU150 比试件 S10B35 的残余位移高 6.7%，比试件 SBU300 的残余位移低 2.8%。因此，试件 SBU300 在可修复限值内具有比其他试件更好的荷载-变形能力。

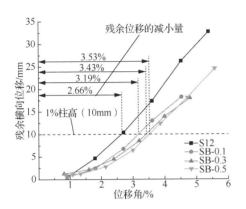
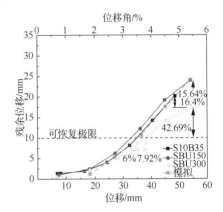

图 11.56　不同二次刚度比试验的试件残余位移　　图 11.57　塑性铰区无粘结长度试验试件的残余位移

11.7.4　钢-连续纤维复合筋增强混凝土柱试验与计算结果比较

1. 材料本构关系

本节采用 OpenSees 软件进行模拟，SFCB 采用的模型和力学性能分析一致，通过钢筋和 FRP 分别模拟来实现，其中钢筋采用的是 Chang 和 Mander 模型[65]，是通过定义钢筋屈服点（f_y、ε_y）、硬化点位置（f_{sh}、ε_{sh}）、硬化斜率（E_2）和极限点强度（f_u、ε_u）来实现的。

混凝土材料本构关系采用 Concrete02 单元[66]，其需要输入的参数是混凝土抗压峰值强度 [\$fpc(f_c')]、峰值强度时的应变 [\$epsc0(ε_o)]、压碎强度 [\$fpcu(0.2f_c')]、压碎应变 [\$epsU(ε_{20})]、压碎应变时的卸载刚度和初始刚度的比值 [\$lambda(λ)]、抗拉强度 [\$ft(f_t)] 及拉伸软化刚度（取绝对值，为拉伸软化段的斜率）[(\$Ets(E_t)]。保护层非约束混凝土与核心区内箍筋约束混凝土的区别需通过定义强化系数来确定。受压时的单调混凝土应力-应变关系由三段函数表达，采取传统的混凝土受压为正的应力，三段函数如下式所示：

$$f_c = \begin{cases} Kf_c'\left[2\dfrac{\varepsilon_c}{\varepsilon_0} - \left(\dfrac{\varepsilon_c}{\varepsilon_0}\right)^2 \right] & \varepsilon_c \leqslant \varepsilon_0 \\[3mm] Kf_c'\left[1 - Z\left(\varepsilon_c - \varepsilon_0\right) \right] & \varepsilon_0 < \varepsilon_c \leqslant \varepsilon_{20} \\[3mm] 0.2Kf_c' & \varepsilon_{20} < \varepsilon_c \end{cases} \tag{11.40}$$

相应的切线模量由式（11.41）～式（11.46）求得

$$E_t = \frac{2Kf'_c}{\varepsilon_0}\left(1 - \frac{\varepsilon_c}{\varepsilon_0}\right) \qquad \varepsilon_c \leqslant \varepsilon_0 \tag{11.41}$$

$$E_t = -ZKf'_c \qquad \varepsilon_0 < \varepsilon_c \leqslant \varepsilon_{20} \tag{11.42}$$

$$E_t = 0 \qquad \varepsilon_{20} < \varepsilon_c \tag{11.43}$$

$$\varepsilon_0 = 0.002K \tag{11.44}$$

$$K = 1 + \frac{\rho_{sh}f_{yh}}{f'_c} \tag{11.45}$$

$$Z = \frac{0.5}{\dfrac{3 + 0.29f'_c}{145f'_c - 1000} + 0.75\rho_s\sqrt{\dfrac{h'}{s_h}} - 0.002K} \tag{11.46}$$

式中，ε_0 为混凝土最大应力时的应变；ε_{20} 为混凝土剩余 20%峰值应力时的应变；K 为考虑约束效应的应力增大系数（SFCB 柱，$K = 1.12$）；Z 为应变软化斜率；f'_c 为混凝土圆柱体的抗压强度；f_{yh} 为箍筋的屈服强度；ρ_{sh} 为相对于核心混凝土的体积配箍率；h' 为混凝土保护层厚度；s_h 为箍筋中心到其相邻箍筋中心的距离。单调压缩应力-应变关系曲线如图 11.58（a）所示。

图 11.58（b）所示为往复卸载和再加载时混凝土的应力-应变关系示意图，图中其力学性能由一系列的直线来表示，当最大应变增加时，模型的压缩段的卸载和再加载都有一个连续的刚度退化效应。所有再加载线的延长线相交于 R 点，而 R 点是由原点的单调骨架曲线的切线和自骨架曲线 B 点（$0.2f'_c$ 点）卸载线的交点。R 点的应力和应变由式（11.47）和式（11.48）确定：

$$\varepsilon_r = \frac{2Kf'_c - E_{20}\varepsilon_{20}}{E_c - E_{20}\varepsilon_0} \qquad \varepsilon_c \leqslant \varepsilon_0 \tag{11.47}$$

$$f_r = E_c\varepsilon_r \qquad \varepsilon_c \leqslant \varepsilon_0 \tag{11.48}$$

式中，E_c 为单调包络线的切线模量；E_{20} 为单调压缩包络线应力为 $0.2f'_c$ 时的卸载模量，该模量通过试验确定。当从某点卸载时［图 11.58（b）中 D 点］，模型曲线回到和坐标轴交点（H 点）之前，其路径由两个较小的包络线决定，其中最大包络线（线段 HD）通过式（11.49）计算；最小包络线（线段 HE）通过式（11.50）计算：

$$f_{max} = f_m + E_r(\varepsilon_c - \varepsilon_m) \tag{11.49}$$

$$f_{min} = 0.5E_r(\varepsilon_c - \varepsilon_l) \tag{11.50}$$

式中，$E_r = \dfrac{f_m - f_r}{\varepsilon_m - \varepsilon_r}$，$E_l = \varepsilon_m - \dfrac{f_m}{E_r}$，其中 f_m 和 ε_m 分别为单调压缩包络线上卸载点的应力和应变。因此，在较小包络线的下部时，卸载和再加载循环模量为 E_c。

总体上看，Concrete02 模型描述了混凝土在任意循环应变历史下的应力-应变关系。并且特别考虑了如下的重要因素：①混凝土在受压时的约束效应；②随着受压应变增加而引起卸载和再加载连续的刚度退化效应；③拉伸刚度的影响；④往复压缩荷载下的滞回效应。其单调压缩曲线是 Scott 等[67]基于 Kent 和 Park 模型修正的模型。尽管研究者已经又提出了许多更精确和完整的模型，这个修正的 Kent 和 Park 模型在简单化和精度之间取得了很好的平衡，主要是通过修改混凝土受压骨架曲线的峰值应力应变以及软化段斜率来考虑横向箍筋的约束影响，具体通过设定式（11.45）的 K 值来实现。

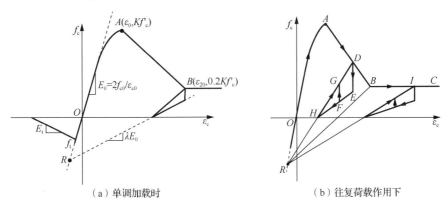

（a）单调加载时　　　　　　　　　　　　（b）往复荷载作用下

图 11.58　Concrete02 模型的参数

2. 柱底纵筋滑移

钢筋和 FRP 筋与混凝土之间的粘结-滑移，即柱脚纵筋滑移效应如图 11.59 所示，钢筋屈服之后，应力增加缓慢，由于塑性应变的发展滑移量（伸长量）迅速增加；考虑 FRP 筋线弹性特征，认为 FRP 的滑移和 FRP 的应力成正比。

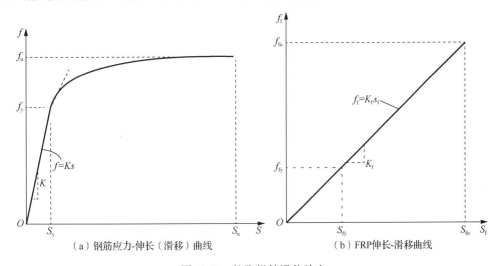

（a）钢筋应力-伸长（滑移）曲线　　　　　　（b）FRP伸长-滑移曲线

图 11.59　柱脚纵筋滑移效应

计算柱脚纵筋伸长影响，可以采用转角法计算，该方法的关键是要确定沿锚固长度上纵筋的应变分布。在积分获得纵筋产生的滑移之后，计算相应转角和柱顶侧移，具体如式（11.51）～式（11.54）所示：

$$\text{slip} = \int_0^{l_d} \varepsilon(x)\mathrm{d}x = \frac{\varepsilon_s l_d}{2} \qquad \varepsilon_s \leqslant \varepsilon_y \tag{11.51}$$

$$\text{slip} = \int_0^{l_d+l_d'} \varepsilon(x)\mathrm{d}x = \frac{\varepsilon_s l_d}{2} + \frac{(\varepsilon_s + \varepsilon_y)l_d'}{2} \qquad \varepsilon_y < \varepsilon_s \tag{11.52}$$

$$\theta_s = \frac{\text{slip}}{d-c} = \frac{\varepsilon_s f_s d_b}{8u_b(d-c)} \qquad \varepsilon_s \leqslant \varepsilon_y \tag{11.53}$$

$$\theta_s = \frac{\text{slip}}{d-c} = \frac{d_b}{8u_b(d-c)}\left[\varepsilon_y l_y + 2\left(\varepsilon_s + \varepsilon_y\right)\left(f_s - f_y\right)\right] \qquad \varepsilon_y < \varepsilon_s \qquad (11.54)$$

OpenSees 软件通过柱底零长度截面（Zero-length Section）单元模拟这一变形分量[68]，其主要参数是增强纵筋的屈服强度 f_y、极限强度 f_u 和对应的滑移值 s_y、s_u。钢筋在屈服时的界面滑移伸长量按下式计算：

$$s_y = 2.54\left(\frac{d_b}{8437}\frac{f_y}{\sqrt{f_c'}}(2\alpha+1)\right)^{1/\alpha} + 0.34 \qquad (11.55)$$

式中，d_b 为纵筋直径；f_y 为纵筋屈服强度；f_c' 为混凝土抗压强度；α 取值 0.4。当纵筋达到极限强度时，对应的滑移 s_u 一般为 $(30\sim40)s_y$。

OpenSees 软件计算模拟中，对于 C-S14 柱，柱脚钢筋应力-滑移关系中钢筋屈服时的 s_y 取 0.36mm；对于 SFCB 增强混凝土柱，由于外表面为 FRP 包覆层，且 SFCB 具有稳定的二次刚度，与普通钢筋差异较大，而目前尚没有 SFCB 与混凝土的锚固-滑移关系试验，内芯钢筋表层包覆 FRP，其屈服时的滑移值应大于普通钢筋混凝土柱，因此相应 s_{fy} 暂取为 1.5 倍 s_y。FRP 部分的应力-滑移关系，达到钢筋屈服应变之前和钢筋滑移量相同（基于钢-FRP 界面良好的假设），钢筋屈服应变后直到 FRP 断裂，滑移随 FRP 部分的应力变化而呈线性增长。

考虑柱脚纵筋粘结-滑移关系的 SFCB 增强混凝土柱模型及其单元划分如图 11.60 所示。混凝土矩形柱采用非线性梁柱单元，柱底设为固定端，不考虑柱的扭转变形。同时，在水平荷载作用下，对节点 j 的水平位移应进行控制，因为在零长度单元中，没有考虑相应的剪切因素。

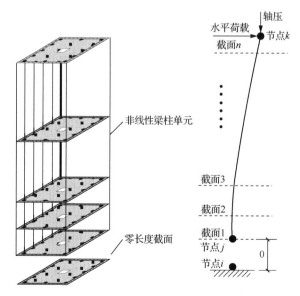

图 11.60　考虑柱脚纵筋粘结-滑移关系的混凝土柱模型及其单元划分

3. 滞回曲线计算结果与试验比较

SFCB 增强混凝土柱及 RC 柱在低周往复荷载作用下的推覆试验值与计算值的比较

如图 11.61 所示（积分点数量为 5）。计算结果表明，不考虑滑移的 C-S14 柱的计算与试验曲线比较如图 11.61（a）所示，计算的曲线初始刚度和卸载残余位移都大于试验值；增加柱脚零长度单元，考虑滑移之后的滞回曲线比较如图 11.61（b），屈服平台、残余位移计算值和试验结果吻合较好[69]。

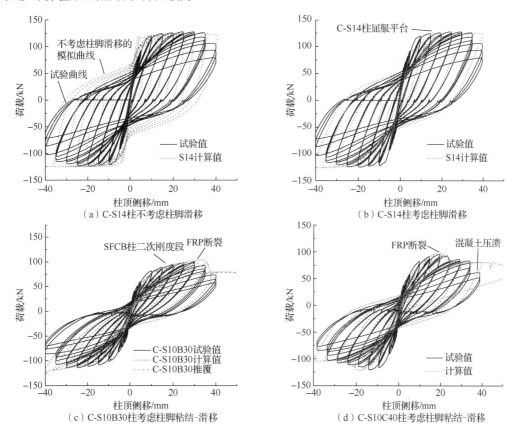

图 11.61　SFCB 增强混凝土柱及 RC 柱在低周往复荷载作用下的推覆试验值与计算值的比较

对于 SFCB 增强混凝土柱，基于以下因素考虑，复合筋在柱中的力学性能相对材性试验结果应有相应折减：①随着往复加载的进行，SFCB 与混凝土的粘结性能退化较为严重，弱化了 SFCB 增强混凝土柱的承载力；②SFCB 增强混凝土柱在往复荷载作用下，复合筋钢-FRP 界面有所破坏，影响 SFCB 再次受拉的力学性能；③在试验的 SFCB 增强混凝土柱中，箍筋采用光圆箍筋，在较大侧向力作用下，箍筋对 SFCB 表面 FRP 有较强的压剪作用，导致 FRP 在拉伸和剪力作用下提早破坏，试验中 SFCB 增强混凝土柱外包覆层 FRP 确实在箍筋附近断裂。

考虑了粘结-滑移和 SFCB 强度折减后的 SFCB 增强混凝土柱的计算值和试验值的比较如图 11.61（c）和（d）所示，具体的折减系数为：复合筋 C-S10B30 屈服强度取试验值的 80%，屈服后二次刚度比不变，断裂应变取为 $20000\mu\varepsilon$（80%的断裂应变）。可以发现，SFCB 强度折减后的 SFCB 柱，计算结果和试验曲线大致吻合，FRP 断裂点略为延后，但加载位移和卸载残余位移依然一致。3 个 RC 柱推拉平均的卸载残余位移试验值和计算值如图 11.62 所示。C-S14 柱试验值和计算值一致，计算的残余位移略小于试验结果；C-S10B30

柱试验值和计算值相近，计算值较好模拟了 FRP 断裂引起的残余位移快速增加的趋势。其中 C-S10B30 柱在柱端侧移小于 25mm 时（侧移率 2.27%），计算值和试验值一致；在 FRP 开始断裂至完全断裂区间，理论计算的残余位移要小于试验值，最大误差为 24.7%。

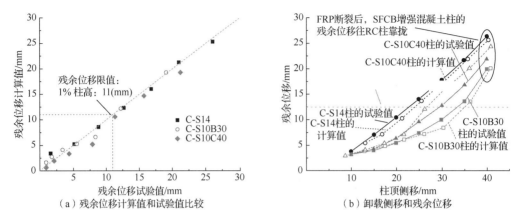

图 11.62　卸载残余位移计算值和试验值比较

4. 不同二次刚度比 SFCB 柱的推覆分析

取复合筋 S10-B30 试验值等效轴向刚度为基准（柱相应受拉等效配筋率 ρ_{sf}^{e} =0.48%），相应的柱参数如下：截面尺寸为 300mm×300mm、有效高度（柱脚台面至柱顶水平位移传感器的距离）为 1100mm、轴压比为 0.12。等效配筋率通过钢筋轴向受拉刚度和相应复合筋 SFCB 轴向受拉刚度相等来确定，其具体的表达式为

$$E_s A_{s\text{-RC}} = E_{sf} A_{sf\text{-t}} \tag{11.56}$$

式中，E_s、E_{sf} 分别为钢筋和复合筋 SFCB 的弹性模量；$A_{s\text{-RC}}$、$A_{sf\text{-t}}$ 分别为相应的受拉纵筋的总面积。

变化 SFCB 增强混凝土柱的二次刚度比 r_{sf}（不改变 SFCB 轴向受拉刚度），其荷载-侧移曲线如图 11.63 所示。

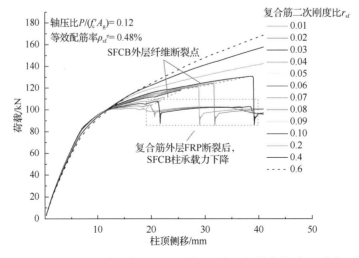

图 11.63　不同二次刚度比 SFCB 增强混凝土柱的荷载-位移曲线

可以看出，随着 r_{sf} 的增加，SFCB 增强混凝土柱屈服后承载力相应提高；FRP 断裂后，柱承载力下降至内芯钢筋增强混凝土柱水平。

值得注意的是，FRP 断裂点随着复合筋二次刚度比 r_{sf} 的增加而增加，即同样的 SFCB 轴向刚度前提下，当 FRP 含量较少时，柱脚塑性变形依然过于集中，钢筋在进入塑性阶段后，塑性应变增长很快，相应 FRP 在柱顶侧移较小时即达到极限应变而发生断裂；随着 FRP 含量的增加，钢筋屈服后，FRP 线弹性的高强度使柱脚塑性应变趋于平均化，塑性应变不再集中于内芯钢筋初始屈服位置，塑性铰长度阶段变长，因而相应的玄武岩纤维推迟达到断裂应变的时间。

（1）配筋率的影响

配筋率对 SFCB 增强混凝土柱的二次刚度影响如图 11.64 所示，SFCB 增强混凝土柱受拉侧等刚度配筋率为 $\rho = 1.12\%$。

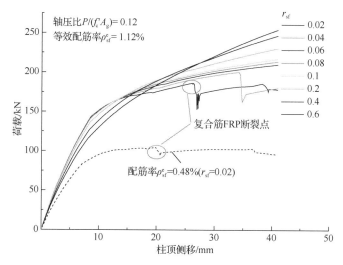

图 11.64　配筋率对 SFCB 增强混凝土柱二次刚度的影响

较高配筋率的 SFCB 增强混凝土柱屈服荷载有相应增加，且屈服后承载力也随着复合筋二次刚度比 r_{sf} 的提高而增加。与等效配筋率为 $\rho_{sf}^e = 0.48\%$，$r_{sf} = 0.02$ 的 SFCB 增强混凝土柱荷载-位移曲线相比，相同 r_{sf} 的复合筋增强混凝土柱，较高配筋率的 FRP 柱断裂时柱端侧移更大。

（2）轴压比的影响

轴压比对混凝土柱的水平承载力和极限位移有较大影响，$P\text{-}\delta$ 效应示意图如图 11.65 所示。当混凝土柱屈服时，基底截面实际总弯矩 M_T 由两部分组成，分别为水平力和配重轴压侧移引起，即 $M_T = M_1 + M_2$，其中 $M_1 = V_y L$；$M_2 = P\delta_y$。水平推覆力 $V = (M_T - P\delta_y)/L$，可发现，荷载-位移关系曲线差值的斜率是 P/L[70]。

Paulay 和 Priestley[71] 定义系数 $\theta_\delta = (P\theta_u)/M_T$，并建议当 $\theta_\delta \leq 0.085$ 时，可以不考虑 $P\text{-}\delta$ 效应的影响。Bernal[72] 通过对基本周期为 1s 的理想弹塑性 SDOF 结构在 EL-Centro 地震波输入下的反应分析，发现当体系屈服强度与 ma_{g_max} 比值小于等于 0.43 时，位移将急剧增大（称为动力失稳），甚至倒塌。本书作者给出了保持结构动力稳定的延性系数最大值 μ_m 为 $0.4/\theta$，式中 θ 为二阶效应；即结构可以利用的最大延性系数是 μ_m，如果地震作用下结构的延性系数 μ 超过 μ_m，则结构发生动力失稳，乃至倒塌。

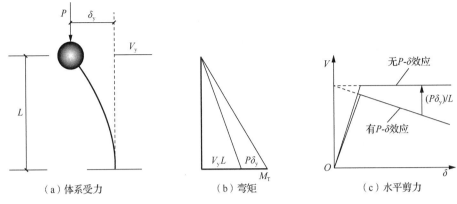

（a）体系受力　　　　（b）弯矩　　　　（c）水平剪力

图 11.65　$P\text{-}\delta$ 效应示意图

轴压比为 0.24（提高 100%）的不同二次刚度比的 SFCB 增强混凝土柱推覆曲线如图 11.66 所示。作为对比，轴压比为 0.12，r_{sf} 为 0.02 的 SFCB 增强混凝土柱推覆曲线也列在图 11.66 中。

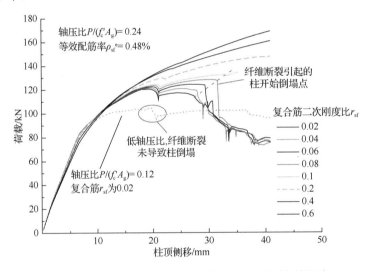

图 11.66　轴压比对 SFCB 增强混凝土柱二次刚度的影响

随着轴压比的提高，柱屈服荷载有所提高（当 $r_{sf} = 0.02$ 时，曲线比较），随着柱顶侧移的增加，复合筋 FRP 断裂后，承载力急剧下降，部分较低二次刚度比的柱由于 $P\text{-}\delta$ 效应的影响而发生破坏。随着二次刚度比 r_{sf} 的提高，纤维断裂时 SFCB 增强混凝土柱的变形能力增加，避免了失效的过早发生。

因此，对于较高轴压比的 SFCB 增强混凝土柱（或钢筋与 FRP 筋混杂配筋柱），应使用二次刚度比（提高 FRP 的比例）较高的材料。

（3）SFCB 材性二次刚度比和 SFCB 增强混凝土柱二次刚度比的关系

为比较 SFCB 材性二次刚度比和 SFCB 增强混凝土柱二次刚度比的关系，定义 SFCB 增强混凝土柱二次刚度比 r_c 为

$$r_c = E_2 / E_1 \tag{11.57}$$

式中，E_1 和 E_2 分别为 SFCB 增强混凝土柱的初始刚度和二次刚度，$E_1=V_y/\delta_y$；$E_2=(V_p-V_y)/(\delta_p-\delta_y)$。

变化 SFCB 增强混凝土柱二次刚度比 r_{sf}、受拉配筋率和轴压比，SFCB 增强混凝土柱的 r_{sf} 与 r_c 的关系如图 11.67 所示，可以看出，不同参数的 SFCB 增强混凝土柱的 r_{sf} 和 SFCB 增强混凝土柱的 r_c 有相似的关系：随着 r_{sf} 的增加，SFCB 增强混凝土柱的 r_c 也相应等比例增加，两者基本呈线性关系。

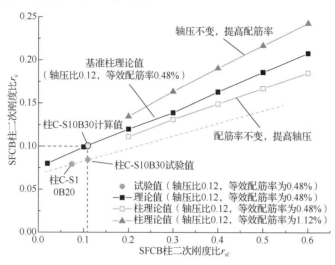

图 11.67　SFCB 增强混凝土柱的 r_{sf} 与 r_c 的关系

当相同材性二次刚度 SFCB 增强混凝土柱提高配筋率后，柱的二次刚度比有所提高；而相同配筋率下，轴压比增大对 SFCB 增强混凝土柱二次刚度比有削弱效应。图 11.67 中列出了 C-S10B30 柱二次刚度比试验值，略低于相应计算值。

综上所述，配筋率的提高对 SFCB 的二次刚度发挥有提高效果，而提高轴压比会减小 SFCB 增强混凝土柱的二次刚度比。

11.7.5　地震动作用下钢-连续纤维复合筋柱时程分析

FRP 是否断裂对构件乃至结构的残余位移及抵抗余震的能力具有极其重要的影响。混凝土柱的卸载刚度随塑性变形的发展而减小，理想的单自由度体系模型难以较好地模拟卸载刚度的退化规律。在低周反复荷载试验和模拟一致的基础上，利用具体的 SFCB 增强混凝土柱模型进行动力时程分析模拟可以较好地解决此问题。

为了获得 SFCB 增强混凝土柱更一般的峰值位移和残余位移响应规律，本章对基于 SFCB 增强混凝土柱进行了变化 SFCB 增强混凝土柱二次刚度比多参数时程分析。地震动方面，近场地震的破坏力一般强于远场地震，要判断给定场点基本烈度是近震影响还是远震影响，主要是看造成该烈度的地震震级和震中距。根据以往的地震灾害经验，地震中结构破坏程度与地震发生位置的相对距离有很大关系，如美国 Northridge（北岭）地震、日本兵库县南部地震等都因为大城市离震中的距离较近，即使地震的震级并不大，城市桥梁的地震破坏也非常严重。参考 Tang 和 Zhang[73] 的研究成果，选用了 40 条含脉冲波（pulse）的近场地强地震动进行研究，含脉冲波的地震动主要由断层面之间的急速错动形成，这种急速错动可能是断裂带的构造性位移或由剪切波引起的位移，主要包含前向性效应（forward-directivity effect）和位移时程中的急冲性效应（impulsive effect），使得近场地震动的速度/加速度的比值较远场地震动记录大[74]。从美国 PEER 数据库[75]选取的具体地震波参数见表 11.14，表中列出了地震发生年份、记录站点、峰值加速度 PGA（peak ground acceleration）、峰值速度 PGV（peak ground velocity）等信息。S1 和 S2 分组地震动分别表示含有加速度脉冲和速度脉冲波形效应。

表 11.14　时程参数分析所采用的地震波

序号	年份	地震名称	记录站点	PGA/(m/s²)	PGV/(m/s)	卓越周期/s
S1_EQ 1	1979	郊狼湖地震	郊狼湖/CYC_246_FN	2.692	0.196	0.38
S1_EQ 2	1980	利弗莫尔地震	利弗莫尔/B-LFA_232_FN	2.186	0.134	0.18
S1_EQ 3	1983	科科加地震	科灵加/A-ATC_045_FN	2.884	0.135	0.26
S1_EQ 4	1984	摩根山地震	摩根/G06_058_FN	2.378	0.354	0.18
S1_EQ 5	1986	棕榈泉地震	棕榈泉/HCP_197	2.235	0.102	0.22
S1_EQ 6	1987	惠蒂尔峡谷地震	惠蒂尔/B-ALH_077	2.004	0.105	0.26
S1_EQ 7	1987	惠蒂尔峡谷地震	惠蒂尔/B-OBR_077_FN	3.291	0.138	0.14
S1_EQ 8	1992	门多西诺角地震	门多西诺角/PET_260_FN	6.029	0.818	0.66
S1_EQ 9	1994	北岭地震	北岭/LOS_032_FN	4.570	0.523	0.22
S1_EQ10	1994	北岭地震	北岭/PAC_032_FN	4.890	0.487	0.38
S1_EQ11	1994	北岭地震	北岭/SCS_032_FN	5.600	1.305	0.76
S1_EQ12	1995	神户地震	神户/KJM_140_FN.	8.378	0.957	0.36
S1_EQ13	1991	马德雷山脉地震	马德雷山脉/altde_152	3.543	0.224	0.36
S1_EQ14	1991	马德雷山脉地震	马德雷山脉/opark_152_FN	2.040	0.121	0.28
S1_EQ15	1991	马德雷山脉地震	马德雷山脉/4734A_152_FN	3.099	0.226	0.34
S1_EQ16	1994	北岭 392 地震	北岭 392/STC_217_FN	2.079	0.141	0.28
S1_EQ17	1994	北岭 392 地震	北岭 392/GLB_217_FN	3.444	0.161	0.28
S1_EQ18	1999	集集余震	集集/CHY080_270_FN	4.386	0.699	1.04
S1_EQ19	1999	集集余震	集集6/TCU080_275_FN	4.916	0.257	0.14
S1_EQ20	1989	马大地震	马大/LEX_038_FN	5.097	0.992	1
S2_EQ 1	1971	圣费尔南多地震	圣费尔南多/PUL_195	2.692	0.196	0.38
S2_EQ 2	1979	帝王谷地震	帝王谷/H-AEP_233	3.151	1.063	0.1
S2_EQ 3	1979	帝王谷地震	帝王谷/H-AGR_233	3.054	0.533	0.04
S2_EQ 4	1979	帝王谷地震	帝王谷/H-EMO_233	3.684	1.145	0.64
S2_EQ 5	1979	帝王谷地震	帝王谷/H-E03_233	2.168	0.408	0.14
S2_EQ 6	1980	猛犸地震	猛犸湖/L-LUL_291_FN	3.737	0.328	0.44
S2_EQ 7	1983	科科加地震	科灵加/H-Z14_047	2.405	0.431	1.06
S2_EQ 8	1983	科科加地震	科灵加/D-TSM_262	7.922	0.458	0.6

续表

序号	年份	地震名称	记录站点	PGA/(m/s²)	PGV/(m/s)	卓越周期/s
S2_EQ 9	1983	科灵加地震	科灵加/F-CHP_258	6.780	0.351	0.26
S2_EQ10	1984	摩根山地震	摩根山/G06_058	2.378	0.354	0.18
S2_EQ11	1986	棕榈泉地震	棕榈泉/NPS_197	2.636	0.304	0.16
S2_EQ12	1986	圣萨尔瓦多地震	圣萨尔瓦多/GIC_302	8.601	0.604	0.3
S2_EQ13	1986	圣萨尔瓦多地震	圣萨尔瓦多/NGI_302	4.402	0.418	0.42
S2_EQ14	1987	惠蒂尔峡谷	惠蒂尔/A-DWN_190	2.530	0.275	0.7
S2_EQ15	1987	惠蒂尔	惠蒂尔/A-OR2_190	2.659	0.317	0.68
S2_EQ16	1987	苏必斯蒂森山地震	苏必斯蒂森山/B-PTS_037	4.996	1.071	0.28
S2_EQ17	1989	马大地震	马大/G02_038	3.001	0.347	0.4
S2_EQ18	1989	马大地震	马大/LEX_038	4.508	0.853	1
S2_EQ19	1992	二子坎地震	二子坎/ERZ_032	5.282	0.949	0.22
S2_EQ20	1992	门多西诺角地震	门多西诺角/PET_260	6.520	0.868	0.64

　　考虑对应于 8 度抗震设防时的大震要求，相应的加速度峰值取为 400Gal，相应的弹性反应谱如图 11.68 所示，相应的平均谱也在图中列出。从平均加速度反应谱可以发现，S1 分组加速度脉冲型的平均谱在较短的周期内有较高的峰值，而 S2 分组速度脉冲的地震波在短周期范围加速度响应较大的周期范围较广。

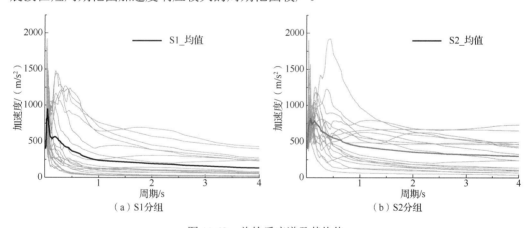

图 11.68　总的反应谱及其均值

1. 原始近场地波形时程分析

　　本节试验分析所采用的二次刚度比 r_{sf} 分别为 0.001、0.05、0.1 和 0.15（其中当 $r_{sf} =$ 0.001 时，可以近似认为 RC 柱在柱顶变形范围内，钢筋的屈服后硬化刚度较小）。输入波的 PGA 变化范围是 1~6m/s²，PGV 的调整范围是 0.1~0.5m/s。本章总共进行了 1800 次的时程分析。在原始的 40 条地震动激励下，不同 r_{sf} 的 SFCB 增强混凝土柱峰值位移、残余位移及其平均值如图 11.69 所示。可以发现，不同输入波激励下，平均峰值位移随 r_{sf} 变化而基本稳定（4.5%左右），平均残余位移从 1.53%（$r_{sf} = 0.001$）下降到 0.75%（$r_{sf} = 0.15$）。

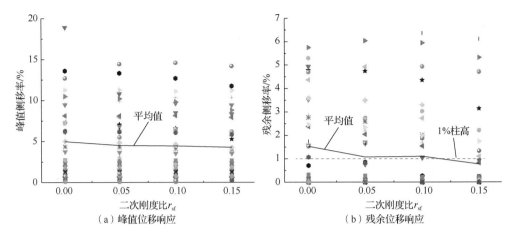

图 11.69　峰值位移响应与残余位移响应

2. 统一量化输入波 PGA

根据 Zhang 和 Huo[76]的研究结果，地震动时程分析采用对数 PGA 与对数峰值位移、对数残余位移的拟合规律更为合理，如此可以避免输入波峰值为负数时 SFCB 增强混凝土柱依然有正的位移响应出现。因此，本章取对数 PGA、对数 PGV 与对数峰值位移、对数残余位移进行分析，具体计算如下所示：

$$\ln(\text{EDP}) = \ln a + b\ln(\text{IM}) \tag{11.58}$$

式中，EDP（engineering demand parameter，工程需求参数）为需求指标，可以是峰值位移、残余位移等；IM（intensity measure，强度指标）为地震动量化指标，可以是 PGA、PGV 等。

变化 PGA 的不同二次刚度的 SFCB 增强混凝土柱在 S1、S2 地震动激励下的峰值位移如图 11.70 所示，其中平均峰值侧移率随 PGA 增加而基本呈线性增加，当 PGA 大于 4m/s^2 后，普通 RC 柱的平均峰值侧移率略大于相应较高 r_{sf} 的 SFCB 增强混凝土柱。

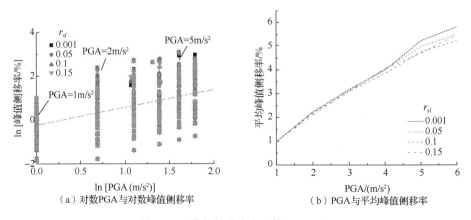

图 11.70　峰值位移响应（统一 PGA）

统一 PGA，不同 r_{sf} 的 SFCB 增强混凝土柱的残余位移响应如图 11.71 所示，不同 r_{sf} 对残余位移的影响远大于对峰值位移的影响。当 PGA 为 1～3m/s² 时，随着 r_{sf} 增加，残余位移相应减小；当 PGA 为 3～6m/s² 时，r_{sf} = 0.1 和 0.15 的残余位移较为接近，这是因为当输入波峰值过大，FRP 断裂后依然有较大能量输入。SFCB 增强混凝土柱的残余强度随 r_{sf} 增加而减小（等初始刚度设计时），则残余位移随 r_{sf} 增加而增加。当 S1 输入波的 PGA 等于 4 和 6m/s² 时，r_{sf} 为 0.15 的 SFCB 增强混凝土柱平均残余位移大于相应 r_{sf} 为 0.1 的残余位移。

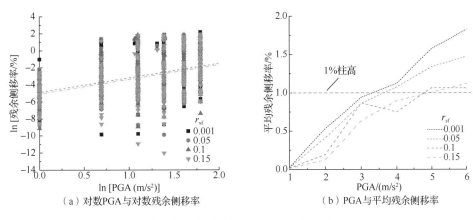

（a）对数PGA与对数残余侧移率　　　（b）PGA与平均残余侧移率

图 11.71　残余位移响应（统一 PGA）

3. 统一量化输入波 PGV

统一变化 PGV 的峰值位移、残余位移响应如图 11.72 和图 11.73 所示。可以看出，其总体趋势与变化 PGA 的响应趋势一致，特别是在残余位移响应方面，随着 PGV 的增加，r_{sf} 的增加可以显著减小 SFCB 增强混凝土柱的平均残余位移响应。当 PGV 达 0.3m/s 前，所有 r_{sf} = 0.1 和 0.15 的 SFCB 增强混凝土柱残余位移都小于 1%柱高；当 PGV 达 0.4 和 0.5m/s 时，r_{sf} 增加可以显著减小平均残余位移。

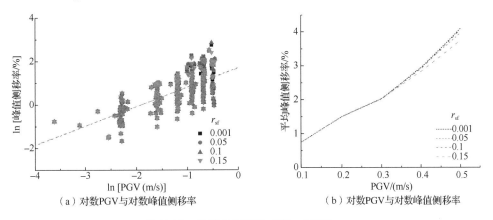

（a）对数PGV与对数峰值侧移率　　　（b）对数PGV与对数峰值侧移率

图 11.72　峰值位移响应（统一 PGV）

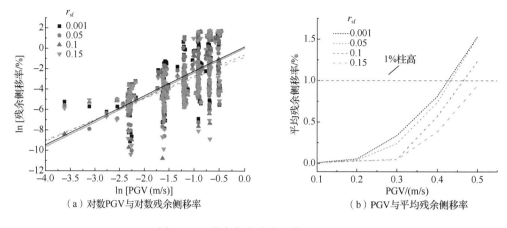

（a）对数PGV与对数残余侧移率　　　　　（b）PGV与平均残余侧移率

图 11.73　残余位移响应（统一 PGV）

4. PGA/PGV 相关性分析

在 IM 的选择方面，选择和 EDP 更为相关的指标更为合理。当统一量化 PGA 时，不同地震波有各种不同的 PGV，对数 PGV 和对数峰值位移、对数残余位移的关系如图 11.74 所示，其中对数 PGV 和峰值位移的线性相关性更高，不同二次刚度比对峰值位移影响很小 [图 11.74 （a）]。图 11.74 （b）为对数 PGV 和对数残余位移的相关性，其也具有一定的线性关系，且随着对数 PGV 的增加，对数残余位移离散性有所减小。相同对数 PGV 地震波激励下，随着 r_{sf} 增加，对数残余位移有逐渐减小的趋势。

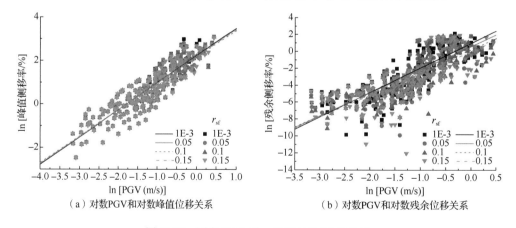

（a）对数PGV和对数峰值位移关系　　　　　（b）对数PGV和对数残余位移关系

图 11.74　固定 PGA 时，响应与 PGV 的关系

当比例变化 PGV 时，有不同数值的 PGA 相应，对数 PGA 和对数峰值位移、对数残余位移的关系如图 11.75 所示，可以发现，其相互关系较为离散，没有明显规律，但总体上依然有随着对数 PGA 的增加，对数峰值位移、对数残余位移有增加的趋势。

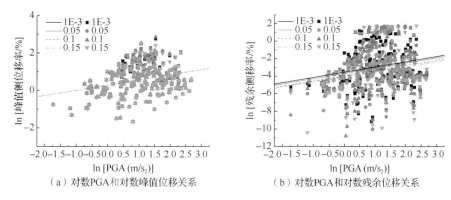

（a）对数 PGA 和对数峰值位移关系　　　　（b）对数 PGA 和对数残余位移关系

图 11.75　固定 PGV 时响应与 PGA 的关系

5. 峰值位移、残余位移评价

以 r_{sf} 为 0.001（以 RC 柱为基准）残余位移达 1%侧移率的柱顶荷载、位移为基准，变化 PGA、PGV 的 SFCB 增强混凝土柱的柱顶侧移率比例如图 11.76 所示。随着 r_{sf} 增加，卸载位移达到 1%时的混凝土柱变形能力相应增加；r_{sf} 为 0.10 时，残余位移为 1%柱高时，柱顶侧移容许侧移率水平为 RC 柱的 116%；r_{sf} 达到 0.15 时，SFCB 增强混凝土柱的柱顶侧移率为相应 RC 柱的 124%。

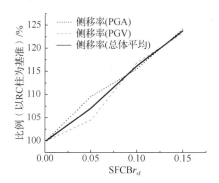

图 11.76　达到残余 1%侧移率时的柱顶侧移率比例

日本桥梁抗震规范规定，桥梁具有可修复性，要求残余位移不超过桥梁高度的 1%，具体如下所示：

$$\delta_R = C_R (\mu_R - 1)(1 - r_0)\delta_{\text{y}} \tag{11.59}$$

式中，δ_R 为桥梁震后残余位移；δ_{y} 为屈服位移；μ_R 为桥梁延性系数（$\delta_{\text{max}}/\delta_{\text{y}}$）；$r_0$ 为双线性系数。C_R 与柱的二次刚度比有关，对于 RC 柱，Kawashima 等[3]的残余位移谱分析研究，认为残余位移可以取 0.5。等式表明，随着 r_0 增加，残余位移相应减小。

对于 SFCB 增强混凝土柱，C_R 除了与 r_{sf} 有关，还与卸载点位移也有较大关系，因为随着侧移率增加，混凝土柱的卸载刚度会有相应不同程度的降低[77]。通过将式（11.59）两边同除以柱高，可以获得针对残余侧移率的计算公式，即

$$\text{RD} = C_R (\text{PD} - \delta_{\text{y}} / L)(1 - r_0) \tag{11.60}$$

式中，PD 和 RD 分别表示峰值侧移率和残余侧移率。

不同 r_{sf} 下，C_R 随峰值侧移率的变化趋势如图 11.77 所示[78]，满足残余位移 1%柱高时的 C_R 也用虚线绘制在图中。①当 r_{sf} 为 0.001 时，峰值侧移率小于 2%时，C_R 的数值较为稳定，当侧移率为 2%~4%时，C_R 随着侧移率变化基本呈线性增加的关系；②当 r_{sf} 为 0.05 时，当侧移率大于 3 之后，C_R 才急剧增加；相应 r_{sf} 为 0.1 时，C_R 在侧移率大于 3.5 之后开始快速增加；③当 r_{sf} 为 0.15 时，侧移率为 1~4.5 范围数值较为稳定，当侧移率大于 4.5 之后，C_R 才急剧增加。因此，可以看出，随着 r_{sf} 增加，SFCB 增强混凝土柱可以在更大侧移率下保持残余位移的稳定性。从图 11.77 也可以观测到，随着 r_{sf} 增加，相应的系数 C_R 在 1%残余侧移率下的数量迅速增加，即满足残余位移可修复的概率在增加。不同二次刚度比（r_{sf} 为 0.001、0.05、0.1 和 0.15）下，残余侧移最先达到 1%柱高时的柱顶侧移率分别为 3%、3.4%、4%和 4.6%。

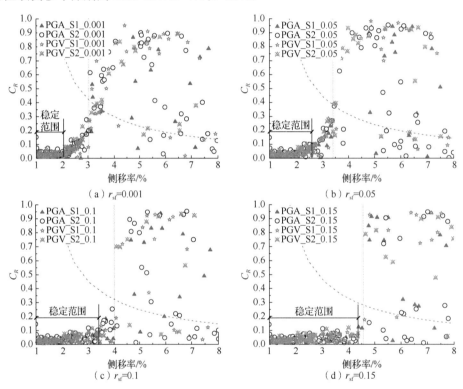

图 11.77　C_R 随着柱顶侧移率的变化趋势

在规范选用地震烈度量化指标方面，我国采用最大 PGA，而日本规范《建筑基准法》采用 PGV 作为选波的依据。基准法中水准 1 对应地震动重现期为 43 年，相应 PGV 为 0.25m/s（对应于地震波 PGA 为 $0.1g$~$0.12g$）；水准 2 对应地震动重现期 475 年，地震波 PGV 为 0.5m/s（对应于地震波 PGA 为 $0.3g$~$0.4g$）[79]。

6. 基于可修复性的 SFCB 柱易损性分析

为了定量分析不同输入波峰值、柱顶侧移率下满足残余位移小于 1%柱高的概率分布，引入了易损性函数[77]评价卸载残余位移和柱顶最大侧移、r_{sf} 的概率关系。定义残余位移为式（11.60）中的 EDP，IM 可以为地震波的 PGA 或 PGV。获得相应式（11.61）

的易损性超越概率函数，其标准差可以用式（11.62）表示：

$$P[\text{DI} \geqslant \text{LS}|\text{IM}] = 1 - \Phi\left(\frac{\ln(\text{LS}) - \ln(a\text{IM}^b)}{\xi_{\text{EDP}|\text{IM}}}\right) \tag{11.61}$$

$$\xi_{\text{EDP}|\text{IM}} = \sqrt{\frac{\sum_{i=1}^{n}[\ln(\text{EDP}_i) - (\ln a + b\ln\text{IM}_i)]^2}{n-2}} \tag{11.62}$$

PGV 与 SFCB 增强混凝土柱峰值位移、残余位移的相关性更好，采用 PGV 为 IM 变量的易损性分析如图 11.78 所示，其 PGV 来自 S1、S2 地震动统一 PGA（1m/s²、2m/s²、3m/s²、4m/s²、5m/s² 和 6m/s²）时的结果（每个 r_{sf} 对应 240 次时程分析数据用于计算概率分布）。不同残余位移限值定义了不同的修复成本，图 11.78（a）列出了 $r_{\text{sf}} = 0.001$ 时，残余侧移率分别为 0.2%、0.5%、0.8% 和 1% 时的易损性函数，随着目标残余侧移率的增加，相同 PGV 下的超越概率在减小。不同 r_{sf} 下，SFCB 柱随着 PGV 的增加的超越概率变化如图 11.78（b）所示，r_{sf} 的提高可以有效降低 SFCB 柱残余位移超过可修复限值的概率，其中对于 r_{sf} 为 0.001、0.05、0.1 和 0.15，相应的 $\xi_{\text{EDP}|\text{IM}}$ 分别为 1.7035、1.7037、1.5605 和 1.702。对于 SFCB 增强混凝土柱，超越概率的降低并非随着 r_{sf} 的增加而成比例减小。若 PGV 为 0.3～0.6m/s 时，r_{sf} 增加到 0.1，柱残余位移超过 1% 的概率有显著较小，而 r_{sf} 从 0.1 增加到 0.15，对于 SFCB 增强混凝土柱残余位移超过 1% 侧移率的概率变化不明显。

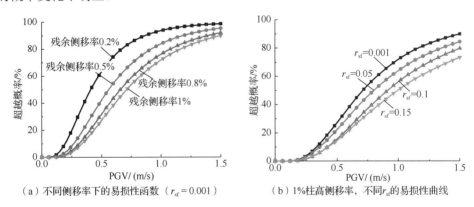

（a）不同侧移率下的易损性函数（$r_{\text{sf}} = 0.001$）　　　（b）1%柱高侧移率，不同r_{sf}的易损性曲线

图 11.78　SFCB 增强混凝土柱易损性分析

SFCB 增强混凝土柱在进行设计时，除了根据地区设防烈度的地震荷载等来估计侧移率，还需要根据柱顶侧移来估计残余位移。残余位移达到 1% 柱高的超越概率随着柱顶峰值侧移率的增加而变化的趋势如图 11.79 所示，其趋势与以 PGV 为 IM 的易损性曲线相似，相应的 $\xi_{\text{EDP}|\text{IM}}$ 分别为 1.4038、1.4165、1.3103 和 1.4302。相同侧移率下，残余位移超过 1% 柱高的概率随着 r_{sf} 的增加而有所降低。其中，对于分析采用的二次刚度比，残余侧移率超过 1% 柱高的概率为 50% 时，柱顶侧移率分别为 6.3%、7.2%、8.2% 和 9.1%。

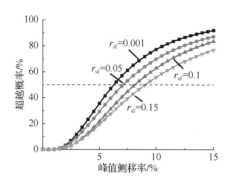

图 11.79　不同柱顶峰值侧移率时，残余侧移达到 1%柱高的超越概率

11.8　小　结

本章介绍了基于 FRP 的损伤可控实现方法及其评价指标体系。从技术和经济两个层面介绍了损伤可控结构的评价方法，结合最大位移、残余位移等方面给出了其评价框架体系。在单自由度体系分析基础上，系统研究了二次刚度、周期和强度折减系数等对残余位移的影响，并提出了等强度残余位移谱建议公式。结合结构加卸载几何关系，推导了残余变形解析式并分析了 FRP 约束混凝土柱的残余变形指标情况。介绍了钢-连续纤维复合筋（SFCB）及其增强混凝土方柱和圆柱的抗震性能。基于 4 个 SFCB 增强混凝土方柱、4 根不同二次刚度比的钢丝-FRP 复合箍筋约束混凝土圆柱研究，发现水平反复荷载作用下 SFCB 增强混凝土柱的破坏形态为弯曲破坏。通过对 3 根不同无粘结长度的"全"复合筋混凝土圆柱试件进行推覆试验，发现无粘结长度为 300mm 试件的残余变形呈相对非线性减小。SBFCB 和 SBFHS 约束混凝土柱可以实现结构较好的延性、耗能能力。在 SFCB 增强混凝土柱动力性能方面，通过近场强地震动，研究了等初始刚度的 SFCB柱在不同 PGV/PGA 的地震下的峰值位移和残余位移响应规律，给出了基于残余位移的SFCB 增强混凝土柱易损性规律。从变形能力角度来看，由于玄武岩纤维延伸率比碳纤维高，钢-玄武岩纤维复合筋增强混凝土柱抗震性能指标优于钢-碳纤维复合筋柱。

参 考 文 献

[1] 黄艳, 阚明辉, 王自法. 中低层框架结构地震损伤指数[C]//中国振动工程学会结构动力学专业委员会. 全国结构振动与动力学学术研讨会论文集. 苏州, 2011.

[2] 马宏旺, 吕西林, 陈晓宝. 建筑结构"中震可修"性能指标的确定方法[J]. 工程抗震与增强改造, 2005（5）：26-32.

[3] 郝建兵. 损伤可控结构的地震反应分析及设计方法研究[D]. 南京：东南大学, 2015.

[4] 中国地震局工程力学研究所, 中国建筑科学研究院工程抗震研究所, 哈尔滨工业大学. 建筑工程抗震性态设计通则（试用）[M]. 北京：中国计划出版社. 2004.

[5] Structural Engineering Association of California. A Framework for performance-based Engineering[R]. Sacramento: SEAOC, 1995.

[6] Federal Emergency Management Agency, Building Seismic Safety Council. NEHRP guidelines for the seismic rehabilitation of buildings (FEMA-273)[M]. Washington: Federal Emergency Management Agency, 1997.

[7] Federal Emergency Management Agency. Prestandard and Commentary for the Seismic Rehabilitation of Buildings[M]. Washington: Federal Emergency Management Agency, 2000.

[8] The Applied Technology Council. Seismic evaluation and retrofit of concrete buildings (ATC-40) [M]. Redwood City: Applied Technology Council, 1996.

[9] OTANI S, HIRAISHI H, MIDORIKAWA M. New seismic design provisions in Japan[J]. ACI special publication, 2002, 197: 1-19.

[10] 晋东平. RC 框架结构基于性能的抗震设计理论与方法研究[D]. 西安：西安建筑科技大学，2010.

[11] 杨年祥. RC 框架结构基于性能抗震设计理论与方法研究[D]. 北京：北京交通大学，2012.

[12] 李应斌. 钢筋混凝土结构基于性能的抗震设计理论与应用研究[D]. 西安：西安建筑科技大学，2004.

[13] 黄悠越. 基于构件性能的 RC 框架结构层间位移角性能指标限值研究[D]. 广州：华南理工大学，2012.

[14] 杨莹. 三水准三阶段建筑抗震设计必要性及方法探讨[D]. 重庆：重庆大学，2009.

[15] 门进杰，史庆轩，周琦. 框架结构基于性能的抗震设防目标和性能指标的量化[J]. 土木工程学报，2008，41（9）：76-82.

[16] 史庆轩，门进杰，杨坤，等. 钢筋混凝土框架结构基于性能的抗震设计指标[J]. 四川建筑科学研究，2007（S1）：78-81.

[17] 蔡健，周靖，方小丹. 钢筋混凝土框架中震可修标准及简化抗震设计方法[J]. 地震工程与工程振动，2006，26（2）：13-19.

[18] 刘派，史庆轩，孙冲. 我国中小学钢筋混凝土框架结构性能指标的量化[J]. 水利与建筑工程学报，2011（2）：7-10，23.

[19] 杨雪平，章红梅，吕西林. RC 框架结构在中震作用下不同性能目标的弹塑性分析[J]. 结构工程师，2009，25（1）：14-20.

[20] 薛伟辰，胡翔. 四层两跨高性能混凝土框架的抗震性能[J]. 建筑结构学报，2007，28（5）：69-79.

[21] 张宇，李宏男，李钢. 既有钢筋混凝土结构抗震设防目标与性能评估[J]. 建筑结构学报，2013（7）：29-39.

[22] 吕静，刘文锋，王晶. 钢筋混凝土框架结构抗震性能目标的量化研究[J]. 工程抗震与增强改造，2011，33（5）：80-86.

[23] MCCORMICK J, ABURANO H, IKENAGA M. Permissible residual deformation levels for building structures considering both safety and human elements[C]. Proceedings of the 14th world conference on earthquake engineering. Beijing, 2008: 12-17.

[24] LEE T H, KATO M, MATSUMIYA T. Seismic performance evaluation of non-structural components: drywall partitions[J]. Earthquake engineering & structural dynamics, 2007, 36(3): 367-382.

[25] MCCORMICK J, MATSUOKA Y, PAN P, et al. Evaluation of non-structural partition walls and suspended ceiling systems through a shake table study[C]//Proceedings of the 2008 structures congress, Vancouver, 2008.

[26] 岩田善裕，杉本浩一，桑村仁. 鋼構造建築物の修復限界：鋼構造建築物の性能設計に関する研究 その 2[J]. 日本建築学会構造系論文集，2005（588）：165-172.

[27] ZATAR W A, MUTSUYOSHI H. Residual displacements of concrete bridge piers subjected to near field earthquakes[J]. ACI structural journal, 2002, 99(6): 740-749.

[28] Japan Society of Civil Engineering. Earthquake resistant design codes in Japan[R]. Tokyo: JSCE Earthquake Engineering Committee, 2000.

[29] IWATA Y, SUGIMOTO H, KUGUAMURA H. Reparability limit of steel structural buildings based on the actual data of the Hyogo-ken Nanbu earthquake[C]//Proceedings of the 38 th Joint Panel Wind and Seismic effects NIST Special Publication, 2006, 1057: 23-32.

[30] KAWASHIMA K, MACRAE G A, HOSHIKUMA J, et al. Residual displacement response spectrum[J]. Journal of structural engineering, 1998, 124(5): 523-530.

[31] CHRISTOPOULOS C, PAMPANIN S, PRIESTLEY M. Performance-based seismic response of frame structures including residual deformations. Part I: Single-degree of freedom systems[J]. Journal of earthquake engineering, 2003, 7(1): 97-118.

[32] RUIZ-GARCIA J, MIRANDA E. Residual displacement ratios for assessment of existing structures[J]. Earthquake engineering and structural dynamics, 2006, 35(3): 315-336.

[33] RIDDELL R, NEWMARK N M. Statistical analysis of the response of nonlinear systems subjected to earthquakes[R]. Urbana: Illinois University, 1979.

[34] PAMPANIN S, CHRISTOPOULOS C, PRIESTLEY M. Performance-based seismic response of frame structures including residual deformations. Part II: multi-degree of freedom systems[J]. Journal of earthquake engineering, 2003, 7(1): 119-147.

[35] PETTINGA J D, PRIESTLEY M J N, PAMPANIN S. The role of inelastic torsion in the determination of residual

deformations[J]. Journal of earthquake engineering, 2007, 11: 133-157.

[36] HASHIMOTO S, FUJINO Y, ABE M. Damage analysis of Hanshin Expressway viaducts during 1995 Kobe earthquake. II: damage mode of single reinforced concrete piers[J]. Journal of bridge engineering, 2005, 10(1): 54-60.

[37] FUJINO Y, HASHIMOTO S, ABE M. Damage analysis of Hanshin expressway viaducts during 1995 Kobe earthquake. I: residual inclination of reinforced concrete piers[J]. Journal of bridge engineering, 2005, 10(1): 45-53.

[38] FAHMY M F M. Enhancing recoverability and controllability of reinforced concrete bridge frame columns using FRP composites[D]. Hitachi: Ibaraki University, 2010.

[39] CHANG K C, CHANG S P, LIU K Y. Seismic retrofit study of rectangular RC columns lap spliced at plastic hinge zone[C]//Proceeding of 16th KKCNN Symposium on Civil Engineering, 2004: 221-227.

[40] CHANG K C, LIU K Y, CHANG S B. Seismic retrofit study of RC rectangular bridge columns lap-spliced at the plastic hinge zone[C]// FRP Composites in Civil Engineering International Conference on FRP Composites in Civil Engineering, 2001.

[41] CHANG S Y, LI Y F, LOH C H. Experimental study of seismic behaviors of as-built and carbon fiber reinforced plastics repaired reinforced concrete bridge columns[J]. Journal of bridge engineering, 2004, 9(4): 391-402.

[42] BRENA S F, SCHLICK B M. Hysteretic behavior of bridge columns with FRP-jacketed lap splices designed for moderate ductility enhancement[J]. Journal of composites for construction, 2007, 11(6): 565-574.

[43] WU G, GU D S, WU Z S, et al. Comparative study on seismic performance of circular concrete columns strengthened with BFRP and CFRP composites[J]. Industrial construction, 2007, 37(6): 14-18.

[44] WU G, WU Z S, LU Z T, et al. Seismic retrofit of large scale circular RC columns wrapped with CFRP sheets[C]//Proceedings Third International Conference on FRP Composites in Civil Engineering, 2006: 547-550.

[45] WU Z S, GU D S, WU G, et al. Seismic performance of RC columns strengthened with Dyneema fiber-reinforced polymer sheets[C]//4th International Conference on Earthquake Engineering. Taipei, 2006: 12-13.

[46] HAROUN M A, ELSANADEDY H M. Fiber-reinforced plastic jackets for ductility enhancement of reinforced concrete bridge columns with poor lap-splice detailing[J]. Journal of bridge engineering, 2005, 10(6): 749-757.

[47] KAWASHIMA K. Seismic design and retrofit of bridges[J]. Bulletin of the new zealand society for earthquake engineering, 2000, 33(3): 265-285.

[48] 吴刚, 罗云标, 吴智深, 等. 钢-连续纤维复合筋（SFCB）力学性能试验研究与理论分析[J]. 土木工程学报. 2010, 43（3）: 53-61.

[49] 孙泽阳. 钢-连续纤维复合筋增强混凝土柱抗震性能与设计方法研究[D]. 南京: 东南大学, 2013.

[50] HARAJLI M H. Bond stress-slip model for steel bars in unconfined or steel, FRC, or FRP confined concrete under cyclic loading[J]. Journal of structural engineering, 2009, 135: 509.

[51] MURCIA-DELSO J, STAVRIDIS A, SHING P B. Bond strength and cyclic bond deterioration of large-diameter bars[J]. ACI structural journal, 2013, 110(4): 659-670.

[52] 罗征, 李建中. 钢筋粘结滑移对钢筋混凝土墩柱抗震性能影响[J]. 石家庄铁道大学学报（自然科学版）, 2012, 24（4）: 7-11.

[53] PANDEY G R, MUTSUYOSHI H. Seismic performance of reinforced concrete piers with bond-controlled reinforcements[J]. ACI structural journal. 2005, 102(2): 295-304.

[54] 郑乔文, 薛伟辰. 粘砂变形 GFRP 筋的粘结滑移本构关系[J]. 工程力学, 2008, 25（9）: 162-169.

[55] 沈聚敏, 翁义军, 冯世平. 周期反复荷载下钢筋混凝土压弯构件的性能[J]. 土木工程学报, 1982, 15（2）: 53-64.

[56] 邱法维, 潘鹏. 结构拟静力加载实验方法及控制[J]. 土木工程学报, 2002, 35（1）: 1-5.

[57] 吕西林, 范力, 赵斌. 装配式预制混凝土框架结构缩尺模型拟动力试验研究[J]. 建筑结构学报, 2008, 29（4）: 58-65.

[58] MARRIOTT D, PAMPANIN S, PALERMO A. Quasi-static and pseudo-dynamic testing of unbonded post-tensioned rocking bridge piers with external replaceable dissipaters[J]. Earthquake engineering & structural dynamics, 2009, 38(3): 331-354.

[59] WIGHT G D, KOWALSKY M J, INGHAM J M. Shake table testing of posttensioned concrete masonry walls with openings[J]. Journal of structural engineering, 2007, 133(11): 1551-1559.

[60] GHANNOUM W M, MOEHLE J P. Shake-table tests of a concrete frame sustaining column axial failures[J]. ACI structural journal, 2012, 109(3): 393-402.

[61] 孙泽阳, 吴刚, 吴智深, 等. 钢-连续纤维复合筋增强混凝土柱抗震性能试验研究[J]. 土木工程学报. 2011, 44（11）:

24-33.

[62] IBRAHIM A I. Experimental and theoretical study on seismic behavior of concrete columns reinforced with steel-basalt FRP composite bars and hybrid stirrups[D]. Nanjing: Southeast University, 2016.

[63] IBRAHIM A I, WU G, SUN Z Y. Experimental study of the cyclic behavior of concrete bridge columns reinforced by steel-basalt fiber composite bars and hybrid stirrups[J]. Journal of composites for construction, 2017, 21(2): 1-14.

[64] IBRAHIM A I, WU G, SUN Z Y, et al. Cyclic behavior of concrete columns reinforced with partially unbonded hybrid[J]. Engineering structures, 2017, 131: 311-323.

[65] CHANG G A, MANDER J B. Seismic energy based fatigue damage analysis of bridge columns: Part I-evaluation of seismic capacity[R]. Buffalo: State University of New York, 1994.

[66] YASSIN MOHD H M. Nonlinear analysis of prestressed concrete structures under monotonic and cyclic loads[D]. Berkeley: University of California, 1994.

[67] SCOTT B D, PARK R, PRIESTLEY M. Stress-strain behavior of concrete confined by overlapping hoops at low and high strain rates[J]. ACI structural journal, 1982, 79(1): 13-27.

[68] ZHAO J, SRITHARAN S. Modeling of strain penetration effects in fiber-based analysis of reinforced concrete structures[J]. ACI structural journal, 2007, 104(2): 133-141.

[69] 孙泽阳, 吴刚, 吴智深, 等. 钢-连续纤维复合筋增强混凝土柱抗震性能数值分析[J]. 土木工程学报, 2012, 45 (5) 93-103.

[70] MACRAE G A, PRIESTLEY M, TAO J. P-Δ design in seismic regions[R]. San Diego: University of California, 1993.

[71] PAULAY T, PRIESTLEY M. Seismic design of reinforced concrete and masonry buildings[M]. New York: John Wiley and Sons, 1992.

[72] BERNAL D. Amplification factors for inelastic dynamic P-Δ effects in earthquake analysis[J]. Earthquake engineering & structural dynamics, 1987, 15(5): 635-651.

[73] TANG Y, ZHANG J. Response spectrum-oriented pulse identification and magnitude scaling of forward directivity pulses in near-fault ground motions[J]. Soil dynamics and earthquake engineering, 2011, 31(1): 59-76.

[74] MALHOTRA P K. Response of buildings to near-field pulse-like ground motions[J]. Earthquake engineering & structural dynamics, 1999, 28(11): 1309-1326.

[75] EBERHARD M, PARRISH M. PEER structural performance database[EB/OL]. (2003-01-16) [2004-06-18]. http://nisee. berkeley.edu/spd.

[76] ZHANG J, HUO Y. Evaluating effectiveness and optimum design of isolation devices for highway bridges using the fragility function method[J]. Engineering structures, 2009, 31(8): 1648-1660.

[77] SUN Z Y, WU G, WU Z S, et al. Seismic behavior of concrete columns reinforced by steel-FRP composite bars[J]. Journal of composites for construction, 2011, 15(5): 696-706.

[78] SUN Z Y, WU G, WU Z S, et al. Nonlinear behavior and simulation of concrete columns reinforced by steel-FRP composite bars[J]. Journal of bridge engineering, 2014, 19(2): 220-234.

[79] 徐培蓁, 叶列平. 日本《基于能量抗震设计规程》介绍[J]. 工程抗震与加固改造, 2010, 32 (3): 59-67.